3D 列印入門與應用

鄭正元等　編著

全華圖書股份有限公司

國家圖書館出版品預行編目資料

3D列印入門與應用 / 鄭正元, 江卓培, 林宗翰, 林榮信, 蔡明忠, 賴維祥, 鄭逸琳, 鄭中緯, 蘇威年, 陳怡文, 賴信吉, 許郁淞, 陳宇恩, 宋震國,李芝蓁, 許啓彬, 張雅竹, 陳昭舜, 陳俊名, 葉雲鵬, 劉紹麒, 錢啓文, 謝子榆,謝志華,蘇柏彰,汪家昌,劉書丞,趙育德, AAMER NAZIR, AJEET,KUMAR編著. -- 初版. -- 新北市: 全華圖書股份有限公司, 2023.01

面； 公分

ISBN 978-626-328-383-1(平裝)

1.CST:印刷業

477.7 111020989

3D 列印入門與應用

作者 / 鄭正元 等
發行人 / 陳本源
執行編輯 / 林昱先
封面設計 / 戴巧耘
出版者 / 全華圖書股份有限公司
郵政帳號 / 0100836-1 號
印刷者 / 宏懋打字印刷股份有限公司
圖書編號 / 06501
初版一刷 / 2023 年 01 月
定價 / 新台幣 680 元
ISBN / 978-626-328-383-1
全華圖書 / www.chwa.com.tw
全華網路書店 Open Tech / www.opentech.com.tw
若您對本書有任何問題，歡迎來信指導 book@chwa.com.tw

臺北總公司(北區營業處)
地址：23671 新北市土城區忠義路 21 號
電話：(02) 2262-5666
傳真：(02) 6637-3695、6637-3696

南區營業處
地址：80769 高雄市三民區應安街 12 號
電話：(07) 381-1377
傳真：(07) 862-5562

中區營業處
地址：40256 臺中市南區樹義一巷 26 號
電話：(04) 2261-8485
傳真：(04) 3600-9806(高中職)
(04) 3601-8600(大專)

積層製造 (AM, Additive Manufacturing) 技術是一種層層堆疊成型 (Layer Manufacturing) 技術，從 1990-2010 年代因商業目的需求，被廣泛以快速成型 (RP, Rapid Prototyping) 稱之與運用。直至最近由 2010 年之後，自造者 (或稱爲創客，Maker) 運動風起雲湧，因應低價低耗材與低營運成本需求，而發展眾多桌上型技術，被廣泛稱爲 3D 列印技術 (3D Printing or Personal Prototyping)。但同時也因應工業 4.0 之大量客製化及智慧製造需求，同時發展諸多不同商業應用，則被稱爲積層製造或廣泛稱爲直接數位製造 (Direct Digital Manufacturing)。尤其是在醫療與運輸產業之航太產業，特別符合積層製造之客製化低批量與晶格結構 (Lattice, cellular structure) 輕量化之特色而比傳統製造方法有更獨特的競爭力。

事實上，不管是快速成型或 3D 列印，甚至目前使用的技術，大部分均只是打樣 (Prototyping) 技術，其特色就是非常容易於單一機器完成物件製作，但速度與精度無法兼顧，離眞正數位製造技術尚有一段技術需要努力。觀察大部分製造技術之兼顧速度與精度之製造方法，均是採用兩種以上製程而得以達到速度與精度兼具，如射出成型之模具製作與射出製程是分別由不同技術與機器完成，故而得以速度與精度兼具。所以，積層製造技術也朝此方向努力，如新近發展之加、減法複合製程，投影式之 DLP，甚至使用 LCD 手機圖騰及不管是熱泡式或壓電式的多噴嘴等等定義成型之精度或解析度，再以各式光源、熱能或化學能的能量方式成型，均是朝向兼具精度與速度之複合高速積層製造方式演進，故而離眞正數位直接製造不遠了。另外一種使用積層製造而可連到直接數位製造的方法，則是發展特定產業或特定產品之積層製造專用機，在台灣與美國均有類似製造特定具少量多樣，甚至客製化低批量產品之成功經驗。另外，因爲積層製造普及及具產品功能性甚至金屬”產品”(不再只是樣品)，最終產品的後處理技術及自動化發展也日益蓬勃發展。

其次，因爲過去 40 年的資訊數位化成功，而人類現在正享受數位資訊之無所不在之大數據、物聯網甚至手機、VR、AR、MR、FINTECH 等等的便利性與數位經濟。

但人類生活除了資訊之外，還是需要更多實體生活，故而大量客製化與行動或可攜便利式實體生活之需求就愈來愈多了。人類製造史以來，眞正需要客製化且大量製造之物件，似乎只有牙齒一物了，故而積層製造技術特別於牙醫之應用蓬勃發展，積層製造齒模所翻製之透明牙具的"數位矯正"已經逐步取代傳統鋼線矯正。積層製造技術事實上正是"ENABLE / POWER"實體數位化之最重要技術，尤其可依個別應用而最佳設計晶格結構，允許一般材料達到超材料 (Metamaterial)，甚至功能梯度材料 (functionally gradient materials,FGM) 特性，可以預期隨著可攜式積層數位製造技術之發展，人類將進一步由實體數位化之成功，進展到"數位實體經濟"。

隨著川普時代的美國優先與美國製造時代來臨，又中國大陸紅色供應鏈及積極發展半導體，及近期 2020 年新冠肺炎，造成台商回流及世界隔離、製造斷鍊、臺灣口罩國家隊奇蹟等等，台灣產業極需轉型。台灣有非常好的 ICT 資通訊產業硬體製造基礎，投入資源發展整合數位實體製造技術與產業發展，或許是台灣製造經濟轉型之一個數位實體經濟的契機，如數位牙技，未來十年，全球可能就超過百兆商機，更遑論其他產業數位實體製造之商機了。所幸台灣已有部分龍頭產業，開始眞正投入此直接數位實體製造技術研發與特定產業發展；甚至也有創新直接使用近 50 台 3D 列印機直接列印製造，只有一個人由設計到製造生產的高値化數位實體設計製造的成功經驗。

自 1992 年返國任教之後，一直從事積層製造相關研究，一直有心願希望能完成一本台灣人自己寫的積層製造書籍，供我們的學生與工程師及技術人員上課與自修之用。但其技術領域實在涵蓋太廣，且其應用也愈來愈多元，離自己可獨力完成之路程愈來愈渺茫。所幸，台灣產、官、學、研界一起共識於 2013 年成立台灣三維列印協會，持續辦理國際研討會與推動相關事務，並決定一起撰寫本書，也因爲本書各章節作者均不同，小部分內容或許重複，部分用詞或許不太統一，如 RP、3D 列印、積層製造、AM 等，雖嚴格定義是略有差異，但一般通俗是相同的意義。本書之完成需要感謝所有各章節作者及全華圖書總經理與相關同仁協助，更期望本書之完成，可以爲台灣之積層製造技術提升與數位實體經濟貢獻及積層製造教育貢獻一份力量，並且非常感謝作者將稿費捐贈給台灣三維列印協會。台灣加油！！

非常高興本書才一版經三刷之後，全華擬再進行再印製，故藉此機會再邀集相關作者及因職業變動或因忙碌而更動及增加章節及作者，均一併感謝於新冠肺炎肆虐全球期間，更期待本書加值如同台灣防疫成功之價值。

編輯部序

PREFACE

「系統編輯」是我們的編輯方針，我們所提供給您的，絕不只是一本書，而是關於這門學問的所有知識，它們由淺入深，循序漸進。

本書各章節由各個作者之專業領域編寫而成，介紹了積層製造七大技術 - 擠出成型技術、光聚合固化技術、材料噴印成型技術、黏著劑噴印技術、薄片疊層技術、粉末床熔融技術和指向性能量沉積技術，另外對 3D 列印產業之現況與發展及創客都詳細介紹，是一本對積層製造領域深入剖析且全面的書籍。

若您對書籍任何問題，歡迎來函聯繫，我們將竭誠爲您服務。

CONTENTS
目錄

CHAPTER 04 材料擠製成型 Material Extrusion

CHAPTER 05 光固化 3D 列印 Vat Photopolymerization

CHAPTER 06 材料噴印成型技術 Material Jetting

CHAPTER 07 黏著劑噴印技術 Binder Jetting

CHAPTER 08

薄片疊層技術 Sheet Lamination

CHAPTER 09

粉末床熔融技術 Powder Bed Fusion

CHAPTER 10

指向性能量沉積技術 Directed Energy Deposition

CHAPTER 11 高速積層製造技術 High Speed AM Technology

CHAPTER 12 積層製造後處理技術 Post Processing of AM

CHAPTER 13 3D 列印於各領域之應用及實例 Applications and examples of 3D printing in various fields

CHAPTER 14 醫療及生物工程應用 Medical and Bioengineering Applications

CHAPTER 15 3D 列印與創客 3D Printing and Makers

CHAPTER 16 積層製造設計
Design for Additive Manufacturing

CHAPTER 17 台灣積層製造產業之現況與發展
Current Status and Development of Taiwan Additive Manufacturing Industry

CHAPTER 18 積層製造之未來
Benchmarking and the Future of Additive Manufacturing

01 緒論 Introduction

本章編著：鄭正元 (主編)

本章由印刷術和印刷電路到電腦列印，闡述列印技術對人類科技文明，甚至工業革命進展之相關性。印刷術代表資訊列印，電腦列印代表“數位”“資訊”列印，印刷電路代表電子元件平面化 (2D) 列印疊層製造，但還是要先做模具般的光罩。而本書之 3D 列印，則是實體數位疊層製造，不需要開模具，而僅須依循數位模型資訊。

其次，3D 列印由以前的快速成型到現在個人成型的 3D 列印，均是打樣技術，無法兼具速度與精度。由最近 DLP 及 LCD 雨後春筍的蓬勃發展，以及惠普 (HP) 積極的推動多噴嘴燒熔製程與多雷射頭燒熔及五軸 CNC 的加減法甚至 Desktop Metal 等發展，均是朝向複合式高速積層製造技術的發展，並輔以後處理及晶格設計最佳化，更使積層製造 enable/power 其客製化批量製造優勢之產業化。

1-1 列印技術演進與人類科技發展之相關性

3D 列印本身就是一種列印技術，而列印技術影響人類科技文明發展甚大。列印也就是「印刷術」，是人類最偉大的發明之一，乃是將人類知識文明的“資訊”，藉由印刷技術大量“分散”及“普及”。電子電路印刷甚至光學微影等，均是將電子元件平板化 (2D)，而得以大量製造。電腦列印更是“資訊數位化”最重要的工具推手 (enable)。3D 列印就是將電子印刷平版化與電腦列印之數位化整合，而用於實體製造技術。印刷術的發明從工業 1.0 至工業 4.0 都是息息相關的。

- 工業 1.0：

人類發明蒸汽機，藉由機械動力取代了人力，造就了第一次工業革命，一切起因就是因為「專業的教育」；如果沒有印刷術的發明，人類的知識文明就沒辦法傳遞 (deliver) 跟擴散 (distribute)，也就是說印刷術讓人類的文明可以傳遞與擴散，也造就了公共教育。即印刷術使公共教育能實現 (Printing Enables Public Education)，如果沒有公共教育，我們人類還停留在原始的口語相傳及有限抄錄時代，也因印刷術造就公共教育 (Public Education) 進而延伸出專業教育 (Professional Education)。有了專業教育，人類的專業知識就可以累積，後來發明創造出蒸汽機、內燃機，進而以機械力取代人力及獸力，可以說印刷術讓人類有公共教育及專業教育，進而發生人類的第一次工業革命。

- 工業 2.0：

第二次工業革命主要就是福特汽車採用模組化生產、自動化生產線。其中一個非常重要模組化就是自動化，要自動化就得靠著電子電路的控制，以往電子電路太過雜亂，根本無法大量生產，後來有 PCB 印刷電路板，所以可以用印刷的方法將電子之電阻、電容二極體和電晶體等基本元件，原本是 3D 實體進行平板化 (2D)，繼而可以用印刷的方法大量生產。因為印刷電路可行，所以有曝光顯影技術，讓我們可以做出微細的電路，台積電甚至已經可以做 3 奈米線寬 IC。因為有印刷電路的發明，也造就我們今天有 IC，有 IC 的技術才讓我們今天可以控制所有的機械甚至電腦網路、手機等等。這就是印刷術 2.0，自動化生產或是模組化生產、IC 製造，因而發生第二次工業革命。

甚至最早的快速成型技術 3D Systems 的 Stereolithography(立體光固化微影) SLA 技術，便是半導體製程之光學微影 (photo-Lithography) 技術或 PCB 製程息息相關的技術。

- 工業 3.0 或是人類生活 3.0：

這是一個重要的轉折點，因爲電腦印表機在人類科技發明裡扮演一個非常重要的角色，讓普羅大眾願意將生活的資訊進行數位化，而人類進入了數位資訊生活時代。一旦資訊被數位化之後，人類就享受了數位化資訊之各種容易修改、儲存、傳遞、拷貝等等優點。資訊被數位化後之擴散 (Distributions) 的工作被網路取代，傳遞 (Delivery) 被現在的 Display 取代，在 40 年前，相信如果沒有電腦印表機這一切資訊數位化就沒有誘因，絕對不會發生現在的數位資訊時代。例如：筆者於 1987 年開始找工作或申請國外學校時，就將履歷和自傳等各式資料，使用 IBM8088 電腦與倚天中文及 PE2 花了非常長的時間才將這些資訊輸入電腦，變成數位化資訊，也使用九針點撞擊式印表機，大量列印求職之數位化資訊，再再證明電腦印表機是"enable"資訊數位化之重要推手。

在這個資訊數位化裡，創造了哪些重要產業？無庸置疑就是 APPLE，是大家現在最多使用的手機裝置，手機事實上就是在做數位資訊的傳遞與擴散；另一個是 Microsoft，提供一個圖面化的介面讓我們可以非常容易把資訊數位化，還有 Google、Facebook 等等提供我們數位化資訊的傳送 (Delivery) 和分配 (Distribution)。沒有 40 年前電腦印表機，人類數位化資訊的時代就不會到來。

- 工業 4.0，與 3D 列印或稱直接數位製造息息相關：

3D 列印便是數位實體製作技術，將資訊數位化生活成功轉換到實體數位化生活。利用 3D 列印機，可將一個數位 3D 模型印出，人類科技進入數位實體化生活。

手機在 2G 時代能傳遞文字，在 3G 時代能傳遞圖像，從 1D 至 2D；當 2D 圖片加上時間串流，出現了影片，當 2D *XY* 軸點資料的圖片加上 *Z* 第三軸，出現了 3D 模型，或是加上其他如 GPS 圖資等其他數位多串流資訊，而變成 VR、AR 甚至 MR 等，這些技術均將協助 3D 實體數位化工作與趨勢，讓 3D 列印最大的前置建模問題可以解決，即使得 3D 列印或實體製造便水到渠成。

FEETZ 公司，利用 3D 列印鞋子，讓消費者利用手機拍攝自己的腳，將圖片上傳至雲端，雲端上會自動幫助消費者建模，消費者可依照喜好挑選鞋子樣式，商品完成後，將直接配送到消費者手上。3D 列印的製造可以大量並且快速的製造鞋子，許多知名品牌開始將商品拿回自己國家做，而如台灣等最大鞋業代工國家，代工機會將逐漸消失。3D 列印 (直接數位製造) 或許是解決讓台灣陷於數位經濟泥沼中的一個方案，較符合台灣經濟特色與產業規模及競爭力。

1-2 積層製造的數位實體直接製造

3D 列印也可稱爲直接數位製造 (Direct Digital Manufacturing)，也代表人類由數位資訊生活進展到包含食、衣、住、行、育、樂的直接數位實體生活。目前直接數位製造包括巧克力、麵包、肉及 Pizza 等，已有商業系統，雖不普遍，但逐步發展。

美國 FDA 最近也核准利用 3D 列印製作癲癇藥品，癲癇患者用藥最好是依據每個人的身體狀況量身製作與快速療效，服用量需要非常精準，無法多也無法少；其次利用疊層方法也可以增加吸收，加速療效；另也可依個人喜好增加口感度，不畏懼吃藥。糖尿病患者需要精準控制飲食，可以利用 3D 列印印出其不同身體狀況下需要的飲食量。目前整個醫療體系都希望可以藉由 3D 列印推動「精準醫學」，未來也將發展到生物列印、器官列印等，而全身數位化也將是可預期的。

美國 Align Technology 採用特殊設計 (低 Z 行程) 光固化積層製造系統，直接製造數位牙齒矯正所需各步移位的牙齒模型；台灣世銳精密亦採用特定設計製程參數材料的 50 台熱線材式積層製造機直接製造玩具槍改造市場之大部分塑膠零件，均是成功的工業直接數位製造成功案例。美國 GE 公司直接使用雷射金屬積層製造技術製造 ATP 引導，大大降低原本 855 件成 12 件的零件數，其節省的庫存、組裝成本，實在太大了。

1-3 積層製造之特色優勢

傳統製造利用刀具切除工件不需要的部分，需要沿著物件外形輪廓做類比運動加工。3D 列印利用 CAD Model 圖檔轉換爲 STL 檔，並針對 STL 檔做「切層」，由材料層層堆疊而形成工件，其中每一層的幾何輪廓將構成最後工件之外輪廓。

若要加工一渦輪葉片，其輪廓與機械性能有關，利用 CNC 加工做成實心是最少加工量，故加工時程最短，成本最低。而積層製造是利用材料堆疊，其最大的特性爲能輕易做成空心，因爲加入材料會最少、速度會最快以及成本最低。所以利用積層製造絕對比傳統製程更具有輕量化的優勢。「航太」產業對於輕量化斤斤計較，由於其重量與耗油量有密不可分的關係，故積層製造將影響航太產業生產製造方法。美國總統歐巴馬在先進製造計畫中，其中有一部分以 3D 列印爲主軸，並且在 American Maker 16 個計劃中有 10 個是與航太相關的，再次證明 3D 列印最大的優勢爲「輕量化」。

3D 列印第二大優勢爲「客製化」，其最大的優勢可針對每個人特定需求進行少量製造，不需要龐大的開模費用，也不需要經過如傳統加工複雜夾治具、工具設計製造的製程。3D 列印不同於過去生產加工技術，因經由切層而成 2D 加工，並具大部分塡加材料屬於無應力加工，故無須特定夾治具設計與複雜加工參數而容易自動化，技術學習時間短，操作簡化，適合在地直接製造或分散製造之高自動化需求。

Align Technology 與世銳之成功案例，均是因爲客製化之絕對優勢而可直接數位製造。此種趨勢很明顯，醫療用牙科與改造市場，將是未來立即會採用積層製造之最大特色與優勢。3D 列印最大的特色爲輕量化與客製化，3D 列印也會從需要此特色的產業蓬勃發展，一旦技術成熟將擴散到其他產業。

1-4 ASTM

ASTM 積層製造分類將 3D 列印製程歸納爲以下 7 種，其技術發展里程如圖 1-1 所示，一般來說，大家均認爲 3D Systems Charles Hull 是最早發明此種光固化樹脂積層專利，事實上是日本人見玉秀男先生最早在日本申請專利，但未申請其他國家專利。其次從發展歷程來看，20 年專利到期逐漸開展 3D 列印與未來直接商業用數位製造，均是可以期待的。

1. 材料擠出成型法 (Material Extrusion 或 FDM)：

目前是最普遍及最便宜的方法，將熱塑性線材材料經由擠製頭 (extruder) 加熱至流變 (軟化) 狀態，擠出後冷卻沉積，類似於熱熔膠。材料多樣性發展速度最快、最多元，甚至長短纖維複合材料及多顏色線材與彩色列印等，甚至金屬粉末之添加及後燒結之金屬與用於生物列印等應用。

2. 光固化樹脂成型法 (Liquid VAT Photopolymer)：

此技術為最早被發明出來的製程之一，藉由紫外波長雷射光照射液態光固化樹脂，樹脂由液體變為固體，並進行逐層堆疊。光固化樹脂中有光起始劑，光起始劑是一種化學合成或天然材料，在其吸收光後會產生自由基，自由基將原有樹脂材料鍵結打開再成長為長鍵，就由液體轉為固體。但是光固化樹脂具有黏滯性，因此使用上照法時，每層雷射光照射後平台再下降一定高度，液體表面張力會使樹脂產生不平整表面，無法填平欲加工的下層加工層。為了解決此問題，使用深降法 (Deep Dip)，將平台下降多一點，使樹脂填滿後再上升至欲加工高度，但此方法依然會有表面張力的發生，會再透過尖銳工件破壞表面張力。這些解決簡單物理自然現象，在 1980 年代時，均被申請為專利。

樹脂是相對昂貴的耗材，將樹脂槽填滿耗費極高，但若將光源改為下照法，可省去龐大的材料費用，所以現今桌上型光固化製造法幾乎都使用此種下面照射法。但當光照過樹脂後，樹脂由液體變成固體會附著在成型平台底部的透明平板或玻璃上，因此會產生剝離的問題。其次，為加速固化雷射光或成型光源，並非完全照射到樹脂完全硬化，而是先照射出指定輪廓固化。雷射光掃描需要 XY 兩軸，而 DLP 或手機甚至 LCD 也是數位光，所以只需要單 Z 軸，發光成本也較雷射來的低，故使用 DLP 或手機光與 LCD 將大幅降低機器成本，而形成未來高性能低價格之主要技術。

3. 材料噴印成型法 (Material Jetting)：

一般成型材料黏滯性較高，所以本技術一般是使用壓電式噴嘴，使用如蠟等高原子量材料，將材料加熱融化成液態，接觸到冷空氣後即固化成型，此種方法就好像將蠟燭點燃後傾斜，讓蠟液滴到特定位置後凝固，就可製成所需的 3D 列印物件。其次，也可使用如膠式光固化樹脂，噴印後，立即跟隨紫外光源，將光固化樹脂固化成型。

4. 黏著劑噴印成型法 (Binder Jetting)：

此種方法一般使用熱泡式噴嘴，但也有使用壓電噴嘴，如砂模用的高黏滯性之黏著劑，乃是未來主要成型法之一。材料通常以粉式置放於機台，再由噴嘴噴印擬成圖騰，也可以利用噴墨墨水夾將墨水噴到石膏粉末上，因爲石膏內的硫酸鈣遇水會凝結，也可以用彩色墨水噴在表面，就可以做出彩色成品。當然將石膏粉末，更換爲砂模用砂，則可以直接列印砂模，也是主要工業應用之一。

另外 HP 新發展的多噴嘴燒熔技術 (Multi-Jet Fusing Technology)，則是採用熱泡式噴嘴的頁寬 (page wide) 技術，將熱觸媒 (Fusion Agent) 墨水噴印於粉床，定義所需成型圖騰，再加以使用紅外光熱源照射，而得將如 Nylon PA 材料完全加熱熔化，可製作非常高強度物件，並使用另一種 detail agent 墨水，防止熱擴散之沾黏，以提高精度、解析度。HP 也發展金屬粉末及 Desktop Metal 也是噴印黏著劑於金屬粉末上，兩者均在機台上完成粗胚 (green part) 製造，再加以燒結成型而可得到高速金屬積層製造工件。

5. 薄片疊層技術 (Laminated Object Manufacturing)：

紙的背膠加熱後就可以黏貼另一層紙，再使用雷射切邊，如此一來可做到逐層堆疊，但此方法剝離不易，目前較不常使用，但也有可以用噴黏膠再用刀具切割，也可製成彩色物件。

6. 粉末床熔融成型 (Powder Bed Fusion)：

利用任何能量將粉末在粉床上熔化，再鋪上一層粉末，此方法可使用金屬粉末或塑膠粉末，在醫療或航太上使用的鈦合金，多用此成型法。最常用的能量爲高功率雷射，電子束也因高產能常被使用，但需於眞空環境中；目前也有諸多高功率半導體雷射被提出來，或多個高功率雷射同時使用。功能性塑膠件，一般也採用此方法，強度較佳。因粉床可形成自然支撐，對於懸空或內外多層及旋轉物件等一體成型是最佳應用，另因使用雷射的強度屬於較高等級，機器也相對昂貴一些，但因爲製造物件之機械性能需求提升，近年來爲市場成長性最高之技術。

7. 指向性能量沉積成型法 (Directed Energy Deposition)：

使用同軸輸送粉末，依據雷射光束的軌跡，粉末將同時輸送出來，可用於立體空間直接成型。

以上爲積層製造七大製程，其技術發展歷程如圖 1-1 所示。早期甚至目前最大使用量之 3D 列印材料大部分都是聚合物，使用的能量多爲熱能，或者使用光固化成型法。金屬粉末多半在高溫下會產生熱擴散及熱傳遞，因此精度不好。對於陶磁材料 3D 列印近來發展也逐漸加速，目前較爲商業應用者爲使用光固化樹脂添加陶瓷粉末，再利用光固化成型法及光固化樹脂當作傳統陶瓷之黏著劑，再依循陶瓷製程脫脂燒結製作 3D 列印陶瓷物件。生物列印則將擠出物改爲細胞或可支架 (可降解)。

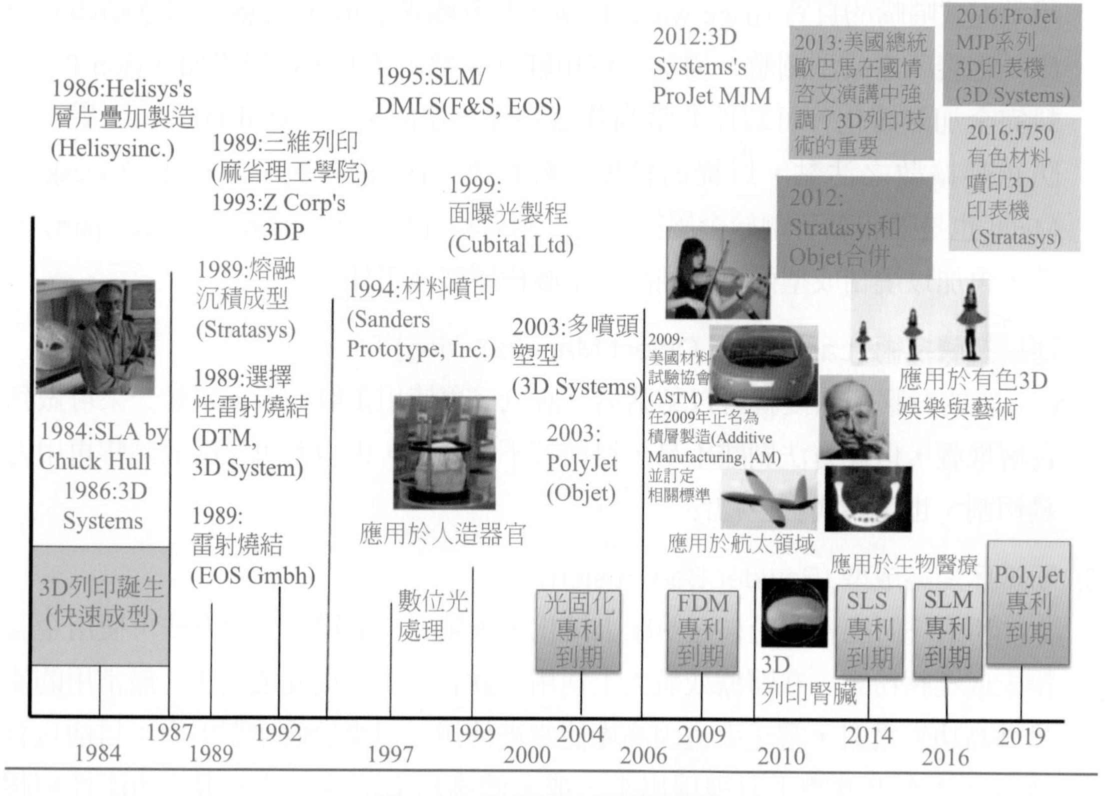

圖 1-1　3D 列印技術發展里程

1-5　積層製造技術推演

3D 列印最早稱之爲原型製造或快速成型 (RP)，在開發商業化產品前，需要快速將設計圖實體化，利用積層加工將原型做出來，進行有限的測試，在過去 20 年 RP 皆是用來做爲設計原型及少量製造的物件之打樣工作。

創客 (Maker) 這些有創意、有想法及想發明的人，希望能將想法中的物件較容易快速低價製造實體，因此機器與耗材要相當便宜且容易學習，而 3D 列印的誕生，正是因爲 Maker 的興起。爲了追求人人買的起，由 2013 年經濟學人雜誌將 3D 列印視爲第三次工業革命開始，3D 列印都在發展便宜的桌上型機台，但在未來積層製造最重要的發展則爲直接數位實體製造 (Direct Digital Manufacturing)。

傳統方法利用射出成型製作塑膠瓶，射出過程中需要加壓且持壓，因此密度強度都相當好。3D 列印是直接由液面自由成型，或者材料熔化再凝固成型，過程中沒有施壓，無法達到如傳統加壓製程一樣的強度，無法取代傳統製程。從個人化進展到直接數位製造，講求的是產品需與原有製程產品的相容，或者是擁有更好的性能，是未來積層製造重要發展的趨勢，因而晶格化設計及其使用最佳化，而充分發揮積層製造之絕對優勢因應而生，就是所謂 Design for Additive Manufacturing。

1-6 複合式與參數多元化高速積層 (數位) 製造

從 RP 到 3D 列印，3D 列印到直接數位製造，材料與製程技術將不斷的變化。3D 列印有兩個要點：圖案化及材料相變轉換，以光固化樹脂爲例子，雷射光或投影機照射到的地方硬化，產生圖形圖案化。3D 列印中圖案與能量是相結合的，如果製品精度及速度要好，必須將圖案化與能量化分離，否則就變成有速度沒精度或是有精度沒速度。在 CNC 中，快速加工時將移除大量材料的粗切割與輪廓及表面光度的精切割，分別使用不同的刀具以及加工參數。從前快速成型通常只是用來商業打樣或個人打樣 (Personal Prototyping)，但現在是要進展到直接數位製造，就必須與現有製造技術比較，在製造時間、精度與速度和性能上考量。若 3D 列印不跳脫同時圖案化與能量或參數單一化固化，將無法做到兼具速度與精度。

伴隨製造量愈來愈大，傳統使用人工去除支撐之耗時耗工問題就更顯著，故而後處理自動化如雨後春筍快速發展，並同時採用各式物理化學方法去除支撐，並同時改善其表面精度。3D 列印在懸空部分需要有支撐才能進行列印，因此在列印中通常會使用兩種材料，一種爲物理化學性能較高的主要材料 (如溫度或抗酸鹼)，另一種爲物理化學性能較低的支撐材料，以此兩種不同材料成型，再利用物理化學性質不同，可以很方便把支撐材料移除。

3D 列印是一層一層堆疊材料成型，在曲線成型上，將曲率大的層厚縮減一半，可提高精度；將曲率小如直線的層厚提高，可減少工作時間，此乃所謂適應性切層技術 (AdaptiveSlicing)，3D 列印除了使用複合參數方法來進行製造，在數據方面也應當使用複合數據進行製造，應當配合輪廓改變參數來進行層厚改變，使精度與加工速度提高，此乃參數多元化。

其次，製程設計與材料設計專用化，針對特定產業或產品，發展符合其產業或產品獨特專用系統與材料之多元參數，將可達成兼具速度與精度之直接數位積層製造。

惠普利用熱泡式噴嘴低價噴射膠成型黏著劑噴膠成型 (Binder Jetting) 及粉末熔化成型技術 (Powder Bed Fusion)，兩種技術合併，稱爲複合型製程 (Hybrid Processing)。藉由多噴嘴進行圖案化，一秒鐘大概有三千萬噴點在噴，可以達到很好的品質和速度，這是目前 HP 最重要的技術。透過 Agent 染色，可以做出彩色列印，甚至也開始研發金屬或陶瓷。

新創 Desktop Metal 更使用落粉式金屬粉末及黏著劑成型法，只在機台上完成粗胚 (greenpart) 製作，取出後再進行後燒結，與傳統粉末燒結之 debinder 再燒結製程類似。此種採取兩階段之先成型再燒結，可以兼具速度與機械強度，形成近年來技術發展主流之一。

老牌國際 EOS 公司，也提出極爲創新之採用百萬顆高功率半導體雷射直接燒熔塑膠粉末新高速製造技術，也是非常值得期待的創新。台科大也整合台灣優勢的高功率半導體雷射，發展頁寬式半導體雷射直接粉末燒結技術，也應極具台灣優勢之產業發展。

Carbon 之連續液面列印 (CLIP) 則是另一創新技術，現今已募資超過九億美金，連世界知名的運動品牌 NIKE 及 GE 都對其看好並投資，發明了一種降低黏著力的方法。前面提到過，光固化樹脂裡的光起始劑經由光照射後產生自由基，自由基會把樹脂的鍵結打斷後串成長鍵使之從液體轉變爲固體。爲降低樹脂使用量及樹脂因平台下降之擾動，而發展出下照式方法。而 Carbon 在樹脂槽底部放置一層可透氧氣的鐵氟龍模，氧氣與自由基的反應速度較樹脂快，且光固化反應是一個厭氧的環境，氧氣一與自由基接觸便產生臭氧使自由基無法打斷樹脂的鍵結，因此在樹脂槽底部可產生一層非固化的區域，完全解決下照式拉拔力的問題。這樣的方法就投在 SCIENCE 的期刊上面，所以 3D 列印只要想出好方法就可以有很好的發表，一項創新的技術。

前面也提到過，現今 3D 列印的材料有塑膠、金屬、陶瓷，陶瓷材料至今爲止已經研發超過二十年的時間，其中一項研究爲希望陶瓷粉末經過雷射光的熱能照射融化後可以選擇性的固化，但因爲陶瓷一旦燒融以後都很容易熱裂，所以至今還無法成功。而目前陶瓷材料最成功的方法爲利用光固化的方式，把陶瓷粉末與光固化樹脂結合後照光，讓陶瓷與樹脂一同固化，這方法如同傳統陶瓷製程的陶漿，陶瓷粉末與黏著劑結合凝固後再經過加溫把黏著劑燒掉，讓陶瓷的部分留下，光固化陶瓷也是一樣的原理，只是把黏著劑換成光固化樹脂。筆者於 1998 年便將 SiC 與光固化樹脂混合成型之研究。依照此方法將可以做到高精密的陶瓷物品，像是陶瓷假牙、人工骨頭，所以在醫療用途上已經可以看的到市面上出現結合陶瓷粉末的樹脂。而台北科技大學、虎尾科技大學及法藍瓷生技也有在做陶瓷牙齒的相關研究，未來將運用在假牙或陶瓷飾品的列印上。

最後是手機 3D 列印，這可以說是未來最便宜的 3D 印表機，國外有一家在美國 Kickstarter 剛上市的公司，賣一台只需要九十九美金的 3D 印表機，使用者們只要買了這台 3D 印表機後跟自己的 APPLE 手機做連結就可以列印。很不幸，最後這家公司並沒有如期寄送手機 3D 印表機給投資者。手機螢幕可以說是目前最便宜且解析度高的圖案化光源，但相較於 DLP 投影的光源，手機光源還是不足，因此樹脂的敏感度就必須要調高。台灣科技大學是全世界最早開始進行手機 3D 列印實驗與商品化。

雖然手機列印是非常好的構想，但因可見光而有諸多限制，目前主流技術則使用 LCD 當作數位光罩，並採用 405 nm 的紫外光，可以大幅提升其解析度及成型進度，光敏樹脂也與 DLP 相容，並具有更大面積兼具解析度之優勢，而極具潛力，台灣光電顯示產業也逐漸投入，台灣優勢可期。

1. 工業 1.0 到工業 4.0 之生產技術變化，與列印 (Printing) 技術演進有何關聯性？
2. 快速成型 RP、3D 列印、積層製造技術均是相同或相類似，請說明此三種不同名詞之物理意義及其代表的產業變化。
3. 請說明複合式 3D 列印技術，並至少舉 2 個技術說明複合式 3D 列印與傳統製造技術之同異。
4. 請舉至少 2 個例子說明直接數位製造的特色與優缺點。
5. 請列出 7 種積層製造技術方法。

問題與討論

〔延伸論點〕

手機技術由 2G、3G、4G 甚至進展到 5G，除數位語音通話外，資訊傳送由文字簡訊 (1D)，到圖片、相片 (2D)，再加上時間串流而變成影音串流 (2D + Time)，寶可夢手機遊戲更是加上 GPS、地圖資訊、怪物分派與照相等更多資訊串流 (2D + 2D + Time …)，甚至 VR、AR + MR 所需的 3D 影像模型等，更多資訊傳送已是必然趨勢，此種發展也與 3D 列印技術及產業息息相關。尤其是對於 VR 也需使用 3D 影像模型，其所需之關聯技術是相同的。

手機相機解析度越來越高，已經幾乎超越手機有限螢幕顯示下小解析度的極限了，但美中不足的是景深立體感不夠好，因而一序列發展折 Z 光路等等，但受限於手機厚度與尺寸限制，均未能成功，故而最近使用雙鏡頭技術，期能提升照相景深技術，最後可能會發展成最有效的 3D 資訊數位化最有效工具與方法。

如第三章所將提到的立體法位測量方法，就是需要雙鏡頭感測器，Intel 也發展 Real Sense 也是使用雙鏡頭，期望與電腦整合進行 3D 影像建構，甚至全世界有非常多的技術與產品，均期望利用高解析雙鏡頭感測器，有效建構與輸入 3D 影像。可能最後也會走向手機雙鏡頭是最有效與普及的 3D 資訊數位化裝置，再次重蹈當年 2D 資訊數位化之覆轍。

一旦有手機雙鏡頭裝置，3D 影像數位化即可水到渠成，也會造就 VR、AR + MR 的成熟，更會進一步協助 3D 列印解決最困難的 3D 建模問題。

有問題就問 Google，Google 的搜尋引擎技術也是一樣由最早的 1D 資料搜尋，進展到現在圖片辨識的 2D 數位資訊搜尋，同理可推論，隨著 VR 及 3D 技術逐漸成熟與資訊量更大，3D 資訊搜尋也是必定的技術需求與發展，有志之士也可以提早研究發展，必然未來有極大產業契機。

02

積層製造程序 Additive Manufacturing Process

本章編著：江卓培

2-1 前言

本章將說明積層製造 (又名加法製造) 通盤的概要，以及積層製造的原理和主要定義。積層製造(additive manufacturing, 簡稱AM)是一種疊層的自動化製造過程，用來製作可比例縮放的三維物體，其流程涉及三維模型的取得、數據轉換、積層機台與材料的選用、加工參數的設定、進行加工與後處理等，由於它不須開模即可進行小量生產，故符合目前的客製化趨勢而獲得重視。除此之外，因爲美國總統在 2012 年的國情諮詢文中將它稱爲 3D printer 而被統稱爲「三維列印」。

2-2 積層製造的定義

積層製造的方法首度於 1987 年在市場中出現，積層製造當時被稱爲「快速原型 (rapid prototyping)」或「固體自由成型 (solid freeform)」，這兩種稱呼至今仍被使用。雖然也有其它的名稱是從當時創新方法面的觀點來看命名，但名稱多了就會造成困惑，這也往往是工業界新人在 AM 領域有名稱不統一的感受原因。

爲了獲得簡短的概述名稱間的關係，下面選擇了一些被使用過的術語，這些術語來自特定文字的結構化。常用的術語有：

- 加法 (additive)：

  積層製造 (AM)、加法逐層製造 (ALM)、加法數位製造 (ADM)。

- 逐層 (layer)：

  層製造、層導向製造、疊層製造。

- 快速 (rapid)：

  快速科技、快速原型、快速成型、快速製造。

- 數位 (digital)：

  數位製造、數位實體模型。

- 直接 (direct)：

  直接製造、直接加工。

- 3D：

  3D 列印、3D 成型。

由以上可知，積層製造初期在標準化或名稱統一上並未有太多的努力。直到 2009 年時，美國機械工程師學會與美國材料和試驗學會合作，開啓了他們獨有的標準作業流程的進展。2009 年的秋天，積層製造的 F42 委員會 (有關於術語的 F42.91 小組委員會) 發表了 F2792-09e1/F2792/，而這一項也被稱作積層製造的標準術語，它將積層製造分爲 7 個類別，如表 2-1 所示，分別爲

1. 材料擠製成型技術 (Material Extrusion，簡稱 ME)
2. 光聚合固化技術 (Vat Photo Polymerization，簡稱 VP)
3. 材料噴塗成型技術 (Material Jetting，簡稱 MJ)
4. 黏著劑噴印成型技術 (Binder Jetting，簡稱 BJ)
5. 疊層製造成型技術 (Sheet Lamination，簡稱 SL)
6. 粉末床熔融成型技術 (Powder Bed Fusion，簡稱 PBF)
7. 指向性能量沉積技術 (Directed Energy Deposition，簡稱 DED)

客製化則是因爲每一個物件或產品均來自各自不同3D數位模型，又如前所述之不需額外夾治具自動化優勢，甚至部分製程每一次成型時，可以同時完成數個或數十個甚至數百個不同物件產品，此乃傳統加工及難完成之客製化最大優勢。如Align Technology在SLA機器可以同時製造數十個不同牙齒模型等等。

其次材料多元化也是客製化與自動化之重要延伸，因材料層疊加，故而可以使在不同區域採用不同材料疊加，如多個噴嘴噴熔不同材料或不同顏色墨水等等，甚至台科大也已經領先全球使用手機光源製作出多色彩液態光固化物件。當然FDM可以使用多噴頭噴印多色或多材料及易移除之支撐材料等等，指向性能量沉積，因採用線上噴粉，也可以依各別位置不同而噴印而噴印不同材料，故而達到漸層材料(Gridient Material)。

整合微結構之可能以細胞結構式(Cellular structure)及多元材料之仿生材料，積層製造整合上述四大特色優勢，未來發展實在是超乎現有科技框架之限制與想像。

表2-1 ASTM之積層製造分類

技術	代表廠商	主要材料	應用市場
材料擠製成型技術 Materlal Extrusion(ME) Fused Deposition Modeling(FDM)	Stratasys(美國) Bits from Bytes(美國) RepRap(美國)	塑膠	原型
光聚合固化技術(VP) Vat Photo Polymerization Stereolithography(SLA)	3D systems(美國) Envlnslon TEC(德國)	光敏化樹脂	原型
材料噴印成型技術 Materlal Jetting(MJ) PolyJet	Stratasys(美國) 3D systems(美國) Solidscape(美國)	樹脂、蠟	原型、鑄造模型
黏著劑噴印成型技術 Binder Jetting(BJ) 3DP	(ZCORP)3D Systems (美國)ExOne(美國) Voxeljet(德國)	塑膠、金屬、鑄砂、陶瓷	原型、壓鑄模具、直接零件
疊層製造成型技術 Sheet Lamination(SL) Laminated Object Manufacturing(LOM)	Fabrisonic(美國) Mcor(愛爾蘭)	紙、金屬	原型、直接零件
紛末床熔融成型技術 Powder Bed Fusion(PBF) Selective Laser Sintering(SLS)	EOS(德國) 3D systems(美國) Arcam(瑞典)	塑膠、金屬、陶瓷、玻璃	原型、直接零件
指向性能量沉積技術 Directed Energy Deposition(DED)	Optomec(美國) POM(美國)	金屬	修復、直接零件

積層製造是一種由加層技術發展而來的自動循環的過程，它以流程鏈為特徵，圖 2-1 圖解說明它的流程，它由電腦的虛擬三維模型設定立體圖形數位格式，模型可由電腦輔助設計 (CAD) 軟體或逆向掃描，或是從其他成像技術，例如電腦斷層掃描 (CT 掃描) 等方式獲得，再由切層軟體進行二維化，使用選用的積層製造系統以加層的原理製作出實體的模型。

2-2-1 積層製造特色

積層製造是採用材料堆加成型，相較於傳統材料移除加工 (CNC 加工) 有著容易自動化與產品輕量化及客製化與材料多元化等特色大優勢。因材料移除加工一般採用機械剪切應力移除材料，故而受力較大，一般需要因其不同外型而設計特用夾持或組裝裝製 (夾治具)，但積層製造則是採材料相改變方式 (如熔化、熔融甚至化學反應硬化或黏結)，其應力較少，除將特殊高功率雷射金屬粉末快速成型外，一般不太需要設計特殊夾治具；即使需要，也可以在直接成型時以支撐結構方式完成，不需額外加工製作，故容易自動化。

輕量化則是因為材料屬於疊加方式，故與輪廓無關之內部材料，可以不需要填入，若可以達成原設計之性能即可。故而可以達成空孔輕量化之優勢。其次若採用特殊空孔微結構設計，尚可達成吸震、各部份不同密度之結構性能，此種功能愈來愈重要，將被非常廣泛使用於航太零組件及鞋類設計製造應用上。各種商用軟體也將此種微結構設計與應力分析整合，將使積層製造發揮更大優勢。

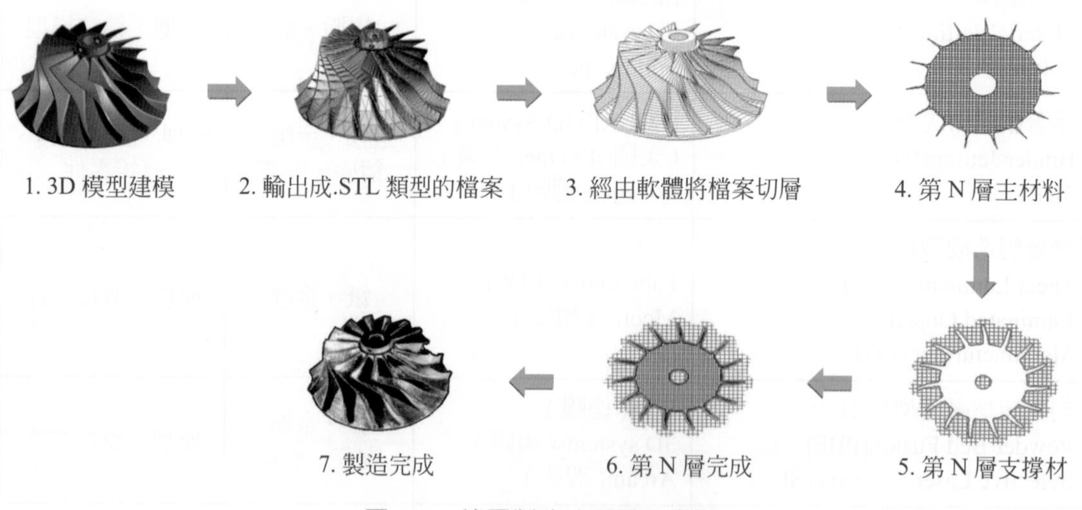

圖 2-1　積層製造流程鏈示意圖

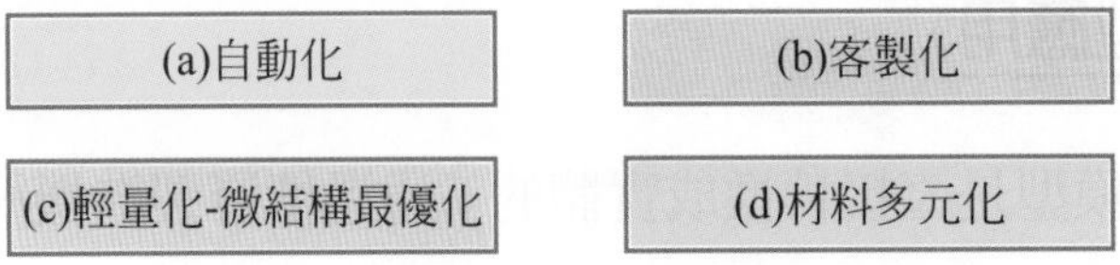

(a)自動化　(b)客製化

(c)輕量化-微結構最優化　(d)材料多元化

圖 2-2　積層製造四大特色優勢實例

2-3 積層製造之應用層面

大多數人對積層製造感興趣，主要是因爲他們想知道如何使用這種技術來開發全新而不同產品或可以快速得到所設計的模型以確認其功能性與外觀。有許多人認爲，每一個不同的積層製造方法只能連結特定應用方式，也就是一個特定的積層製造流程只能被用在一個或小範圍的應用。

實際上，最適用的積層製造流程的識別，是從各自的應用開始。然後，特殊的要求如尺寸、表面特徵、質量、可允許的機械特性與使用環境等，會引導一個合適的材料至最後能夠選擇出能妥善處理所有這些要求的機器。

在研究不同的積層製造流程之前，將先說明應用程序中廣泛的結構性領域。爲了方便這一項討論，先定義不同的應用程序級別。因此，首先將「技術」這一個術語的定義與「應用」區隔開來。技術被定義爲科學的發展過程，並介紹了科學的方法。應用則意味著如何使用技術並從中得到好處，也就是實用的方法。

爲了獲得較好的概略的看法，不同層級的應用以「應用程序級別」來定義之，故圖 2-3 可以說明積層製造技術的特點是兩個主要的應用程序級別，分別爲「快速原型」與「快速製造」。快速原型描述了所有有關於引導至原型、樣品、模型、或模擬的應用程序，而快速製造被應用於最終部分或是產品的製作。

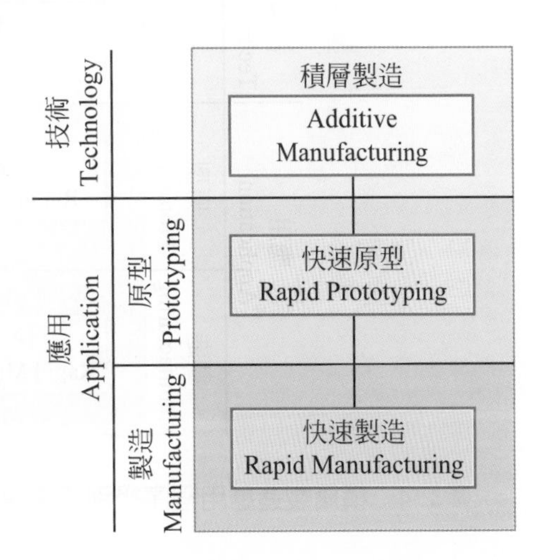

圖 2-3　積層製造 (AM)：技術層級和 2 項應用層級示意圖

2-3-1 快速原型應用

爲了表示數位模型是直接轉換成實體的 (通過積層製造機製作的部件)，因此所有積層製造流程都被稱做「直接處理」。與此相關的是，一些程序被稱爲「間接過程」或「間接快速原型過程」。他們不適用於層製造的原則，因此它們不是積層製造流程。間接流程的複製是利用矽橡膠鑄造等技術來完成，它是以積層製造所製作的零件爲翻製的過程，故稱「間接快速原型過程」。

如圖 2-4 所示，快速原型之一個重要目的乃是在於設計概念實證，立體成像或概念模型的定義是它屬於整體產品的一部分，用於驗證一個設計的理念，它可以是三維的圖片或是三維的塑像。在大多數情況下，它們不能承受負載，它們僅被用來獲得一個立體空間的視覺比較，判斷它的外觀和比例。因此這些零件也被稱作「原型」或「模型」。此部分應用未來隨著 VR(虛擬實境)、AR(擴張實境)、MR(混合實境) 技術，或許會漸減少；但同時因爲 VR、AR、MR 的普及，卻也使的 3D 數位模型更普及，而大大降低使用積層製造數位 3D 模型準備之門檻。故而初期 VR 等技術，將協助積層製造之發展，後期則會部分減少概念設計驗證產業之需求。總括而言，VR 等技術發展，對積層製造絕對是極正向發展之墊腳石。

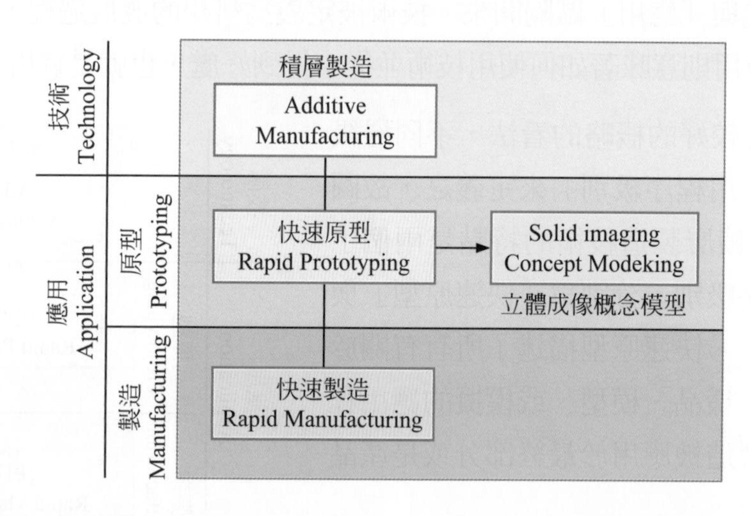

圖 2-4 積層製造應用程序級別「快速原型」，次要分級為「實體成像」和「概念模型」

利用黏著劑噴塗成型技術中的粉末黏結劑所製作的彩色模型是概念評估的重要工具。著色有助於指出一個原型的問題範圍和討論目標。圖 2-5 展示了透過磁振造影 (MRI) 取得患者大腦血管數位資料而建立的剖面模型的實體圖像。事實上，在患者的身上血管與頭顱並未被上色，透過模型中的不同顏色可以被連結到討論的訴求主題。

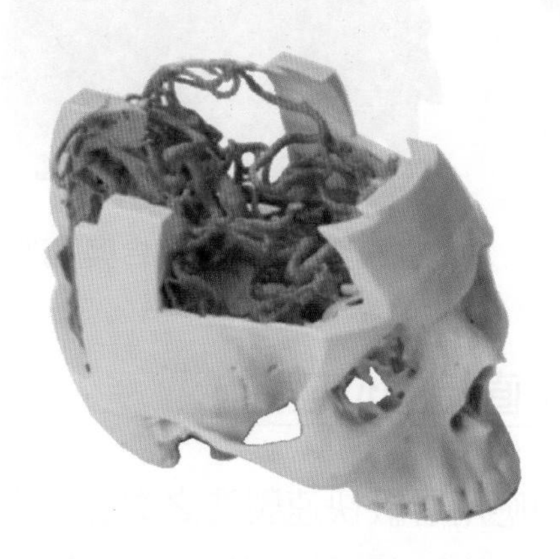

圖 2-5　實體成像之腦血管與頭顱相對位置之原型圖

快速原型又可分出「功能性原型」如圖 2-6 所示，功能性原型適用於允許檢查和驗證一個或多個獨立功能的後期產品或作出的生產決策，即使該模型不能作爲最後一個部分。由圖 2-7 可以看出，在非常早期的產品開發時期，非對稱齒輪設計後觀察齒輪組運作時期是否會干涉的組合原型，它是由材料擠製成型技術中的 FDM(Fused Deposition Modeling) 所製作完成。

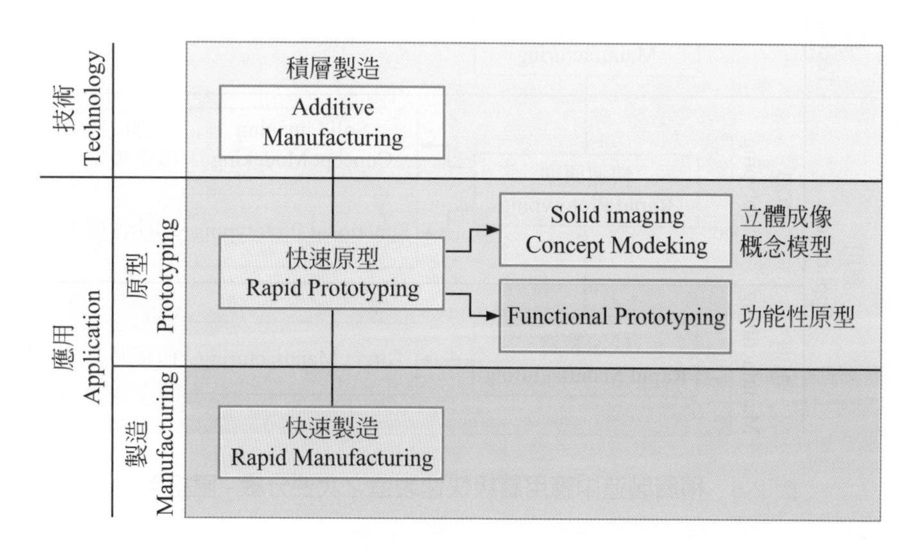

圖 2-6　積層製造出應用程序級別快速原型；次要分級與功能性原型

圖 2-7　功能性原型：齒輪組嚙合與干涉分析

2-3-2　快速製造應用 (直接數位製造)

圖 2-8 說明積層製造中應用層級快速製造之次要分級 - 應用程序級別中的「快速製造」，是由傳送最終產品或需要被組裝成產品的最終零件的所有過程。如果積層製造的零件顯示了在產品開發過程中分配給它的所有特性和功能，則被稱做產品或最終零件。如果是積極的產品生產，則稱做「直接製造」；如果是間接的生產品件，則是製作一個輔助生產產品所需之裝置如夾、治具等或一個標準規格則稱做「直接加工」。

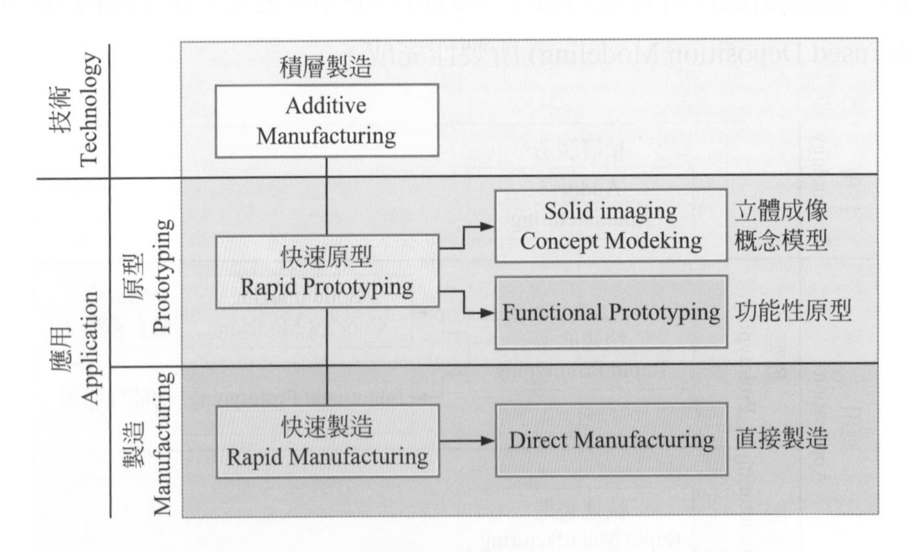

圖 2-8　積層製造中應用層級快速製造之次要分級 - 直接製造

直接製造會引導出最終零件，而這些零件來自於積層製造流程。今天，所有種類的材料可被處理後並直接使用積層製造流程中。可用的材料與傳統的製造工藝中使用的材料顯示完全相同的物理性能是不重要的。然而，它必須保證以工程設計爲基礎的性能，能以所選擇的實現積層製造流程和材料來實現。

2-3-3 直接製模

快速加工參與了所有積層製造的流程，使得最終零件可被使用爲核心、孔洞、工具、模具或模具的插入物。兩種次要級別可分類爲直接加工和原型加工。

直接加工在技術上等同於直接製造，但會產生模具插入物、模具和模具的一系列性質。雖然模具是基於簡單的產品數據的轉化 (正轉負)，但它與一個單獨的應用程序一樣是分爲一級。

此外，爲了做數據轉化，考量結構是必要的，其中包括了等比例放大收縮、定義分模線、拔模角度、退模機構與滑塊等。模具通常需要有金屬工藝和經過設計的機器來運作。値得注意的是「直接製模」並不意味著整個模具製成，事實上唯一的工具組件，例如孔洞或滑塊的製成是必要的。整個模具是使用了這些孔洞和標準組件，或是進入傳統加工製程。即一般模具常用的標準件，如模座則仍是採用傳統 CNC 加工較爲經濟，但隨著各種產品特徵變異之模仁，則可使用積層製造方法完成比較符合今日加工技術之經濟效應。

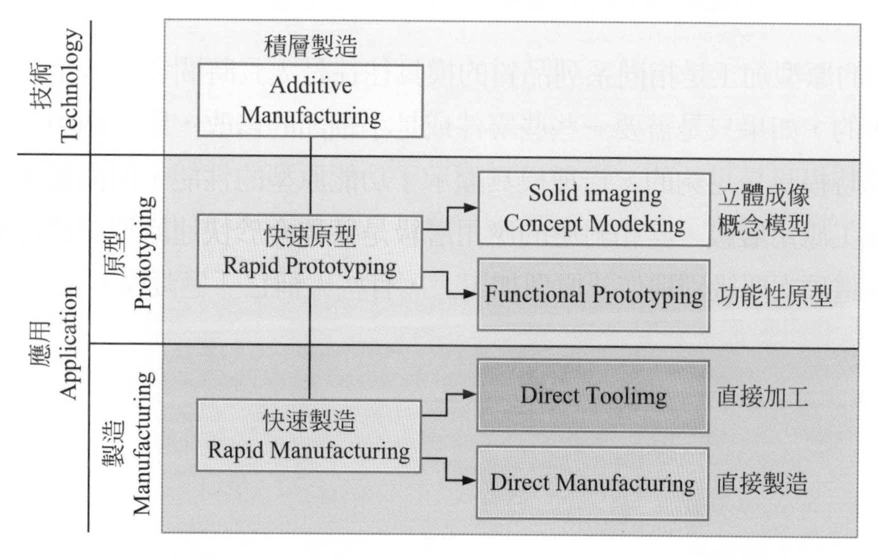

圖 2-9　積層製造：應用級別中的快速加工；次要級別的直接加工

所有積層製造流程的基層技術都允許中空結構的內部構造。例如，模具的鑲入可以被用來內置冷卻通道，此一通道會沿著孔洞底部的表層成型。因為冷卻通道的成型跟隨模具的輪廓，該方法被稱為共形冷卻。由於熱提取技術的增加，塑膠材料注入模具的生產力將會顯著的增加。此外，冷卻和加熱通道可以被設計為一個獲得集中的熱管理系統，從而變成更有效能的工具，此乃傳統加工技術極為困難完成之製模技術，也是積層製造優勢之一。

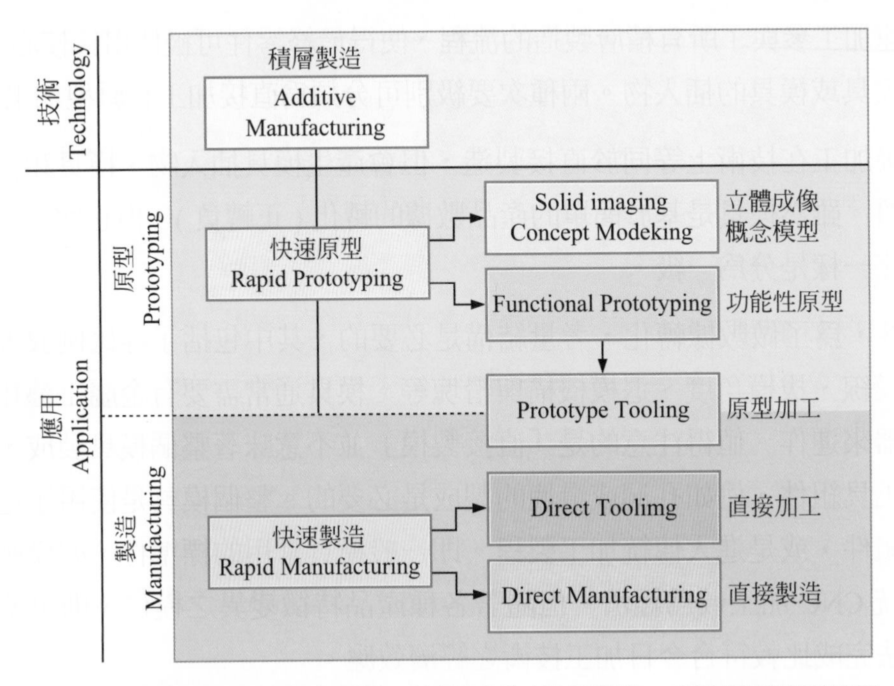

圖 2-10　積層製造中間應用層級－快速原型 / 快速製造；次要級別原型加工

所謂的原型加工是指同系列品質的模具往往是太長時間和太多金錢的消耗所製造出來的，如果只是需要一些些零件或是小細節的修改，則一個由替代性材料製成的臨時模具是足夠的。這種模具顯示了功能原型的性能，但滿足了至少部分的直接加工應用層級。其相對應的應用層級是某種介於快速原型和快速製造的中間層級。這項次要級別稱作「原型加工」，有些人稱它「過渡模」。

1. http://edition.cnn.com/2013/02/13/tech/innovation/obama-3d-printing/
2. Lawrence E.Murr, Rapid Prototyping Technologies:Solid Freeform Fabrication, Handbook of Materials Structures, Properties, Processing and Performance, pp 639-652.
3. Ian Gibson, David W. Rosen, BrentStucker. Development of Additive Manufacturing Technology. Additive Manufacturing Technologies, pp 36-58.
4. http://www.astm.org/DATABASE.CART/HISTORICAL/F2792-09E1.htm

問題與討論

1. 依據 ASTM 之積層製造分類，說明有哪七種技術，其主要代表廠商、材料及應用市場？
2. 積層製造流程鏈，說明各部分的個別功能？
3. 積層製造的產品，其主要特性？積層製造方法最重要特色爲材料增加疊層方法，而傳統加工製造方法爲材料移除，請問兩者各有何差異與應用不同及各自優缺點？
4. 立體圖像的應用是什麼？
5. 功能性原型和直接製造的差異爲何？
6. 依據 ASTM 之積層製造分類，討論哪些可以進行快速原型？哪些可以進行快速製造？

03

積層製造軟體－模型建立、資料格式、切層運算

Additive Manufacturing Softwares-Modeling, Data Format, and Slicing Operations

本章編著：林榮信、林宗翰

3-1 前言

在數位資訊的時代，絕大部分用以記錄 3D 物件外觀的方式皆已數位化。不論簡單幾何形狀，或複雜曲面外觀都能以有限的浮點資料記錄。在積層製造領域中，數位 3D 模型具有許多便利特性，例如資料保存、傳遞與編輯。積層製造所需的 3D 模型資料來源大致可分爲兩類：一爲軟體建模，另一種方式爲逆向工程掃描建模。軟體建模是透過軟體，一步步由人力繪製點、線或面，在虛擬環境中從無到有，產生一個具體的數位 3D 模型；逆向工程掃描建模則通常針對現實中已存在的 3D 實體物件，透過儀器測量的手段，逐步複製其物體表面的 3D 座標，進一步產生數位 3D 模型。

積層製造軟體所涵蓋的範圍，除了建模生產 3D 模型的功能外，另一個必要的功能爲切層運算。切層運算是一個將 3D 模型逐層分解的運算。透過切層運算，可將 3D 模型針對某個方向拆解成多個連續的 2D 剖面資料，再經過轉換成爲積層製造設備可辨認的加工語言，進一步堆疊輸出 3D 實體物件。

本章內容介紹常用的 3D 數位資料格式、3D 軟體建模與逆向建模技術，以及 3D 模型切層運算等技術。

3-2 資料格式

一般用於儲存 3D 模型的資料格式可爲兩大類型：第一種爲記錄物體表面網格資料，例如記錄頂點座標，搭配表面網格頂點之索引值；另一種爲參數化表示，使用特定方程式與參數記錄該物體之表面，常見的方式爲 Bezier、B-Spline、NURBS 曲面 (Non-Uniform Rational B-Spline)。參數化曲面爲電腦輔助設計領域常用的表示法，它可以僅記錄控制點與方程式，即可表示複雜的曲面。由於參數化表示法所記錄的主要資訊爲控制點與方程式，設計人員可以透過移動控制點位置輕易局部修改模型外觀，因而較常使用於設計階段；積層製造的應用中鮮少使用參數化表示法的形式儲存資料，主要原因是該方式仍需要透過方程式轉換將 3D 模型表面資料逐一運算出來，因而不如直接記錄模型表面網格資訊來的直接且方便。這兩種類型的格式所記錄的內容不同，以參數化表示法所記錄的模型可以輕易地轉換爲網格資料；反之，從表面網格資料或 3D 點雲資料轉換爲參數化曲面則需要透過曲面擬合 (Surface Fitting) 技術達到。經過擬合的資料通常是在限定誤差範圍內所迴歸的近似資料，故無法百分之百代表原始資料。

積層製造領域中經常使用的資料爲表面網格資料類型，這類資料型態的主要特徵是透過許多小平面以代表物體表面資料。一般而言，以網格資料表示 3D 模型外觀，必要資訊爲 3D 點的向量座標，以及用於描述網格之連接關係。此類型常見的 3D 資料格式副檔名爲 STL、PLY、OBJ 與 3MF。此外早年用來製作動畫的標準檔案格式，例如 3DS(3D Studio DOS) 與 WML(Virtual Reality MakeUp Language) 仍是目前市面上常流通的資料格式。本章節針對目前常見的 3D 資料格式 STL、PLY、OBJ 與 3MF 格式進行說明。

3-2-1 STL 檔案格式

STL 全名爲 Stereolithography，是一種用於記錄 3D 物件之表面幾何資料座標資料的 3D 檔案格式。標準 STL 檔案所記錄的基本資訊爲物體表面的三角網格資料，包括三角網格的三個頂點座標以及該網格的表面法向量。一個 3D 模型表面可以由多個三角形所構成，而每個三角形資料包含 3 個頂點向量與 1 個法向量，共計需要 12 個浮點數記錄一個三角形。一個完整的 STL 檔案格式至少包含一個三角形資料。因此，以 STL 格式儲存 3D 模型，則該模型必須是以三角形表面表示，或需經過三角化 (Tessellation) 運算。舉例來說，一個正方體包含 6 個方向的四邊形，在 STL 的資料定義中總共需要 12 三角網格，故需要 48 個 3D 向量記錄。

STL 檔案支援兩種記錄方式，包含 ASCII 文字檔與二進位 Binary 格式。採用 ASCII 文字格式記錄的檔案可以以文字編輯器開啓，開啓後可以看到類似圖 3-1 的編排。在該檔案開頭有一行定義該物件名稱，如圖 3-1 的 ObjectName。緊接著便是一連串以 facet 爲開頭及以 endfacet 爲結尾的區塊。一個合法的 STL 檔，在 ASCII 文字格式中可以找到的 facet 數量應與該模型的三角網格數量一致。檔案中 facet 後方接續的爲三角形的法向量方向，是由 3 個浮點數組成的 3D 向量，例如圖 3-1 所描述的“ObjectName”模型爲一個三角形，其法向量爲 (N_x, N_y, N_z)。而該三角形的三個頂點則記錄在 outer loop 與 endloop 之間的區塊，並且每個頂點座標的判別字皆以 vertex 爲首。

```
solid ObjectName
facet normal Nx Ny Nz
      outer loop
            vertex V1x V1y V1z
            vertex V2x V2y V2z
            vertex V3x V3y V3z
      endloop
endfacet
endsolid ObjectName
```

圖 3-1　ASCII 文字格式的 STL 檔案資料

另一種 STL 檔案採用 Binary 二進位編碼方式記錄。二進位編碼雖然不易直接透過文字編輯器閱讀內容，但可以有效降低儲存所需的磁碟空間。採用 Binary 二進位編碼儲存的 STL 檔案與絕大部分的檔案格式一樣具有檔頭定義欄位。檔頭資料有 80 byte 的儲存空間可供使用，一般軟體會將版權宣告或說明記錄在這個區塊中，如圖 3-2。緊接在檔頭後方的 4 byte 記錄該 STL 檔共有多少三角網格，在讀檔過程需將此 4 byte 轉爲整數數值，如圖 3-2 的 Number of triangles 與圖 3-3 右圖之紅色框選處。之後的儲存區塊以每 50 byte 記錄一個三角網格資料。這 50 byte 中，前 12 byte 中包含了每 4 byte 記錄一個浮點數，用來表示該三角網格的表面法向量，如圖 3-2 的第四行 Normal vector 處。而記錄三角網格資訊的 50 byte 資料中之第 13 ～ 48 byte(共 36 byte) 則代表 3 個 3D 頂點座標，用來表示 3 個 3D 點的 (x, y, z) 座標數值。而該三角形結尾處保留了 2 byte 資料用於記錄顏色或其他屬性。值得一提的是 ASCII 形式並無提供記錄顏色的欄位，Binary 形式所提供的顏色記錄僅 16 bit，而非一般常用的 24 bit 或 32 bit 全彩資料，並且該顏色代表一個三角網格。ASCII 形式與 Binary 形式的記錄比較可參考圖 3-3。

```
UINT8[80]-Header
UINT32-Number of triangles
for each triangle
  REAL32[3]-Normal vector
  REAL32[3]-Vertex 1
  REAL32[3]-Vertex 2
  REAL32[3]-Vertex 3
  UINT16-Attribute byte count end(or color information)
```

圖 3-2　二進位 Binary 格式格式的 STL 檔案資料

STL 檔案並無直接提供該模型是否爲封閉體積的資訊，而僅提供多個獨立的三角形資料。因此，一般軟體讀入 STL 後仍須進行銲接動作，將相同的座標點合併讓鄰近的三角網格共用，以達到連續表面的定義。大多數三角網格頂點的排列次序採用右手定則，因此利用三角形的任兩邊外積可決定該三角形平面的法向量。除了三個頂點可以定義一個三角形外，在計算機領域中常額外採用「邊」的資料結構來定義三角形。換句話說，一個三角形由三個邊所組成，然而兩個相接的三角形便會有一組重複且共用的「邊」，這類共用的「邊」通稱爲半邊 (Half-Edge)。「半邊」的資料結構除了可用於建立三角網格與點之間的連結關係，也常用來檢查三角網格模型是否有破洞，或是否爲封閉的實體。

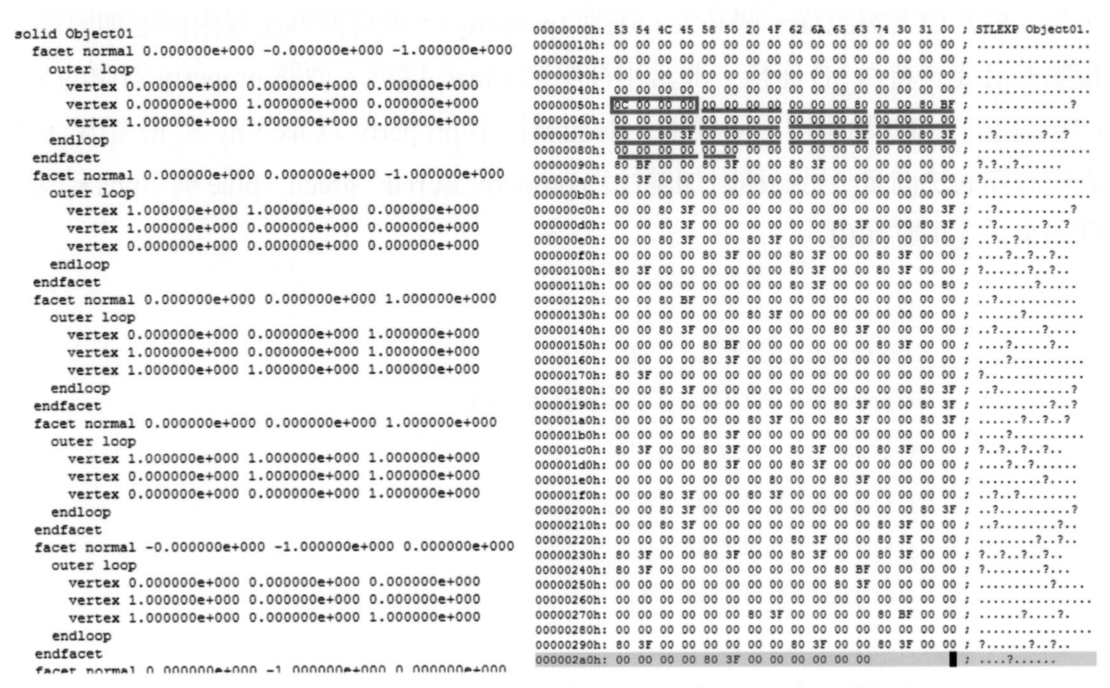

圖 3-3　單位正方體採用 ASCII(圖左) 與 Binary(圖右) 記錄的 STL 檔比較

3-2-2　PLY 檔案格式

PLY 爲 Polygon File Format 縮寫，是 1990 年代 Stanford Unviersity 所訂定的 3D 模型檔案，故又稱爲 Stanford Triangle Format。該檔案以敘述式定義資料於檔頭，透過檔頭所規範的格式來決定儲存欄位之資料。

PLY 檔案的儲存格式亦分爲 ASCII 文字格式與 Binary 二進位格式。而 Binary 二進位格式又因不同作業系統編碼習慣區分爲 binary_little_endian 與 binary_big_endian 兩種版本。不論哪一種版本，其資料定義的規則皆相同。

在 PLY 檔案的標頭的敘述式中，見圖 3-4 範例，在關鍵字“comment”後方的敘述爲註解文字，可以用來宣稱版權或針對內容物的描述。物件的關鍵字爲“element”，緊接著是物件類型與數量。PLY 檔案主要使用的物件有兩種，包含 vertex(頂點) 與 face(面)。因此，記錄一個正方體，可以用 8 個頂點，定義在

PLY 檔案標頭一行“element vertex 8”，以及 12 個三角網格面，定義一行“element face 12”，見圖 3-4。而接續物件“element”後方數行則是定義該物件的資料形式：以一個 face(面) 來說，僅需記錄面的頂點數量與其索引號。以 vertex(頂點) 來說，PLY 檔案需記錄一個必要的屬性 (property)，並可額外記錄兩個附加屬性。頂點的必要資料為 3D 座標，並常用浮點數 (float) 儲存，而該 property 對應的 *x*、*y* 與 *z* 組成一 3D 點座標。同樣地，附加屬性中 property 以 nx、ny 與 nz 結尾，則表示該點的法向量。另一種附加屬性為 property 以 red、green、blue 與 alpha 結尾，則用來描述頂點顏色。

```
ply
format ascii 1.0
comment VCGLIB generated
element vertex 8
property float x
property float y
property float z
element face 12
property list uchar int vertex_indices
end_header
```

圖 3-4　PLY 檔案格式之標頭敘述式

3-2-3　OBJ 檔案格式

OBJ 檔案為 Wavefront Technologies 公司所提出的標準檔案格式，採用文字檔的方式儲存資料。OBJ 檔案格式包含階層式架構的物件定義，同一檔案中可以定義多個模型物件。OBJ 檔案支援豐富的材質特性定義，包含頂點著色 (vertex shading)、貼圖 (texture map)、材料反射係數、表面光澤度等屬性。為了於檔案中定義材料特性，OBJ 格式中可另外於檔案中指定多個定義材質的檔案 (副檔名 .MTL)。並且於 MTL 檔案中描述所有關於材質的特性，例如散射顏色 (Diffusion)、反射顏色 (Specular) 等，亦可指定照片貼圖。因此一個帶有彩色貼圖模型的 OBJ 檔，應該至少包含額外的 MTL 檔與照片檔，才是一個完整的 OBJ 檔。

OBJ 檔案的描述是一行定義一項內容，並且每行開頭設定有關鍵字定義屬性。例如以英文字 v 開頭，代表頂點，而後接著以 3 個浮點數定義 3D 座標，並以空格區分，見圖 3-5。其他定義如 vn 開頭，代表頂點的法向量，vt 代表描述頂點的貼圖座標。而頂點的編號次序，是根據字元出現的號次。如圖 3-5 中第四行定義的 3D 點 (0.0, 1.0, 0.0) 表示，是第三個出現以 v 爲首的行次，因此該點的索引號是 4。以 f 爲首的行次用來定義網格面的頂點索引號，以圖 3-5 第 13 行爲例，該面所使用的索引號是 (4, 2, 1)，也就是該三角網格使用了座標爲 (1, 1, 0)、(1, 0, 0) 與 (0, 0, 0) 的三個頂點。以 g 開頭之後緊接著是定義群組名稱，且該群組名稱所使用的面包括所有在該行以下所遭遇的 f 爲首所定義的面，直到下一個出現 g 爲首的那行爲止。

OBJ 檔案支援多邊形網格資料，這可以從以 f 爲首的行次中判斷，當接續 f 後方的整數個數爲 3 則表示該面爲三角形。在同一個模型中，OBJ 檔案儲存可以不全然爲三角形。三角形、四邊形與多邊形皆可同時存在於 OBJ 檔案中用以代表模型表面。以 f 爲首的行次後方可以排列數個區塊，每個區塊內以符號 / 分隔兩個以上的整數，同一區塊內則是描述網格同一頂點的其他屬性，例如貼圖座標與頂點法向量。

此外以 # 爲開頭的行次，是註解文字，一般並不會被讀取成有意義模型資料。值得注意的是，OBJ 所採用的索引號，不論針對頂點座標、頂點法向量或頂點貼圖座標都是是從編號 1 開始累計。

```
 1 # object Box001
 2 v  0.0000 0.0000 0.0000
 3 v  1.0000 0.0000 0.0000
 4 v  0.0000 1.0000 0.0000
 5 v  1.0000 1.0000 0.0000
 6 v  0.0000 0.0000 1.0000
 7 v  1.0000 0.0000 1.0000
 8 v  0.0000 1.0000 1.0000
 9 v  1.0000 1.0000 1.0000
10 # 8 vertices
11 g Box001
12 f 1 3 4
13 f 4 2 1
14 f 5 6 8
15 f 8 7 5
16 f 1 2 6
17 f 6 5 1
18 f 2 4 8
19 f 8 6 2
20 f 4 3 7
21 f 7 8 4
22 f 3 1 5
23 f 5 7 3
24 # 12 faces
```

圖 3-5　OBJ 檔案定義正方體的表示內容

3-2-4 3MF 檔案格式

3MF 檔案格式是 3D Manufacturing Format 的縮寫，它是一個專門因應積層製造所需的資料型態而制訂的 3D 模型檔案格式。該格式由 3MF Consortium 組織發佈標準規格白皮書，而 3MF Consortium 組織的主要知名成員為微軟 (Microsoft)、惠普 (HP)、Autodesk 等公司，於 2015 年正式提出，並於 2016 年初更新至 1.1 版本。3MF 檔案格式採用 XML 語法，內容記錄數位簽章 (版權)、單位、外觀縮圖、物件數量、名稱、材料、材質與色彩、3D 模型資料等屬性，如圖 3-6。也由於採用 XML 語法，該格式保留了可以擴充的特性。其中，針對 3D 模型部分可允許記錄多個物件，模型資料採用三角網格形式記錄，也包含記錄所有頂點的 3D 向量 (如圖 3-6 框選處)。一個物件由多個三角網格構成，每一個三角網格則記錄頂點的索引號碼 (採右手定則)，透過索引號碼取得頂點的 3D 座標。3MF 檔案屬於開源的檔案格式，由於微軟公司的支援，在 Windows 8 以後的作業系統已經內建可編輯 3MF 檔案的「3D Builder」軟體，並將 3D 印表機視為標準輸出設備，可由 3D Builder 軟體直接輸出。

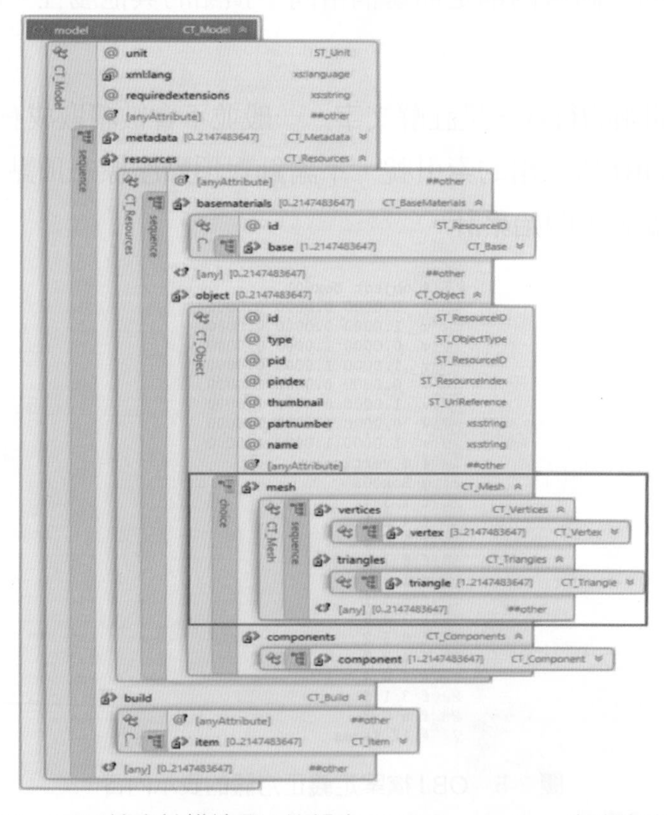

圖 3-6　3MF 檔案結構總覽 (節錄自 3MF Consortium 白皮書文件)

從上述四種 3D 檔案格式可得知，大部分記錄 3D 模型皆是以許多三角形來記錄模型的外觀。3D 模型體積的大小，並不會直接影響檔案所需的儲存容量大小，而眞正影響儲存容量大小的關鍵是模型的三角網格數量以及頂點數量的多寡。一般而言，假設一個 3D 模型的三角網格是連接並共用連接的頂點，則三角網格的數量約略是頂點數量的兩倍左右。表 3-1 爲上述四種 3D 檔案格式 (無記錄顏色或材質) 在不同網格數量之模型中的儲存記憶體使用量比較。

表 3-1　各種 3D 檔案格式儲存所佔儲存容量 (單位 Kbyte)

模型內容 儲存格式	球體 頂點數：252 三角形數：500	球體 頂點數：1,002 三角形數：2,000	球體 頂點數：9,002 三角形數：18,000	球體 頂點數：100,002 三角形數：200,000
STL(binary)	25	98	879	9,766
STL(ASCII)	132	523	4,705	52,300
PLY(binary)	10	38	335	3,712
PLY(ASCII)	13	52	520	6,396
OBJ	14	58	568	6,919
3MF	20	39	215	2,241

3-2-5　彩色檔案格式

上述章節所介紹的 3D 檔案格式都可以保存彩色資訊。大部分 3D 應用往往比較重視座標與尺寸的精準性，對於彩色資訊的擷取與保存較少精準的描述。然而『色彩』是一門涵蓋心理、物理與光學等跨領域學門，嚴格來說，彩色資訊所需記錄的資訊相當複雜。舉例來說，光源發光照射到物體表面，經反射後進入到觀測者或相機後形成彩色資訊。這其中包含光源的光譜分布 (光線顏色)、物體的反射函數分布 (物體本體顏色) 以及觀測者的訊號轉換函數 (三刺激値)。完整的顏色定義高達 12 個維度，例如光源入射方向、反射方向、光傳遞時間、材料吸收穿透、光譜偏移等檔龐大的資訊。實務上，目前標準檔案格式尙無法記錄完整的彩色資訊，取而代之的是僅記錄簡化後的彩色資訊 (例如：OBJ 檔案格式的附屬 .mtl 材料檔以 Ks, Kd, Ka 代號分別代表 Specular，Diffuse，Ambient 的顏色)，或主體代表色 (例如：Diffuse 顏色)。此外，還有一値得注意的電腦圖學主流即是擬眞物理貼圖 (Physically Based Rendering Texture, PBR)，該種彩色資訊需根據不同材料類別 (例如金屬、塑膠有不同的光澤模式) 而有不同的渲染定義。

我們在前幾個章節所介紹的 3D 檔案格式基本上以三角網格為主，它們所格式用來紀錄彩色資訊的方式大致可以區分成三大類：

1. 將顏色記錄在三角網格上：例如 STL 檔案的 Binary 格式。STL 檔案中針對每個三角網格都賦予一個 15Bit 顏色，亦即 R、G、B 顏色各有 32 種 (2 的五次方) 色階變化。而在資料呈現時，即每個三角網格面都用同一個顏色著色。因此，若仔細觀察兩個相接的三角網格邊界，可以明顯看出顏色差異。

2. 將顏色記錄於頂點上：例如 PLY 及 OBJ 格式。以 PLY 為例，用來紀錄顏色的數量與頂點座標數量相同，並且每個頂點顏色可以用 32Bit 儲存，亦即 R、G、B、Alpha 各有 256 種 (2 的八次方) 色階。在資料呈現時，三角網格內個每個畫素顏色則由三個頂點顏色並依距離進行線性內差。因此，觀察該類彩色模型，可以發現頂點部分的顏色通常較亮。

3. 將顏色以照片方式儲存，並記錄頂點的貼圖座標：例如 OBJ、3MF 格式。以 OBJ 為例，檔案中的以“vt”為首的一行即代表一個貼圖座標，並通常通稱 uv 貼圖座標。貼圖座標數值範圍通常為 0 ～ 1，並且以照片左下方為原點，而貼圖照片為了滿足顯示卡設計，一般皆以 2 的冪次方 (例如 512、1024、2048) 之正方形儲存。在資料呈現時，三角網格的三個頂點根據其貼圖座標映射至照片上成為另一個 2D 三角形，該 2D 三角形即被剪裁出來做為該三角網格的著色資料。因此，當 3D 模型的網格數量不多時，一個網格在貼圖座標上的 2D 三角形通常可以涵蓋數十甚至數萬個畫素，則會低網格數量模型在顯示時視覺品質大幅提升。

以圖 3-7 的同一個 3D 模型掃描資料為例，將它記錄成 STL(binary) 形式或紀錄 PLY 格式，會導致儲存彩色部分的內容有所不同。圖 3-8 舉例一個網格數約僅有 1 萬的彩色 3D 模型。該模型的網格被區分成數個連接的區塊 (右上子圖) 映設到一張貼圖照片 (右下子圖)，因此即使網格數不多，亦可以呈現出品質相當不錯外觀。

圖 3-7　色彩資訊記錄於平面以及記錄於頂點的差別。

圖 3-8　模型的頂點額外記錄貼圖座標可以建立與貼圖照片之貼對應關係

3-2-6　網路流通形式之檔案

自從智慧型手機問世以來，社群網站 (Social Networking) 已經變成多數人的社交工具之一。透過社群網站，可以快速發佈分享文字、照片、影音等資訊，這其中也包含數位 3D 模型。2015 年起，由於跨平台的 3D 資料傳遞需求，Khronos Group 機構發展了符合網路標準的 glTF 格式 (Graphics Library Transmission Format)，除了模型本身支援 PBR 貼圖外，同時也把『場景』與運動紀錄於檔案中，進一步支援 HDR 環境貼圖，並相容於 AR 應用。glTF 檔案的壓縮形式則以 glb 為副檔名，兩者所記錄的內容皆相同。知名 3D 模型網路平台如 SketchFab 就是採用 glTF/glb 格式做為資料顯示播放。Facebook 在 2018 年曾經允許 3D 模型的上傳，並可用 AR 互動播放。但由於網路頻寬的限制，資料量過大的檔案並不利於傳輸與瀏覽，因此 Facebook 的 3D 模型服務也同樣限制模型檔案大小。Windows 10 作業系統內建 App 的 3D Builder、3D Viewer 以及 Paint3D 等軟體皆支援 glTF/glb 檔案的編輯及轉檔。現階段透過網頁瀏覽器，於 html 語法中嵌入 webGL 播放器亦可以顯示 glTF/glb 檔案 (見圖 3-9)，同時也兼具保護資料免於被複製的特性。

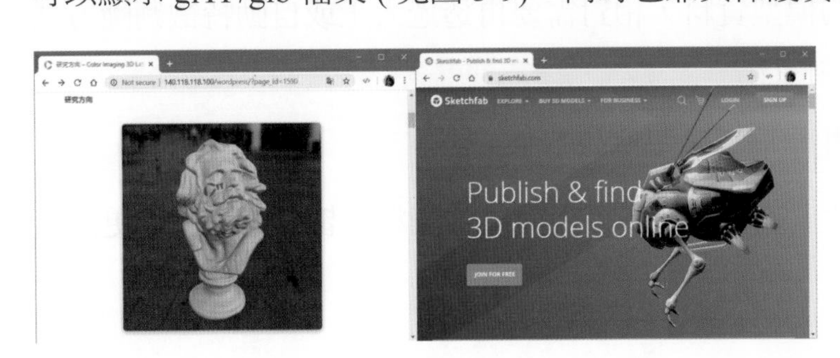

圖 3-9　透過網頁瀏覽器撥放 glTF/glb 格式，左圖透過開源 API 實現，右圖則是 SketchFab 的入口網頁

3-3 3D 建模

3D 模型資料的來源可以透過測量尺寸 (例如逆向工程掃描技術) 或以 3D 建模技術取得。因此，要產生一個 3D 的數位模型檔案，一般可區分成兩類：CAD 軟體建模與逆向工程掃描建模。由於電腦科學進步，CAD 軟體建模已發展出相當多元的軟體，適用於各種領域，適合原創外觀設計開發，使用者透過軟體提供的繪圖編輯功能，可逐步繪製出 3D 模型；而逆向工程掃描，包含了接觸式測量與非接觸式掃描技術。其中非接觸式掃描技術較廣為使用，亦隨著光學與感光元件進步，發展出不同條件的演算法。逆向工程掃描技術適合用來檢驗測量實際物體的外觀尺寸，也適合用來輔助設計製造。例如設計師可用手捏做紙黏土，產生自己想像的曲面造型 (通常針對 CAD 軟體不容易創造的形狀)，透過逆向掃描技術將該實體表面數位化後，再進入編輯軟體中持續進行修改與設計。

3-3-1 3D 測量

一般而言，規則物件的尺寸可採用相對距離、弧度、曲率與角度等幾何描述之。常見測量直線尺寸的工具如游標卡尺、雷射干涉儀、雷射測距儀等。然而在空間中，3D 測量的狀況更為複雜，而針對不規則表面或曲面更不易用傳統工具達到測量尺寸目的。

為了便於描述 3D 外觀，絕大部分的數位 3D 模型都以直線距離做為 3D 測量的主要依據，或者以特殊位置的剖面圖或輪廓來描述尺寸。舉例來說，描述足部外觀尺寸的數據可以多達 20 多種，包含足部長度、足弓、圍度等等。而這些尺寸的定義多半與相對座標及方位有關，亦有部分與特徵直接相關。因此，3D 測量所需要的資料則是盡可能地記錄並涵蓋 3D 模型表面上任何一個點的 3D 座標數值。對 CAD 軟體建模技術來說，透過軟體產生的 3D 外觀相對比較容易掌握；反之，以逆向工程掃描取得的模型資料，相對需要再透過人工或自動特徵判斷方式進一步取得所需 3D 測量尺寸。

3D 測量所衍生的應用相當廣泛，舉例如下：

1. 製鞋業所需的鞋楦尺寸，或足部特徵等表面尺寸資料，皆有助於製作更舒適健康的鞋子與鞋墊。

2. 輪胎業於生產輪胎過程則重視輪胎眞圓度、表面紋路導致的排水性與摩擦力。
3. 一般製造業所生產的產品或模具尺寸的控管，直接影響生產良率。
4. 生物醫療相關所需之人體 3D 尺寸特徵，可有助於提升人體工學效益、輔助復健、穿戴舒適性等。
5. 道路、橋樑與管線的 3D 尺寸測量，可協助監控潛在結構變形，有助於防止意外災難發生。

3-3-2 CAD 軟體建模

由於電腦硬體技術的進步，從 1990 年代起電腦繪圖技術帶動 3D 視覺化呈現，使得 CAD(Computer Aided Design) 軟體技術日趨成熟。而商用 3D 軟體，經過幾十年激烈競爭、淘汰與整併已經轉變成少數獨大的公司，例如 Autodesk®、Dassault Systemes 公司等，而 3D 軟體的功能定位也越來越鮮明。

目前市面上的 CAD 軟體建模中以 Autodesk® 公司所提供的軟體解決方案最完整。2013 年起 Autodesk® 公司已開放所有最新版軟體供教育免費使用，因此使用者可以透過 email 註冊取得序號，並可合法使用旗下多達六十多種類型的最新版 CAD 軟體，包括 3DSMax 系列、AutoCAD 系列、Maya 與 123D 系列等。表 3-2 整理了常見的 3D CAD 建模軟體。

表 3-2 市面上常見 3D CAD 建模軟體

名稱	公司	功能主要訴求
123D Design	Autodesk	簡易快速建模
3DS Max	Autodesk	電影、動畫、設計
3D Slash	3D Slash	簡易繪圖
AutoCAD	Autodesk	工程製圖
Blender	Open source(自由軟體)	電腦動畫
CATIA	Dassault Systemes	航太機械設計
Clara.io	Exocortex Technologies	雲端 3D 建模軟體
Fusion 360	Autodesk	工業設計
Makehuman	MakeHuman team	人物角色產生器
Maya	Autodesk	3D 動畫與電腦繪圖

表 3-2 市面上常見 3D CAD 建模軟體（續）

名稱	公司	功能主要訴求
MeshLab	ISTI - CNR research center	3D 掃描資料處理
Meshmixer	Autodesk	3D 列印模型編輯
MicroStation	Bentley	工程製圖
Mudbox	Autodesk	自由表面塑型
Netfabb	Autodesk	3D 列印模型切層
ProE	PTC	模具機械製造用，現稱 PTC Creo
Rhinoceros	Robert McNeel & Associates	自由曲面 3D 繪圖，或稱 Rhino3D
Photoshop CC	Adobe	影像處理
Sculptris/ZBrush	Pixologic	自由表面塑型
SculptGL	Stephaneginier	雲端軟體，自由表面塑型
SketchUp	Trimble	結構與建築繪圖
SweetHome	eTeks	室內設計規劃
Solidworks	Dassault Systemes	機械加工、製造軟體
Siemens NX(UG)	Siemens PLM Software	電腦輔助設計與製造
TinkerCAD	Autodesk	雲端簡易編輯

針對個別軟體描述如下：

- 3DS Max 軟體

從 1996 年推出第一個視窗版本至今已超過 20 年，是目前 3D 軟體中發展最成熟的 3D 編輯軟體，專精於動畫製作。廣泛地使用於電影、動畫、設計、廣告用途。

- Rhinoceros 3D 軟體

是另一套功能完善的商用軟體，並提供視覺化程式語法，可以採用參數化方式產生特定幾何外觀，亦擅長於自由曲面處理。其產品支援多種擴充模組，例如珠寶設計產業用的 Rhinojewel。

- Blender

是一套免費 CAD 與動畫軟體，廣泛用於電影特效產業。該軟體標榜免費開源的精神，因此有爲數不少的第三方開發者維護該軟體，以及開發外掛模組供特定功能。

- MeshLab

是一套基於 GNU(General Public License, GPL) 授權的開放原碼，屬於學術研究導向的軟體，可免費使用。該軟體收錄了大量學術論文如 CVPR 與 SIGGRAPH 兩個重要國際會議所發表的演算法，提供 3D 逆向工程掃描所需的點雲處理功能。

- Meshmixer

是 Autodesk 公司針對積層製造領域所推出的專用 3D 資料處理軟體，該軟體已整合市面上商用印表機。該軟體提供視覺化編輯，包含雕刻功能、自動產生支撐材、模型實體化、切層、幾何形狀分析等。

- Netfabb®

亦是一套針對積層製造需求所發展出來的商用軟體。其功能涵蓋各類型積層製造技術所需的切層與支撐材形式。

- 形狀雕塑功能擅長的軟體：

Pixologi 公司產品 Zbrush 是一款適合數位藝術創作的雕塑軟體，支援 3D 數位雕刻筆，可以讓使用者很直覺地利用裝置在模型表面刻畫，如同雕刻或捏黏土般的達到形狀編輯效果。而 Sculptris 是一款 Alpha 版本的免費軟體，其功能是一個更爲簡化的 Zbrush 軟體。

- 建築用途：

SketchUp 軟體是一套由 Google 公司所發展的簡易 3D 建模軟體，其軟體功能擅長於建築類型，早期亦是 Google 公司用來因應擴展旗下 Google Earth 的數位內容。採開發式方式，透過群眾編輯上傳建模模型，打造城市規模等級的數位建築模型，同時因應而產生的 3D 圖庫服務爲 3D Warehouse。該軟體後來被 Trimble 公司併購。

- 室內設計：

SweetHome 軟體是一套專門應用於室內設計的免費軟體。該軟體提供大量且免費的家具類模型，透過簡易的尺寸設定可產生多樣化的家具形式，使用者可以藉此輕易地配置室內場域。

♦ 人物動畫類軟體：

Makehuman 是專門應用於人物建模的免費軟體，該軟體收集超過十年以上的人體尺寸數據資料，可參數化快速產生各年齡層的人體外觀樣貌。此外，PoserPro 與 DAZ 3DPro 也是可產生專業人物模型的商用軟體，並大量用於電視新聞動畫製作與電玩角色開發。

♦ 雲端軟體：

TinkerCAD 雲端軟體是一套設計用於積層製造領域的簡易雲端 App 軟體，提供簡易互動介面可以快速產生 3D 模型。Clara.io 雲端軟體，其功能屬性與 Autodesk 3DS Max 類似，經帳號註冊後，可透過瀏覽器開啓該 3D 軟體。

♦ 雲端服務：

目前市面上有諸多 3D 模型服務平台，如 Shapeway 與 SketchFab 提供數位模型買賣，3D Warehouse 提供開放資料上傳與下載服務，Yobi 3D 提供 3D 模型搜尋服務等，這些平台亦是可提供 3D 建模的資料來源。

雖然 CAD 軟體建模種類繁多，但一般而言，CAD 軟體建模程序大致有兩類的標準程序：一是軟體預設標準實體模型，例如球體、方體、圓柱、人體模型等預設樣式，讓使用者可以針對該模型進行變形、縮放、局部拉伸、布林運算等編輯運算；另一種則是讓使用者完全自主，根據自己繪製的點或線，逐一連結長成表面。舉例來說，繪製一個花瓶常見的做法是先繪製它的剖面輪廓線，並將該輪廓線圍成封閉區域，緊接著再針對它的對稱軸迴旋 (Lathe) 出體積。

由於各家 CAD 軟體建模的步驟流程不盡相同，爲了讓讀者能更進一步瞭解如何利用 CAD 軟體產生 3D 模型，此處以圖 3-10 舉例繪製一個西洋棋所經歷的各個步驟。首先可利用一張現有的西洋棋 2D 照片，逐步描繪其模型邊界輪廓，接著繪製搭建骨架，並逐步調整每個骨架所應有的 3D 位置。而較爲繁複的部分是微調該物體表面轉折程度或應有的曲率狀態，以及檢查網格是否接合連續。最終，可以透過布林運算將個別繪製的元件合併形成一個完整的 3D 模型，並且可匯出 (Export) 成標準檔案格式如 STL 檔。

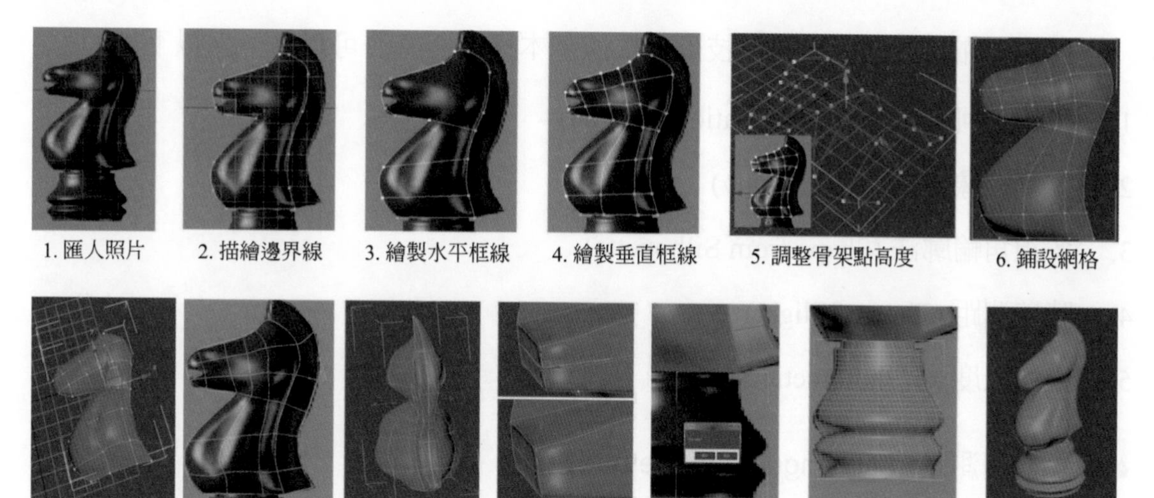

圖 3-10　利用 3DS Max 軟體繪製西洋棋之流程舉例

3-3-3　逆向掃描建模

逆向工程掃描技術是一種針對既有的實體形狀進行逆向複製動作之工程技術，更進一步數位化成模型檔。逆向工程掃描技術在電腦輔助設計領域 (Computer Aided Design) 中經常被利用來數位化已設計好的實體外觀。典型的製作流程由設計師透過黏土雕塑一個造型，接著將該形狀掃描成爲數位化資料，再轉換成參數化的表面形狀資料，最後進行電腦編輯成最終樣式。

一般要透過設備測量幾何尺寸的方式可分成「接觸式測量」與「非接觸式測量」兩類。接觸式測量方法常見的設備爲三次元測量床 (CMM, Coordinate Measurement Machine)。此類設備通常具有三個正交座標的線性移動裝置，可以透過機構移動精確地取得探針 (Probe) 的座標。而探針接觸到物體表面時，藉由探針軸的微小變形量觸發內部感測電路而產生訊號，因此可以很明確地取得與物體接觸位置之座標。接觸式測量法固然測量精度高，但取樣速度慢且可使用的場域空間限制多。而非接觸式測量法通常可以在一秒內取樣超過數萬點，並不會觸碰到物體表面，因此廣爲工業界所使用。此外，在大型板金、汽車工業與模具製造相關產業中，也有複合接觸式與非接觸式的測量方法。其常見的形式是利用光學追蹤技術，讓手持接觸式的探針裝置可以靈活地深入各個位置測量，而這個探針裝置的空間座標則依賴另一台外部光學追蹤器來加以定位。相反地，亦有將非接觸式測量元件安裝於機械手臂，形成複合接觸與非接觸形式之逆向掃描設備。

目前已知的逆向掃描建模技術，根據基本構成與方法可以區分爲以下幾類：

1. 三角幾何測距法 (Triangulation Method)
2. 立體影像方法 (Stereoscopy)
3. 多視角輪廓法 (Shape from Silhouette)
4. 時差測距 (Time of Flight)
5. 立體光度法 (Photometic Stereo)

♦ 三角幾何測距法 (Triangulation Method)：

顧名思義透過三角形的幾何關係來推算物體的遠近。其基本概念是採用線雷射 (Slit Laser) 主動發射雷射光，以單色電荷耦合器件 (CCD) 接收影像 (見圖 3-11)，透過影像分析畫面中雷射線的偏移量推算物體與雷射光源距離。由於雷射光、相機與被測量物體之間形成三角形關係，故稱之爲三角幾何測距法。常見的計算方式採用三角形夾角關係換算空間座標，當雷射光投射在物體上，根據物體距離雷射發射光源的遠近，接收端影像便可觀察到雷射線水平位置不同，而這些雷射線的位置與距離的關係可事先校正好，記錄成對照表 (LUT, Lookup Table)，在每一次拍照時便可計算出空間中的一條雷射投射線，再透過相對移動或轉動產生整個面的掃瞄資料；除了 LUT 之外，將 CCD 的成像描述或修正成完美的針孔相機模式 (Pinhole Camera)，再採仿射 (Affine) 計算也是常用的手段之一。三角幾何測距法所衍生的雷射掃瞄技術在近十年發展已經變成工業非接觸式測量的主要技術之一。

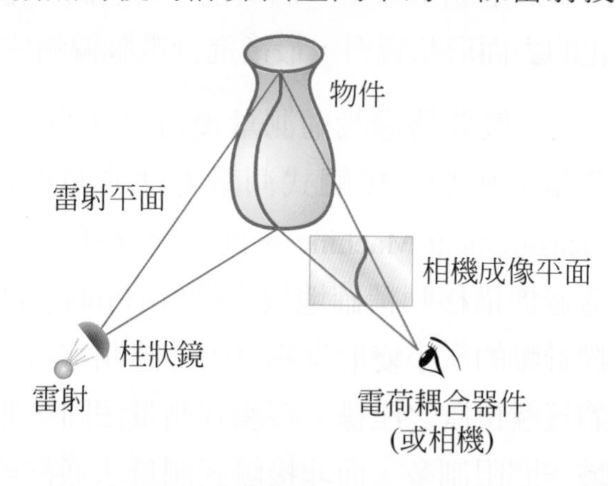

圖 3-11　三角幾何測距法示意圖

從圖 3-11 中三角幾何測量的構成條件可知所需的元件僅有線雷射與感光元件 CCD(或 CMOS)，因此硬體成本相當便宜。爲了簡化計算複雜度，通常會將雷射線與感光元件間的相對位置固定住，形成一組掃描單元。當感光元件拍攝一張照片後，即可解析出一條位於物體表面的輪廓線。若要形成一整個面向的掃描影

像 (Range Image)，通常會在掃描單元與待掃描物體間產生相對運動，常見的做法是讓待掃描物體產生旋轉運動，例如市售的 Makerbot® Digitizer 與 XYZ DaVinci AiO 1.0 機種。

採用三角幾何測距法的應用技術相當普及，最知名的研究計畫莫過於 Prof. Mark Levoy 所主持的米開朗基羅計畫 (Digital Michelangelo Project)，該計畫搭配精密滑軌的使用，讓雕像與掃描單元產生相對運動，將掃瞄資料解析度提高至 20 億個三角網格的數量級，平均密度約 0.31 mm 產生一個 3D 點。這類的技術也是目前許多群眾募資平台常看到的 3D 掃描解決方案。

- 立體影像方法 (Stereoscopy)：

  立體影像類型的方法可以區分成被動式與主動式的立體影像方法。被動式的立體影像方法通常採用兩個感光元件 (或者通稱爲相機)，從兩個不同位置接收入射光線形成具有視差 (Disparity) 的影像，透過影像比對找出兩張影像之間的視差，再以相似三角形關係計算對應點 (Correspondence) 的距離。主動式的立體影像方法是採用一個投射光源與一個感光元件，利用投射出圖案的水平方向偏移量計算 3D 座標。

  被動式的立體影像方法通常需要一張立體像對 (Stereo Pair)，或兩張同步影像做爲輸入資料。這兩照片不一定要來自擺設平行的雙相機所拍攝，僅需要雙相機可拍到重疊區域即可。然而在運算方面，立體影像的計算需要依賴 Epipolar Geometry 的幾何關係。爲了減少立體像對於特徵比對搜尋的時間，影像需先經過透視矯正 (Rectification)，讓所有對應點都能落在影像同一水平高度。在此前提下，及可透過平行演算法加速。然而，被動式的立體影像方法並不容易應用於一般 3D 掃描種，主要的理由是待掃描物體不一定可識別的特徵供比對運算。爲了克服解決上述問題，立體相機可額外搭配一個投射光源，例如投射出亂數碼用以產生足以識別的特徵以供立體相機比對，或者投影直線線段並以時間序持續拍攝畫面中移動的線段 (見圖 3-12)。

此外，常見的主動式立體影像方法，通常是利用一個相機搭配一台投影機所構成，目前市售的結構光 3D 掃描器 (Structured Light Scanner) 即是這類方法。結構光 3D 掃描器中投影機可以投影多種類型圖案，常見的方式有：時序型二進位條紋 (如圖 3-13)、彩虹條紋 (Rainbow Strips)、彩色條紋 (Color Stripes)、亂數圖

案 (Sparkle)、正弦波條紋、棋盤格、亂數色塊等。不論是哪一類型的投影圖案，對相機所拍攝影像而言皆可視爲一組立體像對。與被動式的立體影像方法比較，其好處在於投影影像上的編碼具有明確的位置與圖案樣式，而在拍攝影像中僅需要找到原先設定好的編碼，並且偵測其影像座標位置，便可解出 3D 座標點。

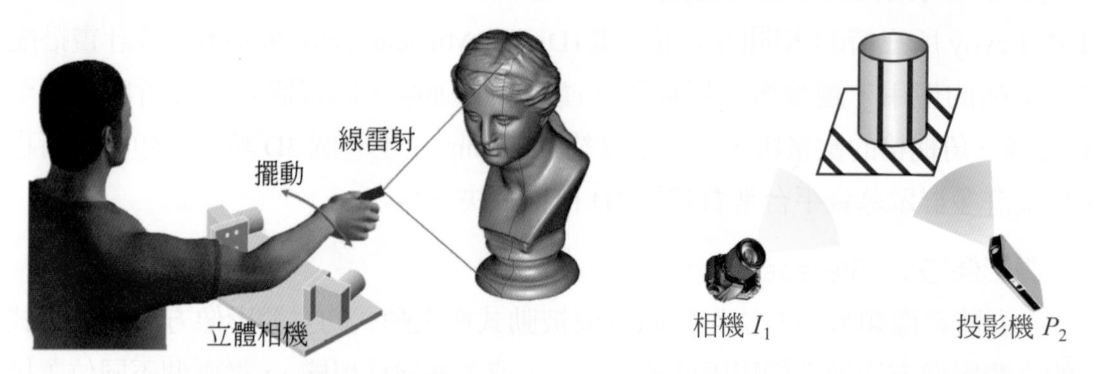

圖 3-12　立體影像方法示意圖　　圖 3-13　結構光 3D 掃描器示意圖

立體影像方法類型的技術無疑是目前應用最廣的方法之一，其好處是不需要使用運動元件，取樣效率高，通常僅需數張拍攝畫面即可取得與影像畫素同樣數量級的點雲資料，亦是一大優點。而知名的微軟 Kinect 第一代即是使用該架構。

目前市面上已有多款電腦軟體可直接搭配深度攝影機，如 Kinect，做爲 3D 掃描器之輸入裝置。知名的軟體有 ReconstructMe、Skanect 與 Cubify Sense 3D(見圖 3-14)，前兩套售價低於 150 美元，皆已提供非商用途的免費版，所採用的方法是利用相近的深度影像進行 3D 影像拼接，如 ICP(Iteractive Closest Points) 疊合方法。在掃描過程同時也進行疊合與資料整併運算。而適用於手持裝置的 APP 軟體如 itSeez3D，亦可達到相同的掃描效果。除了前述一般掃描用途外，HP 也將該技術整合結構光掃描裝置於家用桌上型電腦，2014 年推出 Sprout 系列電腦。

圖 3-14　搭配深度攝影機之逆向掃描軟體 (左為 ReconstructMe、中為 Skanect、右為 Cubify Sense 3D)

多視角輪廓法 (Shape from Silhouette)：

該方法是針對一個物體進行不同角度拍照，當物體成像於照片中，可以將照片中的畫素區分為兩類：

1. 屬於被拍攝物體的前景畫素。
2. 不屬於物體的背景畫素。

一旦已知物體與相機的空間座標關係，便可將物體所可能涵蓋的空間座標體素 (voxel)，逐一地進行投影運算，使體素投影回到照片座標系中。當體素投影回照片，僅可能會發生投影至背景畫素或前景畫素兩種情況。換句話說，讓空間中所有原本屬於投影到背景畫素的原始體素 (Voxel) 全部移除，那麼剩下的體素即是會投影到前景畫素的體素，而這些體素就是該物體滿足所有拍攝方向的輪廓外觀樣貌之集合。為了讓空間分辨率提高，勢必要在同樣的空間中切割成更小的體素，因此，這類技術往往需要相當高的記憶體與運算成本。而為了克服這些問題，近年來採用空間分割技術 (Octree) 已可有效降低整體運算量。更由於 64 位元電腦軟體普及，運算所需的資料定址空間已可遠遠超過現階段應用的需求。知名的方法如 Voxel Based Visual Hull(以體素為運算單元) 或 Exact Polyhetral Visul Hull(以空間分割為運算手段) 兩種方法。

市售軟體中，Strata Foto 3D CX 與 3DSOM 這兩套軟體即是採用此類的方法，見 (圖 3-15)。該軟體提供了一個圓形校正板，使用者需把校正板黏貼於轉盤上，且將待掃描物體放置於轉盤中央上方並支撐住 (圖 3-15 左)，並且確保拍攝背影顏色與待掃描物體顏色不同。拍攝過程中，相機需將校正板與待掃描物體也拍進去。隨著轉盤轉動，或者將相機移至不同拍攝方位，可以拍攝多個角度的影像。當這些拍照影像匯入軟體後，軟體便可進行去背 (Background Subtraction)，並透過校正板估算出相機與物體間的投影關係，再進一步計算出 3D 外觀與貼圖。此方法是成本非常低廉的逆向掃描技術，但該技術不擅長於重建具有凹陷形狀的表面，例如茶杯的杯底無法在任何拍照方向產生杯底凹陷的輪廓形狀。

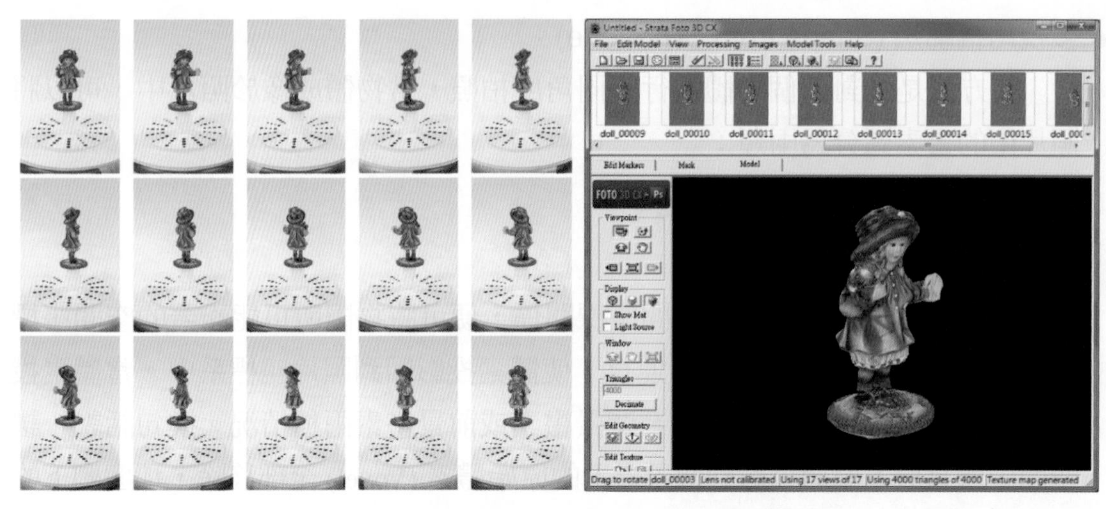

圖 3-15　採用多視角輪廓法的商用軟體 (Strata Foto 3D)

- 時差測距 (Time of Flight)：

　　是一種利用光飛行時間來估算距離的作法。這類方法常用於長距離雷射測距。光飛行速度約 3×10^8 m/s，然而要解析微小距離範圍內光的飛行時間並不容易，因此取而代之的是採用光的相位模態推算。基本運算原理是透過一個光源發射出已知的相位模態，在接收端解析該「相位」有多少偏移量推算光飛行時間。微軟 Xbox One 主機的配件 Kinect 2，Intel® RealSense 都是該技術衍生的消費型產品。

- 立體光度法 (Photometic Stereo)：

　　該方法主要利用一台相機，並且對待掃描物體進行多方向拍攝。該類方法在已知相機內部參數 (Intrinsic Parameter) 的條件下，僅需兩張拍攝便可達到 3D 重建。一般而言，針對未知相機參數條件下，需透過至少三張或足夠多的影像之特徵比對估算內部參數，並從投影矩陣 (Projection Matrix) 再分解出滿足正交空間的外部參數 (Extrinsic Parameter)。在學術上亦通稱為 Structure from Motion。這類方法的優點是可以將任何相機視為一台 3D 掃描器，隨時拍攝隨時重建模型。該方法的缺點則是不易取得相對精準的尺寸，被拍攝物需要有足夠且一致不受光影影響的特徵，以及對拍攝影像品質要求高。該技術知名的商用產品，如 Autodesk 123D 系列軟體，以及手機 APP。

　　在學術研究方面，除了上述各種方法外，亦有混和兩種以上的技術。除此之外，仍有許多研究專注在擷取空間中的 3D 資訊，例如 Shape from Shading、

Confocal Lens 等技術。而這些技術適用於特定應用領域，較少著墨於完整的 3D 模型重建。

逆向掃描建模技術涵蓋的演算方法眾多，爲了讓讀者瞭解常見的逆向掃描流程，此處以結構光掃描齒模重建爲例，如圖 3-16 所示之步驟，這流程因應不同狀況，並非一成不變。首先，投影機循序投射出不同密度的條紋光至模型上，且由相機同步拍攝到畫面，並分析照片中所拍得的編碼畫面之對應點關係。接著利用相機與投影機之間的三角幾何關係，把 3D 點座標計算出來，接著將 3D 點雲連接成三角網格。爲了讓整體模型外觀都可以重建，因此模型必須再旋轉到其它未掃描的方向，讓掃描機同樣取得其表面資料，而這些表面資料也需有初步的定位關係 (可透過陀螺儀或機構解決)，接著再讓所有的掃描面之間進行精密疊合 (Fine Registration)，使得各掃描面足夠靠近，最後透過編輯功能編修模型，例如移除雜點、補破洞、網格合併，最終轉換爲 3D 模型。

有別於傳統量產製造技術，積層製造技術可生產多樣性且複雜的物體，因此於生物醫學工程的應用領域相當受到重視。然而，逆向掃描技術雖然擅長於擷取物體表面資訊，例如人臉、身體、手部、足部掃描等，但由於方法的限制，對於物體內部結構，如骨骼、內臟器官，則無法掃描取得。取而代之的是電腦斷層掃描 (CT, Computational Tomography) 與核磁共振影像 (MRI, Magnetic Resonance Imaging) 等技術。這類的技術採用具有穿透性的放射線穿過生物體內，藉由不同有機化合物的分子特性反射推算出物體的感應強度，因而取得一層一層的穿透式影像。影像與影像之間需要有相對精確地定位 (Registration)，這些層層的影像可視爲體素 (Voxel) 資料，最終可利用線性內差技術如 Marching Cube 演算法，將生物體內之器官、骨骼、牙齒牙根之外觀重建出來。

1.投射時序性條紋光

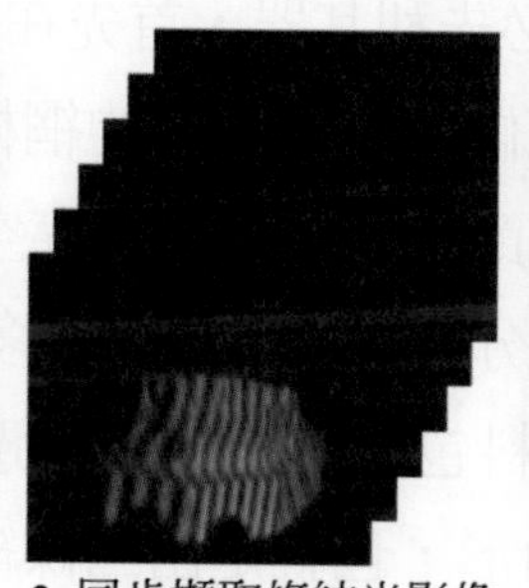
2.同步擷取條紋光影像

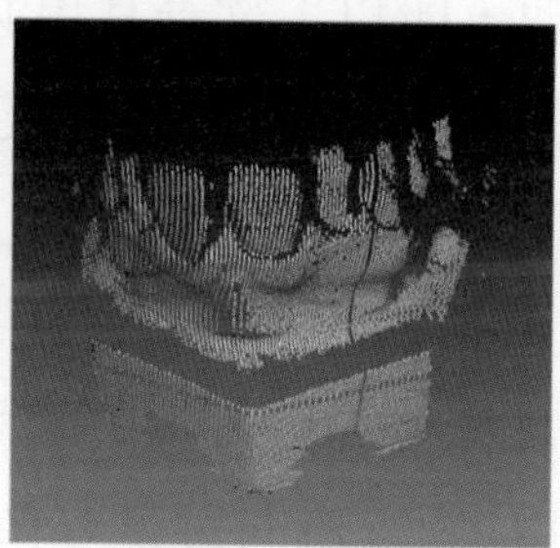
3.重建 3D 點雲資料

4.連接三角網格

圖 3-16　以結構光掃描技術重建 3D 齒模舉例

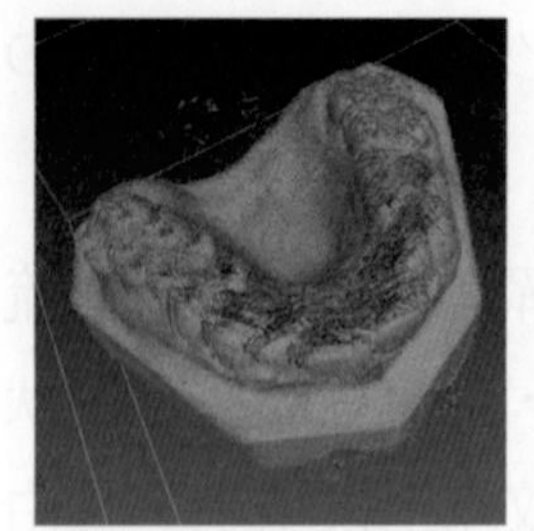
5.反覆掃描各角度與初定位

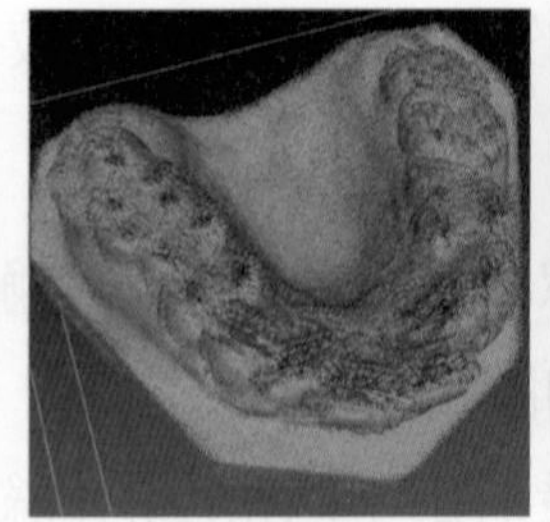
6.移除雜點

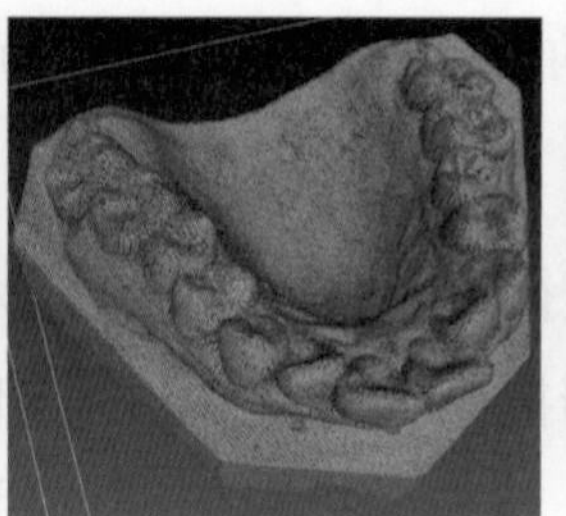
7.精密疊合

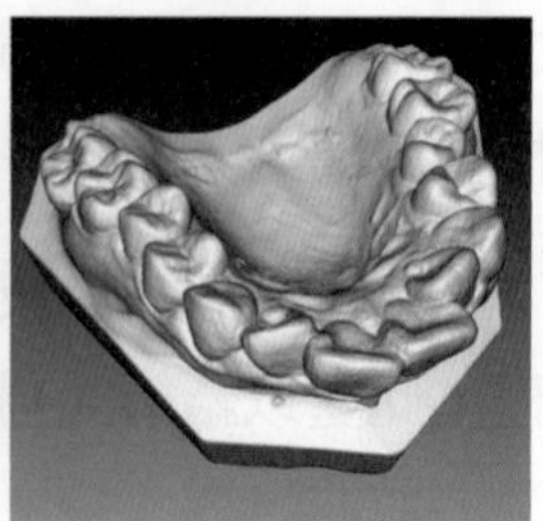
8.網格編輯(合併/修補破洞)

圖 3-16　以結構光掃描技術重建 3D 齒模舉例 (續)

3-4 切層運算

目前的積層製造系統，如 Stratasys 的 3-D Modeller、Sanders 的 Model Maker、DTM 的 SLS，均採用三角網格 (Triangulation) 化之 STL file 格式爲標準輸入並且做爲產品表面之幾何分析 (如 3-2-1 章節)。三角網格是一種簡單之物件模型表示方式而且爲了方便使用暨有的 CAE System 檔案格式 (譬如工程分析應用三角網表法來作有限元素分析)；而大多數的 CAD 系統，如 Solidworks、ProE、Rhino 等皆有提供三角網格格式輸出。

3-4-1 資料結構前置處理

STL 檔案的格式定義每個三角網格之幾合資料，通常此三角網格亦稱爲一小平面，是由 3 個頂點所構成，因此每個三角網格之資料結構可以儲存爲此 3 個頂點之座標値及此小平面之單位向量，詳細內容請參閱本章 3-2-1 資料格式

STL 檔案的大小依工件模型的大小複雜度而有所不同，由於需要處理這龐大的 STL file 來做切層處理，所以工欲善其事必先利其器，首先在將 STL file data 讀入之前，必須自製一個完善的資料結構，來儲存這些龐大的網格 data。因爲簡潔完善的結構類別不僅簡化程式的複雜度，且節省大量資料儲存空間並加快程式執行速度，而以下幾何資料結構的串連方式可分成三個層次，即多邊形 (polygon)、線 (line) 與點 (point)。廣義來說，多邊形資料包含三角形、四邊形等。此處，最頂層的多邊形結構對 STL 的資料而言是三角形，也就是由三條線所構成，而線則由兩個點所構成，以此種串連方式而構成其結構。由於 STL 檔案是由很多小三角網格組成，所以必須開一個動態的配置記憶體，即以上所自訂的多邊形 (Polygon)

類分別來儲存其資料，因此在建立 Polygon Structure 必須建立起 Line Structure，然而在建立起 Line Structure 之前也必須建立起 Point Structure，因此所讀入的資料是一個環環相扣的資料結構。因爲只有如此的結構才能應用於以後複雜的切層運算。以下便是軟體編輯常採用的資料類別結構說明

```
Class Point{
double x,y,z; // 定義點的座標
unsigned int number; // 定義點的編號
};

Class Line{
Point StartPoint; // 定義線段的起點
Point EndPoint; // 定義線段的終點
unsigned int number; // 定義線的編號
};

Class Polygon{
Line *Linedata; // 動態配置其 polygon 所屬的 Line data
Int Polynum; // 定義 polygon 的邊數
double Xmax,Xmin; // 定義 polygon 中的 x 座標極大極小值
double Ymax,Ymin; // 定義 polygon 中的 y 座標極大極小值
double Zmax,Zmin; // 定義 polygon 中的 z 座標極大極小值
double Vx,Vy,Vz; // 定義 polygon 的單位法線向量
unsigned int number; // 定義 polygon 的編號
};

Class Partmodel{
Polygon *Polygondata; // 動態配置 Partmodel 中 polygon 數目
                         data
unsigned int Totalnumber; // 定義此 Partmodel 中的 polygon
                              的總數
int number; // 定義 Partmodel 的編號
};
```

```
Class Slicing{
Polygon *Polygon2D; // 動態配置切層後的每層 polygon 資料
unsigned int Totallayernumber; // 定義 Partmodel 切層的總
                               層數
double layerthinkness; // 定義每一切層的厚度
double Zmin,Zmax; // 定義 slicing 中的最低層與最高層的高度
int number; // 定義 slicing 的編號
Polygon Calculate_Slicing(); // 記算並 return 切層的 function
};

Class Path{
Line *PathLine; // 加工路徑線段資料
unsigned int Totallinenumber; // 定義全部的路徑線數
int number; // 定義此加工路徑的編號
};

Class Process{
double Feedrate; // 加工中進給速度
doubel Accelerate; // 加工中進給加速度
double Cutterdiameter; // 加工中的刀具直徑
double Offsetdistance; // 加工的的加工間隔
double Unit; // 加工單位
String machinemark; // 標註有關機器的形式與資料
String notemark; // 標註加工中所需注意的事情
};

Class Motion_Code{
Path *MotionPath; // 動態配置 part 的加工路徑
unsigned int totalpathnumber; // 定義加工路徑的總數
int number; // 定義此 Motion_Code 的編號
void Calculate_Path(); // 記算路徑的 function
void Calculate_Time(); // 記算加工時間 function
void OutPut_Code(); // 產生 Motion_Code 的 fuction
Process Processdata; // 定義加工過程中的各種參數值
};
```

3-4-2 切層輪廓

一般只要輸入的實體模型 STL 檔案是正確的，那麼在等高度 Z 平面所切出來的輪廓，是一個封閉 (Close Loop) 輪廓。因爲在一個正確的實體模型 STL 檔案中所產生的面會組成一個具有體積的封閉實體。例如一正方體實體模型其外部由 6 個緊鄰且封閉的面 (Face) 所構成，而在其一個特定的 Z 高度平面切層結果的輪廓，一定會是一個成封閉迴路的輪廓，如果不能成一個完全封閉迴路的切層，則此實體模型的 STL 檔案可能是已遭損害，或有缺角，如此必須重新建立 STL 檔案才能做以下的切層處理。切層的主要步驟可以分爲四個部份表示說明於下：

1. 交點座標運算：

   交點座標之取得可以從每一個三角形所包含的頂點 Z 座標來判斷是否有此特定 Z 平面高度的交點，採用線性內插法做爲交點之運算法則。此法則的數學式如下而此交點運算之幾合示意圖表示於圖 3-17。

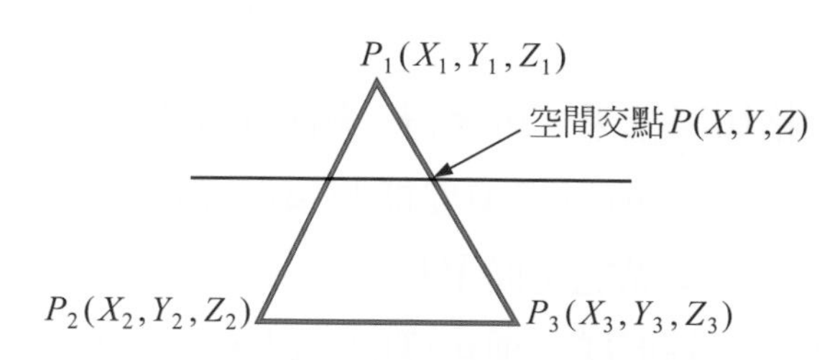

圖 3-17 空間三角網格切層點

空間交點 P 計算如下：

$X = X_1 + (Z_1 - \text{Zslicing})/(Z_1 - Z_2)*(X_2 - X_1);$

$Y = Y_1 + (Z_1 - \text{Zslicing})/(Z_1 - Z_2)*(Y_2 - Y_1);$

$Z = \text{Zslicing};$ // 切層高度

2. 交點資料結構：

   前面章節定義的資料結構中已將每一個三角形 (即 Polygon Structure)，及三角形所包含的 Line 做編號，因此在每一個切層中所被切到的每一個三角形，一定會有其兩個不同的交點，一個在三角形的左邊，一個在三角形的右邊，接著必須確認此交點是由哪一個三角形及哪一條線所產生，記錄其編號並寫入其資料結構中加以處理。此交點的資料結構表示如下，包含交點所屬之三角形編號 (Polygon Number) 及線編號 (Line Number)。

```
Struct InterPoint{
Point Point1;
unsigned int Pnum; //所記錄的交點所屬的polygon number
unsigned int Lnum; //所記錄的交點所屬的line number
}
```

3. 交點排序：

由於相鄰的三角形具有共用線的關係，而且在交點資料結構已存有交點的三角形編號 (Polygon Number) 及線編號 (Line Number)，因此此共用線 (即具有相鄰的線編號) 可以來判斷交點的順序，以此資料結構做說明，即判斷其所屬的 InterPoint[*i*]. Lnum 和 InterPoint[*i* + 1]. Lnum 是否一樣的，因而在下個交點 (InterPoint) 是從所得到 InterPoint[*i* + 1] 搜尋獲得，找出 InterPoint[*i* + 1]. Pnum 的所屬的 Polygon 中的另一個交點，即是排序所要求得的下一個三角形。以此類推，即可以將這些交點排序成一個封閉 (Close Loop) 輪廓。

4. 建立 2-D 輪廓：

從以上三角網格切層結果，可獲得一組具有順序的點資料，其中必有許多的點是在同一條線段上，所以必須要能將這些多餘的網格交點利用演算法去除，使其所得到的外形交點能夠簡單整潔而節省空間，將這些排序完的模型之外形交點，利用由兩個點形成一種角度的線段，消除由網格切層後一條線上多個多餘點的產生，而這些交點所形成的線，爲共同角度的交點。如圖 3-18 爲消除多餘的點之示意圖。

圖 3-19 爲一手機外殼 STL 模型範例，利用上述切層演算法 (步驟 1 ～ 4) 應用於此範例，切層所產生輪廓結果顯示於圖 3-20。

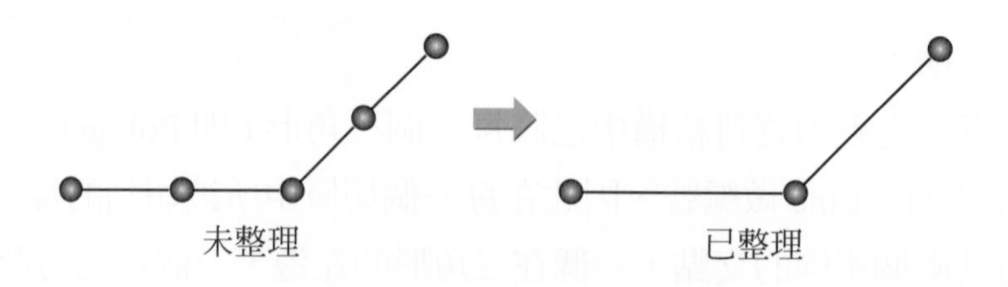

圖 3-18　消除多餘的點示意圖

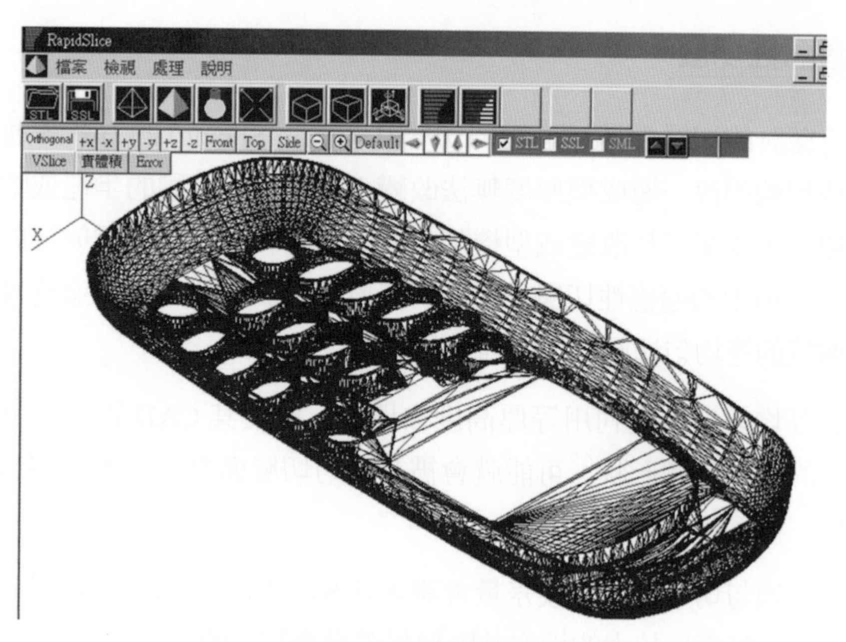

圖 3-19　STL 模型範例

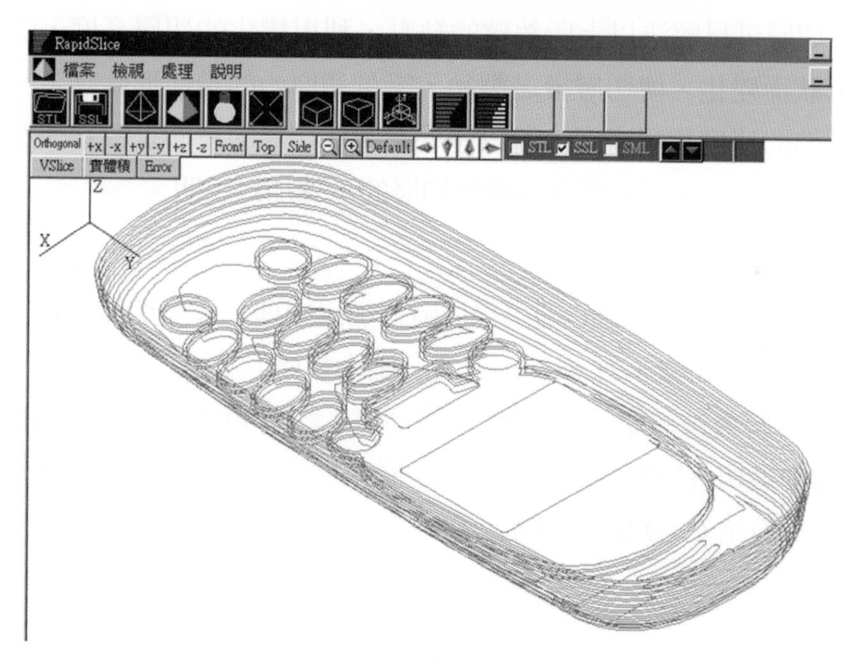

圖 3-20　模型範例的切結果

從以上的法則求得模型的外形後，必須把其各別外形的資料 (包括點資料、線資料、多邊形資料、法線資料) 存入自製的資料結構中以便做爲刀具路徑規劃的資料來源。

3-4-3 適應性切層

以上所探討的切層都是以等均匀切層 (Uniform Slicing) 的方式，通常是假設積層製造成型機的每一層成型厚度無法改變，如成型加工頭的半徑或噴出材料厚度無法做變化，如果可以改變成型機加工頭噴出材料的厚度或雷射光的功率，這樣就可以應用所謂的適應性切層，在其切層厚度上做變化。使用適應性切層可以改善一般傳統的等均匀切層以下兩種缺點：

1. 傳統的等均匀切層是利用等厚高度去切層，假使其 CAD 資料中有小於其切層高度的幾何實體形狀，可能就會被等均匀切層而忽略，無法切出所要的實際模型。
2. 傳統的等均匀切層之階梯誤差量會隨著其 STL 檔案中的三角形斜率不同而變化，所以在斜率比較大的地方其階梯誤差量會特別的大。

適應性切層可以解決以上所敘述的缺點，利用變化的切層高度，隨著其 STL 檔案幾何形狀而變化，使切層後之製品，盡量和原始的幾何形狀吻合。這樣一來可以增加製造的速度和精密度，所以發展適應性切層的技術是改善快速成型切層精度的重要關鍵之一，以下僅就適應性切層的步驟加以說明。

1. 找出細小的幾何形狀：

如果不偵測出模型中的細小幾何區並加以處理，那麼切層出的工件必會產生失眞的現象，如圖 3-21 模型中包含有細小幾何形狀區，若使用等高度切層，此細小特徵將會被忽略。圖 3-22 爲等高度 (均匀) 切層結果及 STL 模型，其中細小特徵被切層結果忽略。適應性切層演算法可偵測出細小的幾何特徵，讓切層結果與原始 CAD 模型更吻合。

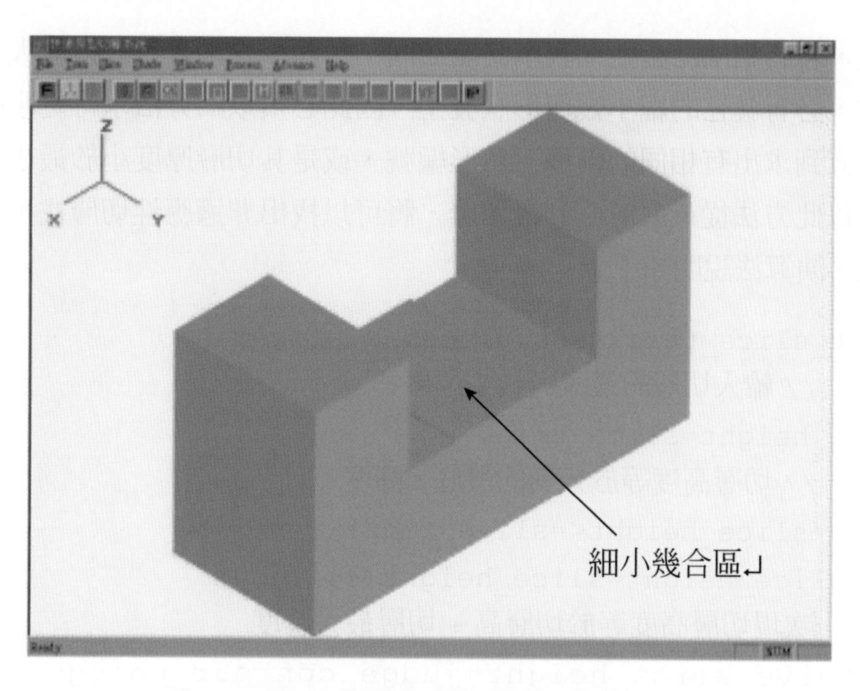

圖 3-21　細小幾何形狀切層模型

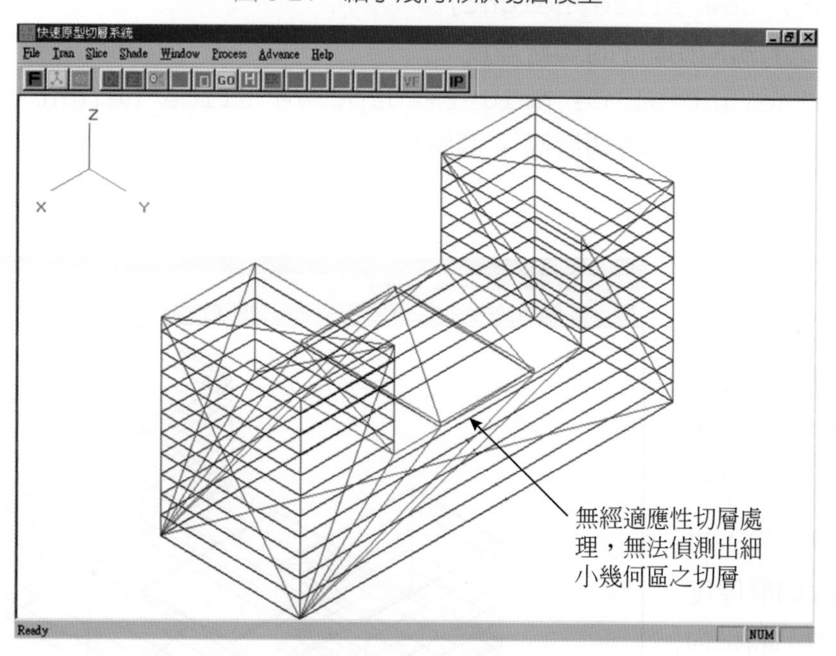

圖 3-22　均勻切層結果及 STL 模型

要找出細小的幾何形狀區域，需要先設定切層厚度的最大與最小值，接著以二分演算法由底層往頂層進行切層。利用先前所定好的資料結構中，切層中的邊界線其所相切的三角形編號來判斷每相鄰最大切層厚度的兩層中，是否有屬於相同的編號，若有相同的編號則表示其屬於同一斷面，否則表示在這最大相鄰的切層厚度中，必有其它的細小幾何形狀發生，因此必須以二分法求得更小的相鄰切層厚度，直到求出有相同的斷面三角形編號，或是其切層厚度小於最小切層厚度才停止，以此方法從最底層直到最頂層，將可以找出非適應性切層找不到的細小幾何形狀。演算法說明如下：

```
Input_slice_thickness(slicemax,slicemin)
      // 輸入切層的最大與最小厚度
Slice_height=slice_zmin
      // 切層高度等於幾何的最底 z 高度
While(slice_height<=slice_zmax) {
now_slice_height=slice_height+slicemax
// 第一次現切層高度等於切層高 + 切層最大厚度
adatpive_slice_height=judge_contour_polygon(slice_
height, now_slice_height)
// 以二分法求出最好的切層厚度
slice_height=slice_height+adaptive_slice_height
// 下次的切層高＝現切層高 + 適應性的切層厚
}
```

經由以上之適應性切層理論介紹，以圖 3-21 範例做為切層之比較與說明。圖 3-22 為等均勻切層的網格切層結果，可看出均勻的切層厚度無法切出細小的幾何區，而圖 3-23 為適應性切層結果，在其切層下可看出細小幾何區確實被切出。

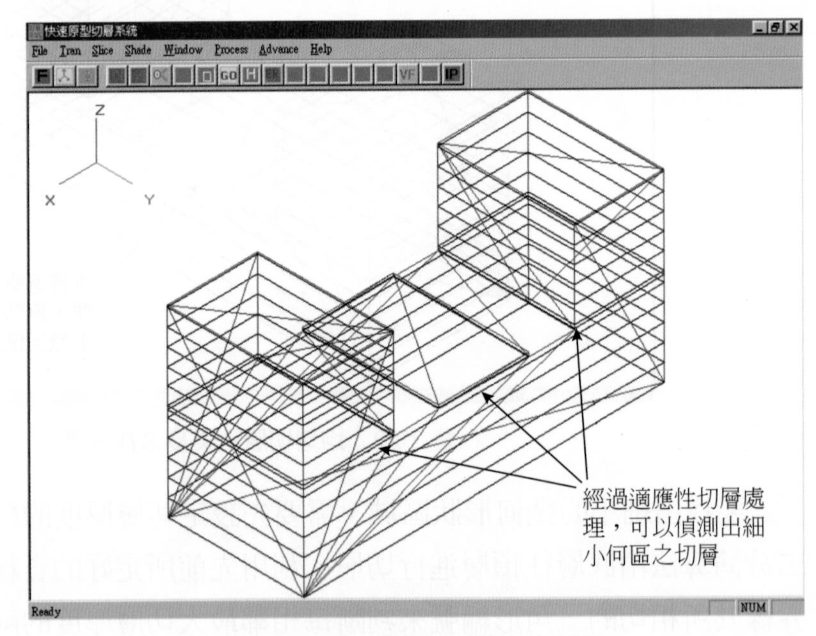

圖 3-23　在適應性切層下的模型

2. 隨網格斜率不同的切層變化：

一般實體網格三角形如果斜率角度太小會造成階梯誤差量的變大，所以在三角形斜率較小的地方，需要有較小的切層厚度，在三角形斜率較大的地方則需較大的切層厚度，如此的適應性切層才能切出階梯誤差量比較小的結果，以下爲空間三角網格斜率和適應性切層厚度的求法：分別需設定最大與最小切層厚度，其中 slicethicknessmin 爲切層可允許的最小厚度，slicethicknessmax 爲切層可允許的最大厚度，而 slicethickness 爲求出的適應性切層厚度。此數學原理是利用三角網格的法線向量和 z 軸的向量成一個角度 α，而代入公式可以求出最佳的切層厚度。

```
Slicethickness=slicethicknessmin+(slicethicknessmax-
slicethicknessmin)*θ/90.
where θ=α, if α≤90, else θ=180-α
```

通常在每個切層輪廓中，會相交出很多的三角形交線，而這相交的每個三角形的斜率角度可能不同，所以須找出斜率角度最小的適應性切層厚度，做爲此切層的厚度，以下步驟爲求出最小切層厚度之流程。

1. 輸入最大與最小的切層厚度
2. 求出此切層每個 Polygon 斜率角度
3. 找出最小斜率角度 θ 得到所要的最佳切層厚度結果，圖 3-24 爲應用適應性切層範例的實體圖模型，圖 3-25 爲等均勻切層下的結果 (左) 及根據斜率角度的變化做適應性的切層結果 (右)。圖 3-26 爲同時考慮 1. 找出細小的幾何形狀及 2. 隨網格斜率不同的切層變化之適應性切層實例，圖 3-26(a) 爲物件 2D 模型，(b) 爲一般切層結果，(c) 爲精準適應性切層結果。

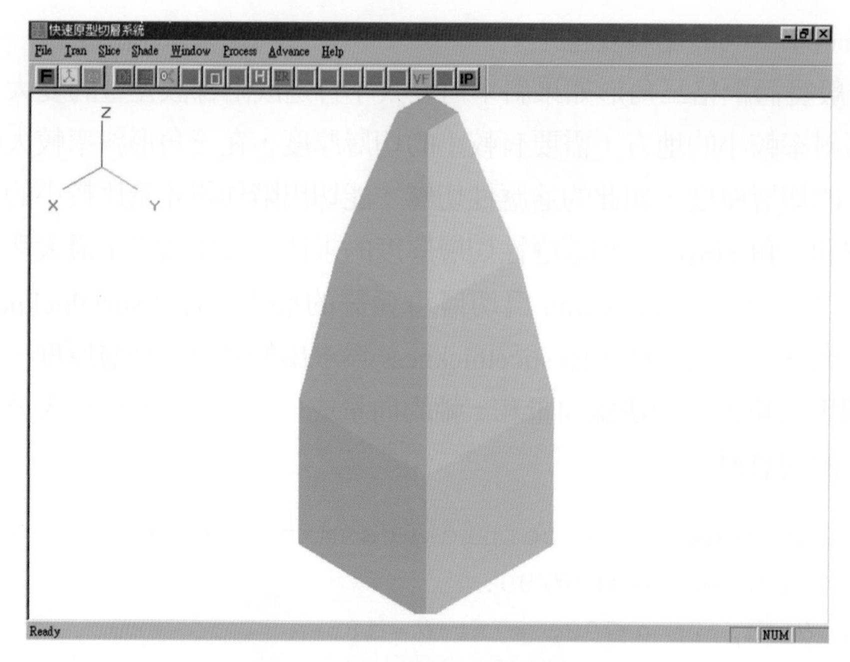

圖 3-24　斜率不同的切層模型

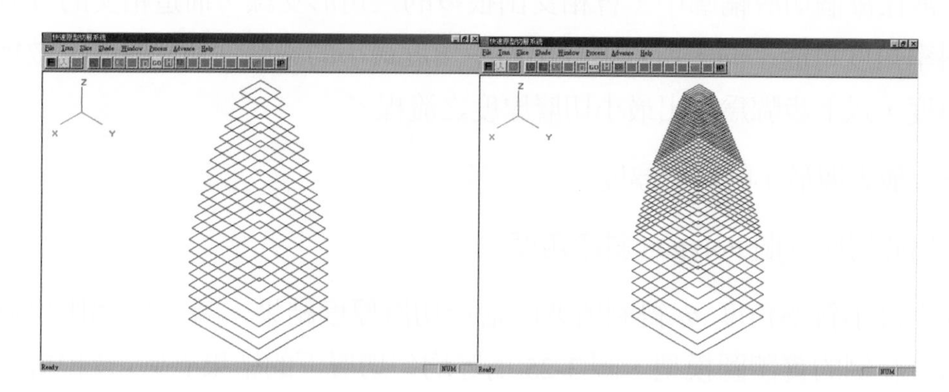

圖 3-25　等均勻切層厚度的模型

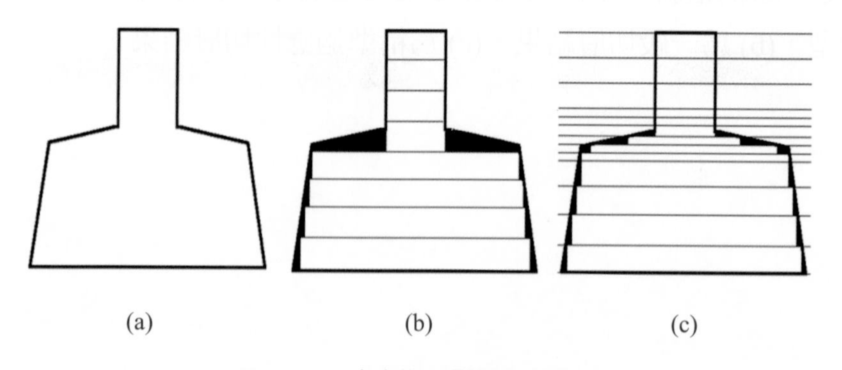

(a)　(b)　(c)

圖 3-26　適應性切層厚度的模型

3-4-4 積層製造材料成型路徑規劃

應用在積層製造加工的路徑規劃，通常包括了輪廓 (Contour) 方式及往復 (Zig-Zag) 方式兩種。Contour 的路徑規劃方式是應用在積層製造成型工件每個切層輪廓的外圍輪廓，而 Zig-Zag 的路徑規劃方式是應用在其填滿輪廓內部的加工路徑，圖 3-27 顯示以上兩種加工路徑，外圍輪廓為 Contour 路徑，內部填滿為 Zig-Zag 路徑。以上路徑最後將轉換成積層製造機器控制器之驅動檔，驅動檔亦稱為 Motion Code，將引導積層製造材料噴頭 (FDM 機型) 或雷射光束 (SLA 機型) 沿著加工路徑完成每一層輪廓，使工件成型。

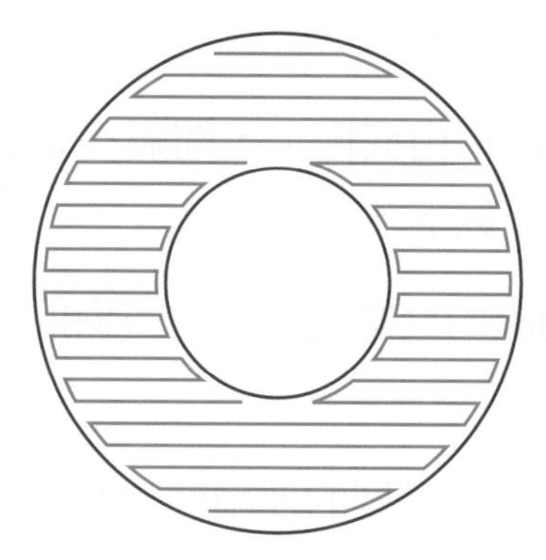

圖 3-27 Contour 及 zig-zag 路徑

圖 3-28 Contour、zig-zag 及 offset 路徑

本文上一節的切層結果可獲得每一層的工件外形輪廓，此輪廓即為上述 Contour 加工路徑，通常為了加強工件表面輪廓強度，會多規劃 1 ～ 2 圈 Contour 輪廓之偏移 (offset) 輪廓。Contour 輪廓與 offset 輪廓之間有一等間隔之 offset 距離，此間隔通常為材料寬度，圖 3-28 顯示 Offset 加工路徑位於 Contour 加工路徑之內側。此 offset 路徑規劃方式與一般 CNC 加工刀具路徑規劃原理相同，僅需將刀具直徑設定為材料寬度即可獲得 offset 輪廓之材料路徑。

當 offset 輪廓加工路徑執行完成後，下一個步驟將進行輪廓內部材料路徑規劃，稱為 Zig-Zag 路徑規劃。在做 Zig-Zag 路徑規劃之前必須先求得材料路徑之轉角位置。此處假設沿著 y 方向將模型的所有三角形進行切割，而切割的間隔為 d，其掃描線演算法說明如下：

1. 將 offset 後的輪廓外形進行由底向上，間隔為 d 進行分割，分割後將每一條分隔線與外形線的交點記錄下。
2. 將其所求的每一條分割線的交點進行左右方向的排序動作，並存入路徑的資料結構中。

一個好的路徑規劃，必須有良好的連續性規劃，應避免太多的提刀與過於煩雜的刀具路徑轉角，每層加工路徑方向也要有所變化，如在相鄰兩層的工件加工路徑方向互為垂直，稱為正交型路徑規劃，如此可以增加其結構強度。因此層間切割方向的不同，也是影響整個工件成型強度的關鍵。

Zig-zag 路徑演算法則步驟說明如下：

1. 首先針對模型三角網格進行 y 方向的切點運算，產生路徑點。並在一群做規劃的路徑點中，找出輪廓線最底端的分割線及分割點編號最小的奇數點。由此開始記錄，產生新的路徑迴路。
2. 從第 1 個步驟所得到的奇數點，開始找尋相鄰奇數點的下個偶數點為新路徑迴路的第二個點。
3. 往第 2 個步驟上的分割線，再上升一個輪廓分割高度，找一點未經找尋過的偶數分割點，且其距離必須在預設範圍內。
4. 往第 3 個步驟所找到的路徑點，找尋此點的前一個奇數分割點做為此第 3 步驟的下一個路徑點。

5. 重覆 1 至 4 的步驟，然後反覆找尋尚未排序 (Sorting) 的點，做爲新的路徑迴路點，直到全部的分割點皆排序 (Sorting) 完畢。

圖 3-28 爲應用以上路徑規劃法則對一輪廓 (含內外迴圈) 作有效 Zig-Zag 路徑規劃結果。有些積層製造 (如 FDM) 系統對每一層的加工路徑規劃，並不全然都呈現水平零度的夾角 Zig-Zag 路徑 (如圖 3-27)，有時候可能是 30 度或 45 度等，可視切層斷面幾合形狀的不同，而有不同的規劃，所以可在演算法中讓使用者可以自行輸入所需要的路徑角度值 (表示路徑與 x 軸所形成的角度值)，利用這些路徑角度值做路徑的規劃，而如何得到不同角度的路徑規劃可以用座標齊次轉換式 (Homogeneous Transformation) 公式獲得。

較複雜之加工路徑規劃應用於多種材質積層製造系統，如 Stratasys 公司的 PolyJet 3D printing 及 HP 公司的 Multi Jet Fusion 3D printing，提供多個材料噴嘴可在每一層噴塗多種不同材料，以圖 3-28 加工路徑爲例，其中綠色及紅色代表不同材料，將加工路徑轉成積層製造加工碼 (Motion Code)，並採用如 CNC g-code 指定刀具編號 (T 表示 Tool Number)，每一刀具編號代表一種材料，接著驅動積層製造加工機噴出加工碼指定之材料。

3-4-5 輪廓光罩

一般積層製造系統材料成型模式，大致上分爲液態類、固態類、及粉末類，大部份積層製造系統 (如 FDM、SLA、SLS) 都需要加工路徑規劃 (如 3-4-4 章節)。若是液態類中 DLP(Digital Light Processing) 數位光照成型模式，則需產生光罩做光固化。

1. 內輪廓與外輪廓：

   在產生光罩之前，需要先得到經由切層軟體切層後產生的切層輪廓，切層輪廓是實體模型經由切層產生，如圖 3-29 當工件切層後有內、外輪廓之分，此範例內輪廓由四個點組成，外輪廓由另外四個點組成，點資料分別表示出其於 2D 平面的 (x, y) 座標，外輪廓爲逆時針表示，而內輪廓則爲順時針表示。

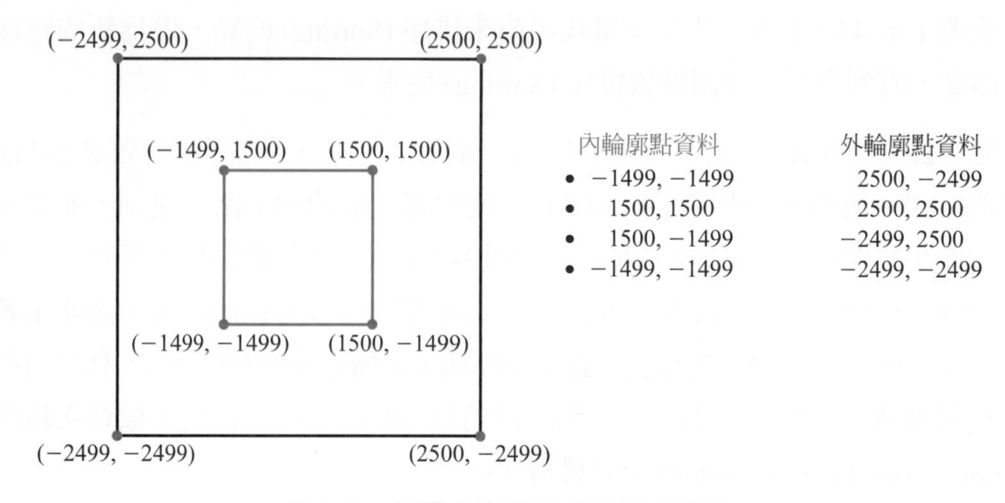

圖 3-29 切層內外輪廓及點資料示意圖

倘若物件切層後，一層切層中不只有單一輪廓，而有數個輪廓，此時需判別輪廓爲內輪廓或外輪廓，判別方式如本章 3-4-2 切層輪廓排序所介紹，輪廓順時針排序爲內輪廓，逆時針排序爲外輪廓。將內輪廓與外輪廓排序如圖 3-29 內輪廓及外輪廓，依序有各輪廓的點資料。

2. 工作平台與工件輪廓塗色：

   塗色順序分別爲先將底層塗色，接著將輪廓分爲內輪廓及外輪廓塗上黑色與白色，其輪廓塗色順序爲外輪廓塗白色而內輪廓塗黑色。首先須將自訂工作平台塗滿黑色，依序爲定義工作平台大小，將平台的 *xy* 座標定義完成，接著將平台內部以指令 BackColor 使其平台座標內的範圍產生黑色底層，平台會因不同 DLP 機型而有不同的大小。

3. 內外輪廓塗色：

   模型經過切層運算後便可獲得輪廓，根據輪廓的頂點逆時針或順時針排序將輪廓區分爲內輪廓與外輪廓兩種。對光罩而言，白色代表外輪廓 (需成像的實體)，黑色爲內輪廓 (需挖空或代表背景)。這些輪廓根據內外排序後，在黑背景的影像中，依序將外輪廓填滿白色，此時白色區域將與黑色底層區域有部分重疊，並且被白色覆蓋過去，接著將內輪廓填滿黑色，當內輪廓與外輪廓產生重疊區域時，內輪廓黑色區域會覆蓋過先前的外輪廓白色區域。依此方式將所有內輪廓蓋過所有外輪廓產生的白色輪廓區域，如圖 3-30 先將切層完的輪廓點資料輸入陣列並將其排序後，將內外輪廓點資料分開，接著先將外輪廓塗白色，內輪廓塗黑。

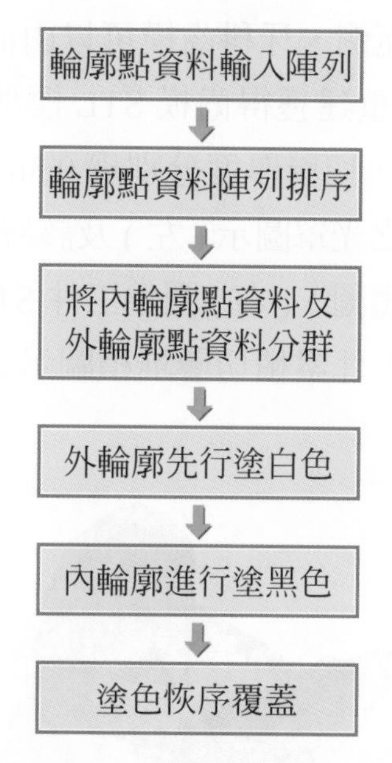

圖 3-30　光罩塗色演算法

如圖 3-31 以一中空方柱爲例，左圖爲實體中空方柱模型，中圖爲中空方柱 STL 模型，右圖爲切層結果 (每一層切層結果皆相同)。圖 3-32 爲切層結果產生光罩，光罩經由塗色演算法依序覆蓋底層塗層的結果。

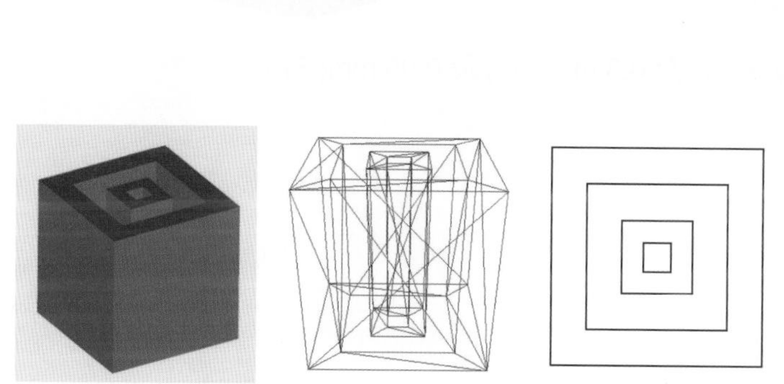

圖 3-31　中空方柱實體模型、STL 模型、及切層輪廓

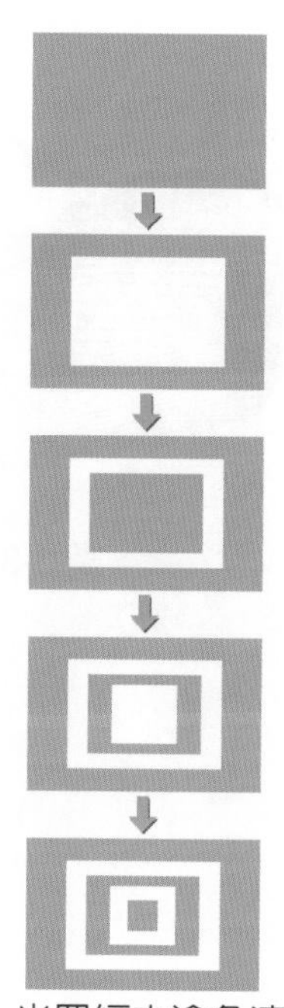

圖 3-32　光罩經由塗色演算法依序覆蓋底層塗層的結果

本章節以一牙科齒模爲範例，牙科齒模可以由前章節 3-3-3 以結構光掃描技術重建逆向工程並經由模型重建獲得齒模 STL 模型 (如圖 3-33 左)，積層製造切層結果顯示於圖 3-34(右)，切層厚度分別爲 0.3mm。以 DLP 積層製造程序爲例，圖 3-31 爲部份切層輪廓之光罩圖示 (左) 及該層曝光成型面積圖示 (右)。圖 3-35(左) 爲另一案例工件實體圖、(右) 圖爲工件 STL 圖及切層結果，圖 3-36 分別爲第一、二、四、八層之工件累積切層堆積圖示 (左) 及該層曝光成型之光罩圖示 (右)。

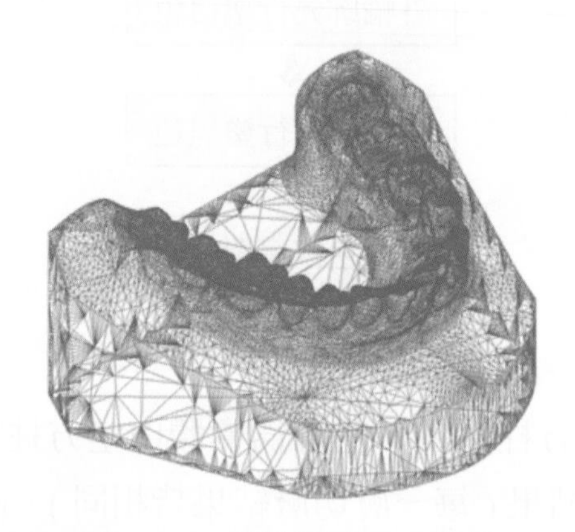

圖 3-33　牙科齒模 STL 模型

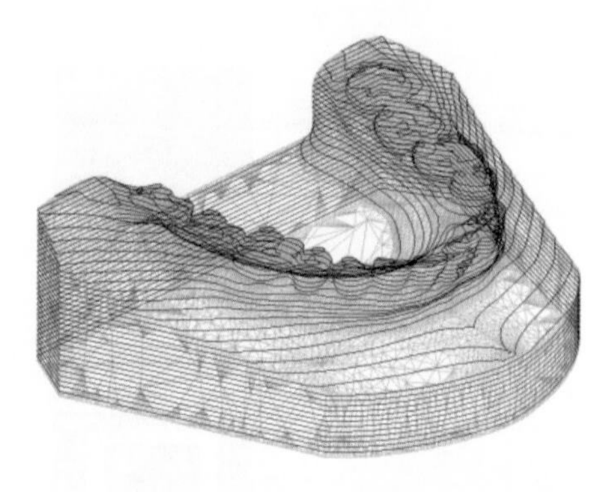

圖 3-34　切層厚度分別為 0.3 mm(左) 及 0.05 mm(右)

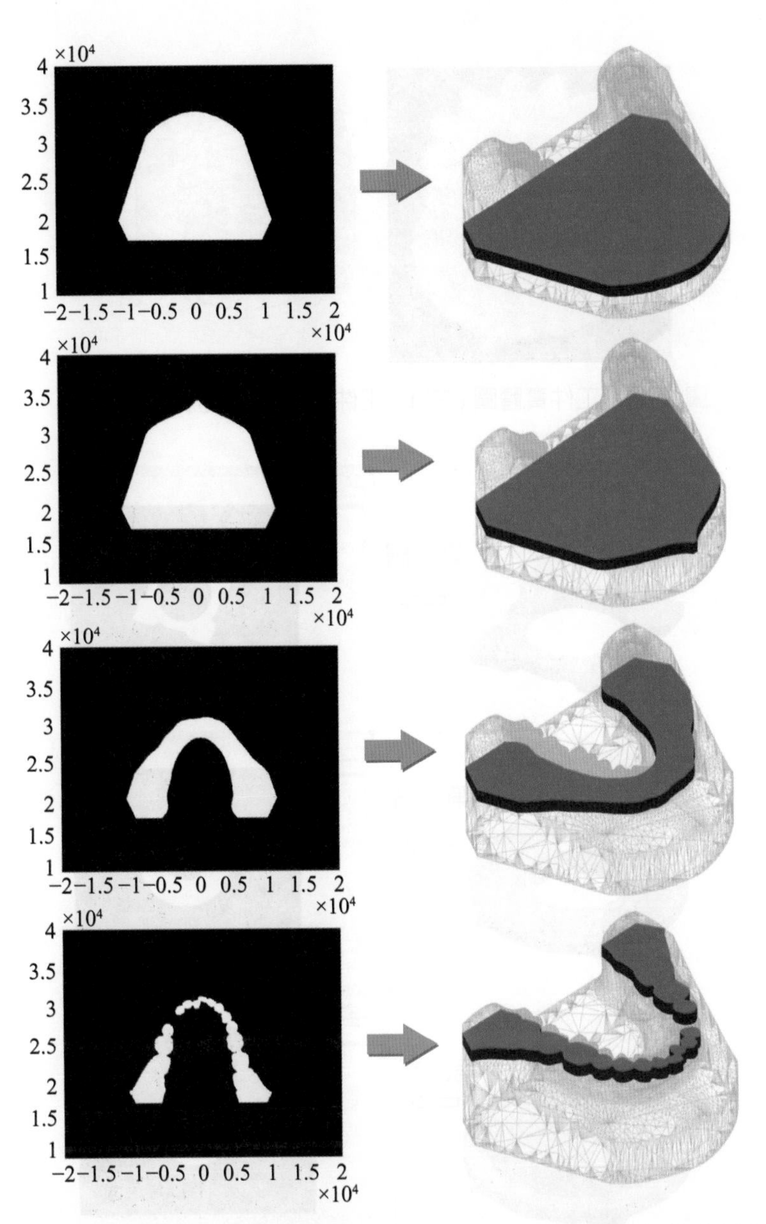

圖 3-35　齒模 STL 模型部份切層輪廓之光罩圖示 (左) 及該層曝光成型面積圖示 (右)

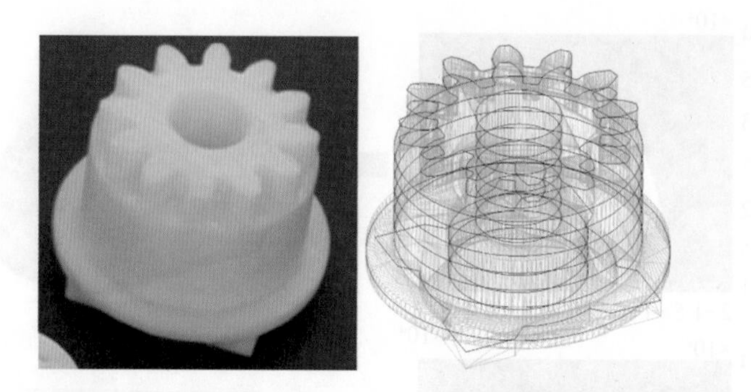

圖 3-36　工件實體圖 (左)、工件 STL 圖及切層結果 (右)

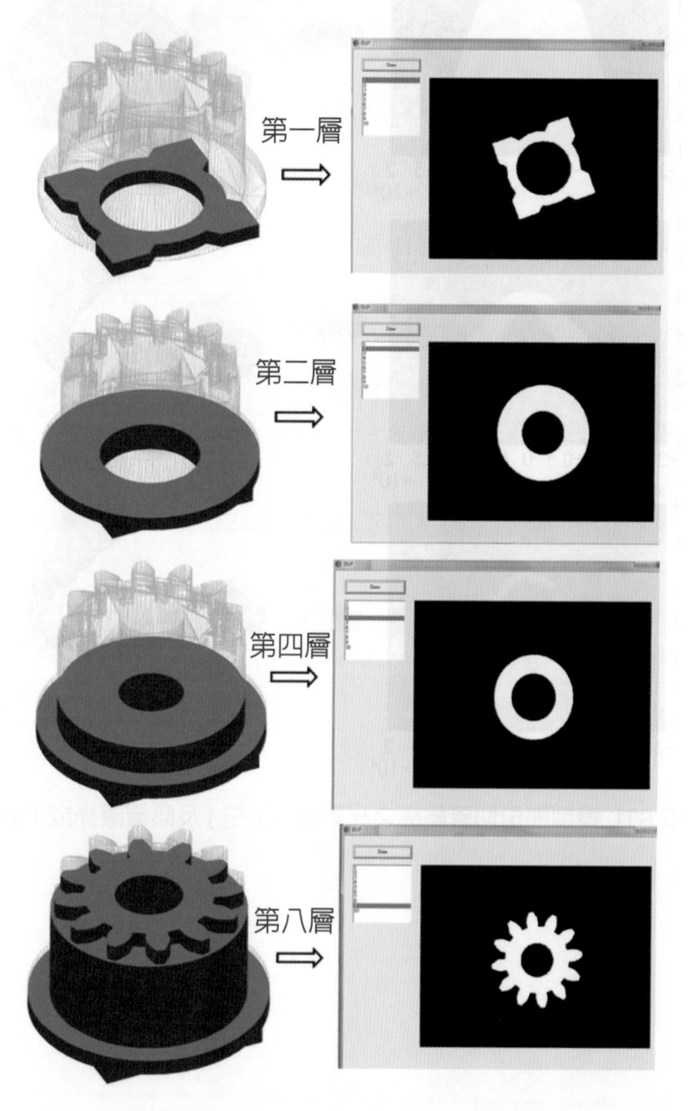

圖 3-37　工件 STL 模型及累積切層堆積圖示 (左)、該層曝光成型光罩圖示 (右)

3-5 結語

在生物與醫療應用領域中，3D 軟體建模與逆向掃描技術已經是不可或缺的工具。例如：精確地輔助外科重建義肢之外觀、應用於牙科中之牙套與假牙重建、醫療美容中用來輔助預測手術後之外貌等。這些相關應用都是需要高度客製化，並且需要精確地記錄複雜表面外觀之數位技術，而逆向掃描技術扮演著將真實物體數位化的關鍵角色，3D 軟體建模或後處理軟體，則提供了各領域設計或修補外觀所需的專業演算功能。積層製造技術提供需高度客製化醫療產業之需求，因此近二十多年以來，3D 軟體建模與逆向掃描技術結合積層製造已逐漸成爲醫療應用領域的必備技術。

參考文獻

1. M. Levoy, K. Pulli, and B. Curless, "The digital Michelangelo project:3D scanning of large statues," *ACM SIGGRAPH 2000*, pp. 131-144, 2000.
2. Reverse Engineering:An Industrial Perspective, Springer; 2007.
3. J. A. Barnett and T. O. Binford, "Computer description of curved objects," *IEEE Trans. Comput.*, vol. c, no. 4, pp. 439-449, 1976.
4. J. Geng, "Structured-light 3D surface imaging:a tutorial," *Adv. Opt. Photonics*, vol. 3, no. 2, p. 128, Mar. 2011.
5. K. Sato and S. Inokuchi, "Three-dimensional surface measurement by space encoding range imaging," J. Robotic Systems, vol. 2, pp. 27-39, 1985.
6. M. Pollefeys, L. Van Gool, M. Vergauwen, F. Verbiest, K. Cornelis, J. Tops, and R. Koch, "Visual modeling with a hand-held camera," *Int. J. Comput. Vis.*, vol. 59, no. 3, pp. 207-232, Sep. 2004.
7. N. Snavely, S. Seitz, and R. Szeliski, "Photo tourism:exploring photo collections in 3D," *ACM Trans. Graph.*, vol. 25, no. 3, pp. 835-846, 2006.
8. K. Kolev, P. Tanskanen, P. Speciale, and M. Pollefeys, "Turning Mobile Phones into 3D Scanners," IEEE Int. Conf. Comput. Vis. Pattern Recognit., pp. 394-3953, Jun. 2014.
9. F. Chen, G. M. Brown, and M. Song, "Overview of three-dimensional shape measurement using optical methods," *Opt. Eng.*, vol. 39, no. 1, p. 10, 2000.
10. Strata Foto 3D, https://www.strata.com/
11. 3DSOM Pro, Modeler, http://www.bigobjectbase.com/capture-process/
12. 林益良，"切層理論在快速成型系統之應用"，國立中正大學，1999。
13. 林耕莘，"快速原型製造系統之有效率的進階適應性切層方法"，國立中正大學，2000。

1. 市售軟體中 Strata Foto 3D CX 是市面上可以用來逆向製作 3D 模型的軟體請問它的基本方法原理爲哪一種技術？。
2. 3D 雷射掃描是利用雷射線投射到物體表面，並進行三角測量的運算。請問它不能掃描哪些類型材質，請列舉兩樣，並簡易說明爲何？
3. 深度攝影機 Xbox Kinect 第一代 3D 測量採用原理爲何？
4. 常見的 3D 檔案如 PLY 與 STL 格式，這兩種格式於記錄顏色的方式有何不同？
5. 適應性切層比等厚度切層有何優點？
6. 積層製造材料路徑規劃有哪兩種？
7. 3D 檔案中如 STL、PLY、3MF 與 OBJ，哪一些檔案格式僅能記錄三角網格型態的 3D 模型？
8. 市售的 3D 掃描機如 Makerbot® Digitizer 與 XYZ DaVinci AiO 1.0 機種，皆包含了至少一個雷射、一個相機與轉盤，請問它們是採用什麼原理獲得 3D 座標？
9. 在記錄相同的單色模型前提下，下列何種檔案所佔用的儲存空間最大？(A)STL(binary) (B)STL(ASCII) (C)PLY(binary) (D)PLY(ASCII) (E)OBJ (F)3MF。
10. 逆向工程測量方法分爲接觸式測量與非接觸式測量，請各別舉例兩者的優缺點？
11. 電腦輔助設計軟體中經常使用參數化的自由曲線 / 曲面有哪些？請舉例兩項。
12. 在光罩式的切層輪廓中，如何定義區分何者爲內輪廓、何者爲外輪廓？
13. 大多數的逆向工程掃描僅能擷取物體的表面資料，而在醫學工程領域中常見可掃描取得身體內部器官、骨骼或軟組織，試說明這類技術爲何？

14. 結構光 3D 掃描器通常由一台投影機與一台相機所組成，試問它與傳統兩台相機所構成的立體影像相比，何者所能達到的掃描精確度比較高，理由爲何？
15. Xbox kinect 2 與 Intel Realsense 所採用的深度攝影機原理爲何？
16. 市面上的 3D 建模軟體眾多，其中有少數標榜以雕塑或雕刻網格爲訴求，以下哪一套軟體符合該特徵？ (A)AutoCAD (B)Sculptris (C)Solidworks (D)3DS Max。
17. STL 檔案包含 ASCII 與 Binary 兩種，試問 ASCII 檔案是否有記錄彩色資訊？
18. 爲何大部分的 3D 模型檔都以三角網格爲主要的網格記錄形式？
19. 請問 3D CAD 建模與逆向工程掃描何者較適合用於複雜曲面的建構，例如人臉模型重建？
20. 試舉例 3D 尺寸或外觀測量能衍生的工業應用？

04

材料擠製成型 Material Extrusion

本章編著：江卓培、謝子榆

4-1 前言

擠製成型的積層技術可以被想像成類似用於熱熔膠槍，將熱熔膠加熱後施加壓力通過噴嘴擠壓出來而定形，一層層的堆疊而形成三維的立體形狀。如果儲存熱熔膠之儲存槽內的壓力保持穩定，那麼擠壓出的材料也將以穩定的速度擠出，並將保持固定的橫截面直徑。如果噴嘴的移動也保持在相對應的擠出速度，則這個直徑也將維持不變。由於從噴嘴擠壓出的材料大部分是半固態的，冷卻後便完全固化。材料在擠製的過程中，噴嘴是在一個水平面運作，材料的擠出與停止是依據預規劃路徑而完成，當一層完成後，噴嘴必須向上提升一個層厚，再繼續加工、直至所有層數完成爲止。

材料擠壓出來的方法有兩種，最常用的是使用溫度作為控制材料狀態的方法。它是將材料熔融在一個儲存槽內並保持溫度，這個方法近似於傳統的聚合物擠出過程，不同處在於噴嘴是垂直安裝在一個傳動系統而不是保持在一個固定的水平位置。另一種方法是使用化學變化導致凝固，此法涉及固化劑、溶劑與空氣，材料可利用溶劑使其成為液狀，加入固化劑後擠出與空氣接觸即固化。當材料具有活細胞的生物相容性和選擇受到很大的限制時，這個方法可能較適用於生物化學應用，但也有少數的工業應用案例，例如不想靠熱效應而固化的射出成型製程。

本章將首先介紹利用擠製成型之積層製造的基本原理，將描述與探討最廣泛使用擠製的積層技術，另說明組織工程用的設備與支架製作的應用，最後再分析其適用性和與未來的技術發展。

4-2 成形設備之差異性

擠製成型加工法中主要是以加熱傳導方式當作能量的來源，以熱塑性聚合物或是熔絲等為基本材料，運用加熱及冷卻，使其產生半液態與固態之間的可逆變化的物理變化而結合或去除來達到逐層固化並堆疊成 3D 實體的目的。

本節將比較熔融擠製成型製程中以直角坐標系的 Cartesian 機構及以並聯臂機構運動的 Delta 系統的差異性。

4-2-1 直角坐標系統 (Cartesian 機構)

直角座標機構也稱桁架機構或龍門式機構，其工作方式主要是通過完成沿著 X、Y、Z 軸上的線性運動。驅動單元是以伺服馬達或步進馬達為主，以線性滑軌或同步皮帶搭配齒輪或齒條為常用的傳動元件所架構起來的機構系統，可以完成在 X-Y-Z 立體空間的三維坐標系中任意的一點。此法的優點是結構簡單，缺點是機體所佔空間體積大、動作範圍小與靈活性不佳等。而採用此系統的機臺多為近端 (Wede) 進料機構，近端設計之優點為進料機構馬達出料就直通加熱器，可降低軟塑膠進料之阻力；缺點是整個擠製頭模組因負擔了馬達的重量，因此整體的重量大而造成慣性大，對移動速度較慢且容易產生顫動。

4-2-2 並聯式系統 (Delta 系統)

並聯式的結構是從兩個自由度到六個自由度的空間結構，優點有高剛性、承受高負載、結構不易彎曲變形、不易有動態誤差、低慣性與構造簡單等，可以改善傳統串聯式機構很難突破的根本限制，例如：機架及運動軸重量太大導致結構彎曲變形，進給軸加速不易所導致的動態誤差，各軸及元件誤差累積導致系統整合誤差難以下降等。並聯式機構因爲高剛性、構造簡單，且雙並聯桿設計可使擠製頭獲得更快的疊層加速度，故適合應用於本研究所需之積層製造系統。

4-3 擠製成型的系統回顧

4-3-1 3D Stratasys

Stratasys 爲於西元 1993 年第一個將熔融擠製成型技術 (Fused Deposition Modeling, FDM) 商品化的公司，此技術之發明人是該公司的創辦人之一的 Scout Crump，該項技術專利名稱爲「用於創建三維物體的設備與方法」，由美國專利 (專利編號 US 5, 121, 329 A) 可得知，其專利揭露擠製的層積方法需要精密的控制、材料的加熱、冷卻與快速固化、成型後如何分離支撐件且不損害已成型的物件，如何順暢的控制材料進料而不斷線，材料不堵塞於噴嘴內等皆爲其核心技術重點，如圖 4-1 所示，而該項專利也奠定了 Stratasys 公司在擠製成型的領域地位。

因此，FDM 也是目前市場市占率最高的機台。

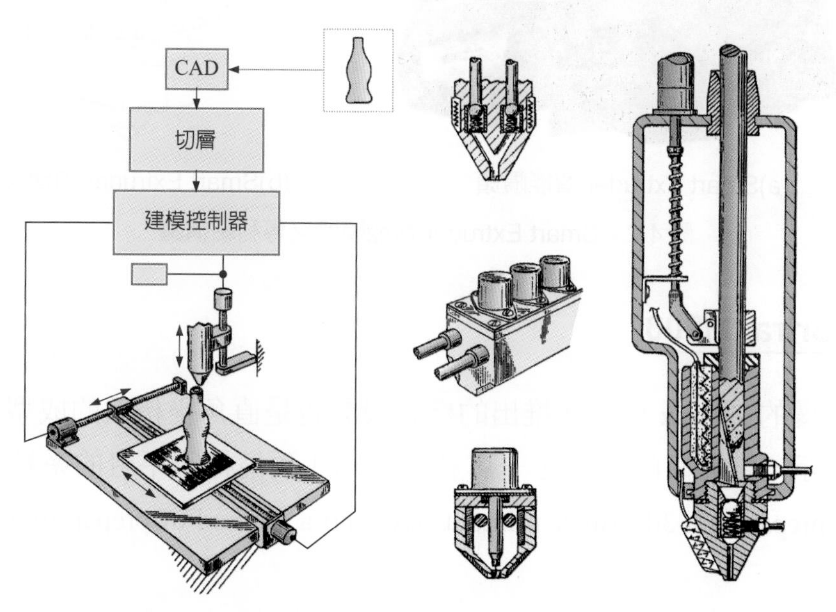

圖 4-1　專利編號 US 5, 121, 329A 所發表之結構圖

4-3-2 Makerbot

MakerBot 是美國著名的桌上級 3D 列印機設備商，在 2013 年獲得幾輪投資之後，MakerBot 被美國上市公司的 Stratasys 收購，之後 MakerBot 就作爲 Stratasys 在桌上級 3D 列印設備的子公司，但是爲獨立的營運，所以保持著一如既往的發展趨勢，所以 MakerBot 也成爲目前桌面 3D 列印機市場的翹楚。另外，該公司生產的 Replicator 系列 3D 列印設備也成爲了 FDM 的指標性產品，Replicator 屬於家用機臺，配置有「Smart Extruder」技術，其專利名稱爲「三維列印設備的工具系統」，結構設計如圖 4-2 所示，它是以透過加熱器以接觸式熱傳導將熱塑性材料升加熱至熔融狀態，並以熱電偶進行穩定的溫度控制，附加式的 Hall 感測器能檢測到材料有沒有進入到噴頭或是溢流的情況，並能自動停止列印，以提升加工的成功率。

(a)Smart Extruder 智能噴頭

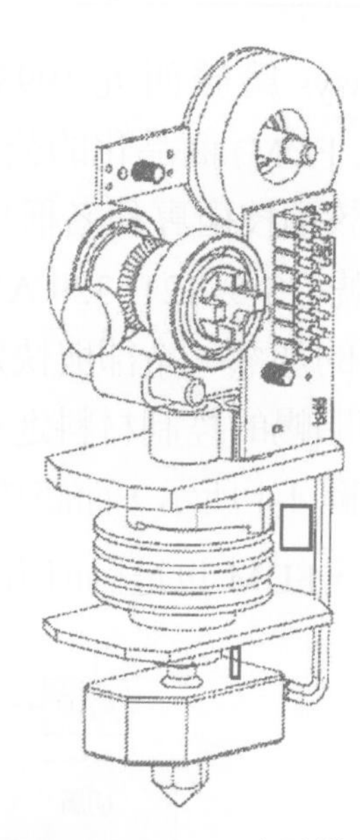

(b)Smart Extruder 內建裝置

圖 4-2　Smart Extruder 智能噴頭之專利結構圖

4-3-3 ZortraxM200

位於芬蘭的 Zortrax 公司所推出的機台設計也是直角坐標系的成型平板結構如圖 4-3 所示，它擁有的其中之一專利名稱爲「預備打印平台的系統及其方法 (Systemfor preparing a 3d printer printout base and a method of preparing a 3d printer printoutbase)」，如圖 4-4 所示，它採用 LPD (Layer Plastic Deposition) 成型技術，並對應 4 款專用線料系列 (Z-Filament Series)，包括 Z-ABS、Z-ULTRAT、Z-GLASS 以及 Z-HIPS 等。Zortrax 有一獨家專利，是有別於 MakerBot 的擠製頭受力檢測方法，其專利方法是透過成型區的 5 個接觸式壓力感測器，分別記錄擠製頭與該座標的 Z 軸誤差，進行校正流程中，一旦偵測擠製頭低於成型區水平高度時，會自動在控制器上顯示警告，避免成型台在製作過程中損壞。此偵測系統固然精準，但須仰賴完全平整的成型面板以及手動式彈簧調平機構才能達到校正效果。

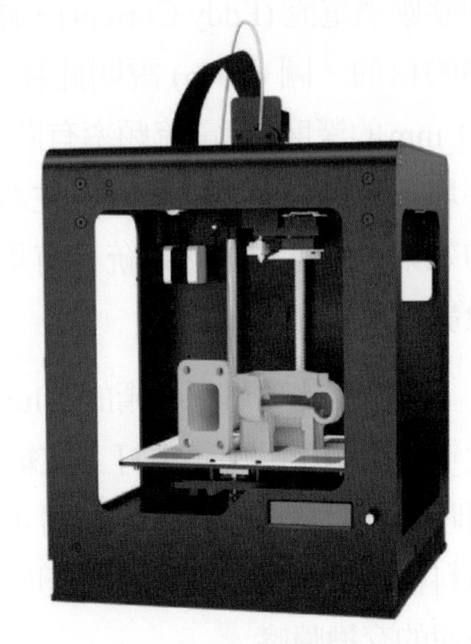

圖 4-3　ZortraxM200 機台主體示意圖

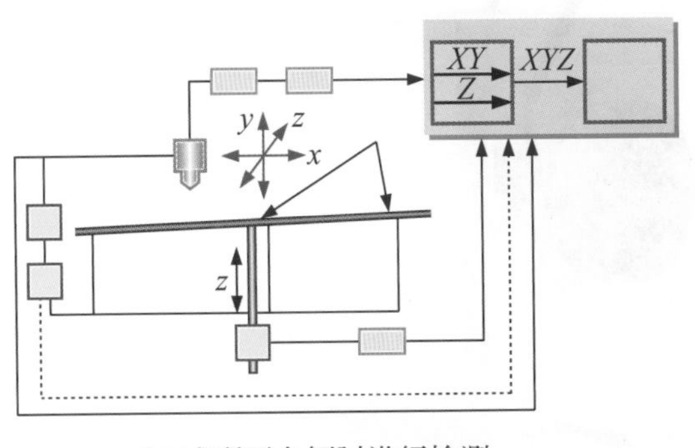

(a) 成型平台傾斜進行檢測

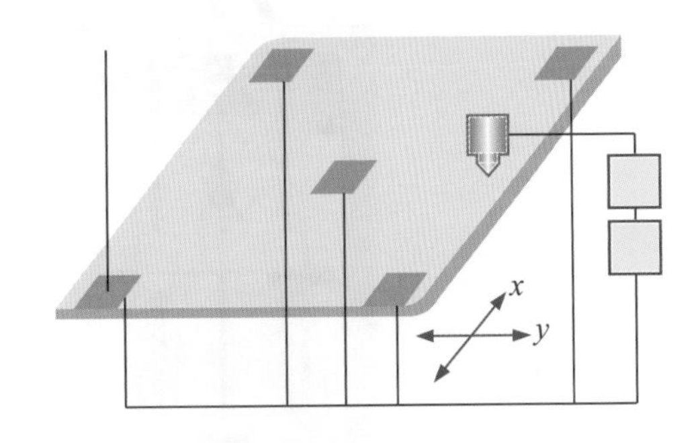

(b) 壓力感測器分布位置

圖 4-4　「預備打印平台的系統及其方法」專利示意圖

4-3-4　Ultimaker 2 Extended

Ultimaker 2 Extended 爲荷蘭 Ultimaker 公司所開發的產品如圖 4-5 所示，以改良式的齒輪進料器可以迅速控制輸送壓力，另有 Olsson Block 模組可以快速替換擠製頭，它的最精細層厚是 20 μm，最快列印速度可以到 300 mm/s(快不一定是好)。另外，Ultimaker 公司也取得「一種電感應式加熱擠製頭 (Inductively Heated Extruder Heater)」專利，如圖 4-6(a) 所示，此溫度加熱技術也就是用電磁感應法，由環狀線圈通電並靠近噴頭，利用電磁誘導方式在被加熱的噴頭上產生一相對應

的感應渦電流 (Eddy Current)，產生渦流損 (Eddy-current losses) 以至於達成快速加熱的目的。圖 4-6(b) 說明此種渦電流所產生的熱相當的淺，僅距離噴頭表面約 0.1 mm的深度(與電流頻率有關)，由於加熱距離相當淺的關係，所以加溫速度快，平均一秒可加溫 20 ～ 60°C 左右，相較於傳統電阻式加熱噴頭容易過熱影響列印的效果，感應式加熱系統具有更穩定的加溫速率及均溫性，可避免材料垂流的現象發生。

掌握了此項專利技術的 Ultimaker 公司以較低廉的成本進行新機台的研發，在近年推出的產品中，主打工業級的 3D 列印機，使得其產品仍然保持很好的價格，同時受到消費者的青睞，如圖 4-7 所示的 Ultimaker S5，具有雙噴頭、自動校正、斷料偵測等功能；在最小列印層厚 20 μm 的精度下，可以列印更大的物件，並且快速的交換噴嘴。

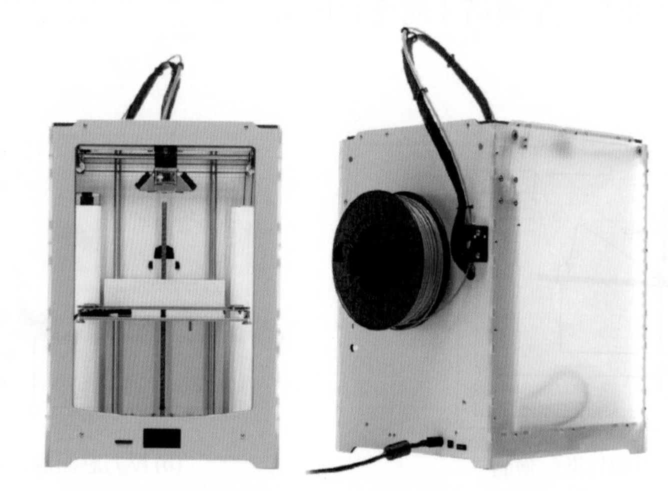

圖 4-5　Ultimaker 2 Extended 機台主體示意圖

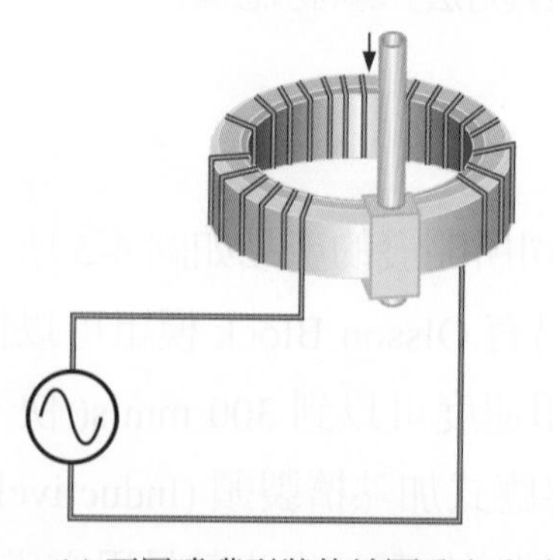

(a) 不同噴嘴形狀的線圈分布方式

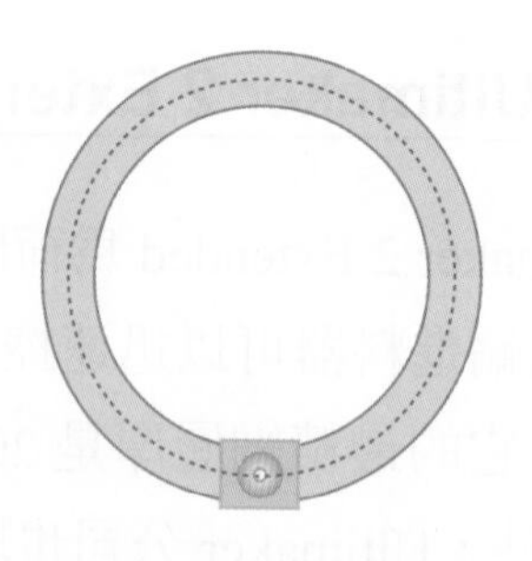

(b) 線圈分布之橫截面圖

圖 4-6　「一種電感應式加熱於擠製頭的加熱器」專利示意圖

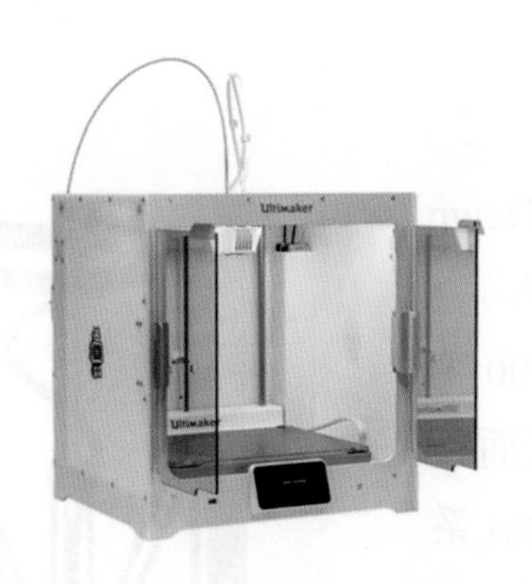

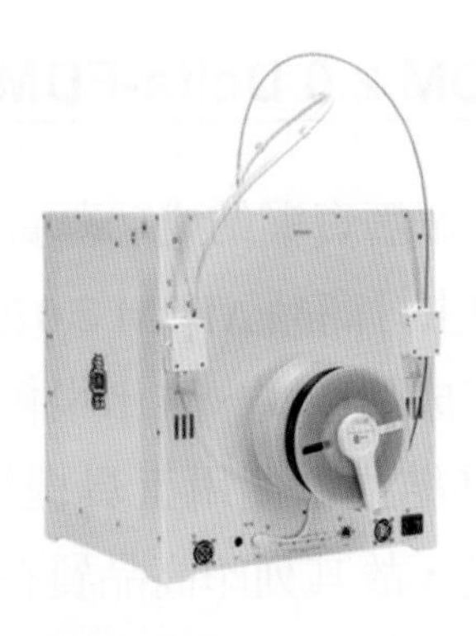

圖 4-7　Ultimaker S5 機台主體示意圖

4-3-5　RepRapDelta 系統

RepRap 開源 (Open Source) 專案計畫是在 2005 年由英國巴斯大學機械工程高級講師 Dr.Adrian Bowyer 所創建的社群平台，開放宏觀的設計讓所有使用者自由修改的一項機制，其“可複製的快速原型機 (Replicating Rapid Prototype)”爲主導的核心價值，截至目前爲止，RepRap 平台所發布四個版本的三維列印設備皆以著名的生物學家 (Darwin、Mendel、Prusa Mendel 及 Huxley) 命名，藉此透過複製與進化的概念來推廣積層製造技術發展。

RepRap 以「熔絲製造 (Fused Filament Fabrication)」爲主要技術標的，並開放給大眾使用，除了上述四款直角座標系統，在 2012 年位於美國西雅圖的工程師 Johann C. Rocholl 發布了兩款並聯三角洲積層製造設備，如圖 4-8 所示，兩者皆採用工業機器人 Delta Robot 架構，以光軸或線性滑軌作爲主要支撐結構，並使用 3 個 Z 軸向之步進馬達驅動 6 根並聯臂進行三維的幾何運動，不過此設備有 60% 由列印件所組裝而成，因此升降精度及剛性較爲不足，容易造成工件階梯效應，但相較於 Cartesian 系統，Delta System 的優點更著重於其平行連桿機構，有較大的工作範圍與高速能力，並具備穩定的運動性能、最短的週期時間與高準確度，可大幅縮短物件成型時間。

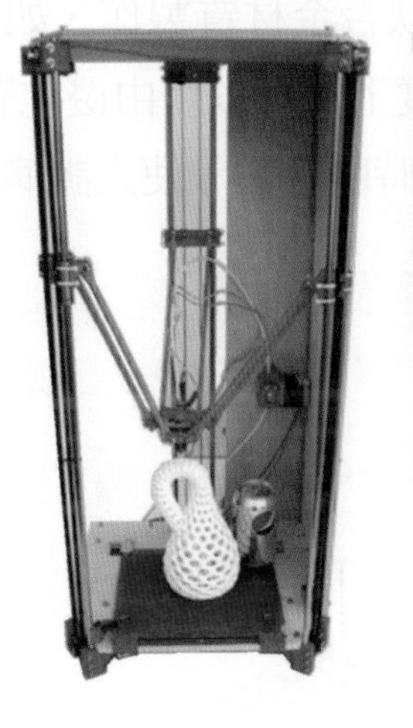
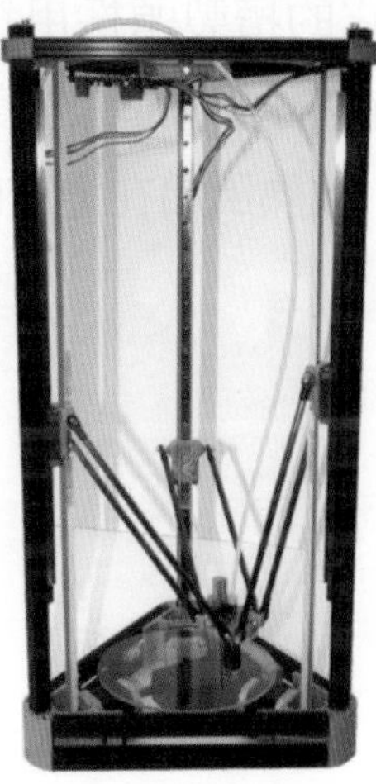

圖 4-8　Rostock & Kossel 機台主體示意圖

4-3-6 ATOM 2.0 Delta-FDM 系統

由台灣群眾籌資網站成功募資的 ALT Deign 公司，其熱銷主打商品 ATOM 2.0 如圖 4-9 所示，具備大的加工成型空間、雖市場售價爲 2,000 美元，但因爲其結構件使用工具機精密加工而獲得較佳的精度，故其列印高品質在低價 FDM 系列的 3D 印表機市場中廣受青睞。ATOM 2.0 將其成型區域設定爲 220×220×320 mm，最小層厚可達 0.05 mm，以高精度光滑表面的成品爲主要訴求。因此、若要縮小組裝誤差，則需將整體機構變更爲一體成型，這樣的設計可避開 ATOM2.0 的限制。

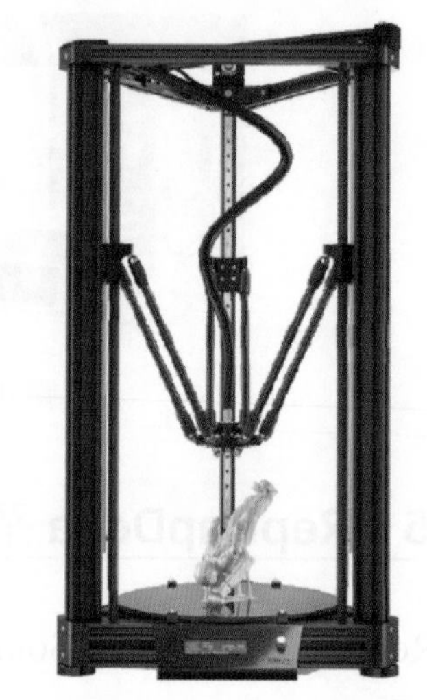

圖 4-9 ATOM 2.0Delta 機台示意圖

4-3-7 TIKO Delta 系統

如圖 4-10 所示爲 TIKO 系統，它也使用 Delta 系統進行熱塑性材料熔融擠製成型，它宣稱是全球第一個機身結構採一體成型設計的機臺，其一體成型與三角形的外型能夠在不使用高精準度零組件的情況下，帶來良好的機械再現性 (mechanical repeatability)。在 TIKO 系統的主體架構下，如圖 4-10(a)，透過封閉式腔體隔離外界的溫度，可以防止材料因冷卻速率不同而發生翹曲的現象；另外，它的擠製頭採用鈦合金材質製作、如圖 4-10(b) 所示，並使用被動式散熱設計，在不同的加熱溫度下，可以藉由優化對流的散熱孔隙，代替成本較高的散熱風扇 (散熱風扇在運作時噪音大，使人詬病)。

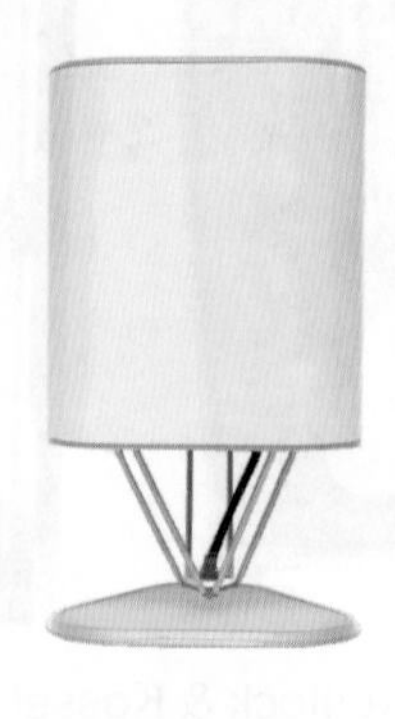

(a)封閉視成形腔

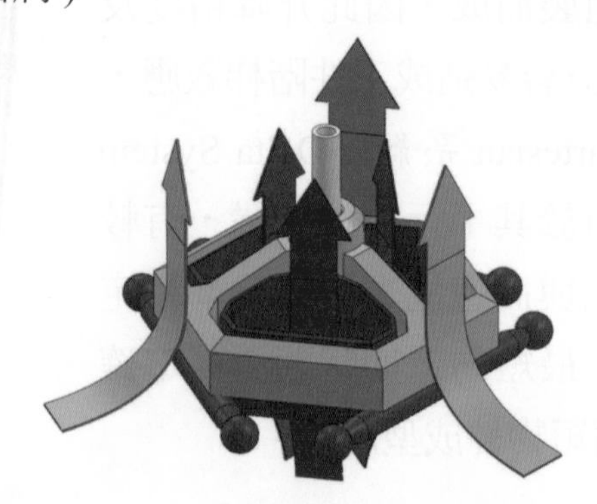

(b)具被動式散熱技術的擠製頭

圖 4-10 TIKO 機台主體示意圖

4-3-8 Markforged X7 系統

來自美國的 Markforged 公司，創立於 2013 年，並發表了世界第一台桌上型碳纖維 3D 列印機，大幅提升列印速度，且與傳統製程相比具有較低的生產成本。透過雙列印頭的 3D 列印技術專利，成功發展出列印複合材料的特色，隨著機台的改良與開發，不斷推出具有更大建構尺寸、可列印更多材料的擠製成型 3D 列印機。2016 年發布的 X7 系統，如圖 4-11 所示，整合了該公司獨有的連續長絲製造 (Continuous Filament Fabrication, CFF) 與熔融線材製造 (Fused Filament Fabrication, FFF) 技術，將連續的高強度纖維材料鑲嵌在熱塑性塑膠內部，為零件主體增加強度，為工業級的複合材料 3D 列印機；支援全系列 Markforged 獨有的材料，包括碳纖維、玻璃纖維、克維拉 (Kevlar) 以及高強度耐高溫玻璃纖維 (SHHT Fiberglass) 等高溫材料；可應用於製作義肢、輔助器具，甚至是汽車工業零組件等高強度與精密度成品。

圖 4-11　Markforged X7 機台實體圖

4-4 各成型系統之評析

現今市場上各擠製成型系統各有優劣，以半液態熱塑性高分子材料為原料之系統可就其成型區尺寸大小及層厚精度而有些設備規格上的差異，如表 4-1 與表 4-2 所示。多數技術解決成型區水平問題皆使用自動校正系統，透過感測器的訊號反饋方式來調整擠製頭與各點座標高度誤差，雖然機械感測器能精準的補償高度，但該技術悠關感測器的觸發及延遲時間，倘若感測機構觸發變形量太大亦或是平台過於傾斜，過量的補償高度則會大於間隙高度，造成擠製頭撞擊成型區，而使機台受損。自動校正系統雖具備了開源韌體、精度高、簡易的使用程序、對於各種感測機構皆適用等優點，但若需更有效率的製作方式，找出取代現有的結構設計為開發之首重。

部分的機台使用具代表性的專利龍門結構，但所費不皆且爲工業製造級設備所使用，一般家用級設備無法負擔，而手動式的彈簧微調機構不失爲校正之方法，但全仰賴成型板表面平整度，故不適合大型的成型區域，且此類型機構往往需考驗使用者的技術，在非開發人員的情況下，要將成型區調整至需求水平，可說是微乎其微，不但耗時且成功率低。

表 4-1　FDM 大尺寸成行系統比較分析

廠商	Stratasy	Stratasy	Makerbot	Ultimaker	ALT Deign	Markforged
型號	uPrint SE Plus	Fortus 900 mc	Replicator	Extended+	ATOM 2.0	X7
機構設計	直角座標式	直角座標式	直角座標式	直角座標式	龍門式	直角座標式
成行區平整技術	N/A	專利龍門結構	Smart Extruder	手動彈簧調整	限位開關	N/A
成型尺寸 (cm)	20.3×20.3×15.2	91.4×61×91.4	25.2×19.9×15	22.3×22.3×30.5	22×22×32	33×27×20
最小層厚 (μm)	254、330 (兩段可調整)	178、254、330 (三段可調整)	100-200	20-100	50-100	50-250

表 4-2　FDM 中小尺寸成行系統比較分析

廠商	Stratasy	Zortrax	RapRep	RapRep	Spark centre
型號	Mojo	M200	Rostock	Kossel	Tiko
機構設計	直角座標式	直角座標式	龍門式	龍門式	龍門式
成行區平整技術	N/A	壓力感測器	N/A	限位開關	UNIBODY
成型尺寸 (cm)	12.7×12.7×12.7	20×20×18	12×12×15	12×12×15	N/A
最小層厚 (μm)	178	50	200-300	200-300	50

4-5 支撐的製作

所有積層製造過程中，有時必須具有一種方法來支撐懸臂、內凹或掛勾的幾何特徵，以及保持所有零件的特徵於製造過程中由額外的支撐來固定住。這樣的支撐系統主要有兩種形式來達成：

1. 類似材料的支撐
2. 次級材料的支撐

如果是擠製系統僅使用單一擠製頭，那麼它只會有一個擠製儲存槽，則其支撐的結構必須以相同的材料來製成。這需要仔細的思考零件和支撐結構的強度差異性，雖然零件和支撐結構是被放置在相對於彼此的位置，但製作完成後，在拆解支撐結構時不應傷到零件的精度與特徵如圖 4-12 所示。如何達成呢？如同先前所提到的，可利用零件材料絲束強度變化，透過溫度的調整或絲束間的間距差異性，來獲得可以導致斷裂面的效果，這個斷裂面可以用作從零件材料分離支撐結構的一種方式。

最有效的拆除支撐架的方法是以不同材料製作它們。可以利用材料性質的差異性，則支撐結構即可輕易的從零件上作區分，無論是視覺上 (搭配不同顏色的材料)、機械上的 (使用較弱的材料作支撐結構)、或化學上的 (使用可以溶劑移除而不影響零件材料本身的材質)。爲了達到此目的，擠製裝置需要有第二種擠製器。如採用以上方式，第二種材料的建構參數也須準確設定好，在軟體規畫路徑時，即須納入考量。值得注意的是，視覺上不同的材質即使沒被用來作支撐架，也有可能被用來凸顯模型上不同的特徵，像是圖片 4-13 中顯示牙科模型中的咬合板結構。

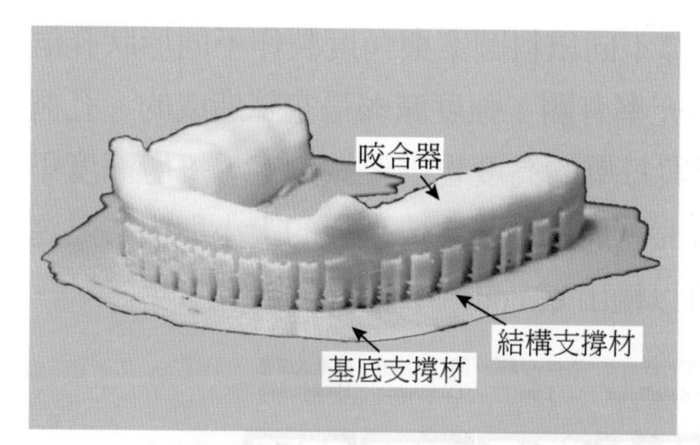

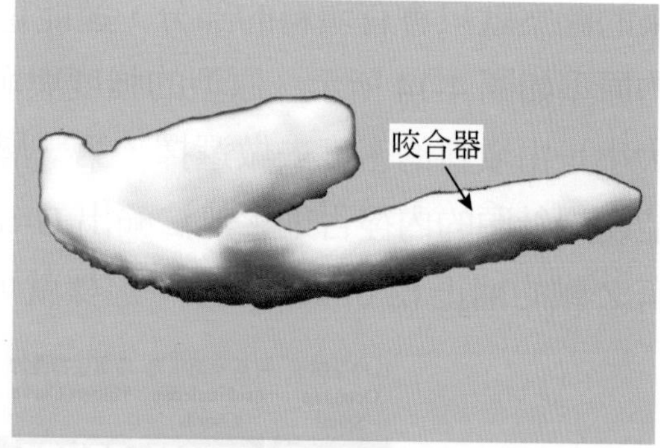

圖 4-12　採用顏色的材料，由不同的絲束間距來獲得強度低的支撐結構 (圖左)，移除後獲得之主要零件圖 (圖右)

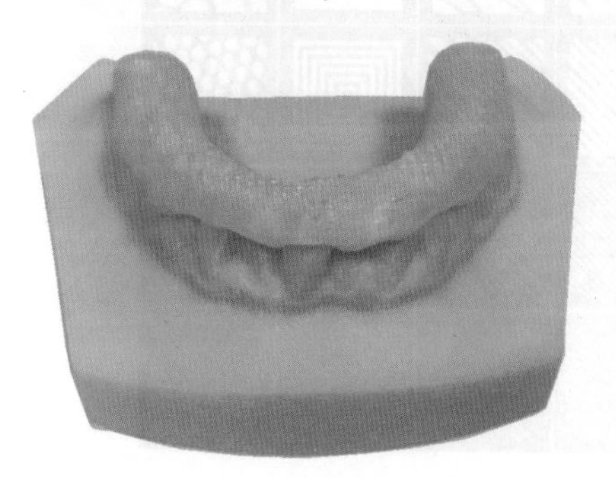

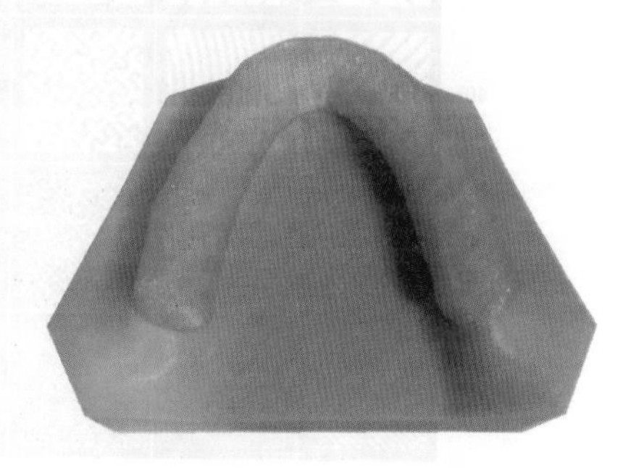

圖 4-13　使用兩種不同顏色的 PLA 材料製作牙科模型中的咬合板與牙模

4-6 繪圖和路徑控制

幾乎和所有積層製造系統一樣，擠製基礎的機器大都採用通用的 STL 格式的 CAD 檔案。在實際製作原型前，還必須先完成各層的輪廓內填料路徑產生。對於此類系統而言，需了解絲束的間距太大、則絲束便不會有效的結合。相反地，間距太小會有重疊或滿溢的現象。

零件的精度是由輪廓來維持的，故輪廓線會以較慢的速度來製作，輪廓是由從 STL 檔的平面 (代表當前橫斷面的建構) 和三角形之間所提取的交點來決定，這些交點是建構每一個完整輪廓而連續性的曲線，而每一個輪廓的起點是利用軟體來處理，起始點是定位在噴嘴的中心，輪廓的終點是一個噴嘴直徑的距離。因爲起點與終點最好有一些重疊，也因此有可能會在重疊的區域發生鼓起的現象。

對控制軟體來說，決定輪廓內部的填充圖案是重要的任務。首先要考慮的是在輪廓內部必須有偏移量，以開放軟體 Slic3r 爲例，在 Slic3r 內可在調整原型的大小、高度、數量、位置，而原型的路徑與間距大小則是使用 Slic3r 裡的填料功能，將外壁 (Vertical shells) 與上下層 (Horizontal shells) 製作的功能取消選取，這樣出來的圖案就只會有填料的部分，還能選擇不同填料圖案與角度製作不同形狀孔洞的原型如圖 4-14 所示。原型的強度與填充率有關，強度減弱是空隙造成的。孔洞大小是由填料的密度去做選擇，第一層與每層的高度也需要做設定，每層高度不能超過針頭的內徑否則會無法輸出 G-code，最後在設定成型板的大小與中心點還有 Z 軸的補正 (Z offset) 距離，這樣就可以輸出 G-code 碼。

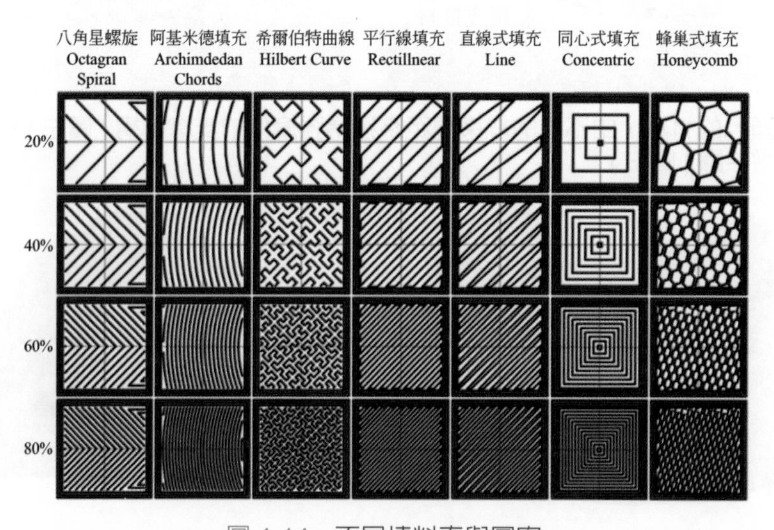

圖 4-14　不同填料率與圖案

擠製頭流出的材料和擠製頭的瞬間速度並非是線性的。因此，當執行的路徑方向快變換時，應改以較少量的流量，因此能填滿該區的縫隙。

擠製頭的精確控制擠壓需要考慮的參數包括：

- 輸入壓力：

在製造的過程中，其變量是有規律的，因爲它與其他控制參數緊密結合。

改變輸入的壓力 (或對材料的施力) 會導致相對應的輸出流速改變。

- 溫度：

維持儲存腔內熔體的恆溫是理想的情況。雖小幅度的波動是無法避免的，而且這將會導致流動特性的變化。

- 噴嘴直徑：

一般而言，這是不變的。

- 材料特性：

理想情況下，黏滯係數不會改變，但有些材料因爲溫度太高會造成黏滯係數增加，進而影響材料的流動。

- 重力和其他因素：

如果沒有壓力被施加到儲存腔內，材料將會因爲儲存腔內熔融材料的質量而持續流動，這有可能引起壓位差。如果它是密封的，這還可能透過儲存腔內的氣壓增加而加重。

- 原型内部形成的溫度：

所有原型都可能因爲累積絲束的熱而形成溫度，大而厚的結構比起小而薄的物件會維持在一定溫度較久的時間，這是表面積和體積比率的關係。

考慮以上因素，能有助於控制材料從噴嘴流出，以及得到相對應的精度。另外，亦須週期性的清洗噴嘴，以防止多餘的材料附著在噴嘴的尖端。

4-7 絲束材料

應用廣泛的絲束材料是 ABSplus 材料，這可以被用在目前所有的 FDM 機器。半透明效果感興趣者可能會選擇 ABSi 材料，這種材料和其他 ABS 材料有相似的性質。有些機器也會有 ABS 混合聚碳酸酯的選項。表 4-3 顯示了不同 ABS 材料與其混合物的特性。這些特性和許多常被應用的材料相似。然而值得注意的是，因為分層的介面區和工件可能有的空隙，FDM 機器所使用來製作零件的材料可能會比起表格所顯示的還要低強度。

表 4-3　FDM 材料各種 ABS 材料的性質變化 (根據 Stratasys 公司的數據表編譯)

特性	ABS	ABSi	ABSplus	ABS/PC
抗拉強度	22 MPa	37 MPa	36 MPa	34.8 MPa
拉伸模量	1627 MPa	1915 MPa	2265 MPa	1827 MPa
延伸率	6%	3.1%	4%	4.3%
抗彎強度	41 MPa	6 MPa	52 MPa	50 MPa
彎曲模量	1834 MPc	1820 MPa	2198 MPa	1863 MPa
沖擊試驗	106.78 J/m^2	101.4 J/m^2	96 J/m^2	123 J/m^2
熱變形 @66 磅	90°C	87°C	96°C	110°C
熱變形 @264 磅	76°C	73°C	82°C	96°C
熱膨脹	60 E-05 in/in/F	6.7 E-6 in/in/F	4.90 E-05 in/in/F	4.10 E-05 in/in/F
比重	1.05	1.08	1.04	1.2

如果 ABS 材料不能滿足需求，仍有其他三種材料可以被 FDM 技術使用。主要是 PC-based 材料可以提供較高的抗拉性能，有著抗彎強度 104 MPa。其材料的變化是 PC-ISO，同時也是 PC-based，制定 ISO 10993-1 和 USP VI 級要求。這項材料比具有 90 MPa 強度的一般 PC 還弱，但被認證為可用在食物和藥品包裝以及醫療設備生產。其他材料已被開發來滿足工業標準的是 ULTEM 9085 材料。這種材料具有特別良好的火焰、煙霧和毒性 (FST) 的評比，使得此材料適用於飛機、船舶和陸上車輛。如果應用程序需要改進熱轉變，則使用聚苯碸 (PPSF) 會是一項選擇，此材料的熱轉變溫度在 189°C 的 264 psi。值得注意的是，最後這 3 種材料只能被用在高端機器，並且只能在分離支撐系統運作，使得它們在某些地方的運用變得困難而專業化。事實是它們有很多與 ASTM 和相似的規格，這些規格和材料相關。

4-8 自動校正裝置

擠製成型的技術結構中，擠製頭大多藉由切層軟體轉換機械指令碼 G-code 來執行點座標的材料塗層路徑，其中 Z 軸升降的穩定性、熔絲擠出量的控制及環境溫差變異引起的材料熱收縮皆會影響疊層精度的表現，對於 FDM 製程而言，材料塗佈的第一層是否能均勻且穩固的附著於成型平台上爲其首要的核心重點，在微觀的情況下，成型平台並非完全平坦，固定擠製頭的效應器跟成型平台之間也不會是完全水平的，因此設備通常需要透過校正才能確保平台跟噴頭本身是保持垂直的狀態。在開源平台的技術發展中，自動校正 G29 正是補正平台傾斜度所開發的 G-code 指令。

目前市售設備的校正方式，多數是透過手動調整彈簧機構來維持平台角度，但此方式無法有效解決平台本身弧形的高低落差，而 G29 是透過安裝於效應器上的限位開關偵測，如圖 4-15 所示，藉由限位開關的觸發機制，以利回傳平台與 Z 軸之間每個座標點的高度資料，當訊號傳遞回去後，立即儲存該點高度位置，並採線性補差的方式，來獲得完整的水平成型面。

在成型時，成型平面會與擠製頭端部相距一層層厚之高度差，以提供材料有足夠的塗佈空間，爲驅使每個座標平面跟擠製頭擁有同等數値的水平距離，在電腦端下達 G29 指令後，依照成型區的尺寸規劃，Z 軸傳動並聯臂將會控制擠製頭於成型範圍內進行 26 個座標點的下壓接觸式偵測，如圖 4-16(a) 所示，在接觸成型平台之前，校正裝置由止付螺絲夾持擠製頭的固定座與限位開關按鈕維持輕觸狀態，並由固定座下方的彈簧控制兩者之間的距離，此時限位開關處於 NO 常開 (Normal Open) 迴路，當擠至頭下壓觸動成型平台時，如圖 4-16(b) 所示，彈簧因受力而壓縮，並透過固定座本身因塑膠材質的彈性產生形變，進而按壓限位開關使其形成通路，並回傳訊號儲存該點位置，受到觸發後的限位開關則依照程式的設計，使馬達傳動效應器進行抬升的動作，此時彈簧因受力釋放而回復原本的壓縮長度，並將固定座復歸於起始位置，即爲圖 4-16(c) 之狀態，限位開關在失去按壓後會自動斷開訊號，且繼續執行下一個成型區的定點偵測，重複多點的網格探測，補償其高低落差，直至建構出一個完整的水平成型面。

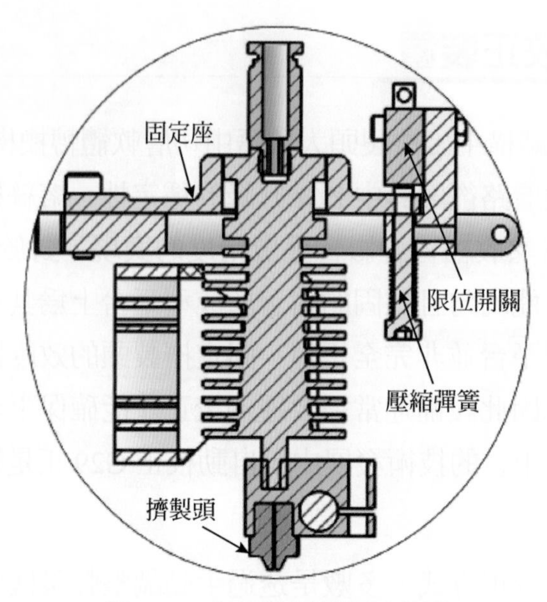

圖 4-15　校正裝置截面示意圖

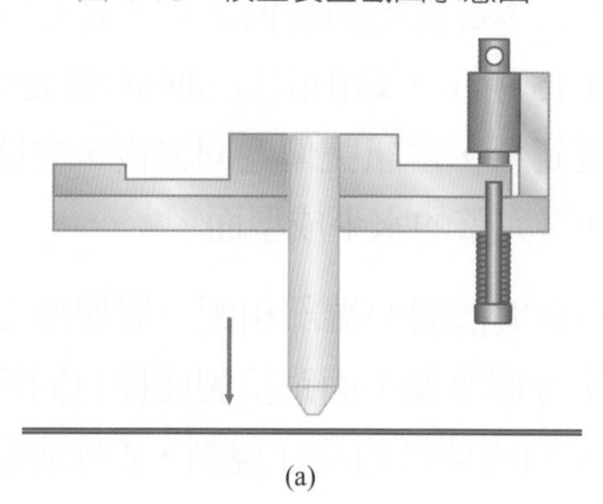

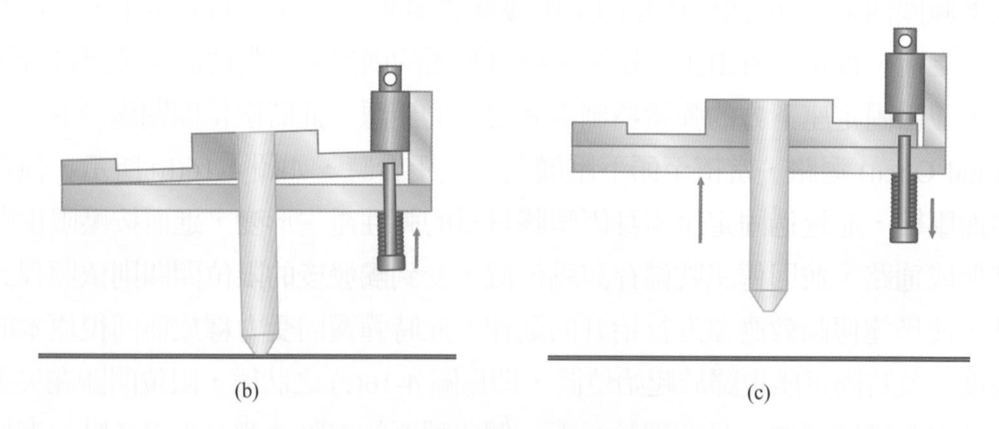

圖 4-16　限位開關判定觸發示意圖

4-9 擠製成型的限制

使用這項技術的缺點主要還是製作的速度、精度和材料的密度。若選擇 0.078 mm 的層厚度選項，進行高精度的製作時會耗費較長的製作時間。另外值得注意的是，所有的噴嘴都是圓形的，因此無法繪製尖銳外角，在任何角落或邊緣會有一個相當於噴嘴的半徑。內部角偶也會被導圓，這是噴嘴在加速和減速所造成的特性。

4-10 複合材料 3D 列印

3D 列印在各類材料上均有所斬獲，隨著航太、汽車等產業大幅導入 3D 列印技術，常被使用於航太產業領域的複合材料，也成爲大家非常有興趣的一個領域。但目前市面上 3D 列印 FRP(fiber reinforced polymer) 複合材料上的發展仍然有限，大多是在現有的擠出型 3D 列印線材中添加短纖維，期能提升材料之機械性質，但是短纖維的效果遠不如使用連續纖維，3D 列印在取代現有航太產業應用的高階或先進複合材料領域，仍有許多發展空間。

近年來碳纖維技術與相關複合材料技術之進步，使其應用於航太主結構之項目與量大幅成長，碳纖維複合材料有六成以上市場屬航太產業，製程上又以預浸布 (prepreg) 爲大宗 (43%)。新型民航機已大量使用複合材料—Boeing 787 使用複合材料比例來到 50%，Aribus A350XWB 也高達 53%。在航太複合材料組件上，三明治結構亦廣泛應用於機翼、機尾等等飛機重要零件上。同爲“積層”、“疊層”的概念，3D 列印技術應可快速應用於複合材料加工，但受限於積層板在特定面纖維需要連續之問題，目前有的商業機台非常有限，能夠列印出如手工疊層的方案亦不多，更遑論優於現有複合材料加工製程。因此，複合材料 3D 列印仍有許多發展的潛力，備受矚目與期待。

4-10-1 熱塑性材料為基材 (matrix) 之 3D 列印複合材料

(1) 添加短纖維

擠出型的 3D 列印機線材，目前已非常多元，不同材料的添加使線材在外觀或性質上有更多的選擇。添加短纖維於現有熱塑性線材中，是目前最常見的複合材料 3D 列印，可使用一般的擠出型的 3D 列印機進行列印，中高階的擠出型 3D 列印設備公司亦有推出適合他們自家機台的線材以提升列印效能與品質。專門販賣線材的 colorFabb 公司，他們的 XT-CF20 線材即是熱塑性基材混入短碳纖維之一例，其碳纖維的含量為 20%，可提升材料的剛性，但因碳纖維會加速黃銅噴頭的磨損，故建議使用不鏽鋼或其他較耐磨耗的銅合金噴頭。FDM 大廠 Stratasys，因系統只使用自家出的材料，所以有自己的複合材料線材 (FDM Nylon 12CF)，以尼龍 (Nylon 12) 為基材，混入碳纖維，以達到較佳的機械性質。

(2) 使用連續纖維

相較於短纖維，連續纖維能在纖維方向承受更高的應力，對整體機械性質的提升是更優異的，並能因應受力狀況而設計各疊層的纖維方向。連續纖維的 3D 列印以 Markforged 公司為代表，亦有其他研究以不同策略結合熱塑性基材與連續纖維進行列印。因現有擠出型的 3D 列印機難以滿足連續纖維的列印需求，需要使用專用機台或特別的擠出模組設計；而且，若有切斷纖維之需求，擠出模組中則需另外加入纖維剪斷機構。

Markforged 適合複合材料列印的機台有桌上型的 Mark Two 與工業等級的 Mark X 系列，為雙噴頭式機台，如圖 4-17 所示。一個噴頭擠出一般線材或尼龍線材，可選擇有無添加短纖維，列印工件的大部分；另一個噴頭則是擠出特殊處理過以尼龍為基材的長纖碳纖維，用來加強局部區域，且列印完連續纖維後必須再覆蓋另一噴頭的材料。若以混入短碳纖維的尼龍線材為主要工件材料，搭配連續碳纖維的局部區域加強，得到的工件將有相當不錯的機械性質。Mark Two 機台的

圖 4-17　Mark Two 與 Mark X

成形空間為 320 × 132 × 154 mm，最小層厚為 100 μm。而 Mark X 屬於工業型的專業機台，有 X3、X5、X7 三款，最小層厚為 50 μm，另有安裝雷射位移感測器，可偵測 印過程中的尺寸 度，雷射測量 度為 1 μm。除了 Markforged，Orbital Composites 亦採用局部加強的概念，並與機械手臂結合進行列印。

盧森堡的 Anisoprint 公司，推其複合材料 3D 列印機 Composer 3D，使用的雙噴頭分別為融熔擠出與預浸纖維共擠這兩種方式，前者單純以 FDM 的方式來列印 ABS、Nylon、PC、PETG、PLS 等熱塑性材料，而後者則為纖維共擠，即在列印的噴頭中充滿樹脂，纖維在列印時在噴頭內部與樹脂混合同時擠出，相較於直接列印出纖維預浸樹脂的線材，可讓用戶可自由控制纖維體積比，亦可自由修改所使用的基材材料。

除了商用機台所採用的方式之外，亦有其他研究採用不同策略，概念多以將連續纖維與熱塑性線材一起匯入噴頭中加熱混合後擠出。例如日本團隊將熱塑性材料及連續纖維分別供應到 3D 列印機的噴頭中，於列印前將兩者在噴頭內部加熱合併之後再擠出，如圖 4-18 所示。另一研究則是將 PLA 與連續碳纖維材料混合後作 3D 列印，如圖 4-19 所示，但碳纖維材料需預先處理過，才能有效提高碳纖維與 PLA 之間的介面強度。

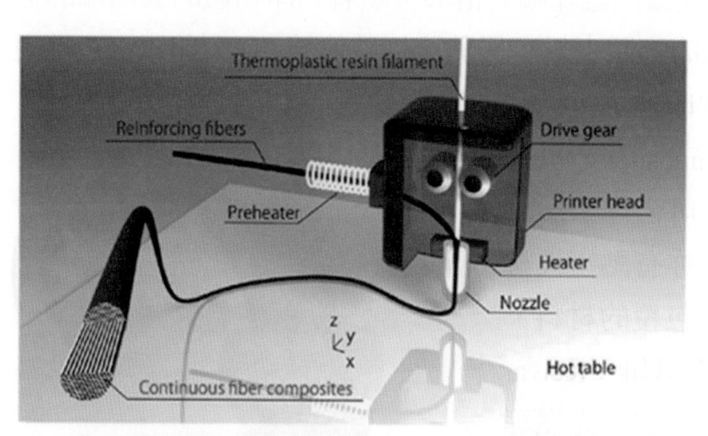

圖 4-18　日本團隊研究，熱塑性材 與連續纖維混合擠出示意圖

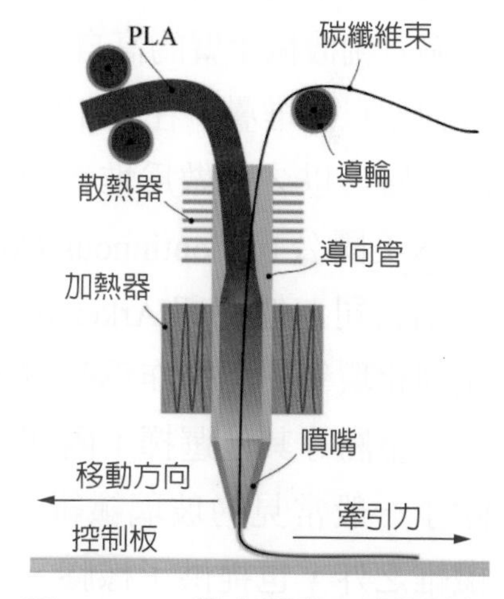

圖 4-19　Li 等人研究，連續纖維與基材混合示意圖

4-10-2 熱固性材料為基材 (matrix) 之 3D 列印複合材料

以熱固性材料爲基材的複合材料，因是交聯固化且固化後不會再熔化，材料強度較熱塑性的基材者爲佳，且可適用於較高的工作溫度，故目前常用於航太產業中。但是，熱固性基材固化過程通常需要一段時間，若材料不能快速定形，將不利於 3D 列印之使用，因爲已擠出或堆積的幾何形狀容易垮掉，或是會受下一層擠壓及其他外力影響。相較之下，熱塑性的基材則無此問題，因加熱後容易軟化或熔化，透過擠出模組擠出後可與前一層結合且快速冷卻固化定形，所以列印過程較直接，無需導入額外的固化機制與相關機構，在商用機台的實現上較容易，目前技術的完整性也較高。

對於使用於 3D 列印的熱固性基材之複合材料，其固化多以 UV 光的方式將樹脂快速固化，系統的架構上則需搭載光源並控制光源的開關，同時要避免部份光線照射至擠出模組附近造成擠出頭阻塞。目前此類技術的廠商，主要是新創公司，技術細節的揭露較有限，市場的接受度仍有待觀察。此處舉兩家公司爲例，一家爲 Moi，是由義大利米蘭理工大學的 3D 列印實驗室所創立的，擁有 Continuous Fiber Manufacturing(CFM) 技術的專利，目前使用的纖維爲玻璃纖維，以蠶吐絲結繭做爲發想，與 KUKA 合作開發一種名爲 Atropos 的六軸機械手臂，透過六軸機械手臂的高自由度模擬出蠶吐絲的情形，順著列印物體的表面輪廓進行列印以及堆疊，在列印曲面的物體上具有優勢，打破傳統 3D 列印以 XY 軸列印單層再以 Z 軸做爲堆疊的列印模式。另一家爲美國公司 Continuous Composites，也是新創公司，他們與 Arkema 公司合作，採用光固化環氧樹脂的作爲基材，亦有熱塑性材料、金屬等其他選擇；內部可包覆的材料，除了一般常見的玻璃纖維、碳纖維、Kelvar 纖維之外，也提供了橡膠、金屬線、光纖等材料的可能性。系統也是採用機械手臂進行列印，連續纖維浸潤樹脂後擠出，所擠出的長絲一擠出便光固化成型，所以能在 3D 空間中自由的進行列印而不需要任何的支撐。

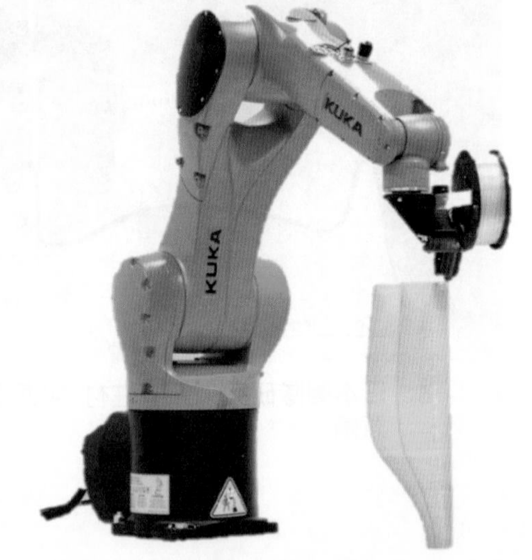

圖 4-20 Moi 公司的複合材料 3D 列印系統，使用六軸機器手臂

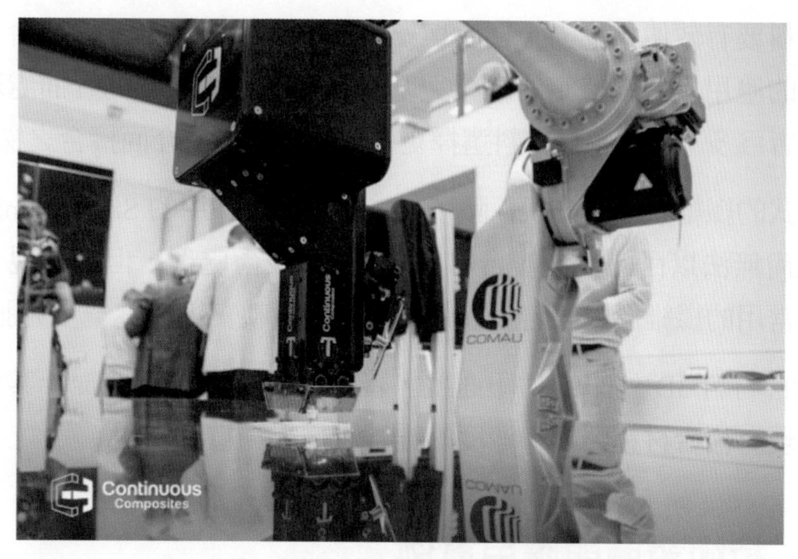

圖 4-21　Continuous Composites 公司的複合材料 3D 列印系統

不過，光固化交聯的樹脂，與一般以熱固性材料爲基材的複合材料相比機械性質稍差，因應光固之需求所以可挑選的樹脂較有限，且交聯的完整性較不足，若能導入適當基材配方，讓列印完成之工件可以進行熱固的後處理，則能更加提升機械性質，更有機會取代目前先進複合材料之應用。目前台灣科技大學與台灣大學、成功大學的合作團隊研究，提出使用可光固及熱固的基材樹脂，透過適當的光起始劑挑選與材料配方，即能在列印過程中光固化定形、列印完成後熱固後處理以達到最終之機械性質。

4-10-3　應用與發展趨勢

FRP 複合材料的 3D 列印，無論是局部區域的強化，或是整體工件改以複合材料取代，都可讓現有高分子 3D 列印產品擁有更好的機械性質，同時具有輕量化的優勢，應用潛力無窮。目前商用的 3D 列印複合材料系統仍很有限，且多爲新創公司，技術的發展仍有許多的可能性，未來取代現有先進複合材料技術及應用，應是指日可待。爲了讓複合材料 3D 列印技術更臻成熟，以下幾項議題將需克服：

1. 每層連續纖維列印，纖維應受張力或鋪平直，以確保可以承受足夠之應力，但目前許多列印圓形物件時僅考慮幾何形狀，未考慮纖維在應用時的性能，將需要更完整考量。

2. 複合材料要有效傳遞應力，樹脂與纖維的表面應該有很好的接合。目前的複合材料的應用集中在特定的纖維與基材材料，因此纖維的介面處理以配合特定基材者爲多，未來基材材料選擇更多元，將需更多介面接合之探討與開發。
3. 編織形式的纖維 (woven fiber) 除了 EnvisionTEC 採用的 Sheet Lamination 技術之外，尚無法以目前其他複合材料 3D 列印技術處理，但卻是現今複合材料預浸布常用的纖維形式，若要在類似應用上接軌，則需進一步克服。
4. 目前複合材料 3D 列印的列印速度，普遍而言偏慢，若要提升其競爭力，甚至取代現有複合材料製程，速度的提升將是另一重要課題。

4-11 技術發展與應用實例

4-11-1 生物醫學用的擠製成型

如果有一種材料能以液態形式呈現，也能快速固化，則該材料適用此流程。這種液態的製造可以透過材料的熱加工來產生液態熔化物，或使用一些化學方式讓材料處於凝膠模式，之後能快速乾化或化學硬化。例如生物列印機 (bioplotter) 即是其中之一的設備，是用來製造具有生物相容性或生物所能分解的支架，此一支架可以用於組織工程使用。

支架通常是一個三維結構用來模仿細胞在體內的生長環境，有保護細胞並促進細胞生長與養分的傳送的功能，讓細胞能在體外存活並進一步培養成屬於患處的細胞後植入體內填補患處使癒合能力更快更好，當患處癒合後材料也因爲自行降解而被人體吸收。組織工程支架需要有大的表面積比以利細胞貼附，適當的孔洞大小 (pore size)、高的孔洞率 (porosity)、孔洞聯通性 (interconnectivity)、生物相容性 (biocompatibility) 使細胞能夠在支架內生長、遷移與傳遞訊息，另外還需要有一定的機械強度。製作支架的材料也會影響細胞的生長，細胞要在具有親水性的環境下較易於細胞貼附與生長。

4-11-1-1 雙噴嘴生物列印機

雙噴嘴生物列印機由兩個噴嘴與控制機構、基板於 X、Y 軸上水平移動方式及垂直 Z 軸，其控制加熱模組上升與下降距離將其熔解生醫材料，藉由氣壓控制將材料擠至於基板上，如圖 4-22(a) 所示；每個噴嘴包括獨立加熱器模組，將填充材料容器中加入粉末的生醫聚合物與生醫複合材料熔解與氣壓電磁閥控制生醫材料出料方式，使用內徑 0.8 mm 擠製頭，依據是先定義路徑規劃層與層推疊方式進行支架製作，如圖 4-22(b) 爲本研究開發桌上型雙噴頭氣壓輔助生醫快速原型系統。

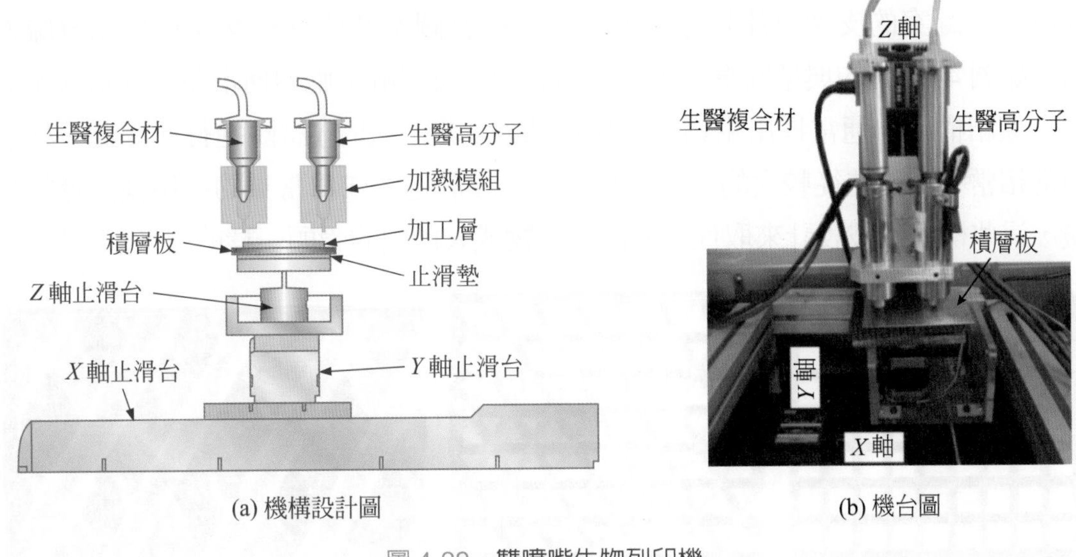

(a) 機構設計圖　(b) 機台圖

圖 4-22　雙噴嘴生物列印機

4-11-2 凝膠

建構支架的其中一種常用的方法是使用水凝膠。這是不溶於水但可分散在水中的聚合物。水凝膠因此可以以類似果凍的狀態被擠出。擠出後，水可以被移除，然後此凝膠會維持固態多孔的介質。這種介質是非常具有生物相容性的，並且也有利於與低毒性的細胞生長。水凝膠以天然存在的聚合物或合成聚合物爲基礎。合成聚合物很少被用在組織工程，反而是使用在有毒的試劑。總體而言，使用水凝膠製作的脆弱的支架在軟組織生長可能是有用的。

4-11-2-1　支架體系結構

傳統製作應用中擠出系統的其中一項主要限制和噴嘴直徑有關。然而用於組織工程中沒有這樣的限制。支架通常會被建立，如此一來路徑便會被距離分離，而支架則能有特定的大氣孔率。事實上，其目標是盡可能的生產越強越好的支架，且孔隙率越大越好。孔隙率越大，越多的空間可讓細胞生長。具有大於 66% 孔隙率的支架是常見的。因此有時候，最好以較厚的噴嘴建立較強的支架支柱。這些支柱之間的間隔可以被用來確定支架孔隙率。

最有效的支架的幾何形狀還有待確定。許多研究內，有著簡單的 0° and 90° 垂直交叉圖案的支架可能是足夠的。許多複雜圖案造成許多交叉變化和分離方法。如圖 4-23 裡的典型圖案。大部分的研究涉及了解細胞如何增殖，在這些不同的支架結構中，通常採用生物反應作爲體外 (非侵入的) 試驗進行。因此，樣品通常相當小，往往從較大的支架結構切下。預計這將成爲常見的採用樣品進行實驗，這些樣品和被設計來取代並放置在動物或人體內的骨頭一樣的尺寸和形狀。

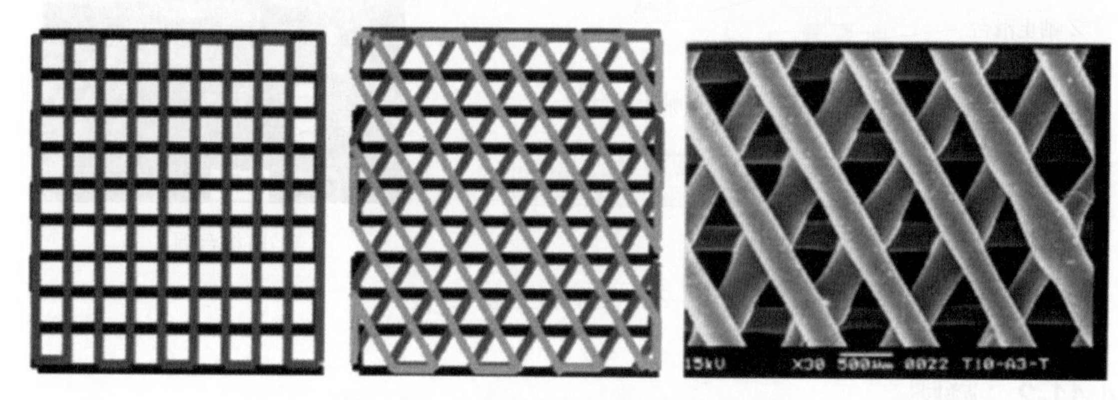

圖 4-23　不同的支架設計呈現多孔結構

4-11-3　航太相關領域的擠製成型

近年來擠製成型技術除了在需要高精度的生醫應用有所發展，在航太及土木建築領域也有許多應用，例如荷蘭皇家空軍使用 Ultimaker 3D 列印機製造形貌特殊的定製零件，工程師可以直接製造他們需要的工具，或是生產專用的調整工具，讓零件實際安裝上飛機之前可以不斷地被調整並更換；某些必須使用 CNC 加工的金屬零件，在測試期間也可以使用 3D 列印進行取代，加快前期的原型設計和改進測試，進而節省時間以降低成本。

圖 4-24　Ultimaker S5 列印飛機用零件

4-11-4　土木建築領域的擠製成型

2014 年全球第一個 3D 列印房屋於中國誕生，即是利用擠製成型技術進行製造，隨著技術研究發展，3D 列印房屋現已列為未來重點產業之一。比利時公司 Kamp C 於 2020 年宣布完成第一棟 3D 列印的雙層建築，如圖 4-25 所示，突破以往因技術限制只能以單層建築為主，利用大型水泥列印機自行運作，透過電腦監控過程，花費 15 天的列印時間，完成了 27 坪的雙層建築。

圖 4-25　Kamp C 公司完成的雙層列印房屋

除了列印房屋以外，位於中國蘇州的建築材料公司 Winsun 使用 3D 列印護岸，如圖 4-26 所示，用於抵禦船行引起的波浪侵蝕河岸，能夠順著蘇州河的自然輪廓，因使用的材料含有大量經特殊處理後的建築廢材，大大減輕了對生態系統的壓力且更加環保，並且降低施工難度，減少安裝期間所需的人事成本，提升施工效率進而大幅降低成本。

圖 4-26　3D 列印的河川護岸

4-11-5　射出列印技術

擠製成型技術隨著時間發展延伸出了許多不同的形式，例如美國麻省大學洛厄爾分校 (UMass Lowell) 於 2020 年發表的射出列印 (Injection printing) 技術，如圖 4-27 所示，透過擠製成型技術列印物品外殼，再使用射出成型的方式填補內部空隙，不但使生產速度比傳統的列印加快三倍的時間，也使物品內部更加緻密，可以展現更高強度的特色。可以應用於病患的義肢等生醫領域，甚至是飛機或汽車內部的部分堅固零件。

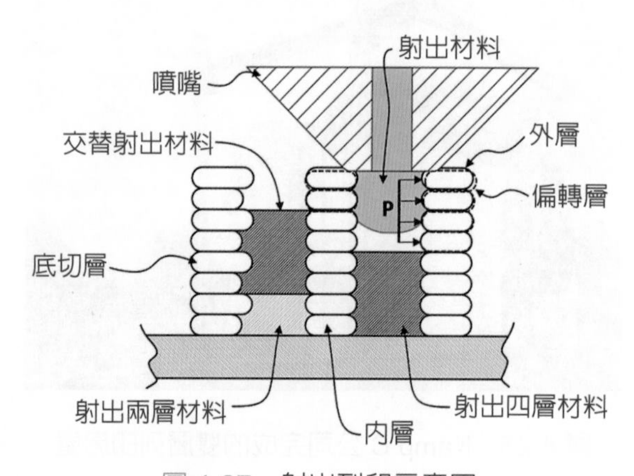

圖 4-27　射出列印示意圖

1. Stratasys, lic.(2016), company history, [Websites message], Retrieved from http://www.fundinguniverse.com/company-histories/stratasys-inc-history/
2. S. Scott Crump (1992), Apparatus and method for creating three-dimensional objects, U.S. Patent No. 5,121,329.
3. Peter Joseph Schmehl,Aljosa Kemperle, Stewart Schmehl,David R.Tuzman(2015), Three-dimensional printer tool systems, U.S. Patent No. 9,085,109.
4. Zortrax (2015), Layer Plastic Deposition 3D Printer, [Websites message], Retrieved from https://zortrax.com/
5. Zortrax Sp. Z.O.O.(2015), System for preparing a 3d printer printout base and a method of preparing a 3d printer printout base, U.S. Patent No. WO2015174867 A1.
6. Ultimaker (2015), Ultimaker 2 Extended3D Printer, [Websites message], Retrieved from https://ultimaker.com/
7. Ultimaker (2018), Ultimaker S5 3D Printer, [Websites message], Retrieved from https://3dmart.com.tw/shop/ultimaker-s5
8. Ralph L. Stirling, Luke Chilson, Alex English (2014), Inductively Heated Extruder Heater, U.S. Patent No. 20140265037 A1.
9. Gary Hodgson. (2012), A History of RepRap Development, [Websites message], Retrieved from http://reprap.org/mediawiki/images/a/a5/A_History_of_RepRapDevelopment.pdf
10. Johann C. Rocholl (2012), Rostock & Kossel 3D Printer, [Websites message], Retrieved from http://reprap.org/wiki/Rostock
11. ALT Deign (2015), ATOM 2.03D Printer, [Websites message], Retrieved from http://www.atom3dp.com/zh/atom2-ch/
12. Kickstarter (2015), The Unibody 3D Printer by Tiko 3D, [Websites message], Retrieved from https://www.kickstarter.com/projects/tiko3d/tiko-the-unibody-3d-printer

13. 葉錦清 (2019)，3D 列印碳纖維發展趨勢分析，產業技術評析，https://www.moea.gov.tw/MNS/doit/industrytech/IndustryTech.aspx?menu_id=13545&it_id=246
14. Markforged (2016), Markforged X7 3D Printer, [Websites message], Retrieved from https://markforged.com/3d-printers/x7
15. Ultimaker (2018), Ultimaker S5 3D Printer, [Websites message], Retrieved from https://3dmart.com.tw/news/royal-netherlands-air-force-with-3d-printings
16. Kamp C (2020), two-story house, [Websites message], Retrieved from https://www.kampc.be/artikel/2020/07/09/Bezoek-het-geprint-huis-als-particulier-in-juli-en-augustus
17. WINSUN(2019), revetment ,[Websites message], Retrieved from http://www.winsun3d.com/News/news_inner/id/517
18. David O. Kazmer, Austin Colon, Injection printing:additive molding via shell material extrusion and filling, Additive Manufacturing Volume 36,2020, 101469
19. XT-CF20 (https://colorfabb.com/xt-cf20)
20. FDM Nylon 12CF (https://www.stratasys.com/materials/search/fdm-nylon-12cf)
21. Markforged, https://markforged.com/
22. Orbital Composites, https://orbitalcomposites.com/
23. Anisoprint, https://anisoprint.com/
24. R. Matsuzaki, M. Ueda, M. Namiki, T.-K. Jeong, H. Asahara, K. Horiguchi, T. Nakamura, A. Todoroki, Y. Hirano, “Three-dimensional printing of continuous-fiber composites by in-nozzle impregnation,” Sci Rep 6:23058, 2016.
25. Nanya Li, Yingguang Li, Shuting Liu, “Rapid prototyping of continuous carbon fiber reinforced polylacticacid composites by 3D printing,” Journal of Materials Processing Technology 238, 218-225, 2016.
26. Moi (https://www.moi.am/#home)
27. Continuous Composites (https://www.continuouscomposites.com/)

問題與討論

一、問答題

1. FDM 的技術主要利用加熱的方式進行擠製疊層加工，故材料需要可以被加熱，何種參數會影響材料加工後的品質與精密度？
2. 材料擠製成型通常會使用兩種不同功用的材料來執行列印工作，請問是哪兩種？
3. 材料擠製成型常用的材料有哪些？其中有哪些是符合環保？
4. 材料擠製成型技術之所以能夠製造複雜的幾何圖形和凹槽，達到製造出傳統製造方法很難構建的零件，原因爲何？
5. 材料擠製成型的路徑規劃與工具機 (CNC) 的差異性爲何？
6. 請說明產生加工路徑時設定不同填充率對被加工件的影響爲何？
7. 材料擠製成型在檔案處理上，是用何種路徑檔格式來定義噴頭的移動？
8. 請問材料擠製成型的技術可以搭配甚麼樣的材料在醫療技術中應用？
9. 請說明擠製成型系統之機構設計中的非平面系統的原理？
10. 若使用擠製成型系統印製陶瓷材料，應該如何修改目前的擠製成型系統？
11. 承上題，若要印製碳纖維材料，則應該如何設計原始的材料才得以使用於擠製成型系統？
12. 擠製成型系統製造而成的支架是否可以比其他積層製造系統所製作出來的更適用於醫療支架結構？
13. 多噴嘴的擠製成型系統最常見的問題是什麼？如何改善？
14. 請說明直角座標系統與並聯式系統的優缺點比較。
15. 材料擠製成型系統的核心專利因爲到期後而百家爭鳴，請說明該專利爲何？
16. 擠製成型的技術結構中，自動校正 G29 正是補正平台傾斜度所開發的 G-code 指令，請問它是如何補正平台？

17. 材料擠製成型機台的保養需要特別注意哪些？

18. 擠製頭的設計爲何？需要考量的設計因素有那些？

19. 兩種不同材料的擠製加工，可能會發生什麼現象？如何解決？

20. 討論如何以擠製成型的技術爲基礎，新增加另一種積層製造的加工方法而形成複合式加工機？

05

光固化 3D 列印 Vat Photopolymerization

本章編著：汪家昌、蘇威年、江卓培、蘇柏彰

5-1 前言

光固化 3D 列印爲 ISO/ASTM 52900 分類中的 Vat Photopolymerization，簡稱爲 VP。Vat Photopolymerization 表示歸類於此的多種 3D 列印製程的共通特點。

Vat：爲槽體的含意，在光固化 3D 列印製程中都會具有槽體結構，用來放置液態的光固化樹脂材料或者可光固化生醫上。

Photopolymerization：爲光聚合反應，透過特定區域波長的光照射光固化材料，使其在成型平台上從液態材料反應固化並黏著於成行平台上，再將固化層堆疊成型。

光固化 3D 列印 (Vat Photopolymerization) 爲最早出現的積層製造技術，最初被稱爲快速成形技術 (Rapid Prototyping 簡稱 RP)。其發明人爲名古屋工業研究所的小玉秀男，在 1981 年發表了『以光在光聚合固化樹脂上來進行選擇性的固化而疊層製作立體模型的方法』，發明人使用紫外線跟光固化聚合物反應來製造立體的塑膠模型，但由於專利流程問題並沒有申請成功。

光固化技術成功申請專利爲創立了 3D Systems 的 Charles W. Hull 在 1986 年申請成功。他於 1983 年發明了立體平板印刷技術 (stereolithography apparatus) 也就是現今的 SLA 技術以及發明了 STL(立體光刻) 檔案格式，爲 3D 列印技術貢獻了非常多的心力，直至現今，.stl 檔案仍然爲最常使用的 3D 列印模型檔案格式。

他也被後人稱爲「3D 列印技術之父」。

5-2 光固化成型原理簡介

光固化 3D 列印技術爲幾個主要的架構組成，基本上所有歸類於 Vat Photopolymerization 都有以下四個部分的構成：

a. 光源模組：主要負責提供能量以及形狀定義，還會根據光照射的方向分爲上照式或者下照式 3D 列印。

- 提供能量：依據所使用的光固化材料來選擇所使用的光波長和能量，使材料足以進行光聚合化學反應。
- 形狀定義：分爲點成形 (SLA) 以及面成形 (LCD 和 DLP)，主要爲建構出想要樹脂固化成型的形狀。

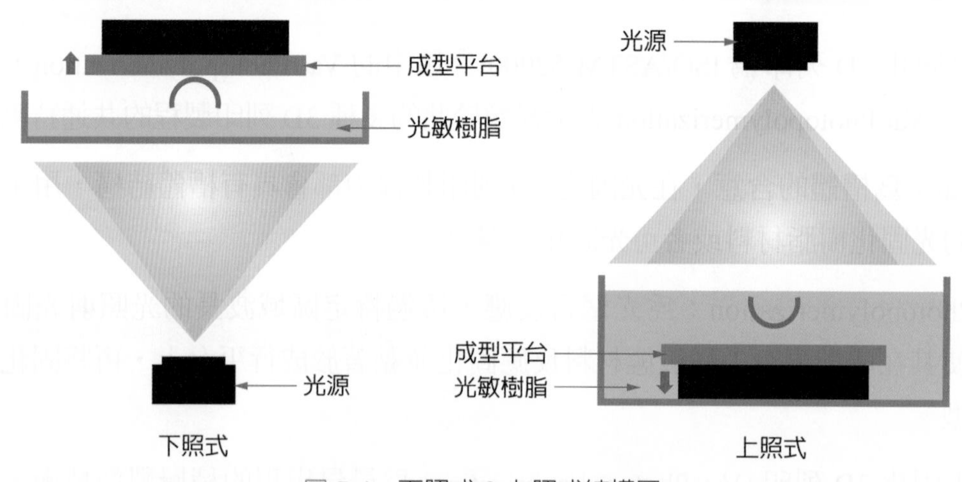

圖 5-1　下照式 & 上照式結構圖

(圖片來源：https://www.feasun3d.com/archives/2017072001/)

b. 樹脂槽：主要爲乘載光固化樹脂材料的用途，會在樹脂槽內填充一定量的光固化樹脂後才開始進行列印，又會依照上照式以及下照式使得槽體高度以及型態有所區別。

上照式樹脂槽 (圖 5-2)：上照式光固化 3D 列印的列印高度主要由槽體高度決定，其成型平台會置於槽內，在成型過程中慢慢下降，樹脂頂面跟到底部的成型平台間的距離就爲其所能列印的最高高度，此方式需要預先填充大量的樹脂進去整個槽體，因此要列印較大面積的物體才比較符合經濟效益。

下照式樹脂槽 (圖 5-3)：下照式光固化 3D 列印的列印高度主要由 Z 軸決定，因此下照式的樹脂槽相對於上照式高度會降低許多，其底部會有槽膜的存在，主要是爲了能讓光線照射至樹脂材料。

圖 5-2　上照式樹脂槽

觀察左圖，上照式大多使用 SLA 跟 DLP 兩種技術，槽體的大小比起右圖大非常多，使用的樹脂量也非常的多。透過槽體內的成型平台下沉來達到層疊物品的效果。

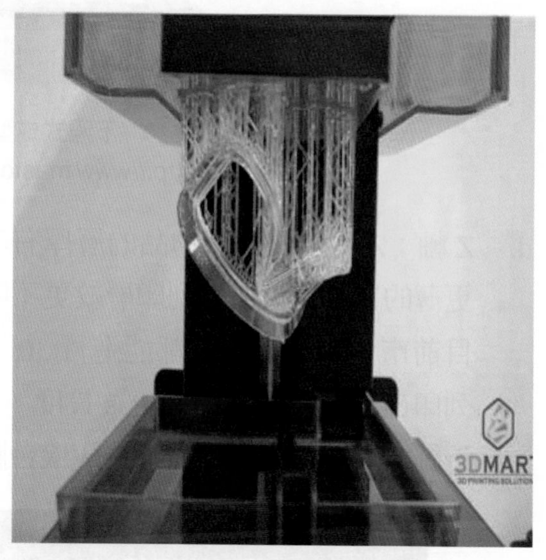

圖 5-3　下照式樹脂槽

右圖為下照式的槽體，成型能明顯看出使用倒吊式的做法，此種方式不用一次性倒入大量樹脂，可以透過事先預估列印所需的樹脂量注入所需的量即可，若樹脂槽的容量不足，也能透過液面偵測的方式進行實時的補料，是屬於比較節省材料的列印方式。

(圖片來源：https://www.feasun3d.com/archives/2017072001/、https://www.phrozen3dp.ca/product/resin-vat/)

c. 成型平台：成型平台爲類似於模型的地基，會從成型平台上開始進行固化材料的疊層，最終得到完整的列印物。成型平台與固化樹脂間的附著力決定列印時物件的穩定性，過低的附著力可能導致物件從成型平台上脫落或著移動，導致物體偏移變形甚至直接斷裂失敗。可以看到下方圖 5-4，下照式的光固化 3D 列印爲類似於倒吊的方式成型，若附著力不足將會導致物件掉落導致列印失敗。

圖 5-4　下照式成型平台倒掛成型展示圖
(圖片來源：http://www.mastech3d.com/3dlcd/2019/3/4/t3d3d)

d. Z 軸：Z 軸會跟列印物品的層厚有著密切的關係，高精度的 Z 軸能夠列印出更薄的單層結構使得列印層紋更不明顯，使列印物件擁有更好的表面精細度，目前市售機台大部分都能進行 30 ～ 100 μm 的單層列印。下照式光固化 3D 列印市售機台顯示的 Z-axis 長度，約等於機台的最高可列印高度，可以參考下圖 5-5 的 Phrozen Transform 機台圖片。

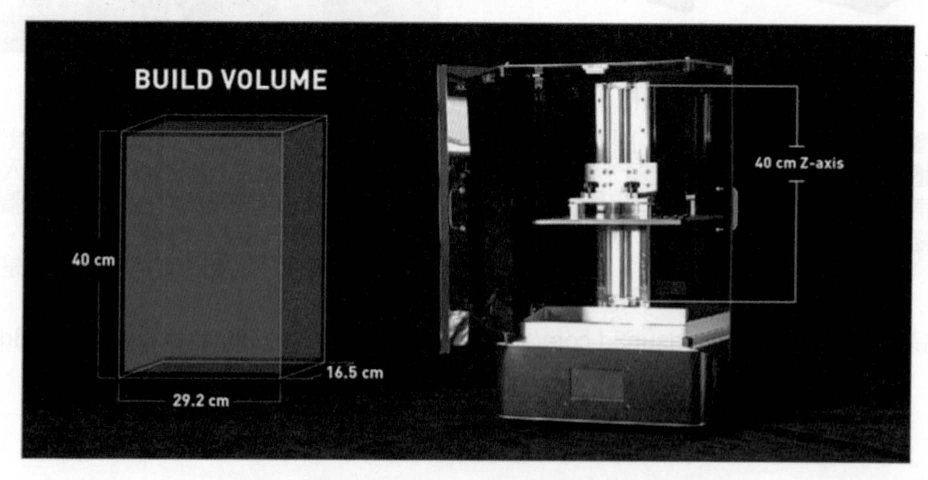

圖 5-5　Phrozen Transform 機台以及 z 軸照片
(圖片來源：http://crowdwatch.tw/post/3727/)

5-3 光固化樹脂材料

光固化 3D 列印的材料主要為光聚合高分子材料，材料內的光啓始劑照射到足夠能量且特定波長的光後，會產生 Cross-link reaction，中文為交聯反應，進而產生由液態材料轉為固態的相變化反應，由於為照光後材料轉為固體，所以也被稱之為光固化反應。早期的 SLA 技術採用進紫外光波段搭配對應材料來產生交聯反應，但由於紫外雷射的危險性以及高成本，因此現今的光固化 3D 列印機漸漸地採用偏可見光的波段，最常見的為 405 nm 波段，其次為 465 nm 波段的藍光樹脂材料。

光固化樹脂是由多種材料調配而成，大致分為主要材料以及輔助材料：

主要材料：液體單體、寡聚物、光起始劑。

輔助材料：彈性增加劑、穩定劑和稀釋劑、顏料。

主材料主要為決定樹脂的大部分的物理以及化學特性，其成型的硬度，成型所需的能量以及波長都取決於此，其占整個樹脂成分的比例基本上大於 90% 的占比。

輔助材料主要為增加彈性，穩定光聚合反應以及調配顏色等功能，其占比基本上小於整個樹脂的 10%。

5-3-1 液體單體 Monomer

單體為構成光固化樹脂中最基本的的單元材料，單體產生聚合反應時，是透過共價鍵與其他分子進行鍵結，以成為分子量較大的結構已達成固化的目的。

常見的光固化單體大多分為自由基以及陽離子兩個種類，這兩種單體分子都具有可產生聚合反應的官能基：

自由基光固化樹脂：具有不飽和雙鍵之單體，常為丙烯酸酯也就是所知的壓克力基材料。

陽離子光固化樹脂：官能團為乙烯基醚或者環氧基，又依據其官能基的數量，分為單官能基、雙官能基以及多官能基等分類。

不論是哪種官能基的單體，目的都是為了參與反應、稀釋寡聚物黏度還有決定光聚合反應之速率和反應時的溫度。

5-3-2　寡聚物 Oligomers

寡聚物爲多個單體預先聚合而成的低分子量樹脂，其仍然保持著可以鍵結的官能基。由於寡聚物是已經鏈結過的樹脂材料，進行後續的固化反應時，產生的反應熱會比純使用單體進行反應低上很多，才不會出現過度放熱產生對物件以及 3D 列印設備產生影響甚至毀損。

但由於寡聚物比起單體而言黏稠許多，所以很難進行純使用寡聚物來進行聚合反應，所以人仍然需要透過加入單體降低黏度才能確保材料的流動性。

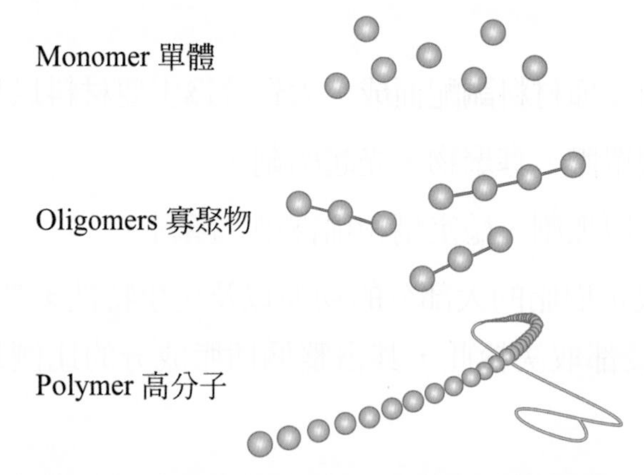

圖 5-6　單體、寡聚物與高分子的結構示意圖

(圖片來源：http://www.cosmiq.de/qa/show/1425950/)

5-3-3　光起始劑 Photoinitiator

光啓始劑扮演著光固化樹脂材料中最重要的地位，其爲光聚合反應的引發劑，必須添加這項原料才可以達到光固化 3D 列印的目的。

光啓始劑通常占樹脂材料重量百分比的 2 ～ 5%，光啓始劑越多反應效率越好，不過有添加上限，當光固化樹脂內的光啓始劑達到飽和時，速率不會繼續上升，因此添加適量即可。

根據使用不同官能基的單體以及寡聚物，光啓始劑也分爲自由基型光起始劑與陽離子型光起始劑，其調配完的特性可以簡單比較如表 5-1：

表 5-1　自由基型樹脂與陽離子型樹脂的特性比較

光固化樹脂種類	優點	缺點
自由基光聚合 (丙烯酸鹽) Free-radical photopolymerization—acrylate	反應性高 成本低廉 樹脂流動性佳 反應波長較廣	體積變化率高 硬度低
陽離子光聚合 (環氧樹脂和乙烯基) Cationic hotopolymerization—epoxy and vinylether	體積變化率低 耐熱耐化學腐蝕 成型精度高	反應性低 成本昂貴

5-3-4　輔助材料

輔助材料主要是用於改善樹脂的特性，使其在外觀、反應、保存等等的方面有著更好的表現，以下爲常見的幾種輔助材料以及其簡略之用途說明：

- 彈性增加劑：爲調整成品硬度用，也能作爲彈性樹脂材料的輔助劑。
- 穩定劑：使光聚合反應穩定進行，降低反應不均勻或者劇烈反應的發生。
- 稀釋劑：可以輔助改善樹脂的特性以及降低成本。
- 顏料：可以提供產品想要的顏色。
- 紫外光吸收劑：可以提高樹脂的保存能力。
- 促進劑：提高樹脂的聚合程度。

5-3-5　光聚合反應式

介紹完了光固化樹脂的材料構成以及特性後，本節將介紹光聚合反應式如何使液態的光固化樹脂材料轉爲固態的完整過程。

光聚合反應主要分爲四大步驟：

1. 起始反應 (Initiation Reaction)

光啓始劑照射到期配合波段的光線後，會解離並開始與樹脂單體或著寡聚物的官能基進行鍵結。

$$I \xrightarrow{hv} I^*$$

$$I^* \rightarrow I_A \bullet + I_B \bullet$$

2. 連鎖反應 (Chain Reaction)

起始反應後的物質會使其他材料也開始進行起始反應，產生一連串的連鎖效應。

$$I_A - M_n \bullet + T \rightarrow I_A - M_n + T \bullet$$
$$T \bullet + M_m \rightarrow T - M_m \bullet$$

3. 成長反應 (Propagation Reaction)

鍵結後的短鏈樹脂會持續地進行一連串的成長反應，持續的抓取單體以及寡聚物以增加其分子量。

$$I_A \bullet + M \rightarrow I_A - M$$
$$I_A - M \bullet + M \rightarrow I_A - M_2 \bullet$$
$$I_A - M_2 \bullet + M \rightarrow I_A - M_3 \bullet$$

4. 終止反應 (Termination Reaction)

當成長到一定分子量後，會透過接上另一段分子量也成長到一定量的樹脂，經過終止反應後樹脂就不再增加其分子量，也會從原本的液態低分子量樹脂材料轉變為固態的網狀聚合物樹脂材料，達到固化的目的。

$$I - M_n \bullet + T - M_m \bullet \rightarrow I - M_n + I - M_m$$
$$I - M_n - I - M_m$$
$$I - M_n \bullet T \rightarrow I - M_n - T$$

5-3-6 常見的市售樹脂種類

♦ 模型樹脂：

用於列印一般模型、驗證外觀、展示擺設，顏色以灰色材料細節呈現較優、拍照對焦較容易，但選購時需注意是否容易切削打磨，以免模型後製上不易，若客人對顏色上沒有特別需求，一般較推薦灰色。

♦ 透明樹脂：

透明樹脂可用於列印透明件，不過因為層疊以及樹脂特性的關係，很難做到壓克力或者玻璃的透明度。

- 類蠟樹脂：

  可應用於脫蠟鑄造蠟膜製作，本身不是蠟，與蠟在高溫燒結時，回有同樣的燃燒表現。

- 類橡膠樹脂：

  也是所謂的彈性樹脂，由於其調配配方之原因，進行後處理的時間以及程序會比非彈性樹脂材料還要多還要久，且列印時的參數也要做相對應之調整。

- 生物相容性樹脂：

  大多數用於醫療器材、醫院相關等單位，由於其使用原料要符合醫療法規分級等因素，較不易購買。

- 剛性樹脂：

  質地比一般樹脂更爲堅硬，能夠表現出做尖銳模型的特點，高耐磨以及高耐壓能力。

- 耐熱樹脂：

  可以承受 100 ～ 200 度左右溫度之樹脂，不易因爲溫度變化產生變形裂解等熱反應。

5-4 Stereolithography(SLA) 立體光刻光固化 3D 列印技術

SLA(立體光刻) 光固化 3D 列印爲最早被商品化的系統，此技術於西元 1983 年誕生，並於 1987 年公佈此專利技術 (歸屬於 Charles W. Hull 先生)，爲 Charles W. Hull 先生成立的 3D system 公司的主要產品。隨著時代的進步，SLA 技術也持續著各方面的精進，也出現多家 SLA 列印廠商例如：Stratasys、Formlabs 等競爭對手。下表爲三家廠商以及其對應之 SLA 機台。

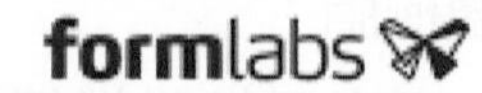

圖 5-7　3D SYSTEMS 商標和 ProX 950　　圖 5-8　Stratasys 和 Neo800　　圖 5-9　Formlabs 和 Form3L

(圖片來源：https://www.3dsystems.com/stereolithography、https://tech-labs.com/products/stratasys-neo800、https://www.3axle.com/product/151)

5-4-1　光源：

SLA 系統都主要以雷射爲光源，透過振鏡掃描光固化樹脂液面，使其在選定的掃瞄路徑上選擇性的固化樹脂材料，以達到成型的目的。SLA 技術使用的樹脂大多爲 UV 樹脂也就是紫外光樹脂，因此需要搭配紫外光雷射來提供反應所需波長。早期雷射源是選用紫外線 Ar + 雷射 (Argon laser)，但由於其功率衰減速度過快因此後期機台改用工業上常用的 Nd：Yag 固態雷射源，此雷射源原波長爲 1064 nm，透過使用三倍頻的技術使其從 1065 nm 的近紅外光雷射轉爲 532 nm 波長的綠光雷射最終轉爲列印需求的 355 nm 紫外光雷射，再透過兩次反射取得理想入射角進入振鏡掃瞄系統上最後於樹脂液面掃描成型。

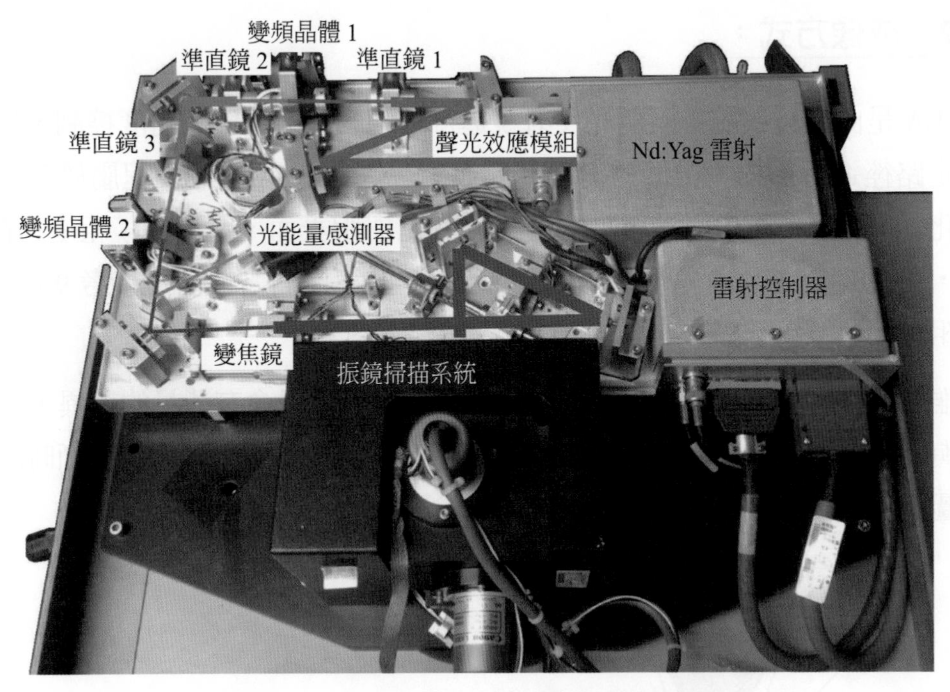

圖 5-10　SLA Viper 設備之雷射系統實際圖

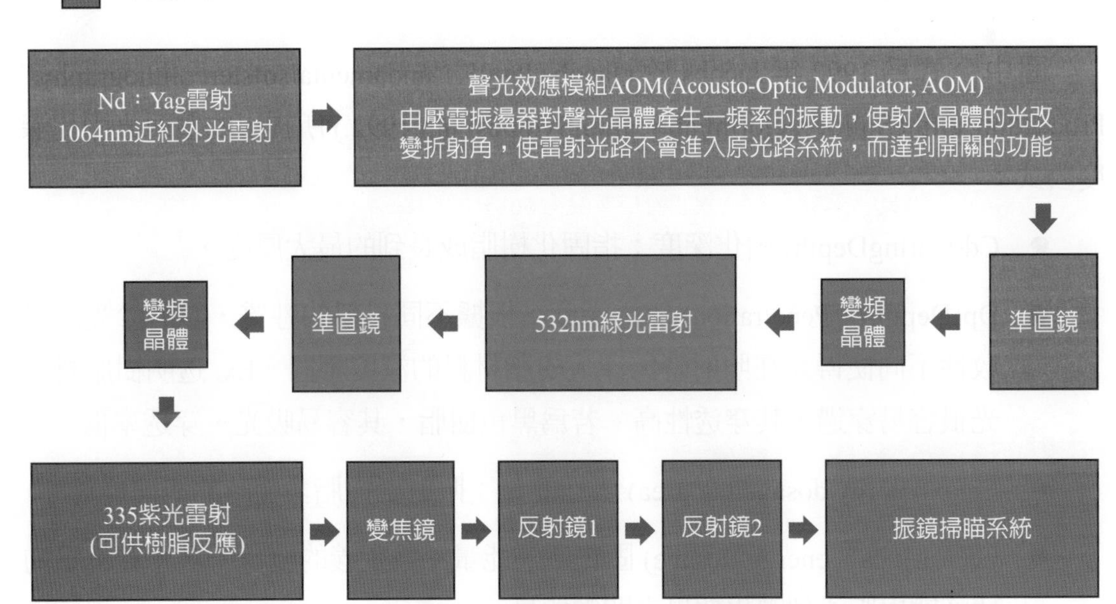

圖 5-11　雷射倍頻所經過元件以及波長改變順序

5-4-2 成像方式：

SLA 是由振鏡系統中兩個光反射鏡進行精細的雷射反射角角度控制，以達到在指定路徑進行掃描，由於雷射為單點發射，因此 SLA 整個製程屬於點成型的光固化 3D 列印。為了使雷射點能聚焦於指定樹脂表面，還會在鏡組處搭配 F-θ 鏡頭，可以調整各反射角下的焦距。。(雷射振鏡掃描之技術可參考 9-6-1 之光學模組說明)

雖然雷射為高準直性之光源，但還是雷射光點還是會有能量的差異，光的能量又與樹脂的固化深度成正相關的關係。圖 5-12 為雷射照射至樹脂表面時的能量示意圖：

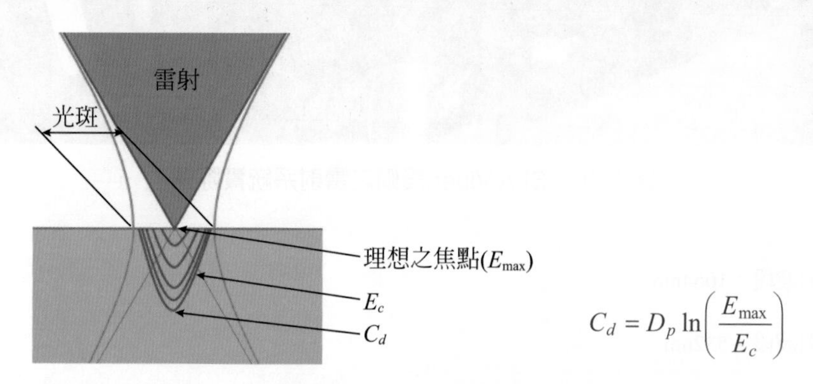

圖 5-12　雷射系統在樹脂表面能量穿透示意

圖中公式為 1992 年 Jacobs 於 (Jacobs,PaulF. “undamentalsofstereolithography.” ProceedingsoftheSolidFreeformFabricationSymposi um.1992.) 所提出的雷射光固化深度公式：

- Cd(CuringDepth) 固化深度：指固化樹脂成長到的最大厚度。
- Dp(Depth of Penetration) 穿透深度：根據不同材料的性質，其對於光的吸收性不同使得光在照射時夠深入樹脂材料的深度不同。Ex. 透明樹脂材料光很容易穿過，其穿透性高。若為黑色樹脂，其容易吸光，穿透率低。
- Emax(energy dosage per area) 表面能量：照射至樹脂表面時的表面能量。
- Ec(“critical” energy dosage) 固化所需能量：為定義的變量，其意義為足夠使液態樹脂達到固化效果之關鍵能量。

理論上圖中的藍色三角形是理想的雷射狀態，但受限於雷射光學系統，因此無法做到像是三角形頂點的樣子無限接近於 0 的細小光點。現實中，雷射會以光斑的方式呈現，可以看到圖中光斑處，其能量爲中心點最強，逐漸往外衰弱，爲非均勻的能量分布。其固化的型態也會因爲此能量分布產生相對應的形狀。

圖 5-13 就可以看出雷射掃描時，單條軌跡呈現的截面形狀與符合圖 5-12 固化深度的曲線形狀。

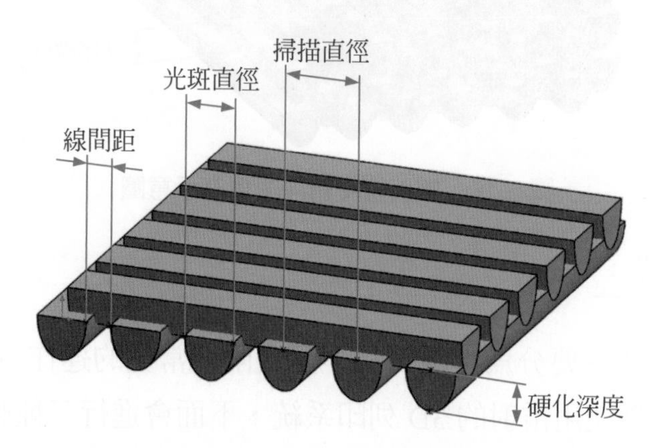

圖 5-13　樹脂固化型態，以及線與線垂直水平往復填充示意圖

前面提到，SLA 爲點成型，搭配掃描路徑的形式進行成型，會以輪廓 (Contour) 搭配往復 (ZigZag) 兩個方式進行非實體填滿式的掃描，其掃描方式會以類似於 FDM，先進行模型斷面圖的輪廓掃描，再進行內部的往復填充作業。先進行輪廓的列印能夠清楚表現圖形的細節，且由於樹脂材料在固化過程中會有些微的收縮，因此會對輪廓的線條利用程式進行擴張或者變形補償，使其收縮時達到預期的尺寸再進行內部填充能改善其整體的列印表現。

除了輪廓外，內部填充的樹脂也會有固化收縮的現象，內部往復填充無法以變形補償的方式進行調整，因此在往復掃描時，會依據樹脂材料的收縮率、光斑直徑來調整同一層每條線間的掃描直徑，其兩條掃描線間的線間距就是預留樹脂收縮的空間，可以良好的避免此層翹曲變形。

層與層之間爲了良好的結合，會採用垂直、水平交錯的掃描方式能讓整體結構更緊密且能平均分攤收縮時產生的內部應力。那除了垂直水平交錯的掃描形式外，在線間距小於光斑直徑時，也可以採用圖 5-14 線線交錯的方式進行往復掃描，此種中間留空的掃描方式除了可以減少收縮變形的部分也能大幅度的減少列印所需的掃描軌跡、時間、能量，可以以更具有經濟效益的方式進行列印。

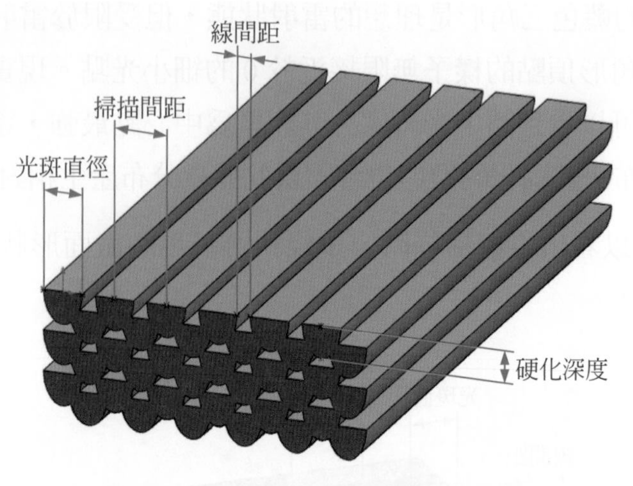

圖 5-14　線與線交錯往復填充示意圖

5-4-3　成型方式：

SLA 的成型方式主要分為上照式和下照式兩種常見的運作方式，另外還有一個雙光子列印同樣為使用雷射的 3D 列印系統，下面會進行三種製程的介紹。

5-4-3a　上照式 SLA 系統

上照式 SLA 系統顧名思義，是雷射光源由上方向下照射的 SLA 系統 (圖 5-15)，透過下方成型平台的依照層厚一層一層的下降，達到層疊列印的目的。後續會以流程圖 (圖 5-16) 說明列印的方式以及要點：

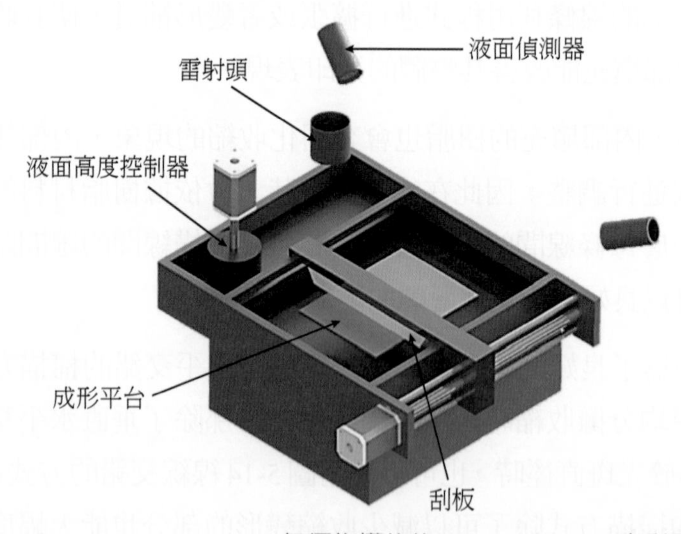

圖 5-15　3D Systems 1988 年優先權的的 EP0681905 A1 專利圖說

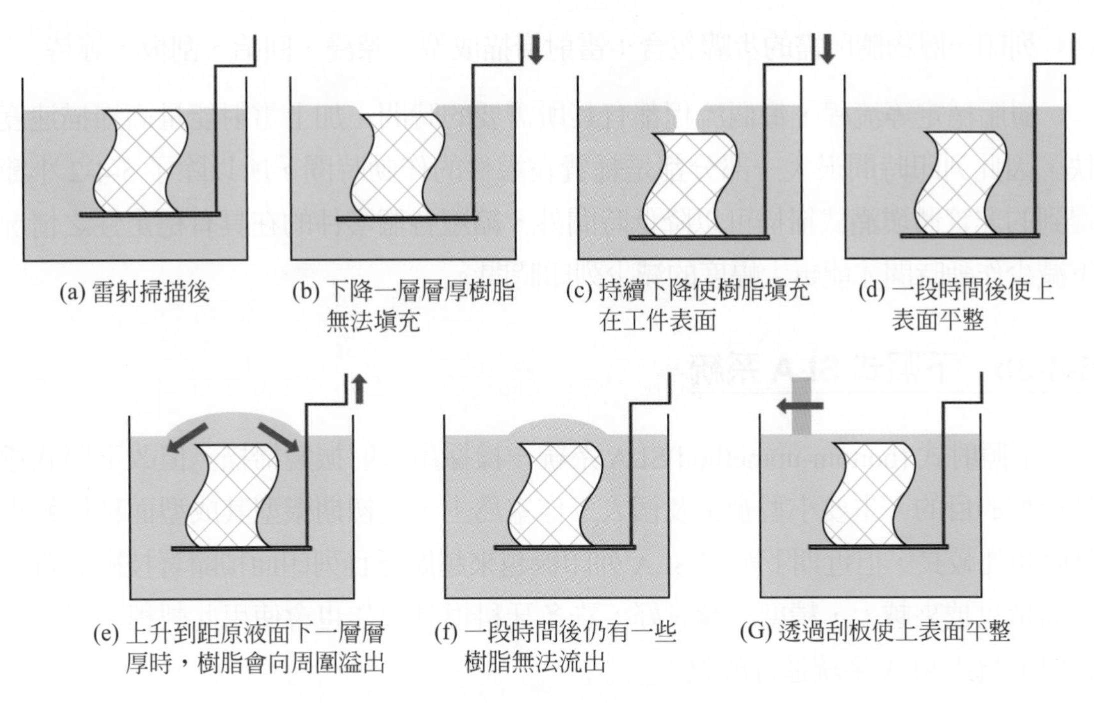

圖 5-16　上照式 SLA 進行單層補料之流程圖

1. 如圖 5-16(a) 所示，單層圖片以雷射掃描固化完畢
2. 如圖 5-16(b) 所示，下降成型平台，若只下降一層的話會因爲表面張力使得樹脂液體無法順利回流至工件表面進行鋪料作業。
3. 如圖 5-16(c) 所示，由於上述原因，需要持續下降成型平台至一定深度後使得樹脂得以填充至樹脂表面。
4. 如圖 5-16(d) 所示，等待樹脂回流完畢使其表面平整化。
5. 如圖 5-16(e) 所示，根據欲列印之層厚使工件表面上升至離液面只有一層厚度的高度，上方多餘的樹脂會向周圍流出。
6. 如圖 5-16(f) 所示，只靠流動是無法使工件上方的樹脂平均的維持一層層厚之厚度。
7. 如圖 5-16(g) 所示，會透過刮板 (刮刀) 刮去上方無法藉由流動排除的液體材料，也能達到使列印表面平整，提升列印件品質。

列印一層物體所需的步驟包含：雷射掃描成型、深浸、回抬、刮板、等待

樹脂穩定等流程，每個流程都有其所需要的時間。加上雷射能量高掃描速度快，因此列印時間很大一部分都是耗費在零件的作動時間，所以除了 5-4-2 小節提到的非實體填滿式掃描可以降低時間外，縮短各個零件的在具有穩定性之情況下減少作動時間才能更大幅度的減少列印時間。

5-4-3b　下照式 SLA 系統

下照射式 (bottom-upmethod)SLA 系統一樣採用雷射振鏡掃描，但改下照式達到成型的目的。主要小型企業及個人工作室為主，在初期機型其成型面積比較小耗時也比較長，但近期下照式 SLA 列印機越來越廣泛且列印面積隨著技術更新列印面積也越來越大，精度越趨良好，許多牙科模具製作也會使用此製程。以下會針對下照式 SLA 系統進行解說：

一、SolidLaser-DiodePlotter(SLP)(固體雷射掃描) 技術

SLP 技術，由日本的赤峰敏之先生所發明為世界上最早商品化的下照式光聚合固化系統，他改善了上照式 SLA 所擁有的通病：巨大的樹脂槽以及需要欲先注入大量的樹脂材料，樹脂材料會隨著時間推移產生劣化，一次性大量的樹脂代表劣化的量也非常多，不符合經濟效益，巨大樹脂槽以及大量樹脂使得設備成本以及材料成本都十分高昂，早期 SLA 機台動輒一台就為數百萬起跳的價錢。

為了降低成本，SLP 採用下照式的列印系統，大幅降低了槽體以及劣化材料的花費，加上以低價低功率的半導體雷射搭配以低成本的皮帶輪帶動的 X-Y 平台，取代昂貴的高精度固態雷射振鏡模組，使其以平價的價位進入到 3D 列印市場。

但其缺點是列印速度非常的慢且早期半導體雷射以紅光波段 (650 ～ 680 nm) 為主，在當時綠光 (532 nm)、藍光 (405 或 470 nm) 半導體雷射都還非常昂貴，那在使用紅光波段的情況下，代表需要特別的光啓始劑進行化學反應的引發，光敏感度非常的高，對於列印環境以及材料保存的條件十分嚴苛。

當初的樹脂是採用與光起始劑分開存放的方式，列印前再進行混合。使用的紅光半導體雷射的功率也不大 (大約 20 mW)，其光固化反應時間非常久。

但由於使用 X-Y 平台配上皮帶進行半導體雷射掃描，雷射光都是處於垂直狀態比起振鏡掃描在不同角度下不會產生不同的光斑形狀，能達到各列印部位品質的一致。

二、Nobel 系統及其技術

初期的 Nobel 1.0 系統使用 405 nm 的近紫外光半導體雷射，不像是固態雷

射需要透過冰水機進行冷卻，且要運用倍頻技術將 YAG 的 1064 nm 波長雷射轉爲 355 nm 的紫外線波長，倍頻晶體也需要良好的溫度控制才能達到工作還應需求。雖然 405 nm 的半導體雷射功率低於上述的固態雷射，不過他具有穩定且快速的功率輸出且 405 nm 波長的光固化樹脂可使用的範圍更廣。

在照射方式上，與傳統 SLA 一樣採用振鏡系統，搭配兩顆馬達進行光反射角的控制。但由於沒有使用 F-θ 鏡頭，在大面積時邊緣的光形會嚴重變型且焦距也會不準，因此只適用於小面積的列印。

圖 5-17　405 nm 的半導體雷射及其振鏡系統

5-4-3c 雙光子列印系統

Photonic Professional GT 爲代表性的微奈米等級雙光子技術的積層製造系統 (two-photon vat photopolymerization)，如圖 5-18。此技術使用兩道近紅光脈衝雷射，單純的紅光雷射並不會引發光固化樹脂的聚合反應，其對紅光的吸收率太低以至於能量不足以激發光啓始劑產生自由基。雙光子技術採用雷射聚焦，在兩道雷射的交會處焦點處可以達到很高的能量密度，強迫光起始劑於基態之電子恰能同時吸收兩個入射光子，其能量足以使其基態電子躍遷至激發態，光起始劑進而產生光聚合反應。

特別的是，雙光子的固化行爲是發生在雷射聚焦的焦點處，而這焦點可以是在樹脂的內部，光點 (spot) 尺寸極小，理論上可至 0.2 μm 或更小，所以可以進行解析度至微奈米等級的成型。

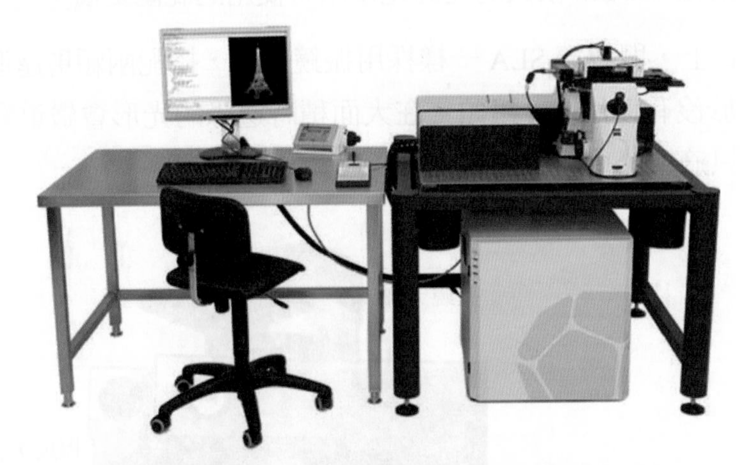

圖 5-18　雙光子技術的微奈米等級的積層製造系統

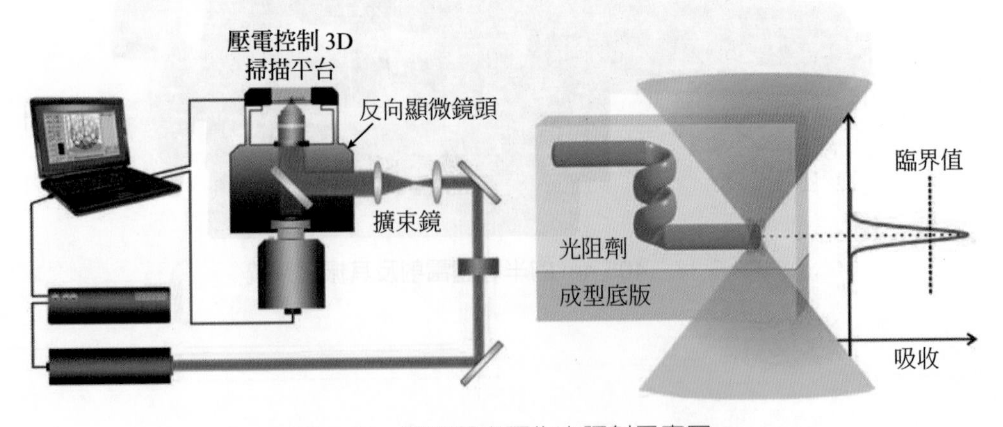

圖 5-19　雙光子光固化之照射示意圖

3D polymer micro-truss serving as ultralight material. Along T. A. Schaedler et al., Science 334, 962 (2011).

C180 fullerene-like polymer microstructure for rheology and cell scaffold research.

Biocompatible cell scaffold. Courtesy of T. Striebel, M. Bastmeyer, CFN, KIT (Germany).

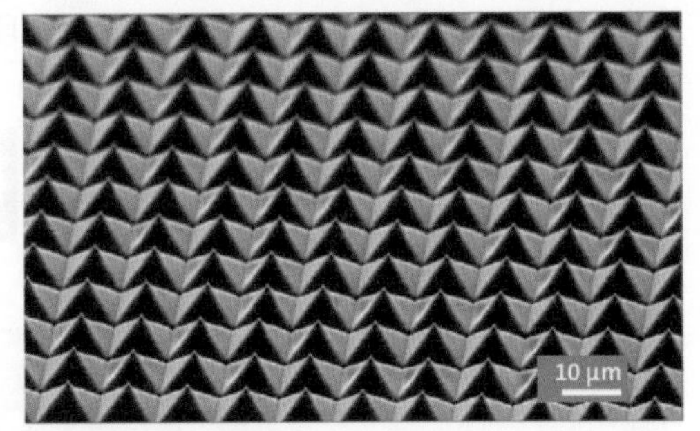

Beyond gray scale lithography: Large-area micro-optical pyramid array.

圖 5-20　雙光子列印之各項成品圖

5-5 Direct Light Processing(DLP) 數字光處理光固化 3D 列印技術

當前市售大部分的 Direct Light Processing 數字光處理光固化 3D 列印機，通稱 DLP 3D 光固化列印機，其機台架構近似於前面提到的下照式 SLA 光固化機台，不過將底下光源的部分改成投影機，透過光閥開關曝光各層圖檔進行固化列印。

5-5-1 光源：

以國內以揚明光學股份有限公司的 Miicraft 系統爲例子，此系列機台是使用 LED 爲光源，基本架構如下圖 5-21 所示：

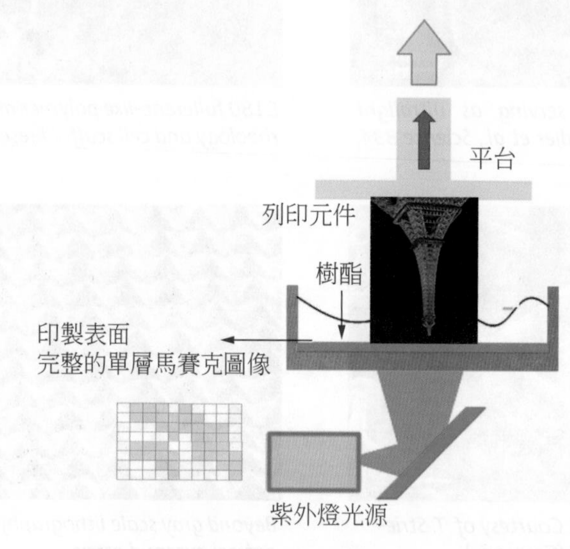

圖 5-21 揚明光學股份有限公司開發的 DLP 列印機原理示意圖

透過 DLP(Digital Light Processing) 投影機作爲光影像的產生器，而因爲揚名光學掌握了投影機原件設計開發的能力，將一般商用的彩色可見光的 pico Projector 改成使用 405 nm LED 爲光源的單色投影系統，穩定的單色波長更適合光聚合的反應。

5-5-2 成像方式：

在 DLP 的圖像顯示是以 DMD 產生，DMD(Digital Micromirror Device) 爲數位微鏡元件，是德州儀器於 1987 年研發出的元件，是在半導體晶片上布置由微鏡片所組成的矩陣，顯示的像素是由每一個微鏡片控制來形成投影畫面。微鏡片數量越高解析度越高。在數位訊號的控制下迅速改變各個微鏡片的角度 (正負 12 度)，當微鏡片「開」時會將入射光透過投影透鏡將影像投影到螢幕上；「關」狀態下反射在微鏡片上的入射光被光吸收器吸收，該區域就不會顯示影像。

早期的 DLP 系統中的每顆微鏡是以正方型排列嗤轉角 33 度對角嗤轉，如圖 5-22；圖 5-23 是後來德州儀器將 pico projector 轉 45 度，也就是將微鏡改成菱形排列，嗤轉就成為水平方向。可以使光機引擎更為精簡與薄化，但缺點是其菱形微鏡無法直接對應到正方形的點矩陣圖像。所以為了影像的對應，需要開發了特定的演算法，使投影品質穩定。

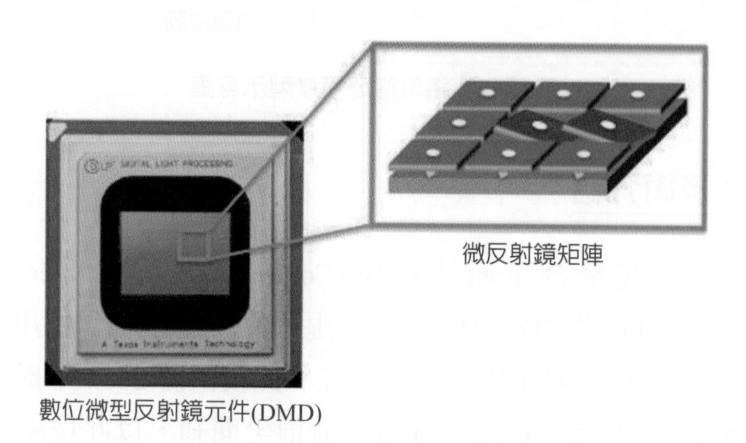

圖 5-22　正方形排列，對角方向偏轉的 DMD

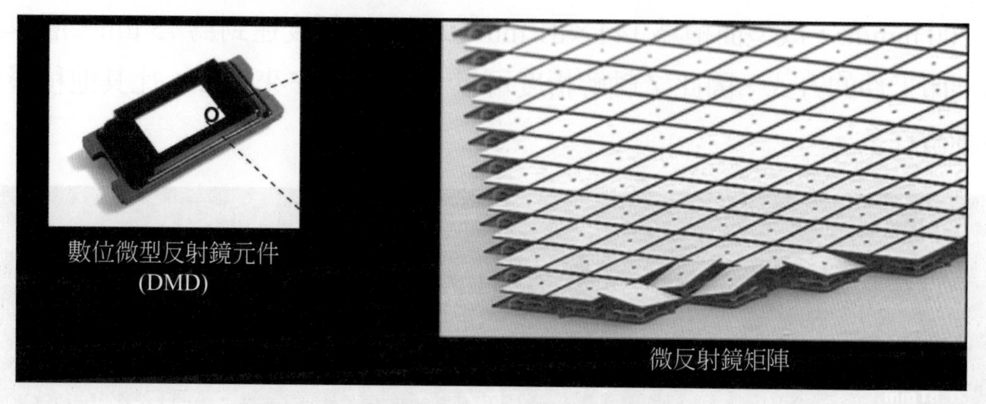

圖 5-23　菱形排列，水平方向偏轉的 DMD

5-5-3　成型方式：

DLP 的成型方向和下照式系統一樣，所以可以在樹脂槽的底部清楚成像，樹脂槽底部有分為硬底膜跟軟體膜兩種。硬底膜主要會在與樹脂交會處表面，塗布低表面能的化學塗料，降低模型脫膜時的拉拔力，軟膜同理會採用低表面能的薄膜材料，主要常用鐵氟龍塗料或者鐵氟龍膜。如圖 5-24 所示，透過薄膜變形脫膜就可以在更短時間內進行列印的加工。

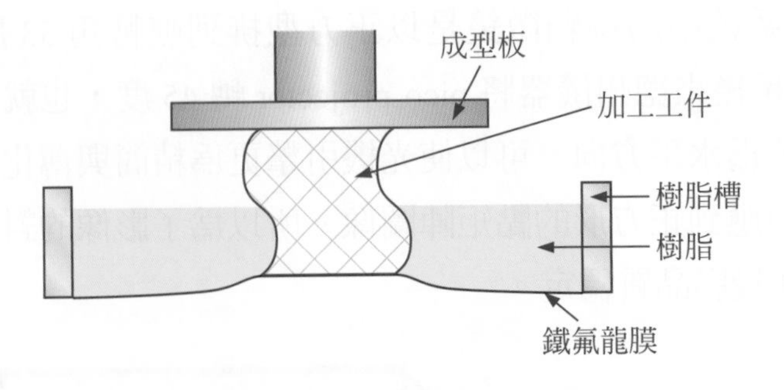

圖 5-24　鐵氟龍薄膜離型示意圖

5-5-4　CLIP 技術介紹

連續液體介面光聚合生產法技術 (Continuous Liquid Interface Production, CLIP)，不同於一般光固化 3D 列印一層一層固化的方式，而是採用連續列印的概念進行加工，其特點幾乎看不出層紋的存在。此技術於 2014 年提出專利，並在 2015 年刊載發表於「科學」(Science) 國際最頂尖期刊。以此技術爲核心成立了 CARBON3D 公司，2016 年 4 月推出其第一代的 M1 機型 (圖 5-25)。其成型速度達到 200 mm/hr，成型面積爲 144×81 mm^2，平面解析度達到爲 75 μm，層厚是以連續列印工件的方式，因此 Z 軸解析度可以 micro meter 來計算，比其他積層製造設備細微許多。

圖 5-25　CARBON 3D M1 系統

CARBON3D M1 最大的不同主要在樹脂槽底板有了很大的改變。CLIP 導入了透氧特性的底板，樹脂聚合反應本身是一個厭氧反應，因此 CLIP 透過透氧進入底層，使其底部產生一個死區不會進行固化反應於底層的薄膜上，因此不用透過上下拉拔的方式進行列印能以持續照光且向上拉拔進行成型，自然就沒有其他下照式的系統的拉拔力問題。

但 CLIP 並不是沒有缺點，由於列印是需要材料進行固化，由於 CLIP 的拉拔特性，連續性的抬高，將有上一層面積 X 高度的體積的樹脂量需要被補充，成型面積愈大，要被補充的體積也就愈大，但須要補入的樹脂只有薄薄的間隙能夠流動，加上樹脂黏性高，流動阻力很高，強制的樹脂流入可能使工件變形。因此大多使用 CLIP 技術列印時，通常會選擇薄殼件進行列印對象。

5-5-5 多樹脂槽系統

多樹脂槽系統是使用兩種樹脂槽來製作具有兩種不同機械性質的樹脂或不同顏色的樹脂所組成的模型，也須確保兩種樹脂間不互相染色。因此，如圖 5-26 所示是國立臺北科技大學機械系的江卓培老師實驗室所製作的兩個樹脂槽與一個清洗槽的雙光固化樹脂三維列印系統，它使用下照射式數位光投影的方式進行投影固化。由於使用兩個樹脂槽，爲了避免相互染色 (inter-staining)，清洗槽內搭配氣壓與溶劑進行清洗，也可以使用超音波搭配溶劑以減少氣壓所造成的噴濺。爲了降低空間的使用量，成型平台是架構在一個 C 型臂的旋轉軸，並將數位光投影機 (也稱爲光引擎) 與成型平台架構在同一軸上，這樣在旋轉更換列印的樹脂槽時即可不需要考慮定位的問題如圖 5-27 所示，是一大優。另外，由於使用兩個樹脂槽，所以兩個樹脂槽的底部無法達到完全的同一水，爲了不花費時間在定位兩個樹脂槽的水平高度定位上，在程式的設定上可以設定兩個樹脂槽的歸零點，將高度差納入列印高度的升降考量中，即可完成列印的厚度準確性。利用這樣的設計可以成功的列印需要兩種不同機械性質的樹脂與不同顏色的樹脂需求，例如在牙科中所需要的全口假牙如圖 5-28 所示。

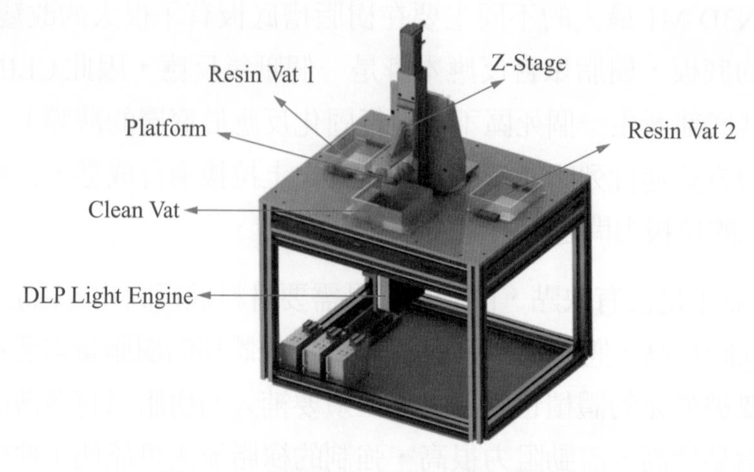

圖 5-26　雙光固化樹脂三維列印系統

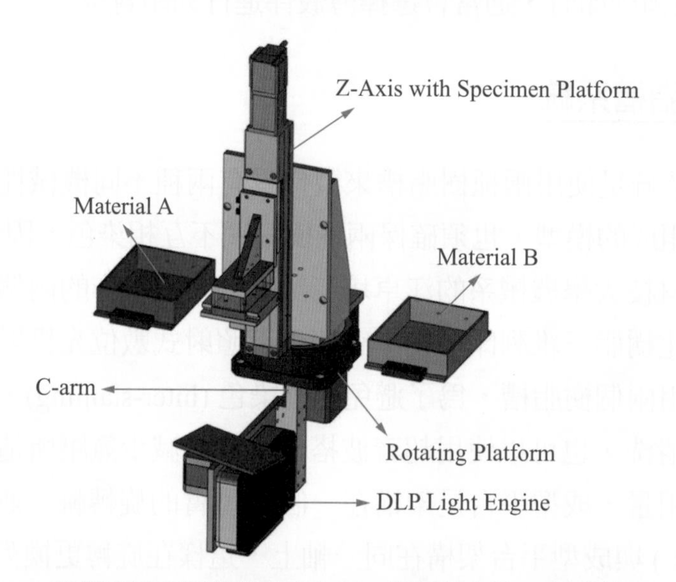

圖 5-27　建構成型平台與光引擎在同一旋轉軸上的 C 軸機構設計圖

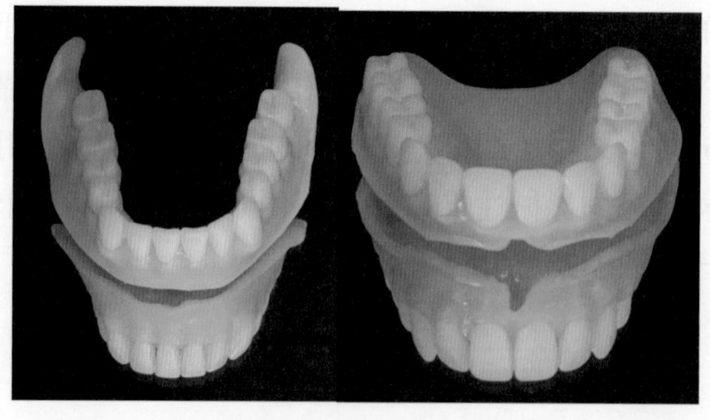

圖 5-28　利用雙光固化樹脂三維列印系統所列印之全口假牙圖

5-6 Liquid Crystal Display(LCD) 立體平版印刷光固化 3D 列印技術

以半導體光罩作爲概念，在 2001 年利用液晶螢幕作爲光罩成像的概念被發想出來，在 2013 年時開始進行 LCD 列印的研究，最早之原型機爲使用電腦螢幕等 LCD 顯示器進行拆解並以其 LCD 本體作爲光罩，但當初解析度低光強度也低，只有 2.2 吋的原型機。

後來針對整個 LCD 列印模組進行完善化，藉由後來的光源結構技術，加上價格比起 SLA 以及 DLP 兩種製程低上許多的這項優勢，是此技術逐漸充斥於光固化 3D 列印市場中。

5-6-1 光源：

一般 LCD 螢幕是由圖 32 所示是由紅、綠、藍三個長方形的小矩形所合成爲一個正方型的 pixel，那隨著 LCD 技術的進步，2K、4K、8K 乃至於 16k 的 LCD 螢幕，在同尺寸下的螢幕擁有著越來越高的解析度，代表可以列印出的成品精度也會隨著 LCD 精度提升。那由於 LCD 的光源模組所採用之 LED 燈源的波長爲 405 nm 的紫外光燈珠，因此在經過紅綠藍三種顏色的液晶時，比較圖 5-29，其光源只會在藍光的液晶顯示出亮度較強的光進行反應那他的解析度跟亮度就會被紅綠液晶屏蔽後而減少能量，在能源的使用效率以及解析度上就會比較低下。

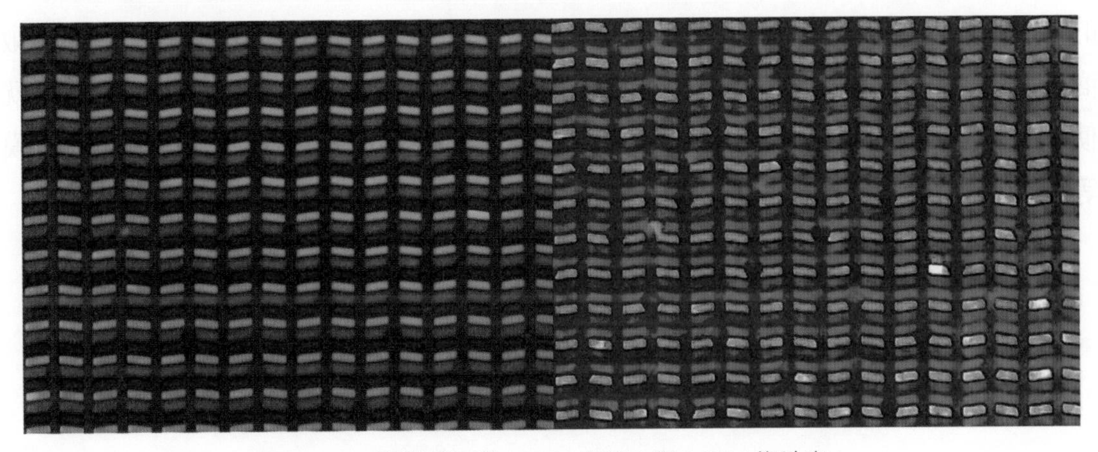

圖 5-29 顯微鏡下的 LCD(白光) 和 LCD(紫外光)

那爲了解決紅綠兩色液晶之問題，許多 LCD 3D 列印機的廠商 (例如 :phrozen) 選用了被稱作 monoLCD 的 LCD 來製作他們的列印機台，這種 monoLCD 即爲所謂的黑白 LCD，他並沒有一般 LCD 的紅綠藍分別，只會顯示出開跟關兩種表現，其顏色則是取決於後方的 LED 波長，如此一來就能更緊密的進行圖象的顯示以及充分使用光源的能量。如圖 5-30 所示，此爲藍光作爲被光的情況下觀察的兩種 LCD 表現，能明顯看出 monoLCD 的亮度更高，也不會出現一般 LCD 的光強減弱問題。

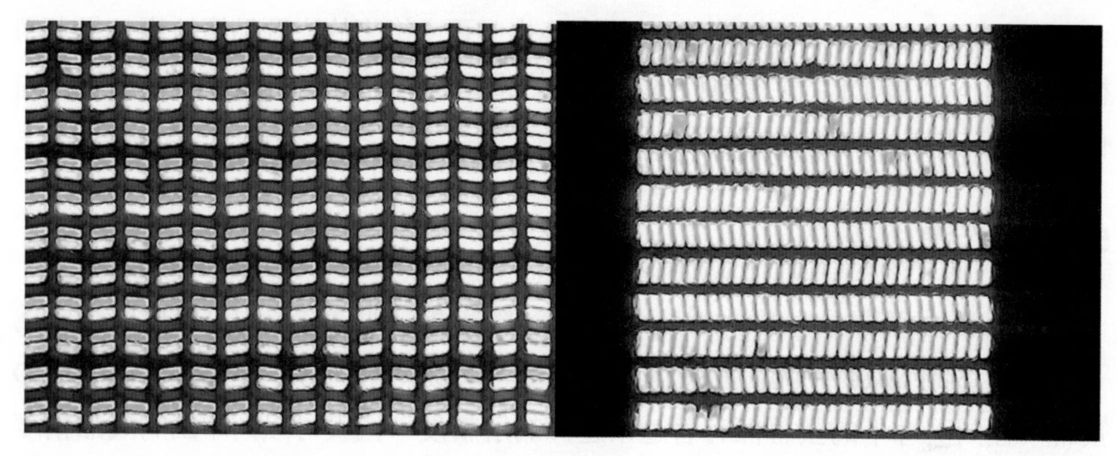

圖 5-30　一般 LCD 之藍光顯示和 monoLCD 之藍光顯示

5-6-2　成像方式：

LCD 技術的成像方式就十分的直觀，是由 LCD 決定顯示的圖形，在由下方的 LED 燈提供能量達到圖象顯示的功能。那爲了確保圖象顯示的精確度，許多廠商會在 LCD 跟 LED 之間插入可以改善光學顯示的模組，像是 phrozen 等廠商就使用透鏡陣列 (lens array) 的技術來達到高準直的光源 (圖 5-31)，也有透過擴散膜等等光學膜片進行光學性質改良的方式。

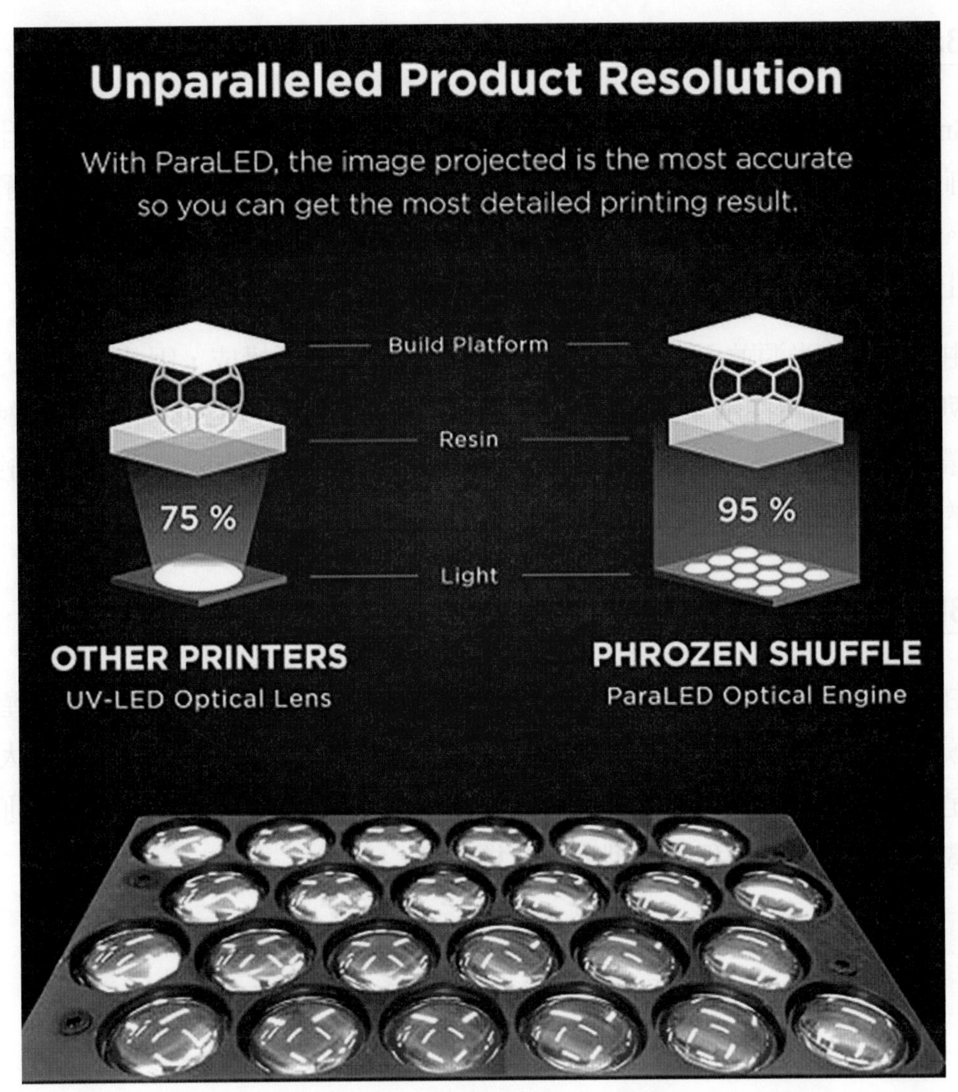

圖 5-31 phrozen 透過透鏡陣列進行光能量的加強說明圖

5-6-3 成型方式：

LCD 技術同為下照式系統，也和 DLP 一樣屬於面成型之技術，最大的成型差異就是 LCD 技術只能使用軟體膜的槽體來進行列印，若使用硬底槽，其厚度會使顯示的圖象在接觸樹脂前就擴散模糊掉，使列印的物品尺寸失去準度。

5-6-3a 手機 LCD 光固化技術介紹

Smartphone 3D printer 手機光固化技術是將手機作爲 LCD 光罩進行列印。由於目前手機的發展趨勢跟光固化有多個雷同之處：高亮度、高對比度、高解析度等等。此技術由台灣科技大學的鄭正元教授帶領其下的研究實驗室進行開發，成功作出了可以以手機作爲光罩產生器的 3D 列印機。

由於手機的光源並不主要以 405 nm 波段的紫外光所構成，因此在材料方面，T3D 列印機的樹脂採用 465 nm 波段的藍光光固化樹脂作爲列印材料，其對於一般的環境光比較敏感，因此會搭配紅色壓克力的外部遮罩來隔絕環境光對於列印品質的影響。

5-6-3b 大型 LCD 光固化技術介紹

由於 3D 列印的蓬勃發展，光固化漸漸的被許多廠商注重其可以快速產生精度高模型的能力，那對於工業級的應用來說，更高單位時間的產量以及更大的尺寸就是企業看重的特點，因此各家廠商以及製程都有相繼推出更高成形空間的 3D 列印機，以下是三個製程的大型光固化機機種：

SLA：

廠商：Formlabs

機型：Form 3L

成型空間：L335 × W200 × H300 mm

圖 5-33　Form 3L

DLP：

廠商：揚明光學股份有限公司

機型：Advance255

成型空間：L255 × W235 × H190 mm

圖 5-34　Advance255

LCD：

廠商：Phrozen

機型：Sonic Mega 8K

成型空間：L300 × W185 × H400 mm

圖 5-35　Sonic Mega 8K

1. 鄭育承，乙基唑硫雜蒽酮可見光起始劑於光固化系統之應用，台灣科技大學化學工程系碩士論文 (2015)。

2. Joseph Nicephore Niepce, Harry Ranson Center, the University of Texas at Austin, http://www.hrc.utexas.edu/exhibitions/permanent/firstphotograph/niepce/

3. 張上鎭，“紫外光硬化塗料與塗裝”，塗料與塗裝技術，vol. 61, pp. 87-90, 2005.

4. 劉建良，“UV Curing 發展簡介及應用”，化工科技與商情，vol. 41, pp. 1-4, 2003.

5. X. Jiang, H. Xu, and J. Yin, “Polymeric amine bearing side-chain thioxanthone as a novel photoinitiator for photopolymerization,” Polymer, vol. 45, pp. 133-140, 2004.

6. Yusuf Yagci, Steffen Jockusch and Nicholas J. Turro, Photoinitiated Polymerization:Advances, Challenges, and Opportunities, Macromolecules, 2010, 43 (15), pp 6245-6260.

7. 郭政翰，“陽離子型環氧樹脂之供應化動力學分析與機械性質探討”，台北科技大學有機高分子研究所碩士論文 (2005)。

8. 孫小英，立體光造型法用光固化樹脂的研究述評，浙江科技學院學報，第 14 卷第 4 期，2002 年 12 月。

9. H. Gruber, “Photoinitiators for free radical polymerization,” Progress in polymer Science, vol. 17, pp. 953-1044, 1992.

10. E. Andrzejewska, “Photopolymerization kinetics of multifunctional monomers,” Progress in polymer science, vol. 26, pp. 605-665, 2001.

11. M. A. Tasdelen, N. Moszner, and Y. Yagci, “The use of poly (ethylene oxide) as hydrogen donor in type II photoinitiated free radical polymerization,” Polymer bulletin, vol. 63, pp. 173-183, 2009.

12. G. Yilmaz, A. Tuzun, and Y. Yagci, "Thioxanthone-carbazole as a visible light photoinitiator for free radical polymerization," Journal of Polymer Science Part A:Polymer Chemistry, vol. 48, pp. 5120-5125, 2010.

13. G. Bradley and R. S. Davidson, "Some aspects of the role of amines in the photoinitiated polymerisation of acrylates in the presence and absence of oxygen," Recueil des Travaux Chimiques des Pays-Bas, vol. 114, pp. 528-533, 1995.

14. E. Andrzejewska, "The influence of aliphatic sulfides on the photoinduced polymerization of butanediol-1, 4 dimethacrylate," Journal of Polymer Science Part A:Polymer Chemistry, vol. 30, pp. 485-491, 1992.

15. M. Encinas, A. Rufs, T. Corrales, F. Catalina, C. Peinado, K. Schmith, et al., "The influence of the photophysics of 2-substituted thioxanthones on their activity as photoinitiators," Polymer, vol. 43, pp. 3909-3913, 2002.

16. T. Corrales, F. Catalina, C. Peinado, N. Allen, A. Rufs, C. Bueno, et al., "Photochemical study and photoinitiation activity of macroinitiators based on thioxanthone," Polymer, vol. 43, pp. 4591-4597, 2002.

17. T. Corrales, F. Catalina, N. Allen, and C. Peinado, "Novel water soluble copolymers based on thioxanthone:photochemistry and photoinitiation activity," Journal of Photochemistry and Photobiology A:Chemistry, vol. 169, pp. 95-100, 2005.

1. 光固化 3D 列印中，有一項共通的結構且被用在其英文名稱中，請問是哪一項共同特徵，請說明該結構用途。
2. 最被廣泛的光固化列印 3D 檔案格式是哪種，是由誰發明的。
3. 光固化 3D 列印技術主要由哪四個共通架構組成，其功能爲何。
4. 最常見使用的光固化材料波段爲何者。
5. 光聚合反應有哪幾個步驟，分別爲哪些反應。
6. 請簡述 SLA、DLP、LCD 三種列印方式使用的光源種類。
7. 傳統使用 Nd：Yag 固態雷射源的 SLA 是透過什麼方式來取得光固化所需的波長的。
8. 請說明上照式以及下照式的區別，至少列舉兩項。
9. CLIP 是使用了何種技術才能使其達到連續列印的功能，請簡述其原理。
10. 就整章章節之內容，你認爲何種列印方式適合用於大面積的光固化 3D 列印，請舉出你的看法以及理由。

06

材料噴印成型技術 Material Jetting

本章編著：蔡明忠、許郁淞、陳宇恩

6-1 前言

本章要介紹美國材料與試驗協會 (American Society for Testing and Materials, ASTM) 所定義之七大積層製造 (Additive Manufacturing, AM) 技術之一，即材料噴印成型技術 (Material Jetting, MJ)，其與黏著劑噴塗成型技術 (Binder Jetting, BJ) 相似之處爲採用噴頭進行 3D 列印，差別是 BJ 技術噴出黏著劑再與積層材料固化成形，MJ 技術則直接噴出積層材料再透過光或熱進行固化程序。而材料噴印成型技術 (MJ) 與材料擠製成型技術 (Material Extrusion, ME) 雷同之處爲噴出 (MJ) 與擠出 (ME) 各點材料後，形成線與面，再利用光或溫度固化積層爲 3D 形狀。另材料噴印成型技術 (MJ) 與光聚合固化技術 (Vat Photo polymerization, VP) 亦有相似之處，大多採用光固化成型材料並進行照光固化成型。

雖然材料噴印成型技術 (Material Jetting) 起步較晚，但可使用之材料爲非水性之樹酯或臘等材料，隨著高解析度陣列噴頭之發展，其優點包括高解析度、列印速度、多材質與彩色能力等，已逐漸受到 3D 列印市場的重視。本章將針對材料噴印成型技術、液滴成型技術、壓電噴頭特性，單噴頭與多噴頭 3D 列印系統之整合應用進行介紹。

6-2 材料噴印 (Material Jetting) 成型技術簡介

1994 年世界上第一台以蠟為材料之噴印機 -Model Maker 問世，係由美國 Sanders Prototype Inc 製造 (2000 年更名 Solidscape Inc)，相關專利參見 CA2170119A1, 1994 與 US5506607A,1995。Model Make 以蠟為材料，包括可移除之支撐材，採用雙或多噴嘴噴印，是由 DOS 版本桌上型電腦控制 XYZ 運動與噴嘴，精確度可達 1 mil (千分之 1 吋)，Solidscape 公司仍持續發展並應用於各產業領域如珠寶設計。

材料噴印式 3D 列印技術之發源與演進方面，可追溯至 1990 年代，原由以色列 Cubital 公司所開發，當時稱做 Solid Ground Curing(簡稱 SGC) 技術，是 PolyJet 技術的源頭，Cubital 公司於 1990 年申請專利 US5287435(1994 年初取得)；Cubital 公司於西元 2002 年結束營業後，相關專利由另一家以色列公司 Objet Geometries Ltd.(以下簡稱 Objet) 接收。Objet 公司持續改良了 SGC 技術，主要是整合元件與減少複雜的機構，並加強控制及感應裝置，稱其為 PolyJet，也申請了專利 US6259962 來商業化它的發明。Objet 公司於西元 2012 年併入美國 3D 列印大廠 Stratasys Inc. 公司，原 PolyJet 技術則以「Objet」系列的的產品繼續銷售。

而材料噴印 (MJ) 成型技術之演進發展方面，導入應用陣列式密集多噴孔 (Multi Jet Modeling, MJM) 噴印之三維印刷技術概念以實現高解析度列印，在 2000 年初由以色列 Objet 公司所研發與推出專利技術 PolyJet ™，則是成功噴射聚合體材料的第一家公司。後來並提出第一種可以同時噴射不同模型材料的技術 PolyJet Matrix ™技術，新的 PolyJet Matrix ™技術與原來的 PolyJet 技術為 3D 列印帶來了空前的靈活性和高效率。而美國成立於 1986 年的 3D Systems 也於 2003 年推出多材料噴印技術，並於 2012 年發佈了多款新品之 ProJet 系列，ProJet MJP(Multi Jet Printing)3500/4500(color)/5500x 等系列融合了 3D Systems 的 ProJet® MJP 多噴頭模型列印技術，噴頭之噴孔數達 1520 個以上。另外，美國 Stratasys 公司則於 2012 年合併了以色列 Objet 公司，形成美國兩大 3D 列印廠鼎立的局面。

材料噴印成型技術 (MJ) 原理是利用以噴墨技術的方式將液態的成型材料噴印於成型的底板上，並以光源或溫度的方式使材料固化成型。又由於使用的是點陣噴墨技術可以有較高的平面精度來成型材料，且常以點矩陣式壓電噴頭，有如二維印表機的平面列印方式，因此具有較快速的面成型速度。PolyJet 材料噴印 (MJ) 成型技術之原理示意圖如圖 6-1 所示，一般架構可將陣列式噴頭裝置於 XY 軸平台上，並將成型平台裝置於 Z 軸，但因為沒有底材作為材料噴印後的成型底材，所以常搭配水溶解或熱熔解的光固化性材料來作為支撐材使用，當成型固化完成後再將支撐材料移除即可。

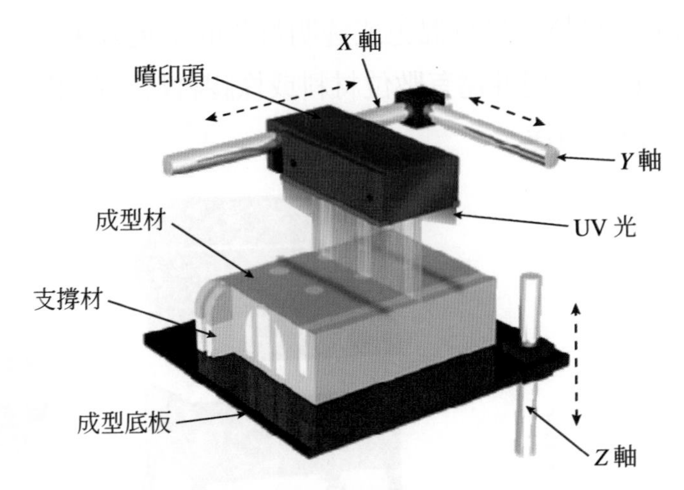

圖 6-1　PolyJet 材料噴印 (MJ) 成型技術示意圖 [來源：Stratasys]

材料噴印 (MJ) 成型技術在彩色 3D 列印的實踐方式上，除了以材料噴印 (MJ) 成型技術原有的技術原理為基礎，在其原單色硬體架構下使用多個顏色的噴印頭，依序噴出具有不同顏色的成型材料，再搭配升降裝置與材料噴印後進行固化成型的製程下，使得 3D 成品可以有多色或彩色的效果。又因為同時可以使用多個噴頭噴出不同顏色的成型材料，還可以同時噴印出不同材質的材料包括支撐材，是材料噴印 (MJ) 成型技術上的最大特點。故其在彩色 3D 列印實踐的方式上，較其他 3D 列印技術適合做全彩成品或多材質成品的呈現。

目前已有公司以高密度點矩陣式壓電噴頭與光固化材料噴印 (MJ) 成型技術開發出 3D 列印設備，除美國 3D systems 採用 MJP(MultiJet Printing) 技術之 ProJet 系列 -3510, 4500(ColorJet Printing,CJP), 5500x 與 CJP x60 彩色系列等 (實威國際 & 馬路科技代理) 外。另一具代表性的是美國 Stratasys 公司 (普立得科技與震旦集團通業技研代理)，其單色機種如 objet 30 與 30 Pro 如圖 6-2，多色多材質機種如 objet 350、500 Connex 3 等。其在 2016 年時更推出了世界上第一台，具有全彩、多材質的商業化彩色 3D 列印成型設備 J750，而在 2019 年時再推出 J850 系列全彩 3D 列印機，透過使用 PANTONE ® Validated ™色彩進行 3D 列印，可以提高原型製作的速度、效率和色彩逼真度與透明度。同時也推出小型彩色 3D 列印機 J55，採用有別於 X-Y-Z 直角座標之旋轉式列印平臺，具有出色的表面光潔度和列印品質，擁有多材料功能以及可用於工業和機械設計的材料配置。

具有全彩或透明效果之材料噴印式彩色 3D 列印機與列印樣品如圖 6-3。利用壓電噴頭直接噴出不同顏色的光敏樹酯，可直接噴印成型在指定的位置，並搭配光固化的技術照光固化，得到具有多元化的色彩呈現，其設備最大的特點是可以六種以上不同的成型材料，具有混色或透明材質的呈現效果，其顏色可達 36 萬種顏色，除了多顏色的呈現外還有數位材料或橡膠材料的選用，因此在列印成型的物件可以有更廣泛的用途。

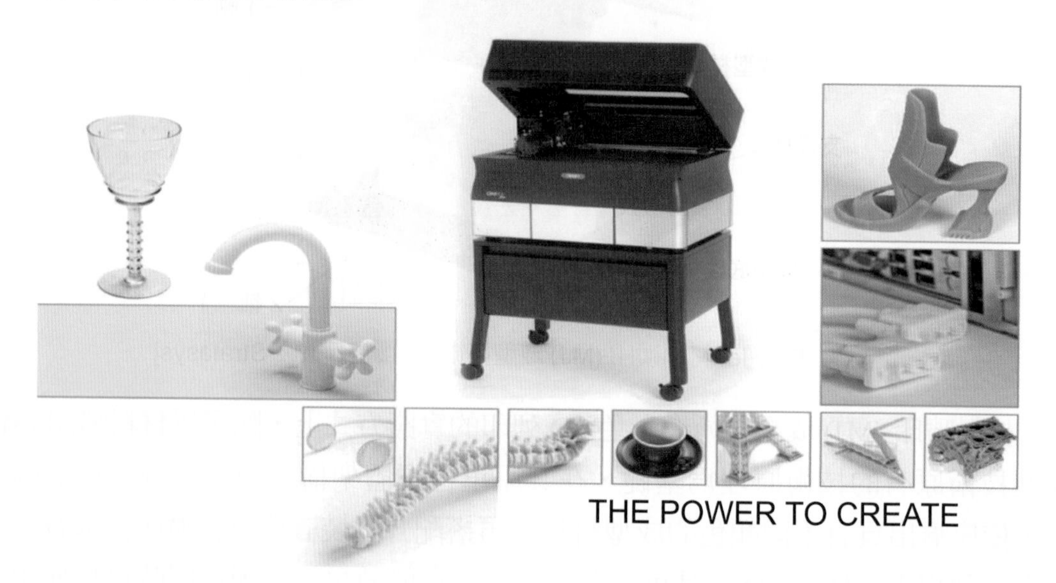

圖 6-2　Stratasys 公司之單色 3D 列印機 - object 30pro 與列印之樣本 (來源：Stratasys DM)

(a) Stratasys J750　　(b) J750 彩色列印之樣本

圖 6-3　材料噴印式彩色 3D 列印機　(a) Stratasys J750　(b) J750 彩色列印之樣本　(c) J8 系列 J850 機台與多材料供應庫　(d) J850 透明材列印之樣本 [攝自 Stratasys DM]

(c) J8 系列 J850 機台與多材料供應庫

(d) J850 透明材列印之樣本

圖 6-3　材料噴印式彩色 3D 列印機　(a) Stratasys J750　(b) J750 彩色列印之樣本　(c) J8 系列 J850 機台與多材料供應庫　(d) J850 透明材列印之樣本 [攝自 Stratasys DM] (續)

6-3 液滴成型技術

液滴成型技術為材料噴印法之關鍵技術之一，其噴印方式較成熟的主要分兩大類如圖 6-4 所示：

1. 連續噴印法 (Continuous Stream, CS)：

   連續式產生墨滴，只保留要噴印位置的材料液滴，不須噴印位置的材料液滴需將其偏移原路徑 (如由偏壓板控制)，並加以回收，多用在高速但解析度低的場合之噴印，液滴是連續不斷產生的，易造成材料浪費，其如圖 6-5(a) 所示為採用二分法 (Binary) 偏壓板控制之連續噴印示意圖，為了讓液滴可受偏壓板控制產生飄移，須加充電板。

2. 按需噴印法 (Drop On Demand, DOD)：

   只有在噴印位置需要材料液滴時，才產生材料液滴與進行噴印動作，可透過驅動器控制液滴大小與噴射速度，可減少材料浪費，其如圖 6-5(b) 所示為典型按需噴印法示意圖，透過基板運動之位移回授與液滴產生驅動信號整合，可正確作噴印成型。

DOD 噴印法為目前 3D 列印系統最常採用之液滴噴印方法，其中噴頭之液滴成型驅動方式包括：(1) 熱泡式 (thermal)、(2) 壓電式 (piezoelectric)、(3) 靜電式 (electrostatic)、(4) 聲波式 (acoustic)

其中以熱泡式與壓電式最成熟，已發展爲商品化具陣列式密集噴孔之噴印頭，尙有諸多技術亦在硏發中。

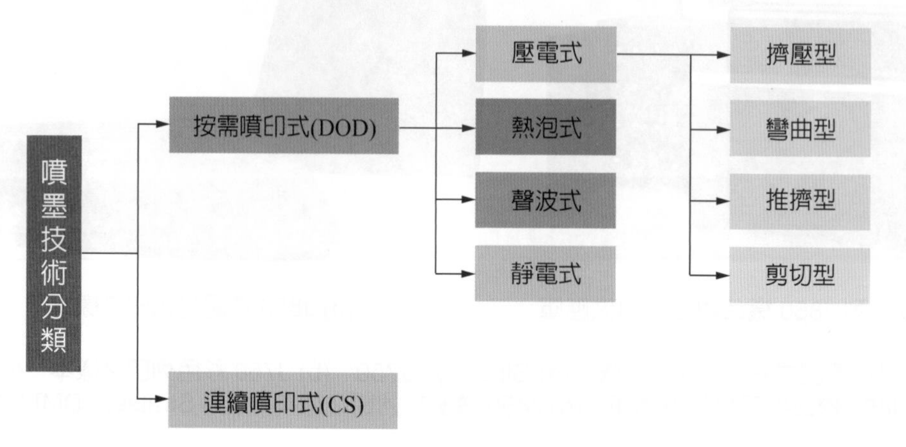

圖 6-4　噴墨技術分類

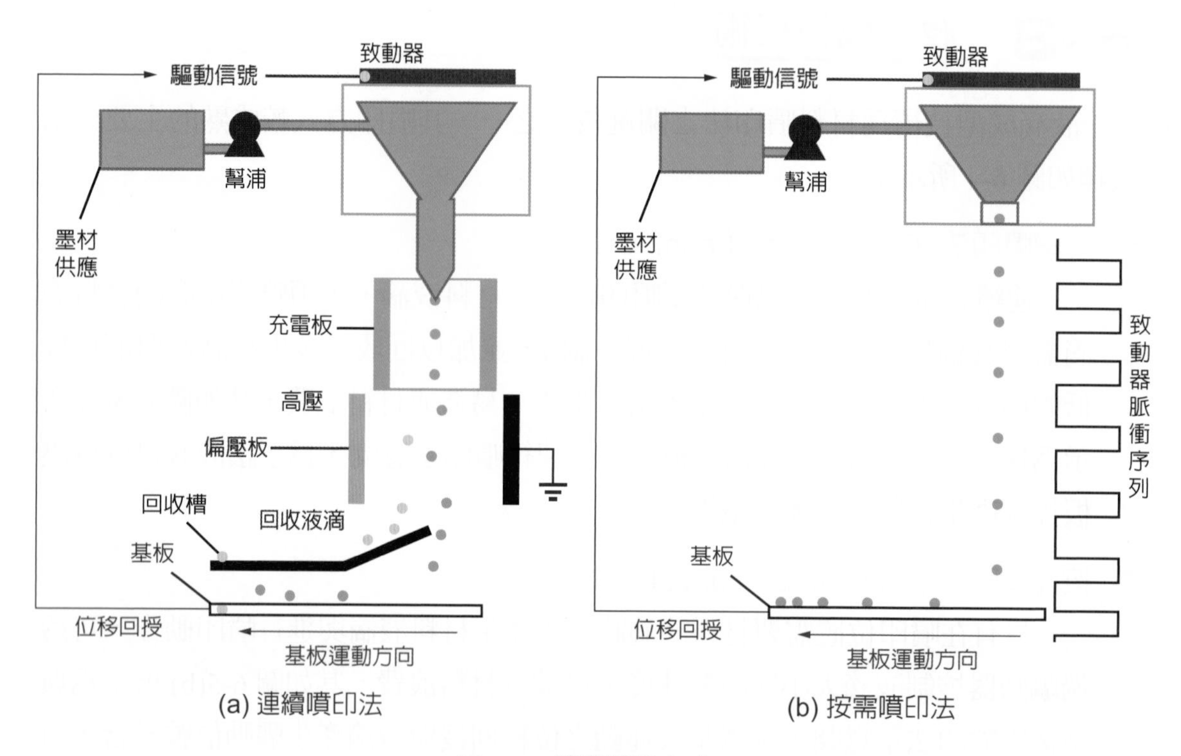

圖 6-5　液滴噴印方式

DOD 噴印法中目前較成熟與普遍應用之熱泡式噴印頭，以惠普 HP 為代表，除其市售 2D 噴墨列印機種，其單色／彩色 3D 列印機 (HP Jet Fusion)，即採熱泡式噴印頭，並整合陣列式密集多噴孔噴頭，減少機構運動，實現頁寬式列印，以達到高效率之高解析度大尺寸列印。而壓電式應用在 2D 噴墨列印機則如愛普生 EPSON 採壓電式噴印頭，另有許多商品化壓電式噴頭可應用於 3D 列印，將在 6-4 節作說明。國內則有研能科技也投入開發壓電式與熱泡式噴印頭，其熱泡式噴印頭除應用於 2D 噴墨列印機，並應用於自行開發之黏著劑噴印 (BJ) 彩色 3D 列印機 (-ComeTrue® M10/T10)。

熱泡式噴印頭之工作原理如圖 6-6(a) 所示，利用加熱器將列印墨材加熱高溫到液滴沸點沸騰而後產生氣泡，再由氣泡將材料液滴推出噴孔噴出墨滴，完成噴印動作。其只能用於低粘度水溶液材料液滴，且在高溫下材料液滴亦容易發生化學變化，噴頭和材料液滴也因熱應力而減少壽命。

壓電式噴印頭之工作原理如圖 6-6(b) 所示，利用電壓控制壓電材料板如 PZT 壓電陶瓷材料，讓其變形將腔體內之墨材經由噴孔噴出墨滴，透過驅動電壓波型設計可以控制墨滴量與噴出頻率。

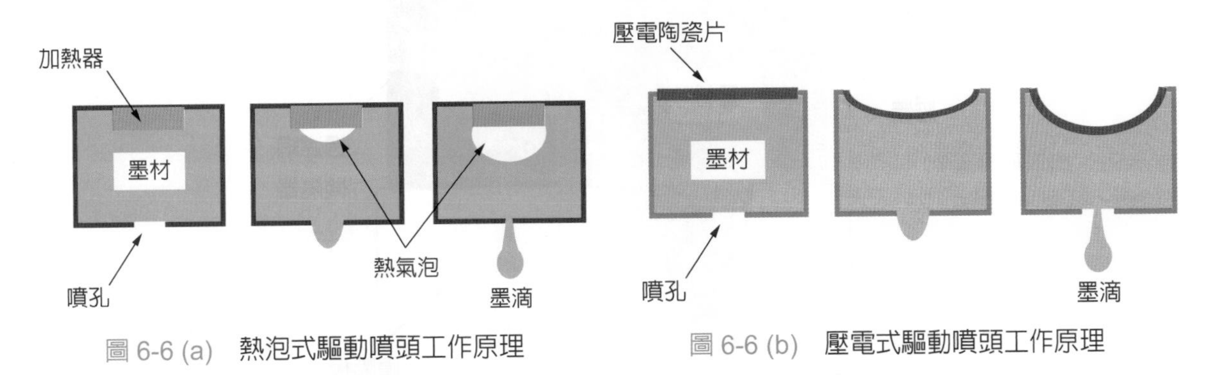

圖 6-6 (a)　熱泡式驅動噴頭工作原理　　圖 6-6 (b)　壓電式驅動噴頭工作原理

其中熱泡式須將列印墨材加熱至產生氣泡，屬於高溫高壓列印技術，適合低粘度水性材料，加熱高溫後也會影響墨材品質。而壓電式驅動之噴頭除水性材料，亦可用於非水性及較高黏度材料 (達 10 cp 以上) 如樹酯或複合材，更適合多材料噴印式 3D 列印之需求，因此壓電式驅動噴頭之發展日益受到重視。

6-4 壓電噴頭噴印原理與驅動控制

壓電噴頭爲材料噴印技術中之關鍵組件之一，本節將介紹壓電式噴印原理、壓電噴頭之組成與特性、壓電噴頭之致動機制與驅動控制等。

6-4-1 壓電噴頭之組成與壓電式噴印原理

壓電式 (Piezoelectric) 噴頭之組成包括壓電陶瓷片、電極、腔體、流道、膜片、噴孔、過濾網等，噴印原理是將壓電材料 (如陶瓷片) 加以電壓，使壓電體瞬間膨脹或縮小而改變其體積，而腔體體積也跟著改變，使腔體內液壓改變而觸發經由微小噴孔噴出材料。壓電式陶瓷材料因具有性能穩定、強度高、耐腐蝕和耐高溫的特性，作爲光、電、磁、聲敏感材料上已有廣泛的應用，壓電式噴頭有不同之驅動模式，以彎曲型驅動爲例，壓電式噴印頭之組成架構如圖 6-7 所示。

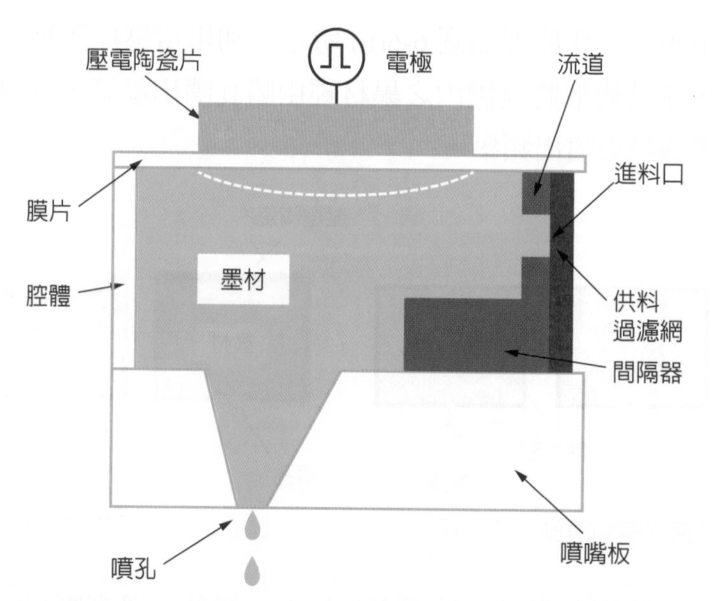

圖 6-7 壓電式 (Piezoelectric) 噴頭之組成架構 (以彎曲型驅動為例)

相對於熱泡式 (Thermal bubble) 噴頭，壓電式陶瓷材料製成之壓電式噴頭優點有無須熱傳導、反應速度快、有較寬的材料粘度及張力適應範圍、液滴大小易控制，可提升列印品質；噴印材料不會因高溫氣化產生變質和無反覆熱應力使噴頭較耐久，可用於非水性及較高黏度之噴印材料如樹酯。然而壓電式驅動則較熱泡式噴頭複雜，且噴頭也較容易阻塞，需注意保養與定期清洗。

微壓電式噴墨系統之致動機制可分成四種模式：擠壓型 (Squeeze Mode)、彎曲型 (Bend Mode)、推擠型 (Push Mode)、剪切型 (Shear Mode) 如圖 6-8 所示。採用微電壓的變化來控制墨點的噴射，不僅避免了熱氣泡噴墨技術的缺點，而且能夠精確控制墨點的噴射方向和形狀，故壓電式噴印技術之高精準及高壽命皆符合高規格 3D 列印需求與應用。

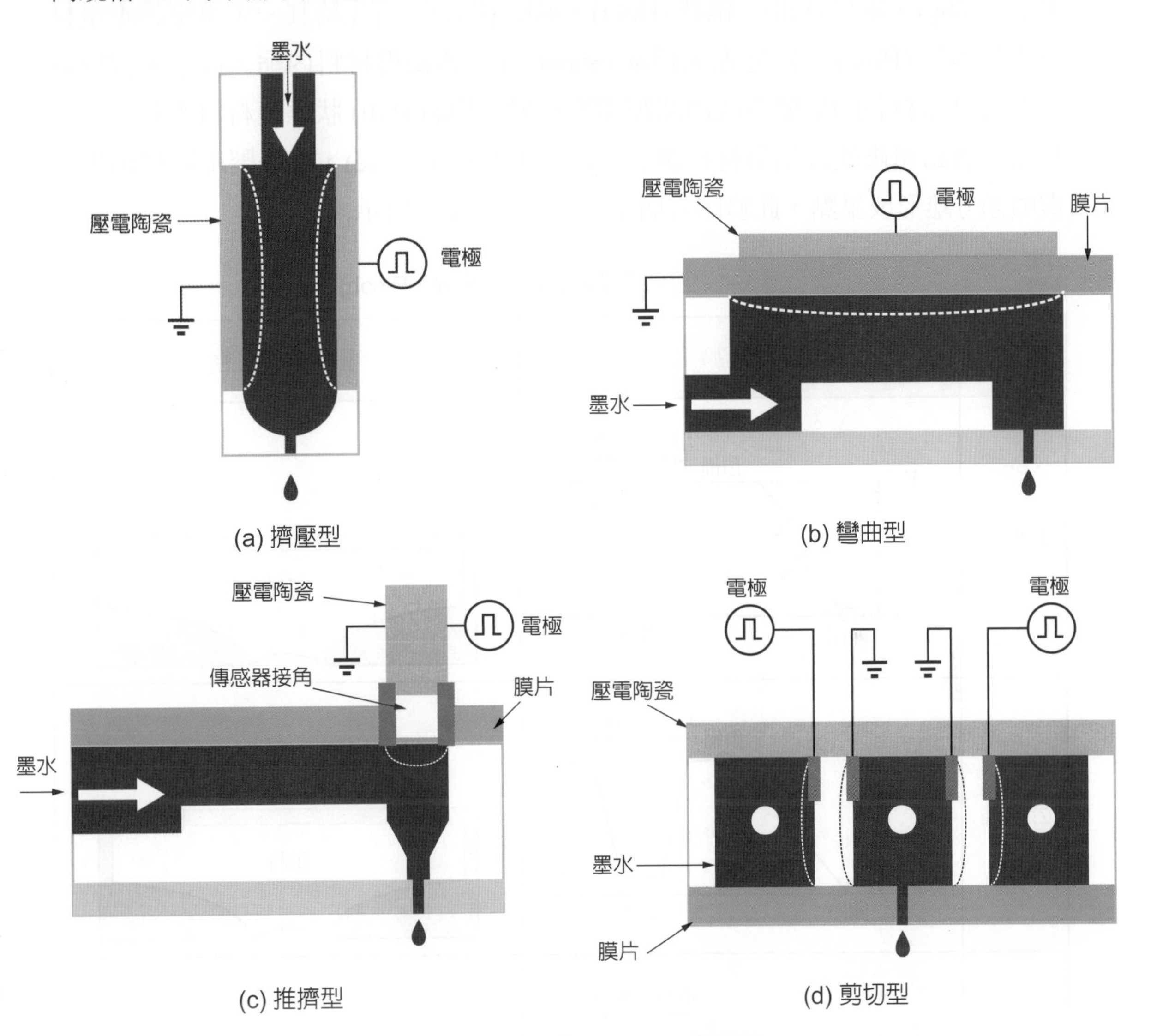

圖 6-8　壓電式噴墨系統之致動四種模式

壓電式噴頭之噴墨過程中，可分爲三個主要階段：

(1) 預備 (Standby)：噴墨操作前，壓電元件首先在電子信號的控制下微收縮控制墨料不會滴下。

(2) 填料 (Fill) & 維持 (Hold)：降低電壓逐漸充填墨滴並保持一短暫時間。

(3) 噴印 (Fire)：提升電壓使壓電元件產生一次較大的延伸，把墨滴噴出，噴嘴元件隨即回到預備 (Standby) 狀態。

而實務上壓電噴頭噴印細部過程會經過五個主要步驟：關閉 (Shut Down)、預備 (Standby)、填料 (Fill)、維持 (Hold)、噴印 (Fire)。首先給其一定電壓讓壓電材料處於維持 (Hold) 的狀態進入預備 (Standby) 狀態使得材料內縮，接下來釋放電壓進行壓電材料的形變造成內部腔體容積變大填料 (Fill) 狀態使材料大量收縮，接續重新給電壓使得壓電材料讓容積縮小墨水噴出 (Fire)，最後緊縮將噴出墨水與噴頭分離形成墨點，此噴印五個主要步驟如表 6-1 所示。

表 6-1　壓電噴頭噴印過程 [來源：Ricoh]

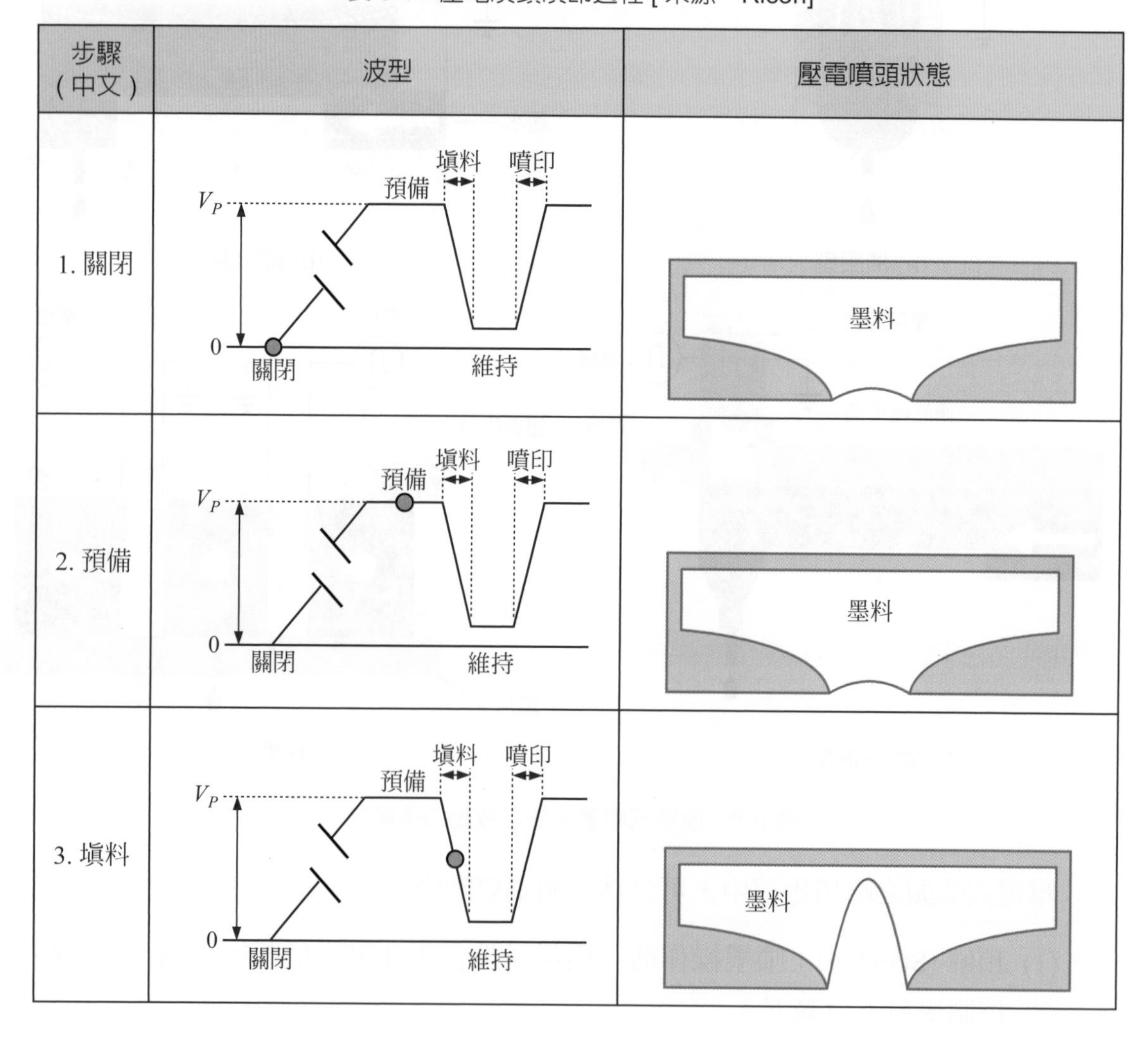

步驟 (中文)	波型	壓電噴頭狀態
1. 關閉	V_P、0、預備、填料、噴印、關閉、維持	墨料
2. 預備	V_P、0、預備、填料、噴印、關閉、維持	墨料
3. 填料	V_P、0、預備、填料、噴印、關閉、維持	墨料

表 6-1　壓電噴頭噴印過程 [來源：Ricoh](續)

步驟 (中文)	波型	壓電噴頭狀態
4. 維持	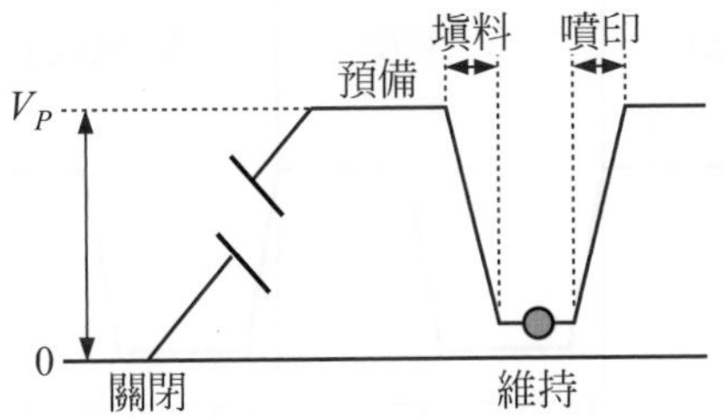 填料 噴印 預備 V_P 0 關閉 維持	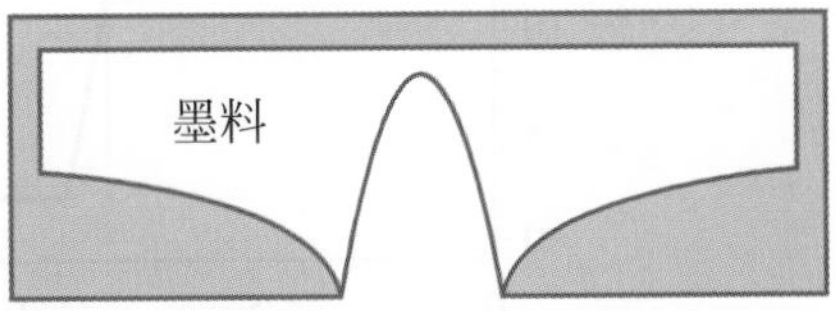 墨料
5. 噴印	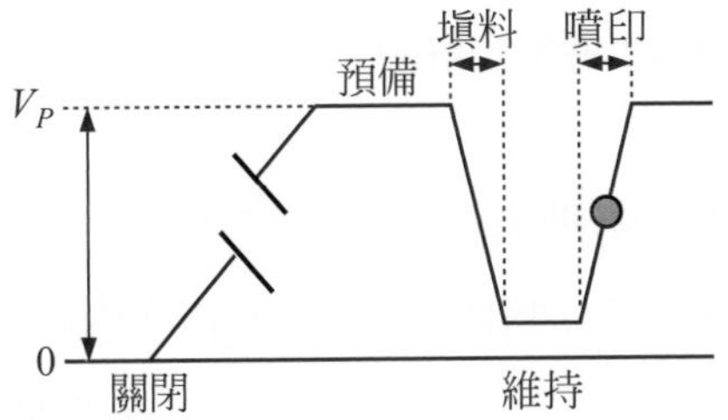 填料 噴印 預備 V_P 0 關閉 維持	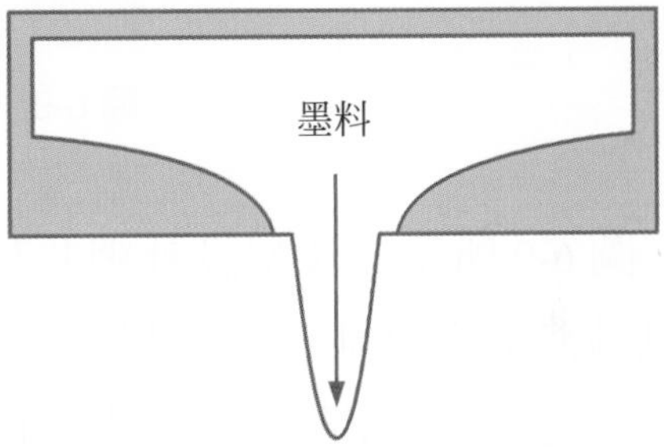 墨料

在上述過程中可以發現脈衝電壓 (V_p) 爲主要控制墨點大小以及墨點容積的參數，因電壓 V_p 間距越大，填料 (Fill) 與噴印 (Fire) 之斜率就會相對增大而影響壓電材料的形變程度，讓墨腔的容積變化也隨著相對的提高，噴出的墨量 (Picoliter,pl) 就會相對提高。此外，設計的波型脈衝數 (Pulses) 越多，使墨滴噴出前震盪數增加，也能提高噴出的墨量。如圖 6-9 所示，其墨滴大小與墨滴成形品質會隨材料特性如液體密度、表面張力、噴印剪力、黏度 (cp) 等而異，而噴孔的設計也是直接影響墨滴成形品質之重要因素。

通常一般解析度壓電噴頭之墨滴量可達數拾 pl，壓電噴頭解析度越高墨滴量越小 (到 10 pl 以下)。此外，除考量壓電噴頭之解析度，壓電噴頭爲使墨滴容易噴出，通常也會內附有加熱機制，透過溫度控制調整其黏度，控制溫度越高黏度越小 (可從原數拾 cp 降到 10 cp 左右)。一般壓電噴頭之噴印頻率可從數 kHz 到數拾 kHz，噴出墨滴之速度約在每秒數米 (m/sec) 左右，選用上可加以留意，以配合列印材料之特性差異與系統需求。

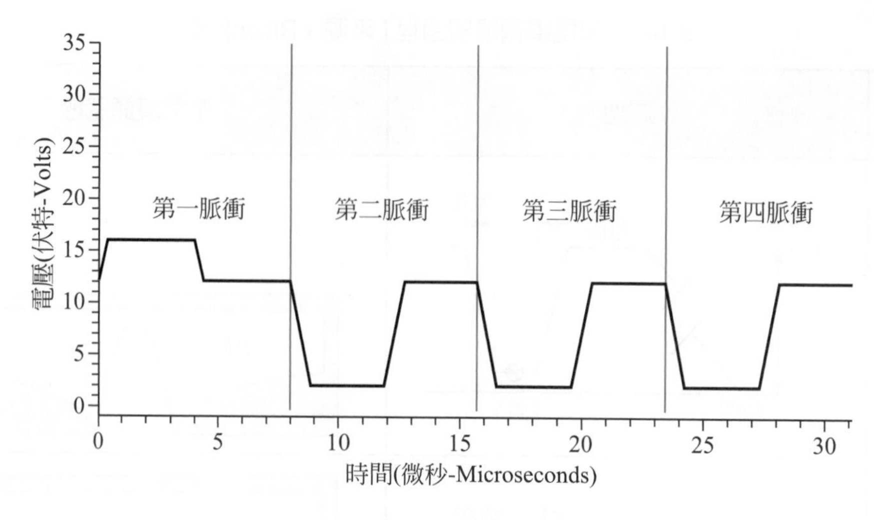

圖 6-9　壓電噴頭之波型設計例

圖 6-9 所示之波型設計總共有四個脈衝數 (Pulses)，其中第一個脈衝 (Pulse) 與其他波型不相同。爲了讓墨滴在噴出前可以將噴孔周圍殘餘的細微墨滴帶回墨艙內，使墨滴噴出時不會受噴口液滴影響，將第一個脈衝 (Pulse) 波型起始端給予一個正斜率，使噴孔口墨料液面被往外推；後再給予一個負斜率使墨料液面往回拉，將口外的殘餘墨滴帶回墨艙內，此時電壓回到預備 (Standby) 時所需的電壓 V_p。第二、第三及第四個波型的動作流程大致相同，都是先將墨滴液面往回拉再往外推擠，唯一不同之處則是往回拉時所需的電壓大小，隨著脈衝數 (Pulses) 越多，拉回墨滴之電壓值設定就越小，使墨滴在噴出前震盪越來越大，如此便能增加噴墨量。

由於噴墨技術除噴頭也與墨材息息相關，故國內外在壓電噴頭技術發展與應用方面，持續受到重視，國內多年前也有產學界投入相關研發。市面上已有許多商品化壓電噴頭及驅動模組可供選用，將會在 6-4-2 節中說明。

壓電噴頭噴出墨滴之結合與堆疊的情形，因顆粒微小又高速，可利用顯微鏡與高速攝影機拍攝 (如 Olympusi-SPEED3) 並採用適當光源進行觀察，以確認設計的波型是否適合該材料，應避免太明顯之衛星液滴 (SatelliteDroplets) 與飄移，如圖 6-10 爲利用高速攝影機觀墨系統與拍攝的墨滴堆疊情形，高速攝影機觀墨系統由左至右分別爲光源、壓電噴頭與驅動器、顯微鏡、高速攝影機。

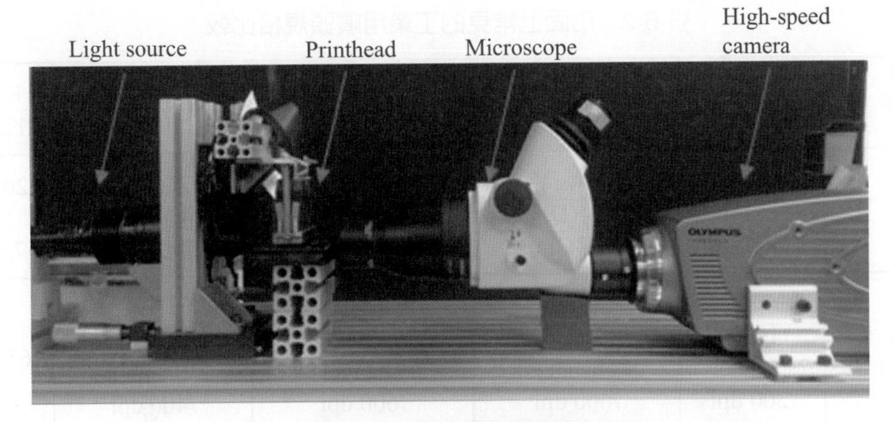

圖 6-10 (a)　高速攝影機觀墨系統

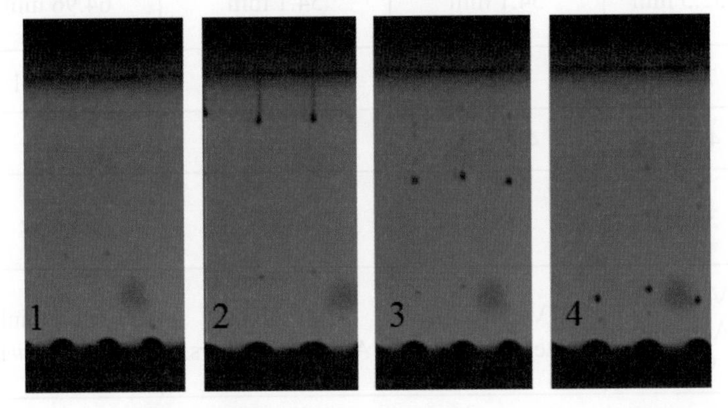

圖 6-10 (b)　壓電噴頭噴出之墨滴堆疊情形 (Speed = 15000 fps)

6-4-2　壓電噴頭規格

壓電噴頭與驅動控制模組爲材料噴印成型 3D 列印設備之關鍵元組件，市面上常見的工業用噴頭品牌有 Epson、Fuji、Konica Minolta、Kyocera、Panasonic、Ricoh、Toshiba、Xaar 等等，各具有不同規格如適用材質 (如水性或非水性)、解析度、噴孔數、可噴印寬度、噴印頻率與致動方式等，市面上常見的工業用噴頭規格比較如表 6-2 所示，可根據材料與解析度需求進行選用。

表 6-2　市面上常見的工業用噴頭規格比較

名稱	Ricoh 4 MH2420	Ricoh 5 MH5440	Ricoh 6 MH5340	Fuji Sapphire SG1024/MC	Kyocera KJ4A-TA
噴頭尺寸	63(W)×16.2(D)×62.4(H) mm	89(W)×24.51(D)×69(H) mm	89(W)×24.51(D)×66.3(H) mm	126(W)×40(D)×150(H) mm	200(W)×25(D)×57.9(H) mm
噴嘴數量／解析度	384 (192×2 channels) /300 dpi	1280 (320×4 channels) /600 dpi	1280 (320×4 channels) /600 dpi	1024 (512×2 channels) /400 dpi	2656/600 dpi
列印寬度	32.5 mm	54.1 mm	54.1 mm	64.96 mm	108.25 mm
液滴量	7-35 pl	7-35 pl	5-15 pl	20-30 pl	6-14 pl
灰階	4 levels	4 levels	4 levels	v	4 levels
最大噴印頻率	30 kHz	30 kHz	50 kHz	35 kHz	20 kHz
墨水總類	UV, Solvent, Aqueous, Others	UV, Solvent, Aqueous, Others.	UV, Solvent, Aqueous, Others.	Oil based inks (8-20 cp)#1	UV

資訊來源：#1：https://asset.fujifilm.com/www/us/files/2020-05/21bb54484910e4cb129a8253e8906168/PDS00116.pdf

#2：https://global.kyocera.com/prdct/printing-devices/inkjet-printheads/

一般噴頭具有多排並列設計，即使單噴頭亦可以同時噴印兩種以上材料，讓噴頭的應用更有彈性。如圖 6-11 中，Ricoh Gen4L MH2620 單一噴頭中即有奇數排及偶數排，同排中孔與孔間距為 0.3387mm (75 DPI)，不同排中孔與孔間距為 0.1693 mm(150 DPI)，每排各有 192 個交錯噴孔，單個噴孔的噴墨量為 15 ～ 45 pl，最大可噴印寬度為 64.9 mm (383*0.1693 = 64.9 mm)。奇數排及偶數排既可以合併使用 (約 150 DPI)，亦可分別使用不同材料 (含支撐材) 或不同顏色材料進行噴印與控制 (約 75 DPI)。

(a) 外型尺寸

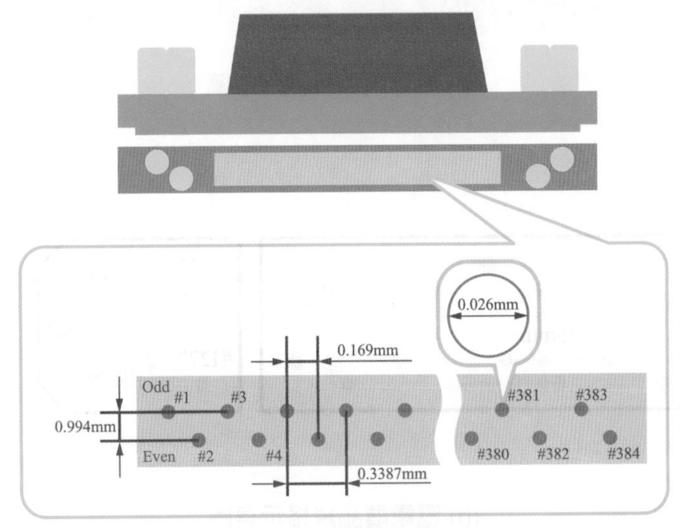

(b) 噴孔大小與間距示意圖

圖 6-11　Ricoh Gen4L MH2620 壓電噴頭規格 [來源：Ricoh]

當然如使用較高解析度之壓電式噴頭像 Ricoh-Gen5 MH5420 (兩色)/5440 (4 色) 如圖 6-12 所示，噴頭共有四排互相交錯的噴孔，每排共有 320 個噴孔，四排共有 1280 個噴孔。透過流道設計，單噴頭可提供兩種總材料 (兩色) 或四種總材料 (4 色) 使用。同排中孔與孔間距為 0.1693 mm(約 150 DPI)；其不同排之交錯孔間距為 0.0423 mm(約 600 DPI)；四排中相近的兩排之間距為 0.55 mm；Ricoh-Gen5 單個噴孔的噴墨量為 7 ～ 35 pl，最大噴印頻率 30 kHz，最大可噴印寬度為 54.1 mm (1279*0.0423 = 54.1 mm) 之圖像，且直接噴印圖像解析度最高可達 600 DPI，即可簡化壓電噴頭平移之運動控制。

2019 年 Ricoh 推出 Gen6 壓電噴頭 MH5320(兩色)/5340(4 色) 系列，噴孔數一樣為 1280(320×4 排)，解析度可達 600 DPI，但液滴量最小化可到 5 pl，且比 Gen5 具有更高速噴印速率 (50 kHz)。同時 Epson 也發表工業等級高解析度壓電式噴頭 L1440 系列，解析度達 1440 DPI。

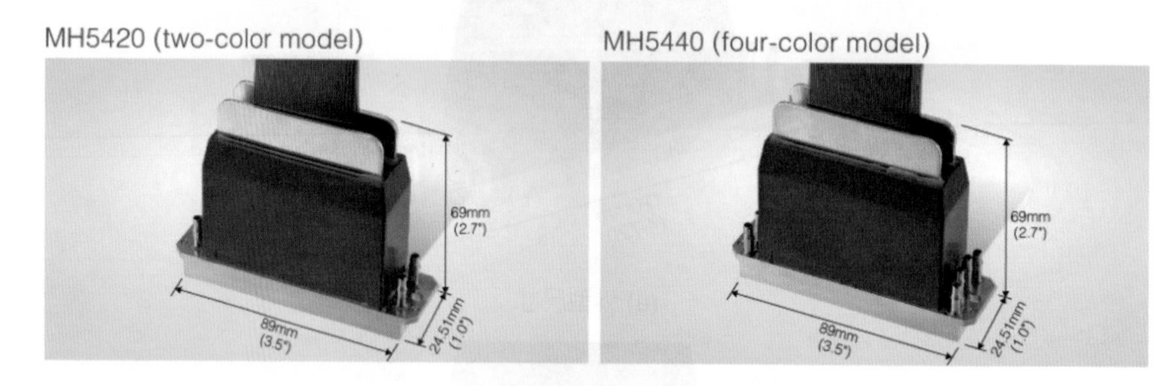

(a) 壓電噴頭外觀尺寸圖

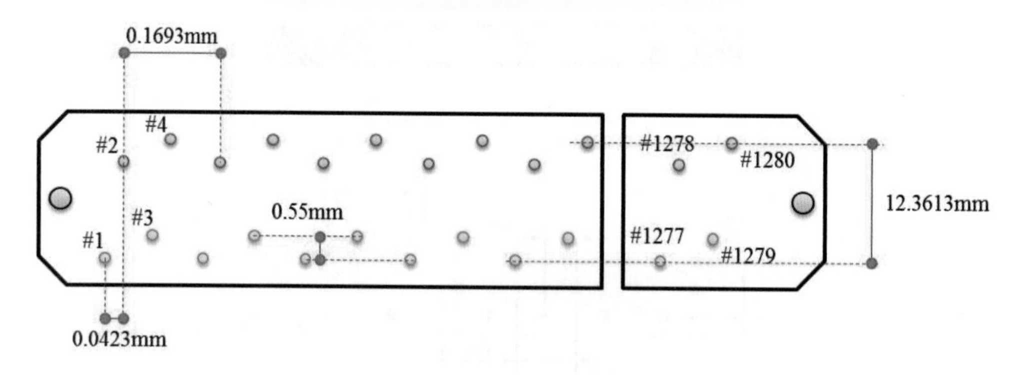

(b) 壓電噴孔規格示意圖

圖 6-12　Ricoh Gen5 MH5420/MH5440 壓電噴頭規格 [來源：Ricoh]

6-4-3　壓電噴頭驅動與列印控制

壓電噴頭驅動卡為驅動壓電噴頭噴印之重要裝置，除有原廠提供之驅動與控制方案，亦有專門為市售壓電噴頭提供噴頭驅動與控制裝置，甚至軟體整合服務之專業廠商，如 TTP Meteor 公司的噴頭驅動卡 (Head Driver Card, HDC) 可以做為壓電噴頭與列印控制卡 (PCC) 整合控制之間的重要橋梁，其與主控系統是利用 Ethernet 網路線做通訊與傳遞資料。若以 Ricoh 公司的 Gen4 L 系列壓電壓電噴頭為例，1 張壓電噴頭驅動卡 (HDC) 可同時驅動 2 個壓電壓電噴頭，TTP 之噴頭驅

動卡 (HDC) 如圖 6-13 所示，本驅動卡亦提供通用輸出入 (GPIO) 及加熱功能 (PL5)。壓電噴頭驅動卡則由列印噴頭控制系統配合機構進行壓電噴頭驅動命令傳輸，通常以串列網路 (Ethernet) 作爲連結如 SK5。

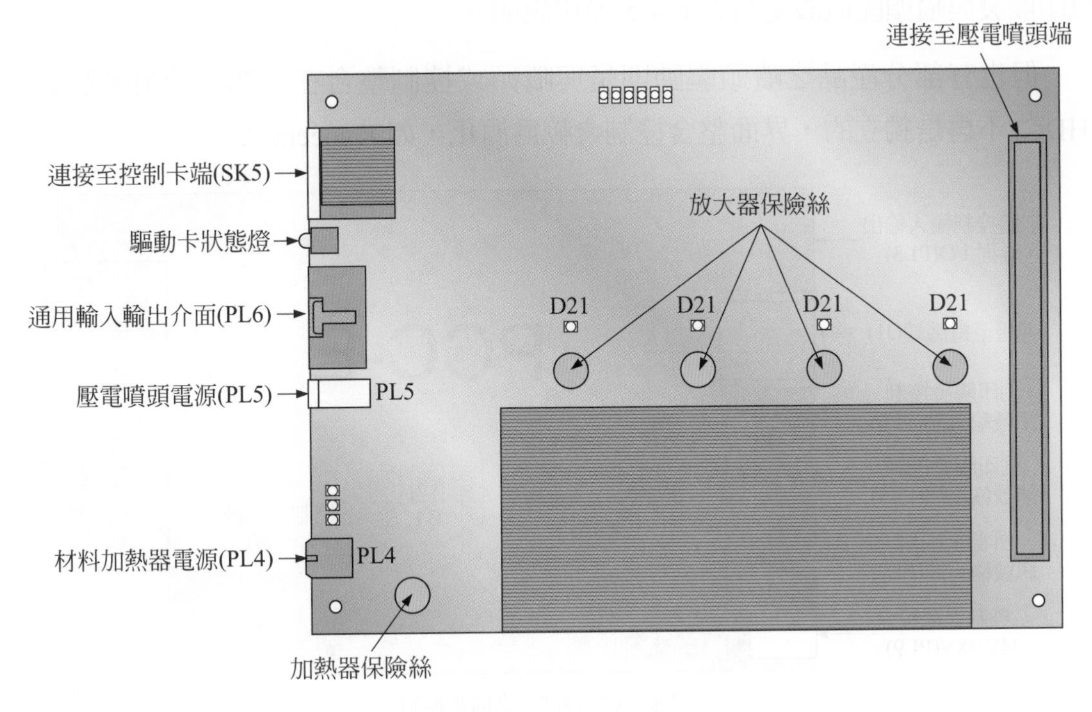

圖 6-13　壓電噴頭驅動卡 (HDC) 來源：TTP Meteor

3D 列印噴頭控制系統中，壓電噴頭控制卡亦爲壓電噴頭噴印控制之重要裝置，以 TTP Meteor 公司的列印控制卡 (Print Controller Card, PCC) 爲例，此列印控制卡 (PCC) 可以做爲單個或多個壓電噴頭之同步控制用途，此列印控制卡 (PCC) 利用 Ethernet 網路線與主控制電腦做通訊與資料的溝通，1 張列印控制卡 (PCC) 可同時連接最多 8 張噴頭驅動卡 (HDC)，列印控制卡 (PCC) 如圖 6-14 所示。其可選擇三種模式進行控制噴頭噴印，包括

(1) 預載模式 (Preload Mode)

(2) 先進先出模式 (FIFO Mode)

(3) 掃描模式 (Scan Mode)

通常可採用掃描模式 (Scan Mode) 的方式進行掃描列印，在此模式下是透過 Y 軸的載台在做線性移動時，由所裝設的迴授訊號如光學尺 (Linear Scale) 觸發列印控制卡 (PCC)，可使各個噴頭噴孔在圖檔對應的位子上正確噴印，至於其同步噴印觸發與噴頭配置設定將在 6-4-5 節中說明。

但也有部分產品之噴頭驅動則是與噴頭或控制整合在一起，即噴頭驅動卡 (HDC) 不再是獨立的，界面整合控制會較爲簡化，如 Kyocera 等。

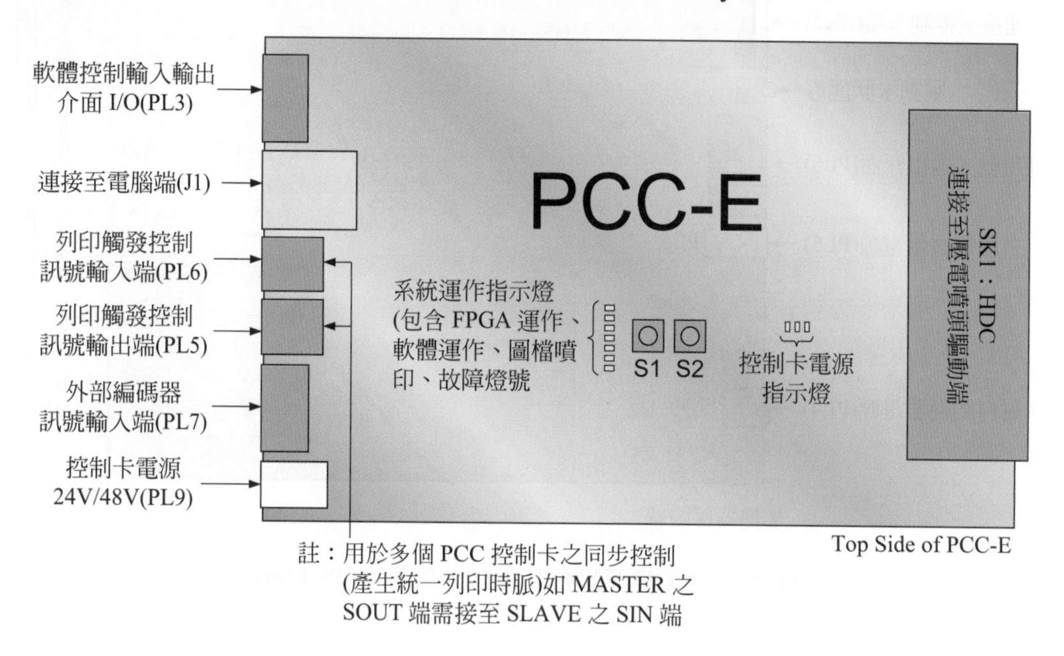

圖 6-14　列印控制卡 (PCC) 來源：TTP Meteor

6-4-4　列印模式規劃與控制

高解析度壓電式噴頭因噴孔數設計，每噴頭可噴印之有效寬度有限，通常圖像尺寸可能大得多，列印模式規劃與控制可區分爲掃描列印模式、頁寬列印模式軸機構與複合列印模式。

(1) 掃描列印模式 (Scanning Mode)：需進行影像分割與 X-Y 掃描控制，使用噴頭少，較省成本，但較費時，如圖 6-15(a) 所示。傳統 2D 印表機大都採用這種模式，皆控制 X-Y 軸。

(2) 頁寬列印模式 (Page-wide Mode, One Pass Mode)：使用多噴頭並聯組合成較寬列印尺寸，以涵蓋單邊列印尺寸，可減少一次之掃描 (如 X 軸)，影像分割與控制較簡單、較省時，但多噴頭成本較高，並需進行噴頭重疊設定與定位校正，如圖 6-15(b) 所示。

(3) 複合列印模式 (Hybrid Mode)：使用多噴頭串聯組合成較寬列印尺寸，但仍無法涵蓋單邊列印尺寸，仍需進行部分影像分割與 X-Y 掃描控制。尤其在多材料或多色列印需求下，使用多噴頭串聯與並聯組合的情形會更加無法避免，設計時尚需考慮空間之安排與限制等。

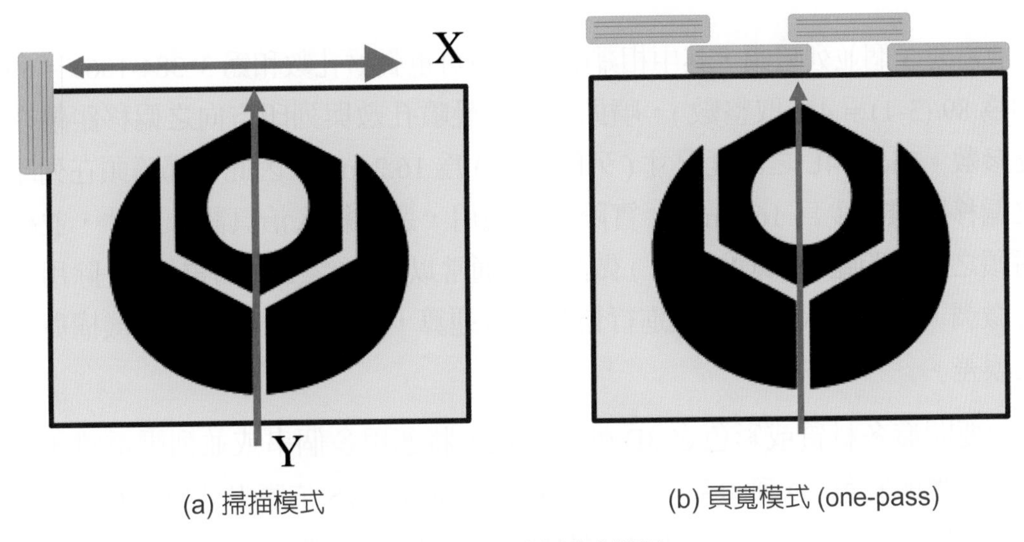

圖 6-15　列印模式規劃

而在列印尺寸規劃方面，若使用單一壓電式噴頭，受限於噴頭大小，大尺寸列印需採用 XY 二維平面掃描方式才能達成。如採用多壓電式噴頭並聯方式即可減少掃描時間，數量可根據每次列印寬度需求與噴頭寬度計算得知，但需要進行噴頭配置設定如重疊區域、前後間隔與圖檔之分割處理，如圖 6-16 所示。

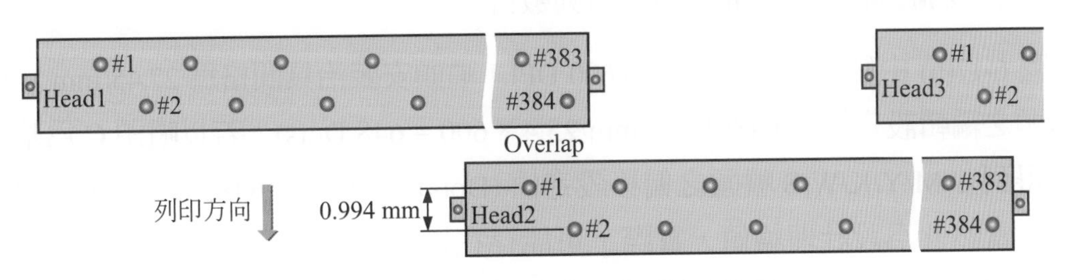

圖 6-16　多壓電式噴頭並聯架構示意圖

如以 Ricoh 4L MH2620 爲例 (噴孔數 Dn = 384、噴孔間距 150 DPI)，其有效列印寬度爲 Wh = 383/150DPI*25.4 = 64.9 mm，若希望噴印寬度 Wp 爲 180 mm 之頁寬式，則頁寬需噴孔數 Dp，如式 (6-1) 所示。

Dp = Wp/25.4*DPI = 180 mm/25.4 mm* 150 = 1063 .... (式 6-1)

則需要並列噴頭數 Nh，如式 (6-2) 所示。

Nh= Dp/Dn = 1063/384 = 2.77 (無條件進位取整數 3) .... (式 6-2)

故需要 3 個並列噴頭，其中相鄰噴頭最多可重疊噴孔數和爲 3*384-1063 = 89，平均爲 89/(3-1) = 44(取整數)，噴頭間之重疊噴孔數與列印方向之偏移距離亦爲重要參數。Ricoh 4L 之深度尺寸 (列印方向) 爲 16.2 mm，因此相鄰噴頭在列印方向之偏移距離最少爲 16.2 mm。實際列印應用，還要納入治具設計尺寸，並根據各噴頭之偏移距離 (X 與 Y 方向) 做設定 (通常以 DDI 之 Dot 爲單位)。除用手動進行微調，亦可導入影像處理進行自動對位運算，將更有效率的克服機構與安裝上之誤差。

如要開發多材質或彩色之 3D 列印系統，將運用多個串或並列壓電噴頭，若以單列六噴頭彩色 3D 列印系統爲例，各噴頭 CMYKWS 依序串列如圖 6-17 所示。噴頭列印解析度 DPI(Dots Per Inch) 與其安裝治具間格即噴頭安裝各噴頭偏移距離均爲已知，則各噴頭之初始偏移設定值 Hoffset_i(Dots)，即可由式 (6-3) 得知

Hoffset_t(Dot)=Head_Distance_i(inch)×Print_Resolution(DPI) ; i =1 ～ n
.... (式 6-3)

其中 i 爲噴頭 1 ～ n，n 爲噴頭串列數目。

圖 6-17(b) 中噴頭列印解析度爲 600 DPI，噴頭安裝治具間格爲 27.45 mm，則次一噴頭之編輯設定值爲 648(27.45 mm/25.4×600 = 648 Dots)。若以噴頭 C 爲基準，因此得到 C/M/Y/K/W/S 噴頭之偏移設定值 (Dots) 分別爲 0, 648, 1297, 1945, 2594, 3242。當然此爲設計理論值，實際上可能存在機構與安裝上之誤差，除了可根據實際列印對位結果用手動進行微調，亦可導入影像處理進行自動對位運算，將更有效率的克服機構與安裝上之誤差。

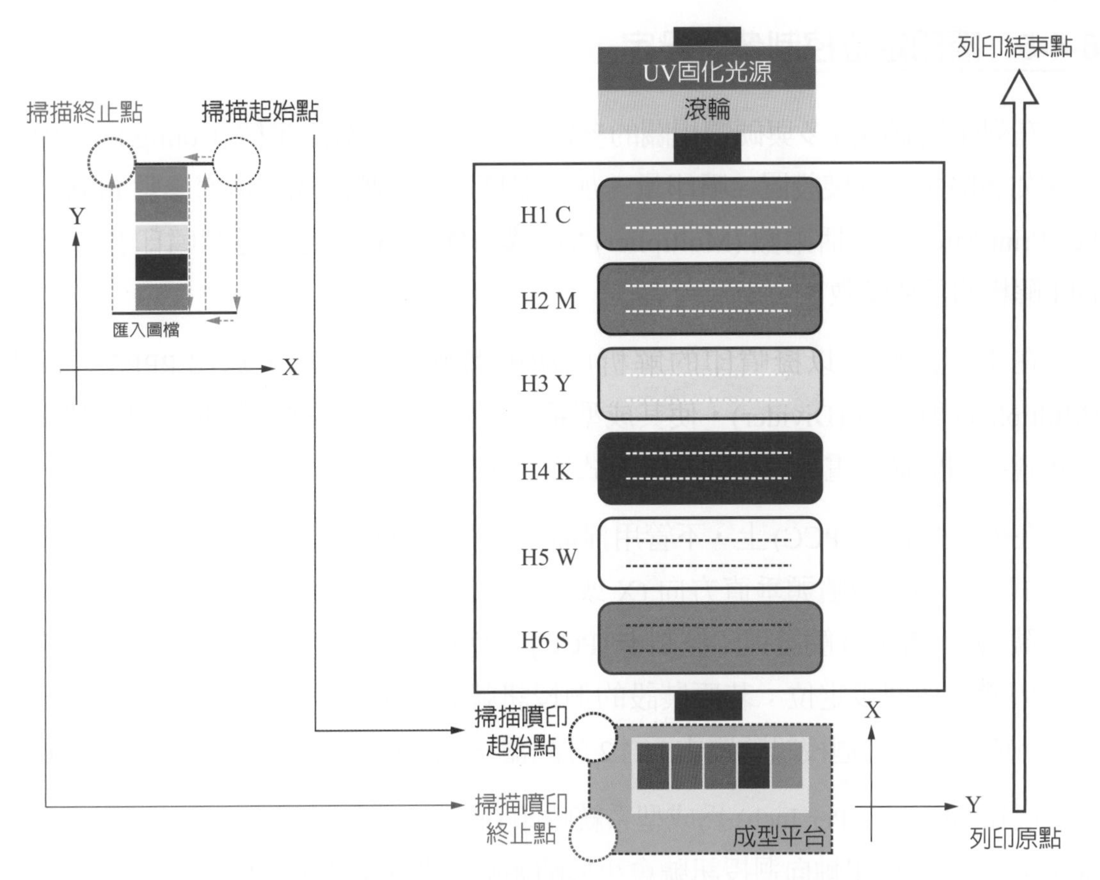

(a) 噴頭配置 (固定於龍門上) 與成型台移動示意

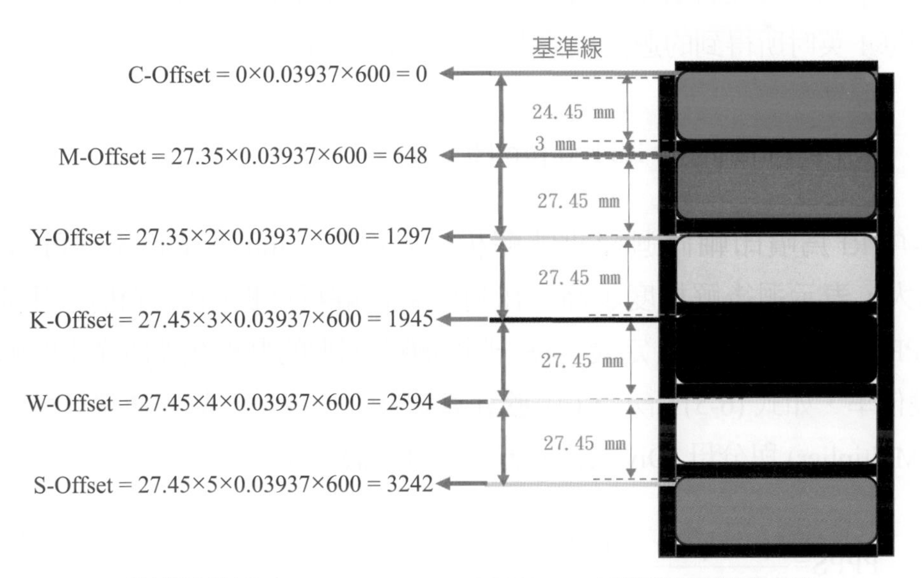

(b) 噴頭治具尺寸 (1/25.4 mm = 0.03937 mm) 與初始偏移設定值

圖 6-17　串列式多噴頭配置與治具尺寸

6-4-5 噴印定位控制參數設定

在列印控制時許多與硬體相關的參數，需在軟體參數設定檔 (Config File) 中，設定如各噴頭之安裝設置、噴印量、加熱溫度等，而噴印觸發倍率參數 PPPS(PPI Per Print Stroke) 包括乘數 (Multiplier) 與除數 (Divider)，更爲控制噴印實際尺寸 DPI 解析的重要參數。

在本小節中將以擬噴印的解析度與硬體回授解析度，算出 PPPS 之乘數 (Multiplier) 與除數 (Divider)，使其成型系統在噴印時可以維持精準噴印，其與伺服馬達控制機構之電子齒輪比設定方式極爲類似。

在列印控制卡 (PCC) 上，不管用掃描模式 (Scan Mode) 或頁寬方式進行噴印，其模式下是透過與噴頭垂直方向 (X 或 Y 軸) 作相對線性移動時，由所裝設的迴授訊號 (如光學尺) 觸發列印控制卡 (PCC)，使噴頭能在對應的軸向定位上正確噴印，因此需作同步定位；若原裝設的迴授訊號 (如伺服馬達) 已被使用，可另裝設 1 組或以原有的迴授訊號經由 1 對 2 分配器 (Splitter)，再接至列印控制卡 (PCC)。

已知 DPI(Dots Per Inch) 爲成型系統噴印 (圖像) 的解析度 (如 150, 300, 400 或 600 等)，通常噴印軸向迴授訊號會小於噴頭噴印間距 (即 1/DPI，如 300 DPI，間距約 84.7 μm)。首先將噴印進給軸向迴授訊號 PPI (Pulses Per Inch) 定義爲噴印軸向移動每 1 英吋所得到的迴授訊號數，如式 (6-4) 所示。

$$PPI = 1\ inch/Rf = 25400\ \mu m/Rf\ \mu m \quad \text{(式 6-4)}$$

其中 Rf 爲噴印軸向迴授訊號解析度 (通常以 μm 爲單位)，PPI 取整數，PPI 越大，表示迴後解析度越高。在列印關係解析度與噴頭解析度相同下，而 PPPS(PPI Per Print Stroke) 定義爲每一噴印觸發週期的迴授訊號所產生的脈衝數或稱觸發倍率，如式 (6-5) 所示，(由於計算結果不一定是整數，通常以最簡分數之分子 (Multiplier) 與分母 (Divider) 的方式來進行設定)。

$$PPPS=\frac{Multriplier}{Divider}=\frac{PPI}{DPI} \quad \text{(式 6-5)}$$

其中分子乘數 (Multiplier) 與分母除數 (Divider) 經簡化後均須爲整數。

例如有一 3D 列印成型系統，其列印的解析度在 DPI = 600 之噴印需求下，且噴印軸向的迴授訊號解析度 Rf 爲 1 μm，列印圖像解析度與噴頭解析度相同下，而 PPI 如式 (6-6) 所示。

$$PPI = 25400\ \mu m/Rf\ \mu m = 25400/1 = 25400 \quad \text{(式 6-6)}$$

則經簡化後可求得噴印觸發倍率參數 PPPS，如式 (6-7) 所示。

$$PPPS=\frac{Multriplier}{Divider}=\frac{25400}{600}=\frac{127}{3} \quad \text{(式 6-7)}$$

上式可得 PPPS 約爲 42.3，表示噴印軸向迴授約每回授 42.3 Pulses，需進行一次之同步噴印觸發；故噴印觸發倍率參數 PPPS 分數之分子 (Multiplier) 應設爲 127 與分母 (Divider) 應設爲 3。

當然表列印圖像解析度想高於噴印頭解析度，除須以機構式掃描，並調降噴印觸發倍率，以提升實際列印解析度。

6-5 單一材料噴印式 3D 列印應用

本節將介紹以運用單個或多個並串列壓電噴頭，開發單材質或多材質之 3D 列印系統，通常應用壓電型材料噴印之 3D 列印系統可採用 PC-Based 控制系統，採用 PC-Based 的組織架構有下列幾項特點：

(1) 使用者可依實際需求選擇適當的軸數，不必更換主硬體板，符合彈性的需求。

(2) 四軸控制卡可搭配一般步進馬達及伺服馬達，提供 3D 列印各軸高速的脈衝輸出。

(3) 透過四軸控制卡的軟體驅動程式，具備達成精密系統所需的同動控制特性。

(4) 可額外選用 PC 相容之擴充 I/O 卡，以增加系統之外部整合功能。

(5) 提供 3D 列印之 3D 模型載入、顯示、切層、圖檔處理、模擬、列印控制等。

壓電型材料噴印式 3D 列印控制系統主要可以分成壓電噴頭控制、機台軸向與週邊控制等兩大部分：

(1) 壓電噴頭控制：噴印模組爲 3D 列印系統關鍵核心開發技術之一，透過壓電噴頭控制板、驅動板進行驅動與訊號控制，壓電噴頭模組主要藉由乙太網路 (Ethernet) 來與 PC-Based 控制電腦聯繫，如在多噴頭噴印模組中，一台電腦可分別給予不同 IP 位址，連接數個列印控制卡 (PCC)，而一個列印控制卡 (PCC) 可控制多個壓電噴頭驅動卡 (HDC)，一個壓電噴頭驅動卡 (HDC) 可驅動 1 個或多個壓電噴頭。

(2) 機台軸向與週邊控制：透過運動控制軸卡，將電腦的數位命令透過數位／類比轉換器 (Digital/Analog Converter)，送出相對應的訊號來實現機台軸向定位控制，平台移動軸並將光學尺或編碼器 (Encoder) 訊號回傳至壓電噴頭控制系統來觸發壓電噴頭；Z 軸升降定位作爲 3D 堆疊用途。週邊輔助裝置如固化光源、供料系統與滾平機構控制等。

3D 模型經切層後之圖檔處理，可採用先進先出模式 (FIFO, First In First Out) 方法依序儲存至控制板並進行圖檔處理，以進行噴印。採用壓電噴頭進行單材單色材料噴印之 3D 列印控制系統架構如圖 6-18(a)，列印 Y 軸的迴授訊號透過分配器迴授到原運動控制卡及噴頭控制卡，以壓電式單噴頭光固化 3D 列印樣品如圖 6-18(b)，當然如須異質支撐結構，則需要另一噴頭與較易除之支撐材料，以方便列印完成後之處理。

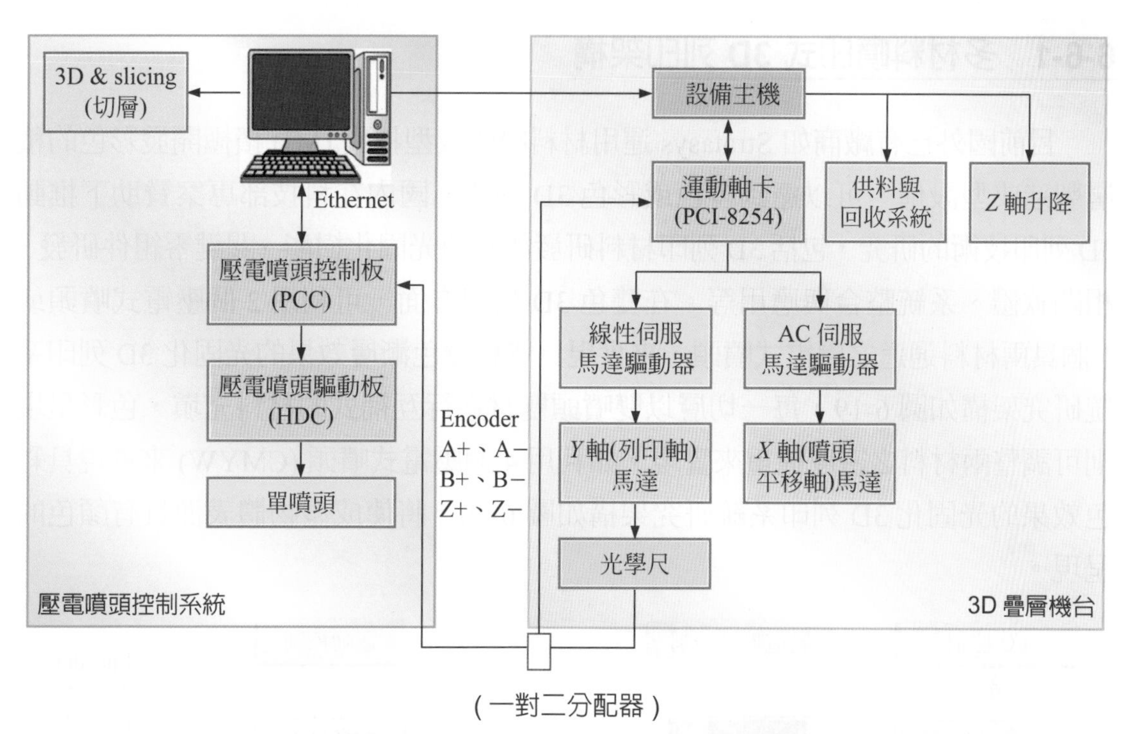

圖 6-18(a) 以單壓電噴頭光固化式 3D 列印系統架構 [臺灣科技大學 & 科技部]

圖 6-18(b) 以單壓電式噴頭光固化 3D 列印樣品 [臺灣科技大學 & 科技部]

6-6 多材料噴印式 3D 列印與彩色應用

本節將介紹以運用多個串列壓電噴頭開發多材質或彩色 3D 列印系統，包括彩色 3D 列印架構，壓電噴頭之噴印製程規劃，軸向運動控制、週邊輔助裝置如固化光源、供料系統與滾平機構控制等、及人機控制介面發展等分述如下。

6-6-1 多材料噴印式 3D 列印架構

目前國外已有廠商如 Stratasys 運用材料噴印成型技術 (MJ) 積極開發彩色的積層製造成型設備，可以達到多色或彩色 3D 列印。國內在科技部專案贊助下推動 3D 列印技術的研究，包括 3D 列印材料研發如彩色光固化樹酯、關鍵零組件研發、相關軟體、系統整合與應用等。在雙色 3D 列印方面，可利用 2 個壓電式噴頭或 1 個具兩材料通道之壓電式噴頭，來實現具雙材雙色漸層效果的光固化 3D 列印系統研究架構如圖 6-19，每一切層以雙噴頭雙材進行互補式的材料充填，色彩呈現則可調整兩材料之密度權重來實現。如利用 4 個壓電式噴頭 (CMYW) 來實現具彩色效果的光固化 3D 列印系統研究架構如圖 6-20，將使成型物體表面具有顏色的呈現。

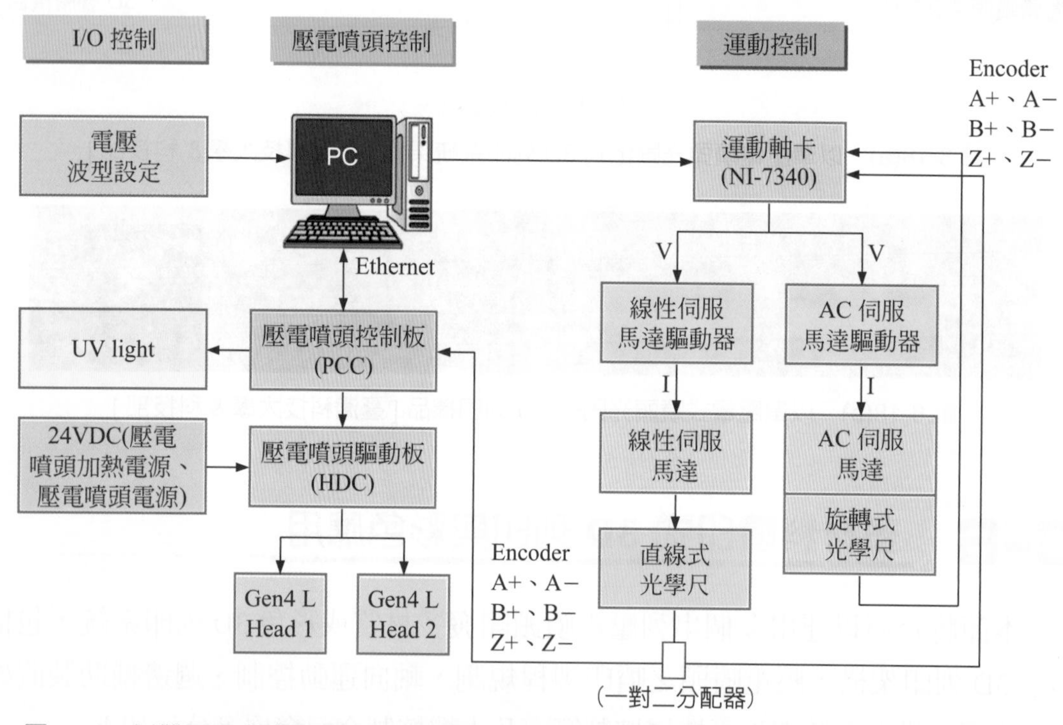

圖 6-19 以雙壓電式噴頭實現雙色漸層光固化 3D 列印系統架構 [臺灣科技大學 & 科技部]

與單色 3D 列印系統一樣可使用 PC-Based 控制器，控制系統主要有幾大部分包括 (1) 切層與人機界面、(2) 軸向運動控制系統、(3) 壓電噴頭控制模組、(4) 光固化製程輔助裝置，運用光固化材料與壓電噴印成型技術。成型系統採用具 X 軸、Z 軸的龍門式架構來做為軸向運動控制系統架構，並將壓電噴頭控制模組架設在龍門機構上，及一個 Y 軸成型載台。當成型平台移動並通過壓電噴頭模組時，壓電噴頭依據對應該成型面圖像來做選擇性的噴印，而在龍門式機構的後方具有一個紫外光照區域用來固化每層所噴印之墨滴材料。其成型系統目標解析度爲 300DPI，並具有多色彩的呈現，一個具 4 壓電噴墨的彩色 3D 列印系統架構如圖 6-20 所示，一個 GEN4 壓電噴頭驅動板 (HDC) 可以控制兩個 GEN4 MH2620 壓電噴頭。

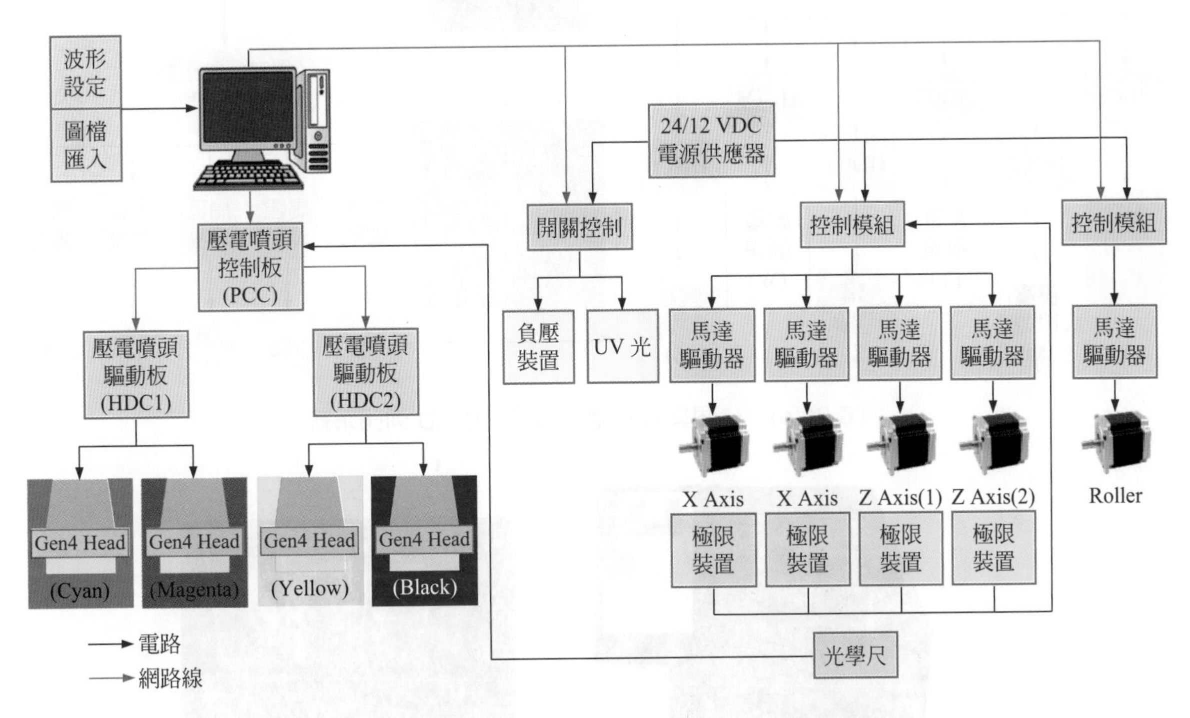

圖 6-20　一個具 4 壓電噴頭的彩色 3D 列印系統架構 [臺灣科技大學 & 科技部]

當增加白色材料與支撐材後，並且採用 600DPI 解析度之 GEN5 MH5420 壓電噴頭，一個 GEN5 壓電噴頭驅動板可以控制一個 GEN5 壓電噴頭，故需要 6 個壓電噴頭驅動板。一個具 6 壓電噴頭 (C/M/Y/K/W/S) 的彩色 3D 列印系統架構如圖 6-21(a) 所示，其雛型如圖 6-21(b) 所示，右側成型台上方爲一龍門機構，採用適當治具分別固定六個 HDC、六個串列噴頭與供料裝置，還有 UV 光源及滾平機構等。

本架構納入白色材可以讓 C/M/Y 等半透明材質混色後，具有更好顏色呈現，如同 2D 彩色列印在白色紙上的效果。而加入支撐材設計，系統可以有更複雜 3D 物件列印功能。

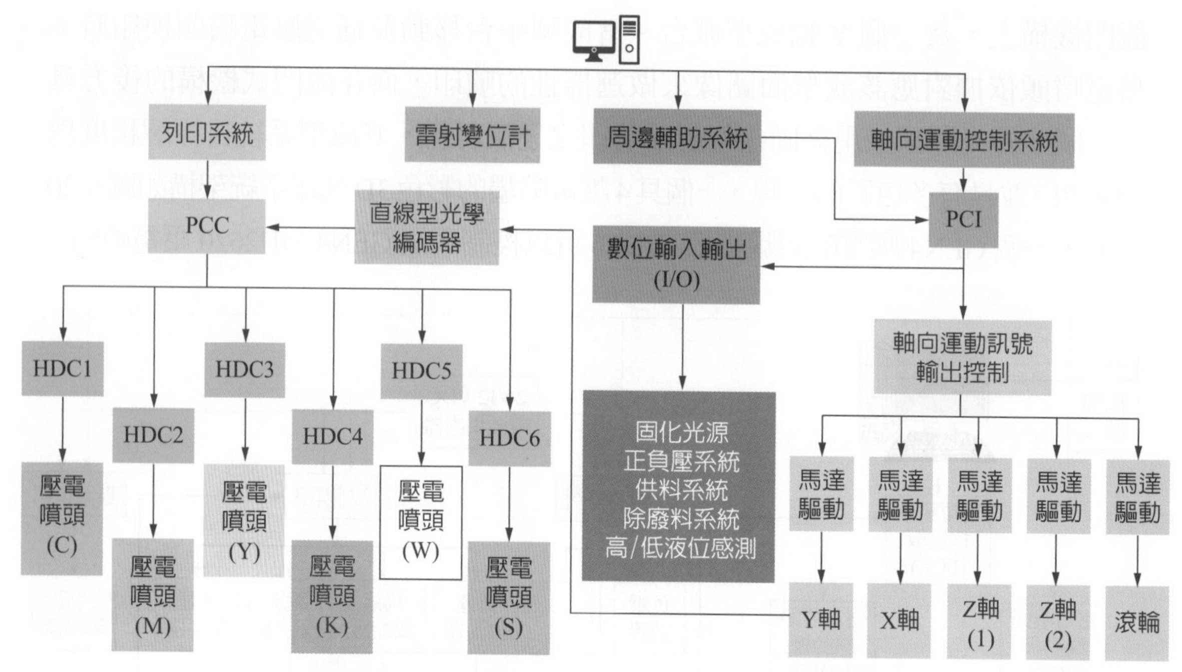

圖 6-21(a)　一個具 6 壓電噴頭的彩色 3D 列印系統

圖 6-21(b)　雛型機台與內觀 [臺灣科技大學 & 科技部積層製造專案成果]

6-6-2 壓電噴頭噴印規劃

在彩色 3D 列印製程技術上，成型的噴印解析度若以 300 DPI 爲主要的成型解析度，但若所使用解析度爲 150 DPI 的壓電噴頭，其噴孔距離爲 0.169 mm (25.4 mm/150)，因此如在墨滴大小在 80 μm ～ 100 μm 的情形下，利用此解析度爲 150 DPI 噴孔距離所噴印出來的點陣，並無法填滿整個列印層。因此在墨滴大小沒有改變的情形下，如進行一個 2 分割像素 (即 0.0845 mm) 的移動，利用噴頭的移動來補足噴孔距離間的縫隙，即可達到解析度 300 DPI (即噴印距離爲 0.0845 mm) 平面的噴印，其像素位移前的噴印示意圖如圖 6-22(a) 所示，像素位移後的噴印示意圖如圖 6-22(b) 所示。

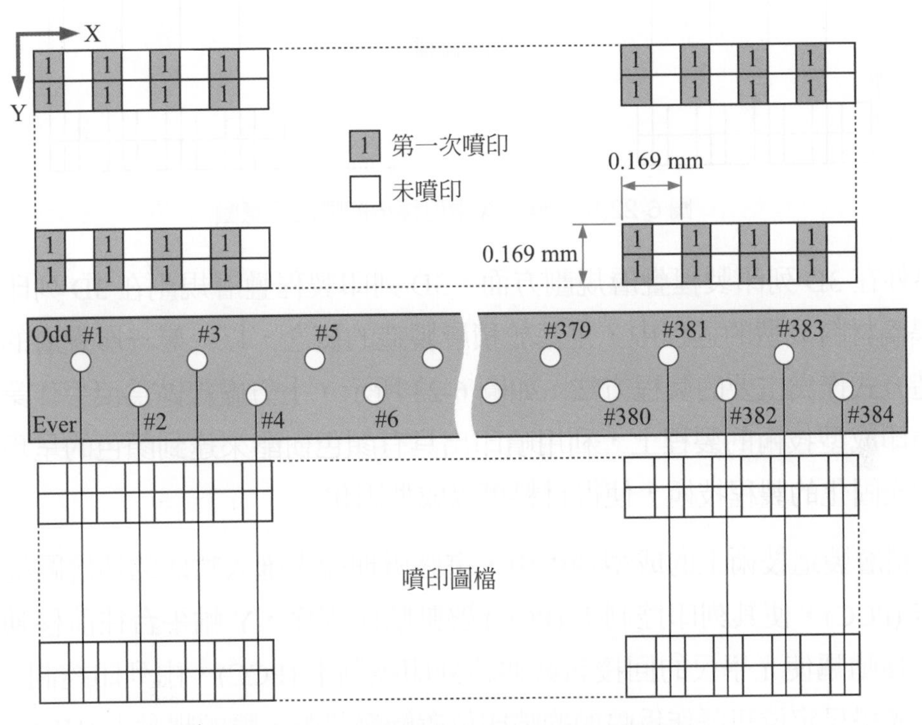

圖 6-22(a) 噴頭像素位移前的噴印示意圖

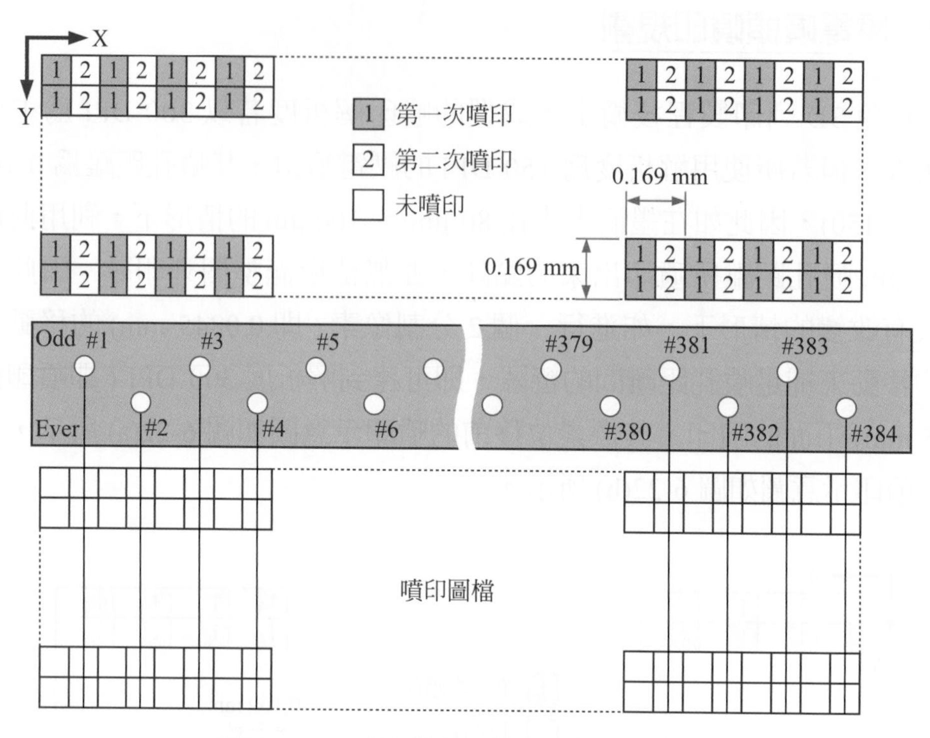

圖 6-22(b)　噴頭像素位移後的噴印示意圖

另外在 3D 列印製程疊層規劃方面，3D 列印製程疊層規劃在 3D 列印製程技術的墨滴材料成型的過程中，是基於積層製造的概念，以一層一層疊層的重複疊層製造方式作爲主要的製程方法，如圖 6-23 所示，上方虛線區爲滾平作業區。在材料噴印成型技術的製程上，利用噴印出具有顏色樹酯來達到顏色的呈現，並同時經由光固化的製程技術，使得材料可以成型固化。

在積層製造技術上的成型過程中，電腦處理端上匯入噴印的切層圖檔給列印控制卡 (PCC)，使其列印控制卡 (PCC) 啓動噴印程序，Y 軸平台往前移動，利用平台的移動驅使光學尺的回授訊號傳給列印控制卡 (PCC)，由列印控制卡 (PCC) 收到的光學尺定位訊號作爲噴頭的噴印位置觸發訊號，噴頭驅動卡 (HDC) 驅使噴頭噴印，藉此使得噴印完成每一層平面的成型。Y 軸平台往復運動，再接續的噴印程序上，可以藉由成型平面第一層噴印後的基準平面，使得成型墨滴接續的噴印成型在第一層的基準面上方，並依序的接收新的切層圖檔，持續噴印疊層，來達到材料噴印成型技術的實踐。

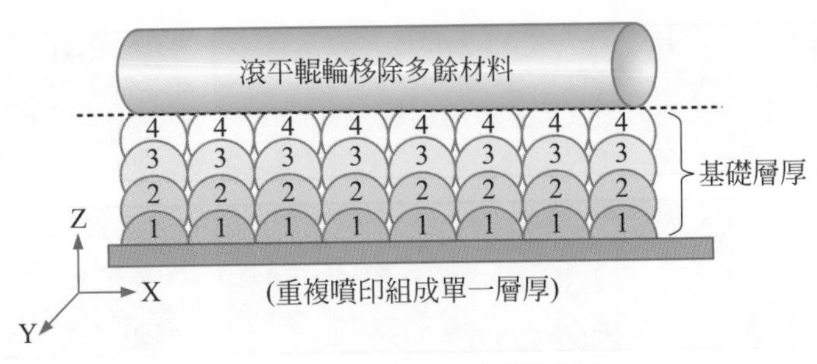

圖 6-23　重疊式疊層示意圖

爲了在光固化製程中，有更完善的樹脂合併的方式來得到較無空隙的成型平面與較佳的成品，可使用交錯式疊層的製程方法，在噴印技術完成一個成型平面後，噴頭的噴孔在 X 方向上移至兩個成型的墨滴中間，使其在下一個平面的成型中可以使得墨滴材料可以噴印在第 1 層成型平面的每一行與每一行中間，如圖 6-24 所示，上方虛線區爲滾平作業區。因在噴印過程中，噴出的成型墨滴大小若因電壓不穩、氣體流場或噴頭狀況不佳等問題，而不能使成型墨滴控制在 300 DPI 的墨滴大小，而在成型平面上就會有空隙與線條產生。利用此方法亦可改善墨滴成型大小不穩定的問題，因爲噴印成型的墨滴可以覆蓋在每一行與每一行中間，讓成型平面中無法由噴印的過程所不能鋪滿的平面可以完整鋪平，達到較完整平面的呈現。

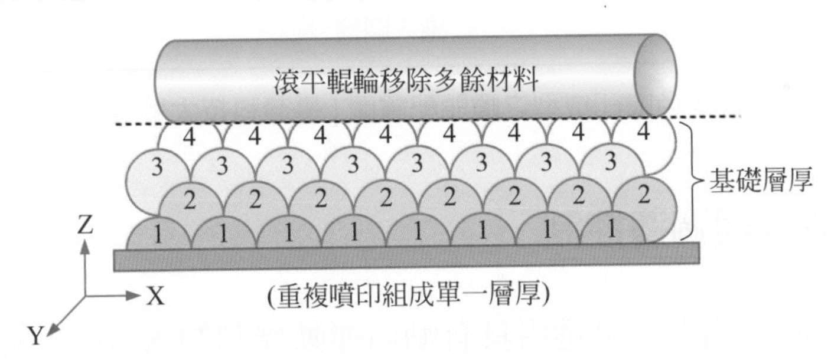

圖 6-24　交錯式疊層示意圖

在材料噴印成型技術製程技術上，可以 4 個以上噴頭實踐彩色 3D 列印成型，多顏色噴印頭可採用串列配置方式，其 4 個噴頭分別使用於色彩三原色 (青色 Cyan、洋紅色 Magenta、黃色 Yellow) 與白色 (White) 之光敏樹酯材料，其噴頭串列配置方式與列印方式如圖 6-25 所示。如需其他顏色如黑色或透明材、甚至支撐材皆可以作替換，或再串到更多的噴頭，當然每層圖檔的處理與對位控制將會更加複雜，如在 6-4-4 節所述與圖 6-17 所示之噴頭配置校正問題。另外就是彩色圖檔的分色處理，則需依據色彩理論對 C、M、Y 三原色進行圖檔分割，再分別由不同噴頭進行整合列印。

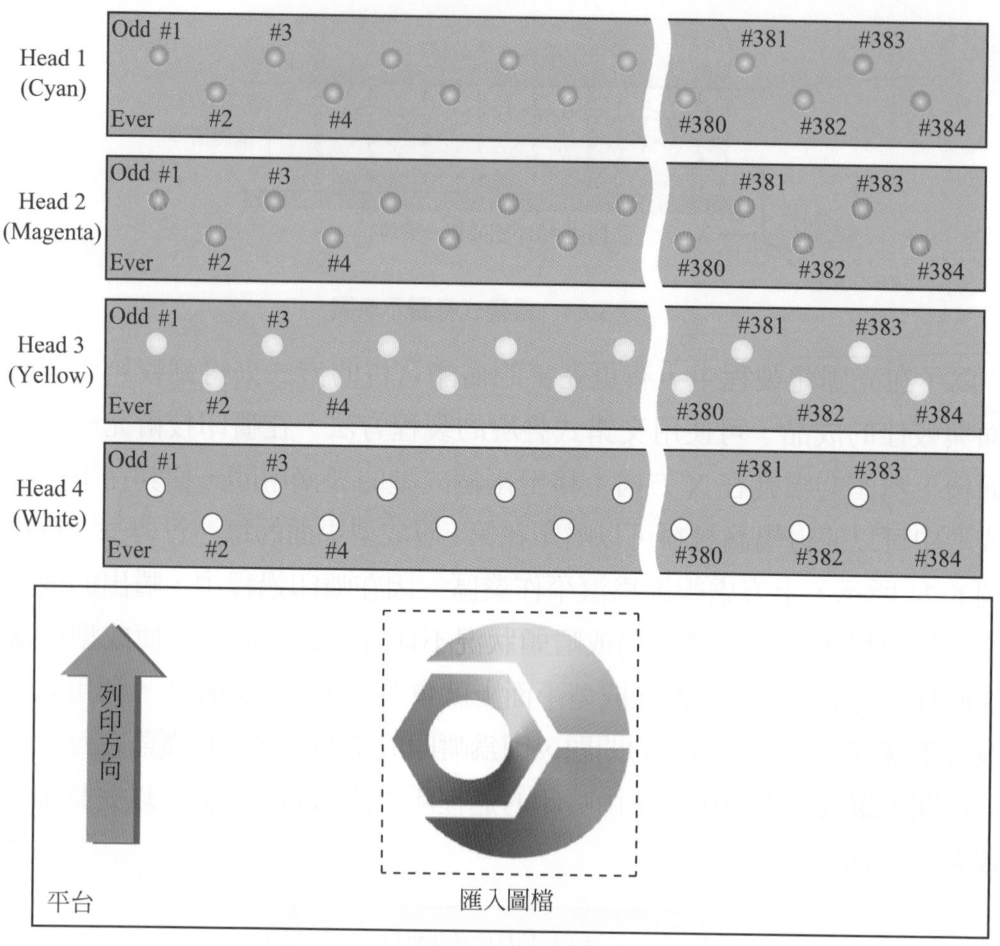

圖 6-25　4 色噴印成型之噴頭配置圖 [臺灣科技大學 & 科技部]

6-6-3　運動軸向與週邊控制

在成型系統的機構上，可選用具有軸向運動控制的 X 軸、Y 軸、Z 軸的架構如龍門式，其中 X 軸與 Z 軸供噴頭移動使用，而 Y 軸置於噴頭下方爲直線式貫通軸，主要應用於 3D 成型物體之載台作直線方向往復移動，可採用步進馬達或伺服馬達，且必須有 Y 軸位置迴授訊號供噴頭控制參考。

在軸向運動控制實作上，爲了可達到與成型設備硬體上的快速通訊及反應的需求下，可選用「高速通訊型 PCI 介面 6 軸 12 站運動控制卡」系列的「PCI-DMC-F01」介面卡與 I/O 控制模組 (來源：台達電子)，作爲軸向控制單元。DMCNET 運動控制軸卡提供了高機能多軸擴充功能，可在 1ms 內同時操控多軸同動的伺服驅動器。不僅在裝配容易、穩定性佳、更具擴充彈性，亦能達到高速高精度的應用。此外也可考慮 EtherCAT 分散式控制架構，其具高傳輸速度與高同步性優點，且設備安裝佈線、擴充和維修上均具彈性，因此分散式控制架構在工業控制市場愈來普遍。

而驅動 3D 成型物體載台 Y 軸之必要迴授裝置通常採用光學尺，光學尺之原理是利用一紅外線 LED 將光打在光學尺的表面，在過一個具有相位刻劃光柵反射至讀取頭，光學尺讀取頭藉此得以知道移動載具所的產生迴授訊號。如 Renishaw 公司所開發的 RGH41X30D05A 線性光學編碼器，其包括了光學尺的讀取頭、反射光柵、Home 點、雙極限感測器等。

應用 I/O 介面控制的光遮斷器是由一個發光元件與收光元件組成的，利用發光訊號將電氣訊號轉換為光，而收光元件在光的接收後轉換成電氣訊號。當收光元件被不透明物質給遮蓋時，收光元件沒有接收到光源的輸入，而輸出一訊號，再由控制系統端做出極限偵測與限制軸向移動，以保護機台。另在噴印成型的過程中，需要透過移動成型平台之光學尺迴授訊號，做為點對應的噴印動作。另加入光遮斷器作為移動平台的參考基準點 (Home)，必要時移動平台在列印過程中可以做回 home 基準點的校正。

週邊控制部分主要是滾平裝置與固化光源控制。在滾平裝置控制方面，則在材料噴印成型技術的成型過程，使用滾平輥輪可以使得可以在單一層面上的成型材料的整平，同時可將單一層面上多餘的材料帶離以控制積層厚度，在滾平輥輪帶離多餘的材料後再進行照光固化成型的製程。若無滾平輥輪的使用，尤其在噴孔不穩定的情形下，容易使成品的表面有凹凸不平的狀況。若在壓電噴頭噴孔噴墨較順暢的情形下，也因成型材料樹酯在墨滴噴出成型因表面張力使得成品表面變成呈現圓弧曲面如圖 6-24，而無法做到一個平整的平面，滾平裝置示意圖如圖 6-26，即可依據層厚設定，將多餘材料移除及整平之。

圖 6-26　滾平裝置示意圖

在 MJ 型 3D 列印成型系統中之固化光源控制方面，為了要使積層製造成型材料可以達到光固化的製程，使得光敏樹酯材料得以固化成型，因此須選擇適當波長 (如常用的 405 nm UV 光源) 與功率下的固化光源如圖 6-27。

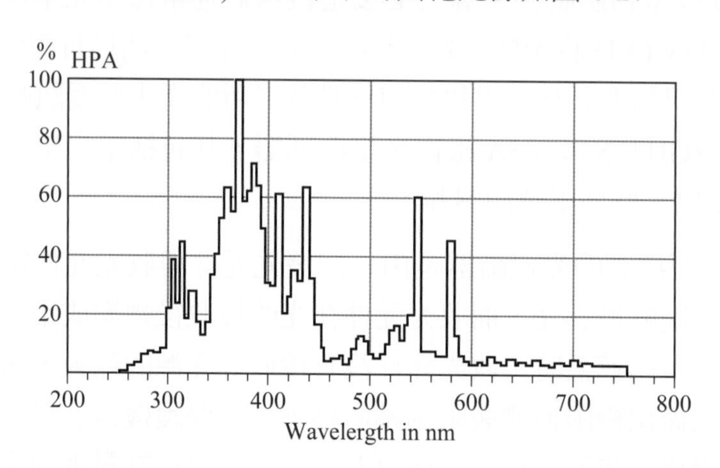

圖 6-27　500 W 金屬鹵素燈固化光源光譜圖 (來源：ISOLDE CLEO HPA 400/30S)

其他週邊輔助裝置如材料供應與負壓控制裝置，亦為 3D 列印之材料供應重要裝置，通常會配置一供料槽及馬達輸送機構，在液位過低時，自動補充材料。此外，為了使壓電噴頭在噴墨過程中不會因為成型材料本身的黏滯係數較低，然後當材料在壓電噴頭的腔室內時，因黏滯性不佳以及大氣壓力的因素，導致壓電噴頭產生滲料的情形，因此加上負壓裝置，讓壓電噴頭的腔室可以有微眞空狀態，讓成型材料樹酯不會因為材料特性的不穩定而滲料，進而導致壓電噴頭因樹酯固化等不可逆的情形發生。

在彩色 3D 列印成型系統中，在其控制噴頭腔體的氣壓迴路上，須做微小的眞空壓力控制，但在微小壓力控制時，可藉由調壓閥來做控制。當其眞空產生器所產生的負壓值太大，會使得壓電噴頭的腔體中的成型材料樹酯被抽離壓電噴頭的腔體，而導致壓電噴頭無法正常噴印。眞空產生器所產生的負壓值太小，會使得壓電噴頭的腔體中的成型材料樹酯在壓電噴頭的噴孔上產生滲料的情形，若直接做光固化成型製程可能導致噴孔堵塞。因此必須藉由負壓感測裝置的偵測，直接取得數值大小，以利噴印的進行，如超小型數字壓力感測器 KEYENCE AP-C30W 裝置，其實體與規格可參考 KEYENCE.com.tw。

而負壓力裝置迴路設計乃因應壓電噴頭穩壓的配置需求，因此選用的眞空產生器作為負壓眞空的主要控制元件，在此彩色 3D 列印系統上，需要針對多個噴頭的使用。因此設計一眞空壓力迴路裝置，用來作為穩定彩色 3D 列印系統上壓電噴頭正常噴印且不滲料的一個重要迴路，迴路設計概念是在個別的噴頭上做個別的恆定負壓控制。其迴路設計上採用氣壓迴路控制，由空壓機中壓力幫浦產生壓縮空氣，來做爲氣壓源的供給輸出，並通過三點組合來做過濾雜質、調節壓力、油霧潤滑程序，來提供一個穩定的壓縮空氣的氣壓供給源。在得到穩定的氣壓供給源，並接上眞空產生器，運用文氏管原理產生眞空壓力，並連結到噴頭的材料腔體上。由於只需要微小的眞空壓力即可提供穩定的眞空吸力以致壓噴不會滲料，所以在眞空產生器的前側加裝調壓閥來做爲提供眞空產生器的壓力調節，並在壓電噴頭前端加裝壓力感測器，以便眞空壓力的監控與調節，當需要正壓時再切換至正壓力源。

6-6-4 材料噴印式 3D 列印之人機控制介面發展

光固化材料噴印式 3D 列印系統之人機介面乃是依列印程序之需要來發展，主要作爲整合光固化式彩色 3D 列印系統的軸向運動控制、多噴頭控制、週邊裝置控制，基於壓電噴之彩色光固化材料噴印式 3D 列印系統之列印程序示意圖如圖 6-28 所示，經 CMYW 分色後的圖檔分別由各自噴頭進行整合噴印程序。

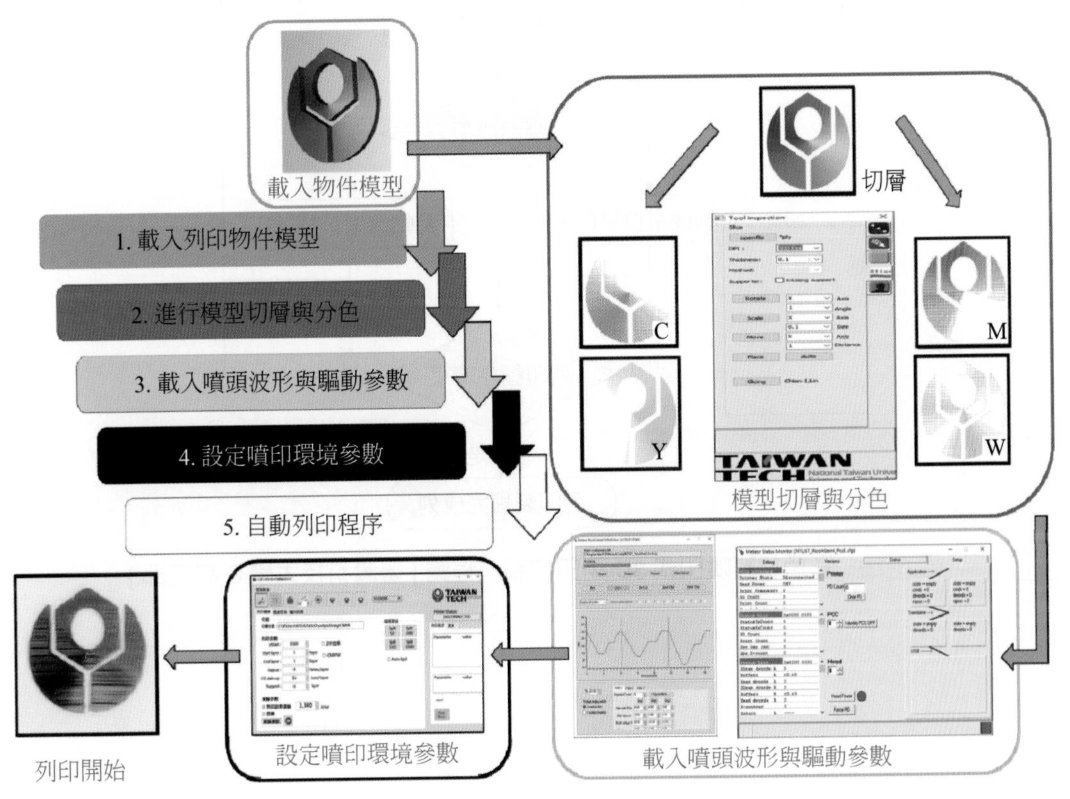

圖 6-28 基於壓電噴之彩色光固化材料噴印式 3D 列印系統之列印程序示意圖 [臺灣科技大學 & 科技部]

♦ 材料噴印式製程規劃

在材料噴印成型技術製程規劃方面，爲了在噴印成型的過程中不會因爲爲了要取得分色或其他影像處理後的切層檔案，而延滯了彩色 3D 列印的製程動作，會將切層及分色圖檔的處理與彩色 3D 列印噴印成型的程序分開。在系統上會先經過圖檔處理取得經分色 (如 CMYW) 的切層圖檔 (以 1 Bit 的 Bitmap 點陣圖爲基礎)，再透過控制的人機界面程式來匯入檔案給噴頭列印控制卡 (PCC)，使其受控之噴頭驅動卡可以因應多噴頭多顏色噴印的配置需求，從預備噴印的狀態，經由機構的軸向運動與噴頭控制卡收到光學尺的迴授訊號做相對噴印動作，噴印式彩色 3D 列印控制流程圖如圖 6-29 所示，如果解析度足夠或採頁寬式架構，則可以省掉 X 軸方向之位移控制，至於噴印定位控制參數設定參見 6-4-5 節之說明。

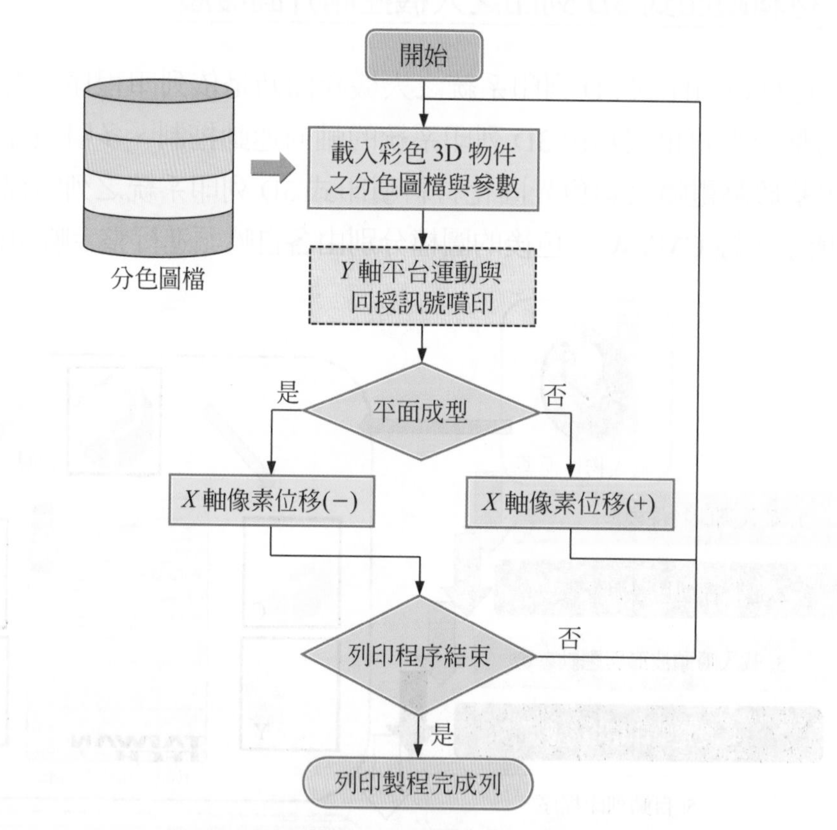

圖 6-29 彩色材料噴印式 3D 列印控制流程圖 [臺灣科技大學 & 科技部]

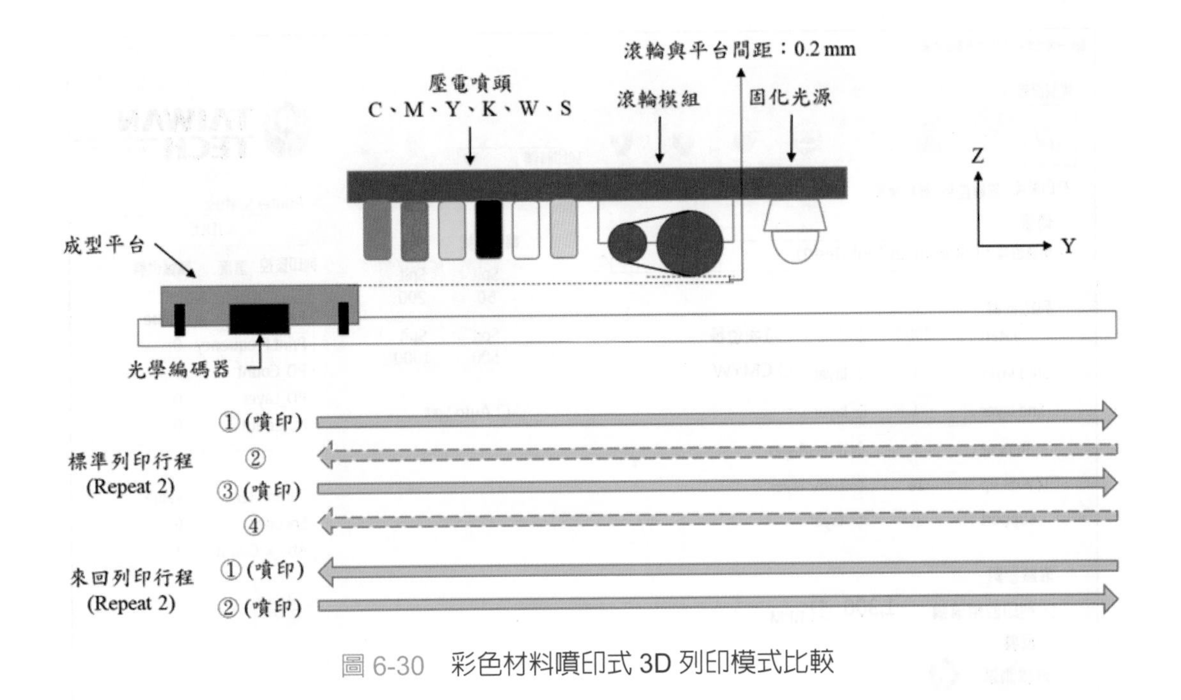

圖 6-30　彩色材料噴印式 3D 列印模式比較

彩色材料噴印式 3D 列印系統的人機界面開發

一般彩色材料噴印式 3D 列印系統控制軟體可分爲幾部分：(1) 軸向手動控制部分、(2) 噴印參數與控制介面、(3) 系統噴印狀態監控等，首先，(1) 在 3D 列印製程中須由此介面做校正，調整軸向位置、調整噴印位置；(2) 待設定列印的圖檔位置及設定相關列印參數，即可啟動進入自動列印程序；(3) 進入自動列印程序後，可由介面觀察列印層數、壓電噴頭狀態與溫度等狀態。

圖 6-31 爲一個彩色 3D 列印系統的人機界面案例，以 Microsoft Visual Studio 2012 軟體作爲開發平台，使用 Visual C# 語言撰寫 Windows 應用程式，作爲整合光固化式彩色 3D 列印系統的各感測器、致動器、迴授裝置、噴頭及軸向控制等程序，主要是噴印參數與週邊裝置設定，同時也可以做壓電噴頭的噴印測試等除錯動作。而軸向控制人機界面如圖 6-32 所示，亦結合了手動控制與噴頭供料控制等功能。從人機介面上可以看到針對噴印圖檔的匯入，設定列印的參數、自定義開始與結束的列印層數、設定列印分層圖檔的位置、設定列印一層的噴頭上升高度、滾輪轉速、機台復位等的數位控制。並可以針對噴頭的狀態、偵測目前的平台位置、列印頻率、控制板是否有收到正確訊號、列印的層數等訊號作監控。

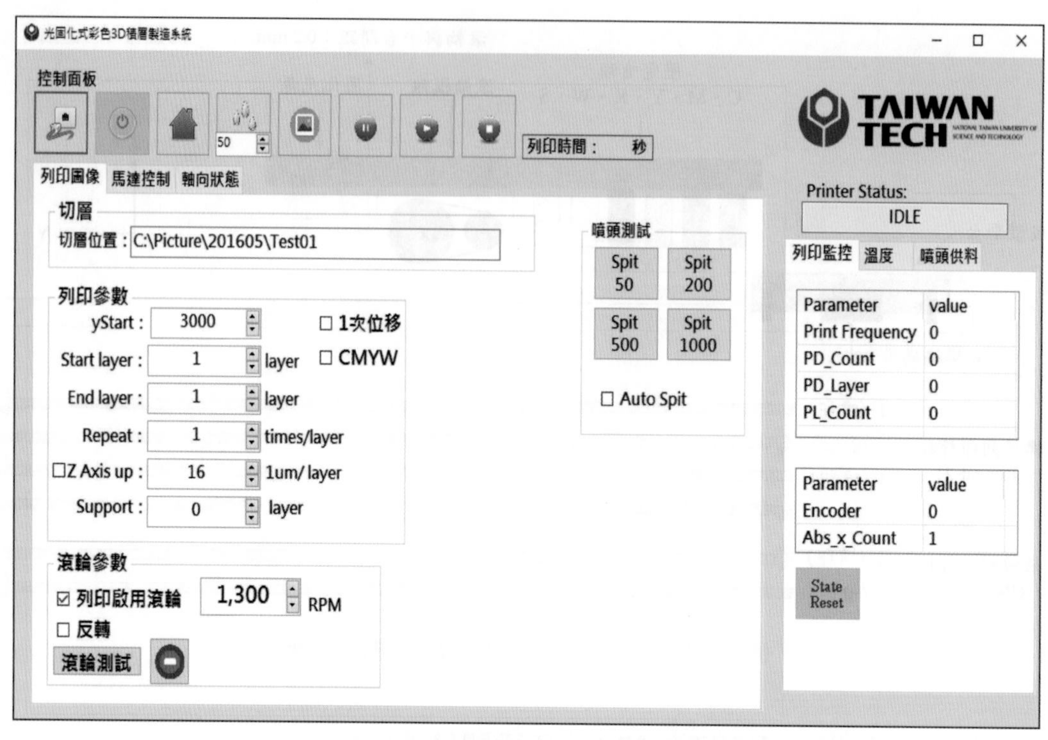

圖 6-31　彩色 3D 列印成型系統之人機界面與噴印參數設定

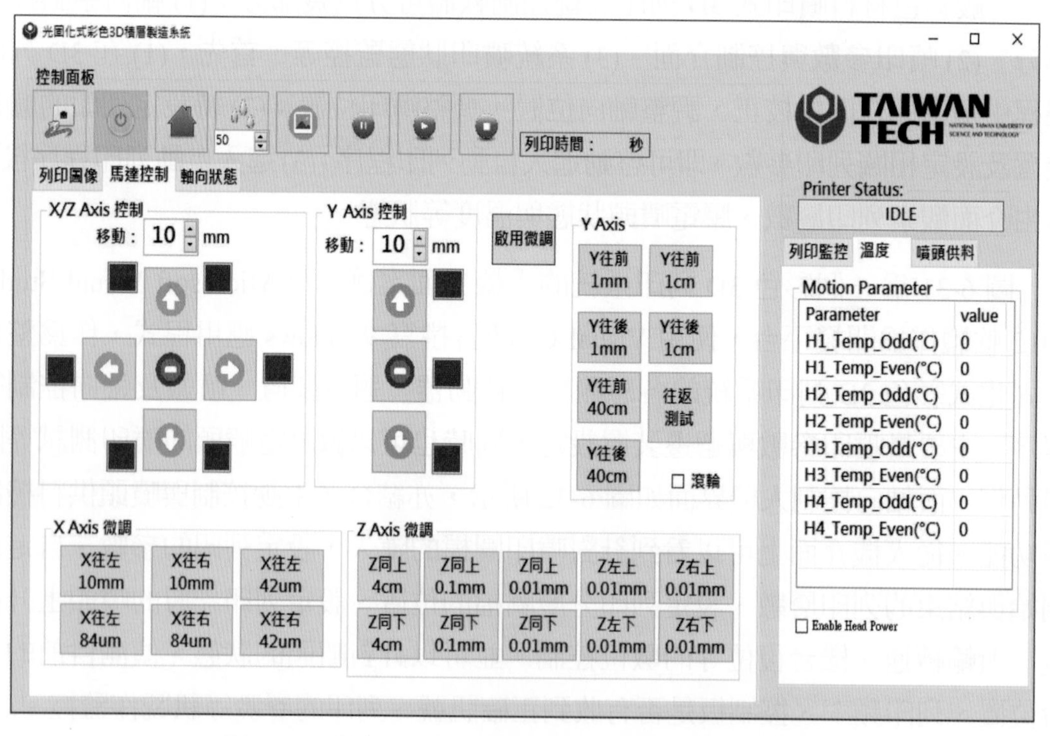

圖 6-32　彩色 3D 列印成型系統之人機手動控制界面

6-6-5 彩色材料噴印式 3D 列印成型

在本節中，會將以上述的彩色材料噴印式 3D 列印成型系統進行成型實驗，首先會針對墨滴的固化情形做探討，墨滴的成型大小與所規劃的解析度做比較，看是否有相互呼應，並得到可靠的結果。接著因應製程中的光固化技術，爲了達到 300DPI 的解析度，需要以像素位移的方式做像素分割，從墨滴的線條成型再到平面成型，在此觀察線條成型的狀況。接續的實驗從中得到完整的平面後，再進行色彩呈現測試，待完整的色彩呈現後，再進行最終的成品列印驗證。

從實驗的過程中得知，除了有良好的壓電波型外，要如何控制壓電噴頭腔體內的壓力使其不易滲料，也是很重要的一個關鍵。因此在壓電噴頭噴印成型系統，透過裝設負壓裝置穩定壓電噴頭不會滲料，故負壓裝置的裝設對於壓電噴頭噴印成型系統來說是一個重要的議題。

在列印顏色呈現首先以多色的色彩進行實驗，其中先使用雙色材料進行雙色漸層實驗，結果如圖 6-31(a) 所示。接著使用四色材料進行彩色校正實驗，如 64 色的色板呈現與 CMYW 混色色環，其實驗結果如圖 6-33(b) 與 (c) 所示，2D 平面圖案實驗如圖 6-33(d) 所示，證明整合多壓電噴頭與多色材料在色彩的呈現上是可實現的。

(a) 雙色漸層

(b) 64 色色板

(c) CMYW 混色色環

(d) 2D 平面圖案

圖 6-33　3D 列印色彩呈現實驗結果 (105 年度科技部積層製造專案成果發表會)

經由彩色色板與平面圖案做彩色校正測試後，進一步以六噴頭測試多色樹酯與支撐材 (CMYKWS) 的實際列印效果，其實驗結果如圖 6-34 所示。

(a) 彩色台科 logo 正反面

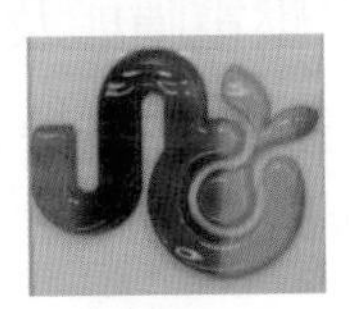

(b) 薄殼科技部 logo

(c) 彩色立體圓錐

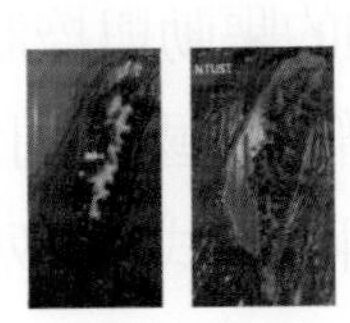

(d) 彩色台灣地形圖

(e) 彩色公仔樣品

圖 6-34　六噴頭 (CMYKWS) 的混色列印實驗結果 (科技部積層製造專案成果)

6-7 結語

本章介紹材料噴印 (MJ) 成型技術之演進與發展應用，材料噴印技術 (Material jetting) 整合與其在彩色 3D 列印之應用。雖然材料噴印成型技術起步較晚，但挾其材料應用之廣泛性如非水性之樹酯或臘等複合材料等，且隨著高密度度陣列噴頭之成熟發展與商品化，其優點包括高解析度、高精度、高速度列印、多材質與彩色能力等，已逐漸受到 3D 列印市場的重視。因此也針對液滴成型技術、壓電噴頭特性，單噴頭與多噴頭 3D 列印系統之整合應用進行介紹說明。

在運用壓電噴頭噴印技術之優勢下，從以單一個噴頭到利用 4 個以上的壓電噴頭來實現材料噴印技術在單材單色或多材質 / 彩色光固化 3D 列印之應用。在機構系統控制上，類似傳統多軸向運動 CNC 數値控制系統，再整合材料噴印成型控制與搭配紫外光固化成型的製程規劃，實現以積層製造技術製作出單一材質、多材質甚至彩色之具複雜性 3D 成品，讓材料噴印式 3D 列印設備可以有較廣泛的應用，然而未來仍存在諸多挑戰與待發展議題如下：

(1) 噴印材料種類的多樣化：當今採用材料以蠟聚合物、光固化樹酯、聚合材料等爲主，發展中的包括陶瓷材料、金屬材料、複合材料、透明效果材料等，以滿足更多應用需求如較小固化收縮與強度等。

(2) 多樣化支撐材料 (Support) 的開發：易移除之光固化支撐材料發展，有助於光固化 3D 列印呈現更複雜與良好品質的成品，並減少與主材料間之介面影響，提升列印品質。

(3) 壓電噴頭噴孔數量與解析度 (DPI) 的持續提升：可以滿足大尺寸與高精細產品列印應用需求，因單一噴頭可列印尺寸有限，整合性模組可滿足大尺寸與或頁寬式 (Page-Wide) 列印應用需求 (One Pass)，提升列印效率。

(4) 壓電噴頭的驅動與控制技術發展：國外之壓電噴頭及其驅動與控制技術雖已極爲普遍，國內則尚在起步階段，這領域應值得投入更多研究，以期掌握材料噴印式 3D 列印之關鍵零組件技術。

(5) 壓電噴頭的噴孔阻塞預防與保養：噴孔阻塞的問題一直是壓電噴頭要面對的，尤其壓電噴頭解析度越高噴孔越小，問題恐越明顯。因此發展合適的預防保養與清洗機制仍有其必要性，以確保列印品質之穩定性與降低壓電噴頭之損耗成本。

(6) 其他如相關軟體的開發與系統整合應用：這也是促使 3D 列印產業得以持續發展的重要議題，尤其在色彩模型、色彩處理與校正方面的發展。像是一種整合 3D 列印積層製造技術之製程或 CNC 減法製造製程之加減法或其他複合 3D 列印 (Hybrid 3D print)，具備有原 3D 列印的優點及減法製造的優點。

1. Hideo Kodama, “Automatic method for fabricating a three dimensional plastic model with photo hardening polymer,” Review of Scientific Instruments 52(11):1770-1773, Dec.1981. https://doi.org/10.1063/1.1136492

2. http://www.3dsystems.com/30-years-innovation

3. ASTM Committee F42 on Additive Manufacturing Technologies, https://www.astm.org/COMMIT/SUBCOMMIT/F42.htm

4. Loughborough University, “The 7 Categories of Additive Manufacturing,” http://www.lboro.ac.uk/research/amrg/about/the7categoriesofadditivemanufacturing/materialjetting/Accessed 20 May 2020.

5. Cubital Ltd (by Nissan Cohen et al), “Three dimensional modeling,” US Patent US5287435A, 1990. https://patents.google.com/patent/US5287435A/en

6. Solidscape Inc (by Royden C. Sanders, Jr., John L. Forsyth, Kempton F. Philbrook), “3D Model Maker”, US Patent US5506607A,1995, https://patents.google.com/patent/US5506607A/en; https://www.solidscape.com/news/sanders-prototype-inc-changes-name-to-solidscape-inc/

7. Object, “Apparatus and method for three dimensional model printing, ” US patent US6259962, 2001. https://patents.google.com/patent/US6259962B1/en

8. 林士強，“由專利來了解 3D 列印技術 (三)-PolyJet”，北美智權報 , http://www.naipo.com/Portals/1/web_tw/Knowledge_Center/Research_Development/publish-28.htm

9. Stratasys, “What is PolyJet Technology?” https://www.stratasys.com/polyjet-technology ;

10. 3D Systems, Professional 3D Printer-ProJet, http://www.3dsystems.com/3d-printers/professional/projet-3500-hdmax

11. http://www.stratasys.com/

12. 普立得科技，什麼是 PolyJet Technology，http://3dprinting.com.tw/app/products/cat/6

13. Hue P. Le*, Le Technologies, Inc., Beaverton, Oregon,“ Progress and Trends in Ink-jet Printing Technology”, Journal of Imaging Science and Technology, Vol. 42, No. 1, pp.49-62, 1998.

14. MicroFab Technologies, Inc. ,“ Technote 99-01:background on ink-jet technology,” 28 Sept., 1999. http://www.microfab.com/equip ment/technotes/technote99-01.pdf . Accessed 20 May 2020.

15. I. Gibson, D.Rosen, and B. Stucker, Additive Manufacturing Technologies:3D Printing, Rapid Prototyping and Direct Digital Manufacturing, Springer New York, 2015 (2nd eds).

16. How Thermal Inkjet Printheads Work by hp (5min):https://www.YouTube.com/watch?v=5iiJMv-jh7U

17. Piezo Print heads-The Basics by epson (2min) :https://www.YouTube.com/watch?v=TSGfitxlkzI

18. Microjet ComeTrue® T10 Desktop 3D Printer, Full Color 3D Printer (4 min) https://www.YouTube.com/watch?v=cADuJxYDuGI http://www.microjet.com.tw/zh-tw/about/

19. 噴墨技術，http://www.twwiki.com/wiki/ 噴墨技術

20. 林建華，擠壓管式壓電制動噴墨頭之微液滴噴射行爲動力分析研究，國立成功大學航空太空工程學系碩士論文，臺南，2005。

21. 黃介一，具獨立可調變控制驅動波形之噴墨驅動系統設計，國立交通大學電機工程學系碩士論文，新竹，2007。https://ir.nctu.edu.tw/bitstream/11536/63591/1/753701.pdf.

22. 侯柏均，以壓電式噴墨印表機開發之快速原型系統，國立臺北科技大學機電整合研究所碩士論文，臺北，2008。

23. 何坤霖，壓電式噴墨頭壓力源與噴嘴型狀最佳化設計，大同大學機械工程研究所碩士論文，臺北，2009。

24. 史世銘，以壓電式噴頭使用於快速成型機之研究與實現，南台科技大學電機工程系碩士論文，臺南，2010。

25. 鄭俊益，賴維祥，“壓電噴頭之立體成型機設計研發”，TAIROS 台灣智慧自動化與機器人展－產學合作專刊 , pp130-137,2009.

26. Olympus, i-SPEED 3 High-Speed Camera data sheet, 2016.

27. Fuji inkjet head, https://www.fujifilmusa.com/

28. Kyocera inkjet head, http://global.kyocera.com/prdct/printing-devices/index.html

29. Konica Minolta inkjet head, http://www.KonicaMinolta.com/

30. Ricoh inkjet head, http://www.ricoh.com/

31. Toshiba inkjet head, http://www.Toshiba.com/

32. Xaar inkjet head, http://www.xaar.com/en/products

33. Ricoh, Gen5 MH5420/MH5440 Driver Specifications(Rev. C. 2013). https://industry.ricoh.com/en/-/Media/Ricoh/Sites/industry/industrialinkjet/pdf/RICOH_MH5420_5440.pdf

34. Ricoh, Gen6 MH5320/MH5340, https://industry.ricoh.com/en/industrialinkjet/mh/5320_5340/

35. Ttp Meteor Ltd(The Specialists in Printhead Driver Systems)http://www.ttpmeteor.com

36. Ttp meteor, PCC-E Print Controller Card User Manual(Rev. B1.4. 2014).

37. 徐銘，基於影像檢測方法之 3D 列印系統多壓電噴頭自動對位研究，國立臺灣科技大學自動化及控制研究所碩士論文，臺北，2017。

38. Ming-Jong TSAI, Chien-Rai LI, Yi-Kai HUANG, “A Vision-BASED Automatic Alignment Technology For Color 3D Additive Manufacturing System with Multiple Print Head,” Proceedings Volume 10836, 2018 International Conference on Image and Video Processing, and Artificial Intelligence; 1083609(2018)https://doi.org/10.1117/12.2504488

39. J. Jang, “Process and apparatus for creating a colorful three-dimensional object,” US Patent, US6129872,2000. https://patents.google.com/patent/US6129872A/en
40. L. W. Ming and I. Gibson, “Specification of VRML in Color Rapid Prototyping,” International Journal of CAD/CAM”, Vol. 1(1), 2002. https://pdfs.semanticscholar.org/5ad8/51bfaaa452a8d9454175f28bc66816f84fdd.pdf
41. S. Tochimoto, and N. Kubo,“Apparatus for forming a three-dimensional product,” US Patent, US6799959,2004. https://patents.google.com/patent/US6799959B1/en
42. 陳建文，以壓電式噴頭實現具漸層彩色光固化 3D 列印之機電系統研發，國立臺灣科技大學自動化及控制研究所碩士論文，臺北，2015。
43. 許郁淞，以多壓電式噴頭實現 CMYW 彩色 3D 列印技術研發，國立臺灣科技大學自動化及控制研究所碩士論文，臺北，2016。
44. 梅哲瑋，基於材料噴印技術的多噴頭彩色 3D 列印系統研究，國立臺灣科技大學自動化及控制研究所碩士論文，臺北，2017。
45. 黃翊凱，蔡明忠，莊書，郭菘逸，黃鼎元，“材料噴印式彩色 3D 積層製造系統之疊層優化與噴印缺限補償研究”，中國機械工程學會第三十五屆全國學術研討會論文集，嘉義中正大學，十一月三十～十二月一日，2018。
46. 台達電子，DMCNET 運動控制軸卡，http://www.delta.com.tw/
47. 光學線性編碼器，http://www.renishaw.com.tw/
48. 壓力感測器，http://www.KEYENCE.com.tw/
49. 實威國際股份有限公司，http://www.swtc.com/cht/index.php
50. 普立得科技有限公司，http://www.3dprinting.com.tw/
51. 通業技研 (震旦集團)，http://www.git.com.tw/3D-Printing.html
52. 馬路科技顧問股份有限公司，http://www.rat.com.tw/
53. 研能科技 (http://www.microjet.com.tw/en/)
54. 認識 3D 列印成型技術 - 材料噴射成型 (Material Jetting)-MJM(Multi Jet Modeling)http://www.detekt.com.tw/network/detail/88

55. XYZ printing, FFF 全彩 3D 列印機，https://www.YouTube.com/watch?v=re_pByaY4p0

56. 噴墨列印頭市場與技術趨勢 -2016 版，2016.04.19 https://kknews.cc/tech/r2zkv.html

57. Ricoh gen 4 Print Head Recovery(Clean process)https://www.YouTube.com/watch?v=aVsZhP6s5WY

58. Kyocera KJ4 print head recovery with PHD15 https://www.YouTube.com/watch?v=wQBAZF3i1t0

59. HP Jet Fusion 3D Printers https://www.YouTube.com/watch?v=VXntl3ff5tc

60. 3D Printing Trends for 2020 from Materialise https://www.YouTube.com/watch?v=7MbiJ9cyU6w

61. C.K. Chua, and K.F. Leong, 3D Printing and additive manufacturing:Principles and applications, World Scientific publishing co. ,Singapore, 2015(4th eds).

62. Di Nicolantonio, Massimo, Rossi, Emilio, Alexander, Thomas(Eds.), Advances in Additive Manufacturing, Modeling Systems and 3D Prototyping, Proceedings of the AHFE 2019 International Conference on Additive Manufacturing, Modeling Systems and 3D Prototyping, July 24-28, 2019, Washington D.C., USA.

63. Sanjay Kumar, Additive Manufacturing Processes, Springer International Publishing, 2020.https://link.springer.com/content/pdf/10.1007% 2F978-3-030-45089-2.pdf

64. Detekt, Hybrid 3D print, https://www.YouTube.com/watch?v=zxh2u4dXOME&feature=youtu.be&list=PL84ACCD53397568C7

65. Torres Marques, A., Esteves, S., Pereira, J.P., Oliveira, L.M, Additive Manufacturing Hybrid Processes for Composites Systems, Springer International Publishing, 2020. https://www.springer.com/gp/book/9783030445218.

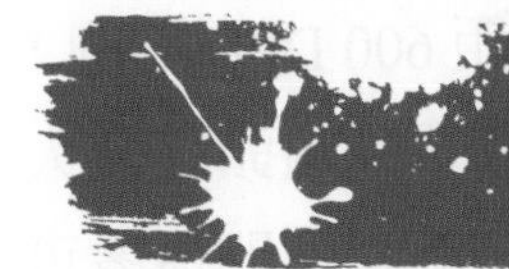

問題與討論

1. 試比較材料噴印成型技術 (Material Jetting) 與黏著劑噴塗成型技術 (Binder Jetting) 相似與差異之處？

2. 試比較材料噴印成型技術 (Material Jetting) 與材料擠製成型技術 (Material Extrusion) 相似與差異之處？

3. 試說明材料噴印成型技術 (Material Jetting) 與光聚合固化技術 (VP) 相似與差異之處？

4. 材料噴印成型技術 (Material Jetting) 最早應用於 3D 列印機之材料？試說明其演進與發展趨勢爲何？

5. 液滴成型爲材料噴印法之關鍵技術之一，其液滴噴印成型方式較成熟的主要分那兩大類？並比較之。

6. 目前 3D 列印系統最常採用之液滴噴印成型方式爲何？其液滴成型驅動方式包括主要那幾種？以哪兩種最成熟與常見？

7. 試比較熱泡式噴頭與壓電噴頭之驅動原理與應用差異？

8. 試說明壓電噴頭之組成爲何？其噴印原理爲何？

9. 試說明壓電噴頭之特點爲何？於 3D 列印應用之優勢爲何？

10. 壓電噴頭之四種驅動模式爲何？

11. 壓電噴頭之噴墨過程可分爲三個主要階段？

12. 試說明壓電噴頭可使用那幾種材料？需考慮之材料特性爲何？

13. 當受限於單一噴頭列印寬度大小，要實現大於單一噴頭列印尺寸之 3D 列印之解決方案爲何？說明列印模式規劃與特色差異。

14. 如表 6-2 所示，如以 Ricoh 5 MH5420 (1280 噴孔數、噴孔間距 600 DPI) 爲例，若希望噴印寬度爲頁寬式 (A4P) 之寬度爲 200 mm，(1) 請問單一噴頭之最大有效列印寬度爲何 (mm) ？ (2) 需要多少個並列噴頭？ (3) 相鄰噴頭間最多可重疊噴孔數和爲何？ (4) 相鄰噴頭列印方向之偏移距離最少爲多少 mm ？多少 PPI ？

15. 參考 6-4-5 節，若有一 3D 列印系統之圖像與噴頭列印解析度爲 400 DPI，列印進給軸迴授訊號解析度爲 Rf = 2 μm，爲使噴印系統與列印進給同步需求下，則每一噴印觸發週期，噴頭觸發訊號倍率亦即迴授訊號所產生的脈衝數 PPPS(PPI Per Print Stroke) 之分子 (Multiplier) 與分母 (Divider) 應設爲多少？

16. 當受限於單一噴頭之解析度大小，提高 3D 列印解析度之解決方案爲何？試以 150DPI 噴頭達成 300 DPI 列印解析度爲例。

17. 彩色列印之三原料爲何？彩色 3D 列印需要白色材料之原因爲何？試說明彩色 3D 列印之解決方案爲何？請以必要組成與系統架構爲例說明之？

18. 試說明材料噴印式 3D 列印製程中，滾平裝置之必要性爲何？

19. 試說明材料噴印式 3D 列印製程中，供料系統之負壓裝置之必要性爲何？

20. 試說明材料噴印式 3D 列印之挑戰與未來發展趨勢爲何？

07

黏著劑噴印技術 Binder Jetting

本章編著：賴維祥

7-1 前言

美國麻省理工學院於 1990 年代研發出以石膏粉末爲基材及用噴墨印表機原理噴印黏著劑將物件堆疊成型之快速原型機 (Rapid Prototyping)，是眞正的三維列印 (3D Printing) 機器的創始者。由於這種列印機設計可以搭配彩色墨水，因此，也成爲世界第一台可以成型全彩的 3D 物件，在各種工業設計初期以視覺輔助 (Visual Aid) 感受上，有相當大的幫助。

以粉末爲基材搭配噴墨印表機的三維列印 (3D Printing) 技術目前也被美國材料試驗協會 (American Society for Testing and Materials, ASTM) 統整列爲七大技術其中之一，改稱爲黏著劑噴印技術 (Binder Jetting, BJ)。此種技術主要採用以粉末爲基底，黏著劑作爲粉末層與粉末層之間的黏合介質，主要是將成型的材料鋪於建構槽中 (通常是粉末材料)，再利用噴墨頭在選定的列印地點噴印黏著劑，使粉末層間的顆粒相互黏合在一起，之後平台就會下降一層，再鋪上一層粉末層，持續的循環此動作，直到物件製作完畢。

7-2 黏著劑噴印技術 (Binder Jetting) 簡介

黏著劑噴印技術 (Binder Jetting；BJ)：又稱三維列印黏結法 (Three Dimensional Printing and Gluing；3DPG)，目前市場常見的技術多爲將二維平面列印技術轉移至三維列印技術，黏著劑噴印成型加工方式與雷射燒結十分類似，都是將粉末狀的原料結合，但這種方法使用了黏著劑來結合粉末，並在噴印的時候同步混入墨水，因此可印製全彩成品。

黏著劑噴印成型做動方式如圖 7-1 所示，利用滾輪將原料平台的粉末刮至成型平台，接著再經由噴頭選擇性的噴出黏著劑，將所需要固化的部分用黏著劑將粉末黏結在一起，接下來成型平台下降一層的高度、而原料平台上升一層的高度，然後重複進行刮粉及噴印至列印完成，完成後檢視整槽粉末，未經過黏著劑噴印的粉末仍可被回收再次利用，而被黏著劑噴印的部分就成爲成型物件，通常完成後的物件，仍會經由後處理劑再次加固處理，以提高其強度。

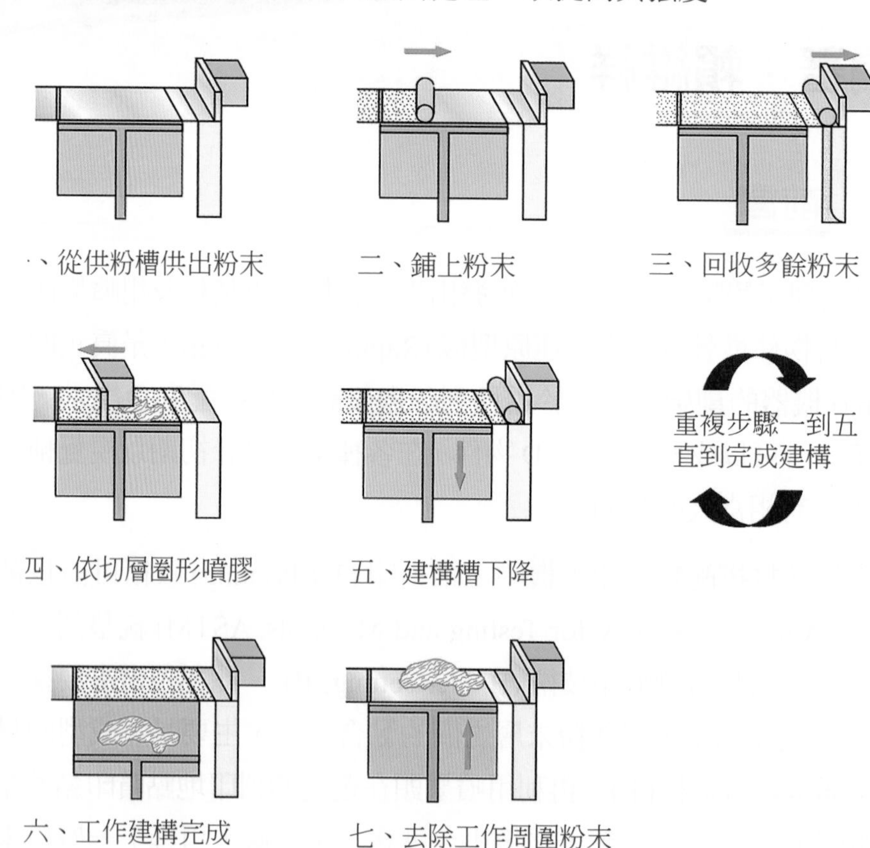

圖 7-1　3D 列印系統的工作原理

因爲黏著劑噴印技術之成型方式類似噴墨印表機，能夠在每層列印時在物件的最外圍噴印彩色墨水，因此成型後的物件可帶有顏色。黏著劑噴印成型的缺點在於原料以石膏粉末爲主，成品的硬度不足，因此在後處理時須透過固化劑來進行二次硬化；因此黏著劑噴印成型的成品較不適合作爲機構件使用，作爲注重色彩表現的藝術作品爲主軸。

近年來，越來越多三維食品列印機的出現，材料擠製成型與黏著劑噴印成型兩個技術爲三維食品列印機的主軸，但由於黏著劑噴印成型的食品粉末與食品黏著劑不易調配，以及列印成本過高，故目前三維食品列印機多以材料擠製成型技術爲主，但由於黏著劑噴印成型能列印出較爲細緻的圖案，在糖雕、鹽雕方面的成品較佔優勢。

7-2-1　世界上相關廠商

一、Z-Corporation

Z-Corporation 爲美國 MIT 衍生之新創公司，3DP 技術由美國麻省理工大學的 Emanuel M.Sachs 和 John S.Haggerty 等人所發明，1993 年被授權專利。1995 年，麻省理工學院把 3DP 技術授權給 Z Corporation 公司進行商業應用。並以噴墨印表機原理設計三維列印機器，其專利概念如下圖集所示：

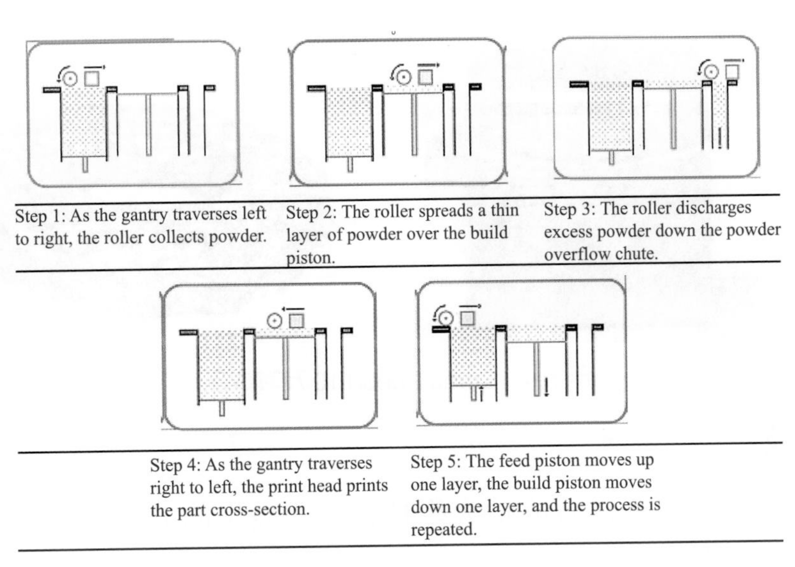

圖 7-2　3DP 專利技術概覽

在後來該公司有開發系列產品，包括 Z401, Z402 等系列，在工業設計及初期 3D 列印佔有一定市場。

二、3D Systems

目前國外已有不少廠商開發出成熟的黏著劑噴印機台，如 3D SYSTEMS 的 ProJet CJP 系列，當中最新機型爲 ProJet CJP 860Pro 可達到 CMYK 影像級全彩列印，具有五個列印噴頭，也可實現漸變效果，另外 HP 也開發出了 HP Jet Fusion 系列，同樣也是 CMYK 全彩，以快速印刷，高解析度爲開發方向。

圖 7-3　3D SYSTEMS ProJet CJP 860Pro

三、研能科技

研能科技開發出了 ComeTrue® 系列，ComeTrue® T10 使用 CMYK 全彩，容易成型複雜鏤空的多層結構，ComeTrue® M10 則使用特製的陶瓷基複合粉末，可應用在陶瓷工藝品上，此外可自行設定 Z 方向層厚以適應不同粉末厚度，也可設定膠水的噴印次數或使用噴孔排數，用於發展工業陶瓷，甚至生醫陶瓷、高分子粉末等其他創新領域。

圖 7-4　ComeTrue®T10 及其成品

四、天空科技

國內天空科技亦有技轉成功大學技術，開發出的 FCP-300 同樣也達到了 CMYK 全彩的列印功能。

圖 7-5　天空科技 FCP300

7-3 核心技術架構

7-3-1 熱氣泡式印表機原理

熱氣泡式噴墨列印技術的原理，是在腔室底部置有以脈衝電流加熱之薄膜電阻，薄膜電阻通電後，瞬間產生熱能。墨水因熱能而沸騰，進而產生氣泡，氣泡會產生一個將液體推出噴孔的壓力迫使墨水從噴印頭 (Printhead) 噴於紙張 (如圖 7-6)，水份蒸發後形成固定圖像。此類的噴印頭價格較為低廉，但因長期加熱冷卻的過程容易耗損噴印頭，所以為了維持列印品質，噴印頭經常需要汰換。

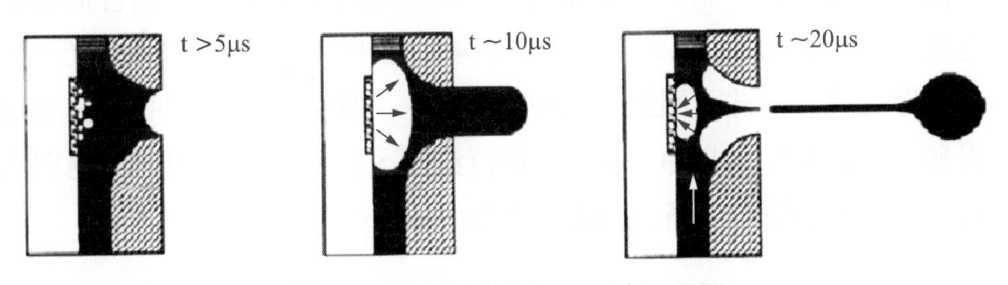

圖 7-6　熱氣泡式的噴墨技術之原理

搭配精密定位、噴墨頭驅動 / 列印技術、鋪粉技術及軟體技術之整合，可將使用熱氣泡式噴墨技術之噴膠印表機作為基礎，整合 3D CAD 技術及切層技術來發展三維單色印刷技術，此 3D 列印系統分為噴印系統，噴印平台，鋪粉平台，建構槽，供粉機構，及電控箱等部份如圖 7-7。介面韌體整合技術則以個人電腦運作方式 (Interrupt PC-based)。機構部份須滿足建構槽之移動範圍，使鋪粉平整及密實，以減少誤差產生。粉末也須回收以避免飛揚。

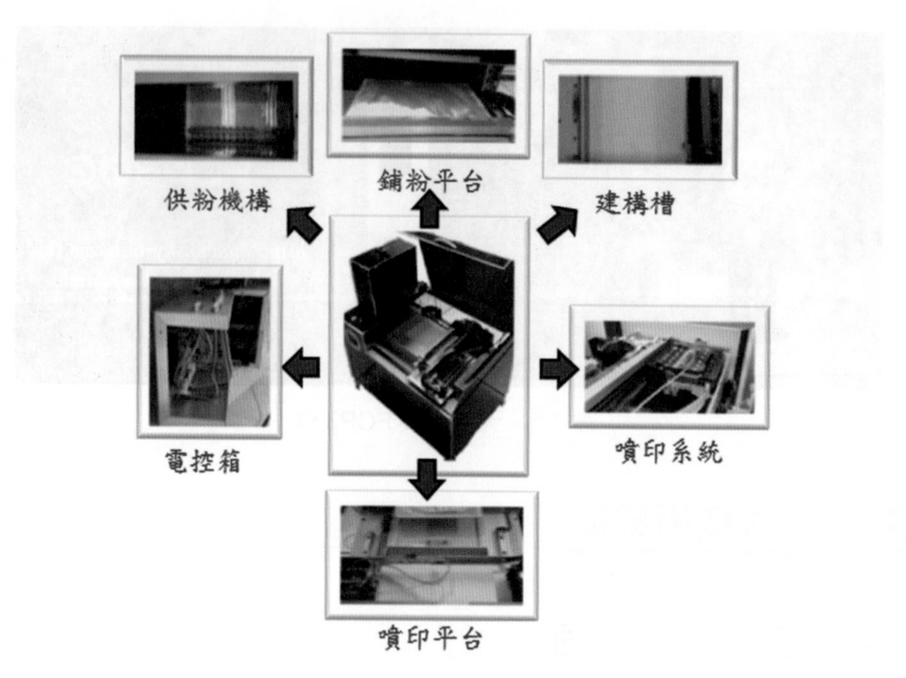

圖 7-7 3D 列印系統

7-3-2 輪廓遮罩

輪廓遮罩可以應用於封閉輪廓填滿或加紋路等動作，在 AM 機器的加工動作之中，即為噴膠或雷射燒結之區域。以噴膠架構之機器來觀察，所有噴膠區域以高密度分佈之膠水填滿，並不一定能使工件的強度達到最佳，反而會造過部份的變形問題產生，因此利用遮罩之方式來控制噴膠量的多寡。關於切層平面過程中，輪廓內部光罩分成了內外兩個封閉的線段輪廓，一個逆時針順序的外輪廓包住一個順時針順序的內輪廓，以 B-rep 準則進行測試，外輪廓所包圍區域應填滿，而內輪廓所包圍區域則是不填滿，形成一中空現象。

一、光柵掃描法

先將水平線與垂直線疊印至切層平面，遮罩洞穴將放入掃描線與主要材料區相交之區域之上 (圖 7-8)，洞穴的部份可以進行噴膠水的動作。遮罩洞穴的排列方式可以依特殊的規則來安排，而產生形狀上的變化。

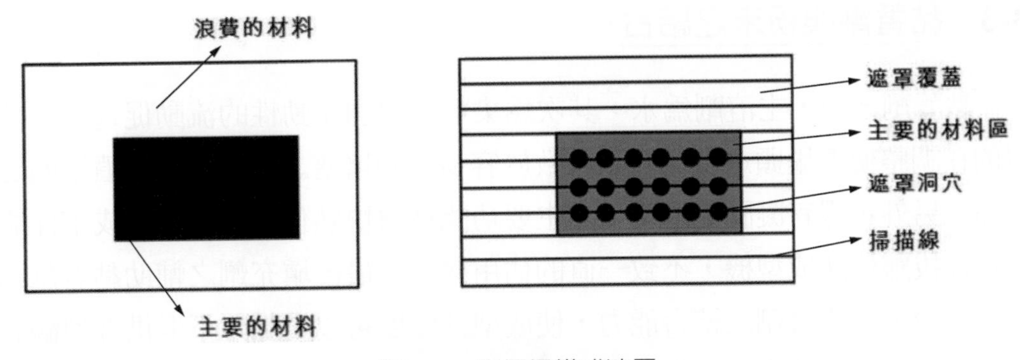

圖 7-8　光柵掃描式遮罩

假設每一噴嘴口噴出膠水量爲固定，則控制膠水量的方式可以應用影像處理中的半色調 (Halftone) 方式來處理，半色調以點的排列來使眼睛相信看見了灰階度的影像資訊，同理，應用於膠水量之中也是如此。舉列來說，圖 7-9 表示三種灰階程度，全白點、25% 灰度點與 50% 灰度點。

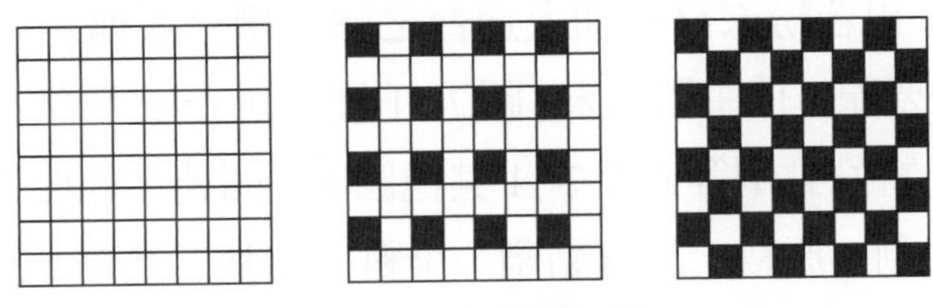

圖 7-9　半色調顯示

二、侵蝕法

主要材料區的輪廓以依序地侵蝕，產生一連串等距的輪廓，遮罩洞穴則被整合入這些輪廓線內 (圖 7-10)。此方法會依輪廓的外形而漸漸以平移的方式向內變化，形成由外至內許多輪廓組合，在具雷射頭架構之 AM 機器平台，這些輪廓線成爲雷射頭操作之移動路徑。對於噴印式機器平台，受限於平台移動架構，無法以此路徑來進行噴膠動作。

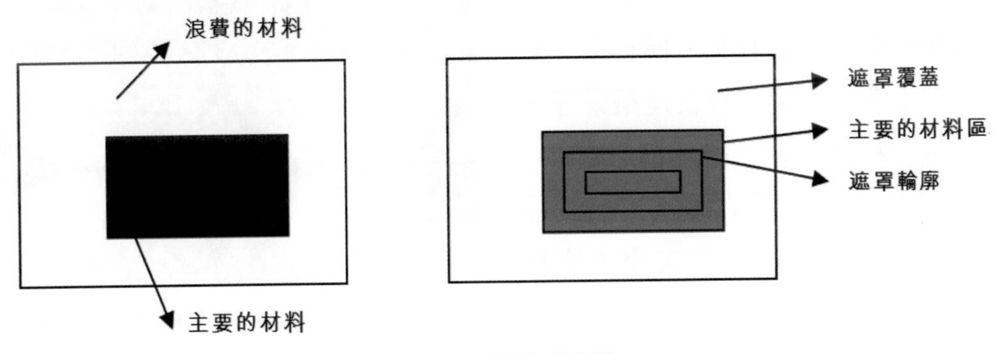

圖 7-10　侵蝕式遮罩

7-3-3 黏著劑與粉末之結合

在黏著劑方面，主溶劑爲水，其次爲染料，增加流動性的流動促進劑，其主要目的在調整使噴墨頭之微小孔隙不致於容易受到堵塞之影響，增加噴墨頭之使用壽命。另外，還有凝固促進劑，其主要功能爲增快熟化過程，使完成工件能儘快的可以拔離快速成型機，不致一直的佔用機器。最後塡充劑之輔助黏著劑則是增進成型粉末與膠合劑之結合能力，使成型件強度可以增加，不但供外型觀看，更能進一步精確尺寸之成型作爲工作配合之精密公差之需要，更甚至能執行功能測試，使元件能轉動或受力條件下仍不損壞。

一般等粒徑之粉末其平鋪排列時粉粒與粉粒間會出現大量空隙，其鋪粉之緻密性顯然不佳，不但使噴印膠結而成之 3D 原件出現多孔結構而導致強度不佳，而且極難控制噴印膠體之流竄性，致使 3D 原件之稜線解析度不好，膠體過多使其硬化時間過長。複合粉末材料加上適合之膠黏劑界面偶合技術可改進上述缺點。複合粉末之主要配方依主體粉末 (圖 7-11 最大圓)，充填劑 (圖 7-11 最小圓)，穩定劑、強化劑、特殊黏劑等 (圖 7-11 其他圓) 不同特性的成型粉末組合而成，及其搭配之「黏著劑」原料，可含黏劑，染料，流動促進劑，凝固促進劑，促進充塡劑與溫度控制劑之輔助黏著劑等構成。

其使用方式是將膠合劑利用噴墨式印表機逐層塗佈於快速成型粉末之中，藉由兩者膠合作用及多元促進黏結、凝固及強化等配方，達到使快速成型元件很容易在混合後成型，並達到容易及快速取件，甚至強化粉末材料之效果。調整快速成型機之吸水性，使本項粉末材料成爲更快吸水及乾涸之材料，故能縮短成型放置時間，即縮短機器操作時間，而更能達到快速成型之效果。粉末之主要研究無毒無害之粉末材料配方，以符合環保及顧慮人類使用爲原則。且複合粉末及黏著劑可應用於一般設計業、模具業、製造業、藝術業、珠寶業以及建築業等，以快速成型粉末製造三維建構之物件。甚至可延伸應用至新的領域，如食品業，精細水泥製品，以及未來太空移民之建築物元件製造法。

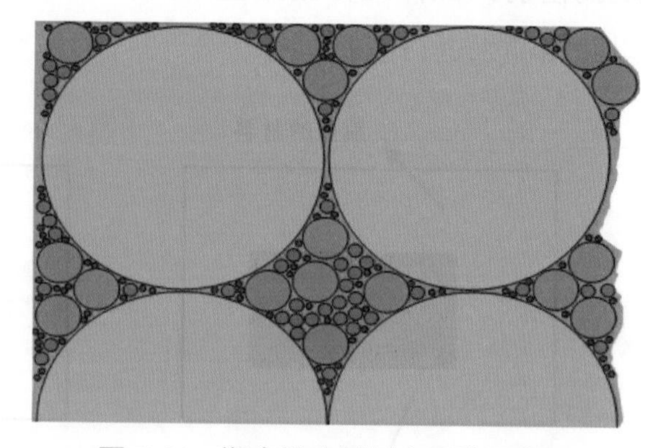

圖 7-11 複合粉末材料之膠黏示意圖

7-4 粉末及其物理性質

3D 列印中除塑膠類的材料之外，粉末爲其他材料常用的方式，粉末其物理性質在列印過程扮演很重要的角色。粉末有粉粒度之大小差異，以及其中不同作成份所扮演不同之功能，各種粉末分別扮演充填劑(主要成份)，穩定劑(次要成份)，以及強化劑(結合促進劑)，以及特殊黏劑(協助黏接結合)等。本小節將對於粉末重要之物理性質列舉，影響 3D 列印品質之粉末物理性質有：粒度、流動性、視密度(外觀密度)。粉末物理性質嚴重影響著試樣的精細度，任何物理性質之測試皆有其重要性，不容忽視。

7-4-1 粉末粒度

粉末的粒度和粒度分佈會影響製程及最後產品的性質，因此，這些粉末的特性是非常重要的。爲了界定這些粉末的粒度及粒度分佈，有多種測定原理被採用，每種測定方法均有其應用的限度或適當的測定範圍。因此，針對所欲測定的粉末，如何選擇適當的測定方法最爲重要，以下就對一般常用的粒度及粒度分佈測定方法加以簡單說明。

一、篩選分析法

篩選分析 (Sieve Analysis) 是利用一系列的標準篩 (Sieve) (如圖 7-12)，以機械振動方式將大於特定篩孔之粉末粒子殘留在篩網上，而將粉末分級的方法。此法爲粉末工業中測定粉末粒度及粒度分佈最傳統且最被廣泛使用的方法。

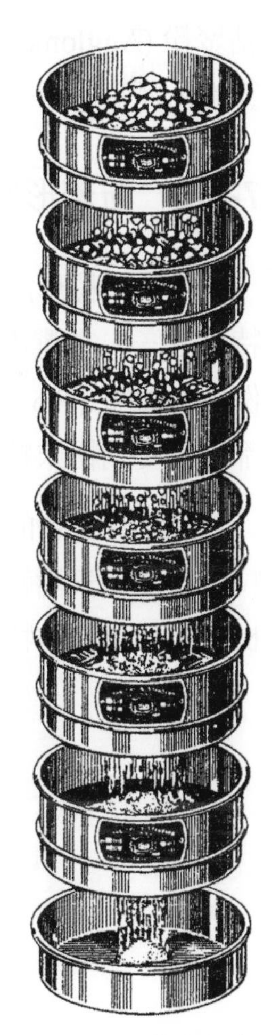

圖 7-12　標準篩示意圖

篩粉用之設備可分爲篩及振篩機 (Sieve Shaker) 二部份。篩之結構是由篩網及篩框組成，篩網由黃銅線或磷青銅或不銹鋼等金屬線編織成正方形開口，稱爲孔寬。篩網開口大小除用孔寬表示外也用篩號或篩目數 (Mesh Number) 表示之，其定義爲每吋篩網長度之篩孔數目，數目愈大，則篩孔愈小。由於使用之網線大小不同，故篩目數和篩孔尺度有不同之換算關係。

二、顯微鏡法

顯微鏡 (Microscopy) 法就是利用光學顯微鏡或電子顯微鏡來測定粉末粒子的粒度及數目而求出粒度分佈的方法，顯微鏡能直接觀察及量測每一個粉末顆粒，因此為最精確的粒度分析法，常被用於當作其他粒度測定法的標準方法。顯微鏡法雖然是最精確的粒度測定法，但相當費時繁瑣，又由於測定者的主觀偏見而對測定結果有所影響，因而發展出自動影像分析儀來量測。

顯微鏡可視粉末顆粒的大小，而選用適當的光學、掃描式或穿透式的電子顯微鏡。光學顯微鏡可以接目鏡所刻劃之尺度直接和所量測的粒子作比較，或以照成相片再從倍率求出粉末顆粒大小二種方法。電子顯微鏡則大部採用照成相片再量測的方法，不管是採用那一種方法，測定試料的量都相當的小，因此對試料的取樣方法及粉末粒子的分散方法，都應特別注意，以避免由於粒子大小的偏析及黏聚粉 (Agglomerates) 的形成，而影響量測結果的正確性。一般為增加測定的可靠性所測定的粉末粒子數目需要超過數百個甚至高達數千個以上。

7-4-2　粉末形狀

粉末顆粒形狀 (Particle Shape；簡稱粒狀) 一如粉末粒度一樣，為重要的粉末特性之一，在選用粉末的應用時，該特性就會被審慎地考量。粉末的行為特性，例如流動性 (Flow Rate)，視密度 (Apparent Density) 和壓縮性 (Compressibility) 等都可能受到粉末粒狀及粒度的嚴重影響。

目前最普通的方法描述和辨別粉末粒狀之乃是利用定性的分析，即為粉末顆粒之尺寸和表面輪廓描繪，圖 7-13 所示為各種粉末形狀特性的模型系統，用以分析粉末材料行為特性之關聯性。

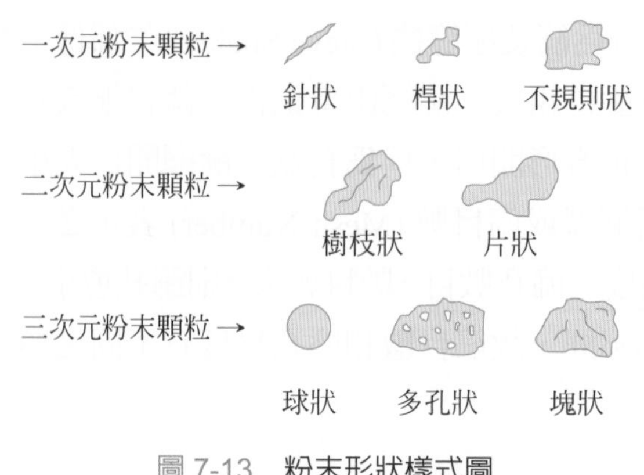

圖 7-13　粉末形狀樣式圖

一次元或線形的粉末顆粒，通常其形狀呈針狀 (Acicular) 或桿狀 (Rod-like)，最主要的尺寸參數爲長度，其值要比橫向斷面尺寸大很多，有時也使用長寬比 (Aspect Ratio) 來描述，二次元粉末顆粒通常呈扁平形狀，其側面尺寸要比厚度大很多。這類粉末顆粒通常不規則，片狀粉末也被視爲二次元之顆粒，其長度和寬度爲最重要的參數，兩者均比厚度要大很多。大多數的粉末顆粒爲三次元，呈立體形狀，這類粉末中，以球形顆粒最爲簡單，和偏離這種理想形狀及輪廓者，如不規則粉末顆粒及塊結狀 (Nodular Type) 顆粒。

粉末粒狀通常以光學或電子顯微鏡來分析，分析三次元粉末顆粒的形狀參數時，因爲理想形狀之粉末顆粒 (如球狀顆粒) 並不多，而三次元粉末顆粒是呈現三維立體狀，在光學或電子顯微鏡分析下不易描述其外型輪廓，因爲光學或電子顯微鏡無法呈現出立體的顆粒圖像，所以分析時常會發生辨識粉末粒狀上的困難。在任何一種形態的粉末，其粉末顆粒形狀的均一性也不完全存在，通常粒度較細者常比粒度較粗者更能顯示較完整的球形度，而相同的粉末材質，若利用不同的方法所製造的粉末，其粒狀也會有顯著不同。在顯微分析下也常會出現數個小顆粒粉末結合在一大顆粒上 (黏聚粉) 的現象發生。這些原因都會導致在顯微分析中分析粒狀的困難。

7-4-3 粉末視密度

粉末的視密度 (Apparent Density) 是說明一鬆散粉末質量所佔實際的體積，即在規定條件下，使粉末自由落下並充填於標準量杯，所得到之單位容積之質量以 g/cm^3 表示，又稱爲鬆裝密度，爲粉末的基本性質之一。在粉末基的快速原型系統中，對於粉末堆積的製程機制，粉末的視密度的大小會影響粉末堆積的狀況，進而影響系統製作的原型件品質。

粉末的視密度會因材料的密度、粒度、粒度分佈、粒狀、粉末顆粒的表面積及粗糙度或粉末顆粒的排列等而有所差異，其中粉末粒度的影響最大，一般而言，視密度隨著 (1) 粉末粒度越細者而越大、(2) 不規則粒狀的增加而減少、(3) 顆粒表面粗度的增加而減少，圖 7-14 表示粉末形狀對視密度的影響。

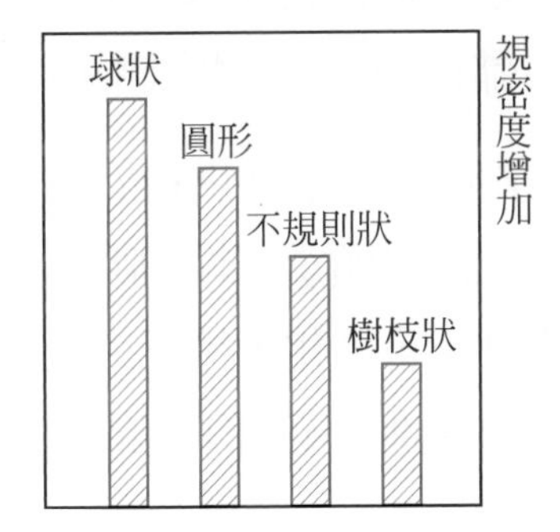

圖 7-14　粉末粒狀對視密度的影響

粉末視密度量測所使用儀器是霍爾流動計 (Hall Flowmeter)，如圖 7-15，其基本組成爲標準漏斗、固定支架以及量杯，其量測步驟是將粉末置入標準漏斗，使其自然落入下方的量杯，待粉末開始落出量杯外時停止落粉，並將粉末沿杯口刮平，在使用精密天秤量測扣除量杯重量的粉末重量，並計算其密度。

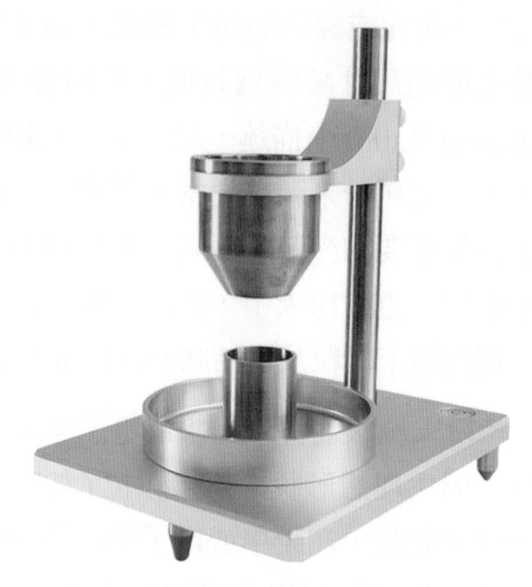

圖 7-15　霍爾流動計

因所量測粉體之型態並非一致，故堆疊在一起後多含有孔隙的存在，因此所測得粉末重量的體積爲粉末體積 V_p 加上孔隙體積 V_h，其計算所得到的密度並非粉末眞實密度 (True Density, ρ_t)，而是稱爲視密度 (Apparent Density, ρ_a)，其計算方式及結果如下：

$$\text{視密度}\ \rho_a = \frac{\text{粉末重量體積}\ W_p}{\text{粉末體積}\ V_p + \text{孔隙體積}\ V_h}$$

7-5　黏著劑噴印及相關應用

7-5-1　黏著劑噴印成型技術運用在三維食品列印機

黏著劑噴印成型技術所需的技術門檻相較於材料擠製成型技術更爲複雜，其做動原理與 Binder Jetting 相同，差別在於粉末屬於食品粉末，而膠黏劑屬於食用的膠水；而供應粉末的方式大致上有三種，分別爲 Z 軸平台抬升供粉 (圖 7-16)、上方儲存槽供粉、螺旋輸送機供粉 (圖 7-17)。

Z 軸平台抬升供粉 (圖 7-16) 會利用滾輪將原料平台的粉末刮至成型平台，接著再經由噴頭選擇性的噴出膠黏劑，噴到膠黏劑的地方才會硬化成型，而未噴膠的地方則不會硬化，接下來成型平台下降一層的高度、而原料平台上升一成的高度，然後重複進行至列印完成，完成後未經過黏著劑噴印的粉末可被回收再次利用。

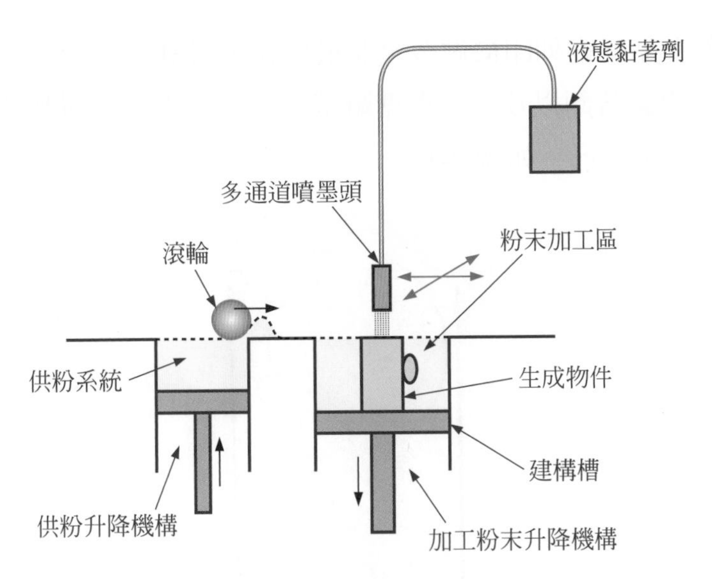

圖 7-16　Z 軸平台抬升供粉

而上方儲存槽供粉，先經由上方儲存槽灑下粉末，接著再經由噴頭選擇性的噴出膠黏劑，噴到膠黏劑的地方才會硬化成型，而未噴膠的地方則不會硬化，接下來成型平台下降一層的高度，由上方儲存槽再次供粉，然後重複進行至列印完成。

螺旋輸送機 (圖 7-17) 是極普遍的一種物料供應設施，在螺旋輸送機內之槽或管中設有螺旋軸或旋轉軸，以輸送物料，使用螺旋葉片攪拌亦可增進輸送效果。有時利用氣體在密閉槽內循環，也可在輸送中脫色、乾燥、冷卻等。

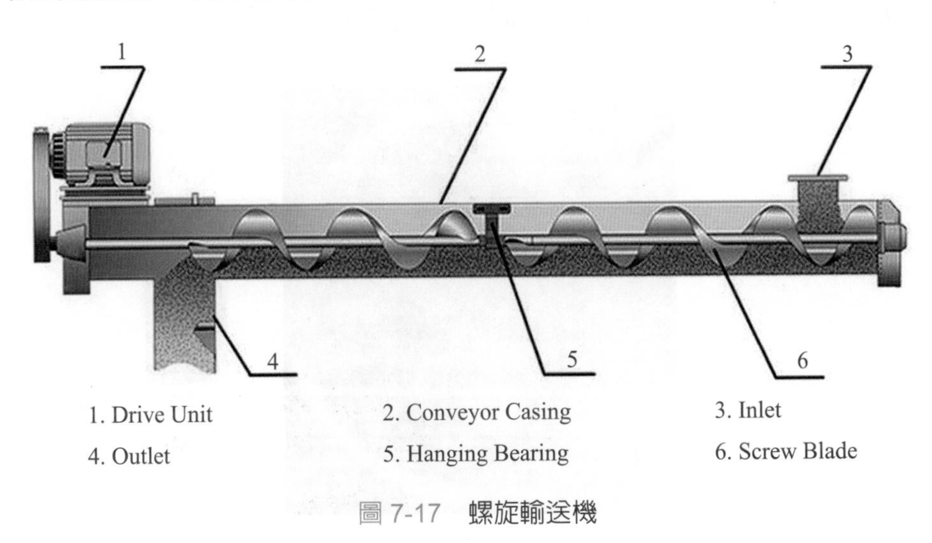

圖 7-17　螺旋輸送機

另外藉由對食品三維列印機做改良及最佳化，設計出符合食品安全規範的機台，並研發出食用黏著劑以及可成型糖雕基材粉末，再以積層製造中的黏著劑噴印成型技術做出各種圖形。如圖 7-18。

圖 7-18　立體糖雕

7-5-2　黏著劑噴印成型技術運用在咖啡拉花列印機

以市售印表機與二維噴印平台的概念結合，將其運用在拉花技藝中，使用桌上型拉花機進行咖啡拉花，運用 Microsoft Word 當作操作介面，將圖案經由改裝的市售印表機噴印至奶泡上，完成咖啡拉花。如圖 7-19。

圖 7-19　桌上型拉花機製造之咖啡拉花

7-5-3 直接金屬鑄模法

以具耐溫特性之粉末在機台上直接成型模具，當模具硬化取出後，修飾與金屬容易接觸之表面，即可直接澆鑄不同熔點之金屬溶液，達成直接澆鑄金屬之快速模具製作，從而能大大地縮短模具之製成工時及降低成本。

7-6 結語

美國麻省理工學院於 1990 年代研發出來以粉末爲基材及用噴墨印表機噴印黏著劑將物件堆疊成型，是眞正的三維列印 (3D printing) 名詞的創始者，目前也被美國材料試驗協會 (American Society for Testing and Materials，ASTM) 統整列爲七大技術其中之一，改稱爲黏著劑噴膠技術 (Binder Jetting，BJ)。雖然此一設計可以搭配彩色墨水，曾爲世界第一台可以成型全彩的 3D 物件及機台銷售上曾領先若干年。然而在經過約 20 年的應用後，在各種工業設計初期以視覺輔助上仍有一定的領先，但因其強度不足、取件較困難，一直爲其技術致命傷，反被ＦＤＭ系統產品超越，然而，他獨特的粉本材料卻是最具有可變換性的機器，現今此種技術已經能夠應用於鑄造的開模、齒科醫療、工藝品、食品…等等，相信再過不久，能夠應用的層面會更廣。

參考文獻

1. 黃宥霖，澱粉類食品粉末三維列印機精進開發研究，國立成功大學航空太空工程學系，碩士論文，2016。
2. 曾昱晨，粉末基快速原型系統之材料特性及系統參數最佳化設計之研究，國立高雄第一科技大學機械與自動化工程系，碩士論文，2001。
3. 楊崇邠，快速成型中彩色切層演算法的發展與應用，國立成功大學機械學系，碩士論文，2007。
4. 林享億，三維快速成型之切層研究，國立成功大學航空太空工程學系，碩士論文，2003。
5. 郭江禹，以二維影像輪廓資料重建三維物體模型，國立臺灣師範大學，碩士論文，2008。
6. 黃勁翔，立體食品與糖雕製程之三維列印機研發，國立成功大學航空太空工程學系，碩士論文，2017。
7. 翁瑋擇，實現以印表機模組轉為平版拉花列印，國立成功大學航空太空工程學系，碩士論文，2015。
8. 于仁斌，氣泡式噴墨頭液滴形成之數值模擬，國立雲林科技大學機械工程學系，碩士論文，2007
9. 徐聰榮，直接澆鑄金屬快速模具之石膏基複合粉末及其成型方法之研究，國立成功大學，博士論文，2009
10. J.D.Beasley, “Model for Fluid Ejection and Refill in an Impulse Drive Jet,” Photogr. Sci. Eng. ,vol.21, pp.78-82, 1977.
11. Andrea L. Ames, David R. Nadeau, John L. Moreland, The VRML2.0 Sourcebook 2nd, Wiley Com., 1996.
12. Yanshuo Wang, Jian Dong and H.L. Marcus, “The Use of VRML to Integrate Design,” Solid Freeform Fabrication Proceedings, Austin TX, pp.669-676, 1997.

13. B.G. Baumgart, "A Polyhedron Representation for Computer Vision," In Proceedings of the National Computer Conference, pp. 589-596, 1975.
14. E. M. Sachs, J. S. Haggerty, M.J. Cima, P.A. Williams, "Three-Dimensional Printing Techniques," US Patent No. 5,204,055. 1993.
15. Z Corporation Z402 User manual
16. https://www.pinterest.com/pin/87679523974069003/
17. https://www.amazon.es/Profesional-probador-capacidad-sal%C3%B3n-Caudal%C3%ADmetro/dp/B072Q66MD6
18. http://www.microjet.com.tw/zh-tw/products/list.php?pin=9445e42595a5861bb841fef1444d0893&type=s
19. http://www.sky-tech.com.tw/sky-tech/tw/fcp-300_tw.php
20. https://www.3dsystems.com/3d-printers/projet-cjp-860pro

問題與討論

1. 黏著劑噴印技術後產出的物件在積層製技術中之有哪些特色？
2. 黏著劑噴印技術運用在哪方面產業上有較好的優勢？
3. 應用於此技術中的粉末是否粒徑越大，鋪起來的粉層平整度越高？
4. 粉末有哪些物理性質？，並說明其性質影響列印之特性。
5. 複合粉末與黏著劑之間有甚麼相關平衡性？
6. 請說明切層技術中的光柵掃描法。
7. 請說明切層技術中的侵蝕法。
8. 何以目前黏著劑噴印技術機台反而不如 FDM 系列產品流行？

08

薄片疊層技術 Sheet Lamination

本章編著：鄭逸琳

8-1 技術簡介

薄片疊層技術 (sheet lamination) 是以薄片材料一層一層結合在一起產生物件的積層製造技術，此類技術最早的代表是 LOM(Laminated Object Manufacturing)，屬於早期五大快速成型技術之一，以紙張爲薄片材料，使用 CO_2 雷射切出每一層的內外輪廓，黏結疊出最後的工件，但該公司已不復存在。薄片疊層技術類在目前市場上的佔有率較低，商用系統也較有限，製程上需考慮薄片材料、層與層的接合、內外輪廓切割的工具、支撐的方式。

薄片材料最常見的是單側含膠的紙張，亦有使用塑膠薄片 (如 PVC) 或金屬薄片，甚至是纖維預浸布。但薄片材料的不同，將影響層與層接合的方式與切割輪廓的工具。相較於其他積層製造技術的材料，紙的成本便宜許多，以較厚實的牛皮紙爲例，若層間接合強度足夠，將可達到接近木頭製品的感覺，也較有機會製作大型工件。另外，薄片材料意味著該層欲“成型”的區域已存在，無需透過擠出或掃描的方式去填滿或固化成型，僅就內外輪廓切割分離即可，在單層的加工速度上有其優勢。不過，也因爲是薄片的關係，在疊層結合過程中容易不均勻、不平整，進而造成翹曲或結合強度不均，影響最終工件品質。

層與層接合的方式，是此類技術的關鍵，影響其應用的可能性。紙張與塑膠薄片通常以膠來黏結，材料背部已預先塗上薄膠，膠的成分與黏結所需的加工參數是各家的 know how，加工時利用熱的滾輪滾過或熱平板壓平，增加結合的效果與平整。若是金屬薄片材料，則無法用膠的黏結來達到金屬工件所需的強度，因此近年有公司採用超音波銲接技術結合金屬薄層，利用超音波的振動能量使兩個表面摩擦，形成分子間的接合，因爲沒有在介面上出現微結構的改變，所以能夠達到足夠強的接合。超音波銲接所需的加工參數，將因欲接合材料之不同而有差別，同類型或不同類型材料的接合機制亦不相同。若是以熱塑性高分子爲基材的複合材料，則可透過加熱達到層與層之間的接合。

內外輪廓切割的工具隨材料而異，早期的 LOM 以雷射所提供的熱將材料切斷，雷射所需的能量與成本高，切割的路徑亦容易有燒灼的痕跡。後期的廠商改用電腦控制的刀片切割，少掉雷射系統的複雜與高成本，設備的進入成本大幅下降，但刀片爲耗材，壽命有限，需同時考量。金屬薄片材料則需搭配 CNC 銑床來切割定義出每一層的內外輪廓，與紙張類的大不相同，設備成本大幅提高。若薄片材料爲含纖維的高分子複合材料，則會以超音波來切割內外輪廓。

薄片疊層技術提供支撐的方式，是以原薄層材料來提供，待工件完成後剝除。爲方便剝除，每一層切割時會將支撐的區域以格狀方式切虛線，類似紙張方便撕下的騎縫線，最後移除時則是以小立方體方式剝除。實務上，因爲每層剖面不同，尤其是上層輪廓大於下層輪廓時，上層輪廓會與下層需移除的支撐材料黏結在一起，導致非常難準確剝除。其次，中空餘材的移除也是一大挑戰。

8-2 商用系統

8-2-1 Cubic Technologies 的 LOM(Laminated Object Manufacturing)

LOM(Laminated Object Manufacturing) 是早期五大快速成型技術之一，1991 年第一台 LOM 的系統由 Helisys Inc. 公司推出，但因爲銷售數字不如預期，該公司陷入財務困難，於 2000 年停止營運，後來由 Cubic Technologies 接手，但該公司亦已退出市場。

LOM 的工作原理如圖 8-1 所示，每一層主要包含三大步驟—放置紙張薄片、與前層黏結、雷射切割內外輪廓，每一層完成後，工作平台下降一層的高度，讓下一層的薄片可置於其上，雷射切割的 *Z* 軸高度無需改變。紙張薄片以整捲送紙的方式，將薄片移至工作平台，紙張的背後早已預先塗有一層膠，擺放至定位後，一加熱的滾輪滾過工作平台，讓紙張背後的膠遇熱熔化與前一層黏結在一起，滾輪亦提供壓平之功能。CO_2 雷射根據該層截面所需的內外輪廓掃描切割，分離需要與不需要的部分，雷射切割的深度爲一層的厚度。不需要的部分即未使用的材料，將留在其原處當作支撐材料，待最後工件製作完畢後再取下。爲了事後方便移除，支撐材料的部分將採格狀方式切割，最後可像方塊一樣順利被取下。

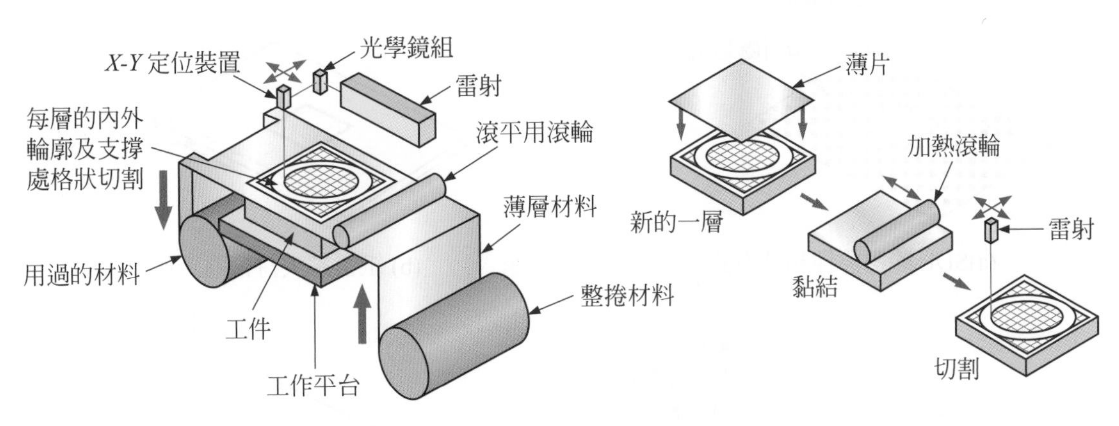

圖 8-1　LOM 的工作原理

8-2-2　Mcor Technologies 的 SDL(Selective Deposition Lamination)

Mcor Technologies 的系統概念與 LOM 相似，也是以紙張爲薄片，只是紙張爲一疊而不是整捲的，切割的工具爲電腦控制的刀片，設備成本上可大幅降低。每一層的紙張被夾持帶進工作平台，切割 / 夾持的模組移開後，整個平台向上移動至上部的金屬平板壓平黏結，之後再下降至工作區進行切割，切割的方式與 LOM 類似，除內外輪廓切割外，支撐材料的部分亦採格狀方式切割便於後續撥除。不過，Mcor Technologies 最新發表的機種 McorARKe，則是改採一整捲的方式提供紙張薄片，回到與 LOM 類似的方式。Mcor Technologies 原有提供三款機台供選用—ARKe、IRIS HD、Matrix 300 +，但因該公司已遭清算，承接的 Clean Green 3D 僅保留可彩色列印的 ArkePro，將重新包裝再上市。現在 Clean Green

3D 也不存在了，由 Formicum 3D-Service GmbH 公司接手相關的服務。Matrix 300 + 僅爲單色列印，ARKe 與 IRIS HD 則可提供列印全彩的物件。因爲是紙張薄層，墨水要上色相對其他材料而言容易許多，系統內部結合噴墨印表機，每一層的紙張先噴印色彩後，再與前一層黏結後切割，最後得到彩色工件，是少數可以製作彩色物件的積層製造製程之一。SDL 技術雖然紙張與水性黏著劑成本不高，但切割的刀片爲耗材，磨損不鋒利後即需更換，於成本計算時不可忽略。其次，Mcor 的紙不是背膠紙，全平面黏接，而是使用噴膠於需黏接處，所以餘材比傳統的 LOM 方式容易移除。

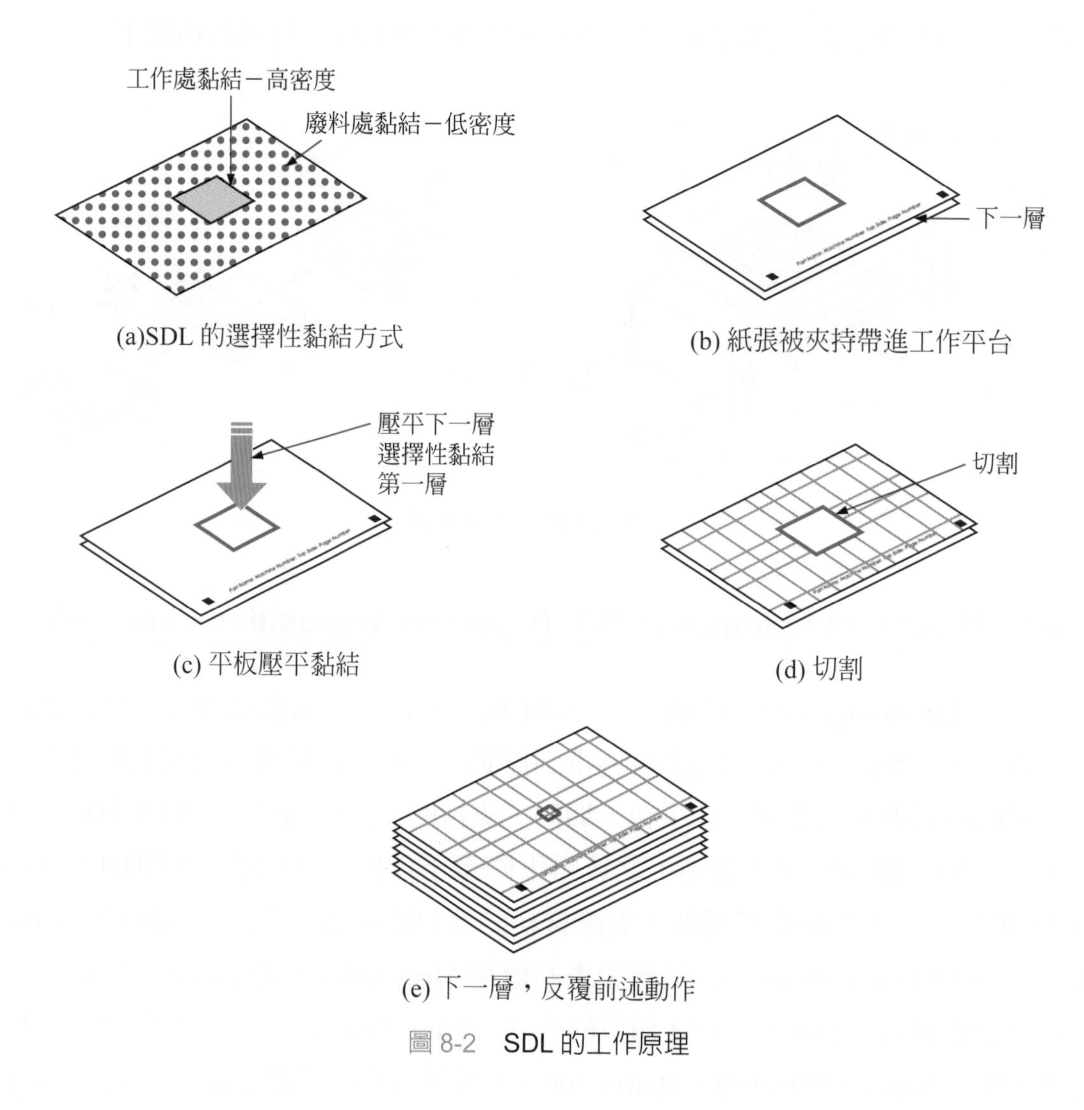

圖 8-2　SDL 的工作原理

8-2-3 Fabrisonic 的 UAM(Ultrasonic Additive Manufacturing)

UAM 的技術以金屬箔片爲基礎材料，透過超音波銲接的原理，讓金屬箔片間產生固態接合 (solid-state bonding)，可在較低的工作溫度下進行。目前已成功使用於 UAM 的材料有 Al 6061、Al 2024、Inconel 600、黃銅、SS 316、SS 347、Ni 201 及純銅。Fabrisonic 的系統爲複合式機台，是 UAM 結合 CNC 銑床，在疊數層金屬箔片至特定層厚之後，進行 CNC 銑削，達到所需的幾何。因與 CNC 結合，工件的精度可達 CNC 切削的等級，主要用於零件修補的應用上。若是較複雜的工件，CNC 銑削的需求更多，在事前製程、路徑規劃上，將更加繁瑣。

(a) UAM 將金屬箔片與前層結合

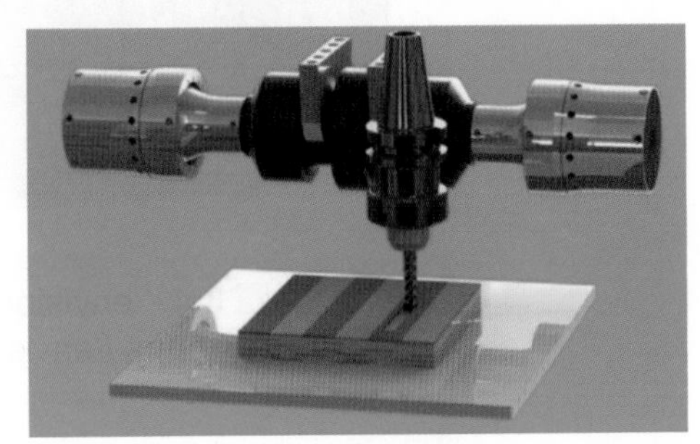

(b) CNC 銑削

圖 8-3　Fabrisonic 的 UAM 複合系統結合加法與減法的製造程序
(圖片來源：http://fabrisonic.com/uam-overview/)

8-2-4 envisionTEC 的 Selective Lamination Composite Object Manufacturing(SLCOM)

德國公司 envisionTEC 主要是以 DLP 型的 3D 列印系統起家，但近年亦有雷射光固化 3D 列印、生物列印等系統。2016 年該公司推出 SLCOM 的技術列印複合材料，製程的原理屬於 Sheet Lamination 這一類。複合材料採用編織纖維預浸布 (woven fiber prepregs)，所使用的基材爲熱塑性材料，包括 PEEK、PEI、PPS、PP、PE、PC、PET、PES、PA、PEKK 等，纖維的選擇則有碳纖維、玻璃纖維、Kevlar 纖維、ZYLON® PBO 纖維。類似 LOM 的技術，透過熱讓熱塑型基材層與層之間結合，但每一層形狀的切割是使用超音波刀，會自動偵測刀具磨損程度自動替換。SLCOM 1 機台 (如圖 8-4) 的成形範圍爲 762×610×610 mm，以航太、汽車等現行的複合材料應用爲目標，不過可能是市場接受度有限，目前該公司的產品線網站已看不到 SLCOM 1。

圖 8-4 envisionTEC 的 SLCOM 1 機台
(圖片來源：https://envisiontec.com/3d-printers/slcom-1/)

8-3 結語

目前市面上薄片疊層技術的 3D 列印系統較有限，以紙張爲基本薄片材料於切割容易性與上色來說有其優勢，有機會提供全彩模型列印，但也因爲是紙張堆疊而成，多被定位於原型工件製作之應用，市場有限，公司經營不易。雖然曾有公司以 PVC 塑膠薄片爲成型材料，但該公司不甚成功，已退出市場。金屬薄片材料雖然導入超音波銲接提供層與層之間的固態黏結，但每層幾何外型切割上則需仰賴CNC切削設備，系統空間需求較大，初期設備成本較高，加工複雜度亦較高。複合材料的導入，讓薄片疊層類的技術有更多產業應用的可能性，但市場接受度仍需觀察。未來若有更多元的材料、新的層間結合方式、更佳的切割策略被開發，將有助於此類技術從 3D 列印中較邊緣的角色翻身，讓其優勢可以被看見且扮演更多應用的角色。

1. "Additive Manufacturing Technologies-3D Printing, Rapid Prototyping, and Direct Digital Manufacturing, 2nd edition" by Ian-Gibson, David-Rosen and BrentStucker, 2015.
2. Formicum 3D-Service GmbH (https://www.formicum.de/)
3. Fabrisonic LLC(http://fabrisonic.com/)
4. envisionTEC's SLCOM 1 (https://envisiontec.com/wp-content/uploads/2016/09/2017-SLCOM1.pdf)

1. 薄片疊層技術中，層與層的黏合方式很重要，將決定工件最後的機械性質，請說明討論可能的黏合方式及其適用的材料。
2. 薄片疊層技術中，每一層的幾何在加工成型過程中是如何被切割？試比較各種方法對於系統的複雜性與成本之影響。
3. 請說明 SDL 之優缺點及其應用上適合之處。
4. UAM 與其他金屬 AM 製程相比，其優缺點為何？

09

粉末床熔融技術 Powder Bed Fusion

本章編著：鄭中緯、蘇威年、謝志華

9-1 製程介紹

粉末床熔融技術 (Powder bed fusion, PBF) 是一種使用能量源，通常是雷射或是電子束，在鋪平的粉末上進行平面圖案的掃描，該圖檔是由 3D CAD 模型經 STL 格式轉換而得。掃描完成後，既有的粉末平台會在 Z 軸方向下降一定的厚度，然後系統再進行新的粉末鋪平平台工作區，能量源可再進行新的圖案掃描。通常考量材料應力的影響，系統會預熱整個工作區域 (列印區及儲存粉末區)，有些設備甚至可以控制工作區的氣氛，以避免粉末氧化。透過反覆前述的動作，立體的物件會在粉末堆，利用積層製造的原理逐漸成型。完全後將未熔融的鬆散粉末移除，即可以得到最終所需要的立體物件。

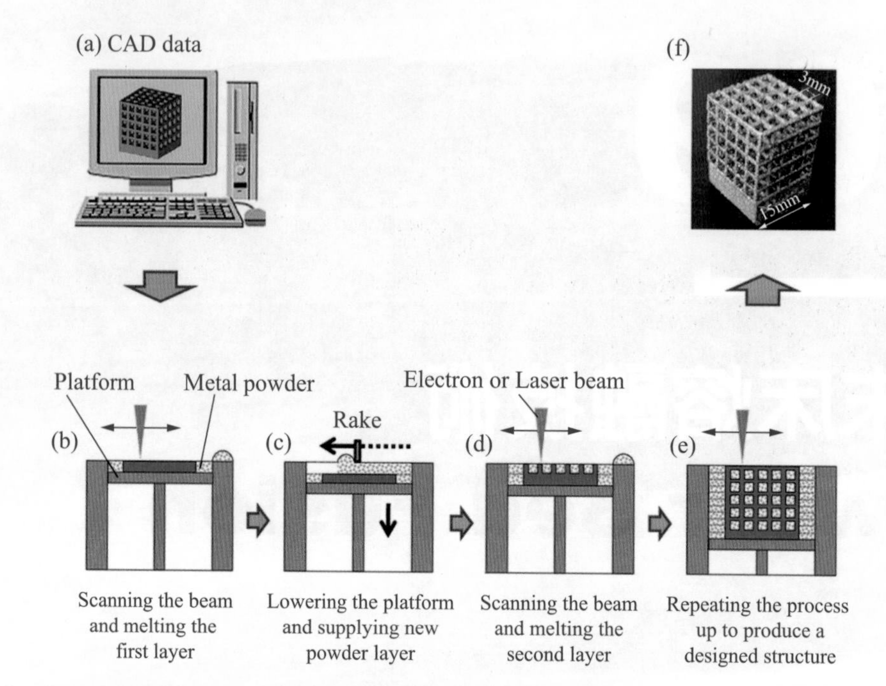

圖 9-1 粉末熔融技術特徵 (來源：https://www.researchgate.net/figure/Schematic-diagram-illustrating-the-powder-bed-fusion-method-used-in-fabricating-a_fig1_276831733)

與其他 AM 技術相比，粉末熔融技術可說是有幾個重要的特徵：

1. 不需要支撐 - 不同於多數的積層製造方法，粉末熔融技術幾乎不需要使用支撐材，特別是塑膠粉末；但金屬粉末通常仍需要支撐，尤其是角度 < 40 度場合。在 3D 圖檔轉換階段，規劃和添加支撐材料，常常需要工程師有經驗的判斷，是實務上比較令人困擾的部分；如果免除了支撐的必要性，無疑大幅強化了製程和設備的操作親和力。不需要支撐材設計的原因在於堆積的粉末可以支撐已熔融和燒結所需要的強度，即使是懸空、簍空、倒角等結構上的特徵都可以應付。

2. 材料選擇廣 - 多數的 AM 製程，僅能使用特定類型的材料，例如光固化液態樹脂 (高分子)、高分子線材等，但粉末熔融技術可以運用的材料，原理上可以包括各式的粉末材料，從金屬、合金、陶瓷、高分子、甚至是複合材料均可以使用，是相當特殊之處，但同次列印僅只能針對相同粉末進行列印。

3. 能量源的選擇 - 配合所加工的粉末種類，PBF 可以使用合適的能量源以加工粉末，例如雷射和電子束，其中雷射光源爲具有特定波長的電磁能量，電子束則爲高能量源，通常後者需要眞空環境、同時僅適用於加工金屬粉末。

9-2 材料

9-2-1 高分子粉末

粉末床熔融技術原則上以熱塑性高分子爲常見的塑膠材料。熱塑性高分子與其分子排列情況，可以區分爲結晶性 (crystalline) 與和非結晶性 (又譯非晶質性、非定型 , amorphous)，隨著溫度的升高，兩種不同的熱塑性材料略有不同的變化，其微觀特徵與物理特性如圖 9-2 所示。

非結晶性 (amorphous)

- 結構 – 凌亂、不規則性
- 熔點 – 範圍寬，無明顯熔點
- 收縮 – 小
- 機械性質 – 普遍較差
- 例如: ABS, PC, PS, PMMA

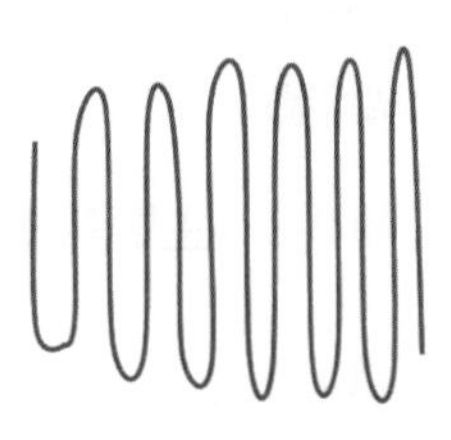

結晶性 (crystalline)

- 結構 – 規則性排列
- 熔點 – 範圍窄
- 收縮 – 大
- 機械性質 – 普遍較佳
- 例如: PE, PA6 (Nylon), PET

圖 9-2　熱塑性高分子特徵

非結晶性高分子，因爲分子沒有規則排列，因此當溫度升高時，鏈狀分子在空間中擾動，使原本不規則排列的分子間更加鬆動，直到溫度達到玻璃轉化點 (glass transition temperature) 後，分子變成高黏度的流體。相較之下，結晶性材料原本是硬彈性體，隨著溫度上升，分子規則排列的結晶性會逐漸軟化直到熔點範圍，之後即變成高黏度的流體，一旦溫度降低後，分子間的規則排列又會再度恢復成結晶結構。值得注意的是一般所謂結晶性熱塑性高分子，其實都含有比例不等的非結晶性單元與結構特徵，因此在圖 9-3 中可以看到部分材料既含有玻璃轉化點溫度、也有熔點溫度。熱塑性高分子的種類繁多，目前可運用於選擇性雷射燒結 (SLS) 製程的如非晶性的 PC、PSR、PMMA 等，與結晶性高分子粉末的 PE、PA、PEEK 等，如圖 9-4 所整理。此外，亦可在使用時依比例添加不同成分，如碳纖、玻纖、玻璃珠 (glass bead)、石墨烯 (graphene)、類石墨烯 (graphene-like)、鋁粉等，以提高成品的機械性質或熱 / 電傳導特性。

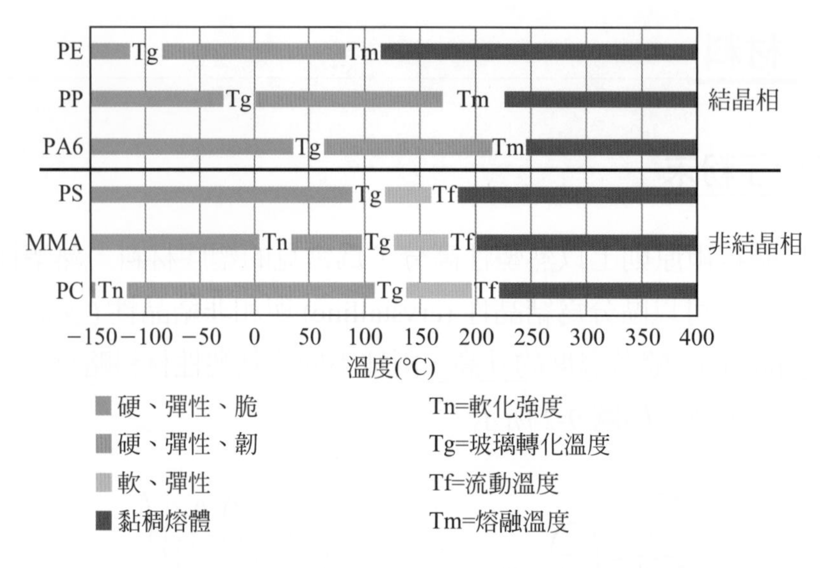

圖 9-3　主要熱塑性高分子的相變化與轉換溫度

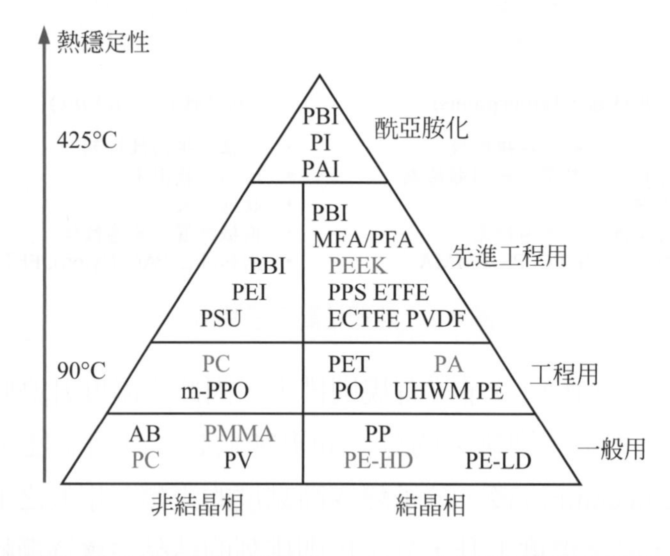

圖 9-4　一般常見熱塑性高分子與其耐熱性特徵，其中紅字為選擇性雷射燒結 (SLS) 可運用的材料

9-2-2　金屬與合金粉末

工業界中金屬與合金是最常被使用的材料，拜粉末冶金的技術發展成熟所賜，金屬與合金粉末也廣泛使用在射出成型 (Metal Injection Molding, MIM) 的技術上，並用來直接製作模具或是任何種類的功能性物件。金屬與合金粉末在 MIM 上的成功應用，促使粉末特性被廣泛地分析與研究，結合了燒結工具，開發出金屬粉末床熔融技術，讓 3D 列印領域取得更大的進步。表 9-1 列出雷射與電子束技術中常使用的金屬與合金材料，並整理所對應的用途。因雷射加工技術廣泛應用在

粉末床熔融機台上，材料的吸收率為重要的研究參數之一，表 9-2 整理了金屬、聚合物及混合物對雷射的吸收率，此吸收率會因材料表面光澤、粗糙及氧化而有所差異，僅提供讀者參考。

表 9-1　常見商業用設備中金屬與合金粉末的種類與其應用

製程	SLS/SLM/DMLS/DMP	EBM	用途
材料	鋁	鋁合金	航太、賽車等
	鈦合金、鈦鋁合金	鈦合金、鈦鋁合金	航太、醫療等
	鈷鉻合金	鈷鉻合金	生醫、牙科、高溫工程材料等
	不鏽鋼		航太、醫療、文創、工程、模具、熱交換器等
	鎳合金	鎳合金	航太、工業、模具、賽車等
	鋼		模具、工程等
	銅	銅	電子、工程等
	鎢		模具、工程等

表 9-2　金屬、聚合物及混合物對雷射的吸收率

類別	粉末材料	Nd：YAG (1060 nm)	CO_2 (10600 nm)
金屬	銅 (Cu)	59%	26%
	鐵 (Fe)	64%	45%
	錫 (Sn)	66%	23%
	鈦 (Ti)	77%	59%
	鉛 (Pb)	77%	-
	鈷合金 [1% 碳 (C)；28% 鉻 (Cr))；4% 鎢 (W)]	58%	25%
	銅合金 [10% 鋁 (Al)]	63%	32%
	鎳合金 [13% 鉻 (Cr)；3% 硼 (B)；4% 矽 (Si)；0.69% 碳 (C)]	64%	42%
	鎳合金 [15% 鉻 (Cr)；3.1% 矽 (Si)；0.8% 碳 (C)]	72%	51%
聚合物	PTFE(學名：聚四氟乙烯；俗稱鐵氟龍)	5%	73%
	PMMA(學名：聚甲基丙烯酸甲酯；俗稱壓克力)	6%	75%
	環氧聚醚基聚合物	9%	94%

表 9-2　金屬、聚合物及混合物對雷射的吸收率 (續)

類別	粉末材料	Nd：YAG (1060 nm)	CO_2 (10600 nm)
混合物	鐵合金 [3% 碳 (C)；3% 鉻 (Cr)；12% 釩 (V)+10% 碳化鈦 (TiC)]	65%	39%
	鐵合金 [1% 碳 (C)；14% 鉻 (Cr)；10% 錳 (Mn)；6% 鈦 (Ti)+66% 碳化鈦 (TiC)]	79%	44%
	鎳合金 (95%)+ 環氧聚醚基聚合物 (5%)	68%	54%
	鎳合金 (25%)+ 環氧聚醚基聚合物 (75%)	23%	76%
注意：吸收率會因表面粗糙及氧化而有所差異 Source：Tolpchko et al.(2000)			

9-2-3　陶瓷與陶瓷複合粉末

3D 列印領域中最常使用的常見陶瓷粉末爲金屬氧化物、金屬碳化物 (Carbides) 及金屬氮化物 (Nitrides) 等，此外，亦有陶瓷與金屬的複合材料 (cermet)。由於侵入式治療會有組織相容性的問題，在生物相容性實驗中使用與骨骼牙齒屬性較接近的陶瓷材料，如人體骨骼主要成分的陶瓷羥磷灰石 (Calcium hydroxyapatite)，將可減少排斥的現象。

由於陶瓷材料的熔點比一般材料高，在能量源的選擇上，需要更大功率才能使其熔化。由於成本及速度考量，可以在粉體材料中混合低熔點的高分子材料當作黏著劑 (binder)，或是在陶瓷粉末外披覆高分子塗層 (coating)，便能使用較低功率的雷射燒結粉體，使之成爲有孔隙及略具強度的粗胚 (green body)。然後再透過高溫爐加熱，使粗胚內的黏著劑完全移除，而粉體材料加熱到熔點後將填滿空隙，獲得最終的成品。

陶瓷粉末材料添加其他原料可將粉體配製成濕式漿料，考慮漿料的流變特性與粉體的分散性和穩定性，常會需要添加有機或無機的分散劑，來控制漿料的黏度、酸鹼值與粉體的表面電位。一方面需要愈高的固含量，另一方面則需考慮漿料的可操作性，兩需求往往背道而馳，需要尋找最佳化的解決方案。無論是使用黏著劑或漿料，均須移除額外的添加物，因此需要考慮成品的收縮、孔隙及形變問題，並透過製程手段與參數優化解決。陶瓷材料大多使用雷射設備進行粉末床熔融燒結，表 9-3 則整理出雷射對大部分陶瓷材料的吸收率。而電子束熔融 (electron beam melting, EBM) 技術，因爲製程中加工材料需要一定的導電性才能進行燒結，因此不適用於多數的陶瓷材料。

表 9-3　陶瓷材料對雷射的吸收率

類別	粉末材料	Nd：YAG(波長 1060 nm)	CO_2(波長 10600 nm)
陶瓷	氧化鋅 (ZnO)	2%	94%
	氧化鋁 (Al_2O_3)	3%	96%
	氧化矽 (SiO_2)	4%	96%
	氧化錫 (SnO)	5%	95%
	氧化銅 (CuO)	11%	76%
	碳化矽 (SiC)	78%	66%
	碳化鉻 (Cr_3C_2)	81%	70%
	碳化矽 (TiC)	82%	46%
	碳化鎢 (WC)	82%	48%
注意：吸收率會因表面粗糙及氧化而有所差異			

來源：Tolochko et.al(2000)"

9-2-4　材料特徵與分析工具

隨者粉末床熔融技術的發展，分析粉末特性的研究愈來愈多，從粉末的基礎形態到燒結後的塊材狀態，皆在材料分析的範圍。不論哪種型態，特徵觀測與量測分析工具皆可量化研究數據，本節僅簡要說明，對於有材料分析需求的讀者，建議進行延伸閱讀。表 9-4 列出 3D 列印中常用的分析工具，粉末是常見的材料形貌 (morphology)，粉末的平均粒徑會實際影響列印物件的表面粗糙度，而熔融固化後的材料收縮會影響尺寸精確度。對成品進行破壞與非破壞試驗可量測楊式模數、硬度、密度等機械性質，利用這些數據可判定各種粉末與參數間的穩定性，並可定義出各種固化成型的工業應用範圍。

表 9-4 常見可用於粉末床熔融技術的材料分析技術

材料類型	特性	工具	分析說明
粉末 / 成品	形貌	掃描電子顯微鏡 (SEM)	聚焦電子束掃描樣品的表面來產生樣品表面的圖像。其解析度，對於微米或次微米的樣品可以鑑別。
粉末 / 成品	組成	能量色散 X 射線譜 (EDX 或 EDS)	可以對樣品的化學組成做元素成分分析，同時獲得各元素分布 (Mapping) 資訊。
粉末	粒徑分析	動態光散射儀 (DLS)	以雷射光照射樣品，並量測在不同散射角度的光強度時間相關函數 (Light intensity time correlation function)，可得到諸如粒子形狀、粒徑分佈等訊息。過程相對簡單、迅速，對樣品不具破壞性。
粉末	粒徑分析	篩網	幾乎無需樣品製備，成本低，選用合適的篩網大小，幾乎可廣泛運用；但無從掌握粉末形狀資訊，特別是例如高寬比大的形狀，容易有明顯誤差。
粉末 / 成品	化學組成	X 射線光電子能譜儀 (XPS)	對於材料 (表面) 成分與化學鍵結的測定；允許深度剖析，了解縱向分布。
粉末	化學組成	傅立葉轉換紅外線光譜 (FTIR)	分析速度快，能理解材料表面的官能基特徵。穿透式 FTIR 一般會將樣品混合溴化鉀 (KBr) 等鹽類後，以研缽磨細再使用加壓裝置壓製成片進行粉末樣品的製備。反射式則免除此步驟，但常搭配積分球使用；半衰減全反射 (ATR) 式則適合進行材料表面 (深度) 的分析。
粉末 / 成品	結構	X- 射線繞射分析 (XRD)	透過比對標準材料的繞射數據庫，可以快速辨別大量不同的結晶樣品能夠確定的晶體結構與晶面。
成品	孔隙率	1. 電腦斷層掃描 (CT) 2. 光學 3. 浸沒法	可以使用例如電腦斷層掃描 (CT) 技術、或是觀察顯微切片 (照片) 方式估算。利用將多孔樣品浸入容易滲透入樣品孔隙的液體中，利用阿基米德原理估算，但其缺點爲對於封閉式的空隙，不易用流體填滿，恐有誤差。
粉末	流動性	粉末 (或粉體) 流動性測試儀	掌握粉末的流動性 (Flowability)。通常亦可一併測試粉體的鬆裝密度 (亦稱自然堆積密度)、振實密度等特性。對於 PBF 製程與相關鋪粉、供粉設計有直接關聯。
粉末 / 成品	熱分析	熱重 (量) 分析 (TGA)	隨著溫度 (等加熱速率) 或時間的增加，改變物質物性及化性。常用來確定物質特性，因透過分解、氧化，或揮發 (如水分) 而造成質量的減少或增加
粉末 / 成品	熱分析	微示差掃描熱卡分析儀 (DSC)	將樣品置於一個可透過程式控制升降溫或恆溫的加熱爐中，通入固定的環境氣體 (如氮氣)，記錄材料發生熱轉變 (Thermal transitions) 行爲時，溫度與熱流的變化。常用於高分子材料。可以分析如玻璃轉化溫度、熔點、結晶溫度、反應熱等特徵。

9-2-5 粉末與安全

目前粉末床熔融的設備精度，一般常使用微米至次微米級的粉末。粉末在極小的尺寸下，接觸面積增大，容易揚塵，故現場操作人員須留意粉塵操作時帶來的健康與安全上的危險，操作時配戴個人安全護具，並遵守安全規範，在設備操作空間，加裝通風或抽風設備，集塵或粉末回收裝置。此外，粉末床熔融技術中未被熔融的粉末，原則上是可以留著下次製程使用，不過因爲粉末有經製程熱循環的影響，其特性可能會與全新的粉末略有差異。實務上，有時會採用新舊混合方式，兼顧材料特性與經濟性。全新粉末、受熱循環影響的舊粉末 (used powder) 及由製造商重新銷毀再製的回收粉末 (recycled powder)，可能有細微的特性差異，受限於篇幅，將暫不予以探討。

9-3 熔融反應機制

9-3-1 固態燒結

固態燒結是對堆疊的粉末使用熔點之下的溫度進行熱處理，使其型變而產生結合，進一步提高強度來使其結構化。固態燒結的變化大致分爲三階段。如圖 9-5 所示，粉末間的空隙隨著燒結時間，粉體間的空隙逐漸消失，粉體間藉由控散作用，形成的結合區域 (necking) 會愈趨明顯，孔隙度會逐漸減少，此時結構體具有些許強度，並產生一定程度的體積收縮。當燒結結束時，孔隙度會變得更小，結構體因仍有些許孔隙度存在，強度仍會遜於一般鍛造塊材，但已有相當的強度。

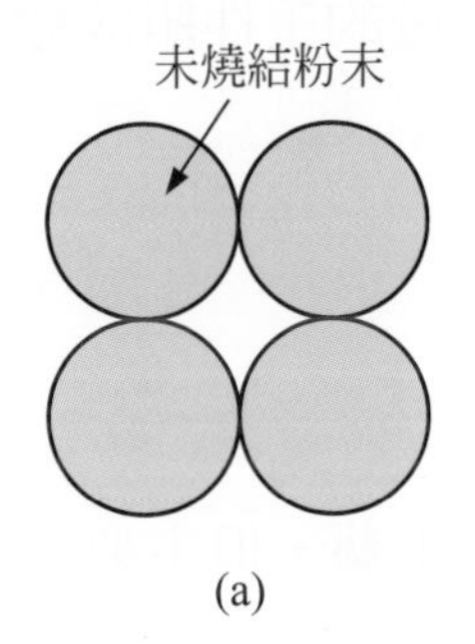

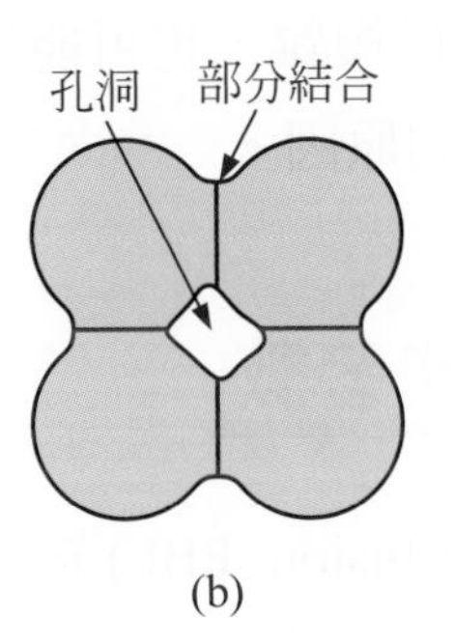

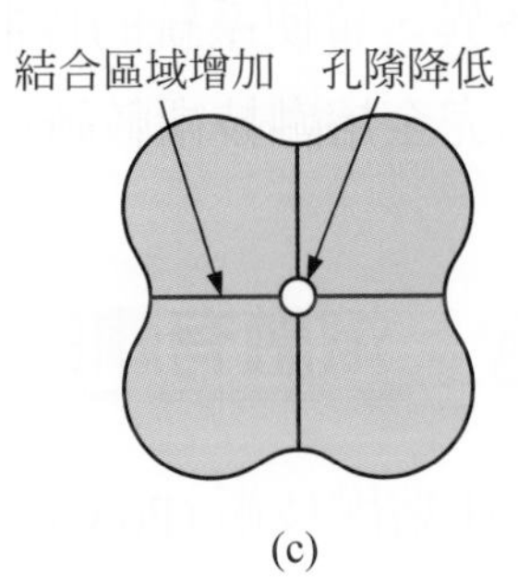

圖 9-5 固態燒結的三階段示意圖，(a) 為初始階段，(b) 中間階段；(c) 最終階段
(來源：Gibson et al. (2000, p132)"

9-3-2 液相燒結

在液相燒結 (liquid phase sintering) 中，部分粉末在燒結過程中先成為液相，加速燒結與堆積密實過程。由於粉末床熔融技術的粉末可能混有黏著劑 (binder) 或是合金粉末有熔點較低的組成，在適當的條件與加熱過程中，這些物質會先行熔融成液態，其他主要組成物仍維持固態。由於液相的毛細現象，將會先填補粉末堆的空隙，並促使固態粉體重新排列成更有利與緊密的堆積情形。另外，部分較小的粉末亦可能會先行溶於液相，之後其他地方重新析出，或是多顆較小的粉體溶解後，在較大的顆粒上重新析出，此稱為奧斯伍德熟化 (Ostwald ripening)。之後固相的主結構體排列逐漸密實。液相燒結主要能加速粉體密實堆積過程，為能善用此特徵，要點是主要組成相應能略溶於與液相組成，以及黏著劑添加物需在主要組成的發生燒結前熔化，否則將不會發生顆粒的重排。

9-3-3 完全熔融

與前二種狀態相比，顧名思義，完全熔融係將粉末完全熔化，優點在於可以完全消除原粉體堆積的空隙，達到完全無孔隙的成型。原則上，結構內部無空隙因此成形物體的機械強度可以接近或相當於一般鍛造塊材，具備極高的工程應用價值。然而，值得注意的是，要將粉末完全熔融所需提供的能量將遠高於固態燒結或液相燒結，同時材料會瞬間固化。與此同時因劇烈的溫度差異與收縮可能造成潛藏的應力問題，必須要特別注意。通常設備會添加加工溫度與氣氛控制，以及後續的退火處理，以減少和釋放應力，避免成形工件因應力過大，發生翹曲、變形、破裂等現象。此外，如果粉體組成複雜，各組成物的熔點都不同，熔融態的黏度各異，會使系統的控制變得複雜，也可能使得固化後的工件組成變得不均勻，此為完全熔融技術較難成型的原因。

9-4 熔融有關的其他參數

粉末床熔融技術 (Powder bed fusion, PBF) 綜合了多項工藝，但主要受幾個面向的變因影響，一是熱源 (雷射或電子束)；二是材料 (粉末或複合粉末)，包括材料本身的物理化學特性，以及粉末的型貌特徵 (粒徑大小、分布、形狀與堆積密度)，是否有添加其他助劑有關；三是系統設備的控制變因，包含光源強度、波長、切層厚度、光源移動速率、掃描軌跡規劃、粉體預熱溫度及氣氛等。因此，這些因素使得粉末床熔融技術變得複雜，以下將分析三大面向所產生的影響，詳細探討使讀者瞭解如何優化粉塵粉末熔融系統。

9-4-1 加工熱源 (定義形貌)

由於需要精準控制加熱區域，在粉末床表面進行選擇性的加熱，因此目前所常見的熱源通常是聚焦能力較好的光源 (熱源)，如雷射 (laser) 與電子束 (electron beam)。由於雷射技術發達，目前絕大多數粉末床熔融技術使用雷射器爲加工熱源，本章節將針對雷射器的光源進行探討，此熱源是定義形貌 (掃描) 用的，非預熱使用的光源。

雷射加工技術，在不同材料有不同的吸收率，對於高分子材料粉末，一般選用二氧化碳 (CO_2) 氣體雷射，波長爲 10.6 μm。相較之下，金屬或陶瓷粉末，則可以使用 Nd：YAG 固態脈衝式雷射，波長爲 1.06 μm。在光源照射下，會在材料表面聚焦成熱區，而熱區的大小也影響加工精密度。熱區形成與材料對於雷射波長的吸收率、加工時間、能量掃描速率、雷射脈衝時間及粉末的熱傳特性有關。

粉末的形狀、尺寸與其分布會影響粉末床的堆積密實度 (packing density)，對於光源吸收特性 (absorption)、熱傳係數、以及粉末床鋪粉的情況。較細的粉粒的表面積較大，相較於粗的顆粒，可以吸收更多的能量。此外，粉末床 (預熱) 溫度、雷射功率、掃描速率、與掃描路徑、光束尺寸都與熱區大小與尺寸精確度、建構時間與成品 (機械) 特性均有直接關係，因此需優化各參數間的搭配，以便取得最佳的結果。

表 9-5 整理了不同光源的加工特性，單一光源常難以兼顧所有優點，實際上仍需視應用的需求而選擇。

表 9-5 不同光源之加工特性

光源 / 熱源		精度 (μm)	加工品質	速度	價格	適用材料
二氧化碳雷射	連續波	50	普通	快速	便宜	高分子粉末
固態或 UV	脈衝式	<10	次佳	中等	中等	金屬、陶瓷粉末
Excimer UV	脈衝式	1	佳	慢	昂貴	金屬、陶瓷粉末
電子束		中等	次佳	快速	中等	限電導體粉末

9-4-2 粉末特性

粉末受熱熔化當熱源移開後，熱區的粉末又在短時間內冷卻固化，因此探討材料的表面張力便顯得重要。例如粉末混有黏著劑時，黏著劑雖然先受熱熔化，但是如果其黏度不低，流動性不足以在短時間內填充粉末間的空隙時，無法完全利用前述的液相燒結特性來將粉體凝聚成一密實的固體，因此所得到的物件仍具有一定的空隙率，需要透過後續熱處理，才能完全移除黏著劑來降低空隙率。此外，熱區熔融粉末在表面能 (surface energy) 或表面張力作用下，有些材料會形成結球 (balling) 現象，特別是金屬粉末的表面張力通常是大於高分子材料，因此上述結球現象對於金屬粉末床熔融來說便顯重要。在金屬粉末床熔融時必須特別注意。

粉末尺寸也是影響成品的精確度因素之一。不過，值得注意的是當粉末尺寸越來越小時，粉體間的摩擦力與靜電力便越顯增加，會影響到粉體的流動性，亦是鋪粉模組需要考量的挑戰之一。當表面積越來越大時，或面積／體積比增加時，粉末的表面能增加，反應活性會增加許多，當有足夠氧氣以及足夠的溫度條件下，有可能因火花而發生燃燒發生或是塵爆，不可不慎。因此粉末的儲存環境、更換及補充粉末時都需要特別的留心，即使是鋪粉裝置，也可能在粉末床表面運行時揚起粉塵，進而沉積在機台內的鏡頭上，久而久之，影響到光學與雷射系統的運作或準確性。

值得一提的是，已經被倒入粉末床中但未被成形的鬆散粉體，由於經過系統預熱處理，或甚至接近成型熱區，曾經歷過較高與較複雜的受熱歷程 (thermal history)，其特性可能與原始的全新粉末有所差異。但究竟影響程度多大，仍有賴更多研究確證，實務上，多會在全新粉末中添加一定比例的舊粉末 (used powder)，取得一個經濟性與性能上的平衡，不過 PEEK 粉末例外。

9-4-3 系統參數

目前商業化的高分子粉末床熔融系統，其成品物件的精確度約在0.04～0.15 mm，和金屬粉末系統的精確度原則上差不多，但金屬成品可透過後處理的加工再提高，事實上，成品的精確度受到許多因素的影響，例如粉末形狀、大小及掃描振鏡 (Galvano mirrors) 在 X/Y 平面的精確度，而通常光學系統所致的誤差相對較小，而高分子通常需要較高規格的後處理來提升表面精度。此外，Z 軸平台運動精確度以及切層的 Z 軸層厚影響極大，通常與粉末粒徑相關。在不考慮粉末材料對光源 / 熱源的吸收率時，系統所可提供的能量密度可以 9-1 式表達：

$$E = \frac{P}{v \cdot d} \qquad (9\text{-}1)$$

其中 P 爲雷射功率 (W)、v 爲掃描速率 (m/s) 及 d 爲兩平行光束掃描線的間距 (m)，因此可以估算單位面積所提供的能量密度值 E(J/m^2)，以此作爲評估粉末熔融品質的參考依據。值得注意的是，掃描間距 d 通常是比雷射光束的直徑小，因此粉末床平面上的任一點，通常是會受到光束來回的多次掃描。因此，粉末在經過這一次掃描到經歷下一次掃描的時間，除與物件的截面大小，以及在工作空間的擺放方位 (orientation) 有關外，主要係由掃描策略 (scanning strategy) 所決定。也關係到材料的熔融、冷卻、熱處理與所形成之微結構，因此變成一相對複雜的問題，雖超出本章的範疇，但值得讀者後續的關注。

另外，物件截面的輪廓與中心處通常因爲光束的掃描運動，有不太一樣的受熱及冷卻時間，材料受熱所產生的應力不均，嚴重者發生翹曲、破損、斷層 (delamination) 等。

系統通常會將工作平台與粉體預熱，以降低熱源加熱與材料冷卻所產生的熱應力，並透過溫度感應器進行溫度的監測與控制。爲了避免粉末因爲加熱而氧化，並控制熔融的結構，先進的設備甚至添加氣氛的控制。最後成品的冷卻裝置或對成品再次進行退火後處理，都可以有效降低或消除熱應力，另外，亦可以透過雷射或電子束掃描路徑 (或軌跡) 規劃，來降低產生缺陷。

9-5 選擇性雷射熔融

9-5-1 作用機制流程介紹

透過雷射熱能將粉體進行完全熔化 (Full Melting)，形成粉體之間的強鍵結，可得到高強度的元件，通常稱作雷射粉末床熔融 (LPBF)，也有選擇性雷射熔融 (Selective Laser Melting, SLM)。有鑑於燒結成型元件強度不足的問題，W. Meiners 等人於 2001 年提出 SLM 的專利設計，此設計係利用燒熔成型的概念進行製程，透過雷射熱能將整個粉末層與鄰近部份已成型區完全熔化並形成熔池，當熔池固化時便能形成高密度、強度的元件結構。SLM 的成型原理主要可分爲雷射能量吸收、粉末熔融、熔池固化與熱應力殘留，以下將針對這些原理做說明。

9-5-2 雷射能量吸收

針對金屬粉末的雷射吸收率，SLM 目前主要使用波長約 1 μm 的雷射器進行熔融，由於金屬材料對不同雷射的波長有著不同的反射率，使用短波長雷射對部份金屬材料可以獲得相對低的反射率。近年隨著高功率光纖 (Fiber) 雷射的發展，我們可以用更低的價格取得更高的光電轉換效率與更好的光束品質，因此目前的 SLM 設備中幾乎是以波長約 1070 nm 的光纖雷射作爲雷射光源。

當雷射照射於金屬粉體進行熔融製程時，粉體對入射雷射能量同時有吸收與反射，故需考量到雷射波長與粉體間的吸收率或反射率。在雷射光斑直徑大小大於粉體平均粒徑時，雷射能量在粉體之反射過程與粉體形狀、粒徑與堆積密度有關，如圖 9-6(a) 所示。一般而言雷射光在金屬粉末床之能量穿透深度約可達到粉體平均粒徑的兩倍以上，而粉體吸收雷射能量部分，通常假設雷射光因散射作用，可均勻照射在每顆粉體上，依粉體吸收雷射能量的大小決定著雷射達到粉體內部的吸收深度。如圖 9-6(b) 所示，根據 Beer-Lambert Law 定義，吸收深度爲雷射光束的功率密度被粉體吸收，並衰減至 $1/e$ 時的深度。

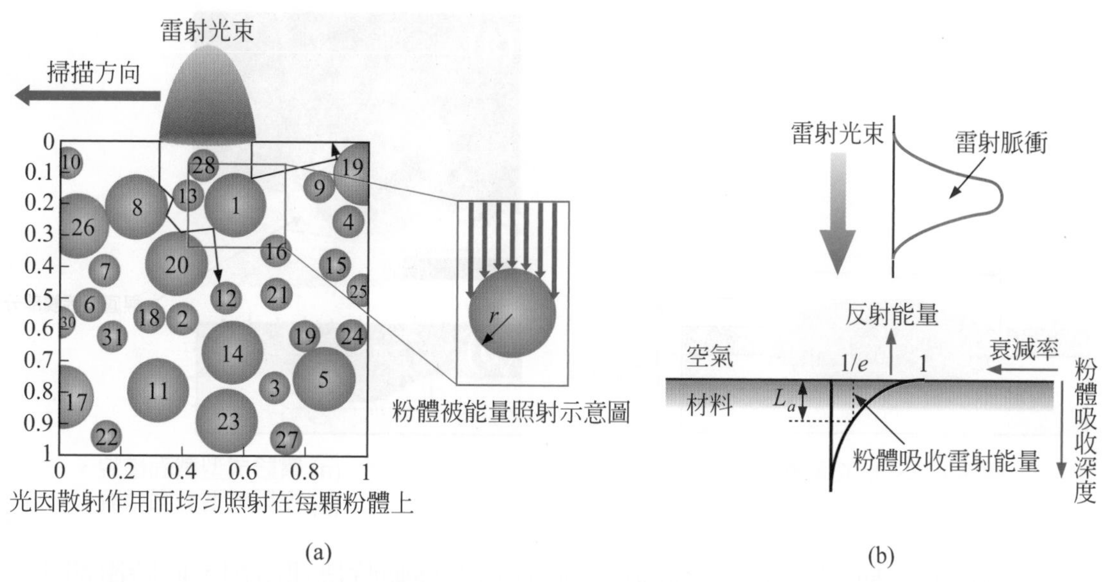

圖 9-6 (a) 雷射均勻散射到每顆粉體間、(b) 雷射進入粉體後吸收深度之示意圖

9-5-3 粉末熔融與熔池固化

當雷射能量被金屬粉末吸收後，將轉換成熱能，此時需考慮到各種金屬粉體擁有不同的熱參數、孔隙率及邊界等問題，將使熱能在傳導時產生不同的熔池形貌與結構。以圖 9-7 之 SLM 熔融軌跡斷面示意圖爲例，與底部有合適的重熔深度。

透過有限元素分析可以有效地對熱傳導進行模擬，A.V. Gusarov 等人針對熔融軌跡最佳化參數與其對應的溫度分布梯度進行研究，建立雷射熔融軌跡的線性熱區模型，並將模擬求得之熔融軌跡剖面與實驗結果進行比對。可發現剖面形貌相當不一致，如圖 9-8 所示，主要是此熱傳模擬模型並無考慮熔體流動效應在內所導致。但在成型剖面底部部份 (與底板接觸的區域)，由於忽略熔體流動影響，可預測粉體熔化成型後與底板接觸區域。N. Shen 等人針對移動雷射熱源照射熔融層下方爲不同條件時，熔池所產生的不同形貌進行探討。當熔融層之下方爲金屬粉末時 (如製作懸臂結構)，因金屬粉末之熱傳導係數約爲固體的百分之一，不容易導熱，使得熔融層容易產生過度加熱與熔池擴大等現象。

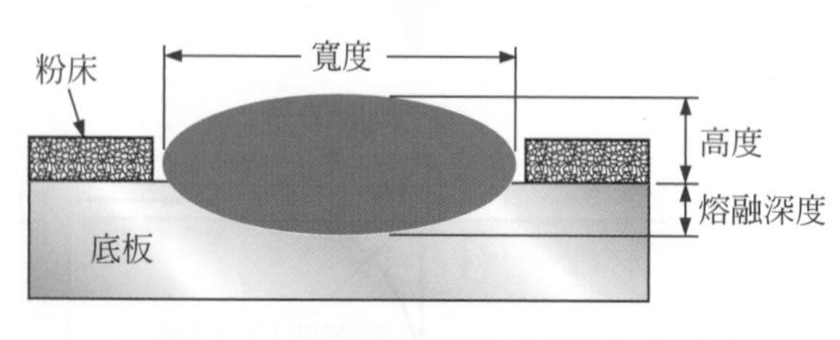

圖 9-7 SLM 熔融軌跡斷面示意圖

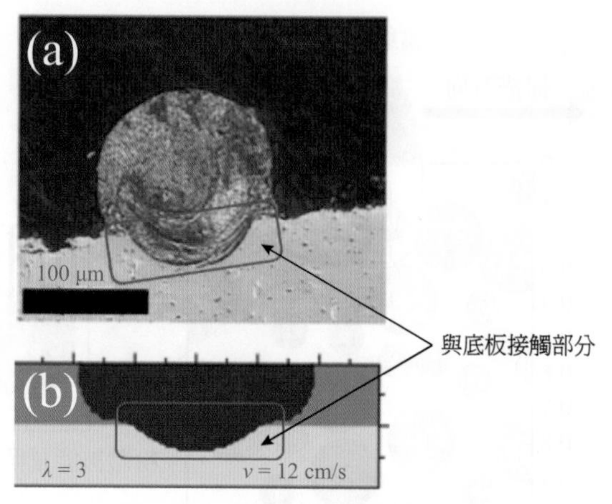

圖 9-8 (a) 實驗成型截面樣貌、(b) 模擬成型截面樣貌

透過雷射掃描，已熔化的高溫熔池將在雷射移動時快速冷卻，此時冷卻速率會對成型材料結構有著極大的影響。T. Childs 等人所提出不同的雷射掃描速率與雷射功率對於成型結構的影響，藉由調整掃描速率與雷射功率兩個參數，將可以得到四種不同的凝固後輪廓，分別爲平坦表面、連續圓形突起、不連續球狀突起與部份熔化 (不完全熔化)。

此移動熱源造成粉體連續熔化時，並非都可以達到理想的熔融連續軌跡，其情況可利用雷利不穩定性 (Rayleigh-Plateau instability) 的流體現象進行探討。在固定的雷射功率下，提高掃描速率將容易導致成型結構產生突起、不連續的弧型或球型結構，這些結構在製程中通常被視爲缺陷。當掃描速率提高，熔池軌跡的長度將拉長，且雷射照射在粉體表面上的時間縮短，則使熔池的寬度降低，因此熔池的長寬比也隨之上升。當流體的表面積增加，其自身會因表面張力最小化的趨勢而發生斷裂且形成不連續的球型結構，而此一現象可以通過與部份基材結合而保持連續結構。然而隨著掃描速率提高，熔池與基材的接合處寬度已趨至爲零，而失去與基材之間附著力的熔池流體也更趨向於形成不連續的球型結構。

透過雷射參數優化，可得到合適的固化連續線軌跡，再透過雷射路徑規劃，調控不同疊覆率 (不同掃描間距)，可針對單層面結構進行製作，透過線與面之製作，考量不同的切層條件，最後完成三維金屬元件製作。

9-5-4 熱應力殘留

熱應力殘留主要是因爲材料快速加熱與冷卻，形成急劇變化的溫度梯度所引起，尤其是不同切層方式及雷射掃描軌跡等將產生不同影響，最終將導致成型工件產生翹曲、扭曲或斷裂等缺陷。在快速升溫與冷卻的過程中，元件上層的區域原本會因雷射熱源與鄰近區域的不均勻溫度分佈產生擴張與收縮的現象，然而受限於與先前固化成型區的連結限制，熱應變會以熱應力的形式存在於工件當中，當累積的熱應力達到材料的降伏應力時，元件便會發生塑性變形的現象。

若是在形成低水平夾角的懸臂結構時，由熱能傳遞機制我們可以得知，更高梯度的溫差將使得邊緣翹曲的程度提高，除了製程失敗，也容易造成刮刀與元件之間碰撞。爲了降低此現象的影響，SLM 製程會透過設計支撐結構、雷射掃描軌跡規劃等方法來預防缺陷的發生。

9-5-5 實例說明

本實例爲在 SLM 製程中透過分析掃描速度與底板加熱溫度，對單線燒熔軌跡之表面形貌的影響，再以此爲基礎進行薄牆結構製作。雷射功率部分選用 30 W 光纖雷射器，輸出模式爲連續式輸出 (Continuous Wave, CW)，波長爲 1070 nm，光束品質係數 M^2 爲 1.1 單模輸出。光學路徑規劃爲使雷射光通過準直透鏡 (Collimator) 成一平行光束，光束直徑於強度 $1/e^2$ 時約爲 2.4 mm 的高斯光型，接著通過一放大倍率爲 4 倍的擴束鏡 (Beam Expander)。雷射擴束後經反射準直進入掃描振鏡，再搭配平場透鏡。本實驗選用焦距爲 210 mm，便可將光束聚焦至工作平面上，其聚焦雷射光斑直徑約爲 43 μm，因雷射光路會有傳遞損耗的問題，雷射於粉末工作平台之功率約 24 W。

在粉末材料部分，本實驗選用德國 EOS 公司的 MaragingSteel MS1 作爲燒熔粉材，由於麻時效鋼係屬於低碳鋼的一種，其一特點便是能減少成型時快速冷卻所產生裂痕的風險。同時，此粉末於成型後能擁有不錯的機械特性，如強度，斷裂韌性或尺寸穩定性等，其成份與特性如表 9-6 所示，粉末平均粒徑約 30 μm。

表 9-6　EOS MS1 麻時效鋼成份特性

EOS MSI(Maraging 300)	
Composition	Fe(balance) Ni(17 ～ 19 wt-%) Co(8.5 ～ 9.5 wt-%) Mo(4.5 ～ 5.2 wt-%) Ti(0.6 ～ 0.8 wt-%) A1(0.05 ～ 0.15 wt-%) Cr, Cu(each ≤ 0.5 wt-%) C(≤ 0.03 wt-%) Mn, Si(each ≤ 0.1 wt-%) P, S(each ≤ 0.01 wt-%)
Tensile strength(Mpa)	1100 ± 100
	# 2050 ± 100
Hardness(HRC)	33 – 37
	# 50 – 56
Elingation(%)	10 ± 4%
	# 4 ± 2%
Density(g/cm^3)	8.0 – 8.1
Operating temperature	400°C

在 SLM 製作過程，粉體之熔融主要包含兩種型態，一為在底板上的粉體層熔融，一為各粉體層熔融，其中第一層通常被視作為打底層，其成型好壞將嚴重影響整體結構。因打底層容易受平台水平與熱膨脹所影響，而燒熔軌跡是直接成型於基板上，其熱擴散效應將有別後續幾層，因此，如何製作出完好的打底層將是本實驗的關鍵。由於影響打底層的參數甚多，本實驗將以掃描速度、底板加熱溫度與堆疊層次作為操控變因進行實驗，實驗設計參數如表 9-7 所示。

表 9-7　單線軌跡實驗參數表

掃描速度	10, 50, 100, 150 mm/s	雷射功率	24 W
底板溫度	25、200 °C	鋪粉層厚	40 μm
氧濃度	< 3000 ppm	底板材料	S45C

透過光學顯微鏡觀察，從圖 9-9 可以觀察到即使底板預熱有助於單線軌跡之成型，然而燒熔軌跡仍存在不連續的線段，此一現象應是由鋪粉不均與雷射功率不足所造成。當底板與熔融結構之間的連結深度過淺時，由圖 9-9 所示，燒熔結構將容易形成不規則或斷線。爲了補強底層結構之完整性，本實驗針對同一軌跡進行兩次的鋪粉與熔融，以達到補償斷線的效果。補償後的軌跡明顯減少不連續的缺陷，如圖 9-10 所示。

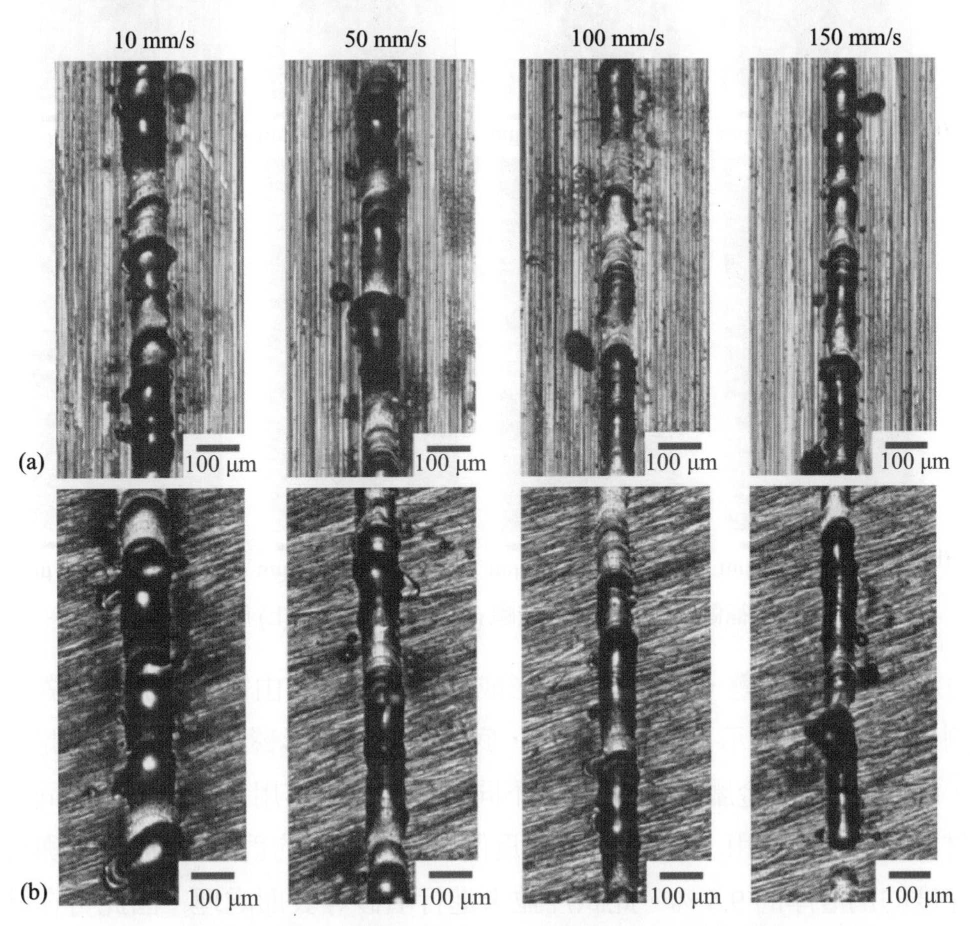

圖 9-9　單線燒熔之光學顯微圖 (a) 無底板預熱、(b) 底板預熱 200 °C

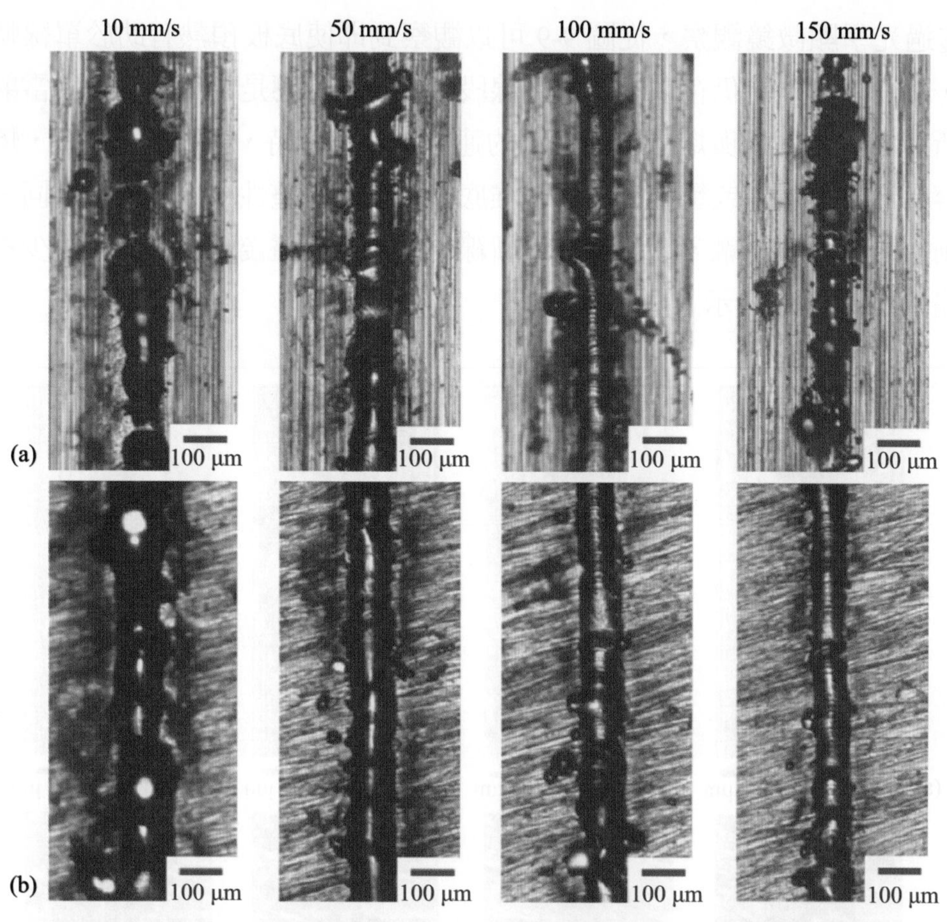

圖 9-10　單線補償熔融之光學顯微圖 (a) 無底板預熱、(b) 底板預熱 200 °C

通過單線反覆堆疊，可在空間中形成薄牆結構，藉由電子顯微鏡針對成型結構量測，如圖 9-11 所示。當層次提高，底板熱擴散之影響將減少，特別是在打底層時，底板 S45C 與金屬粉 MS1 間屬不同材質的交互作用，其結果將不同於後續相同材質間的連結作用。以圖 9-11(b) 爲例，平均層厚約爲 36.2 μm，層與層間的重疊深度約爲層厚的 9.5 %。此試片並未進行噴砂等表面處理，因此可在結構周遭發現部分未完全熔融的粉體黏結。

以上述實驗爲基礎，將可以單線軌跡建構出含有多孔性的輕量化結構，成型結構如圖 9-12 所示。

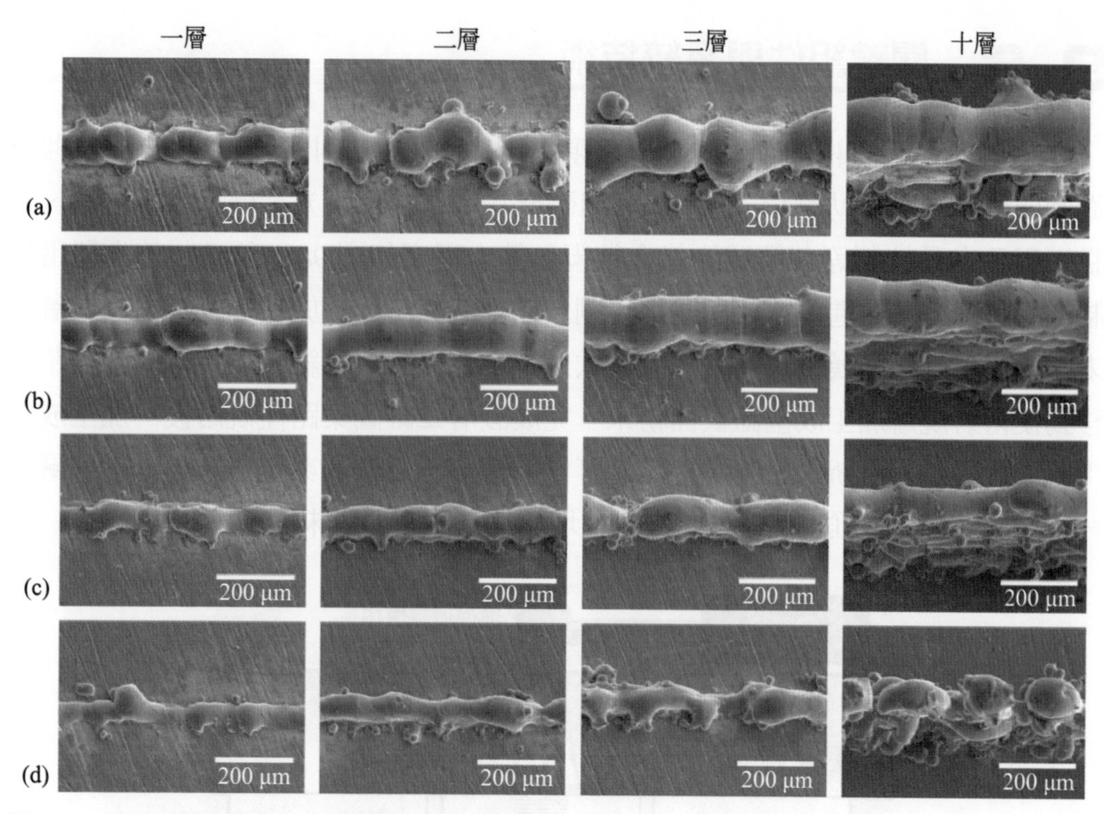

圖 9-11　單線薄牆結構之電子顯微圖 (20 度傾角)：(a)10 mm/s、(b)30 mm/s、(c)80 mm/s、(d)150 mm/s

圖 9-12　輕量化元件製作

9-6 關鍵組件與系統技術

探討關鍵組件與系統技術之前，必須先進行選擇性雷射熔融的操作流程說明，從操作程序中可幫助讀者了解 3D 列印研究基本上運用了光、機、電、材料、資訊工程及自動控制等各領域的集合技術。基本程序如圖 9-13 所示，首先利用控制軟體將三維工件進行切層與路徑規劃，起始時鋪粉模組於加工成型區鋪一層粉末，雷射透過移動模組，通常爲振鏡式或是平台移動式模組，以該切層掃描路徑移動使雷射燒熔加工成型區表面粉末。完成該層二維圖案路徑燒熔後，加工成型平台下降再鋪一層新的粉末，接續施打雷射燒熔下一層圖案，以此類推鋪一層燒一層層層疊加，三維工件最後將完成並埋於加工成型區粉末中。

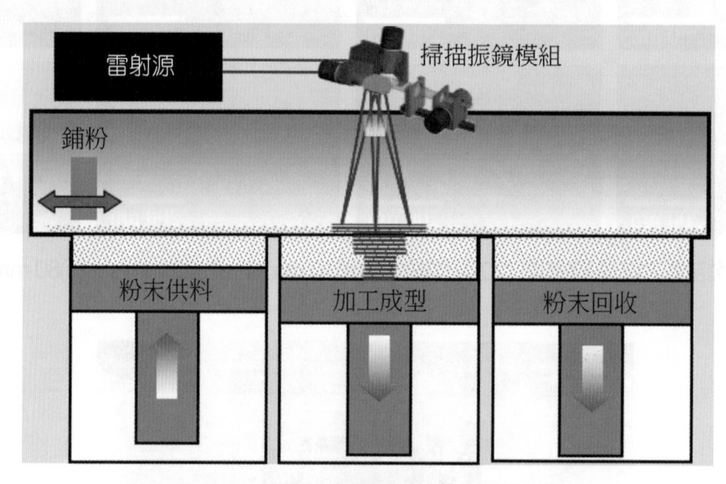

圖 9-13　選擇性雷射熔融動作流程

選擇性雷射熔融系統架構如圖 9-14 所示，此系統主要由光學模組 (Optical Module)、氣氛模組 (Atmosphere Module)、鋪粉模組 (Recoater Module)、平台模組 (Platform Module) 與控制模組 (Control Module) 所組成。近年來，爲了解決 3D 列印製程重現性問題，國際技術亦相繼投入監控模組 (Monitoring Module) 與模擬模組 (Simulation Module) 的開發，並藉由預前模擬降低產品失敗風險，提高產品的穩定性與良率。

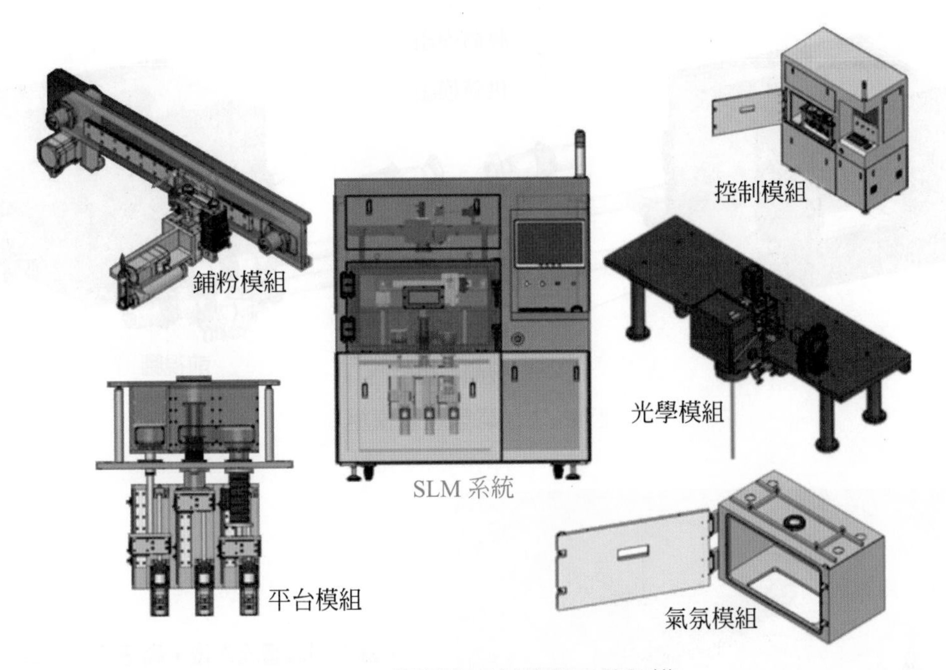

圖 9-14　選擇性雷射熔融系統架構

9-6-1　光學模組

光學模組提供選擇性雷射熔融製程中粉末熔融所需的能量，其中最關鍵組件爲雷射源與雷射移動模組，雷射源的選用必須考慮加工材料之吸收率。如表 9-2 所示，以鐵 (Fe) 爲例，1 μm 波長之雷射源吸收率約爲 64%，10 μm 波長之雷射源吸收率約爲 45%。一般而言金屬材料建議選擇 1 μm 波長之雷射源，目前市售商業設備以光纖雷射 (Fiber Laser) 爲主，非金屬材料一般建議選用 10 μm 波長之雷射源，市售商業設備以 CO_2 雷射爲主。

9-6-2　氣氛模組

氣氛模組主要提供選擇性雷射熔融製程所需之低氧環境，如圖 9-15 所示，減少製程中產生氧化物造成產品緻密度降低，甚至內部缺陷導致製作失敗。設計上必須考慮低漏率之腔體，避免氧氣滲入與惰性氣體流失，以及高效率流場之設計。如圖 9-16 所示，平順流場設計須建立在加工成型區上方，減少熔融製程中煙塵與熔渣之殘留影響下一層之建立，並藉上端供氣加速低氧環境之建立，整體氣氛控制亦必須配合含氧濃度檢知與流量檢知，以達到低消耗之閉迴路控制，減少製程中惰性氣體之消耗成本。非金屬粉體之選擇性雷射熔融製程還須考慮腔體內之溫度控制，減少製程中急熱急冷導致之產品變形等缺陷。

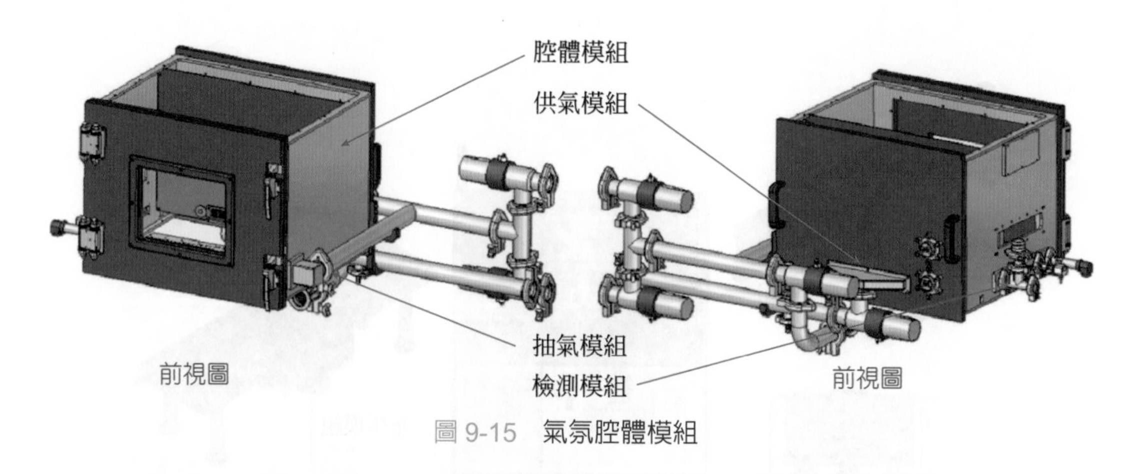

圖 9-15　氣氛腔體模組

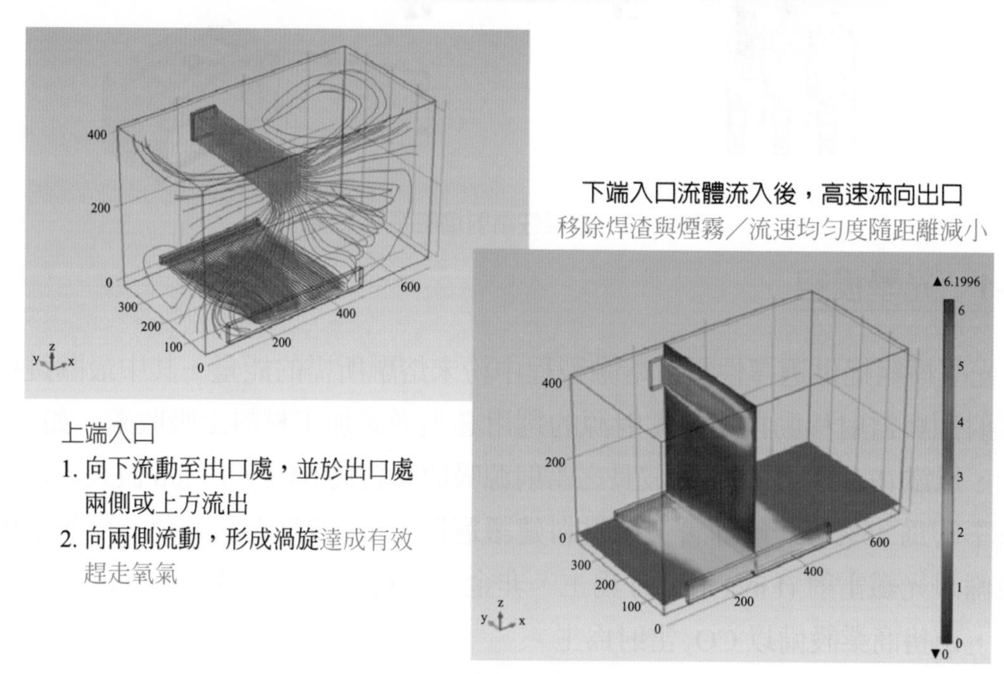

圖 9-16　腔體流場設計模擬

9-6-3　鋪粉模組

鋪粉模組主要負責將粉體均勻鋪陳於加工成型區平台上，以保持層間厚度減少成品尺寸誤差，並要求粉層表面的平整度，避免孔洞、凹陷甚至鋪痕導致產品缺陷。如圖 9-17 所示，鋪粉的方式亦是決定鋪層品質的關鍵，商業設備以刮刀 (專利號：US 5730925A)、毛刷 (專利號：US 7047098B2)、漏斗 (專利號：US 6672343B1) 與滾筒 (專利號：US 5252264A) 為主。刮刀與漏斗精度較高可製作尺寸精度要求之工業零組件，遇到變形翹曲則容易卡刀停機，且細微結構成型易被其刮斷。毛刷較適合製作複雜與細微形貌之醫材或文創產品，掉毛或缺毛則易造成粉層表面鋪痕缺陷，且成型尺寸精度誤差較大。滾筒一般使用在非金屬粉末製程中，具壓實與均勻鋪粉之優點，用於金屬粉末常因靜電產生局部吸附導致鋪粉缺陷，亦有創新靜電或磁力控制等鋪層之概念專利提出，理想又快又穩的鋪粉爲目前國際研究目標。

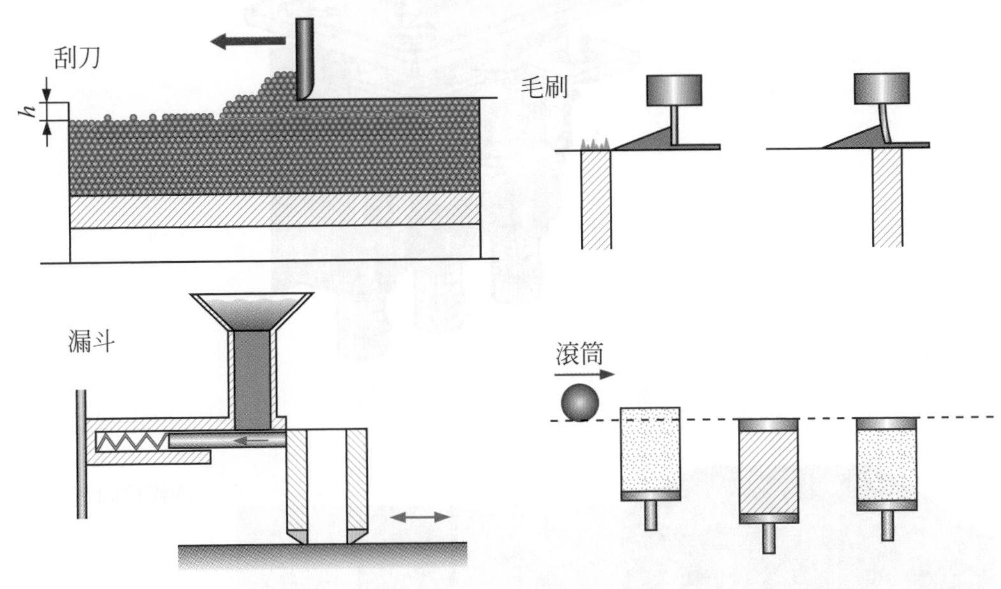

圖 9-17 鋪粉方式分類

9-6-4 平台模組

平台模組之高度精度會影響疊層間的細緻度，其平面度亦會影響鋪粉的均勻度及表面品質，因此升降軸的設計與零組件的選用必須考慮定位精度的目標。升降軸被定義爲層厚的進給方向，其移動量微小故驅動速度不需要太快，需考慮製程定位精度要求，如圖 9-18 所示，傳動一般採用精密滾珠導螺桿搭配精密線性滑軌，驅動源則以可具位置迴授之馬達爲主，定位精度若要求更精確可增加外部光學尺迴授，確保製程層厚進給之品質穩定性。如圖 9-19 所示，加工平台須具備調整機制，可由上方人工調整或下方電動軸控調整，減少因製程底板上下面的不平行，組裝後平面度在製程所造成層厚不均勻之影響。

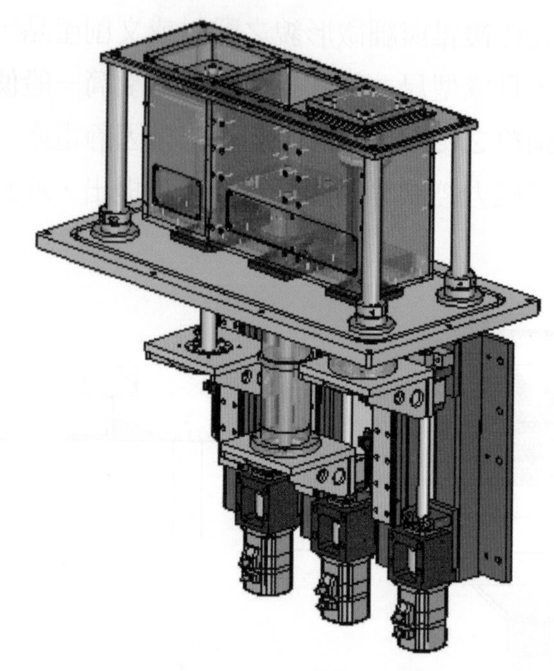

圖 9-18　平台升降模組設計

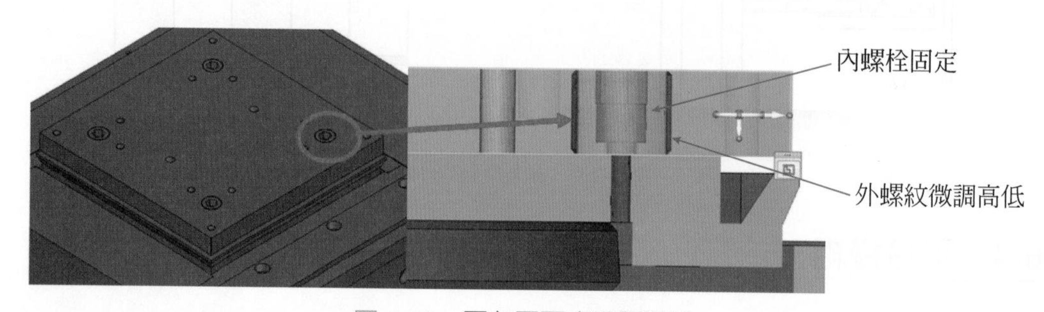

圖 9-19　平台平面度調整設計

9-6-5　控制模組

控制模組亦為整個製程的核心，除了整合設備自動化動作流程及氣氛環境控制外，最重要的是建立選擇性雷射熔融之掃描策略，控制流程如圖 9-20 所示。第一步轉入三維圖檔並進行檢查與修補，第二步從三維圖檔切層轉二維圖案，並減少不連續線段避免製程錯誤，第三步分析並區分各切層二維圖案屬性，如朝上、朝下、內部區域或外部輪廓，第四步分別建立各切層雷射掃描最佳化路徑，及考慮層間應力分佈建立多層掃描策略，第五步整個圖檔路徑轉譯至雷射控制檔案。未來甚至必須整合製程監控、上下游串聯之自動化與資訊流收集整合，關係著整個產品製作品質與效能的提升。

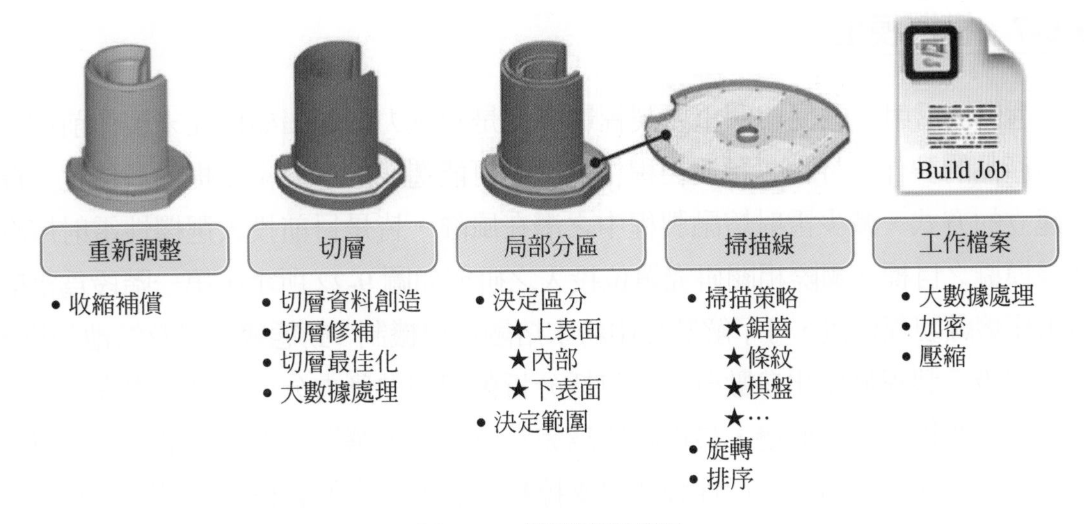

圖 9-20　軟體控制流程

9-6-6　監控模組

選擇性雷射熔融最大問題之一，便是產品重現性與品質穩定性問題，爲確保產品重現性並降低製程中失敗之風險，主要議題包括雷射熔池監控 (如圖 9-21 上方所示)，可依據熔池面積大小或寬度比較出熔融製程之穩定性，與二維 / 三維鋪層表面缺陷 (如圖 9-21 下方所示)，可即時辨識鋪層表面之缺陷狀況，例如表面鋪粉不均勻、刮刀毀損、產品翹曲與熔渣堆積等缺陷。目前國際上相關研究單位與設備廠商皆相繼投入研發監控相關技術，已有部分廠商進入監視並可發出警告訊息階段，未來如何更有效精確檢測且快速迴授達到閉迴路控制爲重要研發目標。

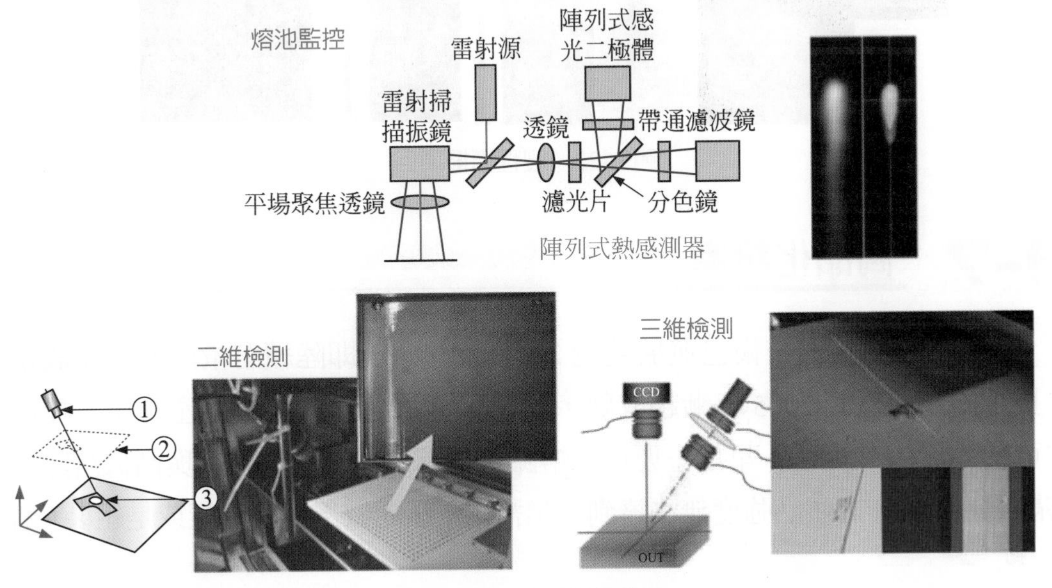

圖 9-21　製程監控項目

9-6-7 模擬模組

選擇性雷射熔融另一個重要製程影響便是熱應力問題，如何在未製作前即可評估產品的製作可行性，預測製程中熱應力可能造成的形變，並提供最佳化支撐材建立的方式，減少雷射熔融製程中之潛在風險，皆是目前投入選擇性雷射熔融製程模擬之目標。國際相關研究單位投入之研究如圖 9-22 所示，第一階段爲雷射粉末床熔融製程模擬，可了解製程中粉末熔融作用機制、動態變化以及熔池分析，第二階段爲製程最佳化參數分析，包括分析製程中熱應力分佈、微結構變化、掃描策略影響以及產品形變，最後階段爲完整建立粉末選擇性雷射熔融製程預前評估，針對工件三維預前可行性評估與支撐材設計等，降低製程失敗風險加速產品製作時間。

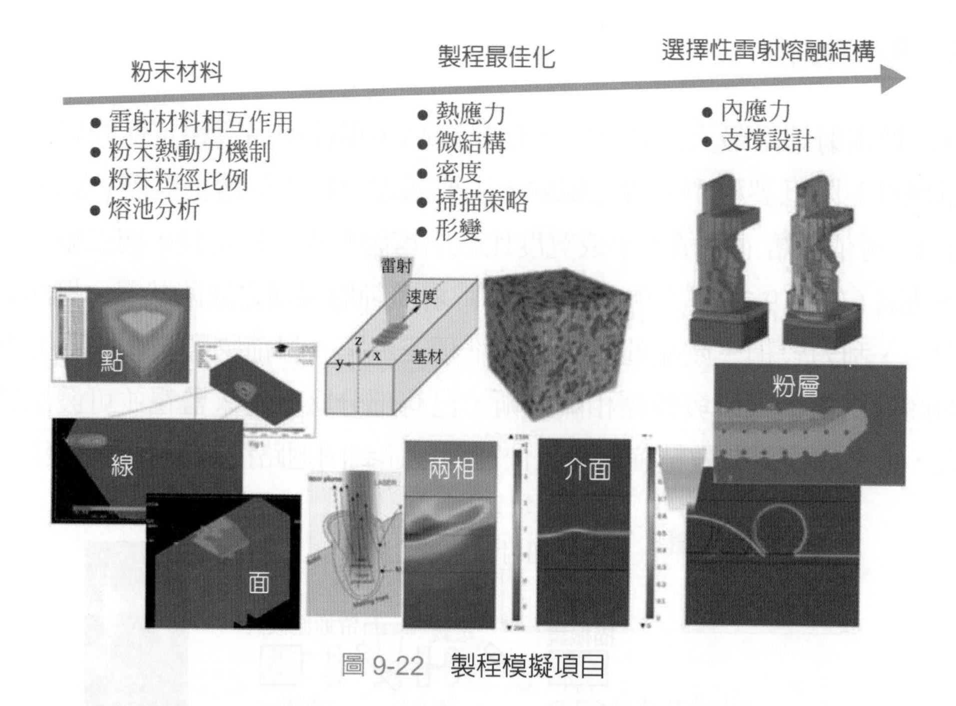

圖 9-22 製程模擬項目

9-7 商品化設備

粉末床雷射熔融技術已發展超過 20 年，1995 年即陸續有量產的商業設備，其技術的演進直到 2005 年漸趨成熟，才眞正導入各種工業與量產應用。技術演進可參考圖 9-23 所示，早期主要爲低熔點包覆高熔點之粉末燒結與高低熔點混粉熔融爲主，製作之產品強度無法達到工業需求，僅能做爲模型打樣或是組裝功能，因此未大量導入產業中使用，近來相關製程與零組件技術趨近成熟，可使用單一元素粉末熔融不需依靠低熔點材料作爲結合介面，製作之產品強度接近甚至大於傳統鑄造材料，因此近來國際上漸漸導入產業應用，尤以高值之航太汽車零組件、特殊水路模具與客製化醫材等產業。近來商品化設備發展包括泛用設備、專用設備與複合設備，而投入未來工廠的形塑國際研究亦相繼投入。

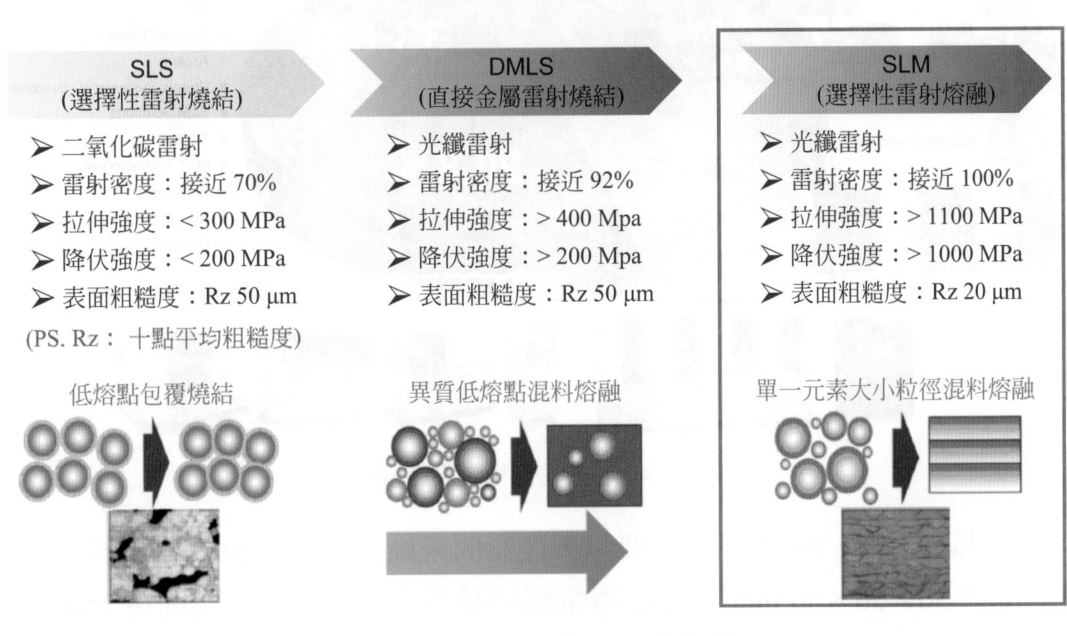

圖 9-23 粉末雷射積層製造技術演進

9-7-1 泛用設備

Wohlers Report 2015 統計至 2014 年金屬積層製造商業化設備累積市占率如圖 9-24 所示，目前全世界約共有 1814 台商業化設備，主要廠商有 9 間依序包括 EOS、Concept Laser、Arcam、3D Systems(Phenix)、SLM Solutions、Trumpf、MTT Technologies、ReaLizer、Renishaw，其他近年來崛起還有 Matsuura、Sisma 等，標竿廠商爲累積市占率超過 33.6% 的德國 EOS，其中 Trumpf 爲唯一不是粉末床熔融技術的設備商，MTT Technologies 之設備數量僅統計至 2010 年，之後該公司技術分別轉移至 SLM Solutions 與 Renishaw，3D Systems 於 2013 年合併 Phenix 相關技術，設備數量爲包含過去 Phenix 之商業設備。

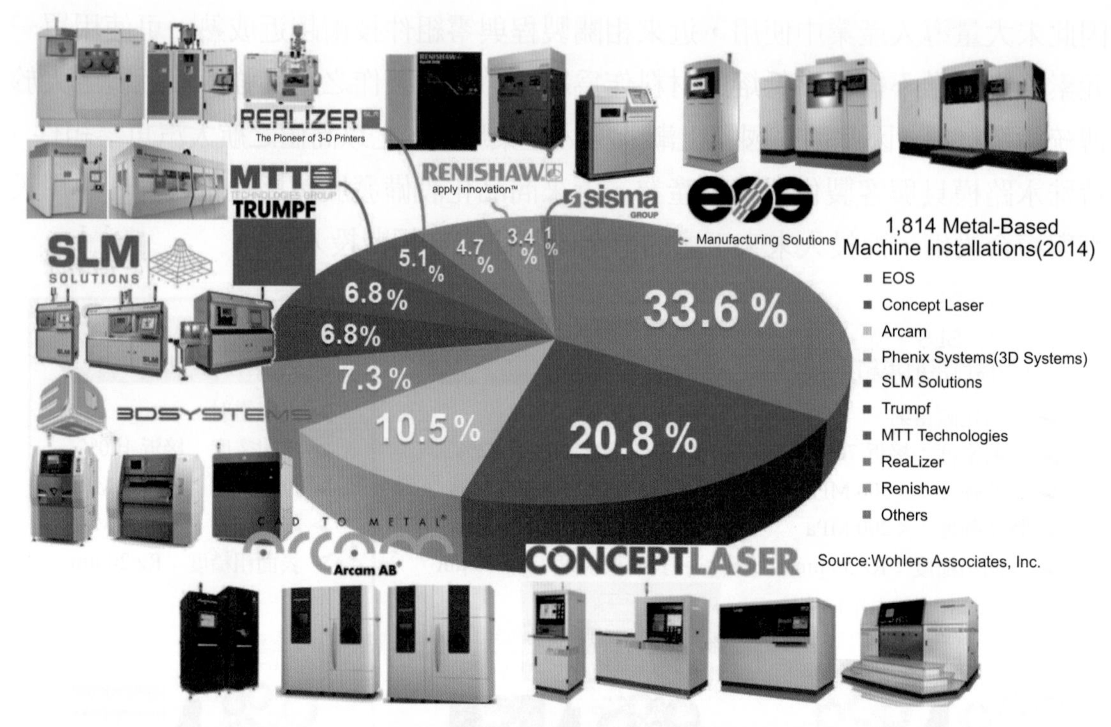

圖 9-24　主要金屬積層製造廠商

泛用設備如表 9-8 所示，主要以製作空間來區分設備，2015 年統計最小製作空間為 $50 \times 50 \times 80\ mm^3$，最泛用金屬積層製造設備的製作空間為 $250 \times 250 \times 300\ mm^3$，最大金屬積層製造設備為 Concept Laser X line 2000R，其製作空間為 $800 \times 400 \times 500\ mm^3$。統計可製作的材料主要有 Titanium、Stainless、Tool Steel、Cobalt-Chrome、Inconel Alloy、Aluminum Alloy、Bronze Alloy、Precious Metal Alloys。

表 9-8　具市占率之商品化設備廠商

	廠商	型號	製作範圍 (mm^3)	可製作材料
1	EOS	PRECIOUS M 080	80 dia. × 80	貴金屬
		M 280/M290	250 × 250 × 325	鈷鉻合金、鈦合金、不鏽鋼、模具鋼、鎳合金、鋁合金
		M400	250 × 250 × 325	鎳合金、鋁合金
2	Concept Laser	Mlab cusing/R	90 × 90 × 80 or 70 × 70 × 80 or 50 × 50 × 80	不鏽鋼、鈷鉻合金、銅合金、青銅合金、貴金屬(包括銀與金)CusingR 型：除了上述外，還可製作鈦合金與純鈦
		Ml cusing	250 × 250 × 250	不鏽鋼、模具鋼、鈷鉻合金、鎳基合金
		M2 cusing (200W/400W) M2 cusing Multilaser (2 × 200W/ 2 × 400W)	250 × 250 × 280	不鏽鋼、模具鋼、鈷鉻合金、鎳基合金、鋁合金、鈦合金、純鈦
		X line 1000R	600 × 400 × 500	鋁合金、鈦合金、鎳基合金
		X line 2000R	800 × 400 × 500	
3	ReaLizer	SLM 50	70 dia. × 40with optional 8O	316L 不鏽鋼、鈷鉻合金、珠寶金、牙用金合金、白金、鈀合金
		SLM 100	125 × 125 × 200	H13 模具鋼、鈦合金、鋁合金、鈷鉻合金、316L 不鏽鋼、鎳基合金、金、陶瓷材料發展
		SLM 125	125 × 125 × 200	
		SLM 250	250 × 250 × 300	H13 模具鋼、鈦合金、鋁合金、鈷鉻合金、316L 不鏽鋼、鎳基合金
		SLM 300	300 × 300 × 300	鋁合金、鋼、其他
4	SLM Solutions	SLM 125HL	125 × 125 × 125	316L 不鑰鋼·17-4 不鏽鋼、H13 模具鋼、鋁合金(包括 A1-Si-12、A1-Si-10、Al-Si-7Mg)' 鈦合金(包括 T-6A14V、Ti-6A1-7Nb)、鎳基高溫合金 (Hastaloy X(UNS NO. 6002)) 鈷鉻合金、鎳基合金 (718、625)
		SLM 280HL	280 × 280 × 350	
		SLM S00HL	500 × 280 × 320	
5	Matsuura	Limex Avance-25	250 × 250 × 100	鋼、不鏽鋼、鈦合金

表 9-8 具市占率之商品化設備廠商 (續)

	廠商	型號	製作範圍 (mm^3)	可製作材料
6	Aream	A2X	200 × 400 × 380	鈦合金、鎳合金、鈷鉻合金
		Q10	200 × 200 × 180	鈦合金、鈷鉻合金
		Q20	350 dia × 380	鈦合金
7	3D Systems	ProX 100 Dental	100 × 100 × 80	認證鈷鉻合金
		ProX 100	100 × 100 × 80	不鏽鋼、模具鋼、非鐵金屬、超合金等
		ProX 200	140 × 140 × 100	
		ProX 300	250 × 250 × 300	
8	Renishaw	AM250	250 × 250 × 300	不鏽鋼、模具鋼、鋁合金、鈦合金、鈷鉻合金、鎳合金
		AM250+	250 × 250 × 350	
		EVO Pro ject	250 × 250 × 350	鈦合金 (Ti-6A1-4V)、鎳合金

Sinterit Lisa 系列選擇性雷射燒熔設備

選擇性雷射光燒結技術常使用 CO_2 雷射或光纖雷射當作能量源，特點在於波長對材料的選擇廣泛、光束品質佳及發散角小，也因此能開發更集中及高能量的雷射源。半導體雷射因製程關係，發散角大及光束品質較差，所以市面上常見的應用爲簡報雷射筆。近幾年，半導體雷射製程越趨穩定，雷射源發展進步許多，已可取代固體雷射源當作中高階雷射的初始激發裝置，現階段廣泛應用於光纖雷射，當作 Pump 激發光纖介質來產生雷射光源。

Sinterit 公司開發的桌上型工業級選擇性雷射光燒結設備，即是採用半導體雷射源，圖 9-25 爲 Sinterit Lisa 系列的 3D 列印機台，可以設計精細結構，一次列印多種模型，並適用於 PA12 及 Flexa 黑色材料 (TPU)。雷射光選擇性燒結聚合物粉末，透過雷射光單位能量密度高的特性將材料熔合在一起並逐層建構成元件，常用於零件的原型製造與少量生產，提供高自由度及高精密度，並且具有良好機械性能的元件機構。

圖 9-25　Sinterit Lisa 1 工業級選擇性雷射光燒結 3D 列印機

Lisa 3D 列印機作動原理，如圖 9-26 所示，與高功率雷射粉末燒熔如 EOS SLS 相似，但因功率因素未使用掃描振鏡。首先，將設計好元件外型，以 3D 模型方式置入軟體中，進行切層並將其輸入機台中。儲粉槽及列印區域加熱至材料的熔化溫度之下，並使用刮刀將粉末鋪平於列印平台上。然後雷射光會依據分層軟體提供的輪廓 (G code) 逐點掃描並選擇性燒結，燒結溫度將達到材料的熔點，並使其熔合 (固化) 在一起。接著列印平台會向下移動，儲粉槽會向上將粉上推，刮刀將粉再次鋪平於平台上，再次選擇性雷射光燒結，不斷重複，直到整個元件列印完成。

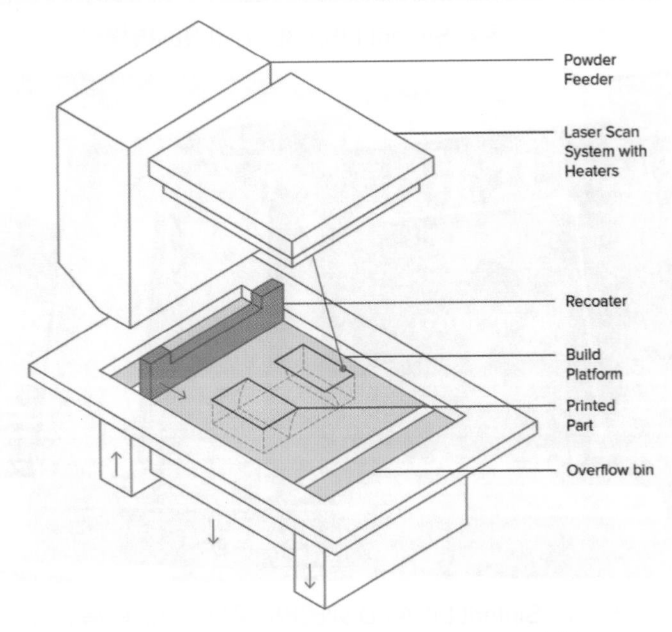

圖 9-26　SLS 列印原理 (參考 3D Mark 網站)

Lisa 3D 列印機台設置如圖 9-27 及圖 9-28 所示，由粉床區、列印成型區、層厚控制模組、IR 燈加熱模組及雷射源組成。列印區域可接受半導體雷射光，並將粉末熔化在此區域逐層構建，形成 3D 列印元件。層厚控制可透過滾輪將粉末平鋪在列印區上，可控制 0.75 ～ 1.5 mm 的塗層厚度。紅外光源可將粉末材料加熱至 110°C±5°C，保持此溫度後，才將材料塗層在列印區域。分層軟體將圖檔數位化後以 G code 方式輸送至掃描模組，將半導體雷射光逐點掃描至列印區的粉末材料上，透過雷射光高能量密度產生高於材料熔點的溫度燒結成型，掃描速度約為 2 至 5 mm/s。

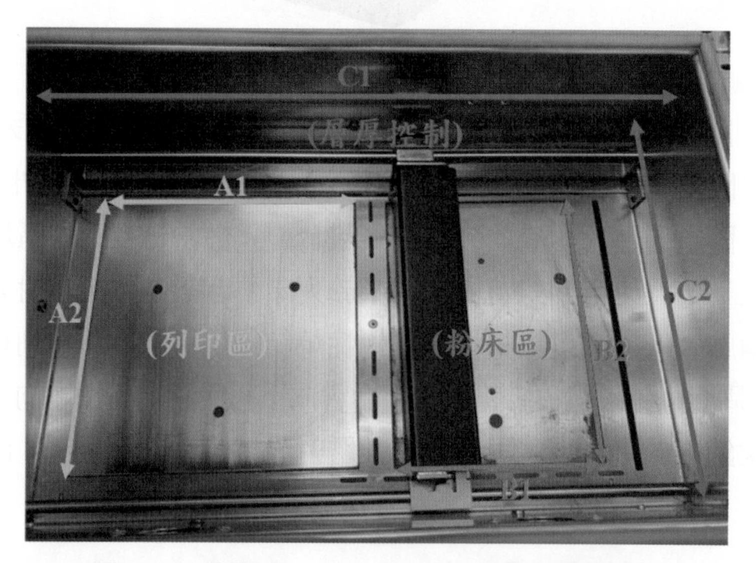

圖 9-27　參考 Sinterit LISA 3D 列印機的機構設計

圖 9-28　Sinterit LISA 3D 列印機的雷射源和 IR 燈設計

列印完成的元件，會在列印平台中保溫，進行自然冷卻，才能將元件取出，否則將會因爲熱應力影響材料表面形貌，列印元件請見於圖 9-29。取出時可透過吸塵器或其他回收工具將未燒結而成的粉末進行回收，回收的粉末可於下次列印時再次使用，故粉床式的 3D 列印機具有材料可重複利用 (回收率約 50%) 的優點，Lisa 1 的詳細規格見於表 9-9。

圖 9-29　Lisa 1 列印成品 (3D Mark 提供)

表 9-9　Specification of Lisa 1

Specifications	
Printing technology	Selective Laser Sintering(SLS)
Dimensions	620 × 400 × 660 [mm]
Power supply	220-240[V]AC, 50/60[Hz], 7[A]
Laser	
Type of laser	Infrared LED
wavelength	808 nm
Power of laser	5 W
Beam output	CW(continuous wave)
Laser product class	Class 1
Printer parameters	
The size of working chamber X/Y/Z	150 × 200 × 150 [mm]
Max. size of high precision print X/Y/Z	90 × 110 × 130 [mm] for PA12 Smooth
	110 × 130 × 150 [mm] for Flexa Black
XY accuracy	from 0,05 [mm]
Min. layer thickness	0,075 [mm]
Min. wall thickness XZ	0,4 [mm]
The layer height Z(min-max)	0,075-0,175 [mm]

⌛ 東台精機 AMP-160 金屬 3D 積層製造設備

東台精機公司開發的工業級金屬 3D 積層製造設備，型號 AMP-160，如圖 9-30 所示，採用 IPG 生產的波長 1064 nm、功率 300 瓦的連續式光纖雷射源。光纖雷射的光束品質佳，透過雷射光束，可將金屬粉末逐層燒結成高密度的金屬元件。詳細規格如表 9-10。

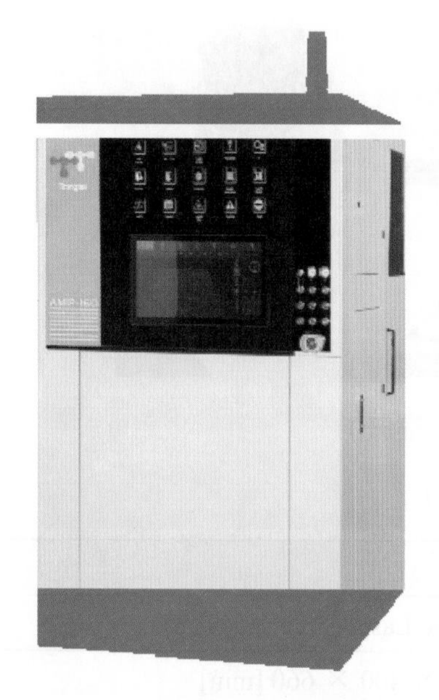

圖 9-30　東台精機開發的 AMP-160 積層製造設備

表 9-10　AMP-160 規格表

東台精機 AMP-160 積層製造設備	
積層製造類型	選擇性雷射燒融技術
雷射功率	IPG 1064 nm 250 W
雷射光班直徑	50 μm
雷射型式	連續式
列印範圍	Ø160 × 160 mm (ØDxH)
建構速度	1 ～ 10 cm^3/hr
層厚度	20 ～ 100 μm
產品精度	< 100 μm
控制軟體	Tongtai AMCS
切層軟體	Materialise Magic RP ; Tongtai BP

東台精機的型號 AMP-160 的 3D 列印機台，可以設計精細結構，一次列印多種模型，並適用於各種金屬材料。雷射光選擇性燒結聚合物粉末，透過雷射光單位能量密度高的特性將材料熔合在一起並逐層建構成元件，常用於零件的原型製造與少量生產，提供高自由度及高精密度，並且具有良好機械性能的元件機構。

9-7-2　專用設備

近年來因應產品認證與產業需求，國際大廠漸漸推出所謂專用設備產品，主要以考慮醫材產品、製程、材料認證的金屬牙冠專用設備 (如圖 9-31 所示)、植入醫材專用設備 (如圖 9-32 所示)、與航太元件專用設備 (如圖 9-33 所示)，及考慮貴金屬材料專用的珠寶首飾專用設備 (如圖 9-34 所示)。

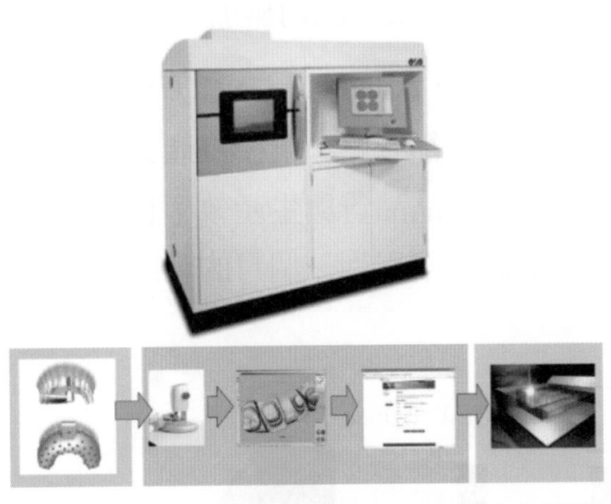

圖 9-31　EOS 公司 Dental M270 牙材專用機

圖 9-32　Arcam 公司 Q10 骨科植入物專用機

圖 9-33　Arcam 公司 Q20 航太專用機

圖 9-34　EOS 公司 M080 珠寶專用機

9-7-3　複合設備

日本最早投入 SLM+CNC 之相關研發並佈局專利，如圖 9-35 所示，爲日本松浦機械開發出第一台複合式雷射粉末床積層製造設備，將 CNC 刀具銑削結合在 SLM 設備內部，基本技術仍爲鋪一層燒熔一層粉末，約每十層切換 CNC 銑刀進行輪廓精修，以此類推在同一製程中交換加工，最大優勢在於產品完成時即達到

CNC 精加工等級。將粉末床積層製造之尺寸精度 ±50 μm 提高至 ±5 μm，對於需轉換多項加工製程之金屬積層製造產品將可減少很多製程時間，因複合製程交換加工之製作時間加倍，相對於不需轉換多項加工製程之產品則無加分效果。

此複合設備對於製作異形水路模具特別獲得重視，因爲透過 CNC 刀具銑削，能提高整體模具精度。因此可在模具內部自由設置冷卻管路，讓模具產業能以傳統工法無法實現的創新方式設計冷卻水路，進而讓產品品質與生產效率也能大幅提升。除精度提升外，模具原先設計和加工通常需要兩周到一個月的時間，也能縮短到原先的三分之一，成本也能夠下降。

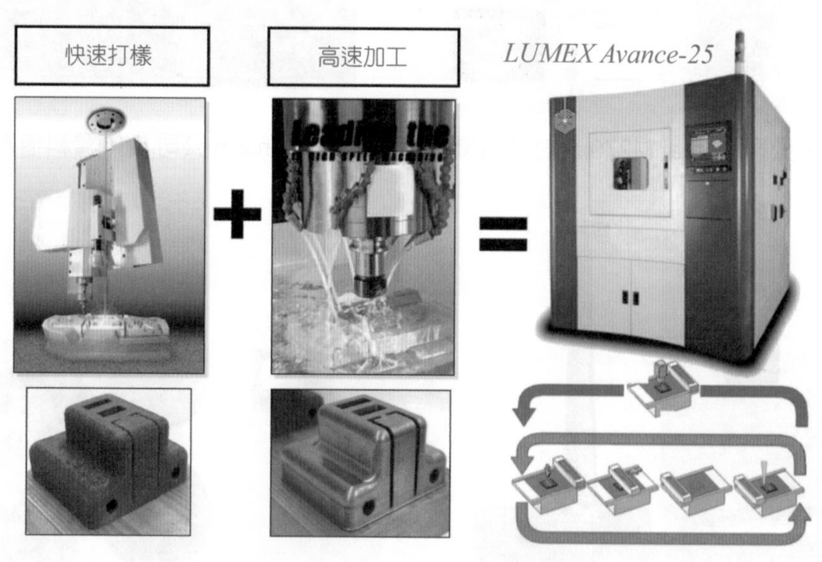

圖 9-35　PBF+CNC 複合設備

9-7-4　未來工廠

未來工廠建構核心圍繞工業 4.0，目前有兩種概念架構，其一如圖 9-36 的自動化生產線所示，一線整合整個 AM 製程所需的加工與處理，包括供粉、清粉、AM 製程、熱處理、倉儲甚至可加入 CNC 模塊，目標爲一條龍式的自動化生產線；其二如圖 9-37 的未來工廠所示，Work plate 由 Module Warehouse 出發，由無人移載車載運底板與定位，所有 AM 設備採用模組化與移載定位入出料管制功能，無人移載車到位後進行底板傳輸到設備腔體內，AM 製成完成後也自動移載至外部清粉站，可人工或自動清粉後再送至後續站別，具體實現無人工廠與串連線上工業製造自成一環。

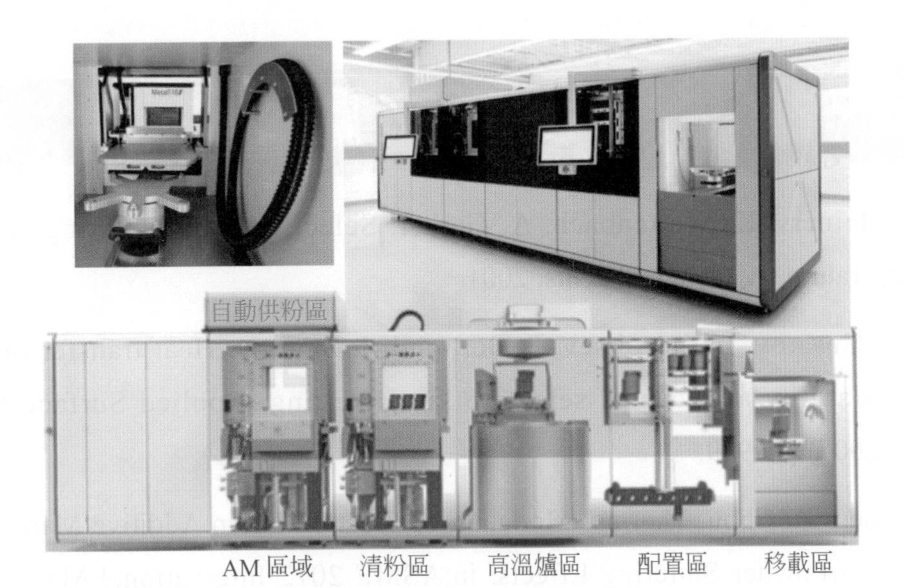

圖 9-36　自動化生產線

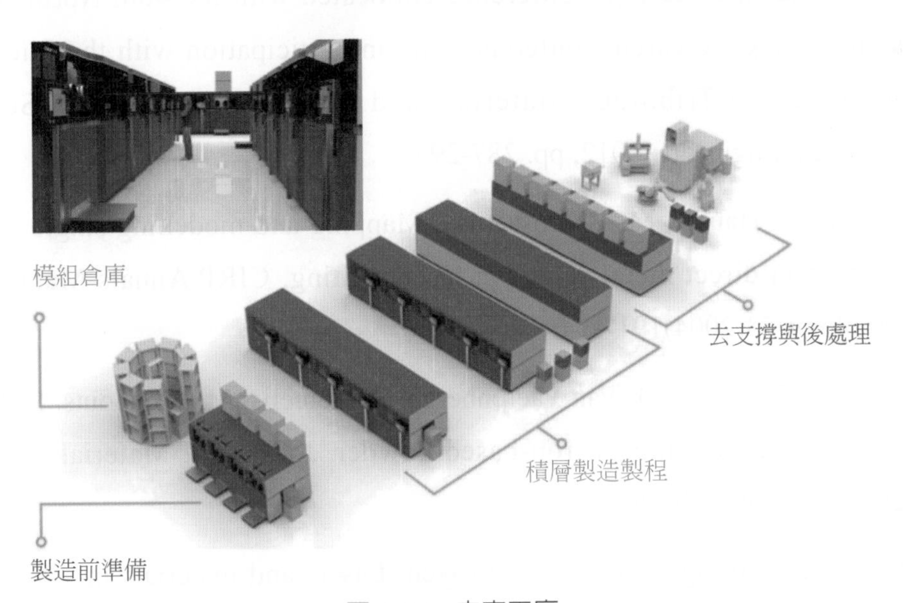

圖 9-37　未來工廠

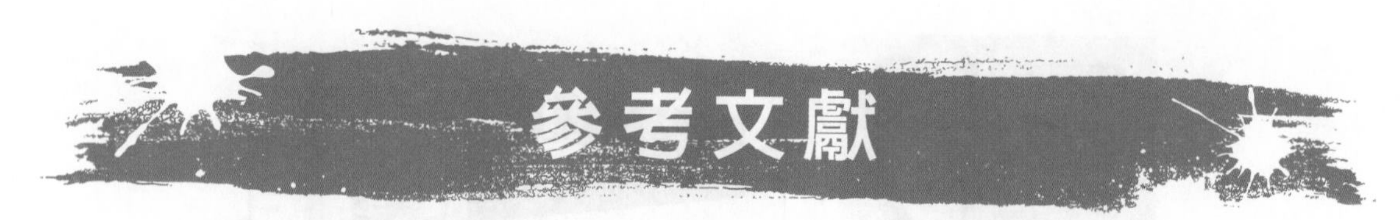

1. W. Meiners, K. Wissenbach, A. Gasser, Selective laser sintering at melting temperature, in, Google Patents, 2001.

2. A.V. Gusarov, I. Yadroitsev, P. Bertrand, I. Smurov, Heat transfer modelling and stability analysis of selective laser melting, Applied Surface Science, 254(2007)975-979.

3. N. Shen, K. Chou, Thermal Modeling of Electron Beam Additive Manufacturing Process:Powder Sintering Effects, in:ASME 2012 International Manufacturing Science and Engineering Conference collocated with the 40th North American Manufacturing Research Conference and in participation with the International Conference on Tribology Materials and Processing, American Society of Mechanical Engineers, 2012, pp. 287-295.

4. T. Childs, C. Hauser, M. Badrossamay, Mapping and modelling single scan track formation in direct metal selective laser melting, CIRP Annals-Manufacturing Technology, 53(2004)191-194.

5. J.-P. Kruth, L. Froyen, J. Van Vaerenbergh, P. Mercelis, M. Rombouts, B. Lauwers, Selective laser melting of iron-based powder, Journal of Materials Processing Technology, 149(2004)616-622.

6. J.P. Kruth, X. Wang, T. Laoui, L. Froyen, Lasers and materials in selective laser sintering, Assembly Automation, 23(2003)357-371.

7. http://nextscantechnology.com/

8. http://software.materialise.com/build-processor

9. T. Wohlers, Wohlers Report 2015, Wohlers Associates, (2015).

10. http://additiveindustries.com/Home

11. http://www.concept-laser.de/am-factory-ofnbsptomorrow.html

12. N. K. Tolochko, Y. V. Khlopkov, S. E. Mozzharov, M. B. Ignatiev, T. Laoui, & V. I. Titov, (2000). Absorptance of powder materials suitable for laser sintering. Rapid Prototyping Journal, 6(3), (2000), 155-160

13. I. Gibson, D. Rosen, B. Stucker, & M. Khorasani, (2014). Additive manufacturing technologies. New York:Springer

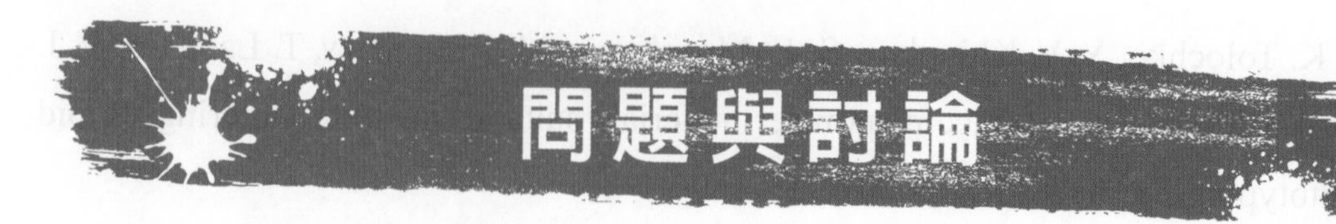

問題與討論

1. 說明選擇性雷射燒結與選擇性雷射熔融的主要差異爲何。
2. 說明選擇性雷射燒結可以使用的粉末材料包括哪些。
3. 說明選擇性雷射熔融設備所採用之金屬與合金粉末包括哪些。
4. 畫圖說明粉末床熔融技術 (PBF) 動作流程。
5. 說明粉末床熔融技術 (PBF) 系統包含哪些關鍵組件。
6. 說明粉末床熔融技術 (PBF) 系統中鋪粉模組作用。
7. 說明粉末床熔融技術 (PBF) 系統中常使用鋪粉方式包括哪些。
8. 說明粉末床熔融技術 (PBF) 系統中氣氛模組之作用。
9. 說明粉末床熔融技術 (PBF) 系統中常使用之製程氣體包含哪些。
10. 說明粉末床熔融技術 (PBF) 系統中監控模組之作用。
11. 說明粉體吸收雷射能量的重要參數有哪些？
12. 說明粉末床熔融技術 (PBF) 製作產品時，哪些幾何特徵需要建構支撐材。
13. 粉末床熔融技術 (PBF) 單線軌跡凝固後輪廓包含哪些形狀。
14. 畫圖說明粉末床熔融技術 (PBF) 製程中之球化現象。
15. 說明粉末床熔融技術 (PBF) 系統中平台模組之高度精度不佳時，會有哪些影響？
16. 說明粉末床熔融技術 (PBF) 製程爲何會產生熱應力殘留。
17. 說明粉末床熔融技術(PBF)成型之金屬工件時，爲何通常需再進行熱處理步驟。
18. 說明粉末床熔融技術 (PBF) 爲何需要專用設備。
19. 說明粉末床熔融技術 (PBF) 爲何有廠商發展複合設備。
20. 說明金屬積層製造技術應用之特色爲何？

10

指向性能量沉積技術 Directed Energy Deposition

本章編著：鄭正元、鄭中緯、謝志華

10-1 前言

將粉末加熱至熔點以上，產生相變化，除了前面粉床式熔融 (Powder Bed Fusion) 方式外，另一個方式為指向性能量沉積 (Directed Energy Deposition, DED) 技術。可以使用的能量源包括雷射、電子束、電漿等，本章節將先以雷射為例說明，透過雷射高功率密度與物質相互作用產生的熱效應，進行材料沉積，最後並介紹以電子束為主之能量沉積設備技術。

DED 主要經由塗覆 (Powder Spraying) 方式，透過雷射熔化被覆材料，有別於之前提到的粉床式熔融，是先將粉末沉積在粉床上，再透過雷射選擇性熔融，兩者比較讀者可進一步參考文獻。DED 技術特點在於不受粉床大小限制，可以製作大尺寸金屬工件或在曲面工件上製作細長結構，目前主要應用在航空大型組件上。此技術主要源自於雷射被覆 (Laser Cladding)，差別在於雷射被覆僅用於已成型工件之表面淺層材料被覆，如圖 10-1(a) 所示，而指向性能量沉積用於直接三維元件成型，如圖 10-1(b) 所示。

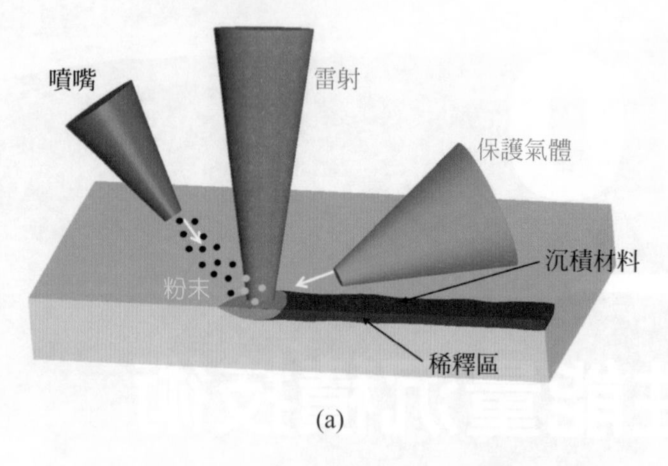

(a)

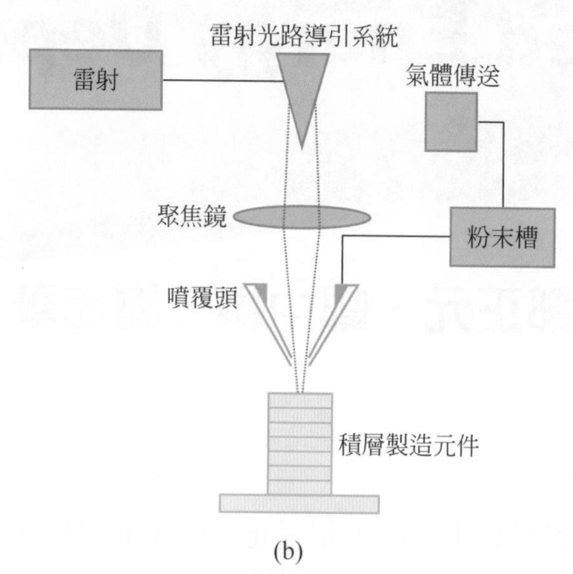

(b)

圖 10-1　(a) 雷射被覆；(b)DED 積層製造

10-2 雷射被覆

10-2-1　概述

如圖 10-1(a) 所示，雷射被覆爲利用高功率雷射光束爲熱源，如功率密度爲 $10^3 \sim 10^6$ W/cm^2，將加工件表面形成淺層熔化區，透過噴嘴送料等方式，將耐磨耗、耐腐蝕等被覆粉末材料與工件融化層混和，同時移動雷射聚焦點，類似移動熱源方式；當熱源移開後，先前照射區域將產生冷卻固化，形成固體。被覆層與基材形成良好的冶金式鍵結 (Metallurgical Bond)，如此可改變材料表面特性。熔融而覆蓋鍵結於工件表面，其鍵結強度與鑄造、鍛造類似，且稀釋率 (Dilution) 低、能確保被覆合金層的特性。由於只是對工件表面瞬間加熱，低熱影響區小，因此不會對於工件內部之物理性質有影響，具有工件變形小的特點。被覆道如圖 10-2 所示，基材披覆前為一平面，批覆後則在基材上新增披覆層，其中稀釋率簡化計算公式如下：

$$稀釋率 = \frac{基材熔化深度}{被覆層高度＋基材熔化深度} \quad \text{(10-1)}$$

以下為歸納此技術之幾項特徵：

1. 鍵結強度提升：

   一般以噴塗方式所形成的被覆層與基材間多屬於機械式鍵結，強度較差；而雷射被覆層卻可與基材形成冶金式的鍵結強度。

2. 降低熱影響區：

   避免被覆時的高熱會改變基材的性質以及尺寸變形等問題。

3. 低的稀釋率：

   可使被覆層與基材不被互相過度融合，因而改變了原製程所要達到的特性，一般良好的稀釋率在 5% 左右。

4. 雷射具有快速加熱與冷卻特性：

   如冷卻速度可達 1,000 – 5,000°C/ 秒，可以使得雷射被覆後的材料結構具細晶粒特徵。

5. 各種合金材料都可使用：

   可以在低熔點金屬表面被覆高熔點金屬，粉末材料的熱參數應盡可能與基材相接近，以減少被覆層中殘留應力。

6. 可被覆不同材料：

   透過噴覆方式可以在製程中更換不同粉末，可在單一元件上製作不同材料。

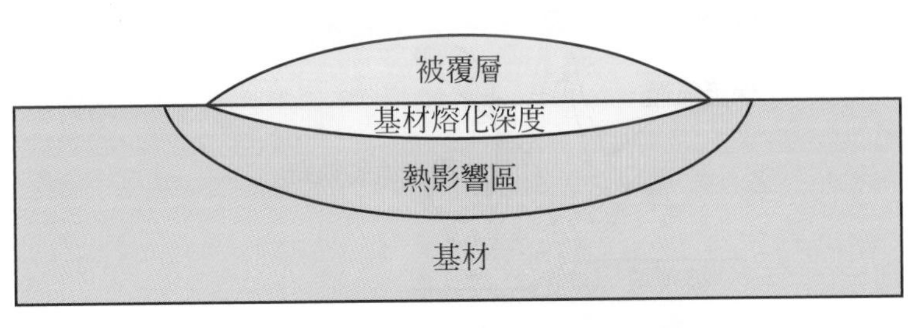

圖 10-2　被覆道示意圖

10-2-2 原理

雷射被覆材料可以爲線材或粉末，考量粉末對於雷射光束能量的吸收率較線材好，故一般雷射被覆採用粉末。粉末材料被覆在工件表面方式主要有預鋪粉法 (Preplace Powder) 與同步被覆法 (Powder Feed) 等兩種方式。

預鋪粉法是將粉末預先覆蓋在基材表面之後再進行雷射處理，粉末先接受雷射光照射而熔化，再經由熱傳將熱量傳至基材，引起基材的熔化，並與熔化的粉末材料部份混合，而在工件表面形成一層新的合金層。

同步被覆法是透過送粉系統以及惰性氣體的傳送，如圖 10-1(a) 所示，將粉末自噴嘴內噴覆至基材表面，與被雷射光束照射所形成的熔池中，粉末與基材同時接受雷射光照射，因此形成冶金式鍵結。粉末粒徑大小約 20 ～ 150 μm，在於適合透過流動氣體作運送。

上述兩種方式最大的差異在於預鋪粉法是粉末先接受雷射光照射而熔化，再經由熱傳方式將熱傳至基材；而同步被覆是粉末與基材同時接受雷射光的照射，粉末附著於基材表面熔池。同步被覆法優勢爲較具彈性，一般採用側送式，如圖 10-3 所示，但因粉末吹送方向固定，故被覆方向僅能沿某一方向，易有被覆方向性問題。

爲達全方向 (Omni-direction)，目前主要使用一種雷射光與粉末同軸的噴覆頭 (Co-axial Nozzle Feeding)，如圖 10-4 所示，採用多邊送粉方式，結構分爲噴嘴、內套筒、外套筒、粉末及氣流輸入口等。同軸噴嘴分解圖如圖 10-5 所示。此方式具有較高粉末捕獲效率、被覆均勻性與運動方向無關、被覆周圍的保護氣體可以降低熔池區氧化問題等特點。

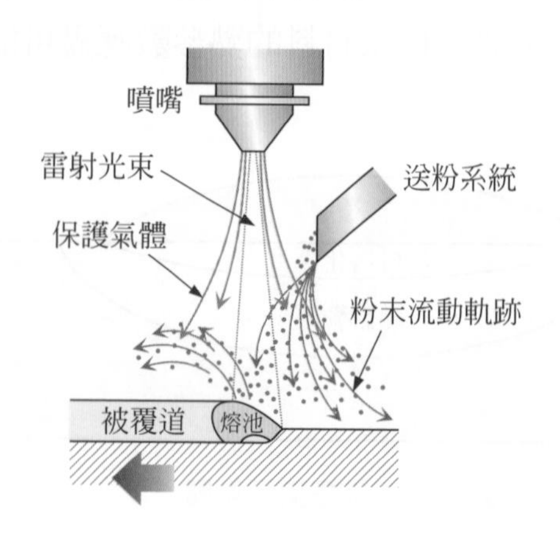

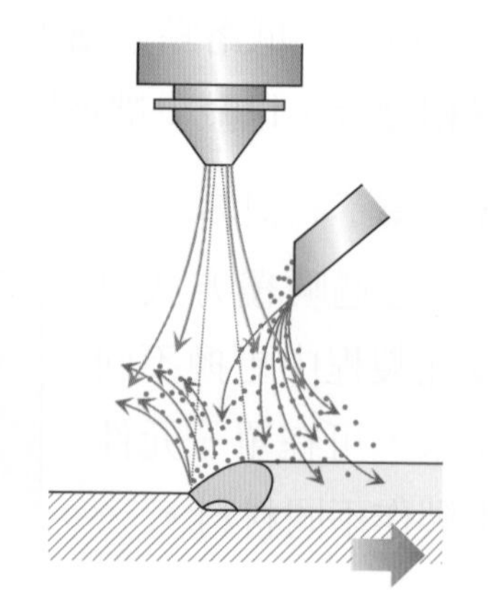

圖 10-3 (a) 順向送粉 (b) 逆向送粉

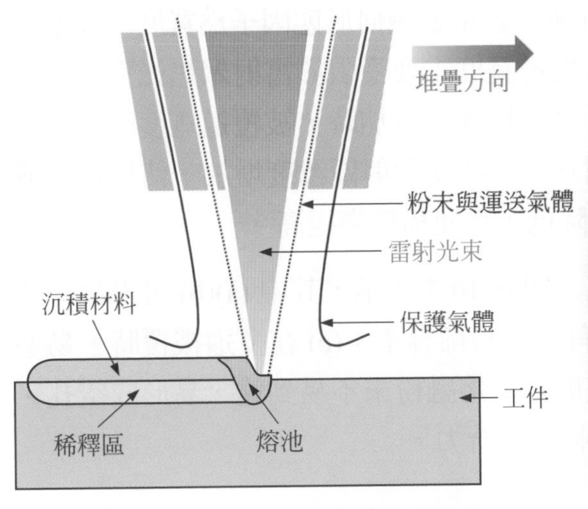

圖 10-4　雷射光與粉末同軸的噴覆頭

圖 10-5　同軸噴嘴分解圖

10-2-3　被覆表面特性分析

由原理可以得知，此方法製程參數眾多，如粉末材料特性、雷射光束特性、噴嘴形狀、送粉角度與速率、噴嘴與工件相對移動速度、保護氣體流量、基材材質等，皆會影響最後成型物件特性。事實上雷射被覆的加工參數並非完全爲各自獨立之變因，其中雷射功率、掃描速度 (噴嘴與工件相對移動速度) 與送粉速率是三個主要的製程變數。

雷射照射在材料表面之能量密度 (E)，在連續雷射運作下，可由雷射功率 (P)、掃描速度 (V_s)、雷射聚焦光斑大小 (d) 等參數決定，如式 (10-2) 所示：

$$E = \frac{P}{d \times V_s} \quad \text{(10-2)}$$

1. 當雷射功率不足時，除造成粉末不熔之外，基材與被覆材也容易發生不爲冶金式鍵結的縫隙。當雷射功率過高，會使熔融金屬沸騰，在被覆層中產生氣泡。
2. 當雷射掃描速度較低，雷射光作用時間長，入熱量大，熔融效果好，但粉末於單位長度中的被覆量必定增加，如此過低的掃描速度會造成粉末大量堆積成球柱狀，被覆效果不佳。
3. 當送粉速率過大時，可能遮罩雷射光束，導致基材無法形成熔池。

單道被覆道剖面示意圖如圖 10-6(a) 所示，重要幾何形態因子爲寬度、高度及與基材的接觸角。一般實驗結果得知被覆道寬度主要受限於雷射聚焦光束直徑，而被覆道高度主要受粉末流量所控制，且掃描速度增加時，被覆道寬度與高度隨之減少。在相同加工條件下，提高雷射功率，將使照射區溫度增加，使得熔池流動性增加，致使被覆道寬度增加而高度降低，也使稀釋率提高。

一般單道被覆道的外型主要有三種，如圖 10-7 所示，其中 (a)(b) 可得到較佳的表面平滑性、無空孔，但圖 10-7(b) 有較高的稀釋率；(c) 在多道被覆時，易造成鄰道被覆時的死角，雷射光於此處被屏障，熔融粉末不易到達，易形成空孔。經驗得知接觸角在 120 度以上和基材有較佳結合力。

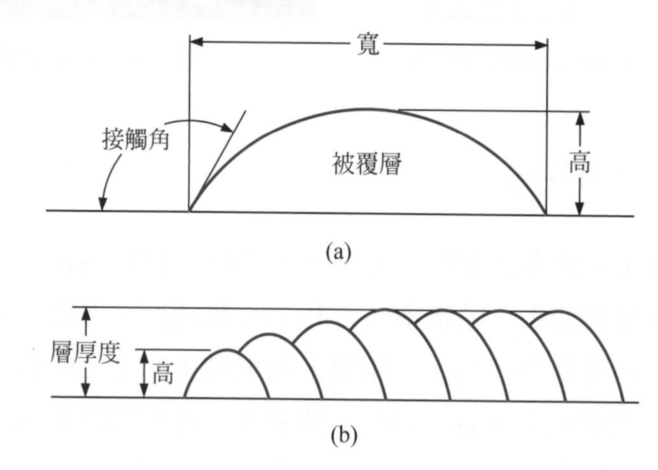

圖 10-6　(a) 單道被覆道剖面示意圖；(b) 單層剖面示意圖

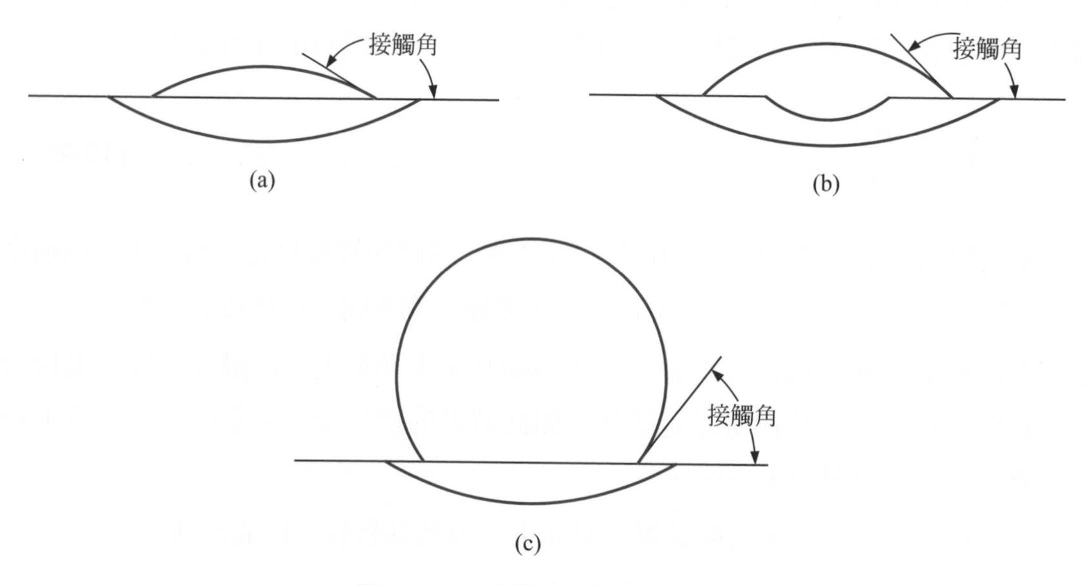

圖 10-7　一般單道被覆道的外型

如圖 10-6(b) 所示單層被覆實驗目的在於了解粉末流量、掃描速度等參數與被覆道外形尺寸與層厚度關係。關於單道被覆道與單層被覆等實驗結果將在 10-3-3 節再詳細說明。

在參數調控得宜下，可形成均質的熔融層結構。由被覆層中垂直表面成長之結晶型態，整個被覆道有均勻熔融溫度與凝固時間，可減少收縮不均勻或凝固時間而產生裂縫；當凝固的時間或冷卻情況不均勻，產生過大殘留應力，也會造成被覆層內的龜裂。此現象通常可透過基材預熱獲得解決，減少了雷射熔化區至基材之溫度梯度，亦即減緩被覆層的冷卻速度，而使得被覆層龜裂情況獲得改善。例如文獻 3. 提出 Inconel 738 試片進行高溫預熱 780 ～ 900°C，於雷射功率 1800 W、掃描速度 900 mm/min 條件下，透過 Inconel 738 粉末搭配同軸雷射送粉進行被覆，可得到無龜裂與接近基材強度之銲道。

因此要達成 3D 製造，必須控制被覆道的剖面輪廓，再配合適當雷射參數控制，以降低空孔與過大殘留應力發生機率。

10-3 指向性能量沉積

10-3-1 概述

如上節所述，雷射被覆通常是使用於基材材料上之局部特性補強或是修補，但若能透過三維之路徑軌跡規劃，再以多道疊覆成特定層厚，再層層堆疊成型，則亦可完成三維物件之製作，爲積層製造之其中一種製造技術，稱之爲指向性能量沉積。其他類似名稱則有雷射淨型加工 (Laser Engineered Net Shaping, LENS)、直接金屬沉積成型 (Directed Metal Deposition)、三維雷射被覆成型 (3D Laser Cladding)。

10-3-2 原理

利用雷射同軸送粉方式，使被覆材料與基材表面形成冶金式鍵結，再透過逐層加工方式，與前一層結合成實體，如圖 10-1(b) 所示。此製程與 PBF 之差異在於可在任何表面 (平面或曲面) 上，繼續製作三維物件，甚至可利用不同金屬粉末來改變其局部特性，不同於 PBF 目前拘限於在平面工件上製作工件以及限制單一粉末。目前粉末捕捉率介於 40 ～ 80% 之間，未熔化的粉末，可再利用。針對鈦和鎳合金的沉積速率，在不同雷射功率有所差異，一般使用 1 kW 雷射功率，沉積速率約為 0.2 公斤 / 小時。表面粗糙度約 12 ～ 25 μm，最小可製作之薄件厚度約 300 μm。

10-3-3 成型物件特性分析

此分析目的在於了解不同實驗參數對被覆道幾何形狀的影響，包括雷射功率、掃描速度、送粉速率等，並了解疊覆度對堆疊狀況的影響，並以層層堆疊製作金屬三維原型件。實驗系統架構如圖 10-8，係以兩部送粉器分別以管路連接至同軸噴嘴兩邊之粉末入口。同軸噴嘴被覆加工情形如圖 10-9。

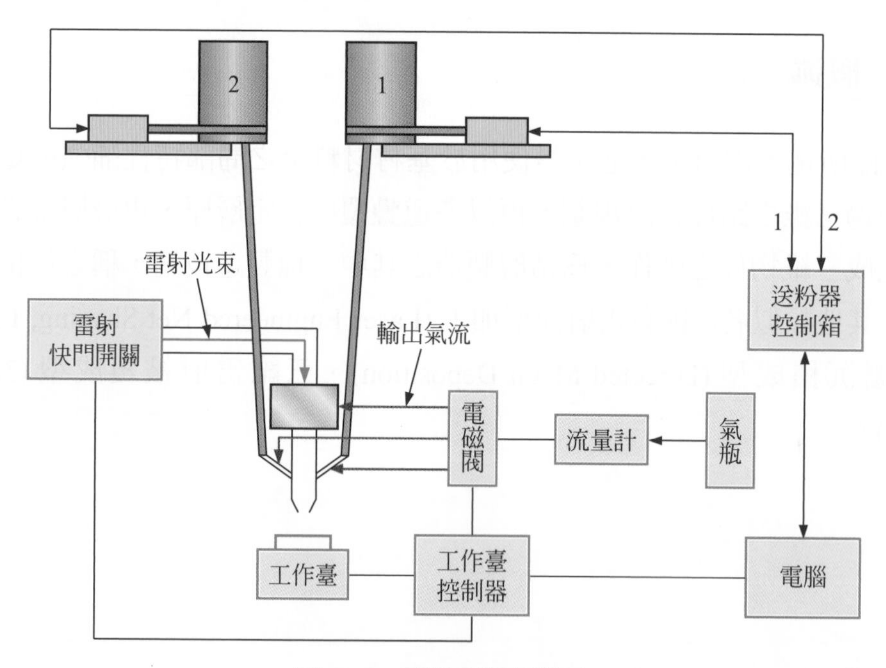

圖 10-8　實驗系統架構圖

圖 10-9　同軸噴嘴被覆加工情形

本實驗被覆材料以鎳 (Ni)、鉻 (Cr)、鐵 (Fe) 三種粉末作爲被覆材，以調配不銹鋼材之各種比例。由 10% Ni、18% Cr、72% Fe 的比例組合來送粉。由單道被覆進行至多道被覆，最後完成多道多層的方形面積堆疊被覆。基材以 SS41 軟鋼爲主，其上被覆材料。

固定雷射功率 800 W、送粉率 6.6 g/min、雷射光光點大小 1.5 mm、工作平台走速 25 mm/sec，可得單道次被覆道寬度爲 0.8 mm、被覆道高度 0.18 mm。以此參數進行多道單層被覆，目的爲瞭解多道被覆成層時，藉以觀察其疊覆情形，找尋最佳之疊覆率，使得疊覆面趨於平坦，並適合下一層被覆的進行。

圖 10-10 爲不同疊覆率下層被覆之外形狀況，依其外觀可見，在疊覆率 30%(橫向位移 0.24 mm) 時，每道被覆的重疊情形較能得到均勻之厚度，因此疊覆率約爲 30% 可視爲此製程較佳的參數。若疊覆率太小，如圖 10-10(a) 所示，則無法避免被覆層表面的凹凸不平坦發生。若疊覆率過大，如圖 10-10(d) 所示，雖然可得較厚之被覆層，但因每一被覆道大部分均堆覆於前一道上，所以極易造成末一道結束邊緣與基材接觸角的陡峭，如此即無法避免被覆道邊角因雷射光未能完全照射而形成的空孔產生。

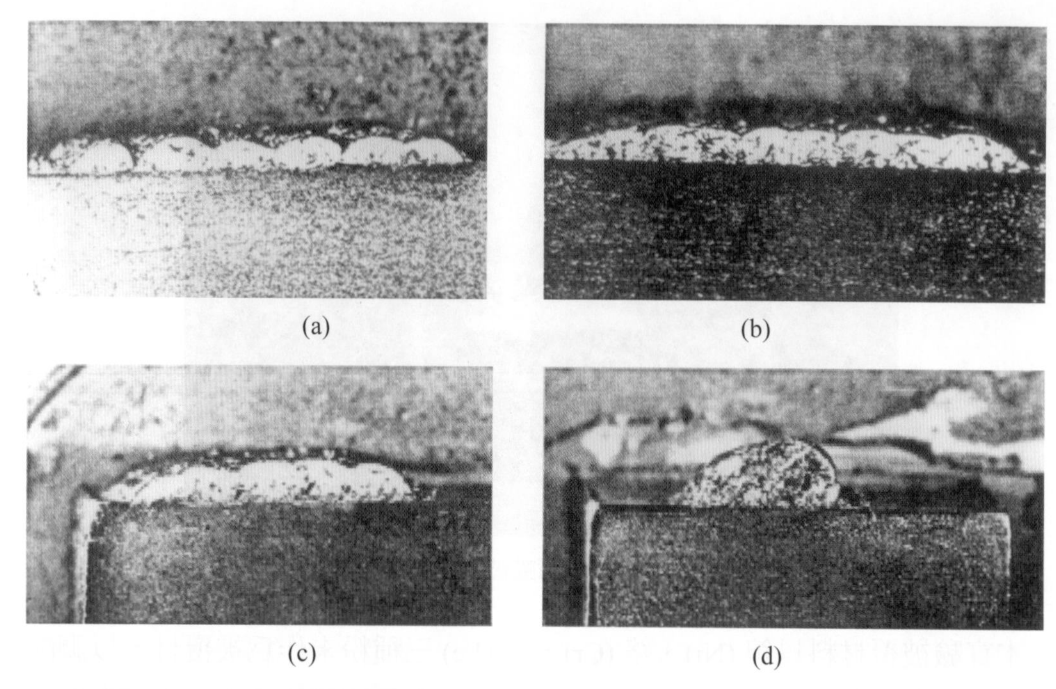

圖 10-10　不同疊覆率下層被覆之外形：(a)10%、(b)30%、(c)50%、(d)70%

針對以層層堆疊製作三維物件部分，以圓柱為例，透過路徑軌跡規劃，如圖 10-11 所示，製作之成品如圖 10-12 所示，為堆疊 22 層。其中包含調整被覆路徑尺寸誤差方法，亦即以被覆完一層厚，再將層邊被覆道依其外形路徑再重被覆一次後，進行層銑削加工，再進行下一層被覆，詳細過程可參考文獻 4.。

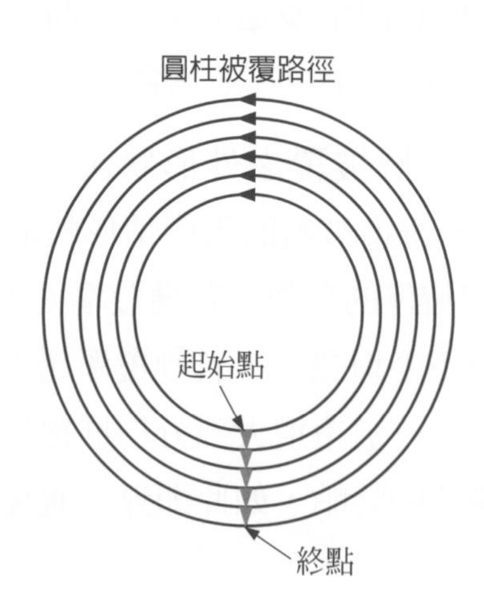

圖 10-11　堆疊製作三維物件之路徑規劃：圓柱

圖 10-12　製作之成品圖：圓柱

圖 10-13 爲美國 Optomec 公司，使用 LENS 設備，針對三種粉末材料 (Ti6Al4V、316SS、In625) 透過 DED 進行元件製作後，與鍛造 (Wrought) 製造方式，進行機械強度特性分析比較。發現在抗拉強度、極限抗拉強度等，兩者皆有相近之測試結果。

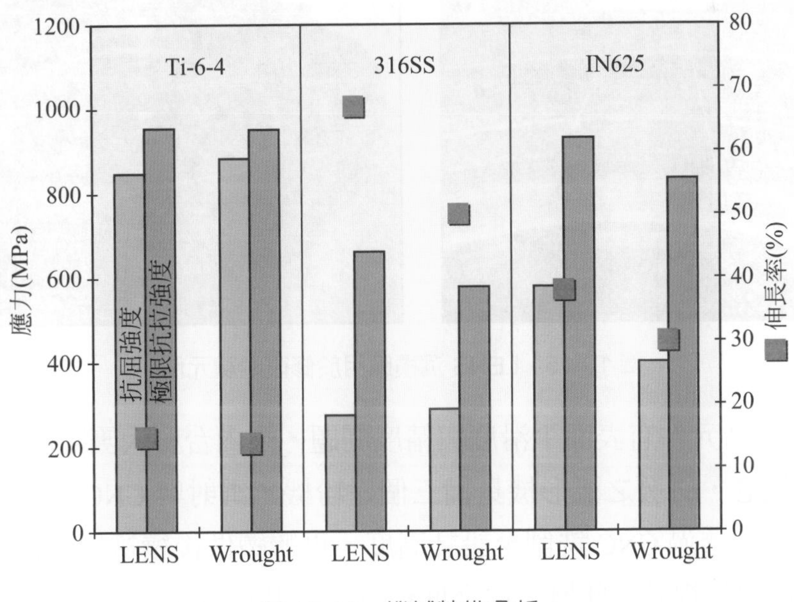

圖 10-13　機械特性分析

圖 10-14 爲爲美國 Optomec 公司，使用 LENS 設備，針對鈷鉻鉬合金粉末材料在同樣基材爲鈷鉻鉬合金上之沉積後之斷面顯微圖，可以發現沉積 (Deposit) 材料與基材之間有熱影響區 (Heat Affected Zone)，但兩者之間鍵結良好。此技術特點爲可應用於修復關鍵元件，例如圖 10-15 爲透過 Ti6Al4V 粉末材料，針對直升機引擎元件做修復，與替代零件相比，可省下超過一萬美元。

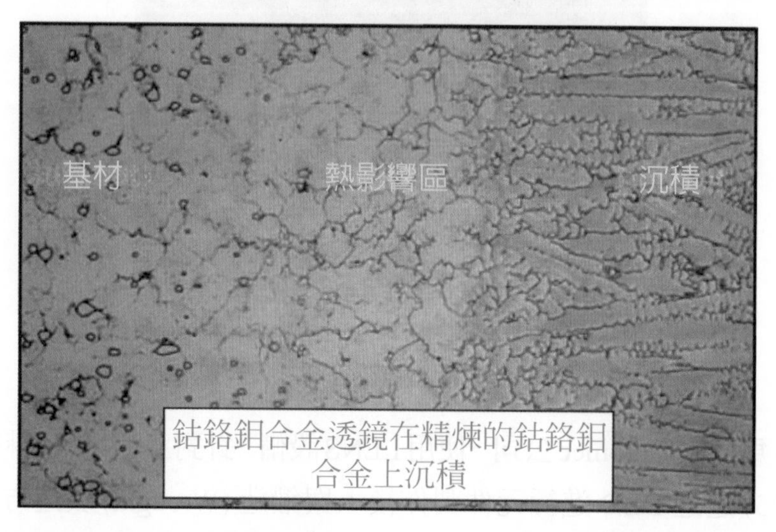

圖 10-14　鈷鉻鉬合金粉末之 LENS 沉積

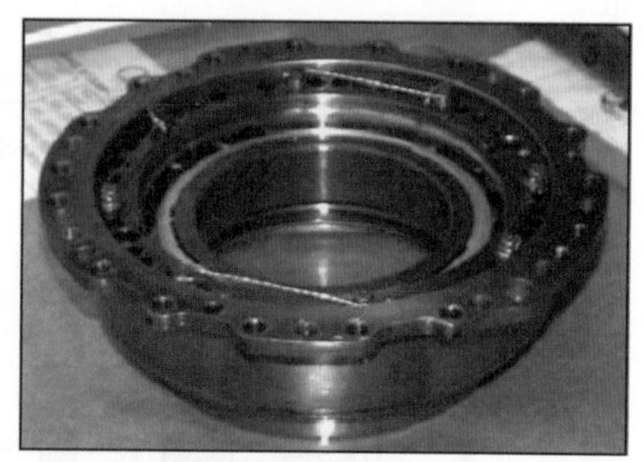

圖 10-15　LENS 沉積應用於修復關鍵元件

因 DED 製造元件有表面平滑度與精度問題，國內台科大團隊首先在 1995 年提出複合機概念，研發之雛形機具備三個送粉機、雷射與 CNC 整合系統，可以在多層被覆後，透過 CNC 銑削至設計高度，再繼續做後續被覆，使得最終積層製造元件精度得以提升。此概念爲全世界最早提出的 DED 與 CNC 銑削複合機，並最早直接利用金屬積層加減法複合加工製造應用於射出模具加工製造。

10-3-4 商品化設備

以指向性能量沉積爲基礎，美國國家 Sandia 實驗室，透過雷射光與粉末同軸的噴覆頭，首先研發雷射淨型加工技術 (LENS) 技術，並在 1997 年由美國 Optomec 公司進行商品化，推出 LENS 750 設備，如圖 10-16(a) 所示。其對應之設備架構示意圖如圖 10-16(b) 所示，包括雷射、LENS 光學和沉積頭、雙重粉末供給裝置、LENS 工具軌跡生成軟體、MachMotion CNC 數值控制器、工具機基材和沉積頭動作的自動化等。爲達高精度控制，Optomec 與 POM 等公司則進一步整合溫度計 (如 Pyrometer)，可以進行熔池監測，並作爲閉迴路控制之製程參數調整依據，使得沉積精度可以提升。

考慮到目前 DED 技術表面平滑度與精度尚未純熟，爲解決此問題，德國 DMG Mori 公司首先整合 DED 與 CNC 銑削等加減法技術在同一台設備上，推出 LASERTEC 65 3D 設備，可以在單台設備上製作出高精度三維金屬元件；英國 HYBRID Manufacturing Technologies 公司則推出 AMBIT ™ multi-task Tools 模組，將 DED 沉積模組類似切割頭一樣，可以放入刀庫中做快速更換，可以將 CNC 工具機加以改裝即可使用；國內東台精機也於 2015 年發表 DED 與 CNC 複合設備 iGT-800AM，如圖 10-17(a) 所示，爲最早投入積層製造 (金屬 3D 列印) 與雷射複合製程開發的廠商，將原有之傳統減法加工、積層製造等核心技術，以一站式加工生產爲目標，實現於機台上。此機台可進行雷射 DED、工件尺寸量測、多軸加工 (傳統減法製程)、雷射表面改質等製程，如圖 10-17(b) 所示。東台精機後續進一步發表 AMH Series 噴粉式積層製造複合加工機，包含 AMH-350 與 AMH-630 系列，設備規格如圖 10-18(a) 所示，包含雷射 DED、修補重工、雷射披覆等製程，均可於單一機台內完成，並搭載自動化製程模組交換系統，可縮短製程時間與方便操作。製程流程如圖 10-18(b) 所示，包括 DED 積層製造出部分粗胚、CNC 銑削精度、包 DED 積層製造出側方向粗胚、CNC 銑削精度、成品製作 (如多葉凸輪式減速機) 完成等步驟。

當能量束改用電子束作爲熱源，直接針對金屬粉末或線材進行熔融，並透過逐層堆疊，製作三維金屬元件，稱之爲電子束積層製造 (Electron Beam Additive Manufacturing, EBAM)，技術特點爲高沉積速率，以及在眞空中進行沉積，能有效較低金屬之氧化。如瑞典 Arcam 公司 (2016 年被美國 GE 併購) 爲例，針對金屬粉末進行熔融，針對航空與醫材所需之高熔點合金與生物相性合金，如鈦合金，能夠快速製作出低孔隙率結構，特別獲得重視，因爲航太元件對疲勞破壞之要求相當重要，若 3D 列印結構內存在過多孔隙，在長時間運作下，容易產生應力集中，會產生疲勞破壞。另外美國 Sciaky 公司，則針對線材進行熔融，製程速度約爲一般雷射 DED 的 4 倍。

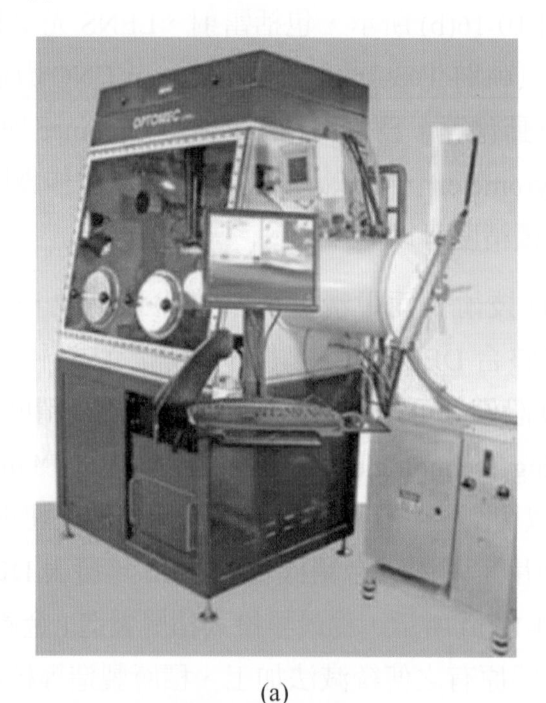

(a)

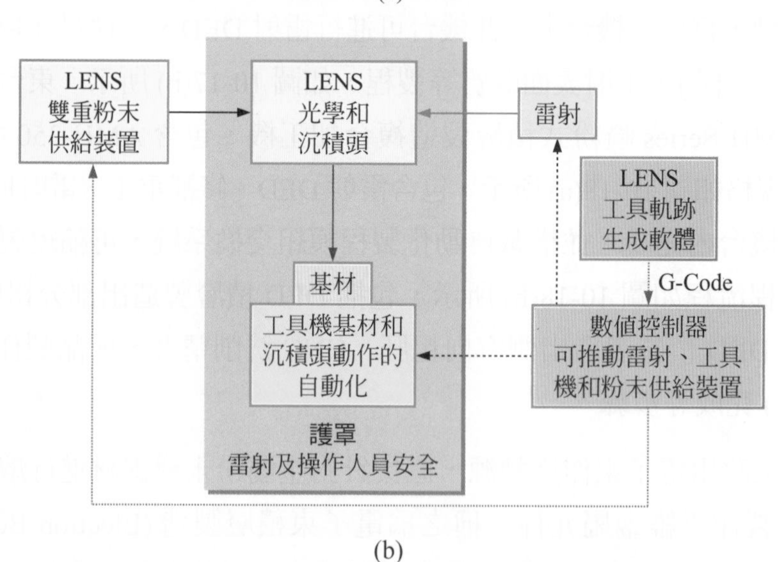

(b)

圖 10-16　(a)LENS 750 設備；(b) 架構示意圖

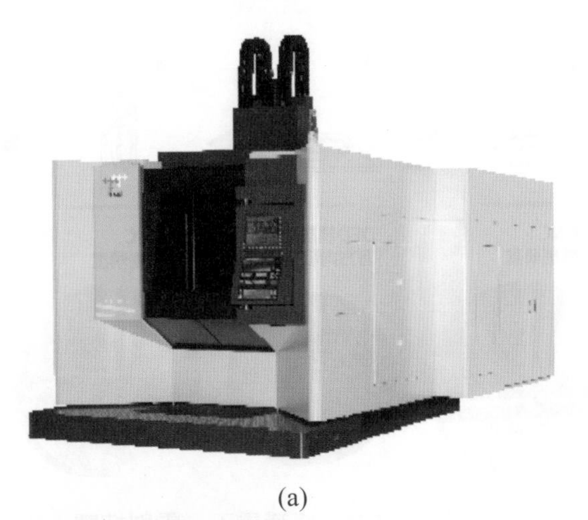

(a)

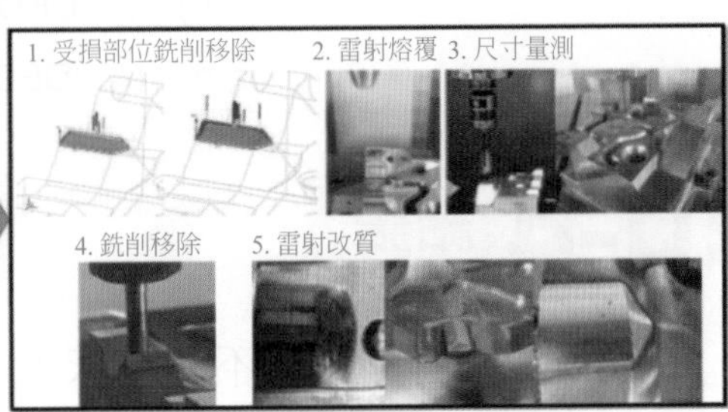

(b)

圖 10-17　(a)iGT-800AM；(b) 設備特色

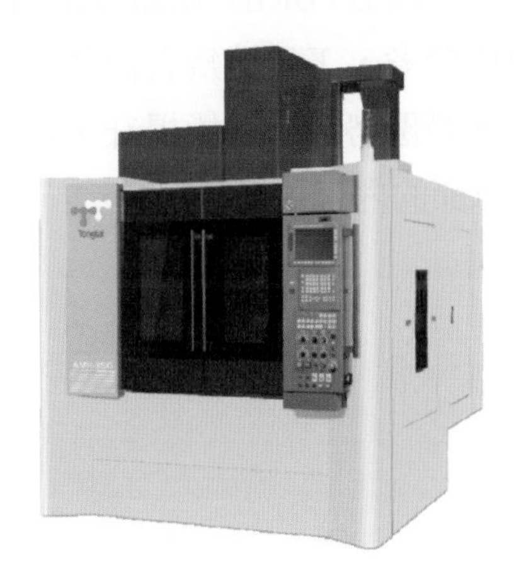

	AMH-350	AMH-630
外型尺寸(WxDxH) Machine Size (mm)	2,150x3,104x3,121	2,200x5,200x3,760
雷射功率(kW) Laser Power	1 (Opt.2)	1
最大工件尺寸(ØDxH) Max. workpiece dimension	Ø380x220 mm	Ø800x500 mm
材料 Material	Inconel 625, 718 SKD61 SUS316L Stellite6	

(a) AMH Series 噴粉式積層製造複合加工機

圖 10-18　DED 積層製造製程流程

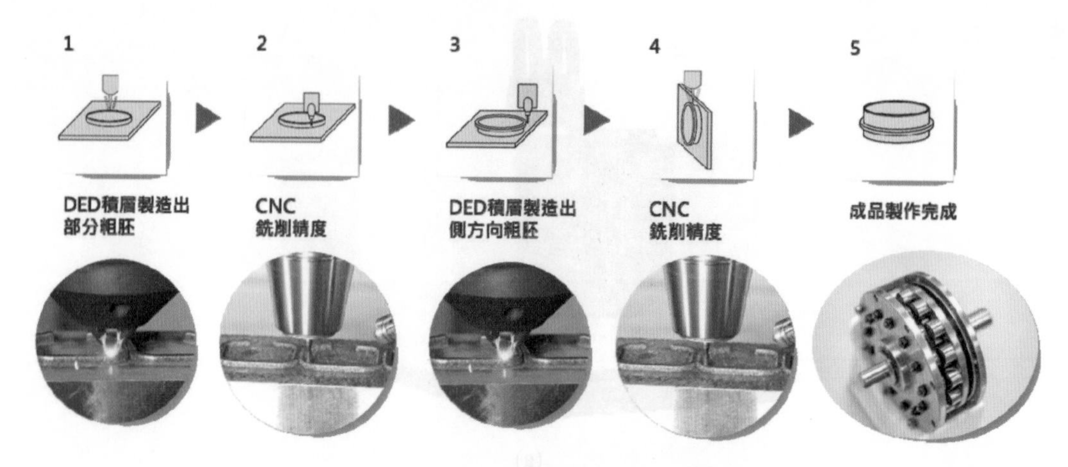

(b) 雷射 DED、修補重工、雷射披覆

圖 10-18　DED 積層製造製程流程 (續)

10-4 結語

DED 技術特點在於不受粉床大小限制，可以製作大型組件或在曲面工件上製作細長結構，目前主要應用在航空大型組件上，並可快速更換材料，達成複合金屬材料之積層製作。目前產業界則有漢翔公司引進美國 Optomec 公司之設備，應用於航太零組件製作或修補。在複合加工方面，英國 HYBRID Manufacturing Technologies 公司針對沉積模組開發之思維值得我們參考，工具機爲台灣強勢產業，若能建構自主之雷射沉積頭，結合 CNC 之軟硬體優勢，相信能提升工具機高值化。最後並感謝東台精機提供相關資料，使本章節的內容更爲豐富。

1. B. Vayre, F. Vignat, F. Villeneuve, Metallic additive manufacturing:state-of-the-art review and prospects, Mechanics & Industry, 13(2012)89-96.
2. J.Y. Jeng, S.C. Peng, C.J. Chou, Metal Rapid Prototype Fabrication Using Selective Laser Cladding Technology, Int J Adv Manuf Technol, 16(2000)681-687.
3. 鐘震洲，Inconel 738 葉片高溫雷射粉末披覆之材料特性研究，國立臺灣科技大學機械工程系碩士論文 (2011)。
4. 周春榮，同軸送粉雷射被覆製作金屬原型件，國立台灣工業技術學院機械工程技術研究所碩士論文 (1994)。
5. 林明勳，金屬快速原型之可行性研究，國立台灣工業技術學院機械工程技術研究所碩士論文 (1995)。

1. 說明指向性能量沉積技術可以使用的能量源有哪些？
2. 說明指向性能量沉積與雷射被覆的主要差異爲何？
3. 說明雷射 DED 與電子束 DED 的主要差異爲何？
4. 畫圖說明 DED 動作流程。
5. 說明 DED 系統包含哪些關鍵組件。
6. 說明 DED 同樣技術特徵之其他類似名稱有哪些？
7. 畫圖與定義何謂稀釋率 (Dilution)。
8. 畫圖說明在 DED 製程中時，爲何結構易形成空孔？
9. 說明 DED 系統中同軸噴嘴之作用。
10. 說明 DED 爲何有廠商發展複合設備。

高速積層製造技術 High Speed AM Technology

本章編著：鄭正元、陳昭舜、劉紹麒、趙育德

3D 列印確實是一種 enable/power 技術，得以應用於食衣住行育樂等等人類生活中所需之物件，但能用於打樣及試作零件，卻無法眞正應用於實際生產製造；即所謂”什麼都可以印，但什麼都印不好”，最主要的原因爲 (1) 功能性材料 (2) 速度太慢 (3) 精度太差等等。一般而言，速度與精度通常是相反的，或是互相妥協的，此二因素通常應先解決速度問題，再降低速度妥協精度，是一般製造採用的方法。故本章探討前面所述的各種積層製造方法，並提出高速積層製造學理根據，乃是將成型形貌及能量分開，將可能達到高速的基本理論架構。

11-1 高速積層製造技術定義 (High Speed AM Technology)

高速積層製造之源頭可追溯到所謂的射出成型 (Injection moulding) 技術，射出成型屬於使用模具的成型方法之一。這種方法會透過將合成樹脂 (塑膠) 等材料加熱並熔化，送入模具後再使其冷卻的方式進行目標成型。如圖 11-1 所示，達成圖案型貌與能量分開的製程，以模具定義圖案型貌、加熱裝置定義能量，由於過程看起來類似使用注射器送入液體，所以被稱爲「射出成型」。加工的流程會從「熔化」材料開始，再依序進行「流入」、「凝固」、「取出」、「精加工」。包含複雜的形狀在內，使用射出成型可以快速且大量地連續製造多種形狀的零件。因此它被廣泛運用於日用品等多種領域的產品上。這邊以 100 公尺賽跑來闡述圖案形貌與能量分開以達高精度及速度的要點，在賽跑時，跑者不需要顧慮何處爲 100 公尺的終點線，只需要拼命往前衝，終點線由他人進行標示，且跑者一定是經過終點線才減速，但若今天跑者需準確的停在 100 公尺處，在到達終點前就必須開始減速，則會導致速度下降，這個例子裡的跑者就是能量化，而標示終點線的人便是精度，兩者分開才能夠達到高速的這一目的，否則就得犧牲掉精度或速度其中一項。

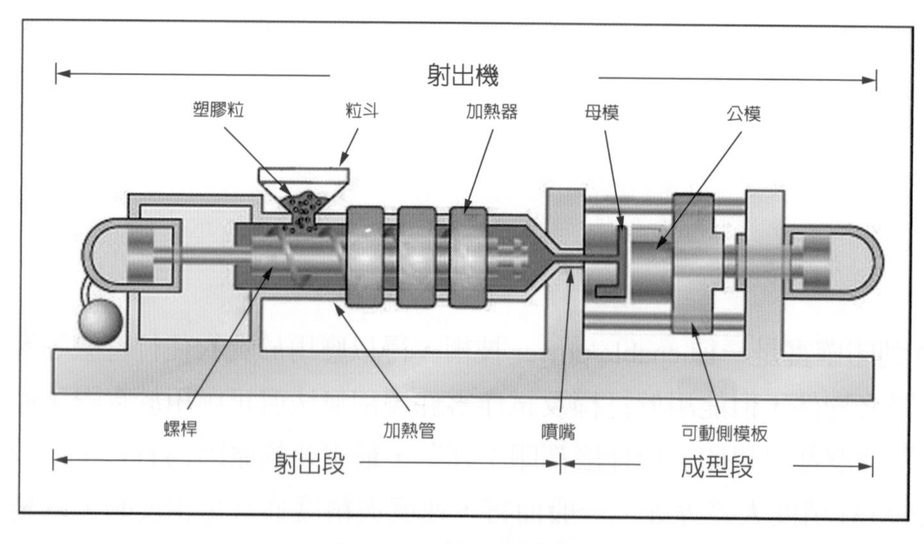

圖 11-1　射出成型流程

11-2 高速光固化技術

高速 3D 列印

一直以來 3D 列印的痛腳都是在速度上無法突破，從較早開發出的 SLA 技術來看，雖然隨著時間的發展，其軟硬體皆得到了相當大的進步，但它仍然是個很慢的製程，然而自從第一款 DLP 3D 列印機問世後，3D 列印才眞正往高速開始發展，也因此有了高速 3D 列印這一概念出現。

高速 3D 列印爲將列印製程中能量與形貌的定義分開，而光固化成型技術以 LED 燈做爲面曝光的能量來源，此種作法是以面成型爲能量的供應來源。而形貌定義上光固化則以光罩定義形貌。

DLP/LCD 光固化 3D 列印技術

光固化 3D 列印的發展起源於使用雷射的 SLA 技術，此技術運用雷射光點做爲能量來固化樹脂，並同時藉由雷射來掃描圖檔每層的形貌，層層堆疊後得到 3D 物件。而 DLP/LCD 技術則是以 LED 燈作爲光源，此 LED 燈可爲可見光波段或是紫外光波段，取決於應用的層面。但光固化列印技術要達到高速列印仍須達到一充分條件，即爲列印時固化層與樹脂槽底膜分離加上樹脂回塡所需時間必須小於 Z 軸抬升一層層厚所需時間，才能避免 Z 軸抬升後還需要等待樹脂回流中時間的浪費。

連續列印

連續列印最早是於 2006 年由 EnvisionTEC 發布的專利中所提出，如圖 11-2 所示，其做法是使用上照式光固化技術，其光源可以是 DLP 或是其他投影裝置，列印過程中 Z 軸會不斷往下降，其過程可能是均速也可能是變速度下降，主要取決於每層的固化時間可能不同導致，而爲了保持樹脂液面永遠保持在同一水平位置，使用了液面感應裝置，並搭配自動添加樹脂裝置，使液面不會因固化後而產生凹陷狀使列印失敗。

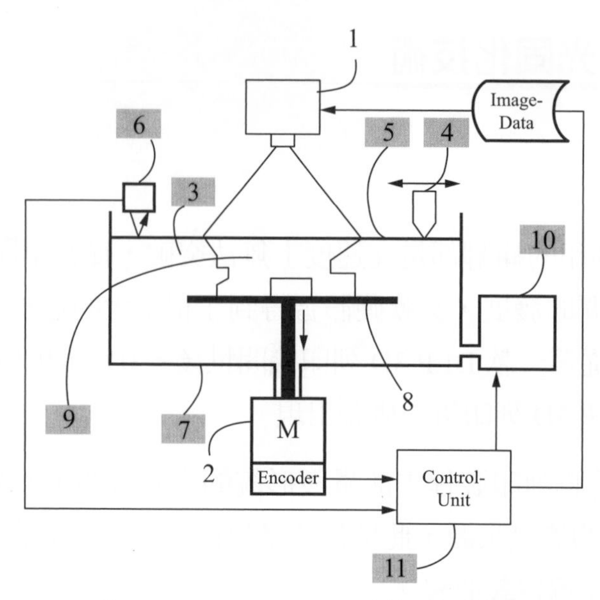

圖 11-2　EnvisionTEC 連續列印專利

而到了 2015 年，Carbon3D 才使用其 CLIP 技術 (見 5-4-2)，使下照式光固化能夠達到連續列印，其做法主要是使用死區的概念使固化層與樹脂槽底部間形成一不固化液態層，使樹脂回流及列印分離力得到解決。

連續 3D 列印是 DLP 列印的一種較新方法，其中成型平台沿 Z 方向不斷移動，允許光固化光敏樹脂不斷地固化而不中斷，從而產生最終部件。此概念就理論上是相當令人期待技術，因爲能夠帶來相當多的好處。若物件能夠連續的成形而不中斷，理論上能夠得到等向性的材料性質，這點在 Z 軸方向特別明顯，因爲目前使用的 3D 列印系統通常有較好的 XY 方向性質，而在 Z 軸方向則較弱，這也使得使用者必須考慮其物件得擺設方向，來得到最佳的物件強度，而理論上，使用連續列印的物件更能夠得到與射出成形相似的物件，使物件沒有明顯的層與層之間弱點，且更能得到較佳的表面光滑度。當然最重要的還是連續列印帶來的列印速度提升，EnvisionTEC 的技術使得上照式光固化能夠免去每層皆需要使用刮刀來使樹脂液面回填，而 CLIP 的技術則是使得下照式光固化列印完每一層後只需要將 Z 軸抬升一層層厚即可使固化層與底膜分離並等待樹脂回填，也因此若要達到下照式光固化 3D 列印的連續列印，代表列印時固化層與樹脂槽底膜分離高度必須小於列印一層層厚高度。

然而，連續移動 Z 軸並持續的將影像投影至成型區域需要相當複雜的計算與參數設定，因物件的截面有大有小，使得 Z 軸移動速度也必須因此做速度上的調整，在軟硬體上皆有相當的挑戰，且樹脂的流動性也扮演著重要的角色，若樹脂流動性較低可能會導致 Z 軸連續上升時樹脂無法回填至已固化區形成的空洞區域。因此，目前多數的光固化連續列印皆是指在下照式光固化情況下每固化完一層欲固化層厚後，Z 軸會向上抬升一層層厚，待固化層與樹脂槽底部分離且樹脂回填後，再次進行曝光，此方法雖然不比眞的連續列印來的快速且多優點，但對於參數的設定與軟硬體上的設計簡化許多。

11-2-1　化學方法連續列印

又稱爲非接觸式連續列印。非接觸式連續列印主要是以死區概念爲主，主要是藉由固化層與樹脂槽底部之間形成一不固化的液態區，使列印時固化層不會與樹脂槽底部黏著，使 Z 軸抬升時樹脂槽底部材料不會因此而被拉起，藉此來達到連續列印，如圖 11-3 所示。其最主要的技術就是 Carbon 3D 的 CLIP 技術，而台科大專利使用的抑制劑技術也屬於此類型。

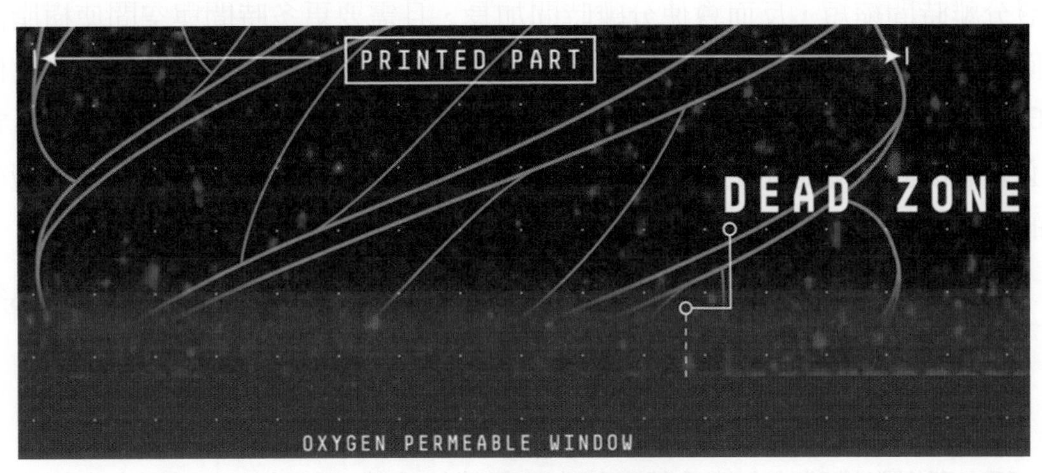

圖 11-3　非接觸式連續列印

然而，此方法最大的挑戰在於如何控制死區的穩定性，就 CLIP 的技術來說，過大或過小的死區都可能會導致列印失敗，其最困難的在於列印時氧氣通量的控制，使其列印時須考慮的參數除了固化秒數、Z 軸抬升速度、等待樹脂回填時間、還有氧氣的通量，使得參數控制複雜化，若列印面積較小時，是否能夠控制氧氣只通過列印區域所需的區域使浪費減少，也是相當重要的。

而抑制劑技術最大的挑戰在於抑制劑的抑制效果可能影響到樹脂固化的化學反應，使的列印過後的樹脂可能不再適用於連續列印，過去研究的實驗結果可以看到列印過程中抑制劑會使樹脂的固化深度逐漸降低，使列印失敗，而樹脂中不同劑量的光起始劑也可能導致死區厚度的不同使列印參數設定上需要較多的考慮與經驗。

◆ 影響連續列印參數

連續列印是否能夠成功取決於許多列印參數的設定以及條件，可以分爲 Z 軸抬升速度、切層厚度、樹脂槽形式、列印面積、樹脂黏度等等。以 Z 軸來說，Z 軸抬升速度越快會產生較高的列印分離力，但可以使列印時固化層與底膜分離時間縮短，越慢的抬升速度則是相反；而切層厚度越厚代表 Z 軸抬升高度越高，除了使樹脂有更多空間能夠回填之外，也能使固化層有更多時間分離；樹脂槽形式可以分爲硬底樹脂槽與張力型樹脂槽，硬底樹脂槽會使列印分離力較大，但能夠使固化層與底膜分離時間縮短，並且膜能夠更快速的回復原狀。而張力型樹脂槽則是取決於底膜張力，張力越大列印分離力越大，也更容易使固化層分離以及使膜回復原狀；列印面積越大列印分離力越大，但不會使膜與固化層分離時間縮短，反而會使分離時間加長，且需要更多時間與空間使樹脂能夠回填；樹脂黏度的高低會使樹脂流動性受到影響，較高的樹脂黏度除了會使列印分離力越大，也會使樹脂回填時間較久。爲了能夠成功達到連續列印，首先必須達成固化層能在 Z 軸抬升一層層厚後分離底膜，而綜合以上影響連續列印的參數，可以統整出以下幾點：

1. 列印時 Z 軸抬升速度在不破壞固化層與已固化層之間結合力的情況下，必須越高才能使分離高度降低。
2. 切層厚度越高能夠使分離更容易完成，且樹脂也更容易回填。
3. 硬底型樹脂槽雖然會使分離力加大，但能使分離時間縮短；而張力型樹脂槽則是需要較高張力來使膜分離後更快回復原狀。列印面積越大分離力越大，但分離所需時間越長，因此大面積較不易達成連續列印。

連續列印限制

連續列印雖然能夠大幅度的加快列印速度，但其仍然有有待改進的限制，這些限制主要取決於使用的連續列印技術，每個連續列印技術皆可能有其特殊的限制，但最常見的限制就是樹脂的回流問題。樹脂回流問題主要限制了列印的連續實體面積大小，使實心物體的連續列印容易失敗，主要是樹脂無法流進物件的中心，使列印時物件中心一直無液體流入，若繼續列印會使此眞空區域越變越大，進而使底材受眞空吸附力而拉起。從圖 11-4 可以看出當列印實心物體時，若沒有讓樹脂回流將會使實心中心呈現凹陷狀。

圖 11-4　連續列印時樹脂回流問題

而爲了解決此問題，可以藉由添加更多的樹脂，使較多的樹脂所形成的壓力差能夠使樹脂流入固化層所形成的眞空區域；另一做法是將 Z 軸抬升速度降低或使 Z 軸抬升後有個等待時間，使樹脂能夠回塡。但這些做法還是無法完全解決樹脂回流問題，因此可以看到市面上大部分使用連續列印技術的廠商，都傾向於列印空孔、網狀結構，如 11-5 所示，主要是這種結構能夠使樹脂更容易流入固化區域，且固化區域旁本身就有需多爲固化的樹脂能夠進行塡補，這種類似流道的概念使網狀結構相對的容易進行連續列印。圖 11-5 的整體面積與圖 11-6 相同，但拆分爲網狀結構後即可解決回流問題。

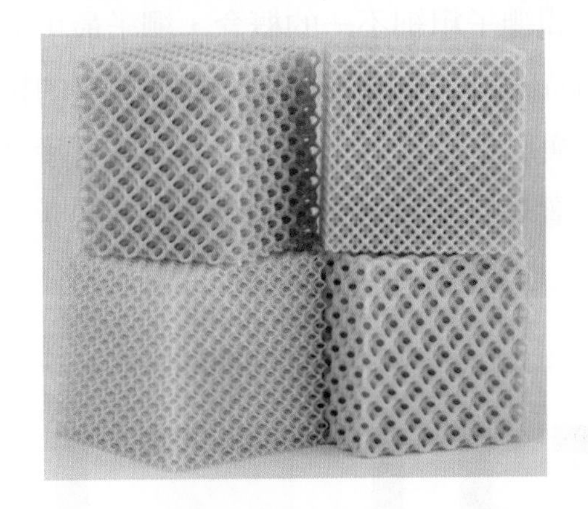

圖 11-5　Carbon3D 網狀結構列印樣品

圖 11-6　網狀結構解決連續列印實心物件問題

11-2-2 物理方法連續列印

物理方法連續列印又稱接觸式連續列印。接觸式連續列印的主要概念在於列印時固化層與樹脂槽底部是有接觸的，但當 Z 軸抬升時，相較於一般列印需要抬升 5 ～ 10 層以上厚度使固化層分離底部與樹脂回填，此技術只需要 Z 軸抬升列印的一層厚度即可使固化層分離。如圖 11-7，固化後固化層與底膜會黏合，但當 Z 軸抬升一層高度後即可使底材與固化層分離，此時 Z 軸不需再向上抬升，使列印時間所短許多。

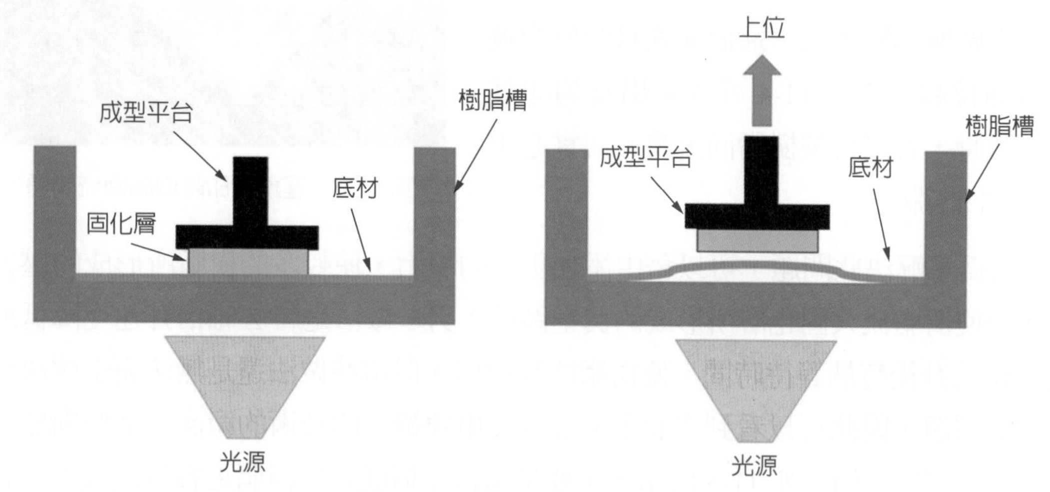

圖 11-7　接觸式連續列印示意圖

此概念有兩個較重要技術需要突破，其一是固化層與底部的分離，其二是因為沒有死區的產生，使樹脂回填的空間較有死區的少，如圖 11-8 所示。在固化層與底部分離時，其概念像是在比賽拔河時中間繩子粗細不一的概念，繩子最可能在最細的部分斷裂，而列印時也一樣，列印時的繩子分為固化層與成型平台的接合力、固化層與已固化層間接合力、固化層與底材接合力。若固化層與底材接合力較其他兩者大，將會導致 Z 軸抬升時固化層黏於底部，而固化層上半部則產生斷裂現象，使列印失敗。

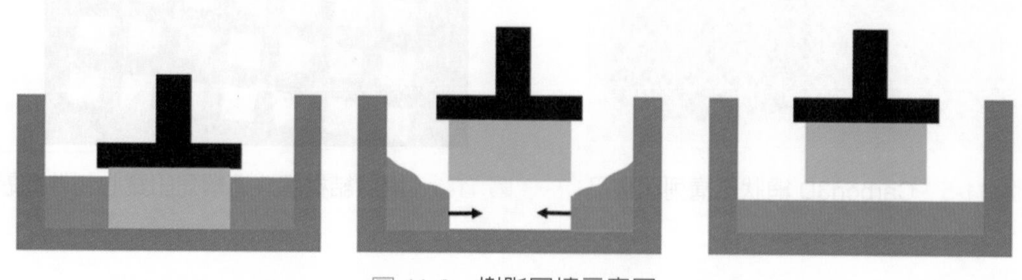

圖 11-8　樹脂回填示意圖

接觸式連續列印可以藉由特殊的樹脂來達成，台科大使用抗拉強度較強的樹脂並將其使用於鐵氟龍膜進行連續列印，做法是將鐵氟龍膜貼於壓克力樹脂槽上，使其成爲前述的硬底型樹脂槽，此做法是讓列印時分離力能更夠快速的使固化層與鐵氟龍膜分離。

另一種方式是使用由 XYZprinting 開發的 PartPro120 xP 光固化 DLP 式 3D 列印機所使用，其技術 Ultra-Fast Film(UFF) 是將鐵氟龍膜進行改質，使其與樹脂的接合力更加的低，因此只要將 Z 軸抬升一個層厚 (100 μm) 即可使固化層與鐵氟龍分離，其技術使列印速度達到每小時 30 公分，而其 XY 列印解析度爲 60 μm。

11-3 高速噴印粉床式技術 (High Speed, Powder Bed Technology)

高速燒結技術 (High Speed Sintering, HSS) 是在 2004 年由英國拉夫堡大學團隊 Hopkinson 等人所開發，主要是以可吸收輻射之材料 (Radiation Absorbing Material, RAM) 爲主材料，起初是以混粉方式添加可提升吸收率之碳黑材料於 PA12 粉末中，使用紅外光照射加熱並配合光罩，藉以選擇性使粉末在紅外光照射下受熱熔合，其系統架構如圖 11-9 所示。

圖 11-9　光罩式快速燒結系統

2006 年拉夫堡大學團隊 Thomas 等人爲此技術進行改良，以同樣 2kW 的短波長紅外光進行加熱，但從過去以 PA12 和碳黑進行混合，改使用噴頭將墨水噴印一平面圖案於 PA12 粉末上如圖 11-10 和圖 11-11 所示。

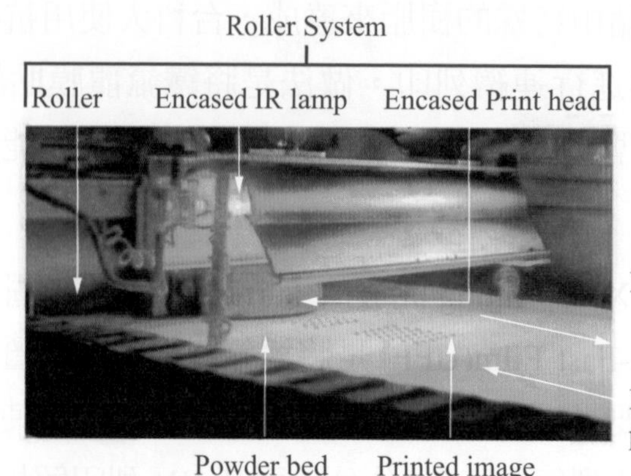

圖 11-10　噴墨式快速燒結架構

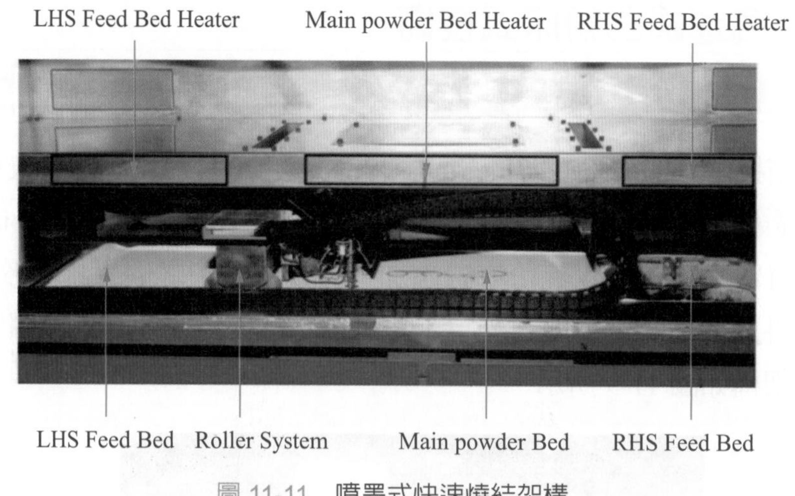

圖 11-11　噴墨式快速燒結架構

11-3-1　噴印粉床熔融式 - 塑膠

惠普 HP 公司，在近年以快速燒結技術 (High Speed Sintering, HSS) 爲基礎開發了多噴嘴燒熔技術 (Multi-Jet Fusion, MJF) 如圖 11-12，利用已成熟的熱泡式噴頭配合頁寬式 (Page Wide) 的技術將噴頭併接使其加工速度較粉末床熔融技術 (Powder Bed Fusion, PBF) 快上近 10 倍，主要粉末材料爲 PA11、PA12 和 TPU，並以墨水做爲熱觸媒 (Fusion Agent) 噴印一平面圖案於已鋪平之粉末上後開啓紅外光進行加熱，藉由熱觸媒中的碳黑吸取紅外光的能量，使粉體完全加熱熔化，故可以製作強度非常高的零件，且開發出了精細劑 (Detailing Agent) 噴印在平面圖案之外圍，使得外圍粉末不易因熱傳導造成部分粉末燒熔；讓精度得以提升，解決過去快速燒結技術上所遇到的熱傳遞問題。

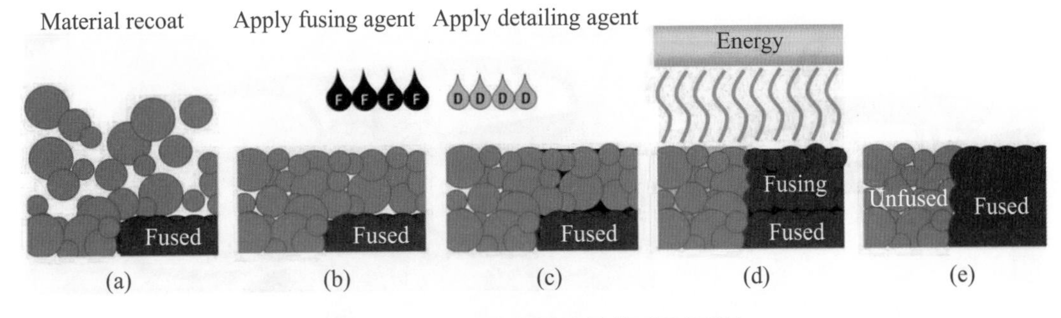

圖 11-12　多噴嘴燒熔技術成型原理

專爲製造業、產品開發、設計業打造的工業級量產型 HP 3D 列印機，擁有下列三個特性：

1. 可製作具有最佳機械特性的工程級熱塑性配件及外裝。
2. 加快設計週期，短時間即可完成創造、測試及量產。
3. 可列印高硬度的精密配件，同時維持最佳機械特性。

HP 3D 列印機卓越穩定的配件品質

以完美的尺寸準確度，生產功能配件，呈現最佳機械特性。HP Multi Jet Fusion 技術，可在 30 分鐘內列印出一個鍊環。鍊環重量爲 0.25 磅，可提舉 10,000 磅。

突破性的生產力

HP 3D 列印機，每秒於每一英吋的作業區，可產生 3 千萬滴的粉末，大大突破傳統，超越以往的 3D 列印機將近 10 倍的速度。3 分鐘可列印 1000 個齒輪。如圖 11-13 所示。HP Multi Jet Fusion 3D 列印技術，以突破性的速度，達到一流水準的配件品質，其市面上量產品如圖 11-14、11-15 所示。

3D printing of gears

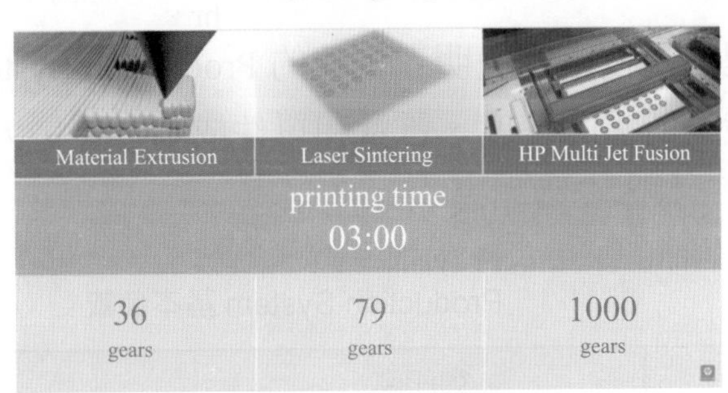

圖 11-13　產量數據

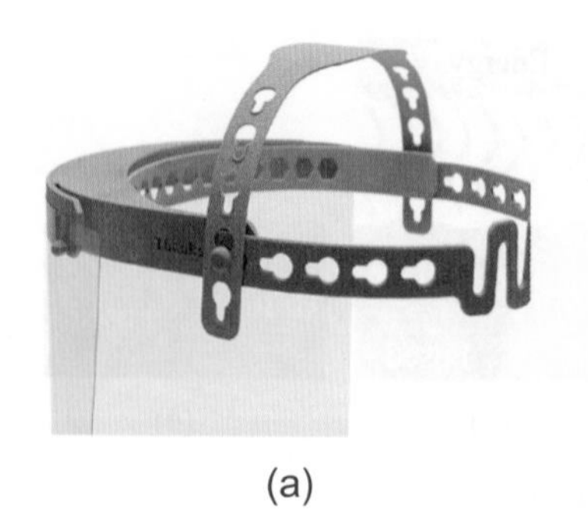

(a)

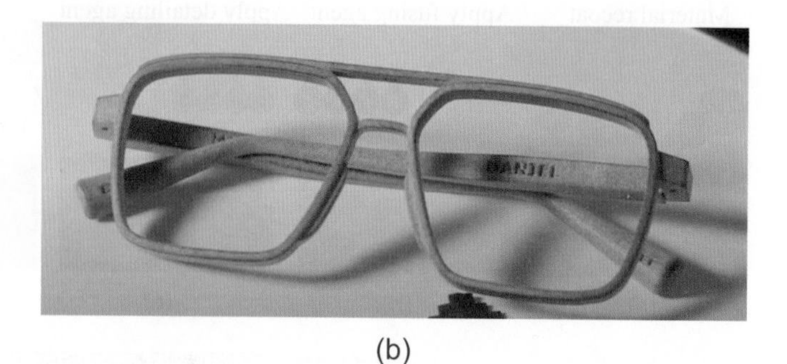

(b)

圖 11-14　(a) 防疫治具 (3D 列印加入防疫行動印製短缺的物件)；(b) 量產眼鏡框架

Data courtesy[6]

HP 3D High Reusability PA 11[7]

Ductile,[8] quality parts

HP 3D High Reusability PA 12[9]

Strong, low cost,[10] quality parts

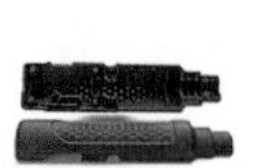

Data courtesy[11]

HP 3D High Reusability PA 12 GB[12]

Stiff, dimensionally stable, quality parts

Data courtesy[13]

ESTANE® 3D TPU M95A[14]

High rebound and low abrasion resistance

Vestosint 3D Z2773 PA 12

Certified for HP Jet Fusion printers.[15] Multi-purpose affordable thermoplastic material for strong parts.

圖 11-15　PA11、PA12、TPU 列印組件

11-3-2　噴印粉床熔融式 - 金屬

(1) Production System ™高速噴印式金屬積層製造

Production System 是 Desktop Metal 用於批量生產高分辨率金屬零件最快的 3D 列印系統，如圖 11-16、11-17 所示。Production system 採用單通道噴射 (SPJ) 技術，使金屬零件製造速度能比現有的雷射金屬 3D 列印系統還要快 100 倍，其列印速度可達 12000 $\frac{cm^3}{hr}$。金屬 3D 列印量產由黏著劑噴射和單程噴墨技術的發明者創建的 Production System ™可提供與傳統製造方法競爭所需的速度、質量和單件成本。這是大規模印刷金屬零件的最快方法，基本參數如表 11-1 所示。

表 11-1　Production System 基本參數

速度	列印區	精度
12,000 cm^3/hr	490 × 380 × 260 mm	< 50 μm

圖 11-16　Production System

圖 11-17　燒結系統

(2) HP metal jet

有了先前 HP-MJF 系列塑膠量產的噴印技術，HP 進而發展成對金屬做噴印燒結的高速金屬積層製造機台，唯獨尚未正式發售，Metal Jet 3D 金屬列印機的運作方式如下：先在機床上鋪上一層薄薄的金屬粉末，隨後一排噴嘴掃過這層薄粉末撒下微小的黏合劑滴、基本上就是可黏合金屬的膠水；當完成一個金屬層後，會再依據原型設計樣式，重複同樣的動作進行下一層金屬黏合。以列印機最大可製尺寸 430 × 320 × 200 公厘 (mm) 估算，完成一個成品約需 4 ～ 5 個小時。列印機的體積像素 (voxel) 非常高，最小的可測量金屬元素僅 20 × 20 × 50 微米 (microns)，相較之下，人類頭髮的直徑約在 17 ～ 181 微米。其外觀如圖 11-18 所示。

圖 11-18　Metal jet 外觀

11-3-3　金屬或陶瓷後製程

♦ 後製程 -1 脫脂 (Debinding)

脫脂 (Debinding) 的作用在於將材料裡的黏結劑移除，主要有溶劑脫脂、酸催化脫脂、熱脫脂，其中 3D 打印以熱脫脂爲主。

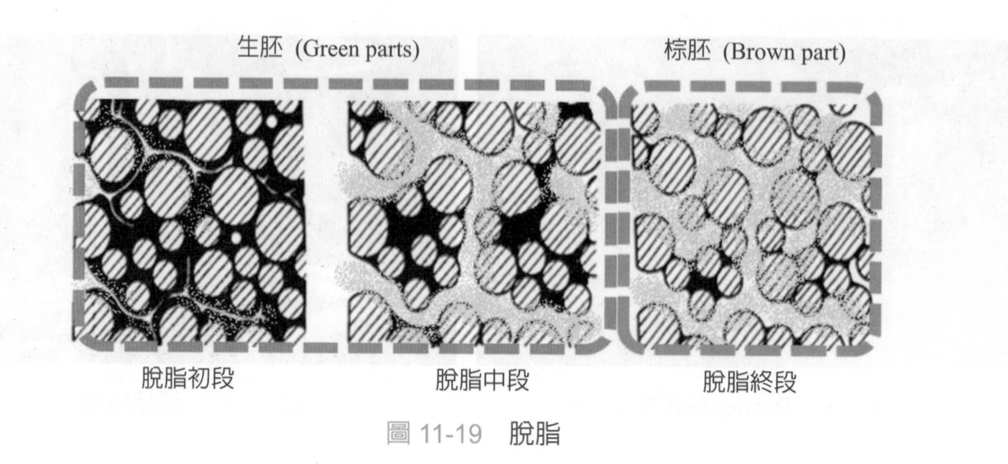

圖 11-19　脫脂

溶劑脫脂是指將列印好的產品置入三氯乙烯、煤油、己烷等溶劑內，在攝氏 40°C 到 50°C 的環境下將材料中低熔點塑膠溶解出來，此時材料內部發生粉末重新排列，同時將支撐物件結構部分的高熔點塑膠保留在材料內部做燒結時的支撐 (無支撐時產品結構會崩垮)。目的主要是爲了改善燒結時攏長的時間，先將材料結合劑內的低熔點塑膠去除，留下支撐用高熔點塑膠，可大幅減少燒結的時間。脫脂階段會使物件的表面孔隙打開，因爲移除了低分子量塑膠，同時還會使物件總重量下降。

圖 11-20　溶劑脫脂爐 (圖片由深圳市星特爍科技有限公司提供)

雖然溶劑脫脂已大幅縮短燒結時間，但是對於企業生產來說還是遠遠不夠，因此業界開發出脫脂速度更快的酸催化脫脂技術，脫脂速度可達 1mm/hr。酸催化脫脂的原理是利用將催化脫脂爐爐內加熱到 120°C ～ 140°C，此時通入工業級濃硝酸液體與氮氣，濃硝酸液體會轉呈氣態硝酸，這時的硝酸氣體會使聚甲醛裂解成甲醛氣體，此時藉由氮氣將甲醛氣體與多餘的硝酸氣體排出，在排出位置接上天然氣與點火器，使甲醛氣體與硝酸氣體燃燒符合環保要求。原本聚甲醛裂解溫度約為 250°C，因通入加熱後的硝酸氣體起到了催化作用，因此才可以在 120°C ～ 140°C 低溫狀態產生裂解。

現在進一步推出了更符合環保的草酸脫脂，可避免運送及採集濃硝酸的風險。草酸是粉末狀同時又是非氧化性酸，除了草酸進酸系統與硝酸進酸系統方式不同外，也大大地降低因氧化而產生氣爆的風險。

圖 11-21　酸催化脫脂爐 (圖片由深圳市星特爍科技有限公司提供)

圖 11-22　酸催化脫脂爐 (圖片由寧波斯百睿自控設備有限公司提供)

圖 11-23　草酸進酸系統 (圖片由深圳市星特爍科技有限公司提供)

熱脫脂是燒結程序裡必要的階段，熱脫脂請參照後製程 -2 燒結 (Sintering)。

♦ 後製程 -2 燒結 (Sintering)

後製程的燒結並非前面所講的雷射燒結，後製程燒結指的是選擇性雷射燒結技術 SLS、黏結劑噴射技術 BJ、材料擠出技術 MEX 的後處理製程。

圖 11-24　真空燒結爐 (圖片由寧波恆普真空技術有限公司提供)

燒結過程中主要分爲三大階段，脫脂燒結、粉末燒結、冷卻降溫。

脫脂燒結 (25°C ～ 800°C) 是利用降低壓力來使蒸發點降低，例如水在喜馬拉雅山山頂的沸點爲 73.5°C 低於海平面的沸點 100°C，升溫同時再通入氮氣 (塑膠主要是由碳、氮、氧三元素所組成，碳爲固體，氧氣爲助燃物，因此選擇氮氣)，快速帶走塑膠蒸氣，其脫脂燒結指的就是熱脫脂。

粉末燒結 (800°C ～ 1300°C 不等，其最高溫的依據是材料的型號，例如：SUS316L 約 1340°C) 就是將粉末結合成一體的過程。一般在粉末燒結時會通入惰性氣體 (氬氣) 來避免金屬粉末的氧化，在此過程中還會伴隨著物件的收縮，其收縮率在 13% ～ 25% 之間。

冷卻降溫是由最高溫降至可以取出的溫度，透過降溫的速率不同可以調整金屬材料的機械強度，通常降溫的速率快會使材料硬度偏硬並增加機械強度，降溫速率慢會使材料硬度偏軟並減少機械強度。具體降溫速率的調整須根據物件的要求而定。

11-4 直接半導體雷射面燒結系統 (Profusion System)

透過高功率近紅外波段半導體雷射進行排列達成面燒結的技術，如圖 11-25 所示，再經列印腔體預熱以達成低功率燒結，將能量與成型形貌分開。

11-4-1 頁寬式半導體雷射 - 直接燒結系統

頁寬式高功率半導體雷射 (20 W 以下) 直接燒結系統相較傳統雷射燒結是透過數百瓦高功率固態或氣體雷射再輔以振鏡掃描加工路徑，而頁寬式是把多顆雷射併接以達到由點積分成線的概念，再透過移動軸帶併接的雷射形成面加工，以達到高速積層製造的技術。該項技術確定已提出專利。

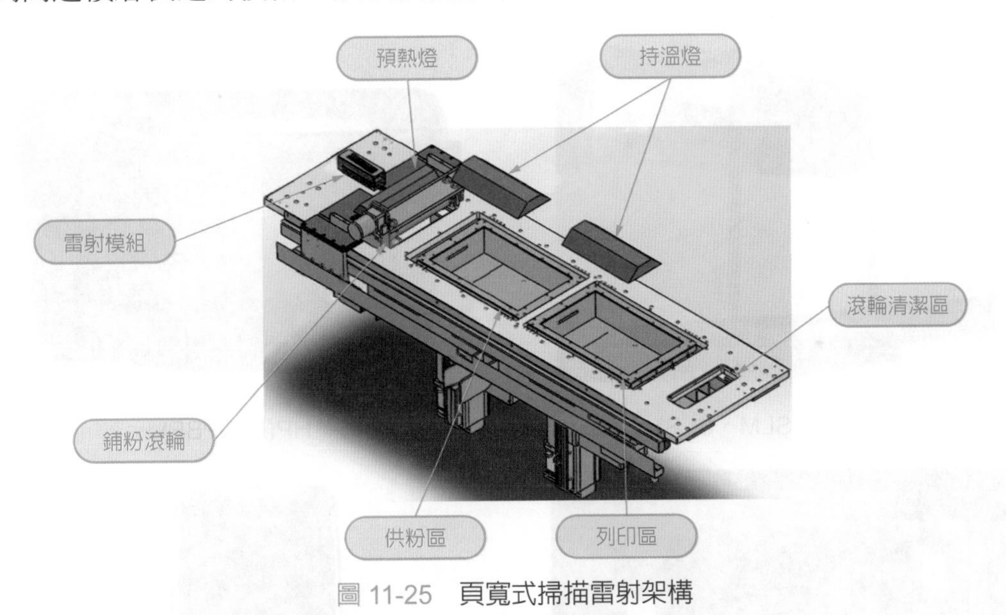

圖 11-25　頁寬式掃描雷射架構

11-4-2 振鏡式掃描光纖雷射 - 直接燒結系統

透過 F-theta lens 振鏡讓雷射進行偏移並且高速的移動來進行燒結，以單一顆或少量雷射高速掃描來達到高速積層製造，如圖 11-26 所示，與頁寬式最大差異在於可以選用單顆極高功率光纖雷射搭配振鏡以減少雷射數量且高功率可對金屬進行直接燒結，通常雷射數量爲 1 ～ 4 顆。如 EOS 將列印區塊劃分成 4 等分，並在各區塊分別使用 1 kW 的高功率光纖雷射同步進行燒結的動作，來達到高速且高精度的金屬材料件列印。

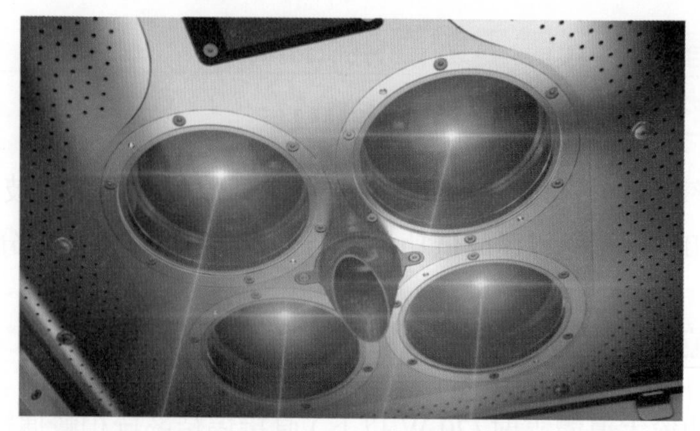

圖 11-26　EOS M400 振鏡式雷射

11-5 高速積層製造商品化設備

EOS(PBF-SLM、SLS)

HP(BJ&PBF)

Desktop Metal(PBF-SLM、SLS)

UNIZ(VP)

圖 11-27　主要高速積層製造設備廠商

表 11-2 機台資訊

	廠商	型號	列印範圍 (mm^3)	掃描 or 列印速度 (高度)
1	EOS	M300	300 × 300 × 400	4(laser) × 7.0 m/sec
		M 400-4	400 × 400 × 400	4(laser) × 7.0 m/sec
		P 500	500 × 330 × 400	2(laser) × 10 m/sec
2	HP	MJF4200	380 × 284 × 380	4000 cm^3/hr
3	Desktop Metal	Production System ™	490 × 380 × 260	12,000 cm^3/hr
4	UNIZ	SLASH PLUS UDP	192 × 120 × 200	720 mm/hr
5	Carbon 3D	M1(CLIP)	144 × 81 × 330	200 mm/hr

11-6 高速積層製造技術的實例應用

高速積層製造技術的開發，其中受惠最大的便是需要大量生產的標準化零件，透過高精度且高速的積層製造技術，除了克服開模具所產生的費用，更能透過特殊結構來節省材料以降低成本，再者，用於大量生產的積層製造技術，便能跳脫傳統 3D 列印用來當作個人需求或創客等低產值的技術。有了高速便能吃下業界肥厚的訂單，就像現今的 MIM 製程，而現今已有不少高速積層製造的應用範疇。

(1) 楔形鑽頭，如圖 11-28 所示，具有復雜的幾何形狀，使用傳統方法時需要 20 多個製造步驟。其中許多操作 (包括銑削，車削和磨削) 需要專用的設置。實現複雜的幾何形狀及其相關成本需要大量的單個操作，這對製造商而言是重大挑戰。在一次運行中，生產系統可生產 600 多個疏鬆鑽頭，然後可以對其進行後處理，以達到所需的硬度和表面光潔度。

圖 11-28 Desktop 發展 - 鉗

(2) BMW 葉件，如圖 11-29 所示，通常，BMW 生產車輛中的葉件通常是由塑料零件組裝而成的，與大多數零件一樣，其設計目的是爲了提高可製造性和成本。通過使用 DMLS 方法，該公司能夠重新設計該零件，以使其作爲單個金屬組件獲得最佳性能。但是，由於零件過於昂貴且無法大規模生產，因此他們只能將這種新設計引入賽車。借助生產系統，寶馬將能夠以具有競爭力的成本 (5.56 美元 / 個) 製造複雜的零件，例如葉件，將高性能零件從賽道推向道路。

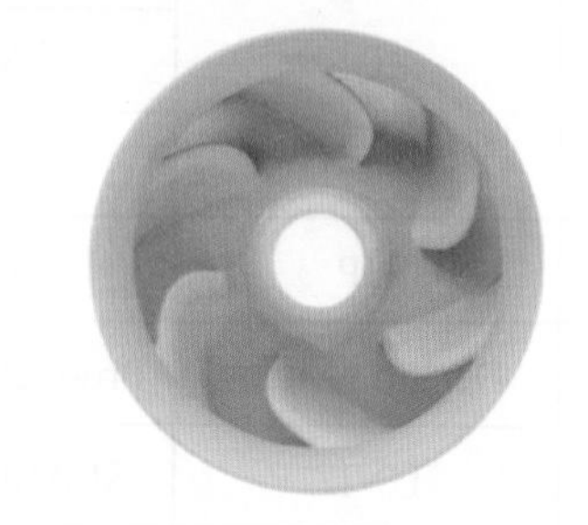

圖 11-29 Desktop- BMW 葉件

(3) 奧迪燈具，如圖 11-30 所示，奧迪定制的固定裝置展示了生產系統能夠打印原位保形冷卻通道的能力，而該通道原本就無法單獨製造。跨越底部和牆壁的冷卻通道通常需要將零件分塊製造，然後再焊接回去。隨著產量的增加，就成本或時間而言，製造單個固定裝置所需的過程不可擴展。使用生產系統，可以將夾具打印成一個完整的零件，並保留冷卻通道。

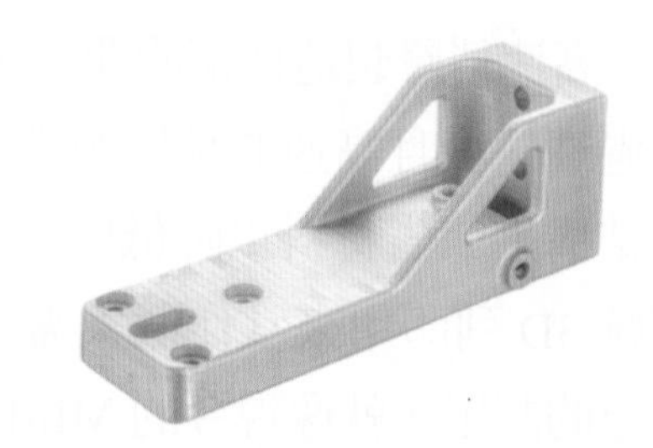

圖 11-30 Desktop - 奧迪 定制燈具

(4) 手術導板，如圖 11-31 所示，該導板就像導航地圖一樣，引導醫師到達目的地，定位出最適當的角度、位置與深度，以更精準的完成手術。傳統上，這涉及到一些加工和精加工操作，這些操作會抑制迭代和自定義。現今透過積層製造除了將醫師的需求客製化實現，更能讓傳統加工無法達到形狀輕易製作出來。

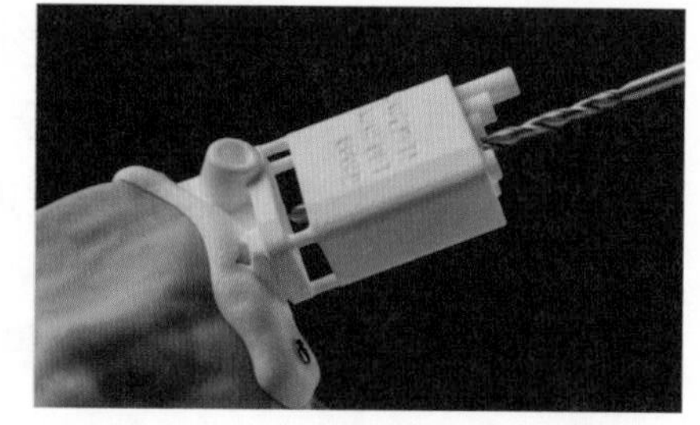

圖 11-31 施樂輝 - 手術導板

(5) 鞋墊，如圖 11-32 所示，Adidas 通過在 2018 年初發布“Futurecraft”系列對市場上的 3D 鞋子進行了測試。鞋子的鞋底在 Carbon3D 機器上進行了 3D 打印。儘管只是概念驗證和每雙 300 美元的價格，但整個批次都立即售罄。據 Adidas 稱，3D 列印使批量生產速度提高了 9 倍。當時，中底的生產需要 90 分鐘，而新型 Carbon 3D 打印機將生產時間縮短到 20 分鐘。

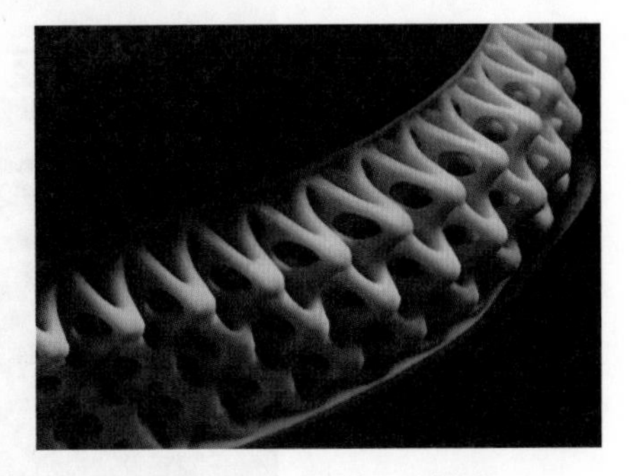

圖 11-32　Adidas 鞋墊

(6) 福特，2019 年初，舉世聞名的汽車製造商福特展示了用 Carbon 3D 列印的首批 3D 組件包括 Ford Focus HVAC(加熱，通風和冷卻) 部件，Ford F-150 Raptor 輔助插頭以及 Ford Mustang GT500 電動駐車製動支架如圖 11-33 所示。

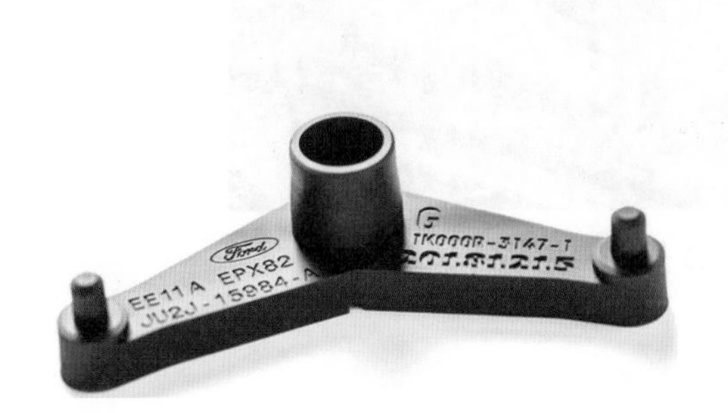

圖 11-33　Carbon 3D- 福特量產零件

(7) 在大規模製造領域，目前包括 Avid Product Developmen，巴斯夫、捷豹路虎、Kupol、Materialise、Sculpteo、Prodartis 和維斯塔斯等來自汽車、工業、消費品和製造行業的知名公司，均已應用 HP 全新 MJF 5200 系列 3D 列印量產解決方案，如圖 11-34、11-35 所示。

圖 11-34　HP 3D 列印客戶 Smile Direct Club 的隱形牙套批量製造

圖 11-35　HP 3D 列印高性能終端零件

1. https://kknews.cc/zh-tw/tech/azxzngj.html

2. https://www.YouTube.com/watch?v=gIIdzKZEWKE

3. https://h20195.www2.hp.com/v2/GetDocument.aspx?docname=4AA6-4892ENA

4. https://top3dshop.com/blog/the-fastest-3d-printer

5. https://www.uniz.com/eu_en/slash-plus-udp.html

6. https://www.eos.info/en/additive-manufacturing/3d-printing-plastic/eos-polymer-systems/formiga-p-110-velocis

7. https://www.allthat3d.com/fastest-3d-printers/#uniz_fastest_3D_printers

8. https://www8.hp.com/us/en/printers/3d-printers/products/multi-jet-fusion-4200.html

9. http://www.mold-ok.com/product-info.asp?id=120

10. https://kknews.cc/zh-tw/health/gryz6em.html

11. https://www.digital-can.com/lifestyle/?lang=zh-hant

12. https://www.desktopmetal.com/products/production

13. https://www.desktopmetal.com/products/production

14. https://www.lumitex.com/blog/rapid-prototyping

15. https://kknews.cc/zh-tw/tech/rzjpk3v.html

問題與討論

1. 何謂高速 3D 列印？光固化與粉末式燒結 3D 列印是如何達到高速列印？

2. 請解釋工業 HP 3D 列印機爲何可以產生卓越穩定的配件品質？

3. 爲何射出成型機可以達到高速且大量製造？

4. 在粉床式列印技術中，請分別解釋噴印成型與雷射成型如何將行形貌與能量分開？

5. 黏著劑噴印技術中金屬或陶瓷製成脫脂的作用爲何？

6. 請解釋爲何許多廠商在面臨如此挑戰下依然選擇積層製造生產部分零件？

12

積層製造後處理技術
Post Processing of AM

本章編著：鄭正元、錢啓文

本章節主要是討論如何利用後處理技術來改善積層製造成品外觀的表面粗糙度與機械性質，一般積層製造列印的成品，雖然能完成大致上的外型，但在成品的表面粗糙度與平滑度上，仍然有很大的改善空間。由於積層製造的製程是以層層堆疊的方式來塑形，每層的厚度將會影響列印的精細度，但是就算每層厚度再薄，表面還是有些微凹凸不平的情況，無法如預期般光滑，所以大部分積層製造都需要進行後處理來改善成品表面，例如粉末床熔融技術必須經過噴砂處理以去除表面多餘的粉末，光聚合物固化技術必須沖洗掉樹脂，去除支撐材並在紫外線下固化；擠製成型技術除了去除支撐材外，還需進行丙酮或酒精處理以平滑表面。以材料來說，對塑膠材料後處理大多以改善表面粗糙度爲主；而金屬材料的列印重點，除了表面粗糙度外還有機械性質的改善，這使金屬積層製造的後處理比起塑膠來說程序更多且更爲重要。

12-1 積層製造後處理技術介紹

12-1-1 後處理技術分類

ASTM 積層製造所定義之七大製程如同表 12-1 所示，概略可以分爲金屬材料與塑膠材料兩大部分。

表 12-1 積層製造後處理技術分類

後處理技術	金屬	PBF-DMLS、SLM、EBM
	塑膠	PBF-SLS、ME、VP、MJ、BJ-MJF、LOM

12-1-2 塑膠材料後處理

在塑膠材料積層製造的製程中有擠製成型、光聚合固化、材料噴印成型、黏著劑噴印、薄片疊層和粉末床熔融 (PBF) 等等。

擠製成型的後處理常需要移除支撐材與表面粗糙處理。移除支撐材亦可再分爲可溶性與不可溶性兩種材料，可溶性爲可溶於水或特定化學溶劑的材料，使支撐材完全溶解於溶劑中，僅留下主體建構的零件，不可溶性爲普通的列印材料，如 PLA、ABS、Nylon 和 PC，此類支撐材常用手動工具 (尖嘴鉗和美工刀等) 或水切割器去除，但如果支撐材難以移除，例如硬建構材的移除與軟建構材的移除差異極大，軟建構材的處理極爲困難，很有可能會損壞列印零件。而在表面處理方面則可使用砂紙打磨、丙酮平滑、噴漆、水轉印和電鍍等方法。

光聚合固化在列印完成後零件表面仍會有些未固化樹脂，其次爲加速列印，內部 cross-hatch 並未完成固化，所以需將零件放至溶劑中 (水洗、丙酮、異丙醇、三丙二醇甲醚和酒精等)，清除所有未固化的殘留樹脂，然後將其放入 UV 光箱中處理，以確保零件完全固化使其加強強度。然而運用上述溶劑方法雖取得容易且價格便宜，但都有易燃或易揮發等缺點，所以 PostProcess Technologies 公司運用自行研發的 SVC 技術，透過專屬的化學洗滌劑來完成光聚合固化零件的表面清潔與可溶解支撐材的移除。

黏著劑噴印 (MJF)、粉末床熔融 (SLS)，在列印完成後成品表面仍有些許粉末殘留於上面，所以會將其再做噴砂處理，此過程是在高壓下用壓縮氣體噴出磨料 (玻璃珠、氧化物和鋼珠) 來清潔列印零件。

材料噴印成型在列印完成後，會面臨到表面處理與支撐材去除的後處理過程，面對去除支撐材方面，依照支撐材料的不同，可用手動、水切割器或可溶性材料來移除，例如蠟支撐材，會利用烘箱在一定溫度下將蠟材料燒融以去除支撐，另外表面處理是運用物理及化學方法來處理，例如噴漆染色和金屬電鍍等。

薄片疊層技術也需經過後處理來獲得較好得機械性質，去除不需要的材料來獲得更好的幾何精度，或是利用表面塗層的方式填補零件表面接合處，使表面平滑，提高其美觀性。

上述所介紹常見的積層製造之後處理技術在市面上也有各家公司運用物理和化學的方法，來自行研發出更精細且完善的後處理技術，在後面章節會陸續介紹其商用機台。

12-1-3　金屬、陶瓷材料後處理

在金屬和陶瓷材料積層製造的製程有擠製成型 (Markforged)、指向性能量沉積成型法、黏著劑噴印技術和粉末床熔融技術 (PBF) 中的選擇性雷射熔融 (SLM)、電子束熔融 (EBM) 和直接金屬雷射燒結 (DMLS)。

金屬積層製造之後處理可分爲六個不同的步驟，以下爲六個步驟之概述：

清除粉末：在完成金屬列印後，將其在列印槽的金屬粉末清除並回收再利用。

應力消除：零件在逐層列印時，金屬的加熱和冷卻會導致內部應力，必須先消除其應力，然後才能將零件從列印平台上卸下，否則零件可能會翹曲甚至破裂，而要消除零件的應力，必須在烘箱或眞空爐中進行一致的加熱和冷卻之應力消除處理。

去除支撐：雖爲粉末成型，學理上可以不用支撐，但因爲高功率雷射燒熔之高熱傳梯度因素，而造成翹曲變形等可能影響後續鋪粉機構動作，故也需設計適當支撐。去除底層支撐及應力支撐，通常需要線切割 (含線放電加工)。

零件拆卸：此時，零件仍固定在列印平台上，如果在應力消除步驟之前將零件從列印平台上卸下，則可能會發生翹曲的情況，而此步驟常使用帶鋸或放電加工從列印平台上取下零件。

熱處理：金屬列印成品的密度很高，雖然不是 100%，但是在經過熱處理 (熱等靜壓 HIP) 的過程可以使列印成品達到更高的密度，而改善零件的微觀結構和機械性能，幾乎對於所有積層製造製程都是必需的。而因爲熱處理可能會影響零件的尺寸，因此通常會在零件加工之前進行熱處理。

機械加工：金屬零件在列印過程中，經過加熱與冷卻和熱處理會使零件尺寸產生變化，因此需要通過一些 CNC 加工、銑削和車削來完成金屬積層製造成品，以確保成品零件的尺寸精度。

表面處理：還可能需要進行表面處理，以改善零件表面品質，降低表面粗糙度，根據零件的使用方式，可能需要銼平其邊緣，平滑通道或對表面進行拋光。

檢驗測試：在後期處理之後可能需要使用白 / 藍光掃描，染料滲透測試，超音波測試，電腦斷層掃描 (CT) 掃描等進行計量，檢查和無損檢測，可能還需要對成品零件進行破壞性測試 (例如拉伸 / 壓縮測試)，粉末化學成分，材料微觀結構等進行分析，以進行成品零件的認證。

另外以 Markforged 公司為例，列印技術是以金屬射出成型與擠製成型結合在一起的金屬列印製程，列印完成後的金屬零件，會經過在燒結爐中熱處理，提高零件的強度、剛性、伸長率和硬度。燒結後，可以對零件進行機械加工，清理表面並在特定特徵上精確定位，以便在去除材料時可以滿足公差要求，如圖 12-1 所示。最後是打磨和拋光處理，提高金屬零件表面質量，達到鏡面光潔度。

圖 12-1　為了提高表面光潔度，在燒結後對零件進行加工

12-2 積層製造後處理技術應用與實例

上述介紹各種後處理程序，一般來說均是使用手工完成，主要原因仍是積層製造最大優勢爲客製化，或是以往的打樣應用，每件物品形貌和方位，甚至中空位置均不同，很難使用固定機械的加工法完成自動或半自動的後處理程序。但因積層製造逐漸步入各種批量生產的製造程序，故而自動化或半自動化的後處理系統變成逐漸可行，因此變成必需發展的一項技術。

12-2-1 塑膠材料後處理應用與實例

在塑膠材料後處理應用將介紹幾間公司之技術與商用機台爲實例。

Additive Manufacturing Technologies(AMT)

AMT 公司運用 BLAST ™製程，是一種用於平滑積層製造之熱塑性聚合物表面的自動化後處理解決方案，使用自行研發的化學液體材料，是一種醫療用的有機無毒溶劑，將其加熱 (約 70°C) 成蒸氣狀態後運送至處理腔室中，處理時間約爲兩小時，待完成後再運送至回收溶劑槽中，運作原理如圖 12-3 所示，可以使用於 MJF、SLS 或 ME 等積層製造技術，適用材料爲 PA6、PA11、PA12、PMMA、TPU 和 TPE 等。圖 12-2 爲 AMT 公司開發之設備 PostPro3D，圖 12-4 爲列印件處理前後之差異，可觀察出處理後零件表面光滑許多，表 12-2 爲後處理前後表面粗糙度與機械性質的改變，處理後的表面粗糙度由 6.56 μm 減少至平均 1.15 μm，斷裂伸長率增加約 248% 且仍維持其列印件應力強度。

圖 12-2　PostPro3D

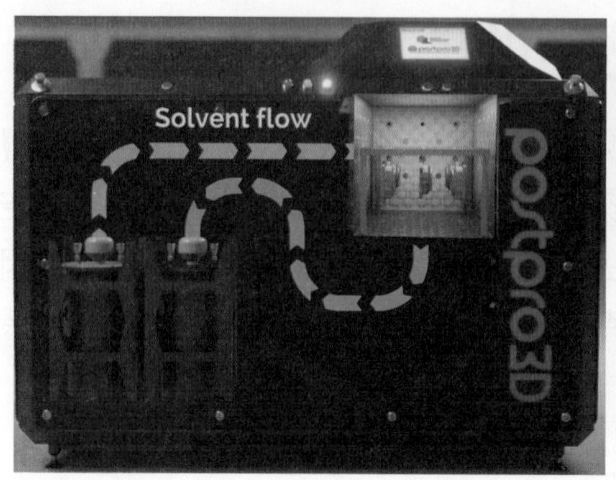

圖 12-3 PostPro3D 作動示意圖

圖 12-4 左為處理前零件，右為處理後零件

表 12-2 後處理前後機械性質變化

Finish	表面粗糙度 (μm)	斷裂伸長率 (%)	降伏應力 (Mpa)	最大拉伸應力 (Mpa)	楊氏模數 (Mpa)
未處理	6.56	67	49	50	1603±17
PP3D Finish I	1.45	248	50	55	1556±34
PP3D Finish II	1.23	227	49	56	1582±30
PP3D Finish III	0.78	238	49	57	1552±37

♦ PostProcess Technologies

PostProcess 公司是運用自行研發的懸浮旋轉力 (SRF) 技術，爲一種以振盪產生水平或垂直圓周運動，由複合材料或單一材料、磨料和流體混合物組成的腔室，保持最佳振福、最大化停留時間和平衡其重力以保持零件的安全，作動方式如圖 12-5 所示。

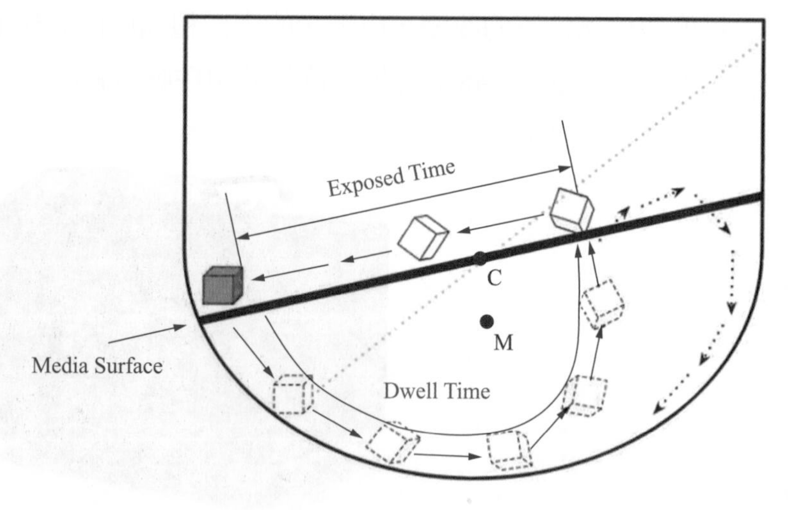

圖 12-5 SRF 技術作動示意圖

而此技術的要素有：洗滌劑、磨料、AUTOMAT3D ™軟體。

洗滌劑：此洗滌劑沒有利用任何化學能量，以介質材料提供的機械磨蝕能量，確保積層製造零件可以在洗滌劑中循環，以清除在加工過程中積聚的材料和任何分解的介質。

磨料：是 SRF 技術最主要之要素，對各種不同材料、形狀和尺寸的磨料進行了廣泛的測試，選擇適合各種零件材料和幾何形狀的磨料，可以一批解決多種材料的問題，通過氨基鉀酸酯磨料 (UAM)，氨基鉀酸酯拋光介質 (UPM) 和聚酯磨料 (PAM)，達成理想的表面粗糙度 (Ra)。

圖 12-6 爲 PostProcess 公司所開發之設備 Rador，適用於所有金屬與塑膠的列印技術，所使用之技術就是 SRF 技術。圖 12-7 爲使用 Rador 機台後處理，零件表面隨著時間增加，表面粗糙度可得到相對應的改善，可減少 6-10 μm 的粗糙度值。圖 12-8 爲使用 Rador 機台後處理前後零件表面 SEM 圖的差異，處理後的零件邊緣較處理前平滑許多。

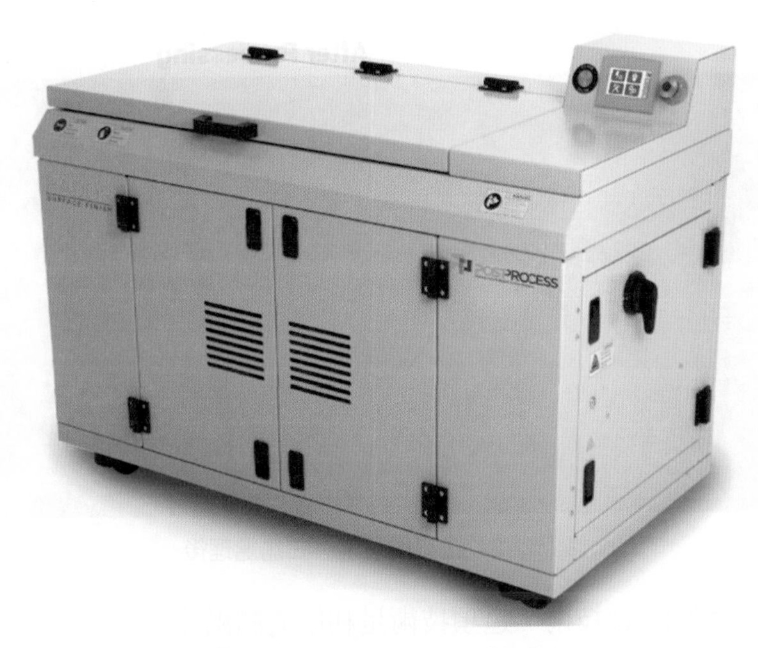

圖 12-6　PostProcess – Rador

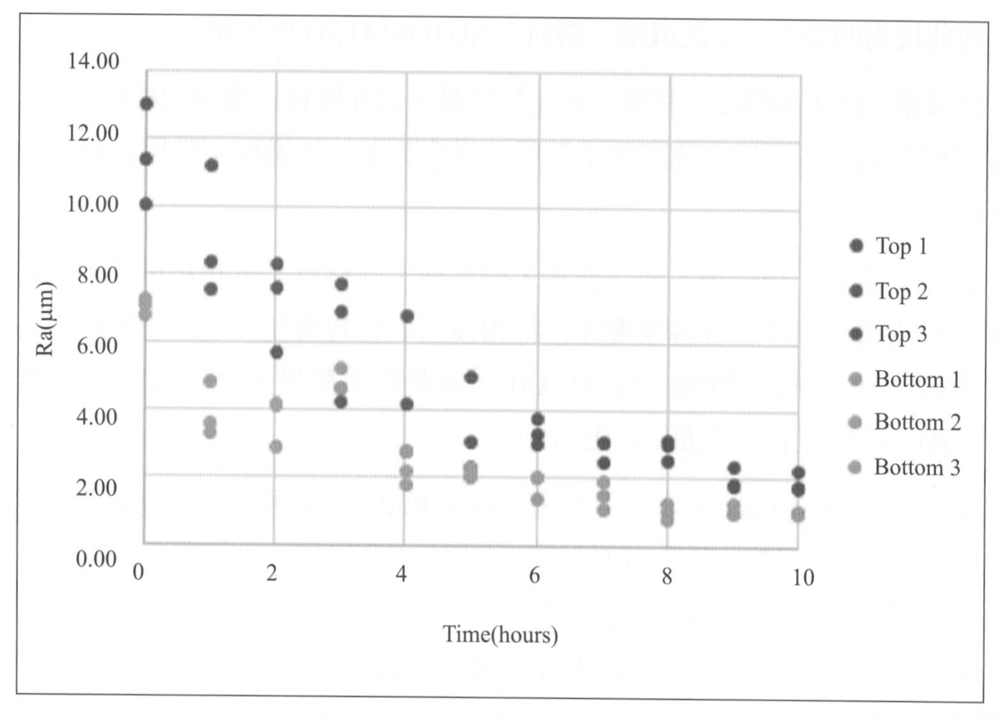

圖 12-7　處理後表面粗糙度的改善

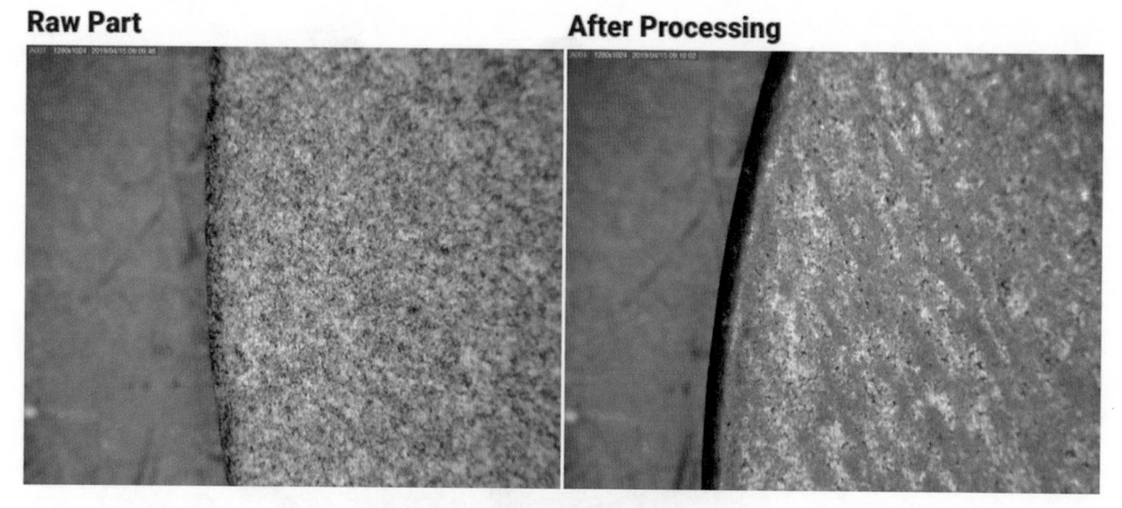

圖 12-8　左為處理前，右為處理後

另一項技術爲 SVC 技術，這項技術是利用流體渦流產生可控制的泵做動來確保支撐材的移除，利用超聲波在不同頻率吸收聲波，使其能在洗滌劑中產生壓縮和膨脹的波，讓每個零件都能漂浮在洗滌劑中，確保其均勻暴露於洗滌劑與超聲波產生的氣流中，進而達到移除支撐材的效果，作動方式如圖 12-9 所示。

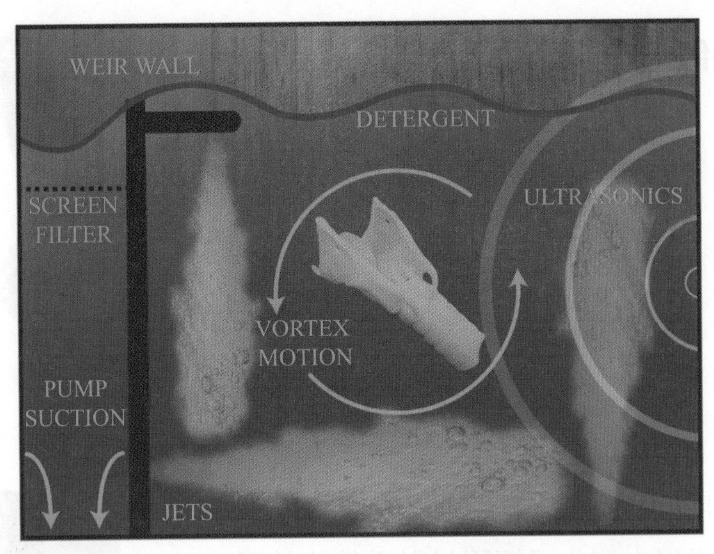

圖 12-9　SVC 作動示意圖

而此技術的要素有：洗滌劑、渦流泵方案、可變超聲波 AUTOMAT3D ™軟體。

洗滌劑：SVC 技術之洗滌劑是利用專有的化學溶劑，主要用於 ME、MJ 和 VP 等列印製程，洗滌劑會溶解可溶的支撐材料與未固化樹脂，且不會破壞列印零件。

渦流泵方案：SVC 解決方案利用一種在洗滌劑中產生零件專有的旋轉運動，此動作可確保零件漂浮於水槽中，也就是無論密度或幾何形狀以及零件的浮力，SVC 技術的 Vortex 組件都將確保其均勻地暴露於洗滌劑和超聲波中。

可變超聲波：超聲波以變化的頻率和震幅發出聲波，從而在洗滌劑中產生壓縮與膨脹，使零件表面上形成微小的氣泡，隨之攪動支撐材料而移除。

圖 12-10 爲 PostProcess 公司使用 SVC 技術所開發之設備 DEMI，適用於 ME、MJ 和 VP 等列印製程，圖 12-11 爲使用 DEMI 機台移除零件支撐材。

圖 12-10　PostProcess – DEMI

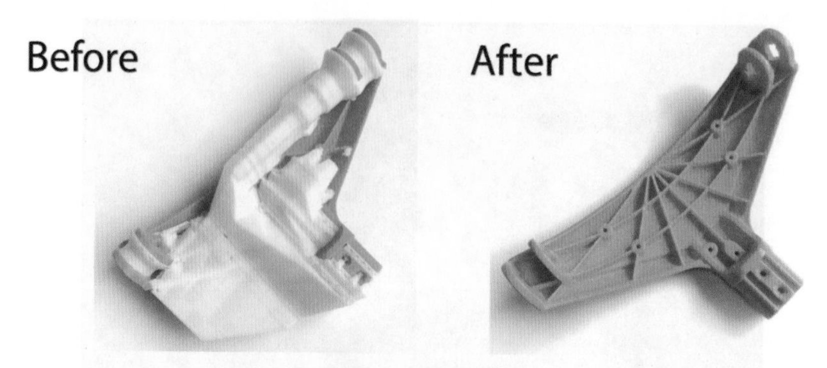

圖 12-11　左為去除支撐材前，右為去除後

◆ LuxYours e. K.

此公司運用的技術爲 LUX 製程，是一種化學平滑過程，處理過程中液化了塑膠材料零件的外層，從而使其表面平滑具有光澤。根據持續時間、重複處理也可以使表面紋理宏觀地平滑，可對 PA6、PA11、PA12、TPU、PEBA、PLA、PMMA 和 PET 等材料列印成的零件進行後處理，獲得較佳的表面粗糙度。圖 12-12 爲 LuxYours e. K. 所開發之設備 LUXMatic 700，圖 12-13 爲列印件處理前後之差異，可看出右邊處理後零件的表面比起左邊平滑許多。

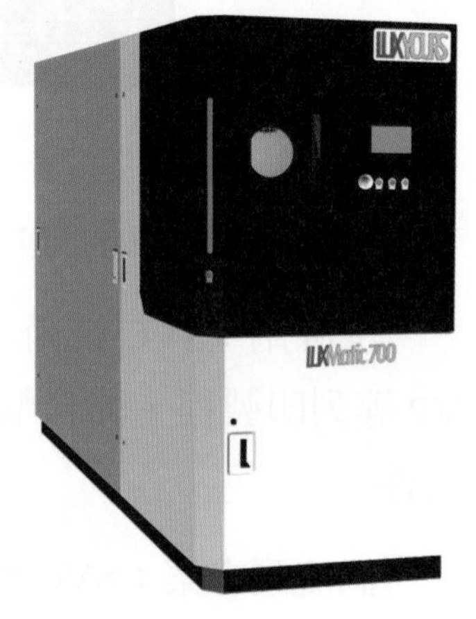

圖 12-12　LUXMatic 700

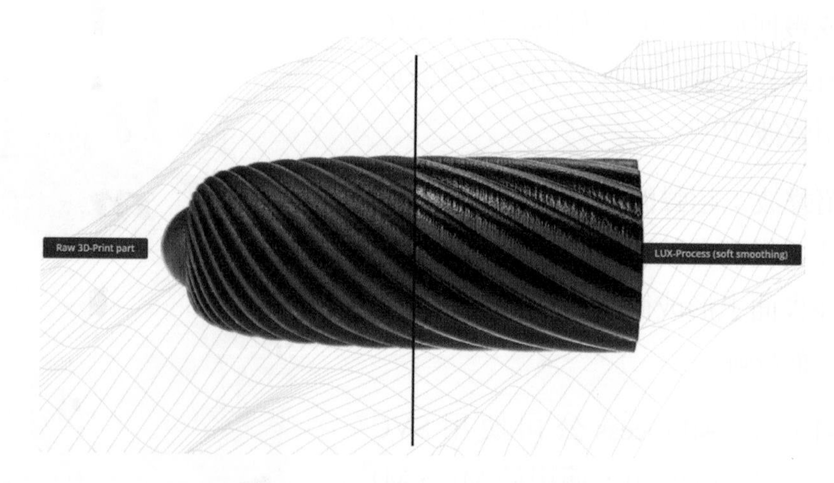

圖 12-13　左為處理前，右為處理後零件

12-2-2 金屬與陶瓷材料後處理應用與實例

在金屬與陶瓷材料之後處理應用，將以以下幾間公司之技術與商用機台爲實例。

Hirtenberger Engineered Surfaces

Hirtenberger 開發的 Shepherd 技術是運用電化學結合脈衝法，流體動力流和粒子輔助化學清除和表面處理，提供了常規機械加工步驟的替代方法，基於液體介質的系統可以到達任何幾何形狀難以觸及的區域和零件內部在其獨特的三階段製程中，第一步需要進行滲析去除支撐結構和附著的粉末殘留物，第二步將表面平整到技術上可用的水平 (Ra < 2 μm)，並且如果需要，可以在第三步中拋光零件，將表面粗糙度降低到 Ra 0.5 μm 以下，適用於金屬與合金，爲金屬積層製造的後處理提供了強大的工具。圖 12-14 爲 Hirtenberger 所開發之設備 H3000，圖 12-15 爲使用 H3000 處理前後之差異，可看出右邊處理後零件的表面比起左邊光滑許多。

圖 12-14 Hirtenberger H3000

圖 12-15 左為處理前零件，右為處理後零件

♦ REM Surface Engineering

REM Surface Engineering 開發的各向同性超精加工 ISF® 技術用於中小型的金屬列印件，ExtremeISF® 製程是一套化學、化學機械表面精加工和拋光技術來消除金屬 AM 零件的表面粗糙度和近表面缺陷 (鎖孔孔隙等)，同時改善零件的疲勞壽命並提高機械強度和提供鏡面表面，表面粗糙度可改善約 25% ～ 40%。圖 12-16 爲 REM Surface Engineering 所開發之設備，圖 12-17 爲列印件處理前後之差異，可觀察出右邊處理後零件表面光滑許多，圖 12-18 爲零件處理前後的表面粗糙度值，處理前粗糙度值爲 19.08 μm，處理後爲 2.99 μm，可以從數據上看出明顯的改善。

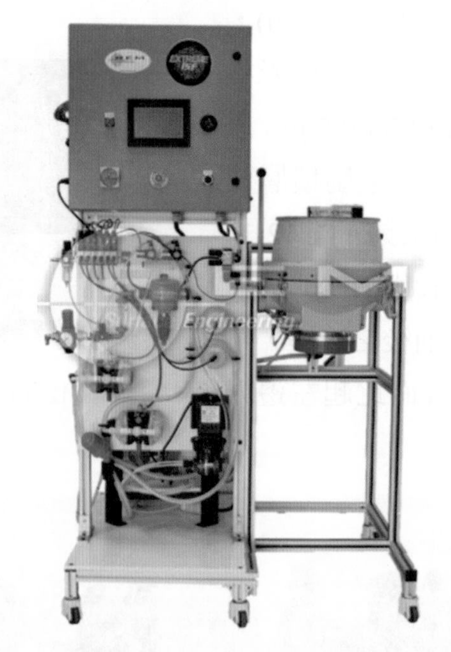

圖 12-16　REM ISF 設備

圖 12-17　左為處理前零件，右為處理後零件

圖 12-18　左為處理前粗糙度值 19.08 μm，右為處理後 2.99 μm

♦ AM solutions

AM solutions 具有成本效益的設計允許手動和半自動處理輕鬆高效地進行操作，S1 機台適用於在打印操作後自動有效地去除殘留的粉末，在清潔過程中，零件的不斷旋轉確保了可重複且一致的噴砂效果，而不會損壞工件表面，這同樣適用於塑料和金屬零件，爲後續製造操作提供了良好的基礎，由於其占地面積小和堅固的設計，該機器可以輕鬆裝置到任何生產線中。圖 12-19 爲 AM solutions 所開發的 S1 機台。

圖 12-19　AM solutions S1

另外也有全自動粉末去除與清潔和噴砂機台 S2，如圖 12-20，S2 是全自動操作 (包括零件處理和卸載) 以及花費較短的時間對多台列印機的零件進行後處理，全自動化操作可以確保高效，靈活和經濟高效。

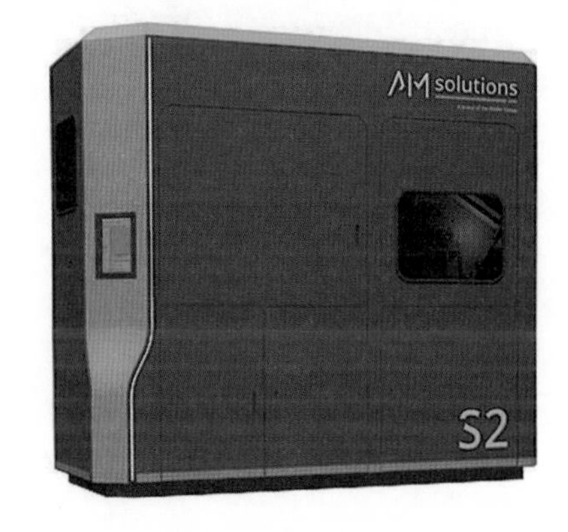

圖 12-20　AM solutions S2

經上述所介紹之商用後處理設備，其各廠商、機台型號、適用製程與材料統整如表 12-3 所示。

表 12-3　商用設備

廠商	機台型號	適用製程	適用材料
Additive Manufacturing Technologies	PostPro3D	MJF、SLS、ME	PA6,11,12、TPU、TPE、PMMA
PostProcess Technologies	Rador	ME、SLS、MJF、SLA、DLP、SLM、DED、Polyjet、DMLS、	PA6,11,12、TPU、TPE、PMMA、金屬、合金
	DEMI	ME、Polyjet、SLA、DLP	
	Forti	ME、Polyjet、SLA、DLP	
	DECI	ME、SLA、Polyjet	
LuxYours e.K	LUXMatic700	SLS、MJF、ME、BJ	Polyamid、TPU、PEBA、PLA、PET
REM Surface Engineering	ExtremeISF®	EBM、DMLS、SLM、DED、金屬 ME	鈦合金、鎳基超級合金、不銹鋼、碳素鋼、馬氏體時效鋼、銅合金、鋁合金、低 CTE 合金
Hirtenberger	H3000	LBM、EBM	鈦 (Ti6Al4V) 鋁 (AlSi10Mg) 鋼、鉻鎳鐵合金 (IN718，IN625)

Rem surface engineering

1. https://www.crownracegears.com/rem_isf.html
2. https://markforged.com/learn/3d-printing-strategies-for-metal/

Markfgorged

1. https://cdn2.hubspot.net/hubfs/6983077/White%20Papers/PostPro3D_HP_Whitepaper2020.pdf

AMT

1. https://cdn2.hubspot.net/hubfs/6983077/White%20Papers/AMT_Arkema_Nylon11_White%20Paper.pdf

PostProcess

1. https://www.postprocess.com/wp-content/uploads/2020/02/White-Paper-Eliminating-Manual-Surface-Finish-MJF-3D-Printing-Solutions-2020.pdf
2. https://www.postprocess.com/wp-content/uploads/2019/02/White-Paper-Redefining-PolyJet-Support-Removal-with-Automation2.pdf
3. https://www.postprocess.com/product/demi-support-removal/
4. https://www.postprocess.com/product/rador-surface-finishing/

LuxYours

1. http://www.luxyours.com/en/lux-process/
2. http://www.luxyours.com/wp-content/uploads/2017/11/Lux_Prozessbeschreibung_20171001_en.pdf

Hirtenberger Engineered Surfaces

1. https://hes.hirtenberger.com/wp-content/uploads/2017/11/HES_E_Datenblatt_H3000FinishingModul_2_A4.pdf

AM solutions

1. https://www.solutions-for-am.com/de-en/home

問題與討論

1. 請說明積層製造後處理技術如何分類。
2. 請說明擠製成型與光聚合固化技術常使用何種方式移除支撐材與表面處理。
3. 請說明黏著劑噴印與粉末床熔融技術常使用何種方式處理列印件表面。
4. 請說明材料噴印技術常使用何種方式移除支撐材與表面處理。
5. 請說明金屬積層製造之後處理分爲哪幾個步驟，並加以詳細說明。
6. 請說明 AMT 公司運用何種方法對塑膠材料進行後處理，並加以詳細說明。
7. 請說明 AMT 公司所開發之後處理設備適用於哪些塑膠材料。
8. 請說明 PostProcess 公司所開發之後處理設備適用於哪些塑膠材料。
9. 請說明 PostProcess 公司用何種方法對塑膠材料進行後處理，並加以詳細說明。
10. 請說明 REM surface engineering 公司運用何種方法對塑膠材料進行後處理，並加以詳細說明。
11. 請說明 REM surface engineering 公司適用之後處理金屬材料包含哪些。
12. 請說明 Hirtenberger 公司適用之後處理金屬材料包含哪些。

13

3D 列印於各領域之應用及實例 Applications and examples of 3D printing in various fields

本章編著：劉書丞

13-1 前言

科幻小說中的常出現這樣的情節：一台神奇的機器，可以複製各式各樣的物品，從馬克杯、公仔、手機殼、到精密的機械零件，甚至一台腳踏車。過去我們使用印表機可以自紙張或布料上複印文字與圖像，如今的 3D 列印技術以加法的方式創造各種物件，逐漸翻轉了我們對於三維世界的想像。3D 列印具有傳統製造技術無法達成的優勢，在先前的章節中，我們已經展示了各種技術的成形機制，它們的材料種類、維護方式、成形速度與成本皆有所不同。可以肯定的是經歷了 30 多年的發展與演變，各類技術的精度、機械性能、應用範圍皆有所提升，同時機器與製造的零件成本也逐漸降低。3D 列印之所以受到重視，因其可在僅僅一部機器內即實現需要多道傳統工序的複雜形貌，節省產品開發時間之餘，令設計師與工程師可更專注於提供客製化的問題解決方案。隨著 3D 列印行業逐漸的成熟，從過去的功能原型的打樣展示，現以逐漸出現與多作爲終端產品使用的案例，企業爲了增加生產效益也正積極投入量產型設備的研發。

3D 列印將對全球供應鍊和運營產生深遠影響。全球供應鏈研究所白皮書《新供應鏈技術最佳實踐》“供應鏈專業人士預測，這項技術有能力幫助公司降低成本、克服地緣政治風險 / 關稅、改善客戶服務、減少碳足跡並推動創新以提高競爭力。”積層製造諮詢公司 Wohlers Associates 所發布的報告《Wohlers Report》一直以來專注於 3D 列印與積層製造產業的現狀與發展趨勢，對整個 AM 行業進行了概述和分析，其中報導恰如前述所說，歸因於 2020 年初正式大流行的 COVID-19，突顯全球企業供應鏈多依賴單一供應商或製造商的脆弱性，並且體現出傳統製造產業的不足。在這樣的逆境之中大量的行業開始嘗試投資或發展 3D 列印與積層製造技術，使得積層製造產業在 2021 年成長了 19.5%。廣泛擴張的領域大至建築物、小至藥物、生物組織，涉及了航空航天、醫療保健、汽車運輸、能源、消費品……等諸多領域。

圖 13-1　Wolhers Report 2022

早期 3D 列印多應用於原型開發，他幫助設計者將初步的概念實體化，比起透過 CAD 軟體觀察討論，展示實體模型更容易增強設計理念的傳遞。藉由 3D 列印製作原型可節省大量使用模具的前期成本，還可以即早檢測發覺現有的設計缺陷。當時 3D 列印設備的價格相較於傳統加工機可說是相當昂貴、材料價格較高並且缺乏選擇性，雖令多數人皆望之卻步，不過對於願意承擔風險的公司，早期投入產品開發流程使他們得到了相當的領先地位，從大規模定制和更快的交貨時間，一直到更簡單的製造生產供應鏈和更少的材料浪費，憑藉更低的成本、更容易獲得的材料和更快的列印速度，3D 列印提供傳統製造無法提供的優勢，正在超越利基市場進入大規模製造階段。

在此快速的回顧 3D 列印具有哪些特性：

1. 高設計自由度，可以製造傳統工藝無法實現的複雜形狀。
2. 無須模具、刀具或其他工具的製造，意味每個物件都可獨一無二定制。
3. 消除組裝件，可一體化製造可動件減少裝配過程的弱點或缺陷。
4. 可按需製造，可減少公司所需的庫存成本。

當然作爲革命性的技術，並然仍存在諸多挑戰：

1. 如何提升生產規模？
2. 設備尺寸限制？
3. 材料的穩定性？
4. 如何簡化改善技術、成品的後處理過程？

接下來就帶大家從各種行業的角度觀察 3D 列印技術所帶來的應用機會。

13-2 航空航天

航空航天業受到眾多技術和經濟目標的影響：功能性、縮短交貨時間、輕量化、複雜性、成本管理和維持，早在 1980 年代就開始嘗試 3D 列印的應用。

我們日常所見的客機的活動主要往返在大氣對流層與平流層間，期間需可適應高溫與低溫的極端變化，其發動機零件要承受非常高的溫度。諸如座椅、摺疊桌等飛機內裝也需要由阻燃材料製以預防火警意外發生時快速延燒。爲了飛行安全，飛機每一次出行前後都需經過縝密的檢查，零件和工具也使用週期也極爲短暫。在選擇最佳設計解決方案時依賴於高性能、輕量化材料和獨特的零件設計，鈦合金和鋁合金因具有高強度重量比而一直是航空領域的重要考量。例如結構零件中藏有導管、發動機渦輪葉片中內藏冷卻流道等，航空航天應用中的零件常需同時具備多種功能，3D 列印可與衍生式設計、零件整合以及替代材料等應用相結合，以有限的加工步驟生成複雜的工程幾何形狀，結合近期碳纖維增強複合材料逐漸普及晶格化結構設計或者拓樸優化。

經濟方面，可以省去相對產量低、高複雜度的零件模具成本，以及緊隨而來的一連串加工規劃。備品方面，許多飛機的實際使用壽命達 20 年以上，因此製造商亦需要保存相當數量的備品進而有了倉儲與維護製造工具等負擔。可以使用 3D 列印隨時按需製造相關物件顯然比長時間儲藏零件或工具容易且便宜，這種種因素爲 3D 列印技術打開了這個領域的大門。據 Market Research Future 的數據，到 2026 年，國防和航空航天 3D 列印市場預計將達到 55.8 億美元。

包含 GE、波音、空客等，歐美所有主要的航空航天公司皆在利用 3D 列印。有報導稱至少已有 16 種型號的飛機上裝有兩百多個不同的 3D 列印零件。對於商用飛機而言，採用高分子零件需要滿足阻燃性要求，關鍵零組件則需要更多的材料鑑定與認證，即使如此，各公司也依循著發揮積層製造優勢的設計概念 (Design for Additive Manufacturing, DfAM)，持續挖掘 3D 列印在飛機上的潛在應用，以令飛機能達到最大化的性能。

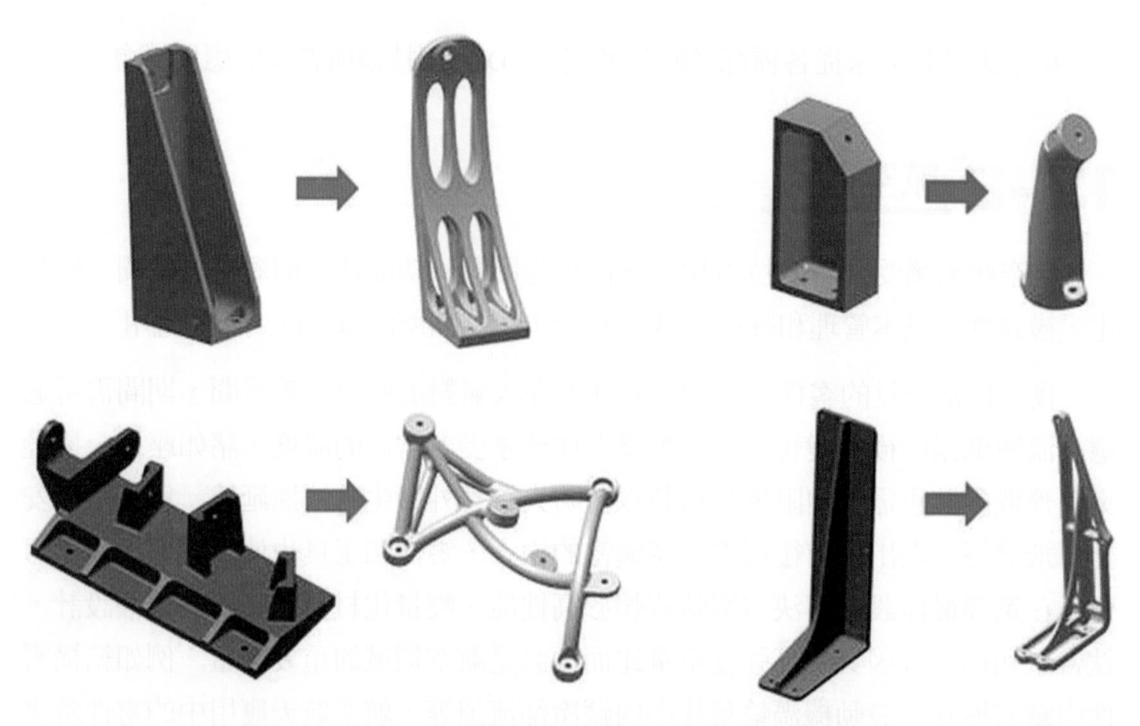

圖 13-2　3D 列印提供了設計更高效機械結構的可能性

除卻一些結構上的應用外，航空公司也設法藉此改善客戶的飛行體驗，客艙設計是其中至關重要的角色，對於功能定制飛機內飾的應用正日益增長，因爲 3D 列印定制的零件製造速度更快、成本效益更高，不需要根據個人規格進行昂貴的模具、工具變更。

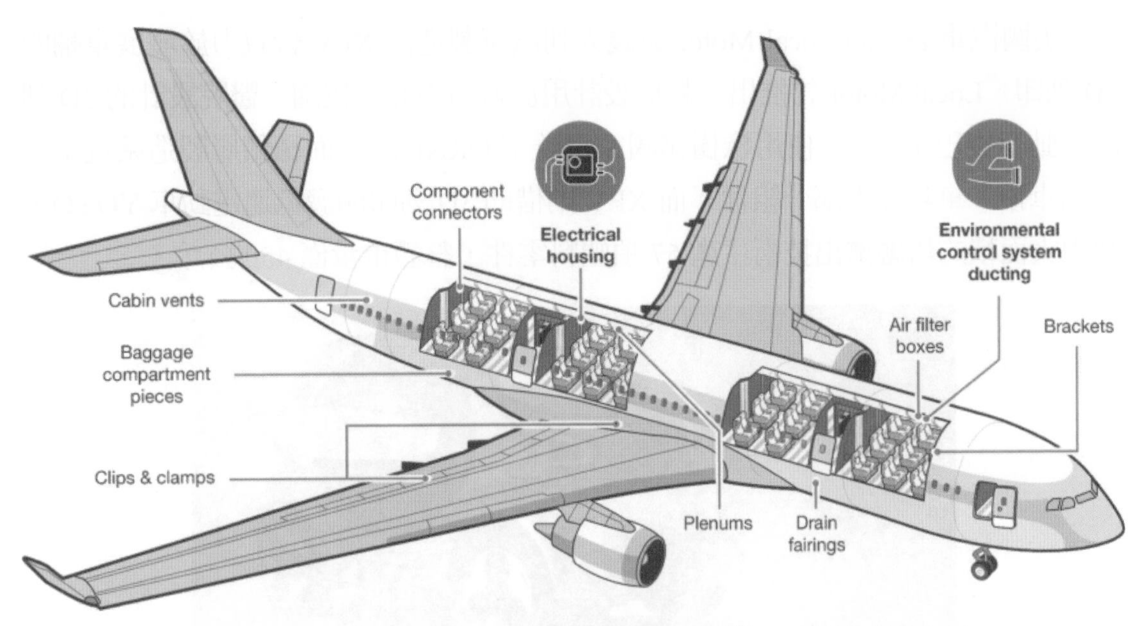

圖 13-3　3D 列印公司 Stratasys 在飛機上確立多種 3D 列印可應用之處

13-3 車輛

美國愛迪生電器學會 (EEI) 總裁 Tom Kuhn 曾在 Real Clear Energy 專欄中說道「今日，美國道路上已有超過 200 萬輛電動汽車 (Electric vehicle, EV)，我們預計這項數據可能會在十年內增長到多達 2200 萬」。當前國際間日益重視碳排放議題，開始禁止新的汽油動力汽車進入市場，汽車行業正隨著當代的交通方案與政策變革而重新定位汽車行業。包括福特汽車、通用汽車、賓士等知名汽車製造商在地 26 屆聯合國氣候變遷大會承諾將於 2035 年以前全數轉爲銷售零碳車款，可預期屆時電動車產業將成爲汽車產業的主流。那麼爲了因應時代的變革，3D 列印又能如何在汽車產業之中發揮功能？

車輛的生產製造不外乎由原形設計開始，以傳統加工製造原型是爲一個既耗時且高花費的過程，藉由 3D 列印則可在數天內即製造出各種零件原型，允許工程團隊加速整體車輛的開發週期。此外透過各種簍空、晶格結構、拓樸結構優化等方式減少使用的材料，在符合零件的性能需求下，可進而提升車輛能源的使用效率。在車輛內裝方面亦可爲不同客需求量身定制專屬零件，提供更加舒適而獨特的體驗。

美國汽車製造商 Local Motor 與義大利汽車製造商 XEV 皆致力於發展車輛的 3D 列印，Local Motor 曾推出一款爲設計用於城市中心、校園、醫院設計的 3D 列印自動穿梭巴士 Olli，使用橡樹嶺國家實驗室 ORNL 的大面積積層製造系統生產包括車頂、車身等大部分組件。而 XEV 則借助 3D 列印開發低速電動車 YOYO，藉由大面積的熔融擠出技術生產 57 項塑料零件，整體重量僅 450 公斤。

圖 13-4　XEV 3D 列印 YOYO 低速電動車

汽車工藝包含原型製造與車內各部位的支架、小型且普遍的零件，在 3D 列印未普及之前它們的設計極受傳統加工法的限制，福特公司極早採用 3D 列印項技術，該公司曾表示：「在過去的幾十年裡，福特已經列印了超過 50 萬個零件，節省了數十億美元和數百萬小時的工作時間。使用傳統方法生產原型需要 4 到 5 個月並花費 50 萬美元，而 3D 列印零件可以在幾天或幾小時內以幾千美元的成本生產出來。」而現今 3D 列印結合 DfAM 理念更大幅度的優化車輛零件。保時捷利用 3D 列印結合蜂窩晶格結構製造鋁合金驅動器外殼，相較傳統鑄件減輕了 10 % 的重量並保有相同的強度。另外也可賦予特殊應用，例如在零件上製造 QR-code用於識別。

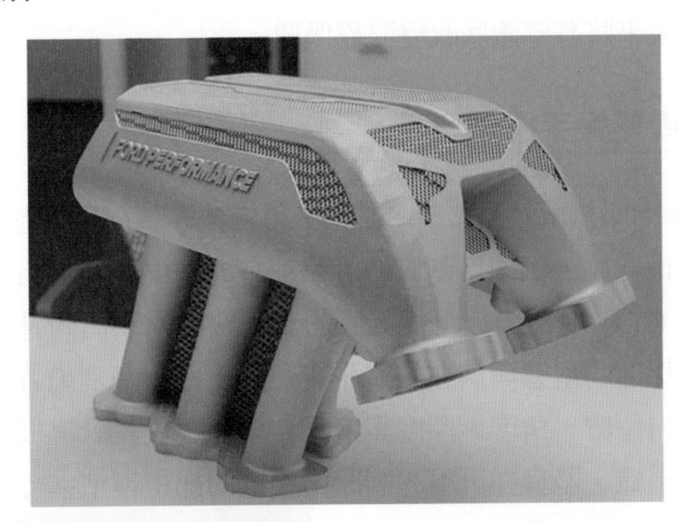

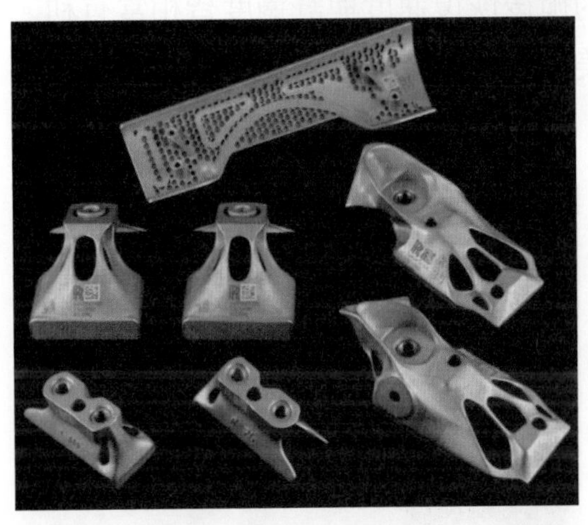

圖 13-5 福特 EcoBoost 引擎 (上)、勞斯萊斯公司展示汽車 3D 列印結構 (左)、保時捷利用 3D 列印製造驅動器外殼 (右)

13-4 醫療

作為攸關生命的產業，3D 列印顯然不能在醫療的應用領域缺席，世界許多公司都通過他們的實驗室和科學研究設法令 3D 列印在醫學中的使用做出貢獻。其中重點包括：醫療植入物、假肢的製造；組織和器官製造；解剖模型和手術輔具；以及有關藥物遞送的研究。其如 3D 列印牙齒、骨骼、關節等植入物早已投入各式醫療院所，對於其他生物組織器官的列印開發也是目前學術與產業界熱烈探討的議題。在藥物方面，於需要頻繁修改劑量和幾何形狀的藥物小規模生產，3D 列印技術也具有競爭力，可以透過結構設計改善藥物劑量的釋放與病體的吸收效果，這個產業在未來將有望徹底改變醫療保健。

13-4-1 術前模擬與手術輔具

在 3D 成像與列印技術普及之前，醫生必須依據經驗在見到患者患部情形後，當下判斷如何進行處置，例如切割修飾骨骼或事先準備好的規格套件，令手術順利執行。如今的 CT 斷層掃描以可從其中的訊號快速區別體內骨骼、臟器、血管等特徵並回原初患部的型態與病兆，醫生可藉此更好的識別患者病況。對於骨骼手術可以評估開刀位置、角度、深度與定位方向等事先設計導板，精確引導手術過程。對於其他組織、器官亦可事先列印出相應的部位模型進行預演。有了以上措施，將大幅提升手術成功率、並對患者的術後恢復速度與舒適度皆相當有利。包括心血管外科、神經外科、骨科、整型美容外科等皆有投入應用。除此之外，還有利於醫學生、護理師的專業培訓。

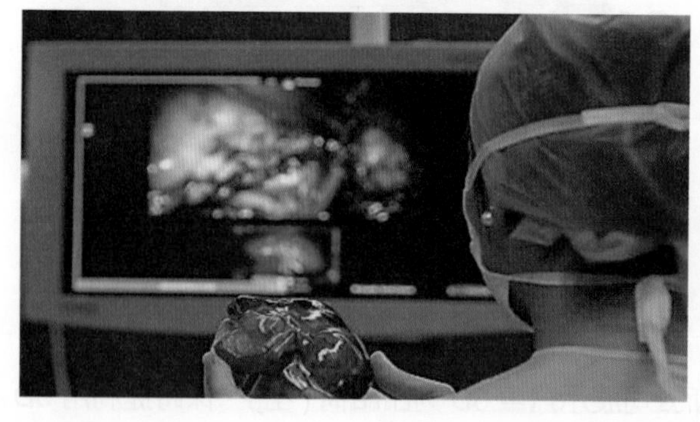

圖 13-6　3D 列印技術被用於手術術前模擬

13-4-2 製造義肢

全世界有超過 5770 萬人患有肢體喪失。雖然義肢裝置可以幫助患者更輕鬆地四處走動，但它們仍然過於昂貴且不舒服。這個問題對於肢體喪失的兒童中變得更加明顯，因為他們的身體迅速成長，原本使用的義肢經常需要更換，而為兒童配備合適的義肢平均每條肢體就需要達 8 萬美元，比起傳統的製造方式，使用 3D 列印對於高度個人化的義肢而言，技術人員可掃描殘肢，再根據 3D 掃描數據快速建模，然後當場列印，省略了中檢定制組件、委外加工時間與成本，不僅製造速度快、而且重量輕穿戴上更為舒適、價格也更為親民。

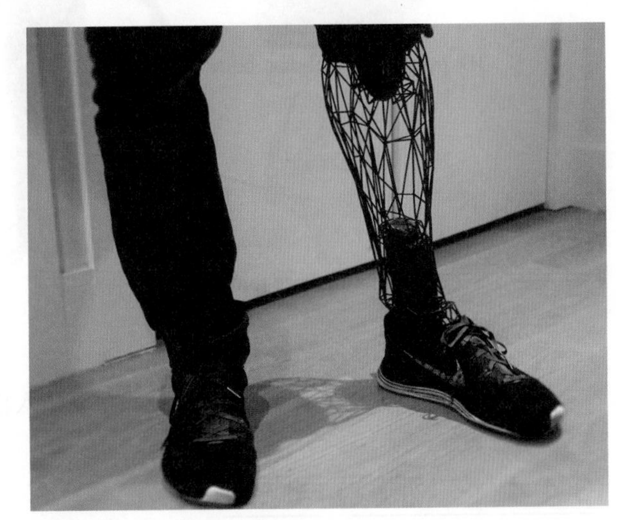

圖 13-7　肢體掃描過程與 3D 列印的義肢

13-4-3 體內植入物

植入物是常見的人造醫療器械，用來取代或補強人體缺陷部位。以膝關節為例，年齡提高或肥胖等問題導致關節磨損的主因，而隨著全球高齡與肥胖人口增多，患者對植入物的逐年要求也更高。他們的期望不僅止於可以運動，更渴望再度從事劇烈活動，並有高於 20 年的使用壽命，因此植入物也不斷的進化。3D 列印植入物具有製作周期短、可製造仿生多孔結構的優勢，就像海綿一樣，多孔的結構搭配生物相容性材料可提供骨細胞生長環境，這種骨骼長入植入物的醫學術語稱之為骨整合。骨整合不僅減少了填充骨水泥固定的需求，還會在植入物周圍形成夠堅固的骨骼，減少植入物發生腐蝕並會其它併發症發生的機率。還有還有一些生物可降解材料，可隨著時間逐漸被人體吸收代謝，被用於暫時性支撐或可挾帶藥物放入體內治療，例如心血管支架等。

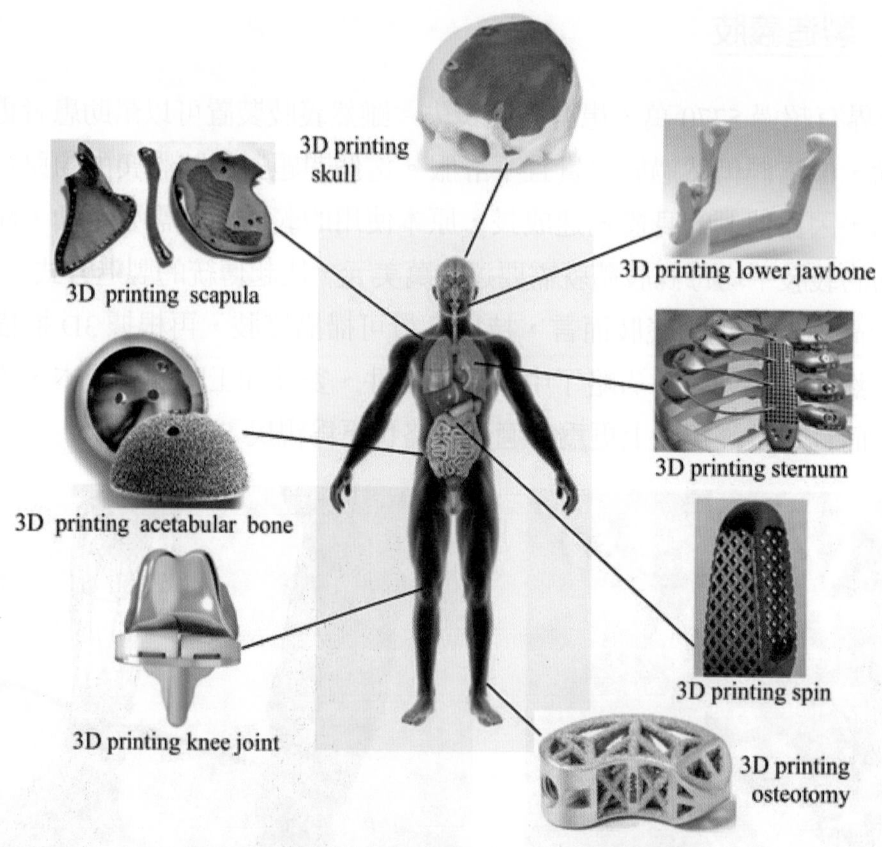

圖 13-8　3D 列印金屬植入物在各部位的應用

13-4-4　生物、器官應用

除了前述一些金屬骨科植入物以外，生物 3D 列印也是醫學工程界關注的項目。生物 3D 列印是一種將有機和生物材料 (如活細胞和營養物質) 結合在一起，形成模仿天然人體組織的人造結構。它可能產生從骨組織和血管到活組織的任何東西，用於各種醫療應用，包括組織工程和藥物測試和開發，這項發展的最終目標是生產用於移植的人造器官。今天的科學家已經可以成功地創造出模仿天然結構和組織的生物結構和組織，但讓它們像眞實器官一樣發揮作用所涉及的複雜性無疑是巨大的。因此研究人員也致力於製造行爲類似於腎臟組織的結構，而不是對功能齊全的腎臟進行生物列印。雖然與最初的目標仍然相去甚遠，但這些結構可用於測試新藥，而不須承擔對於現實中患者的人身風險。除了道德方面，使用生物列印材料進行藥物開發可以使新藥的臨床前試驗更具成本效益，幫助它們得到驗證並更快地進入市場，同時還可能減少對動物試驗的需求。

圖 13-9　以色列研究人員團隊“列印”出世界上第一個 3D 血管化工程心臟

13-4-5　藥物研發

第一個通過 FDA 批准的 3D 印藥丸 Spritam 自 2015 年問世，它由美國 Aprecia Pharmaceutical 公司所研發，採用粉床技術製成用於治療癲癇。自此有更多的公司與研究人員參與 3D 列印對於藥物的該發，在擠出成型、黏著劑噴印等方面都已有相應的技術。傳統的藥物多要透過模型壓製，因此都有固定的大小與劑量。透過 3D 列印可以針對病人的需求進行客製。除了基本的個人化劑量，一些殊結構的設計可以影響人體對藥物吸收的進程，例如多孔結構即使在高劑量下也可快速溶解吸收。

圖 13-10　透過 3D 列印印製藥物

13-5 建築

如何規模化，是 3D 列印產業爆發的關鍵，除了航空航天、汽車等工業級應用之外，建築業無疑也具有規模化的潛力。似乎每隔幾個月，建築界就會迎來令人最新的 3D 列印原型或藝術裝置，這些設計使得人們讚嘆並對未來的居住環境產生憧憬。實際上未來早已來到，世界各地的公司正在通過 3D 列印、機器人修整和自動砌磚等技術實現住宅、辦公室和其他結構的自動化建設。

就技術而言，目前利用 3D 列印建造整棟建築 (別墅或多層) 已不是難題，關鍵在於設備轉場和作業效率、以及由此形成的綜合建造成本。建築用的 3D 列印機一般體積極爲龐大，在現有的七大類技術中最主要使用材料擠出技術 (MEX)，可爲機械臂與龍門式系統，在材料方面大多數則使用砂石、混凝土的材料。前最常見的建築 3D 列印模式爲人機合作，通過 3D 列印的方式列印混凝土牆體，而牆體間添加鋼筋的動作則由人工補充完成，雖然仍須有人力介入但此模式最低甚至僅只需 2 名現場工人，遠少於我們常見傳統建築方案的人力需求，加上所節省的總工時，在勞動力成本上比傳統模式更爲經濟。

圖 13-11　Icon 公司使用其 Vulcan 列印機進行 3D 列印房屋

從不直接使用鋼筋的 3D 列印房屋來看，還有另外兩種建築模式，一爲直接使用特殊合成材料列印，通常具有較高的硬度，因而在列印過程中無需使用鋼筋，但缺點是合成材料價格通成較爲昂貴。另一則爲多材料混合列印，這類技術除了混凝土的 3D 列印以外，3D 列印系統還需要兼具可實現鋼材的現場快速成形或高強度的粘結技術支持，可以想見混凝土、鋼筋等材料性質極爲不同，需要整合多種技術，目前尚無企業掌握。

13-5-1 3D 列印建築的優勢與侷限

在優勢方面 3D 列印機可以在數天內完成房屋的地基，從頭開始建造房屋或建築物，比傳統建築需要數週甚至數月的時間要快得多 aint-Gobain Weber Beamix 的營銷經理 Marco Vonk 表示：建築藉由 3D 列印可以節省大約 60% 的工地工作時間和 80% 的勞動力。據 Constructuction Dive 的報導，直到 2025 年全球年建築垃圾量將超過 10 億噸，而 3D 列印建築可以使用環保材料按需建造，因此有機會減少資源浪費。它具有設計靈活性，可以快速輕鬆創建彎曲的牆壁和獨特的外牆，爲環境增添傳統建築不易實現的藝術與美感。另外，在人口稠密的國家發展中國家或家園受災害摧殘的地區，可以爲人們快速提供安全而衛生的臨時居所。

而當前 3D 列印建築的局限則包括：初始投資昂貴，一套建築用的 3D 列印機成本價格，不包含材料與設備維護等，就可高達數百萬美元；以目前 3D 列都採用人機合作方式建成部分房屋框架，3D 列印過程隨時須暫停，以手動放置管道、佈線和鋼筋，同時對於熟悉 3D 列印理念的工作人員需求量極大。

最重要的是建築工地、建築過程應受法律監管，需要滿足相關的安全標準，但對於 3D 列印仍沒有一套通用的規範，不論是對於建築等品質管控或者施工方面能存在著很大的不確定性。

13-5-2 技術應用與建築案例

美國田納西州查塔努加的建築師 Platt Boyd，2015 年創立了 Branch Technology 公司，藉由列印碳纖維複合的 ABS 塑料生成兼具強度與輕量化的內牆晶格結構，開放式的晶格結構與填充附加材料更可進一部增強現有結構的性能，目前雖主要用建築結構中的非承重用途，爲建築增添了設計多樣性。

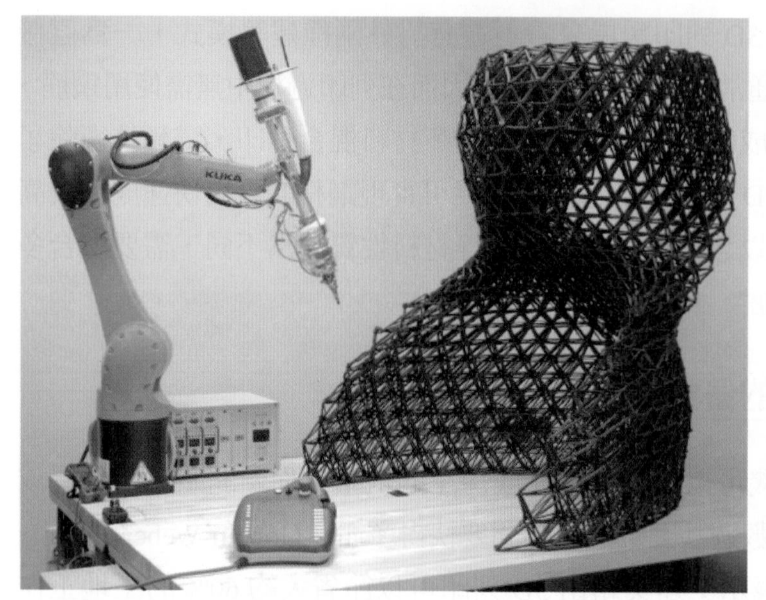

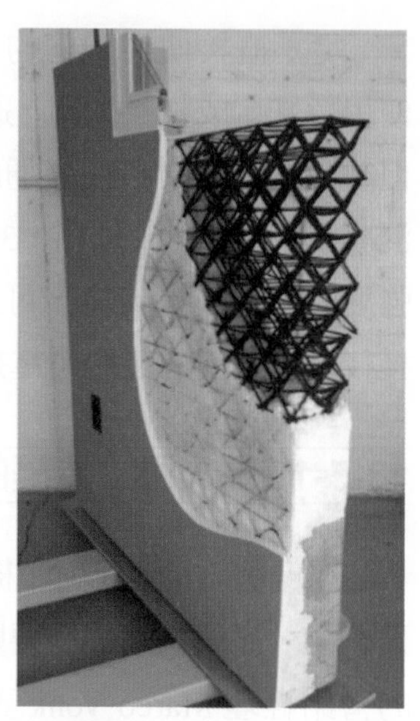

圖 13-12　Branch Technology 公司，使用機械臂於列印新型牆體的核心

目前大多數的 3D 列印房屋仍處於概念展示，或者用於傳達視覺藝術等用途多是單層樓的設計，2020 年 Kamp C 建築創新中心在比利時維斯特，使用歐洲最大的混凝土 3D 列印機花費僅 3 周的時間在現場列印出了一棟雙層樓的一體式房屋，其房屋高度為 8 公尺，建築面積為 90 平方公尺。

圖 13-13　剛完工的建築與現場的 3D 列印機

位於義大利伯洛尼亞的建築工作室 Mario Cucinella Architects 和 3D 列印公司 WASP 合作，使用當地河床的黏土創建了 3D 列印的房屋。根據工作室的介紹這種古老的建築材料與現代技術結合形成一種環保、低碳並可適應氣候的住宅，外型模塊平均消耗 6 千瓦的能量、可在 200 小時內築成並幾乎未產生典型的建築垃圾，可以在緊急危機下提供人們安身庇護之所。

圖 13-14　內牆彎曲起伏提供結構穩定性，房屋原型設計中展示著一個巨大的拱型入口、屋頂上則安裝圓形的天窗使得光線可全天照入室內空間。

13-6 食品

隨著個人對所吃食品的理解不斷加深，食品生產正在發生觀念上的變化，對創新的個性化感官互動的需求正在呼喚當前技術的進步。3D 列印食品於 2006 年首次開發，3D 至今已經擴展到許多不同的應用和技術，藉此爲食品提供更好的特徵、定制的形狀、設計、顏色、質地和風味特性。個性化的營養設計與簡化供應鏈可以滿足消費者的需求並促進新產品的開發，以更低的成本高效地生產食品來徹底改變食品生產過程。然而 3D 食品仍然是一個相對較小的利基市場，還沒有發展成爲一種廣泛使用的食品生產方式。在 Martketsandmarkets 的 3D 食品列印市場報告中提到，2022 年規模約爲 2.01 億美元並預期直到 2027 年將增長至 19.41 億美元。製造商總是引入新的加工技術來生產不同形狀和大小的複雜食品，設法滿足加工食品行業和消費者日益增長的需求，多家公司例如 Natural Machines、3D systems、XYZ 列印、NuFood、byFlow、Bocusini、Mmuse 等，這些公司也涉略於爲巧克力、蛋糕、披薩等核心食品製造商提供 3D 列印食品機器。

製作 3D 列印食品首先須挑選食材並設計出食譜再設計出菜色的外型，相當有趣且具有挑戰性。因此許多廚師喜愛嘗試開發 3D 列印食譜，他們往往可以將許多創意呈現在菜餚當中，只要有了相應的機器，無論是甚麼餐廳都可以將其重現，未來在網路上或許會出各種食品 3D 列印設計平台，設計者可以將食品與菜餚上傳到往上，通過一定的食品安全認證後提供給使用者參考。對於菜餚有特殊需求的消費者而言，在家中準備一台食品 3D 列印機可以依照自己的喜好或需求變換營養成分或菜式，製作一份食材的對照清單並且隨時按需求調整，精確地計算你將攝入的食品成分，充分利用食材、減少製作過程中的浪費。對於一些食品製造商，3D 食品列印機有機會大幅縮減從原料到成品的環節，避免食品從加工到包裝過程中產生污染、破損等不利的影響。

13-6-1 3D 列印方法

根據用於生產不同類型材料的技術，有多種 3D 列印機制。其中以三種系統及其工藝爲主：黏著劑噴射、選擇性燒結與材料擠出成型。黏結劑噴射技術使用粉末狀食材透過噴印溶液 (黏結劑) 使食材粉末、糖和澱粉結合凝固。選擇性雷射燒結透過聚焦的光束提供能量，將食材粉木加熱融化後凝固逐漸爲設計的食材。而最爲常見的仍屬第三者，擠出成型技術透過線材或漿料擠出的形式逐層堆疊成型出我們所要的物件。在注射器中容納列印材料，然後通過食品級噴嘴逐層沉積。

典型的材料成分包括像砂糖這樣的粉粒體，像巧克力或奶酪這樣的可融化材料，以及麵團或馬鈴薯泥，肉類材料也正利用植物蛋白或培養的動物細胞開發。最先進的 3D 食品列印預裝了參考食譜，允許用戶在他們的電腦、手機或一些物聯網設備上遠程設計他們的食品。這種食品可以在形狀、顏色、質地、風味或營養方面進行定制，這使得它在太空探索和醫療保健等各個領域都非常有用。

圖 13-15 擠出成形用於 3D 列印

圖 13-16　透過粉末 3D 列印成形的糖果

13-6-2　潛在優勢

⌛ 個性化、精確和可重複的營養

3D 列印機的運作遵循數位指令，有一天它們可能製作出針對特定性別、生命階段、生活方式或醫療狀況所需營養素的正確百分比的食物。例如，可以控制不同維生素和礦物質的量以及蛋白質、碳水化合物或 Omega-3 脂肪酸的量。

⌛ 有趣的食物設計、裝飾和紋理

3D 列印食品的外觀取決於爲預先創建的模型，可以生產出各種各樣的形狀、紋理和裝飾。假設已經創建了 3D 模型，那麼通過列印機製作具有復雜設計或裝飾的食物可能比手工製作更容易。

⌛ 簡單的食物準備

與傳統方法相比，未來 3D 列印可能會成爲一種更容易製備加工食品的方法。將食材製作成爲乾燥粉末狀態更容易保存，因此也被關注用於太空中爲宇航員服務。

當然現階段而言還未歸結出一套善的自動化處理系統，需經常人工填充材料匣或清潔配料容器和零組件，其發展還需要世界共同努力。

13-6-3 發展與應用

2018 年以色列一家生物列印公司 Aleph Farm 宣布它已經實際列印了一塊 104 克的實驗室培養牛排，這可能是當時生產的最大的培養牛排。培養肉與植物肉不同，是通過對活牛進行活檢並使牛肉細胞在營養培養基中生長直到有足夠的質量變成生物墨水，利用生物墨水列印完成的的牛排被留在培養基中，細胞分化成脂肪和肌肉細胞，形成牛排中的組織。同樣位於以色列的 Steakholder Food 推出了名爲 Omakase Beef Morsels 的產品。

圖 13-17　以色列研發 3D 列印牛肉 (左)、Omakase Beef Morsels 一口大小的培養牛肉塊 (右)

與來自屠宰牲畜的牛肉不同，這些牛肉來自牛隻的幹細胞，這些細胞在培養皿中或人造條件下快速生長。對於反對動物屠宰而吃素的人而言或許是一項福音。眾所周知畜牧業在世界溫室氣體排放的一大原因，佔全球二氧化碳排放料的 9% 與甲烷排放量的 35% ～ 40%。

支持 3D 列印的科學家亦指出飼養牲畜需要大量資源，細胞培養的發展於意味著不必飼養牛群與涉略屠宰過程，可以顯著節省水和其他環境效益，對氣候議題也是一個加分項。這就是他們爲何將這項技術視爲滿足世界人口成長迫切需求的解決方案的原因。

荷蘭公司 UPPRINTING FOOD 中，將回收食材用於 3D 列印，以創造更可持續和更有營養的食品經濟。旨在將無法銷售但仍可食用的食材轉變爲色香味俱全 3D 列印食品。使用荷蘭常見的廢棄食材—比如麵包、過熟或賣相不佳而無法出售的農產品，與不同的香草與香料混合製作出不同食物泥，隨後可以擠壓成 3D 形狀。一旦食物泥被從中 3D 列印機製造出外形後，它們就會被烘烤和脫水處理，使之具有鬆脆、類似餅乾的質地和較長的保質期。脫水過程是必不可少的，因爲它確保食物中沒有水殘留，消除有害細菌活動的任何風險。目前，創辦人 van Doleweerd 和 Broeken 已經提出了許多以麵包和蔬菜爲基礎的食譜，並不斷研究新的可食用混合物。

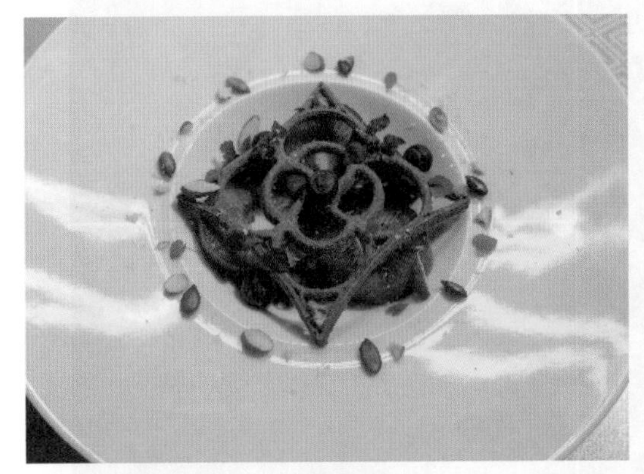

圖 13-18　3D 列印妥善利用廢棄食材

有趣的是，3D 列印如今也已經涉足到飲料市場。但 Smart Cups、Bulleit Whiskey、Print A Drink、和 Ripples 等飲料印刷公司提出了以各種 3D 列印方式製作飲料的創新想法。Smart Cups 是一家總部位於美國的飲料製造公司，由首席執行官兼創始人 Chris Kanik 創立。他們通過在杯子內列印來生產新一代飲料。口味以 3D 多膠囊的形式列印在可生物降解的杯子底部。加水激活列印的膠囊，杯子變成無糖零卡路里的智能能量飲料。這些杯子由來自植物的環保生物塑料製成，從而降低了碳足跡。Bulleit 是另一家屢獲殊榮的肯塔基釀酒廠，也踏足了 3D 列印飲料的世界，正積極參加各種觀眾可以享受現場 3D 列印飲料的活動。2019 年 4 月，他們在翠貝卡電影節上展示一種名爲 Bulleit Beta Test Cocktail 的雞尾酒，該雞尾酒由調酒師 Melissa Markert 創建，並由 Print A Drink 的機器人技術列印。

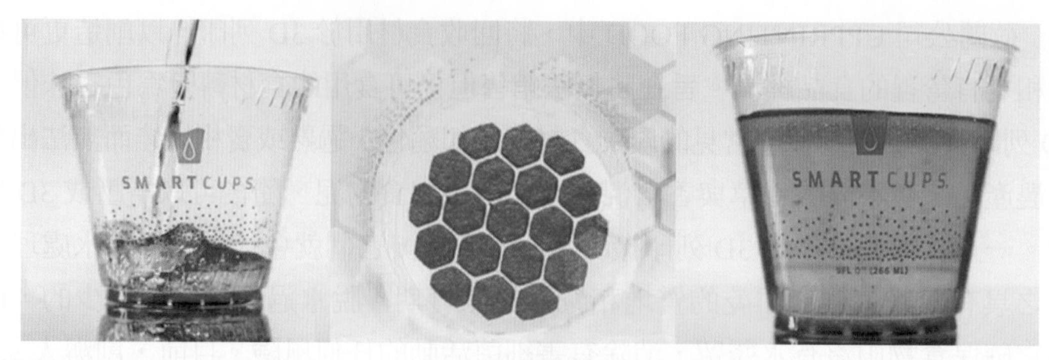

圖 13-19　Smart Cups 利用 3D 列印開發飲料

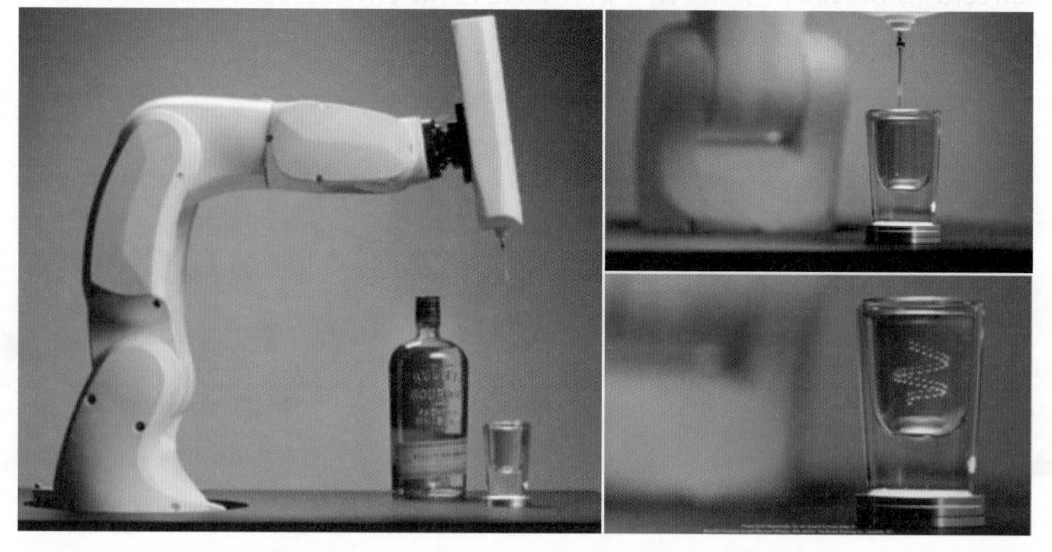

圖 13-20　Bulleit 演示一種名為 Bulleit Beta Test Cocktail 的 3D 列印雞尾酒　* 未成年請勿飲酒

IDTechEx 上的一篇文章提到：不管它們的起源爲植物還是動物，未來的肉似乎越來越不是直接取自動物。不久之後，每個消費者的廚房都將安裝一台 3D 食品列印機—它將成爲一種廚房常備工具，可以讓料理更容易、更快捷。

13-7 時尚服裝

時尚匯集了多種行業，無論是服裝、鞋子還是奢侈品。各式的產品被創造出來。在時尚界，要如何脫穎而出展示更多獨得又創新的設計。出於這個原因，許多品牌和設計師現在正在轉向 3D 技術，因爲 3D 列印在幾何形狀方面爲設計師提供了很大的自由度，有許多新選項可用來表達創作與巧思，容許更大程度的定制，從鞋子和配飾到連衣裙，時尚行業開始擁抱 3D 列印的無窮盡可能性。

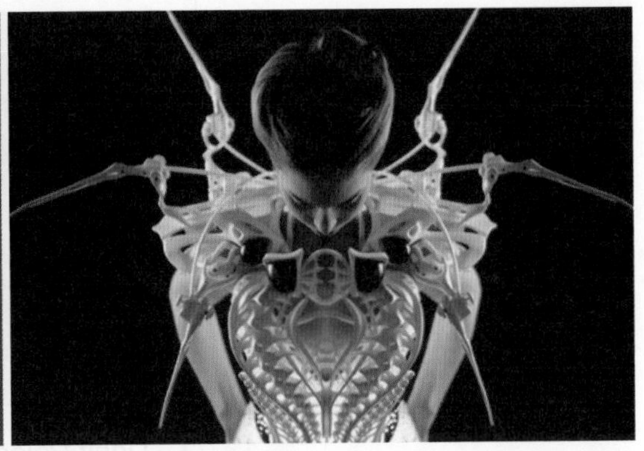

圖 13-21　荷蘭設計師 Anouk Wipprecht 的作品蜘蛛裙，裙子上設有傳感器和機械臂可創造明確的私人界線

上圖 13-21 中，展示的是 3D 列印在藝術服裝上的創作，代表著這項技術的可能性，明確地展現出創作者想的給我們的概念與對未來的想像。她與英特爾、AutoDesk、谷歌、微軟、太陽馬戲團、奧迪和 3D 列印公司 Materialise 等公司合作，研究隨著我們繼續將技術嵌入到我們的穿著中，我們的未來會是什麼樣子。當然或許這些技術對於部分人群來說或許不會考量在日常生活種穿著。

13-7-1　紡織品的新考慮

⌛ 發展高舒適度的服裝

3D 列印最早被用來製作外型前衛、結構複雜，令人印象深刻的作品以突破時尚界界限。如今另一些設計師則將目光聚焦在開發獨特且適合大眾日常穿著的服裝，在量身訂做展現個人風格的同時又能保持舒適的體驗。在積層製造的優勢下能夠以更快、更便宜的方式製作原型，不僅是外型可供調整，材質亦將可隨需求變更，這些元素在時尚界同樣相當重要。

Danit Peleg 是以色列一名時裝設計師，Danit 在 Eugène Delacroix 的畫作《Liberty Leading the People》中找到了她的靈感，將傳統紡織品特性與新技術相結合，創造出蕾絲般的質感。2015 年實現了第一款商業化的 3D 列印服。Danit Peleg NFTs 系列和她 3D 列印的“Liberty Leading the People”系列的服裝，是世界上第一個完全使用桌上 3D 列印機列印的時尚系列。他也被福布斯評爲歐洲科技界女性 50 強之一。Danit 的 3D 列印衣服使用柔性圓形細絲列印成件來製作，再使用桌面 3D 列印機列印一層一層地製作出適合身體形狀的 3D 結構。相信在不久的將來，將有更多的可穿戴材料選擇。“在夏天我們可使用棉質印花，若是冬天，我們將使用羊毛印花”。

圖 13-22　Danit Peleg Nfts 3D 列印服裝特寫

♦ 可持續製造和環保產品

在這一方面，紡織品是世界各地廢物問題的一部分，時尚行業佔每年碳排放量的 10%，生產超過 1000 億件服裝。根據紡織品回收委員會的數據，美國公民平均每年扔掉 70 磅的衣服或其他紡織品，環境保護署估計大約 5% 的垃圾填埋場空間被紡織品佔據。我們對時尚和服裝製造的思考方式儼然發生了變化，需要重新考慮製造過程的許多要素以更加環保，將 3D 列印用於可持續和環保目的變得越來越重要。一位名叫 Julia Daviy 的設計師正在用 3D 列印塑料創造一種新的可生物降解時裝，他認爲 3D 列印將改變服裝的生產方式，甚至可能最終取代傳統紡織品。

13-7-2　3D 列印鞋子

2020 年 8 月，研究公司 SmarTech Analysis 公佈其關於 3D 列印和鞋類市場的第二項研究。根據此報告，此行業預計到 2030 年將產生超過 80 億美元的利潤。3D 列印對於鞋類生產提供了許多好處，最重要的是定制最終產品的能力。得以滿足消費者正在尋找差異化和獨特性的需求，其次還能夠美適應每個人的足部形態。製鞋公司正透過 3D 掃描和 3D 列印設想更高效的運動鞋、用於高級時裝的未來風格鞋款或更舒適耐用的鞋底。

當談到 3D 列印鞋時，不得不提及知名品牌 Adidas，自 2017 年與 Carbon3D 列印公司建立合作關係以以來便持續使用 3D 列印創造新鞋，從 2018 年開始使用 "Futurecraft 4D" 3D 列印鞋子，引起了大量的媒體關注。自此以後，他們持續使用積層製造創造獨特、耐用的鞋款。通過 3D 晶格結構的分布與變化改變鞋子的性能，並爲其活動增加了很多靈活性，從縮短交貨時間到提供可以以合理價格完全定制。

圖 13-23 利用 Carbon 的 DLS 光固化技術，adidas 4DFWD 擁有由 40% 生物基材料製成的獨特中底

你是否在一天結束時感到腳部疼痛？無論你是運動員、業務、學生或者是其他任何族群，爲了解決這些足部舒適和健康問題，全球數以千萬計的人受益於定制的足部矯形器。爲了滿足對性能更好的鞋墊的需求，裝配、購買和定製鞋墊的過程正在向前邁出一大步。以往這個行業通過石膏鑄件製造，爲了更加接合你的需求，鞋墊需要與整形外科和一些製鞋專家做過大量的討論和測試，需要數週才能交付產品，現今消費者可踏上足部掃描機、足壓分布儀等，取得個人專屬足部資訊。然後經專家創建他們腳的 3D 模型，最後設計出最合適的鞋墊可保證更高的貼合、舒適與矯正效果。透過 3D 列印使它變得更快、成本更低，可在在幾天內交付精緻的定制矯形鞋墊。根據 IndustryARC 最近的研究，全球足部矯形鞋墊市場在 2014 年創造了約 25 億美元的收入，預計到 2020 年將以 5.8% 的複合年增長率增長到 35 億美元。隨著醫療保健向個人化邁進，Peacocks Medical 等創新公司和 Stratasys Direct Manufacturing 也正在改變他們發展的道路。

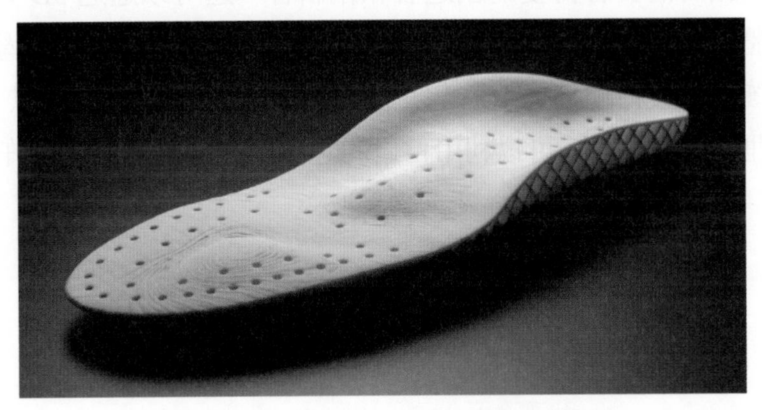

圖 13-24 3D 列印為鞋底生產提供新途徑

13-8 教育與文化

目前，各行各業利用 3D 列印產品和服務來促進快速原型製作、加速製造和簡化供應鏈管理。與此同時，教育機構開始利用 3D 技術提供更卓越的學習體驗。投資 3D 列印機並提供 3D 列印服務的非營利性和營利性教育機構的數量持續增加。

圖 13-25　3D 列印有助於教育工作的執行

現代化和補充課程

除了早期的資訊電腦課，近幾年大程度的數位化引入一般教育課程改變了教室和學習環境。許多學生可使用電腦和行動設備按照自己的節奏和便利進行學習。3D列印技術具有改變數位教室和現代化課程的潛力。教師可以使用 3D 列印機將學生從知識的消費者轉變爲創造者和創新者，還可以通過 3D 列印各種物體來提升學習體驗和學生參與度。傳統學習環境中，教師都專注於讓學生獲得和保留知識缺乏讓學生發揮創造力或將想法變爲現實的選擇。學生可以 3D 列印物體以更詳細地理解概念。同時可以利用自己的想像力和創造力創造出許多物品。

◆ 讓學生從錯誤中學習

3D 列印針對不同領域已發展出各種面向的產品，與多初、中等教育機構也能夠負擔的起。這些教育機構開始教育並允許學生使用 3D 列印積，通過實際嘗試來驗證腦中構想並改進，豐富的實作經驗將賦予學生有信心與勇氣展現自己的獨特與創新。彌合科學理論、工程實務與文化藝術，也可以透過列印歷史文物反思古人的時代背景與思維，繼往開來成爲創造性的思考者。

◆ 輔助協學習模型

通過製作 3D 視覺輔助工具來改造和定制現有的學習模式。3D 視覺教具可幫助教師向學生解釋複雜的概念，而無需花費額外的時間和精力，讓學生體驗全新的事物。可以在學習新概念的同時通過觸摸和查看 3D 列印的視覺輔助工具來獲取知識，從而獲得深刻的印象。

13-9 半導體產業

科技正不斷突破，更多的交流途徑朝向虛擬世界轉變，全球對於個人行動裝置、消費性電子產品、網路設備等需求迅速上升，相關領域的製造商皆爭相購足所需的晶片。半導體製造設備極爲複雜，組件的供應極易受到政策、疾病與天災的撼動，晶片短缺成爲半導體產業正待解決的問題。不僅涉及供應側晶片代工廠商的產能，也關係著廣大汽車、手機等廠商需求端的產品研發和銷售。晶圓廠同樣需要擴充新的產線，資本設備商、代工生產商紛紛將目光投向 3D 列印技術，期待藉助其製造靈活性催化一場技術供應鏈的變革。

一台半導體光刻設備可能具有超過 10 萬個零組件，然而專業零件十分獨特皆以小的數量製造，這樣的系統需要一連串龐大而複雜的供應鏈支持，於設備的設計必然得採用大量的妥協方案。藉由 3D 列印則可以突破這種困境，進而營造一套更符合理想的半導體加工環境。精密加工公司 Wilting 就協助一家大型半導體舍設備商，製造複雜的金屬零件用於提升成像精度與生產力，透過與 3D Systems 公司合作，利用金屬 3D 列印進一步生產優化的零件，3D Systems 半導體解決方案首席負責人 Scott Green 就分享了晶圓台、歧管、彎曲件等案例。

在光刻機內部有一個放置晶圓的平台，其功能是用於確保晶圓溫度穩定控制，直待達到不再交換熱量的熱平衡。對於精度需求在奈米尺度的晶圓而言，絕對溫度數毫卡爾文 (mK) 的差異會造成性能的影響，目前的冷卻和調節方法不能提供具有精確控制的均勻熱環境，使晶圓保持在穩定的溫度需要很長等待時間，而這些時間即是生產力的損失。若可縮短達到穩定的溫度的時間，每週將可生產出更多的晶片，傳統製造的調節板和冷卻台，藉由焊接將多個零件結合為單個組件。3D Systems 案例中就使用了金屬 3D 列印技術對性能快速進行開發，縮短了設計工程迭代的時間。

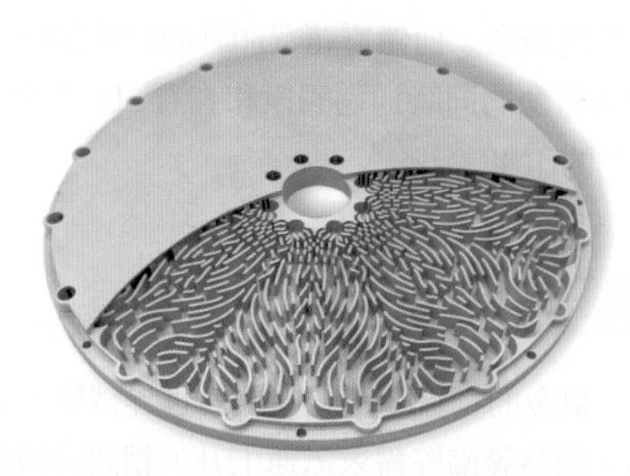

圖 13-26　金屬 3D 列印晶圓台內部結構，優化傳熱效率

另外在光刻設備內部具有大量的流體管線，使用軟管連接容易產生破裂、脫落等問題，工程師可以藉由 3D 列印減少使用軟管連接的問題，設計一款可以優化流體流動的特製管路，藉此減少其中壓力變化、機械干擾與震動等因素。傳統方法製造的歧管組件需裝配達 20 多個零件，導致液體產生流動死區或者紊流，藉由 3D 列印可將之合併為單一設計減少了原本連接點所造成的不穩定性，並可減輕多達 50% 的重量充分用設備的空間。

圖 13-27　藉由 3D 列印複雜流體歧管，可減少機械干擾與震動

圖 13-28　3D 列印優化的氣體混合器，可提高混合效率

13-10 結語

3D 列印在各種行業的應用不勝枚舉，其實所有應用多有以下特點：

⌛ 概念實體化：

相對人工製造、機械加工，3D 列印可以在數小時或數天內就產出你想樣中的物件，提供使用者向外界展示概念的途徑。

⌛ 高度客制化：

使用著可依照自己的需求，設計並製造專屬於自己的產品，不論是工業用途、文創藝術、個人用品到飲食。只要選擇到相應的技術和材料，許多想像都不再只是白日夢。

⌛ 輕量、功能化：

藉由 3D 列印疊層加法製造的特性，結構實現各種中空或晶格結構設計，在節省材料與能源的同時還能為使用著提供更舒適的體驗。再飲食藥物設計中，型態得不同也能產勝具有變化性的作用。

⌛ 小批量的複製：

小批量生產的需求中可以省去模具的成本，產品的設計可以容許及時更改。

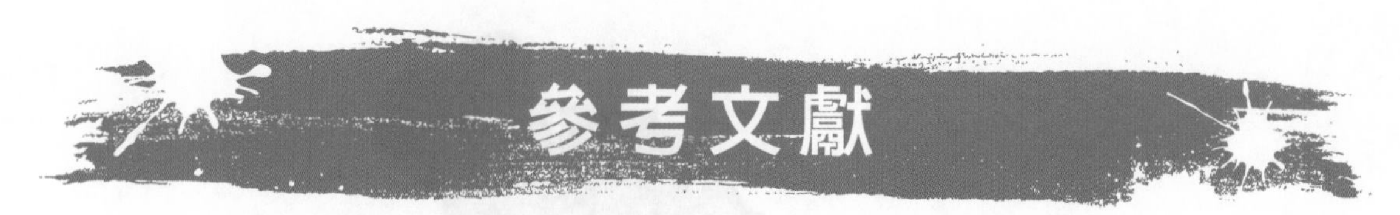

1. "3D Printing | Wohlers Associates." https://wohlersassociates.com/

2. "2022 Predictions:3D Printing is Transforming the Aerospace and Space Industry-3DPrint.com | The Voice of 3D Printing/Additive Manufacturing." https://3dprint.com/287731/2022-predictions-3d-printing-is-transforming-the-aerospace-and-space-industry/

3. "Application Spotlight:3D Printing for Aircraft Cabins-AMFG." https://amfg.ai/2020/07/27/application-spotlight-3d-printing-for-aircraft-cabins/

4. "YOYO, trendy and highly customizable thanks to 3D printing." https://www.xevcars.com/yoyo/

5. "How 5 Major Automobile Manufacturers Use 3D Printing." https://www.wevolver.com/article/how.5.major.automobile.manufacturers.use.3d.printing.

6. "10 Exciting Examples of 3D Printing in the Automotive Industry in 2021-AMFG." https://amfg.ai/2019/05/28/7-exciting-examples-of-3d-printing-in-the-automotive-industry.

7. "Porsche Demos 3D Printing for Electric Vehicles-3D Printing." https://3dprinting.com/automotive/porsche-demos-3d-printing-for-electric-vehicles.

8. Y. Bozkurt and E. Karayel, "3D printing technology; methods, biomedical applications, future opportunities and trends," *Journal of Materials Research and Technology*, vol. 14, pp. 1430-1450, Sep. 2021, doi:10.1016/J.JMRT.2021.07.050.

9. Maciej Serda *et al.*, "Synteza i aktywno biologiczna nowych analogów tiosemikarbazonowych chelatorów elaza," *Uniwersytet śląski*, vol. 7, no. 1, pp. 343-354, 2013, doi:10.2/JQUERY.MIN.JS.

10. S. Chunhua, S. Guangqing, S. Chunhua, and S. Guangqing, "Application and Development of 3D Printing in Medical Field," *Modern Mechanical Engineering*, vol. 10, no. 3, pp. 25-33, Aug. 2020, doi:10.4236/MME.2020.103003.

11. “科學家剛剛用人體組織打印出世界上第一個 3D 心臟商業內幕.” https://www.businessinsider.co.za/Israeli-scientists-print-first-3D-heart-586902.
12. “3D-Printing Is Speeding Up the Automation of Construction-Metropolis.” https://metropolismag.com/viewpoints/3d-printing-is-speeding-up-the-automation-of-construction/.
13. “3D Printing in Construction:Growth, Benefits, and Challenges.” https://constructionblog.autodesk.com/3d-printing-construction/
14. “這個建築師設計的牆體系統有一個 3D 打印的核心 | 建築師雜誌.” https://www.architectmagazine.com/technology/this-architect-designed-wall-system-has-a-3d-printed-core_o
15. “Kamp C completes two-storey house 3D-printed in one piece in situ.” https://www.dezeen.com/2020/12/22/kamp-c-completes-two-storey-house-3d-printed-one-piece-onsite/.
16. “Tecla house 3D-printed from locally sourced clay.” https://www.dezeen.com/2021/04/23/mario-cucinella-architects-wasp-3d-printed-housing/.
17. “使用質地分析儀進行 3D 打印食品.” https://www.azom.com/article.aspx?ArticleID=19201(accessed Nov. 09, 2022).
18. “7 個令人興奮的 3D 打印食品項目永遠改變了我們的飲食方式 -3D Sourced.” https://www.3dsourced.com/guides/3d-printed-food/.
19. S. Smetana, A. Mathys, A. Knoch, and V. Heinz, “Meat alternatives:life cycle assessment of most known meat substitutes,” *International Journal of Life Cycle Assessment*, vol. 20, no. 9, pp. 1254-1267, Sep. 2015, doi:10.1007/S11367-015-0931-6.
20. “UPPRINTING FOOD transforms food waste into edible 3D printed snacks 3D Printing Media Network-The Pulse of the AM Industry.” https://www.3dprintingmedia.network/upprinting-food-food-waste-edible-3d-printed-snacks/.

21. "Smart Cups-The World' s First Printed Beverage." https://smartcups.com/.

22. "(173)Bulleit Frontier Works | A Classic Whiskey Drink Now 3D Printed-YouTube." https://www.youtube.com/watch?v=MTK65AGHSsE.

23. "Anouk Wipprecht FashionTech." http://www.anoukwipprecht.nl/#intro-1.

24. "3D Printed Shoes:What' s Available on the Market Today?-3Dnatives." https://www.3dnatives.com/en/3d-printed-shoes-whats-available-on-the-market-today/.

25. "Happy feet:made-to-measure insoles with 3D printing and TPU | Covestro AG." https://solutions.covestro.com/en/highlights/articles/stories/2019/3d-printed-orthopedic-insoles.

26. "7 benefits of using 3D printing technology in Education | Makers Empire." https://www.makersempire.com/7-benefits-of-using-3d-printing-technology-in-education/.

27. "3D Printing in Education-3D Printing." https://3dprinting.com/3d-printing-use-cases/3d-printing-in-education/.

28. "Additive Manufacturing for Semiconductor Capital Equipment | 3D Systems." https://www.3dsystems.com/semiconductor.

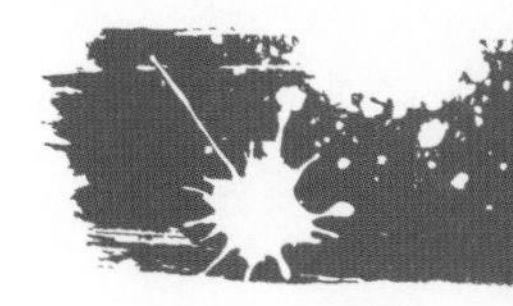

問題與討論

1. 本章節中列了各種應用，然而這些僅是冰山的一角。請從文中的主題找到你感興趣的領域，再提出三個可能的應用。
2. 請示著舉出一個文中未提到的應用領域。
3. 如果需要，請問讀者希望接收更多哪種應用的資訊？
4. 台灣也有許多公司踏足了 3D 產業，請舉出兩家台灣的 3D 列印公司與他開發的產品。

14

醫療及生物工程應用 Medical and Bioengineering Applications

本章編著：陳怡文、鄭逸琳、陳俊名、許啓彬

14-1 簡介

本章節主要是討論如何利用 3D 列印來協助各種醫療臨床上所遇到的問題，這包含醫師規劃及執行手術治療方案，手術需要的解剖構造模型列印，客製輔助醫療器材或是客製植入物的設計與製造，甚至 3D 生物列印怎麼輔助再生醫學及組織工程的更進一步，都會在本章中做說明。在醫學領域中，最早被提出的客製概念始於醫療建模，是期望利用醫學掃描數據來製作高度精準的人體模型，這樣的技術包括體內影像數據的取得，例如斷層掃描或核磁共振影像、數據處理、及模型 3D 列印，從而達成醫學治療上之協助。在 20 世紀 90 年代，由於軟體的進步，使得 3D 列印機台 (原來稱爲快速原型機台) 開始可以讀取醫療掃描設備的檔案，甚至這兩三年各個醫學影像設備開始，包括奇異 (GE)、飛利浦 (PHILIPS)、西門子 (SIEMENS) 等國際醫材大廠，在他們的影像設備中加入或是開發新的醫學視覺

分析和量化軟體，可整合醫療模型3D成像，並能轉成爲可被3D列印的檔案格式，甚至將高階斷層掃描設備與新的3D列印設備相結合，達成快速建模及快速列印的解決方案，爲醫師和病人提供下一代的醫療保健服務。當醫療的三維實體模型有了實現的可能，從那時起，三維醫學實體模型逐步發展到各個應用層級，例如法醫學及重建手術，於是許多臨床醫師、工程師及研究人員正視到3D列印可以爲醫療所帶來的益處。在這個章節，我們會闡述如何製作出高品質的醫療模型，導引讀者了解每一個步驟，及該步驟所需使用的方法及技術，同時分享實證案例；本章也會分享各種數位牙科應用、骨科金屬、陶瓷或高分子植入物及創新科技輔具的應用，爾後我們將進入3D再生醫學的研究領域，分享現今最前瞻的相關醫學研究。

14-2 醫療影像

爲了可以製作出客製的人體模型，首先要能取得人體且可被電腦處理的三維影像數據，醫療院所內的放射科系或是實驗室中具有手持式掃描器具通常可以達成這樣的要求；基本上，人體掃描有兩大方式：從內部掃描取得人體影像及從外部掃描取得人體影像。人體內部影像的取得，可使用之工具包括電腦斷層掃描 (Computerized tomography, CT)、核磁共振成像 (Magnetic resonance imaging, MRI)、或正子發射斷層掃描 (Positron emission tomography, PET) 等，不同的工具使用不同的物理效應來取得人體內部影像，以產生橫截面圖像，橫截面圖像的排列順序，使電腦可以基於橫截面的二維影像資料建構患者的三維 (3D) 數據資料。而人體外部影像的取得，可以使用許多不同的技術來獲得患者的外部三維數據，統稱爲三維掃描儀技術 (3D scanner technology)，用來偵測並分析現實世界中物體或環境的形狀 (幾何構造) 與外觀資料 (如顏色、表面反照率等性質)，蒐集到的資料常被用來進行三維重建，透過電腦計算建立實際物體的數位模型。廣泛用於工業設計、瑕疵檢測、逆向工程、機器人導引、地貌測量、醫學資訊、生物資訊、刑事鑑定、數位文物典藏、電影製片、遊戲創作素材等。

14-2-1 斷層掃描及核磁共振

電腦斷層掃描 (Computerized tomography, CT)

電腦斷層掃描 (Computerized tomography, CT) 是一種影像診斷學的檢查，又可被稱爲電腦軸向斷層掃描 (Computed Axial Tomography)，其工作原理是通過單一軸面的 X 射線旋轉照射人體，由於不同的組織對 X 射線的吸收能力 (或稱阻射率) 不同，而在已知的切層厚度下，X 射線被吸收的量正比於身體組織的密度，因此成像出該切層各體內組職的灰階影像，在亨斯菲爾德單位標準 (Hounsfield unit)[註1] 下，空氣在斷層掃描影像上的灰階表現爲全黑 (値爲 -1000)，而密度越高如皮質骨 (値爲 +700) 或緻密骨 (値爲 +3000)，在灰階表現上則接近淺色或白色，醫事人員可以透過各種灰階 CT 圖像亮度的高低及範圍的展現，清楚的了解體內各骨骼及軟組織的分布與型態，使得 CT 成爲人體構造或體內診斷時的重要工具。CT 攝影對於頭部、胸部、腹部與脊椎的問題是很好的工具，許多部位的腫瘤，例如：肺、肝、胰臟腫瘤能夠藉由這個檢查來確定位置及測量大小，對周圍組織的侵犯程度亦能提供重要的訊息。利用在創傷的病人身上，CT 可以快速診斷出大腦、肝臟、脾臟、腎臟或其他體內器官的傷害情形。

由圖 14-1 可以看出，骨骼、軟組織及空氣的密度差，例如鼻腔氣道可以清楚的被識別出來，軟組織及相關器官因爲密度相近，因此其亨斯菲爾德標準值相對接近，尤其針對脂肪和肌肉的區別，圖像上較難判別，因此部分的實務執行上，醫療人員可用人工造影劑打入體內，使特定的組織或器官範圍更易脫穎而出，強化影像判別的正確性。然而 CT 的使用會牽涉到 X-ray 的離子輻射，在醫療上使用雖有其必要，其曝光卻應當盡量減少，特別針對敏感器官如眼睛、甲狀腺、及生殖腺等。

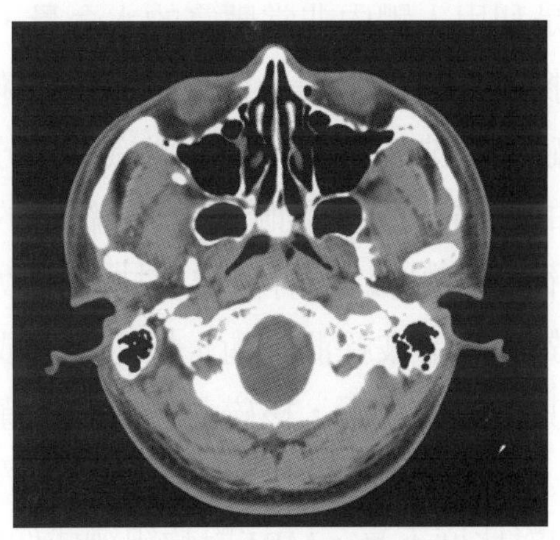

圖 14-1　頭部電腦斷層掃描範例

註 1：亨斯菲爾德單位是測定人體某一局部組織或器官密度大小的一種計量單位。

而由於電腦斷層掃描對人體的照射面是一片片連續的橫切面，而每一個切面的距離約為 0.1 到 10 公分的厚度，因此當工程人員取得病患的電腦斷層影像後，可以利用電腦計算的方式將資料組合成身體橫切面的影像，這些橫切面的影像可再進一步重組成精細的 3D 立體影像，圖 14-2 為針對病患脊椎常用醫療斷層掃描影像評估，其中圖 14-2(a) 為 X 光影像，圖 14-2(b) 及圖 14-2(c) 為脊椎構造之冠狀面及軸狀面[註 2] 斷層掃描，圖 14-2(d) 則為三維圖像。

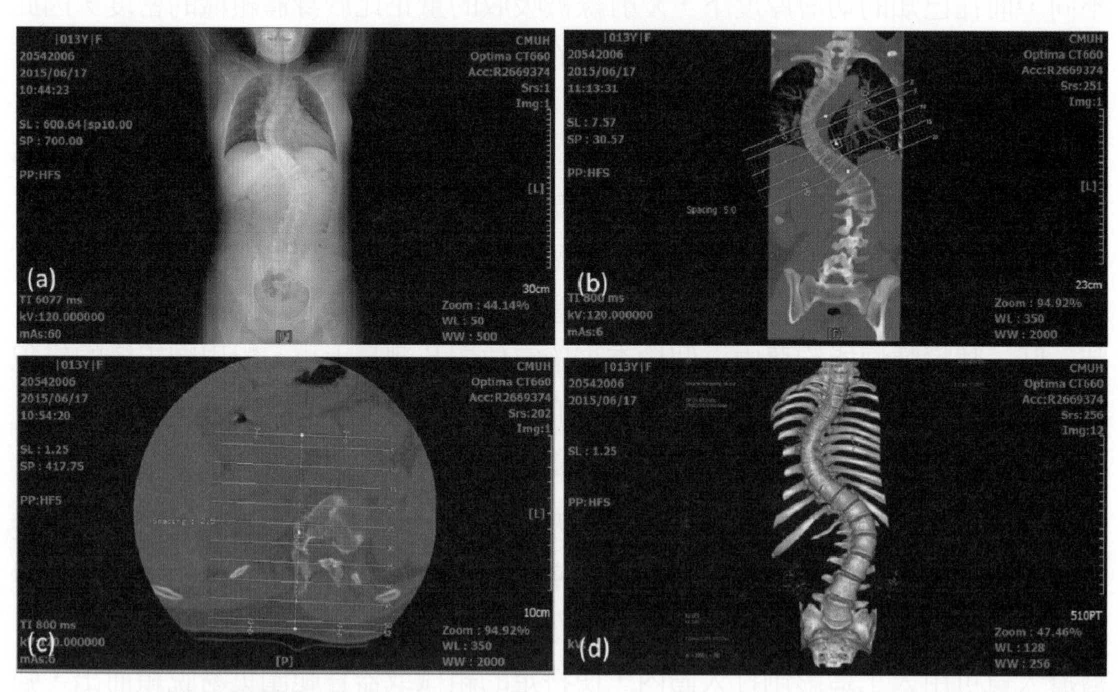

圖 14-2　脊椎醫療斷層掃描影像 (a) X 光影像；(b) 脊椎之冠狀面及軸狀面電腦斷層圖像；(d) 脊椎三維圖像

♠ 核磁共振成像 (Magnetic Resonance Imaging, MRI)

核磁共振成像技術是利用人體內非常豐富的水含量，不同的組織，水的含量也各不相同，如果能夠探測到這些水的分布資訊，就能夠繪製出一幅比較完整的人體內部結構圖像，核磁共振成像技術就是通過識別水分子中氫原子信號的分布來推測水分子在人體內的分布，進而探測人體內部結構的技術。核磁共振成像技術是一種非介入探測技術，相對於 X- 射線透視技術和放射造影技術，MRI 對人體沒有輻射影響，而相對於超音波探測技術，核磁共振成像更加清晰，能夠顯示更多細節，此外相對於其他成像技術，核磁共振成像不僅僅能夠顯示有形的實體病變，而且還能夠對腦、心、肝等功能性反應進行精確的判定。且由於原理的不同，CT 對軟組織成像的對比度不高，MRI 對軟組織成像的對比度大大高於 CT，這使得 MRI 特別適用於腦組織成像。如果能結合 MRI 獲取的圖像核磁共振成像技術與電腦斷層成像技術 (CT) 共同判讀體內影像，可為臨床診斷和生理學、醫學研究提供重要資料。圖 14-3 為 MRI 腦組織成像，其中水含量高的組織在 MRI 影像中看起來顏色會偏白，例如脂肪，而空氣與密度高的骨骼的 MRI 影像則是顯示較深的顏色。

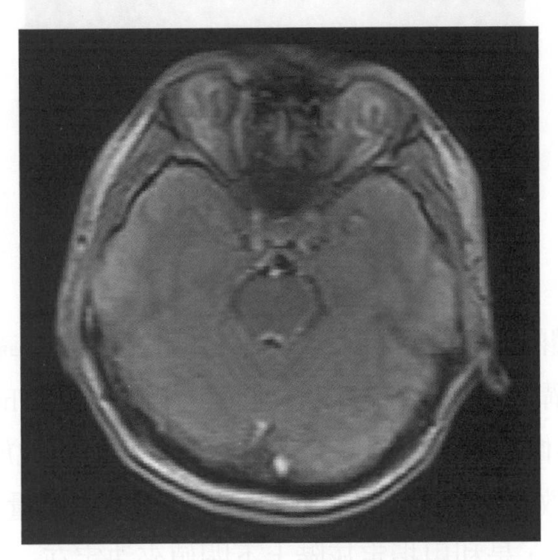

圖 14-3　核磁共振腦組織成像

正子斷層掃描

相反於電腦斷層的穿透式掃描 (transmission scan)，正子斷層掃描等核子醫學影像為發射式掃描 (emission scan)，其經由吸入、攝入或靜脈注射方式使放射性示蹤劑 (radiotracer) 進入人體，而這些示蹤劑上標示的核種將發生正子衰變而放出正子，當正子與電子互毀後便發出兩道夾角為 180° 的 511 keV 光子，藉由偵檢器接收這些光子便可獲得示蹤劑於人體內分布的情況，根據藥理特性的不同，示蹤劑進入人體後將集中分布於特定的器官或系統，如此一來便可獲得代表著這些器官、系統循環代謝特性的功能性影像，如常見標示有 F-18 的葡萄糖藥物，可藉由正子斷層影像了解人體內葡萄糖消耗代謝情況，而癌細胞通常為高葡萄糖消耗量的組織，在影像上便會顯現出高攝取量的高活度熱區，如此一來便可幫助癌症的早期偵測。然而，受限於有限的示蹤劑劑量與偵檢器性能，正子斷層影像通常伴隨著嚴重的柏松雜訊 (Poisson noise)，而無法產生足以辨識為物件的影像結構，僅能呈現大致輪廓，因此一般而言無法從現有正子斷層影像中得到器官的清晰切面影像，而無法使用於器官的三維模型建立。

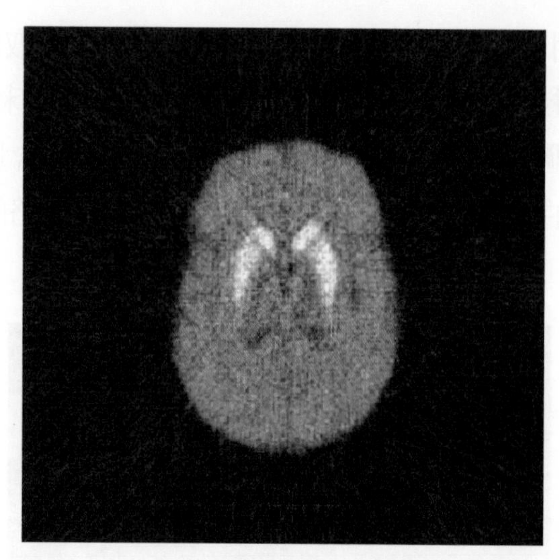

圖 14-4　正子斷層之腦部影像

而在建構人體體內的三維資料時，透過 CT 和 MRI 的二維灰階圖像的像素來推導出特定的組織構造，因此在影像處理時，灰階閥值 (Thresholding) 的定義特別重要。在 CT 的影像數據中，圖像的灰階數值大小是正比於 X 射線密度；而針對 MRI 圖像的灰階數值大小是正比於軟組織的核磁共振能量大小。當三維建模的操作者在選取閥值時，是利用指定灰階上下閥值來決定在一定的密度範圍內的器官組織可以從周圍組織中被分離出來，因此閥值的調控會大幅的影響分辨人體組織構造的品質，圖 14-5 顯示出閥值的選擇將顯著影響組織結構的邊緣品質。

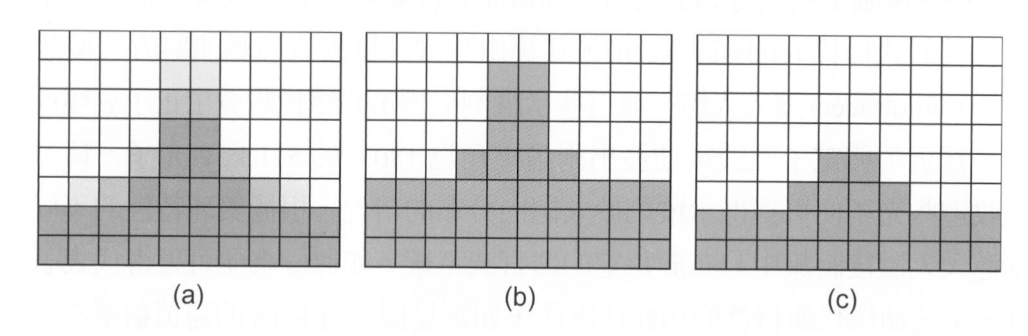

圖 14-5　(a) 電腦斷層或核磁共振的原始影像範例；(b) 採取高閥值時的影像辨識；(c) 採取低閥值時的影像辨識

當影像處理人員將 CT 或 MRI 的影像資料匯入專門軟體中，最常用的軟體是 Mimics(Materialise NV, 比利時)，以下將以一個簡單的範例來解釋如何將 CT 或 MRI 的影像資料轉成三維立體模型，並輸出爲 3D 列印機台可以讀取的 STL(STereoLithography) 檔案格式。

第一步是要導入醫學影像數據，在大多數情況下，CT 或 MRI 影像會被儲存在一個國際醫療數位影像傳輸協定 (Digital Imaging and Communications in Medicine, DICOM) 格式內，醫學建模 Mimics 軟體則具有自動導入 DICOM 數據，顯示出原始 CT 及 MRI 醫學影像 (圖 14-7(a))，且能利用每張 DICOM 影像中各像素的連結及各張 DICOM 切層之距離來計算矢狀面和冠狀面[註 2] 影像之功能。如前面所述，CT 或 MRI 影像的像素灰階與人體組織的密度成正比，第二步 Mimics 可以透過灰階值的差異來判別人體組織種類的差別，且透過操作者上下閥值的選用來定義特定組織的構造，脊椎範例如圖 14-7(a) 中，利用上下閥值的選擇，Mimics 可以定義同一張 CT 圖像中脊椎骨骼位置，如 CT 影像中綠色區塊的範圍，藉由這樣的方式將 CT 組織中有興趣的軟硬組織做出獨立區分，這個動作稱爲分割 (segmentation)。一旦所需的組織類型也就是在本範例中的脊椎骨骼被選定之後，使用者可以先進行區域範圍確認，將一些雖然相同閥值卻不是有興趣的組織區塊作刪減，如圖 14-7(b) 僅留下脊椎區域卻將髖骨區域做去除，爾後 Mimics 可利用區域增長 (Region growing) 將已選出組織區塊進行三維的連結，逐步的將每張 CT 影像特定的區域選出並建構出三維立體影像，如圖 14-7(c)

註 2：人體解剖構造學可用於描述人體各器官、四肢和特徵的相對位置，其中人類的主軸指的是通過人體從頭到腳的中心，稱為長軸 (Long Axial)。一旦人體解剖構造位置是已知，垂直於長軸的平面稱為軸狀面 (Axial Plane)，而垂直於軸狀面的兩個面向則為冠狀面和矢狀，如圖 14-6。

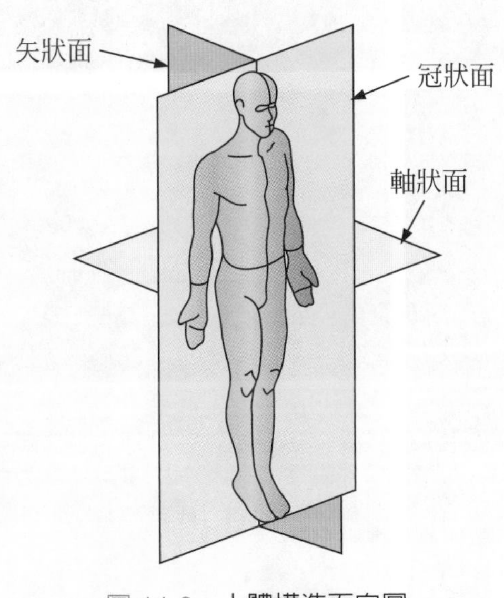

圖 14-6　人體構造面向圖

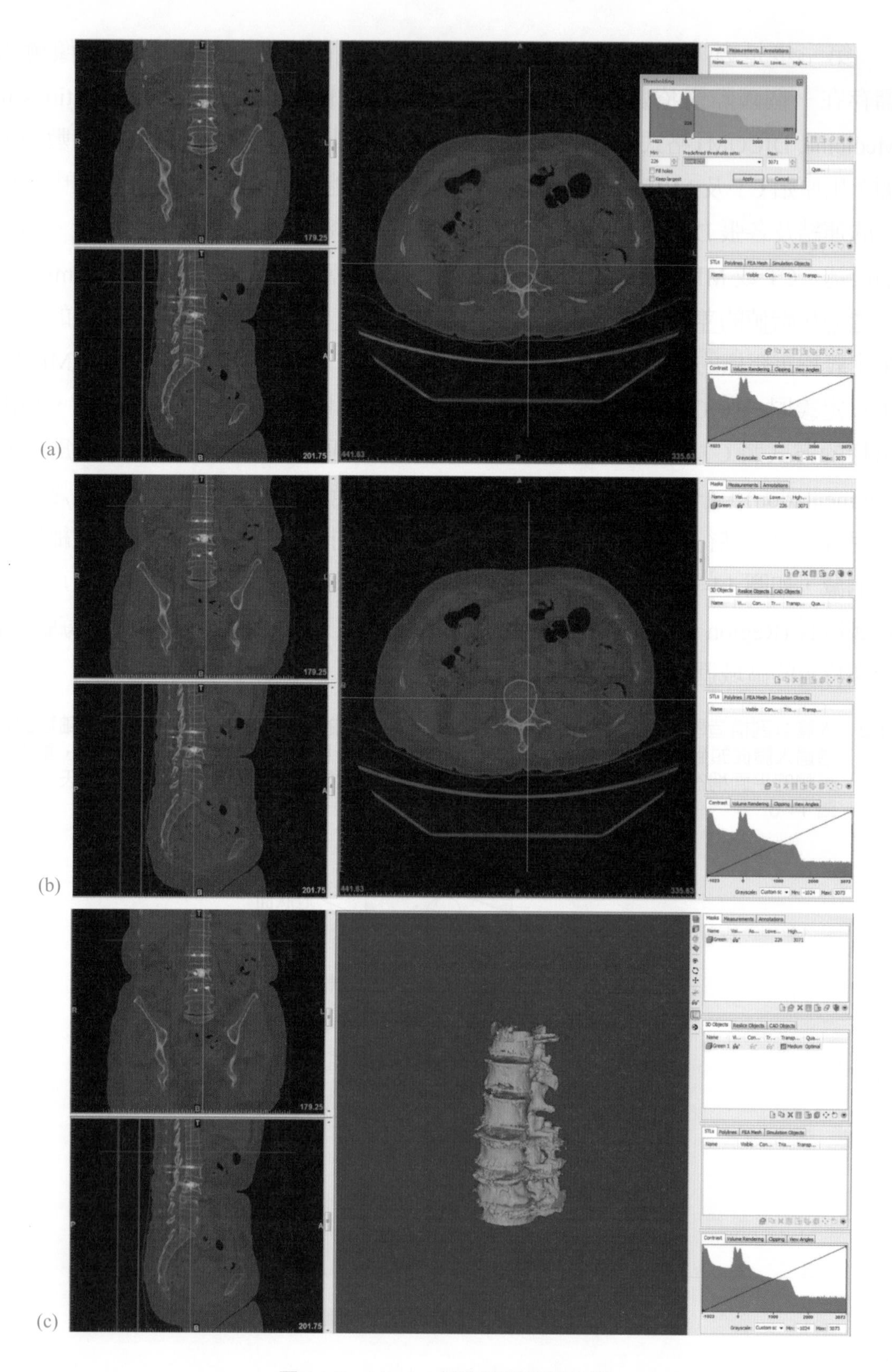

圖 14-7　Mimics 操作流程範例介紹

14-2-2 三維掃描

當試圖捕捉人體外貌、人體外形狀或皮膚表面，最常使用也較實際舒適的方式就是應用非接觸掃描系統，也就是透過額外的能量，如可見光、高能光束、超音波與 X 射線等能量投射至物體，藉由能量的反射來計算三維空間資訊，這些數據資訊被蒐集且計算物體表面上所有點在空間中的確切位置，也就是物體幾何表面的點雲 (point cloud)，然後利用這些點雲在電腦上創建被掃描物的三維模型，越密集的點雲可以建立更精確的模型，這樣的過程稱做三維重建。

不同於 CT 和 MRI，三維掃描技術僅用於取得患者的外觀形貌，甚至是皮膚表面特徵，但是即使三維掃描技術越來越普遍，在醫療使用上仍然還不是例行的醫療檢測行為。非接觸式的三維掃描看似費時且昂貴，但是卻是完全安全且對病患不會產生任何不適，更不會產生其他翻模技術所造成軟組織失真的情況，因此非接觸式的三維掃描適合應用在義肢重建或復健上，在整形外科領域中的乳房重建，非接觸式的三維掃描便達到了最好的功效，使得醫事人員可以完整取得最自然不受壓迫的乳房外觀，達成對稱重建的優勢。

非接觸式三維掃描通常產生大量點雲，這樣的資料格式完全不同於 CT 及 MRI 影像像素資料，且數量龐大的點雲在建構三維模型時雖然較準確，資料量卻太過龐大，導致處理時間拉長，需要透過因此擁有拓撲關係，且容易儲存在 STL (STereoLithography) 檔案格式中的三角網格資料，成爲了更簡單便利的方式，甚至可以利用降採樣 (Decimation) 的技術，有效降低整體三角網格的數量，進而縮小整體檔案資料大小，然而在這樣的技術輔助下，操作者需要注意的是將檔案資料的大小與三維模型的精度可接受水準達到一個平衡，圖 14-8 顯示出病患手部掃描後，點雲資料 (圖 14-8(a))、原始掃描網格資料 (圖 14-8(b)) 及 50% 降採樣 (圖 14-8(c)) 的三角網格資料立體圖像，讀者也可以參考前述第三章內容。

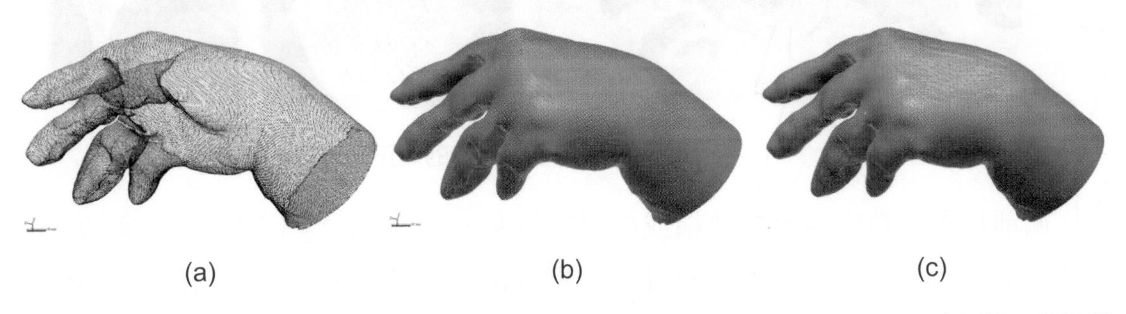

圖 14-8 非接觸式三維掃描資料 (a) 點雲資料、(b) 原始掃描網格資料、(c)50% 降採樣三角網格資料立體圖像

14-3 3D 列印醫療臨床應用及案例分享

14-3-1 手術模型應用及科技輔具

醫學模型可利用 3D 列印技術精準地將三維的醫學圖像製作成型的實體模型，這樣的醫學建模過程涉及人體構造的 3D 圖像數據，數據處理得以分別各器官組織，透過軟體優化特定器官組織之三維表面，最終將資料傳輸至 3D 列印機台並建構出實體模型。醫學模型已經廣泛使用在醫療應用上的許多科別內，尤其是針對複雜且困難的臨床案例，美國梅約醫學中心自 2006 年起便開始推動並鼓勵醫師透過三維的實體模型來建構病患體內結構，利用實體模型來溝通並規畫術前計畫，期望達到更好的臨床效果，近年來客製化的實體醫學模型最常用的科別包括神經外科、顱顏面專科、整形外科、口腔外科及骨科，甚至藉由實體醫學模型的優勢來設計與開發特殊用途的植入物、義肢及手術導板。

其中矯正輔具包含許多部位與症狀 (圖 14-9)，小至滑鼠手、媽媽手，大至足踝矯形器和矯正背架，透過 3D 列印與數位化的流程，可使原來笨重悶熱的輔具更為輕量化更透氣，也能客製化精準化，甚至能加入各種感測器，收集生理資訊或穿戴反饋資料，藉由這些資料了解病患使用情形，修正矯正各階段的設計，甚至統計大數據提供臨床診斷分析。

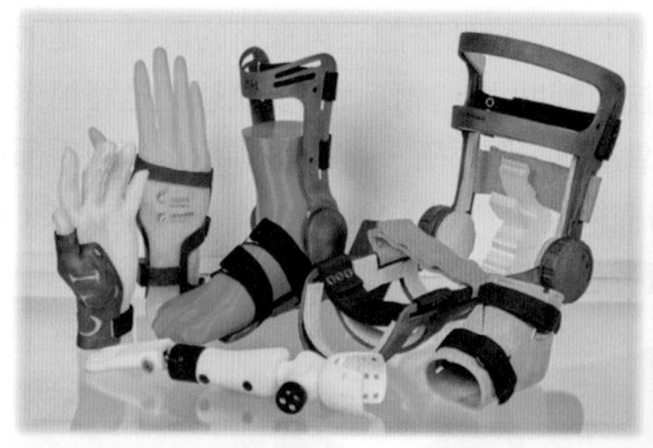
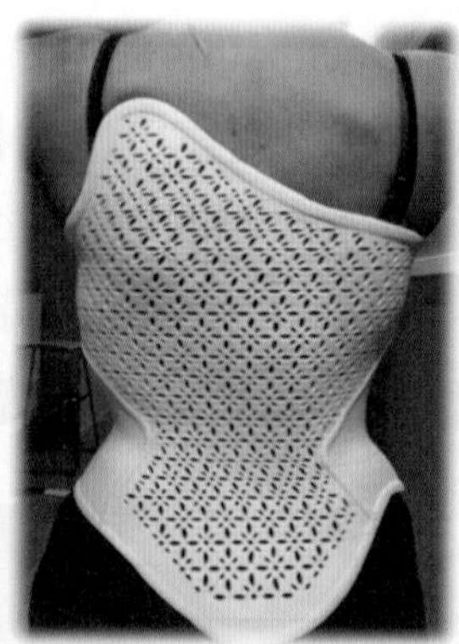

圖 14-9　3D 列印製做不同部位的矯正輔具

術前規劃多數應用於骨缺損或創傷的情況，圖 14-10 為不同部位的術前規劃應用案例，都是透過醫學影像重建骨缺損或創傷的部位，並藉由 3D 列印製作這些模型，在模型上預先塑型或彎折手術中要裝配的植入物。傳統臨床手術這些塑型或彎折的過程都需要在術中完成，甚至創傷嚴重時也沒辦法準確知道斷裂的骨頭拼接位置，因此必須於術中反覆的拆裝塑型或彎折植入物，來配合骨頭的外型和曲度，這步驟相對耗時且增加感染的風險，甚至爲了確定裝配位置或曲度是否符合骨頭外型，還必須反覆拍攝 X 光，來確認正確性，也因此增加了輻射劑量的風險。而透過 3D 列印模型預先規劃且塑型植入物，能大幅減少手術時間，植入物也更能貼合骨頭表面或修補缺損區域，使得術後外觀更佳。

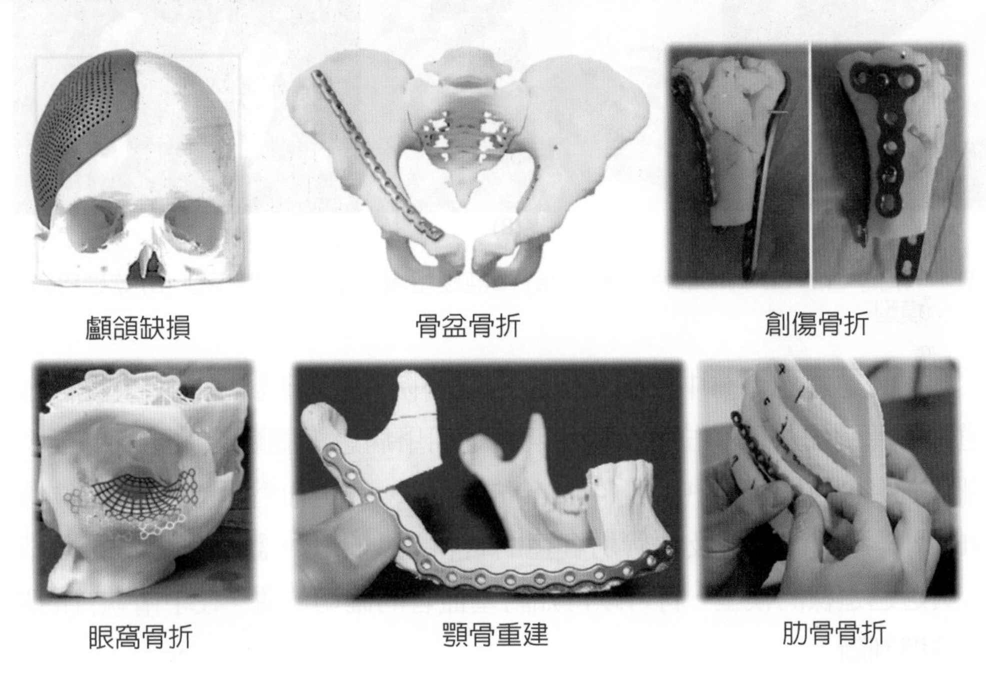

圖 14-10　不同部位的術前規劃應用案例

教育學習的方面主要是假體的製作，主要針對一些特殊案例或疾病的模型製作，利用這些 3D 模型讓診斷解說或教育學時更爲直觀，解決平面影像難以理解的問題，甚至利用這些假體進行體外手術的練習。假體製作包含軟硬組織，一般診斷解說僅需要製作骨頭模型即可應付臨床應用 (圖 14-11(A))，但如果要更逼眞的體外模擬手術則需要包軟硬組織的假體 (圖 14-11(B))，因此可能設計假體過程中就需要使用分模技術，將軟硬體分開製作，列印製作完成後再將其拼裝組合。或者必需要用多噴頭的 3D 列印設備，再各噴頭置放不同硬度的材料，同步製作軟硬材質的假體。包含軟硬材質的假體模型非常適合用於內視鏡手術的模擬學習，因爲內視鏡手術的學習養成歷程相對比較長，因爲需要熟悉器械的運作和影像的判讀，因此更需要假體學系的系統，若從皮膚切口到內視鏡置入都能盡可能仿眞，將有助各項內視鏡手術的學習，而且透過 3D 列印更能重現各種特殊案例和病症。

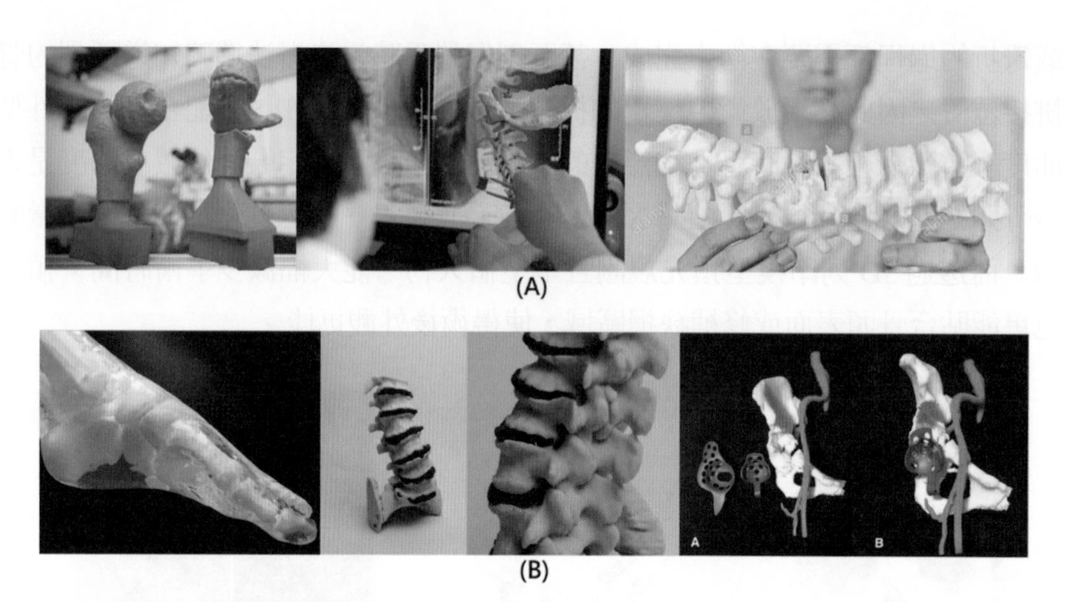

圖 14-11　教育學習的 3D 列印的假體模型 (a) 單純硬組織 (骨頭) 假體模型 (b) 軟硬組織的假體模型

以下案例是透過台灣中國醫藥大學附設醫院 3D 列印醫學模型來讓醫師更清楚知道，腦部腫瘤的確切位置，圖 14-12 是利用病患電腦斷層做頭骨的模型，包含內部腦血管的模型，其中圖 14-12(a) 的部位，就是血管阻塞的腫瘤位置，圖 14-12(b) 則是將腫瘤位置及血管用紅色的材料放大印出，讓醫師觀測得更清楚，醫事人員透過這樣的模型，將可以得知阻塞血管的確切位置，在手術執行的時候，也更能精準判斷。

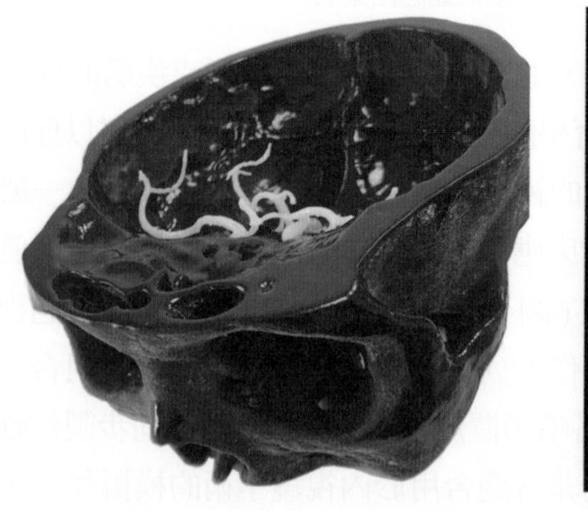

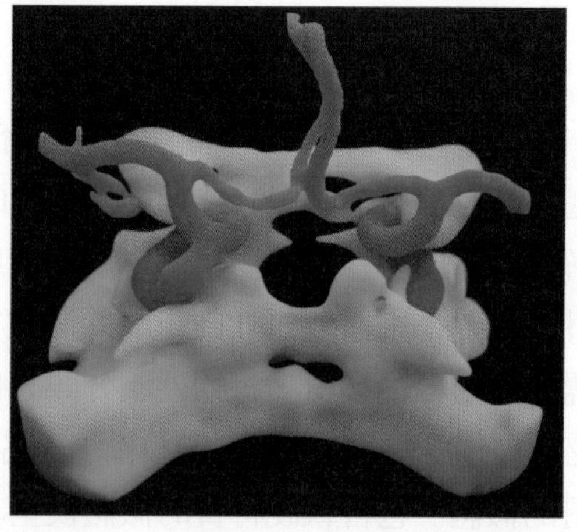

圖 14-12　腦血管阻塞之案例模型 (a) 3D 列印之頭骨模型及血管模型 (紅色位置為血管阻塞腫瘤的位置)、(b) 放大之腦血管阻塞腫瘤模型 (血管為紅色軟質材料，對血管及腫瘤進行擬真)

骨科臨床上少部分研究或教育會重建術後的模型，用於解說或教學，大多數的用於術後固定復健的輔具和義肢，例如骨折用的固定石膏，這種傳統的石膏總是讓患者感覺笨重、不透氣且不舒服。而利用光學掃描和 3D 列印製成的客製化手臂矯正器 (圖 14-13)，比較輕盈、舒適並可以訂做，而且在淋浴時也可以配戴著，在外型上也能搭配藝術感個性化的圖紋、孔洞、顏色，讓使用者更願意穿戴。術後最大宗的應用屬於義肢的製作，傳統義肢需要用打石膏的方式，取得外貌形狀，過程會造成病人不舒服，也比較耗時，也需要長期的經驗和反覆的修模方能設計製作出合適的產品，也因此製作成本相當高。圖 14-14 爲 3D 列印製作的義肢，透過掃描的方式，就能取得形貌資訊，在透過電腦修模，3D 列印製作，不僅外型更對稱，製作成本也更便宜，同樣也能加入藝術感個性化的圖紋，使用者在日常交流更無阻礙。甚至以往的義肢難以加入機構件，透過 3D 列印能同時製作機構件，在加上神經感應元件，透過肌肉的動作也能帶動微型馬達的運作和機構的作動，讓義肢也能運動，讓使用者能做更多動作。

圖 14-13　傳統與 3D 列印製作的術後固定輔具

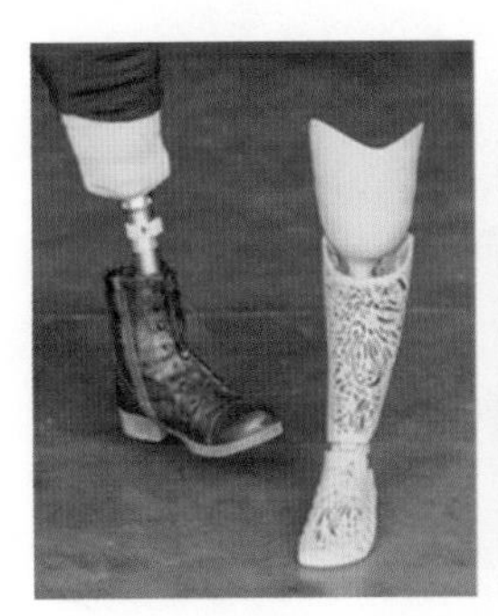

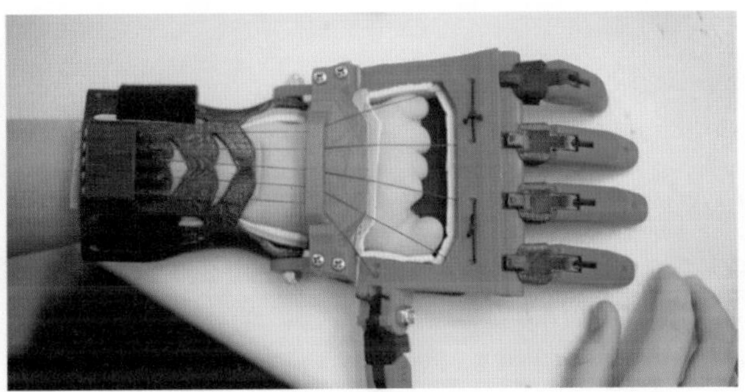

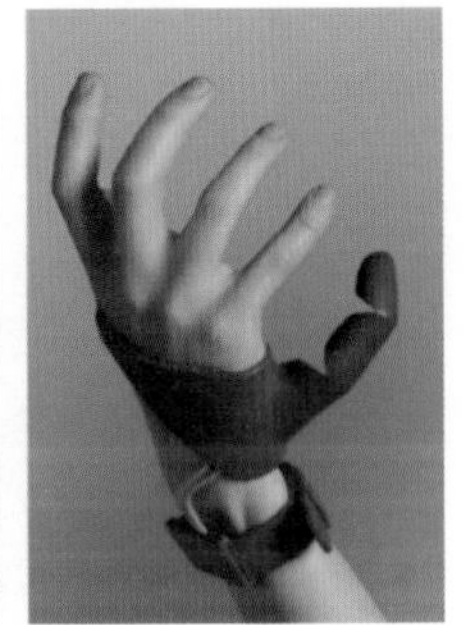

圖 14-14　3D 列印製作的義肢

14-3-2 手術導板應用

在醫學領域中，人體內部解剖構造的研究是所有醫學的基礎，因著更了解所有器官跟組織的結構，醫學的發展得以更能控制人體的機能退化及失能，3D 列印的人體結構模型，在前述幫助了醫事人員定義病徵與分析可行的醫療方案，而更進一步，這節我們想展現的是 3D 列印更有助益的醫療應用，也就是手術導板的使用。第一個案例分享，是人工植牙時手術導板的應用：在植入金屬人工牙根[註3]的醫療手術中其中一個最重要的問題就是如何在術前確定植入的最佳位置、植入的角度及放入的深度，過去人工植牙全憑藉醫師的經驗及術前斷層掃描影像的參考，植入人工牙根後的療效參差不齊，因爲植入角度跟位置的錯誤產生的後遺症更是醫療糾紛的大宗，因此 3D 列印人工牙根植入手術導板就有一定的市場及效益，更幫助醫師在手術之前作出完整的手術規劃。圖 14-15 說明 3D 列印人工牙根植入手術導板係依患者的牙齒或牙齦形狀來設計，可穩固安裝於患者缺牙位置周邊，導板上有套環，其角度與位置是在術前，藉由植牙規劃軟體模擬出人工植體最佳的植入位置後，所對應產生，牙醫師可藉由導板上的套環來鑽孔，因此鑽孔的位置與角度會與套環的角度一致，牙醫師便能依規劃的方式完成植牙手術，手術導板就像導航地圖一樣，引導牙醫師到達目的地，定位出最適當的角度、位置與深度，以更精準的完成手術。

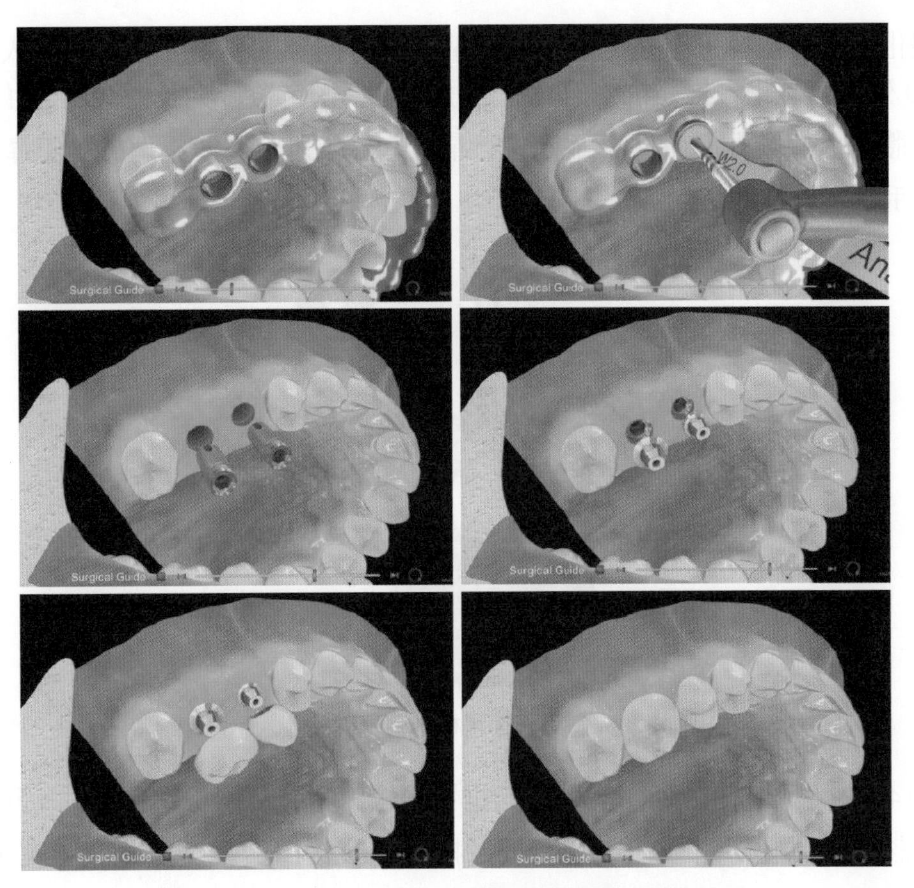

圖 14-15　3D 列印人工牙根植入手術導板運作說明

註 3：利用具有不會排斥人體並能與骨頭完整結合並承受強力的鈦金屬材料，將其製成螺釘的形狀，此種植入物我們稱為人工牙根。以手術將人工牙根植入顎骨中靜待一段癒合時間與顎骨結合成一體，用來取代缺失的牙根作為假牙的支柱。當人工牙根植入物與骨頭的骨整合強度夠時，就可以利用穩固的人工牙根上來開始製作假牙。

相似於植牙導板，國內外也開始將電腦輔助手術科技應用在脊椎椎弓根螺釘鑽孔需高精確度定位的手術，可藉由術前的電腦輔助手術規劃與術中導引板提高手術的安全性。3D 列印客製化之椎弓根螺釘鑽孔導引板可輔助醫師安全植入骨釘，在手術上實質協助醫師確定空間中骨釘植入方位，正確地導引螺釘鑽入狹小的椎弓根通道，如圖 14-16 爲第五節腰椎椎弓根螺釘置入示意圖，降低因誤傷脊椎核與神經根引起的風險。3D 列印客製化之椎弓根螺釘鑽孔導引板是以斷層掃描影像出發，提供醫師在電腦上做術前的鑽孔手術規劃，配合醫科解剖學理並融入專業醫師臨床經驗，可以得知大部分的鑽孔位置爲關節突與橫突內側附近，從兩邊的橫突與關節突相連的交點，往兩邊延伸至 3mm 處可爲鑽孔位置，而 3D 列印客製化之椎弓根螺釘鑽孔導引板的螺釘導引方向，則是需要穩定的進入椎體當中，3D 列印客製化之椎弓根螺釘鑽孔導引扳可緊密包覆棘突及橫突表面並穩固置放於椎體上，使鑽孔導引件準確定位，最後以 3D 列印快速原型機加工產生術中可用之手術定位輔件。

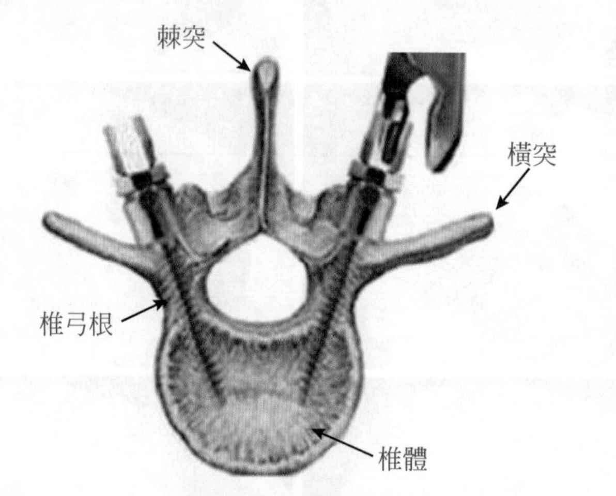

圖 14-16　人體第五節腰椎椎弓根螺釘置入示意圖

圖14-17 顯示出 3D 列印客製化的椎弓根螺釘鑽孔導引板運作方式，可以由圖看出，該螺釘鑽孔導引板在中間有一個接口，該接口與棘突處相接 (圖 14-17(a) 的 A 位置)，且兩邊的導引圓柱管則是完全客製用於匹配椎骨兩側橫突位置 (圖 14-17(a) 的 B 位置)，這些接口處皆是爲了穩定螺釘鑽孔導引板，並導向出螺釘鑽孔方位，以完成最佳的鑽針導引方位。

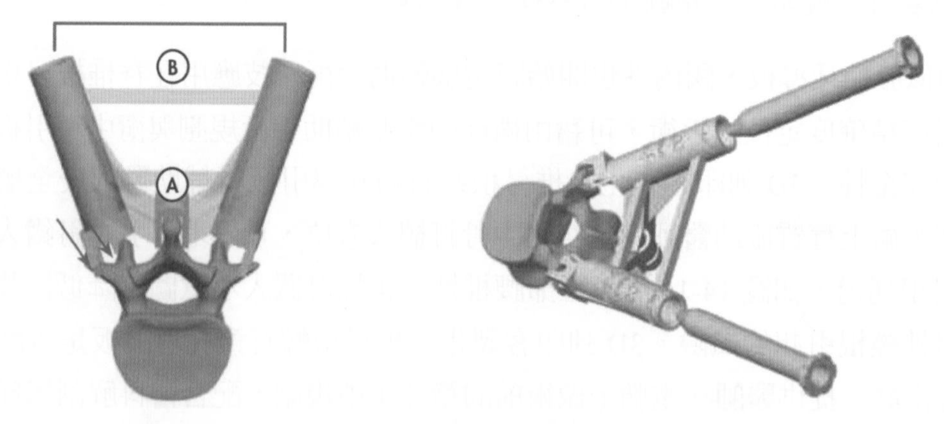

圖 14-17　3D 列印客製化的椎弓根螺釘鑽孔導引板運作方式

3D 列印技術目前在骨科手術中高分子材料大多用於手術導引板，其主要功能是術中的導引和定位，而金屬材料則是植入物居多，主要用於功能喪失或缺損的情況，兩者也會同時搭配使用，來達到精準裝配和個人化的醫療。許多骨科植入物或手術方式都需要精確的定位，其中手術導引板主要功能是術中的導引和定位，藉由手術導引板的定位將切鑽的步驟或植入物裝配位置的精確度提升，在 3D 列印技術未成熟之前會使用電腦輔助導航系統 (Computer-aided Navigation System) 來進行高精確度的手術，然而電腦導航系統設備昂貴，而且術前的設定和準備相對於耗時，因此臨床醫師鮮少使用。而 3D 列印手術導引板改善電腦導航系統的缺點，又同時能達到精準導引的效果，圖 14-18 爲 3D 列印手術導引板的設計製作流程示意圖，只要術前拍攝序列式影像並重建手術區域的 3D 模型，於電腦中進行術前規劃和模擬手術，其規劃和模擬的數據轉譯設計成直接貼合架設於骨頭上面的導引板，藉由骨頭的特徵或曲度，固定卡住導引板，再利用導引板上的切槽或導引孔進行切鑽的步驟。圖 14-19 爲人工膝關節手術導引板的應用，人工膝關節手術時必須於術中量測關節內外翻角度，並依照量測結果決定人工膝關節裝配位置，也必須在術中藉由量測工具或試用版型 (Trial) 來決定植入物的尺寸，這些量測工具常常需要額外的鑽孔架設定位桿於髓內，不僅破壞骨髓腔也相對耗時，如果用體外量測，並無法客觀精確的將植入物裝配於正確位置。而人工膝關節的客製化手術導引板可以借由電腦輔助在術前就幫病患確定植入物尺寸，並規劃設計導引板，術中臨床醫師僅需架設貼合導引板在骨頭表面即完成定位，對於精確度和效率提升非常有幫助。

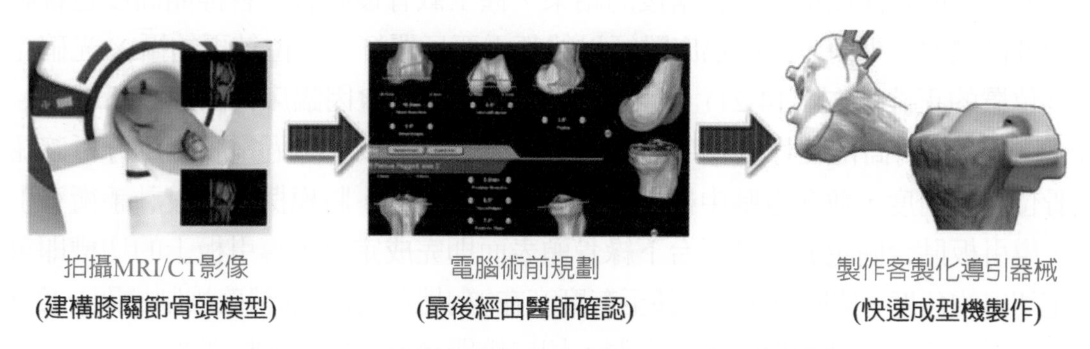

圖 14-18　3D 列印手術導引板的設計製作流程示意圖

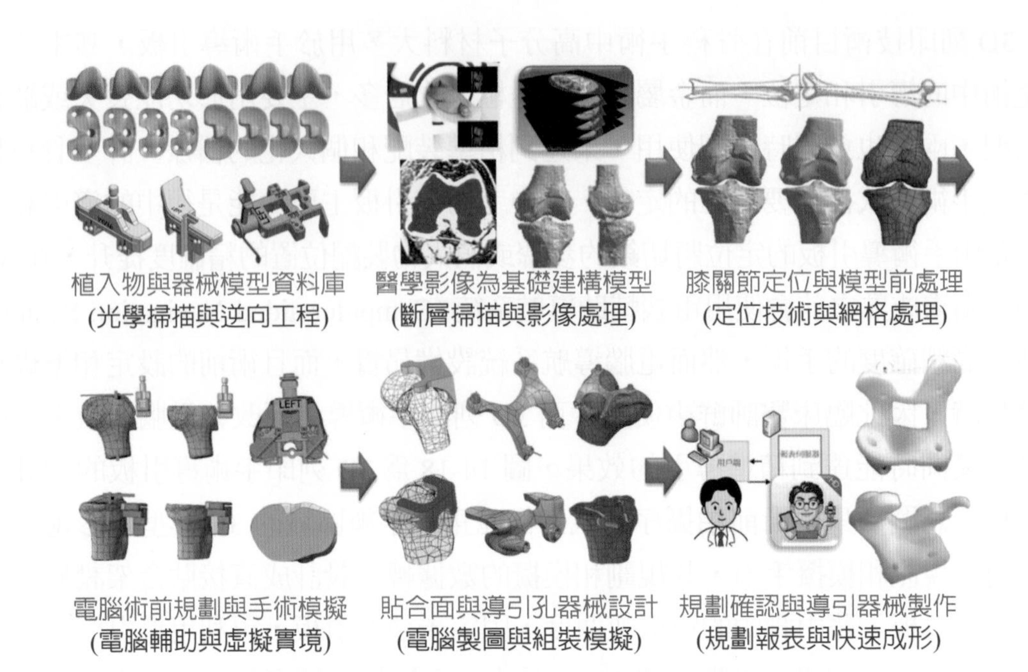

圖 14-19　人工膝關節手術導引板的應用

除人工關節的應用外，手術導引板對於各種截骨手術也相當有幫助，因爲骨頭畸形或變形清況相當複雜，截骨後骨板大小和裝配位置也會影響手術結果，如果又加上微創的條件，傷口小視野不佳，定位更加困難。以常見的高位脛骨截骨手術而言，主要是治療單側膝關節退化性關節炎，利用截骨的方式將變內外翻的關節矯正，將原本集中壓力於內側或外側的關節面利用幾何的矯正，將壓力釋放至另一側 (圖 14-20)。因此高位脛骨截骨手術雖然僅有一道截骨切口，但此切口的位置、角度和深度都會影響術後的結果，甚至截骨後脛骨平台撐開高度也會影響內外側壓力的平衡，因此臨床醫師以往都需要反覆打入定位針再拍攝 X 光確認角度位置的正確性 (圖 14-21)，相對效率和精確度都會因臨床醫師經驗所影響。圖 14-22 爲針對高位脛骨截骨手術所設計的手術導引板，透過電腦規劃分析確認截骨位置與角度，並在電腦中模擬脛骨平台撐開高度，將模擬資料設計手術導引板，導引板貼合固定於脛骨平台下緣骨頭表面即完成定位，導引板上的切槽即可決定切口的角度、位置與深度，甚至有廠商在導引板設計機構精確控制撐開高度，也有導引板直接設計骨板的螺絲孔洞，切口撐開後直接可以鎖固骨板。因此部分不需換人工關節的情況改用截骨方式治療，不僅可以保留原本的骨頭，甚至傷口較小復原也較快，再搭配客製化的手術導引板，提升手術效率和精確性，讓微創精準的醫療更能實現。

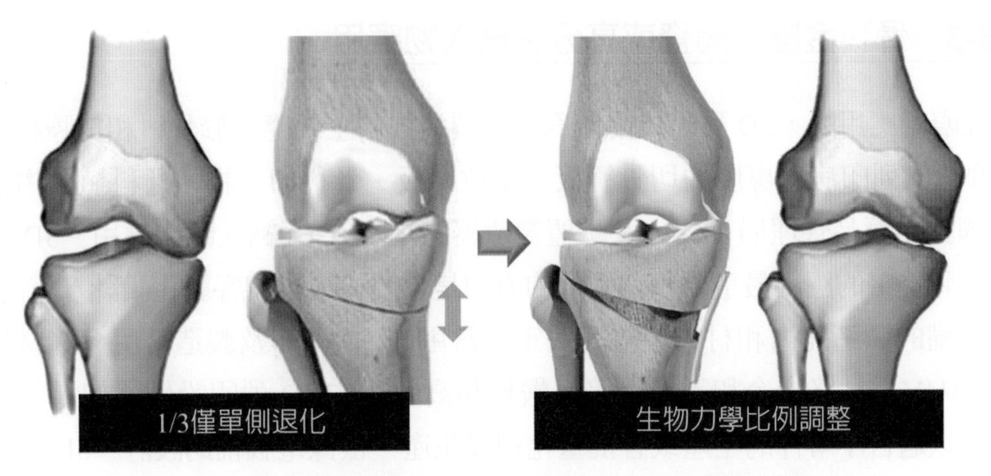

圖 14-20　高位脛骨截骨手術矯正因單側退化內外翻變形的膝關節

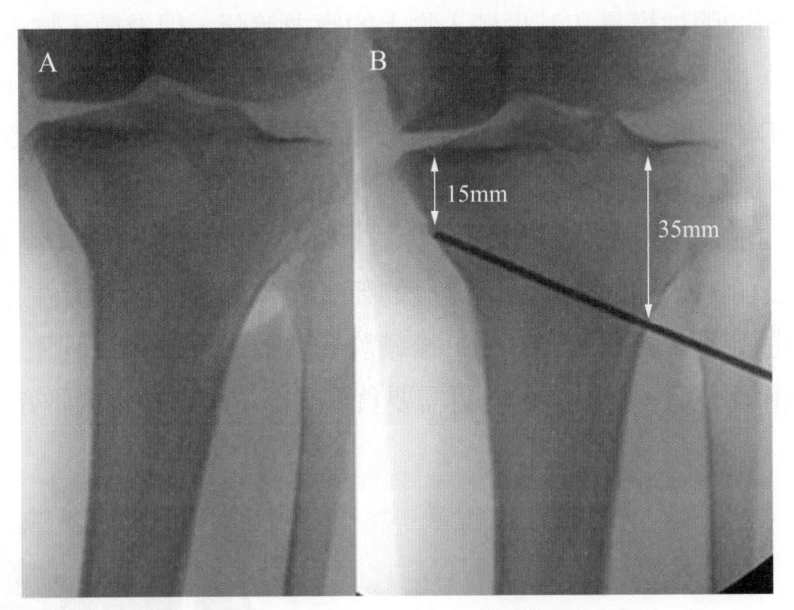

圖 14-21　術中 X 光確定定位針方位是否正確

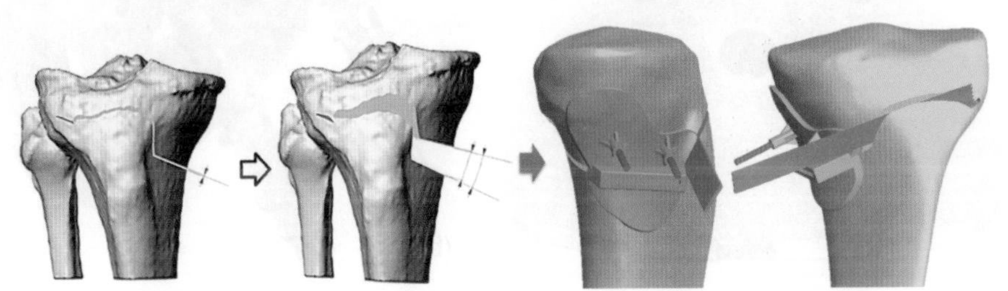

圖 14-22　高位脛骨截骨手術的設計流程和手術導引板

14-3-3　骨科金屬、陶瓷或高分子植入物應用

在臨床應用中，3D 列印技術作爲輔助製造技術主要應用於骨科和口腔科。一系列的 3D 列印病患專屬的切骨導板、定位導板、骨科植入物、牙科植入物已經被美國食品藥品管理局 (FDA) 及歐盟醫療器械指令 (CE) 納入臨床應用。3D 列印技術在骨科中的應用最重要和有價值的方向是金屬植入物和客製化設計，這由 3D 列印設備的製造能力和材料裝置等決定，常用的 3D 列印及製造常用金屬材料包括 Ti6Al4V、鈷鉻合金和不銹鋼等。嚴格和高效率的 3D 列印設備譬如電子束或雷射可以適合小零件的生產或者批量化規模生產。根據電腦輔助設計，3D 列印可迅速製作客製化植入物，同時可以規畫各種尺寸的微孔結構。這些微孔結構可以降低金屬材料的彈性模量和減少植入物上的應力遮蔽，促進植入物表面與骨細胞之間的接合。自 2010 年起，美國食品藥品管理局 (FDA) 陸續透過 510(K) 批准了將近 90 項 3D 列印的金屬或高分子材質的醫療器材，例如 InteGrip® 公司的 3D 列印鈦合金多孔表面髖臼杯生產 (如圖 14-23(a))，2013 年，FDA 又批准了 Tesera® 公司生產的 3D 列印腰椎前路椎體融合器 (如圖 14-23(b))，2014 年 FDA 也批准 Medshape® 公司，針對大拇指囊腫開發的新式醫療器材，所設計生產的 3D 列印第二腳拇指固定器 (如圖 14-23(c))，後續許多醫療研究團隊，利用 3D 列印金屬植入物的設計及製造，針對人體內更需要負重的部位，進行臨床研究。

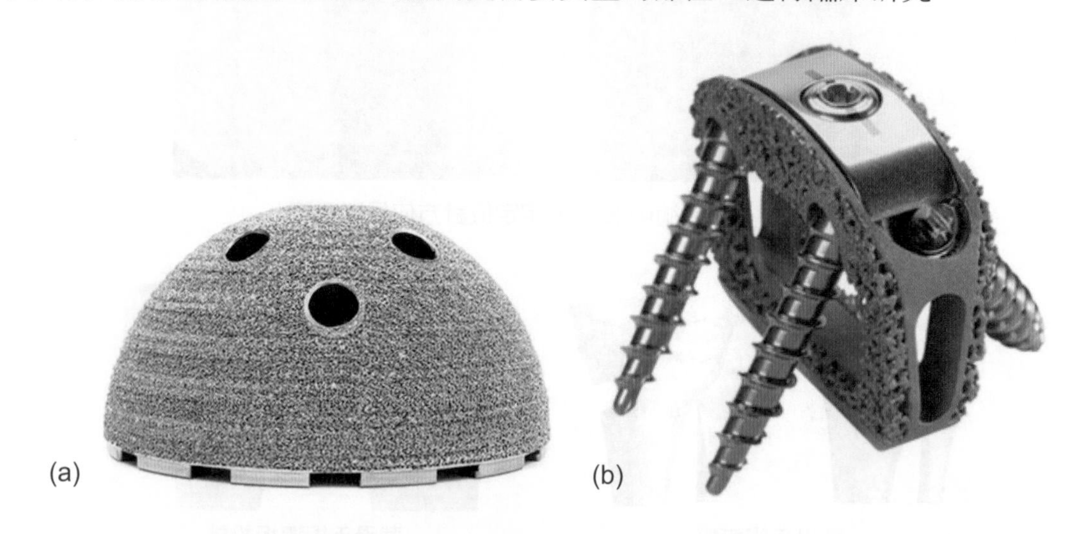

圖 14-23　(a)3D 列印客製化鈦合金多孔表面髖臼杯；(b) 3D 列印鈦合金腰椎前路椎體融合器；(c) 3D 列印鈦合金第二腳拇指固定器

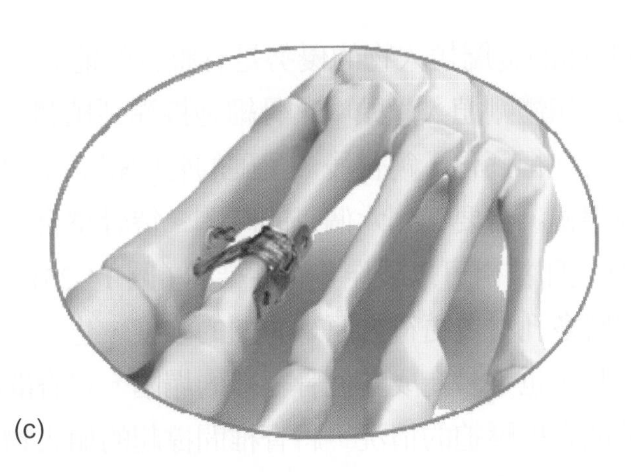

圖 14-23　(a)3D 列印客製化鈦合金多孔表面髖臼杯；(b) 3D 列印鈦合金腰椎前路椎體融合器；(c) 3D 列印鈦合金第二腳拇指固定器 (續)

3D 列印的金屬植入物，比較常用於骨缺損 (Bone defect) 和骨整合 (Osseointegration) 兩個部分，骨缺損可能因爲癌細胞侵蝕、感染、創傷、萎縮等原因，而必需移除大量的骨頭，除了使用異體骨移植手術外，以往使用的植入物可能不符合原本骨頭外型，而且相對重量較重，甚至植入物可能沒有多孔材質無法刺激骨頭生長，術後植入物可能容易鬆脫。圖 14-24 爲各部位 3D 列印的客製化金屬植入物，幾乎從頭到腳都已有臨床案例，而且術後的 X 光都顯示骨頭跟植體接合的很好，證明 3D 列印的金屬植入物，確實能提升骨整合的能力，而且更輕量外型更符合原本的形貌。

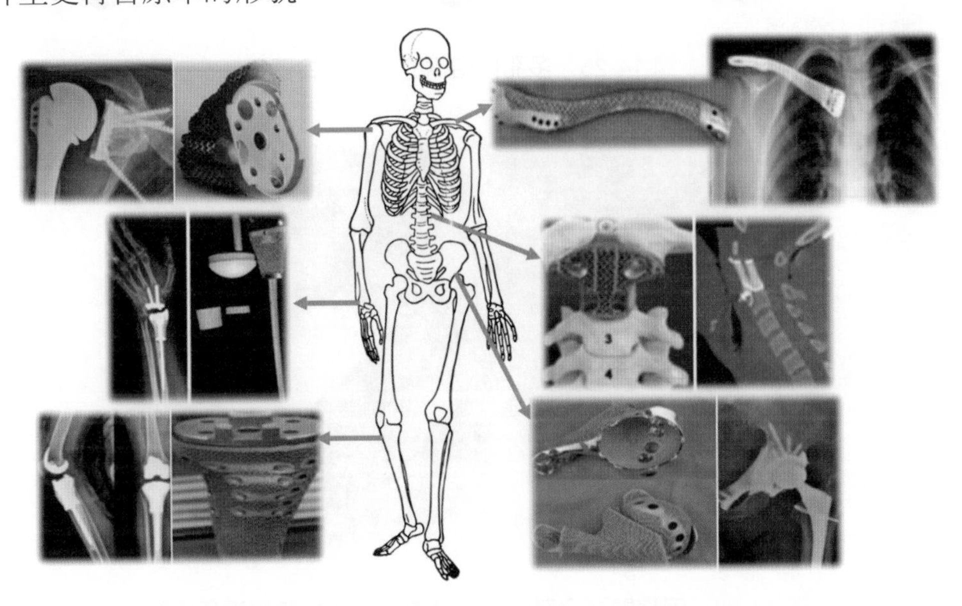

圖 14-24　各部位 3D 列印的客製化金屬植入物範例

另外一項 3D 列印的金屬植入物的優勢是骨整合的能力，所謂骨整合是指植體與骨頭自然結合。植體剛植入骨頭中，骨細胞接觸到植體，黏附、癒合到植體的金屬表面上，接著進行鈣化，鈣化後，堅硬的骨頭組織便會與植體緊緊的嵌在一起。骨整合過程緩慢，需要三到六個月的時間。待骨整合完成後，植體才可以完整承受力量。3D 列印技術可以製作多孔性結構 (圖 14-25)，此結構更能誘導骨細胞成長結合，同時多孔材質更符合原來骨頭的強度，也有一定程度的彈性，植入物的使用壽命更長，也不易造成其他骨組織的塌陷。以脊間融合器而言，其功能主要用於退化造成脊椎壓迫的情況，將脊椎間撐起的植入物，因形狀單純，沒有客製化的需求。但以往脊間融合器材質過於堅硬，即便術後撐開脊椎，也有可能因長時間的使用或骨質強度的影響，造成其他的脊椎塌陷 (圖 14-26)，因此 3D 列印製程所製作的多孔結構脊間融合器 (圖 14-25)，可以同時滿足骨整合和彈性體的兩個條件，更適合臨床應用。

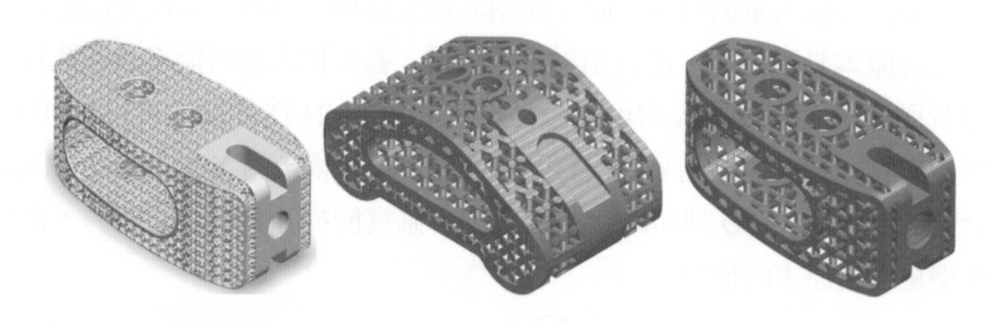

圖 14-25　多孔性結構的脊間融合器

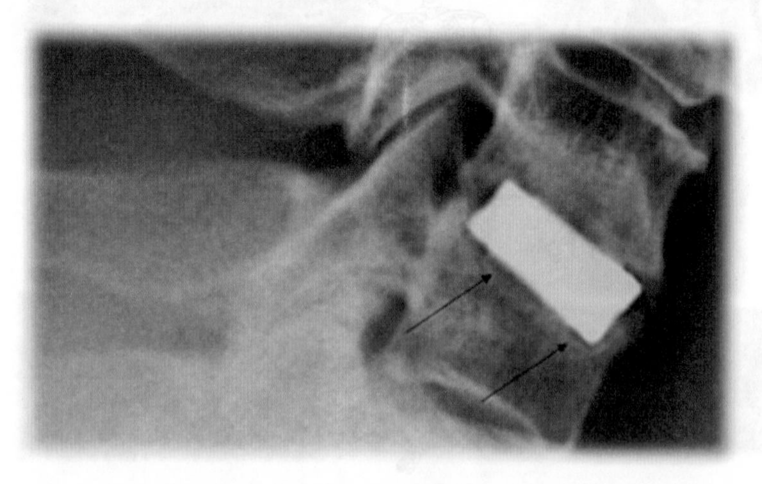

圖 14-26　因脊間融合器強度太高導致下節椎體壓迫而塌陷

14-3-4 數位牙科應用

數位牙科是 3D 列印應用在醫療領域中最成熟的專科，包含牙齒的矯正甚至上下顎骨的調整，都可以利用軟體及 3D 列印技術達到最好的精準效果。齒顎矯正是指藉由矯正裝置改善顏面骨異常發育，並重新排列不整齊的牙齒，改善咬合不良的問題；除了結構上的調整，擁有一口整齊的牙齒，也會讓人更有自信，過去一般傳統的矯正器 (俗稱的牙套、牙箍)，主要使用金屬材質，再搭配金屬鋼線 (牙弓線) 慢慢牽引牙齒移至正確的位置。然而傳統的金屬鋼線矯正者，在漫長矯正過程中幾乎都會遭遇到一些困擾，例如矯正初期口腔內會有異物感，說話、咀嚼感覺不舒服，食物可能會卡在矯正器上，造成清潔上的困難，另外，突出的矯正器或矯正線可能會刮傷口腔黏膜，而金屬矯正器有些人也覺得較不美觀，無法咧嘴大笑。透明隱形牙套的成熟不但避開了傳統矯正器的困擾，並且透過不同厚度的透明隱形牙套來帶動牙齒的移動，並達到矯正牙齒的效果，適用範圍很廣，包括一般齒列擁擠、深咬、齒間縫隙過大、前後牙錯咬、牙弓窄小或過大、空間維持或恢復、以及製作假牙所需的局部矯正等都可應用，這些優點都使得 3D 列印在牙齒矯正的市場快速的成長與擴大。而在透明牙套市場中，Align Technology 所開發的隱視美 (Invisalign) 可以說是全球的最大生產商，尤其是隱視美的專利使得 Align Technology 在牙科矯正市場具有極大的佔有率，一直到近年來專利過期，其他各家隱形牙套紛紛投入這個方興未艾的市場中。

以下是利用 3D 列印進行數位牙齒矯正的整套流程 (如圖 14-27)，首先必須先取得病患的牙齒數位模型，這個步驟可以透過石膏模型再由口外掃描器所達成；另外，口內掃描器的逐漸成熟與精準，使得許多牙科醫師，不再為病患翻製石膏模型，直接利用口內掃描器可立即取得病人的牙齒數位模型。當病患的牙齒 3D 數位資料已經被取得，透過排牙軟體的規劃與齒顎矯正醫師專業的評估及診斷過後，利用特殊的電腦軟體去模擬牙齒移動的方向及程度，製作出一系列數十個隱形牙套，牙齒移動的速度控制在生理可接受的範圍，每兩周約移動 0.25 mm，漸進地將牙齒排整齊，並且可以得出一套治療流程及預估的牙齒最終位置。透過這些數位資料，3D 列印技術得以實體化各階段的排牙 3D 模型，再透過熱壓機製備透明可拆卸式的數位隱形牙套，由全透明的 FDA 認證醫療級高分子材料 (聚氨酯) 製作而成 (圖 14-28)。

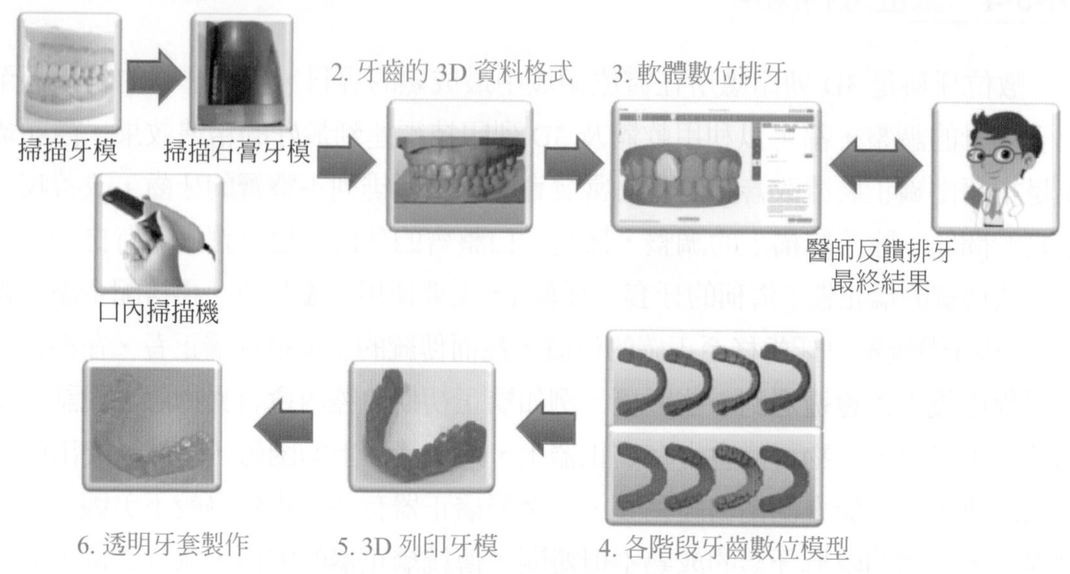

圖 14-27　利用 3D 列印進行數位牙齒矯正的流程 [中國醫藥大學 3D 列印醫療研發中心]

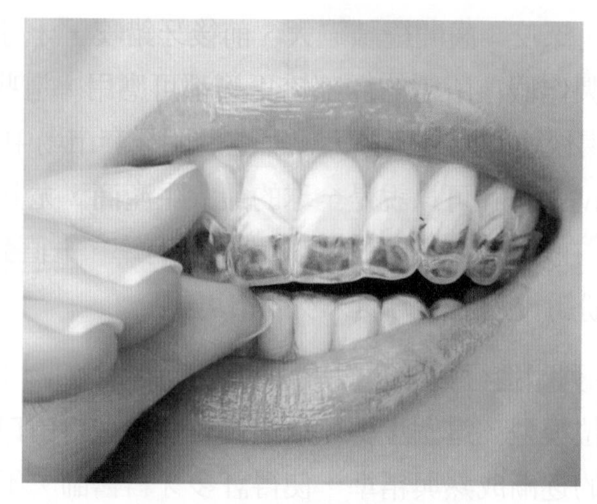

圖 14-28　透明隱形牙套使用

14-3-5　牙冠製作

牙科用的陶瓷材料以氧化鋯為主流，除了顏色接近牙齒顏色而逐漸被使用者所喜好外，它也具有高強度與生物相容性的優勢，故能逐漸取代鈦合金的使用。但氧化鋯的燒結參數與微結構是獲得所需要的強度、硬度與穩定度的主要考量因素，一般而言，燒結溫度是超過 1450ºC，為了獲得穩態 (stabilized) 的微結構，通常會使用兩階段式的燒結方式來進行。

台灣國立陽明大學與國立虎尾科技大學共同研發之多漿料三維列印專家系統如圖 14-29(a) 所示，是以不同成分之氧化鋯膠料爲材料，利用蠕動幫浦提供材料於成型板上、再以刮板整平加工面，投影光罩進行曝光固化，因此可以獲得多層次之固化原型，經過燒結後即可以得到透明漸層之氧化鋯前門牙如 14-29(b) 所示。若使用單一成分之漿料，即可以獲得全白色之氧化鋯修復元件，如 14-29(c) 所列爲牙科最常見之修復元件。

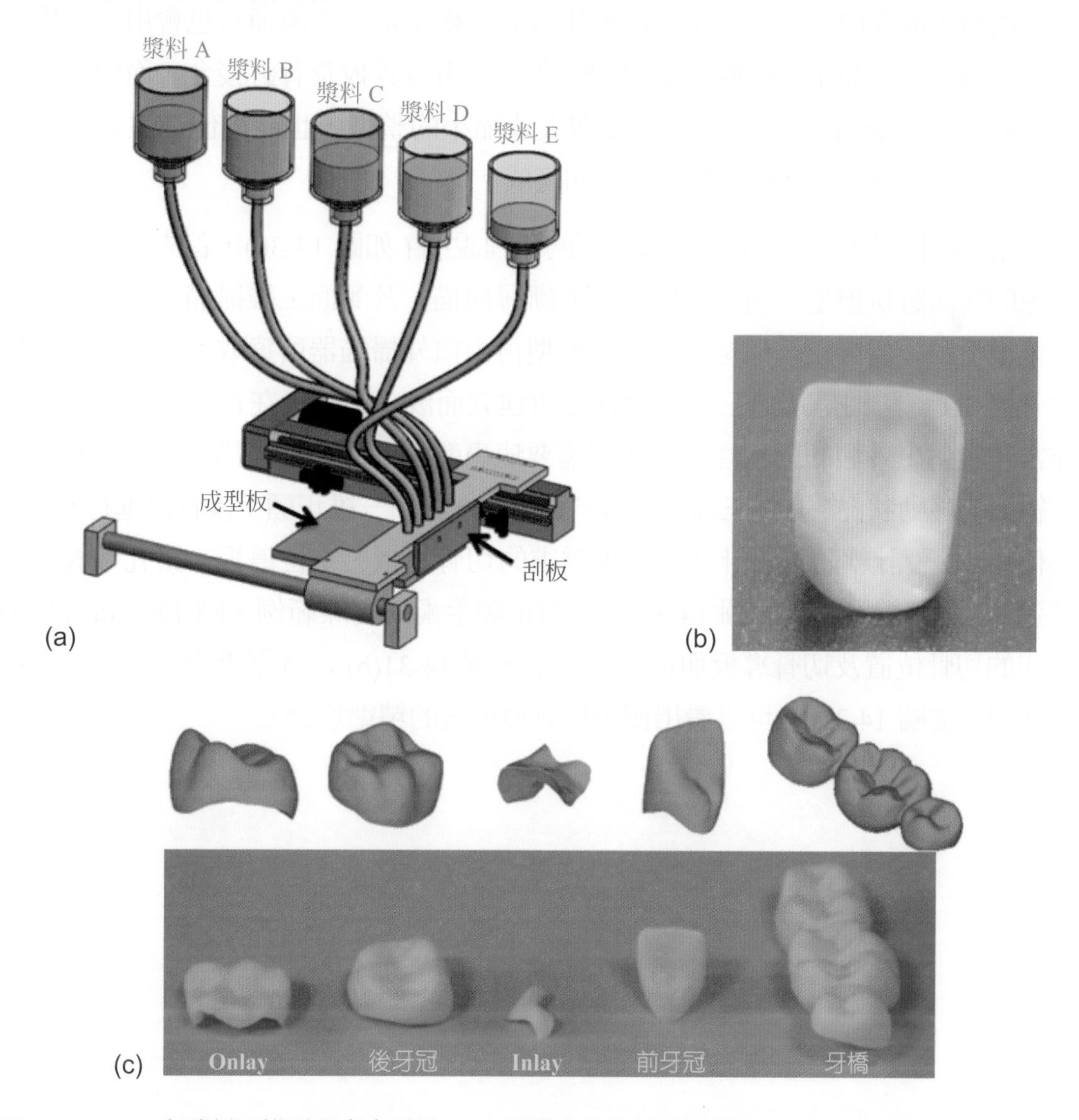

圖 14-29 (a) 多漿料三維列印專家系統；(b) 漸層之氧化鋯單顆前門牙；(c) 最常見的五種牙科修復元件圖

14-3-6 顱顏面整形應用

3D 列印因為其精準及可達對稱性的優點，應用顏面整形中可以說是極具優勢，在本節中，我們將介紹應用於市場極大的正顎手術，正顎手術 (Orthognathic surgery) 是一種為了修正顎部及臉部的構造及發育問題或改善睡眠中止症 (sleep apnea)、顳顎關節功能障礙 (TMJ disorders)、骨骼問題導致之咬合不正或其他不易以牙齒矯正器完成的齒列矯正問題所施行的手術；這項手術通常也會用於治療先天的唇顎裂。正顎手術的做法需要把骨頭切開再以骨板及骨釘接合，而像是墊下巴手術 (chin augmentation) 這種需要增大或縮小的整型，也能順便在主要的手術施作過程中由同一位外科醫師在同時間完成。

以下是利用 3D 列印進行正顎手術的流程說明 (如圖 14-30)，首先必須先取得病患的牙齒數位模型、病患的頭顱顎面斷層掃描、及顏面三維掃描，病患的牙齒數位模型跟牙齒矯正一樣是透過石膏模型再由口外掃描器所達成；病患的頭顱顎面骨骼 3D 資訊則是透過三維建模軟體所建立而成；同時，在正顎手術中，因為非常重視病患外觀的對稱性，因此還需要病患顏面外觀三維掃描，以評估及預估軟組織的移動狀況。當這三種三維資料取得後，利用三維正顎手術軟體進行規劃，再使用 3D 設計軟體以設計各種手術需求的切骨導板、定位導板、鑽孔導板，並透過 3D 列印機台印出，圖 14-31 是一個正顎手術的實際範例，圖 14-31(a) 是 3D 列印的切骨位置及切骨導板與模型的展示，圖 14-31(b) 是實際手術使用切骨導板的狀況，從圖 14-31(b) 可以看出使用切骨導板後的精準切縫。

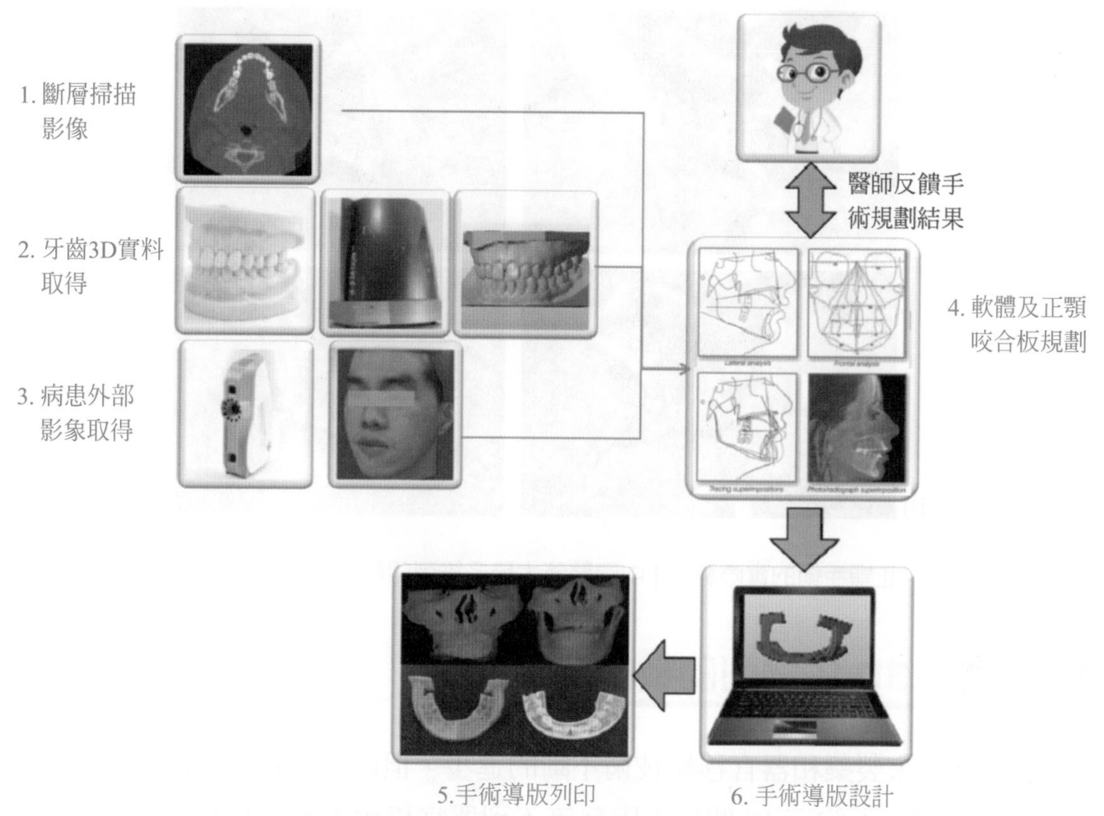

圖 14-30 利用 3D 列印進行顏面正顎手術的流程 [中國醫藥大學多維列印醫學研究及轉譯中心]

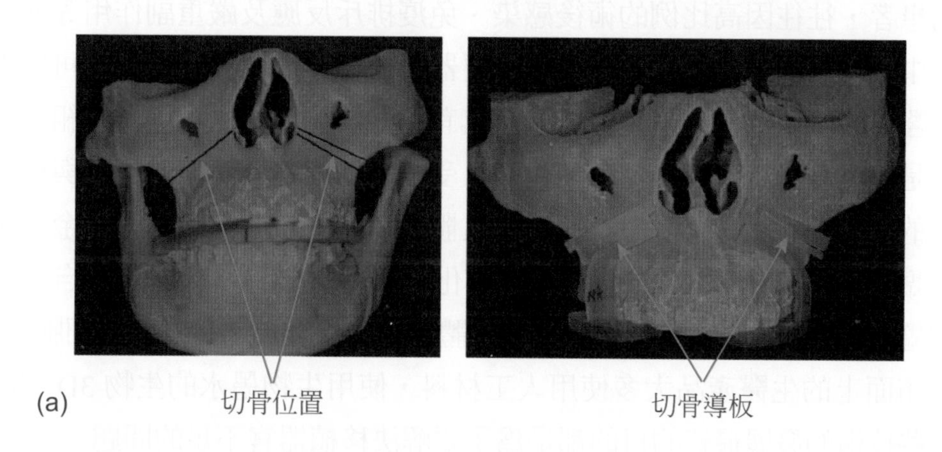

圖 14-31 正顎手術的實際範例 [中國醫藥大學 3D 列印醫學研究中心]

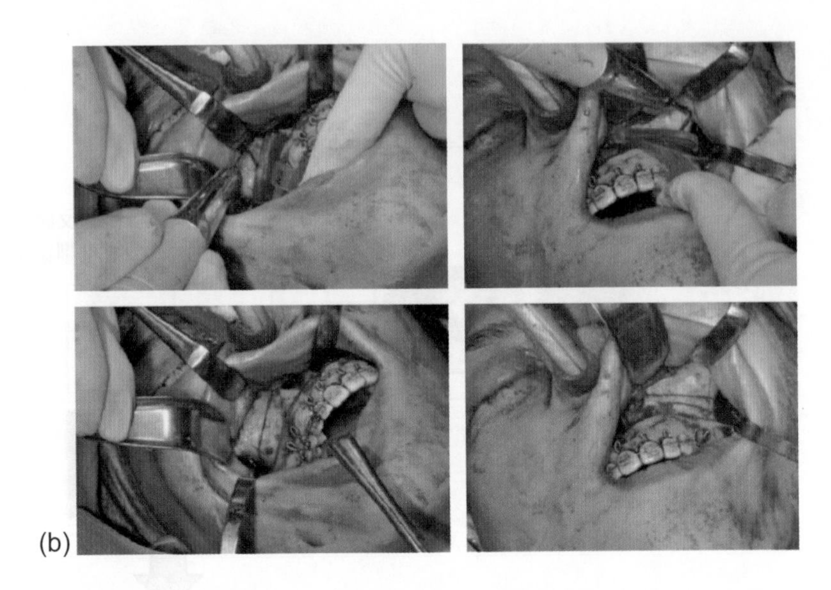

(b)

圖 14-31　正顎手術的實際範例 [中國醫藥大學多維列印醫學研究及轉譯中心](續)

14-4 3D 生物列印及組織工程

儘管近年來製藥和器官移植技術不斷的進步，但因為合適供給的移植器官嚴重短缺，美國每天約有 18 個病人因為等不到器官移植而導致死亡，而即使接受移植的患者，往往因高比例的術後感染、免疫排斥反應及嚴重副作用等而死亡。人體之中，一但器官功能失常，就有需要器官移植或使用人工器官的可能性。因而再生醫學的主要目的，就是在於製作具有功能與生命性之身體器官組織，用於修復或是替換身體內，因為老化、生病、受損所造成之不健康的器官與組織，生醫材料的 3D 列印分為兩種，一種是非人體組織的人工材料 (如：鈦金屬、無機陶瓷或聚乳酸高分子等)，如前述的客製化醫療器材；另一種則是取自人體組織的生物墨水 (bio-inks，如人體的幹細胞、體細胞採集後再培養的各式細胞等)，然而目前市面上的生醫產品大多使用人工材料，使用生物墨水的生物 3D 列印仍少見，這些技術的發展最終的目的都是為了要解決移植器官不足的問題。

14-4-1 組織工程簡介

「組織工程」的定義為結合工程與生命科學的原理與方法，在體外培養出具有取代性、維持性或增加功能的組織，以用來修復體內缺損處。在此二十一世紀所新興的領域，伴隨著科技的進步及跨領域整合技術的演進，組織工程也開始看到最近許多進展。簡單來說，組織工程主要是著重於器官以及組織的再生與發育，利用生物科技結合材料科學的元素，在一個仿造組織外觀以及微結構的材料中放入幹細胞，進而引導細胞依隨著材料來生長及分化成爲一有功能性的組織，以提供人體所需的組織缺陷，這樣的技術，將可以克服傳統醫學器官移植方法的局限。使用組織工程來培育自體組織與器官的優點爲：(1) 可在體外培養細胞，以達到所需的細胞數量；(2) 可根據病人所需的缺損大小及形態，製成客製化三維構造；(3) 透過模擬人體構造的設計，組織工程可提供較大範圍缺損的修補。組織工程包含了三個重要部份：支架 (scaffold)、細胞 (cell)、與環境因子 (environment factor)，而環境因子包含生長因子 (growth factor) 或生物反應器 (bioreactor)(如圖 14-32)。在三個重要部份中，支架主要是提供細胞的生長環境及營養的供應通道，它是組織工程的基礎。一個優良的支架需具備好的生物相容性，避免對人體的毒害。它必需擁有生物降解性及適當的降解速率，使生長的細胞取代被降解的支架空間，進而發展爲眞正的組織。它也需足夠的機械強度，以面對植入環境的外力。另外適當的表面性質可幫助細胞附著，而合適的孔洞大小可使細胞、營養及生長因子透過這些孔洞進出支架和使細胞繁衍生長，然而近年來雖然在生物支架，材料開發技術上已經有許多組織工程相關的優秀成果已進入臨床使用，但是仍有許多需要構建複合組織結構的問題需加以解決，「生物列印」的定義是活細胞與生醫材料諸如膠原蛋白，纖維蛋白和明膠等物質混合列印，組裝成多功能、多種類細胞的環境，以利細胞組織和器官生長。

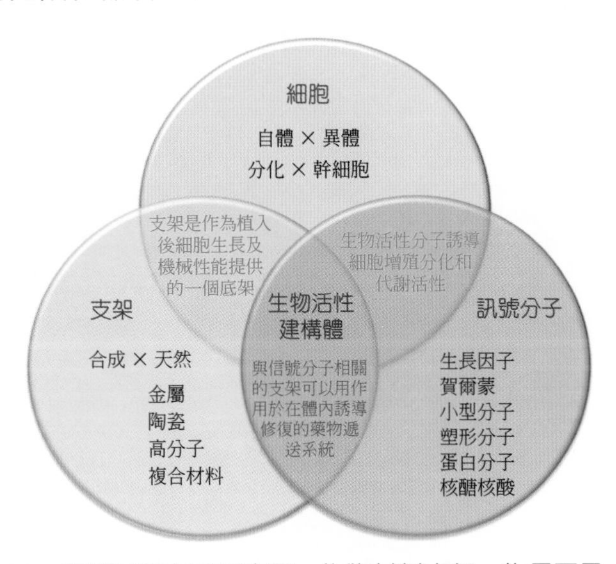

圖 14-32　組織工程之三元素圖：生物材料支架、生長因子、細胞

14-4-2 商用生物列印機簡介

市面上 3D 生物列印機台多爲研究機台，3D 生物列印機與一般 3D 列印機構造相似，差別就是其材料會使用許多生物相容性的醫材材料，並搭配上活體的幹細胞、或是各式各樣從患者身上取得再培養的細胞。本節比較多種市售 3D 生物列印系統 (表 14-1)，如 (Allevi(美國)、EnvisionTEC(德國)、regenHU(瑞士)、Cellink(瑞典)、GESIM(德國)，其中 EnvisionTEC 以換刀式噴嘴已降低各噴嘴移動時之列印干擾，最多可以同時使用 5 個噴頭。而 RegenHU 則有三種主要噴嘴，一爲低溫噴嘴系統 (溫控最高爲室溫)、另一噴嘴爲高溫系統 (溫控最高可達 200℃)、第三則爲光固化噴嘴系統針對光敏材料進行三維結構建置，且列印平台甚至有溫控的功能，而 Allevi 還有 Cellink 的設備都是相對中低價位的生物列印設備，其中以 Cellink 這兩年的全球銷量及成長率最爲可觀，雖然這些系統的噴嘴都具備有控溫、擠出、或光固化高分子材料之功能，甚至有些系統的列印平台都能加溫跟溫控，這些系統也均能製作支架，或是將細胞均勻混合至如水膠、膠原蛋白等液態有機材質當中，能達成三維列印組織工程之需求。另外，若考量到細胞的獨特性，要求能單獨列印少量或數顆細胞，並且能在精準的組織工程當中，將支架、生長因子及細胞之列印做分別，另一個德國系統 GESIM 有別於以上三種機台，增加了壓電噴嘴，也就是移液器，可如同傳統細胞培養方式，逐一將少量或數顆單純細胞精準的放置在預定位置，下表是本書整理，對於以上各種商用生物列印設備的比較與說明。

表 14-1　各商用 3D 生物列印機之簡易比較 (本文整理)

廠商	Envisiontec	Cellink	RegenHu	Allevi	GESIM
設備品牌	3D-Bioplotter	BioX	BioFactory	Allevi 3 Bioprinter	BioScaffolder
圖示					
設備參數	• 解析度 (XYZ 軸)0.001 mm • 速度 0.1 – 150 mm/s • 壓力 1.45 – 130 psi • 列印尺寸 (XYZ 軸)150×150×140 mm • 最小單線直徑 0.100 mm(依材料不同) • 可過濾顆粒物和消毒 • 平台溫度控制升溫和降溫可控 (–10°C ～ 80°C)	• 專利潔淨室技術：HEPA 過濾系統 • 可以手動快速更換噴頭 • 光固化光源波長：365nm 和 405nm • UV-LED 連續更換：可以連續交換使用 • 最小列印解析度：5 nL • XYZ 解析度：2 μm • 平台溫度控制範圍：4°C – 230°C • 溫度控制方式：半導體溫控，不需要循環裝置 • 氣體動力提供：內置幫浦，不需要外置幫浦 • 可列印尺寸：130mm×80mm×50mm	• 解析度 (XYZ 軸)0.005 mm • 雷射及光交聯模組：用於水凝膠聚合，生物活性物質封裝，信號分子固定，塗層或燒蝕過程 • 噴頭技術：用於優化處理生物材料 / 生物活性物質組合 • 高精度溫度控制設備：平台及噴頭控溫模組 (5°C ～ 80°C) • 電紡絲噴頭：用於微米和亞微米級生物材料噴印 • 使用了 Delta 型的移動架構，使其不只能夠在 XYZ 三個軸向上移動，還可以進行翻轉，讓可列印的靈活性大幅增加	• 解析度 (XYZ 軸)0.001 mm • 氣動擠出壓力 1 – 120 psi • 加熱打印基板控溫 –60°C • 基板尺寸 46.7×38.8×36.0 cm • 自動校正功能 • 365nm 和 405nm LED 光固化噴頭 • 擠出噴頭溫度控制 4°C 至 160°C 之間	• 解析度 (XY 軸)0.001 mm，Z 軸為 0.01 mm • 可調壓力：最高約 600 kPa(6 bar) • 列印尺寸 (XYZ 軸)150×150×140 mm • 平台溫度可加熱至 110°C，具有真空固定功能 • 沒有光固化噴頭模組

表 14-1　各商用 3D 生物列印機之簡易比較 (本文整理)(續)

廠商	Envisiontec	Cellink	RegenHu	Allevi	GESIM
設備品牌	3D-Bioplotter	BioX	BioFactory	Allevi 3 Bioprinter	BioScaffolder
可供列印材料	• Cell、Collagen、PCL、CPC、Alginate、Hydrogel、PLA	• Cellink 系列 • GelMa 系列 • GELX 系列 • Collagen 系列 • A 系列	• HYDROGELS • ECM-α BioInk ™ • ECM-β BioInk ™ • ECM-c BioInk ™ • ECM-f BioInk ™ • ECM-p BioInk ™ • SCAFFOLDING • OsteoInk ™ • SUPPORT • STARK ™	• Alginate、Carbohydrate Glass、Gelatin、Gelatin Methacrylate、Graphene、Hyperelastic Bone、Collagen、Matrigel、PCL、PEGDA、PLGA、Pluronic	• Collagen, alginate, and other hydrogels, bone cement paste, Bioglass, biocompatible silicones, PCL, PLA, ABS, composites such as alginate/methyl cellulose.
噴頭選擇	• 低溫噴頭 • 加溫區間：0-70°C	• 加熱氣動列印噴頭 • 最高加熱溫度：65°C • BIO X 標準配備的噴頭	• 溫控噴頭 • 熱聚合物擠出 (螺絲驅動) • 熱聚合物擠出 (直接點膠)	• 擠出溫控噴頭 • 加溫區間：4-160°C	• 擠出式噴頭 • 高溫 (250°C) • 室溫 (用於塑膠針筒)
	• 高溫噴頭 • 加溫區間：30-250°C	• 熱塑列印噴頭 • 最高加熱溫度：250°C • 允許在生物列印中使用熱塑性材料增強列印結構的強度。	• 熔體靜電紡絲 • (MESW)		• 壓電 GeSiM 移液器 • 可加熱，容量爲 60 – 400 pl，可從微量滴定板中吸出樣品
	• 超高溫噴頭 • 加溫區間：30-500°C	• 溫度控制的氣動 • 可控溫度：4°C(Δ T= 17°C) • 該噴頭可以列印膠原蛋白等需要低溫環境之材料	• 高精度柱塞分配器		• 雙尖端噴頭， • 可在平台表面上混合兩個液滴
	• 雙料噴頭 • 加溫區間：25-70°C • 可同時提供兩種材料同時擠出	• 噴墨列印噴頭 (Ink-Jet Printhead) • 最高加熱溫度：65°C • 此技術可實現高精度的生物高速列印	• 熔融沈積建模噴頭	• 光固化噴頭 • 可選擇波長 365 nm 及 405 nm	

表 14-1　各商用 3D 生物列印機之簡易比較 (本文整理)(續)

廠商	Envisiontec	Cellink	RegenHu	Allevi	GESIM
設備品牌	3D-Bioplotter	BioX	BioFactory	Allevi 3 Bioprinter	BioScaffolder
噴頭選擇	• 共擠出低溫噴頭 • 加溫區間：0-70°C • 可同時提供多種材料同時擠出 • 噴墨噴頭 (Ink-Jet Printhead) • 加溫區間：25-70°C • 光固化噴頭 • 可選擇波長 365, 385, 395, 405, 445nm • 僅最高階設備可裝載此噴頭	• 針筒式噴頭 • 更好地控制生物墨水 • 通過控制流量和沈積量，在各種黏度下進行生物墨水擠出製程 • 光固化噴頭 • 可選擇不同光波長配置的光固化噴頭	• 光固化噴頭 • 可選擇波長 UV 365nm、UV 520nm、Variable Spectrum(360-580) • 也有雷射直接聚合模組		Pump chambers Substrate
噴頭運作機制	• 最多可達五個噴頭，應用滑軌作動 • 採用換刀式噴頭 • 採用氣動馬達作為驅動 • 最高階設備 (Manufacturing 版) 具有列印即時監測系統	• 最多可達三個噴頭，噴頭為同步移動式，應用滑軌作動 • 採用步進馬達作為驅動	• 最多可達八個噴頭，應用滑軌作動 • Class II 生物安全驗證 • 可滅菌消毒 • 含有 G-Code nterface • 最高階設備 (3DDiscovery ™ Evolution BioSafety Cabinet Class II 版) 具有列印即時監測系統	• 最多可達三個噴頭，噴頭為同步移動式，應用滑軌作動 • 採用步進馬達作為驅動	• 三個獨立的噴頭驅動器，外加一個用於液體分配器 (壓電或電磁閥 • 提供遠端服務及可自動分割 CAD(STL 及 3MF) 數據 • 可自行修正 G-Code

14-4-3 組織及細胞列印

簡化的體外模型由於其複雜性不足無法模擬人體的眞實生理狀況。3D 生物列印技術由於其過程靈活性和多功能性而受到了特別關注，通過電腦繪圖精細設計與控制，逐層印製複雜的 3D 結構，同時包載活細胞於生物材料和適當的交聯聚合技術得以於體外重建活組織的空間與複雜性。爲了製造細胞組織，通常用可流動的生物相容性水凝膠包裹細胞形成生物墨水，此生物墨水即是模擬組織特有的微環境，以支持細胞維持生化、增殖和分化功能。除此之外，如圖 14-32 所示，可透過多種生物墨水列印，實現不同細胞排列或細胞外基質組成，列印出更爲仿生的組織。生物列印產品可以用於多種應用，例如組織器官修復、疾病建模和藥物測試平台。

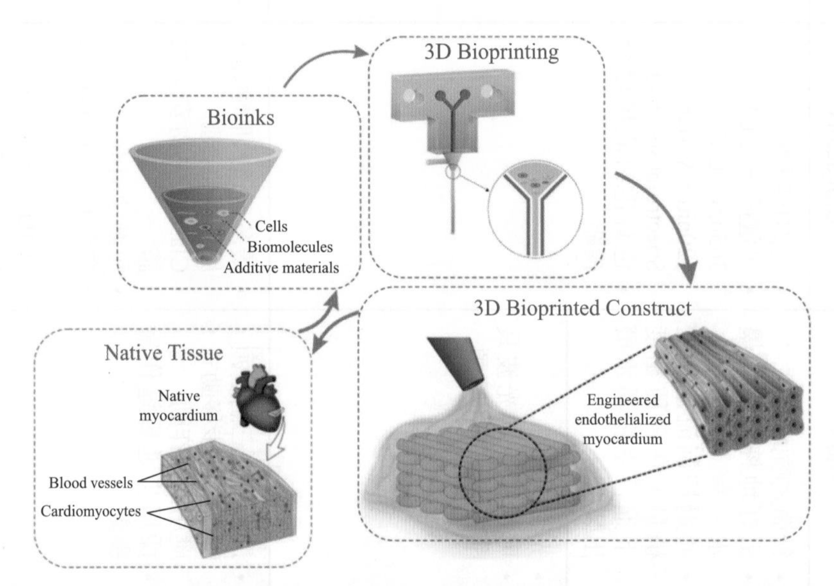

圖 14-33 透過生物墨水和不同細胞設計組成複雜及仿真的生物列印組織體

現今 3D 列印機台種類多元，根據不同的工作原理，存在不同的列印策略，應用於生物醫學的 3D 生物列印機主要分爲下列四種類型：

(1) 雷射輔助列印 (laser-assisted printing)：雷射輔助列印系統由包含細胞的生物墨水 (bioink coating donor layer) 和雷射能量吸收層 (energy absorbing layer) 組成供體層。雷射輔助列印是將雷射光束聚焦至供體層，使其局部蒸發，在界面處產生氣壓並將生物墨水以液滴形式推動下落至基底上並隨後交聯反應。雷射輔助列印在其列印過程不會與生物墨水直接接觸且不會對細胞產生機械應力，因此可保有高細胞活性 (> 95%)。

(2) 光固化成型法 (digital light processing, DLP and stereolithography, SLA)：光固化成型法最初歷史可以回溯到 1986 年，其運作原理是透過材料光聚合特性，依據數位圖檔投射紫外光、紅外光或可見光至平台上並以 z 軸控制平台移動的逐層堆疊列印。在醫學上的應用首先用於創建頭部重建術的模型，研究人員能夠在此模型中產生高度準確且精細的顱骨模型。與其他噴嘴型的生物列印系統相比，此系統具有較快列印速度，並且不會對細胞產生剪切應力而能夠實現較高的細胞活力。該系統的一個主要缺點是液體材料必須是透明的且不易產生散射。否則，光線將無法均勻地通過材料，而導致交聯不均勻。

(3) 噴墨列印 (inkjet bioprinting)：噴墨式生物列印機與傳統商用平面噴墨印表機原理非常相似，將細胞及生物材料混製而成生物墨水並存放於墨盒中，利用控制熱或機械壓縮通過控制流體特性 (例如表面張力和黏度)，使墨盒中的生物墨水以形成液滴下落至平台的預定表面位置形成 3D 構造體。噴出的液滴的直徑大多小於 30 μm，每滴生物墨水約含有 $1 \times 10^4 \sim 8 \times 10^5$ 顆細胞。噴墨列印適合使用黏度較低的材料，其缺點無法使用太高密度之細胞量，一旦細胞密度過高，容易導致列印噴頭堵塞。

(4) 擠出式 (壓力輔助) 列印 (microextrusion printing)：擠出式生物列印是依據 CAD 設計之結構，運用空氣泵浦或機械螺桿柱塞將注射器內的生物墨水擠出，通過施加連續的壓力，生物墨水可形成不間斷的圓柱流體逐步列印於構建平台上。其適用所有類型不同黏度範圍的生物材料，亦可列印高細胞濃度的細胞球。但其隱憂爲細胞需透過機械應力狀態下擠出，剪切應力過大情況下容易降低細胞活性 (40% ～ 80%)。可透過調整生物材料的流變特性，比如剪切稀化，就能減少機械壓力對細胞的損害，使之運用更爲廣泛。研究者在使用包載有細胞的甲基丙烯攜胺基明膠 (Gelatin Methacrylamide, GelMA) 生物墨水，透過優化印刷參數 (例如列印速率，擠出壓力和溫度)，細胞活力可以高達 97%。

表 14-2　四種類型生物列印技術之比較 (本文整理)

生物列印技術	雷射輔助列印	光固化成型法	擠出式列印	噴墨式列印
示意圖	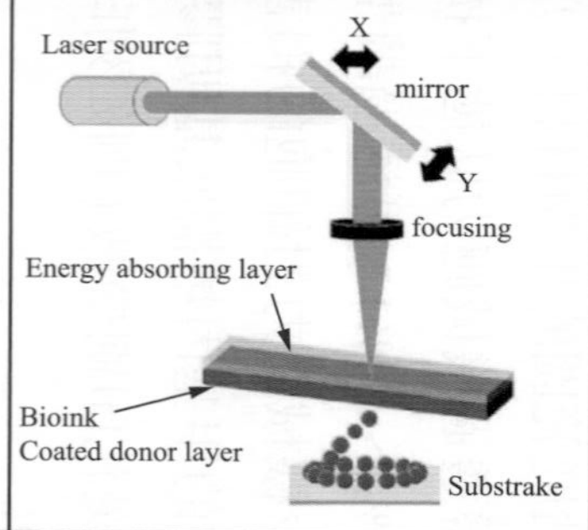 Laser source; X; mirror; Y; focusing; Energy absorbing layer; Bioink; Coated donor layer; Substrake	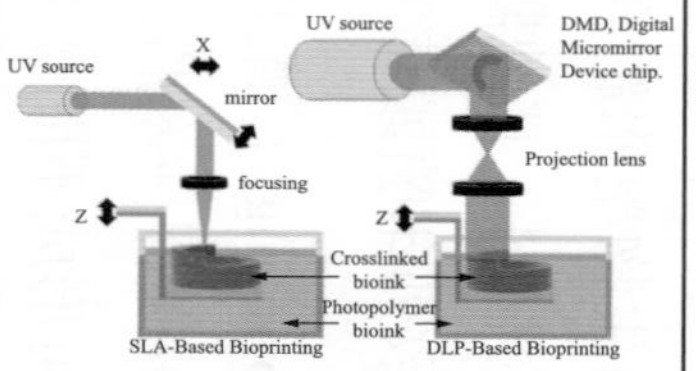 UV source; X; mirror; focusing; Z; SLA-Based Bioprinting; UV source; DMD, Digital Micromirror Device chip.; Projection lens; Z; Crosslinked bioink; Photopolymer bioink; DLP-Based Bioprinting	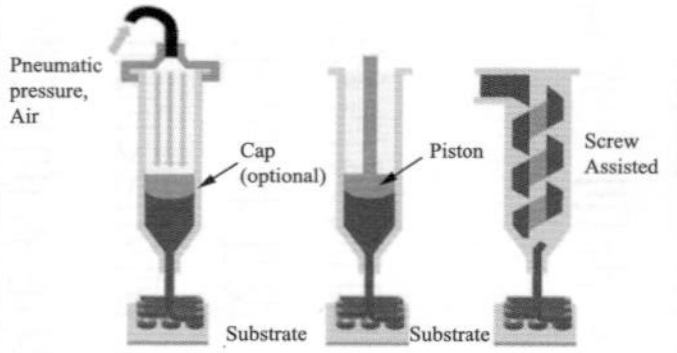 Pneumatic pressure, Air; Cap (optional); Substrate; Piston; Substrate; Screw Assisted	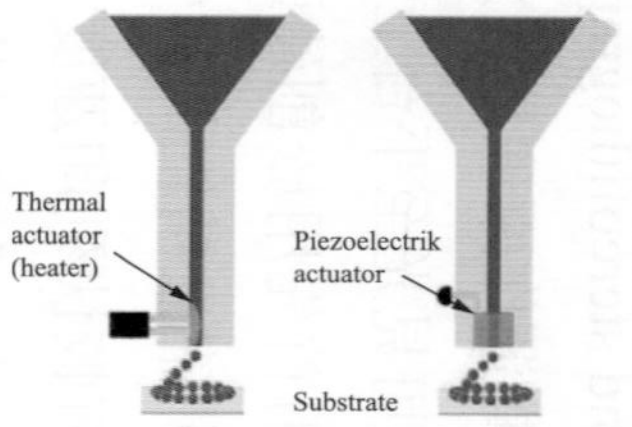 Thermal actuator (heater); Piezoelectrik actuator; Substrate
成本	高	中等	低	低
列印速度	中等，200 ～ 1600 mm/s	快，5-10 mm^3/s	慢，10 ～ 50 μm/s	快，10-20 mm/s
解析度	高	高	中等	高
細胞密度	中等 ($<10^8$ cells/mL)	中等 ($<10^8$ cells/mL)	高 (細胞球)	低 ($<10^6$ cells/mL)
細胞活性	>95%	>85%	40%–80%	80–90%
生物墨水特性	1–300 mPa/s	低黏度、透光	適用黏度範圍廣 ($30–6\times10^7$ mPa/s)	低黏度 (<15 mPa/s)
常見應用之生物墨水類型	Collagen; Matrigel	PEGDA; GelMA; PVA-MA-GelMA;	Alginate; PEGDMA; Collagen	Alginate; GelMA; Collagen

過去幾年，3D 生物列印在組織工程和再生醫學的應用迅速發展。欲進行生物列印前有幾個關鍵特性必需依照目標器官或組織的特性來作考量，並且選定理想的生物材料和列印條件。第一個特點，細胞密度、種類及其結構組成複雜度，器官或組織必定存在不同類型的細胞，並且生物墨水的選擇需類似於體內細胞外基質的環境，因此選擇細胞種類、來源和生物材料是一重要關鍵。第二個特點，血管 / 神經系統的分佈，在列印組織中的脈管系統的分佈，得以提供養分及代謝物的運輸或具有神經調節功能，是對於如何提高構建組織生存能力的重要因素。美國有研究團隊通過使用短暫性墨水 (fugitive inks, Reversible Embedding of Suspended Hydrogels(FRESH)) 來創建複雜的血管結構，列印完成後，只需改變溫度，即可將短暫性墨水從凝膠轉變爲液體然後排掉，留下生物列印結構。短暫性墨水有兩種使用方式，一種是利用此墨水具有賓漢流體特性，在結構周圍 (以支撐槽的形式) 以支持其在自由空間中的創建 3D 結構，另一種則是在結構內部以創建內部微流通道後，種植血管內皮細胞，最後生成血管網絡，後續延伸發展出微流體裝置 (microfluidic devices)。

14-4-4 國內外生物列印現況與發展

全球所共同面臨的器官短缺問題不斷攀生，急需替換同種異體組織的替代品。在皮膚方面，通過 3D 生物列印製作人工皮膚，膠原蛋白作爲皮膚的眞皮基質，角質細胞和成纖維細胞則作代表表皮和眞皮的組成細胞。研究結果顯示，3D 生物列印的皮膚組織在形態和生物學上與人體眞實皮膚組織非常相似。並且與傳統的皮膚工程方法相比，3D 生物列印人工皮膚在形狀、可再現性和製備效率方面具有許多優勢。但是此人工皮膚，與人體眞正的皮膚相比，缺少了毛囊或黑色素細胞分佈。爲解決這些問題，新加坡製造技術研究所及南洋理工大學 3D 列印中心開發了匹配人體眞正膚色的人工皮膚。美國加州的美國聖地牙哥 3D 生物列印公司 Organovo 與美國化妝品公司歐萊雅共同開發推進 3D 列印皮膚在化妝品實驗中的應用。在肝臟方面，亦有使用各種類型細胞 (血管內皮細胞、多能幹細胞及脂肪幹細胞) 透過 3D 生物列印技術開發了肝臟六角構建體。此外，Organovo 所開發的 NOVOGEN MMX Bioprinter™ 系統，旨在利用建構微小的多種細胞於生物支架上，建立活體組織和器官，Organovo 推出 3D 生物列印人工肝臟稱爲 exVive™。

這個列印出的人工肝臟，與一般肝臟相同具有分泌酵素以達解毒的能力，爲 3D 列印活體器官樹立了新的里程碑。同時，他們也致力於開發創建各種組織：肝，腎，腸，皮膚，血管，骨骼，骨骼肌，眼，乳腺和胰腺腫瘤。而這些列印肝臟、腎臟等組織現階段可應用在臨床藥物測試，反應出藥物是否具有毒性，若列印出來的器官組織能夠證實可靠度與一致性，將爲開發藥物業者省下數十億美元，同時可避開人體實驗時會遇到的風險，相較於目前藥物研發過程平均需耗費三到六年的時間，若製藥業者可在臨床試驗前利用活體組織準確的掌握藥效，如此一來就可加速藥物的開發，使治療更快速、費用更便宜。

英國的 Roslin Biocentre Ltd 公司是一個幹細胞技術開發公司，同時他們利用 3D 生物列印來發展組織工程，已經可以利用 3D 生物列印技術列印多達四種不同的細胞類型，目前也同樣在嘗試在開發臨床前試驗的人體肝臟細胞。美國德州 TeVido BioDevices 公司也積極與德州大學艾爾帕索分校共同開發 3D 生物列印技術，該公司針對整形外科手術及創傷護理進行再生醫學開發，TeVido BioDevices 公司利用 3D 生物列印開發一個簡單卻精細的方法來生產活體組織，其技術在細胞的種類、組織的尺寸及形狀都有高度彈性，在生產的過程中，TeVido 可創造出微血管的通道，使得細胞可從這些微血管中取得足夠的氧氣供應，進而促進傷口癒合或組織移植，他們目前正針對皮膚及脂肪細胞進行研究。另外，英國劍橋大學神經學家由動物視網膜中取出細胞，透過 3D 列印設備成功列印出可存活及生長的活體眼細胞，爲眼部病變組織提供替換組織研究邁出了重要一步，然而人類的視網膜爲複雜的組織，若想將 3D 生物列印機應用在人的視網膜重建上仍需投注更多資源跟時間的深入研究。

台灣目前在 3D 生物組織列印的發展多處在學研階段，如工業技術研究院生醫所、台大組織工程與 3D 列印中心、中國醫藥大學多維列印醫學研究及轉譯中心三軍總醫院、高雄醫學大學等；其中台灣工業研究院針對華人的皮膚特性所開發的 3D 列印仿生皮膚組織 EPiTRI，也取得了進展，未來有機會可以成爲替代動物實驗的皮膚刺激性試驗與皮膚腐蝕性試驗。高雄醫學大學利用生物列印設備發展高端骨骼植入物，修復軟硬骨，而中國醫藥大學多維列印醫學研究及轉譯中心也積極進行骨骼支架重建技術目前已可藉由 3D 列印技術將市面上常見的生醫陶瓷製備成仿生結構支架，例如：磷酸鈣、矽酸鈣及硫酸鈣等，此類生醫陶瓷支架不僅機械強度夠、成分與眞實骨頭相近，並且具有可降解且生物相容性佳等特性，因此更能製備出具有替代功能的生醫陶瓷骨骼支架。此外更能藉由不同的列印方法製備出多功能的支架，這樣技術可同時提供治療和再生能力 (如圖 14-34)，因此可提升組織工程的發展，例如結合光熱效應，可殺死骨腫瘤細胞，並且解決骨組織腫瘤周邊的骨骼缺陷。

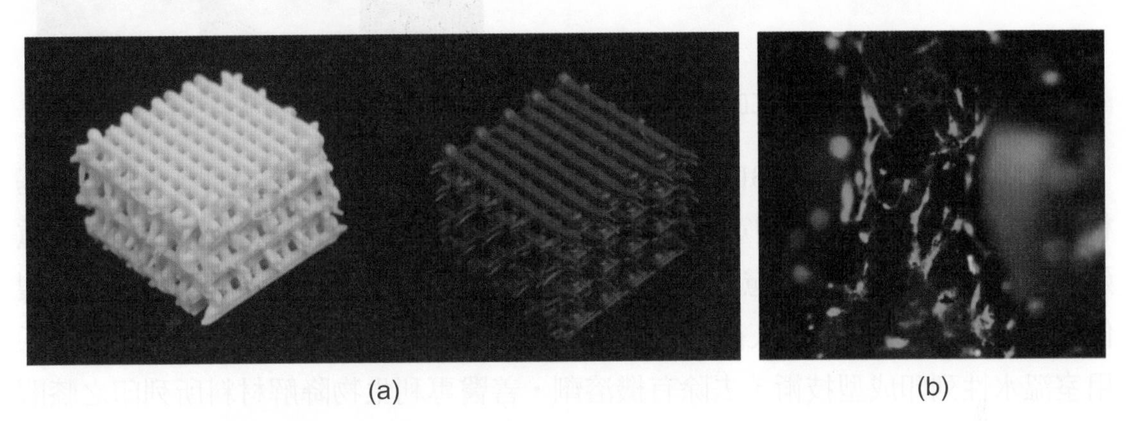

(a) (b)

圖 14-34 (a) 左側為生醫陶瓷支架，右側為經表面修飾支架；(b) 幹細胞培養於 3D 列印生醫陶瓷支架後再進行螢光染色。

除此之外，中國醫藥大學多維列印中心爲克服高分子的三維列印技術中的幾個弱勢，如因常以加熱或有機溶劑幫助高分子材料固化成型所導致較差的生物相容性，或是因爲選擇膠原蛋白、明膠等高生物相容的天然高分子作爲列印材料，卻有機械性質不足、不易成型等缺點，後續加以交聯劑進行固化提高其強度，更是增加材料的毒性，因此開發可符合待印物機械性質的高分子列印材料是備受期待的。目前研究顯示已開發出多種生物相容性佳且可列印之合成高分子，例如：聚氨酯、氨基樹脂等，此類材料可以應用於許多不同領域，例如軟骨支架、人工血管，人工皮膚及仿生神經導管如圖 14-35 等。未來將因應各式列印需求，開發各種可符合待印物機械性質的新式列印材料，並致力於發展具可降解性、、可撓性、高生物相容性之無毒、環保材質，使其可應用於生醫及組織工程領域。

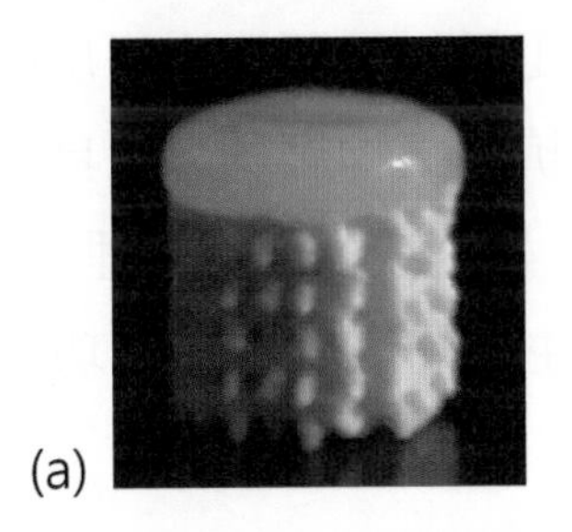

(a)

(b)

圖 14-35 (a) 雙層列印之軟硬骨支架；(b) 人工真皮再生支架。

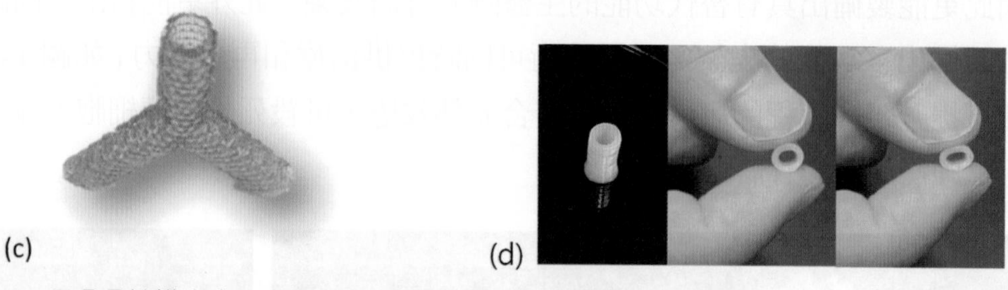

圖 14-35　(c) 具分岔結構之人工血管；(d) 高韌度彈性之神經導管。(續)

廠商部分，除了生物 3D 列印公司三鼎生技，預計將投入以細胞、組織爲基材的 3D 列印應用，首案鎖定乳癌患者，將申請啓動「癌症醫療 / 器官 (乳房) 重建」臨床程序，後續也考慮針對燒燙傷病人的需求，使用自體組織細胞，將其製作成 3D 列印墨水使其植入後產生修護功能，尙有台大技術移轉之善醫生技，採用室溫水性列印成型技術，去除有機溶劑，善醫專利生物降解材料所列印之膝關節軟骨，未來主打退化性膝關節炎局部植入與組織再生產品。不僅如此，光宇生醫也宣布收到美國食品藥物管理局 (FDA) 通知，該公司的聚己內酯 – 陶瓷可降解 3D 列印材料獲准原料主檔案 (Device Master File, MAF) 之建立，未來可提供客戶作爲醫療器材之原材料供應。

在過去的三十年中，再生醫學和組織工程領域的研究工作持續解決了對人造組織和器官移植的未滿足需求。然而現在出現了一種系統，以仿生組織模型配備脈絡通道，創建具有異質成分和複雜架構的組織模型，稱爲器官晶片 (organ-on-chip)，亦稱微生理系統 (microphysiological system)。在 2019 年，致力於開發人體晶片器官組織模型和產品用於藥物開發的 MIMETAS，不斷努力使其技術最接近臨床研究驗證，並開始與 Hubrecht Organoid Technology 進行戰略合作。他們將結合類器官和晶片器官技術來促進疾病特定模型的發展。利用這些技術可更精準的在體外了解藥代動力學 / 藥效學以及影響藥物刺激中各成分之間的相互作用。在最近的幾十年中器官晶片被用作開發藥物的新工具以及預篩治療疾病的藥物平台，期望提高成本效益、精確醫學及可做高通量抗癌藥物篩選之工具。藉由微流體技術，以及可串並聯不同器官晶片，來模擬單一器官或多器官生理 (圖 14-36)。因此，此類型器官晶片 3D 平台比以前更適合在生理的環境中進行功效 / 毒性篩選，爲疾病治療提供更有效及強大的開發工具。

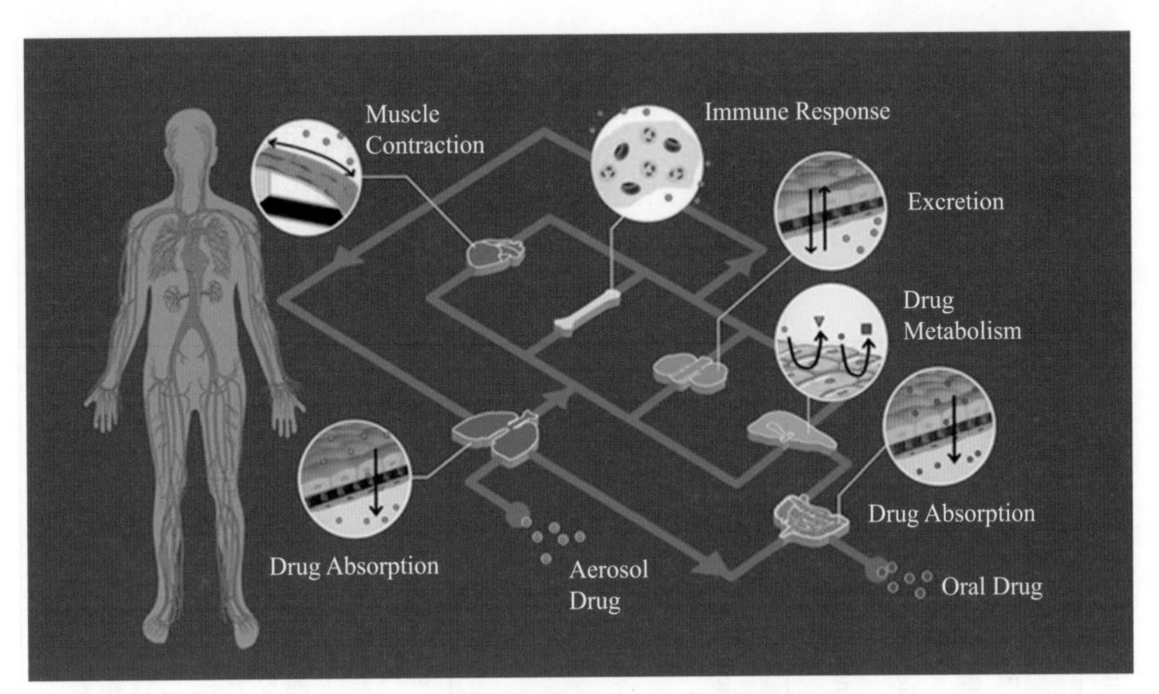

圖 14-36 整合不同器官晶片組成人體微生理系統

14-4-5 國內外三維列印醫療法規現狀

世界各國對於醫療器材的管制大多以產品自設計、生產製造、檢驗、出貨乃至上市後品質監控之完整生命週期為主，並設專門主管機關對醫療器材進行不同風險等級的管制。各國對於 3D 列印醫療器材的規範及定義也略有不同，以下彙總美國、歐盟、日本、中國大陸、韓國的醫療器材法規要求，以供參考。

表 14-3　台灣、美國，歐盟，日本，大陸、韓國相關 3D 列印醫材法規、管理規範 (本文整理)

	台灣	美國	歐盟	日本	大陸	韓國
主管機關	衛生福利部 衛生福利部食品藥物管理署	US FDA (U.S. Food and Drug Administration)	各成員國衛生主管機關	厚生勞動省 醫藥品醫療機器綜合機構 (Pharmaceuticals and Medical Devices Agency，PMDA)	國家藥品監督管理局	韓國食品醫藥品安全處 (Ministry of Food & Drug Safety, MFDS)
法源依據	(1) 藥師法第十三條第二項 (2) 醫療器材管理辦法 (3) 2020 年 1 月 15 日公布醫療器材管理法	(1) Food, Drug &Cosmetic Act (2) FD & C Act Section 513	(1) Medical Device Directive (MDD)93/42/EEC (2) 2020.05.26 將由 The EU Regulation on Medical Devices (MDR)2017/745 取代	日本藥事法 (Pharmaceutical Affairs Law)	醫療器材監督管理條例	韓國醫療器材法 (Medical Device Act)
管理規範	2018.01.12 公告「積層製造 (3D 列印) 醫療器材管理指引」	2016.05 發布草案 2017.12.04 公告 Technical Considerations for Additive Manufactured Medical Devices-Guidance for Industry and Food and Drug Administration Staff	2014 年 2 月所出 Guidance on legislation Borderlines with Medical Devices，其中在 18 項中敘明有客製化產品之規定，歐盟對於客製化產品需符合 93/42/EEC 醫療器材指令 Article 11(6) 的描述以及 Annex VIII 之要求。	(1) 2014 年 9 月發 0912 第 2 號文件「次世代醫療機器・再生醫療等製品評價指標の公表について」其中第 3 部分即「活用 3D 列印技術之骨科用植入物相關評價指標。	(1) 2019 年 12 月 30 日正式發布《無源植入性骨、關節及口腔硬組織個性化增材製造醫療器械註冊技術審查指導原則》	(1) 2015.12.10 公告 Guidance on Patient-matched Medical Devices manufactured using 3D printers 以

表 14-3　台灣、美國，歐盟，日本，大陸、韓國相關 3D 列印醫材法規、管理規範 (本文整理)(續)

	台灣	美國	歐盟	日本	大陸	韓國
管理規範				(2) 積層造形醫療機器開發ガイドライン 2015(手引き) [總論]。 (3) 三次元積層造形技術を用いた　科補綴裝置の開關ガイドライン 2017(手引き)。 (4) 三次元積層造形技術を用いたコバルトクロム合金製人工關節用部材の開發ガイドライン 2017(手引き)。 (5) 三次元積層造形技術を用いた椎体間固定デバイスの開關ガイドライン 2018(手引き)。 (6) 精密積層造形技術を用いた人工股關節寬骨臼コンポーネントの開發ガイドライン 2019(手引き)。	(2) 2019 年 7 月 4 日發布《定制式醫療器械監督管理規定 (試行)》於 2020 年 1 月 1 日正式施行	(2) 3D 列印機配合患者訂製植牙固定體之准許、審核指導方針 (3) 使用 3D 列印機所製造的病患客製化骨科矯正型植入物許可·審查指南手冊 (4) 2019 年 4 月 30 日完成 (5) Act on Medical Device Industry Promotion and Innovative Medical Device Support，法案生效日爲 2020 年 5 月 1 日

表 14-3　台灣、美國，歐盟，日本，大陸、韓國相關 3D 列印醫材法規、管理規範 (本文整理)(續)

	台灣	美國	歐盟	日本	大陸	韓國
目的	提供業界作爲產品研發、製造及申請查驗登記所需檢附資料之參考。	提出 3D 列印製造程序相關的技術，及醫材測試考量以提供做爲 510K、PMA、HDE 及醫療臨床試驗申請的相關考量資訊。	3D 列印醫器材目前在歐盟被依客製化產品要求管理，其無需申請 CE 認證，但仍需符合警戒系統要求。	運用 3D 列印技術研發之新型整形外科用植入物 (骨關節植入物與手術輔助指引)、牙科用補補綴物、骨科人工關節、植入式椎體間固定物迅速上市。	(1) 爲推動和規範個性化增材製造醫療器械的創新發展，指導申請人進行個性化增材製造醫療器械產品的註冊申報，同時也爲醫療器械監督管理部門對註冊申報資料的審評提供技術參考，特製定本指導原則。 (2) 爲規範定制式醫療器械註冊監督管理，保障定制式醫療器械的安全性、有效性，滿足患者個性化需求。	提出 3D 列印醫療器材上市前後的安全管理方案與相關法規。
對象	適用於醫療器材製程中有利用 3D 列印技術者。	在製造過程中至少有一次 3D 列印的生產步驟的 3D 列印醫療器材。	客製化 3D 列印產品廠商爲對象。	以使用 3D 列印技術製造與既存品類似之植入物的情況，作爲主要對象。	(1) 對無源植入性骨、關節及口腔硬組織個性化增材製造醫療器械產品註冊申報資料的一般要求。申請人應當根據產品的特性確定本指導原則各項要求的適	3D 列印機製造之客製化醫療器材。

表 14-3　台灣、美國，歐盟，日本，大陸、韓國相關 3D 列印醫材法規、管理規範 (本文整理)(續)

	台灣	美國	歐盟	日本	大陸	韓國
對象					用性，並依據產品的特性對註冊申報資料的內容進行充實和細化。 (2) 醫療器械生產企業根據醫療機構經授權的醫務人員提出的臨床需求設計和製造的、滿足患者個性化要求的醫療器械。	
是否有相關上市產品	有成品上市 “寶楠”耐籠三維多孔鈦合金椎間融合器	有成品上市 透過 510K 已超過 100 項。	有成品上市 客製化醫材管理，不需申請 CE mark。	有成品上市 已有多項產品通過審查	有成品上市 已有多項產品通過審查	有成品上市 已有多項產品通過審查
機台	列印機器之參數及保養維護需確實記錄。建議可制訂適當的校準程序和執行預防性維護，並應詳實紀錄。如功率、列印	(1) 每個 3D 列印機器模組都有獨一的參數設定，因此保持適當的校正和執行預防性的維護是被確認爲重要的因素，以達到設	需記錄規範製造方法 (機器、型號) (1) 輸出或電流 / 電壓 (2) 預備加熱 (3) 溫度範圍 (4) 污漬直徑 (5) 成形速度 (6) 積層間隔	無	建立完善的設備安全確認、操作確認、性能確認等製度，確保符合要求的設備在合格的環境中被正確的使用。定期對設備的控製程序進行驗證，闡述控製程序	無

表 14-3　台灣、美國，歐盟，日本，大陸、韓國相關 3D 列印醫材法規、管理規範 (本文整理)(續)

	台灣	美國	歐盟	日本	大陸	韓國
機台	速度、解析度 (層厚)、冷卻環境、安裝機台與進行資格作業，方可使用。	備的低廢品率及個體機器組件。 (2) 建構空間內的環境條件也是會影響零件的品質，對於機器外部的獨立建構空間，其環境溫度，大氣成分和流動模式都會影響凝固 / 聚合速率，層的結合和最終組件的機械特性。因此，適當的控制建構體積內的環境條件並建立維護程序是很關鍵的	(7) 掃描間隔 成形環境空氣，須記載氧氣濃度與環境空氣 (真空、氬氣、氦氣、氮氣、混合氣體等)，以及相對於大氣壓爲減壓或加壓等。		的驗證方法，避免控製程序的錯誤而引起的不良後果。若設備的控製程序更新或升級，應當及時確認。	
軟體	(1) 資料格式轉換：積層製造涉及多個軟體之間的資料相互作用，而這些軟體多爲不同製造廠所開發，故需要橫跨不同應用	(1) 醫材設計分爲標準品及客製化醫材兩種 (2) 客製化的部分對於影像來源的解析度及影像品質都需規範以增加醫材的設計上的精準度。	無	形狀之重現性 (1) 製造後的產品形狀與設計階段之形狀間的一致性，必須落在一定誤差範圍內。	論證患者影像數據的採集，處理，傳輸，三維建模，性能預測 (如力學分析) 名稱和版本號。需要經過醫工交互平台或介質進行數據傳遞時，驗證對平台，介質經過必要的驗證。與個性化增材製造醫療器械產品的設計，生產相關的	(1) 操作規範 醫材需註明可使用之 3D 列印技術，如 SLA、SLS、SLM (2) 外觀 提供能呈現 3D 外觀之照片或影像，如上下左右之截面積。

表 14-3　台灣、美國，歐盟，日本，大陸、韓國相關 3D 列印醫材法規、管理規範 (本文整理)(續)

	台灣	美國	歐盟	日本	大陸	韓國
軟體	軟體均能相容的檔案格式。最終檔案應以能夠儲存 3D 列印特定資訊之標準化格式予以保存或歸檔，例如 ISO/ASTM 52915 建議積層製造文件格式 (.AMF)；此類檔案應包括材料資訊、物件位置 (構建體積)、高程度之幾何準確度。	(3) 錯誤的檔案轉換會對醫材性能有不利的影響，因此在測試所有檔案轉換的步驟時要模擬最壞的情況去證明預期的性能，特別是客製化醫材。 (4) 建模軟體須對 1. 建模物體放置 2. 支撐材料的添加 3. 切層 4. 建立建模路經進行確認及驗證		(2) 考慮作爲基準之資料的精準度，以及手術要求的精準度，設定現實的誤差數值。	關鍵軟件，必須定期進行有效的確認。當軟件需要更新及升級時，也必須進行再次確認。	(3) 大小、重量 提供醫材最大、最小範圍及重量，並確定尺寸能使用 3D 列印製成。

表 14-3　台灣、美國，歐盟，日本，大陸、韓國相關 3D 列印醫材法規、管理規範 (本文整理)(續)

	台灣	美國	歐盟	日本	大陸	韓國
材料	建議應紀錄製程中使用的每一種原料以及加工助劑 (Processing aids)、添加劑與交聯劑等，並標示其通用名稱、化學名稱、商品名和 Chemical Abstracts Service(CAS) 號碼及採認標準；另原料供應商、原料規格與材料之分析證書 (檢驗報告書)，以及用於檢驗報告書之試驗方法，皆應作成紀錄文件並妥善保存。建議可提供廠內品保工程表、關鍵原料之進料檢驗報告、材質檢驗報告。原料保存方法應與供應商建議之保存方法一致。	(2) 數位化之醫療器材設計轉化為實體醫療器材：當一個醫療器材完成數位設計，於進行積層製造前，通常需使用製程軟體 (Build Preparation Software) 進行額外的前處理程序，相關處理參數皆應進行紀錄。 (3) 醫療器材最終設計必須明確的符合原始影像解剖定位點：當 3D 列印之醫療器材需要與患者之醫療影像匹配時，其醫療影像數位化資訊之取得時，需紀錄影像拍攝時各種參數的設定 (包含解析度) 以及影像擷取、處理軟體的參數及使用之各種可能影響最終成品尺寸之影像處理演算法。	無	原材料之種類 (材質形狀) 純度組成成分化學比作為植入物材料使用之鈦金屬與鈦合金粉末，含氧量的問題會對材質造成極大影響，必須事先以原料出廠證明等資料進行確認。此外將粉末混合製作成合金時，亦須分別確認各種粉末之純度與化學成分。另外關於鈦金屬粉末之成分，需於製造銷售許可申請書中，記載能保證最終產品品質之粉末的化學成分與顆粒度等具體數值。	明確原材料和加工助劑、添加劑、交聯劑的初始狀態，包括材料或化學信息 (通用名稱、化學名稱、商品名稱、材料供應商等)，以及材料參數和包含測試方法的材料分析證書，建立對其原材料化學成分的檢驗方法。原材料的化學成分與成品性能直接相關，如影響加工工藝的粉末形貌，粉末顆粒的粒徑及其分佈以及流動性、松裝密度、氧含量等指標，應當符合適用的國際、國家和行業標準。	原始材料必須經過食品藥物安部門許可，並通過法規 28 條第三章“醫材許可、聲明及檢視”，原始材料經 3D 列印製程後不會改變其物化性質，最終醫材必須有 KS、ISO 及 ASTM 標準。

表 14-3　台灣、美國，歐盟，日本，大陸、韓國相關 3D 列印醫材法規、管理規範 (本文整理)(續)

	台灣	美國	歐盟	日本	大陸	韓國
材料		(4) 在 3D 列印的製作過程，原始材料可能會有顯著的物理或化學性質改變，因此，原始材料可能會顯著的影響到成功的建構循環和最終醫材成品的性質原料應標示原料名稱、供應商名稱、規格說明及材料分析證明等。			增材製造過程中，初始材料可能發生重大的物理和 / 或化學改變。因此，應當檢測打印前後材料物理和化學參數的變化，評估對於終產品的影響。對於部分可回收、再利用的打印原材料，應當明確打印環境 (熱、氧氣、濕度、紫外線等) 對材料的化學成分和物理性能 (粉末流動性、粒徑等) 的影響，論證工藝穩定性和臨床可接受性，確定重複使用的次數以及新粉和舊粉 (非回收料) 的混合比例。建立材料回收、再利用標準操作流程。	

14-4-6 三維列印的製程確效

目前在三維列印的製程確效和法規主要都依據美國材料試驗協會 (American Society for Testing Materials, ASTM) 之定義而衍生，主要是爲了確保積層製造 (3D 列印) 之醫療器材產品合乎科學性、安全性及有效性，並保障消費者權益。3D 列印技術在醫療器材製造上，其優勢在於能利用病患之醫學影像，製作與病患身體結構相符合的醫療器材，亦可製造出複雜的幾何結構，如孔洞性結構、蜿蜒的內流道、及內部支撐結構等。3D 列印的醫療器材必須建置每個機器與其所使用的材料，列印及製程參數紀錄及驗證，最終成品亦須評估其物理及機械性質，並著重製造流程及後處理之產品檢驗紀錄。

3D 列印之產品需符合藥事法第 13 條醫療器材定義：用於診斷、治療、減輕、直接預防人類疾病、調節生育，或足以影響人類身體結構及機能，且非以藥理、免疫或代謝方法作用於人體，以達成其主要功能之儀器、器械、用具、物質、軟體、體外試劑及其相關物品。下表採用衛福部積層製造 (3D 列印) 醫療器材管理指引的相關定義，表 14-4 列出 3D 列印技術相關各環節產品管理屬性範例，不管是設備軟體或成品都會列入管理範圍，也就是說 3D 列印從設計模擬到製作成品，如果要符合法規，但用於教學解說的環節則不需要。

表 14-4　3D 列印技術相關各環節產品管理屬性範例

分類	列屬醫療器材	不以醫療器材管理
機台	電腦輔助設計與製造 (CAD/CAM) 之光學取模系統機台	僅執行 3D 列印製造功能之列印機器
軟體	· 手術規劃軟體	· 教學用軟體 · 製程軟體 · 設計操作軟體
材料	符合醫療器材管理辦法所列品項之鑑別內容	3D 列印原始材料、列印材料或製造過程中使用之材料
成品	· 牙科相關植入物，補綴物 · 神經學科相關植入物，固定物 · 骨科相關如固定物，彌補物，矯正裝置及植入物 · 手術器械 · 手術導板	· 手術模型 · 解剖構造模型

一、3D 列印軟體工作流程管控

1. 資料格式轉換：爲避免因轉檔過程影響最終產品特性及功能性之資料發生錯誤，最終檔案應以能夠儲存 3D 列印特定資訊之標準化格式，ISO/ASTM 52915 建議積層製造文件格式 (.AMF)；應包括材料資訊、物件位置 (構建體積)、高程度之幾何準確度

2. 數位化之醫療器材設計轉化爲實體醫療器材：

   (1) 建構體積置放 (build volume placement)：紀錄醫療器材或其組件間的距離、方向、最佳化區域

   (2) 添加支撐材 (addition of support material)：紀錄支撐材的數量和位置之選擇，以及如何使用及移除等處理的相關資訊，包含工作流程圖和工作指導

   (3) 切層 (slicing)：紀錄列印層厚度、表面紋理、每一層間的結合及固化情形、列印機功率變動的敏感度、準確度、品質、列印速度等

   (4) 建立建構路徑 (creating build paths)：逐一紀錄各構建路徑，評估構建路徑的差異是否對個別組件或醫療器材產品之性能造成顯著影響

3. 醫療器材最終設計必須明確的符合原始影像解剖定位點：紀錄影像拍攝時各種參數的設定 (包含解析度) 以及影像擷取、處理軟體的參數及使用之各種可能影響最終成品尺寸之影像處理演算法，並需記錄擷取 3D 立體影像時所用之電腦軟體版本，最後，紀錄 3D 影像分割方法的有效性確認資訊

二、3D 列印品質與製造管控

3D 列印醫療器材其設計與開發、製造、加工、包裝、儲存及安裝之方法、設施等應符合醫療器材優良製造規範 (GMP) 之規定，以下簡述規定內容。

1. 製造原料 / 材料

   (1) 紀錄製程中使用的每一種原料以及加工助劑 (Processing aids)、添加劑與交聯劑等，並標示其通用名稱、化學名稱、商品名和 Chemical Abstracts Service(CAS) 號碼及採認標準；另原料供應商、原料規格與材料之分析證書 (檢驗報告書)，以及用於檢驗報告書之試驗方法，皆作成紀錄文件並妥善保存。可提供廠內品保工程表、關鍵原料之進料檢驗報告、材質檢驗報告，原料保存方法應與供應商建議之保存方法一致。

(2) 材料品質紀錄依以下分類並記錄相關資訊

(a) 固體材料：粒徑、粒徑分佈及流變性能，或列印線材之直徑和直徑公差。

(b) 流體材料：黏度或黏彈性、pH 值、離子強度和適用期 (pot life)。

(c) 聚合物或單體混合物：組合成分、純度、含水量、分子式、化學結構、分子量、分子量分佈、玻璃化轉化溫度、熔點、結晶點溫度及純度資訊 (如雜質含量)。

(d) 金屬材料或陶瓷：化學成分和純度。

(e) 新材料、複合材料或表面改質之材料：對於製造過程以及最終成品之影響，建議建立安全性評估以及進行詳實記錄以確保最終成品之安全。

(3) 未熔融粉末或未反應的原料，再利用時可能因重複使用造成劣化，須針對其品質作相關的驗證評估。應描述原料的回收過程，其可能包括回收過程的描述、過濾回收材料、回收材料比例限制、監測對化學、氧氣或水含量的變化。藉由研究材料回收對 3D 列印醫療器材產品性能的影響，以評估回收再利用程序。

2. 製程

(1) 列印機器之參數及保養維護需確實記錄。

(2) 每次列印時建議記錄並保存列印時的環境條件。

(3) 製程軟體管制，維持書面化之程序。

(4) 製程中所使用的加工方法，建議應敘述詳盡以及紀錄每一種設定參數。

(5) 對於已通過確效列印製程之品質管控一致性，建議應紀錄下述製程監督相關參數。

(6) 所有的後處理步驟建議應詳實紀錄，並包括後處理程序對於使用原料及最終成品影響之探討。

(7) 藉由非破壞性評估 (Non-Destructive Evaluation, NDE) 進行成品確效，可用於幾何型態、微架構及其性能特點之驗證。

(8) 設計列印測試片 (Test coupon) 之方式進行驗證。

(9) 須判定各種不純物／殘留物已從最終產品中移除，並以成品做清潔過程確效，及清潔後成品如需做滅菌過程確效則建議應確保其品質。

(10)製造業者應建立並維持書面程序，藉以鑑別、蒐集、索引、取閱、建檔、儲存、維護及處理品質紀錄。

(11)所有製造過程建議遵守醫療器材優良製造規範之要求，並建議 3D 列印相關專業操作人員應有適當之訓練。

三、3D 列印成品測試

一般而言，傳統製造 (非積層製造技術者) 之產品所應提供的測試項目，如改以利用積層製造技術生產，亦須針對相同類型之產品進行相關測試項目。醫療器材廠商辦理產品查驗登記時，應符合相關法規，依個案產品結構、材質及宣稱效能提出完整驗證評估 (含臨床前測試及／或臨床試驗等) 資料。

1. 臨床前測試資料應包括檢驗規格 (含各測試項目之合格範圍及其制定依據)、方法、原始檢驗紀錄，及檢驗成績書。

2. 成品測試項目包含如下：

   (1) 器材描述。

   (2) 力學測試 (mechanical testing)。

   (3) 尺寸測量 (dimensional measurements)。

   (4) 材料特性 (material characterization)

   (5) 清洗與滅菌 (cleaning and sterilization)

   (6) 生物相容性 (biocompatibility)：符合 ISO 10993-1 最新版內容。

   (7) 腐蝕測試 (corrosion test)：倘最終成品涉及不同金屬材質搭配組合情形，應檢附腐蝕試驗。

(8) 依據最終成品的特性及用途，評估進行下列項目

(a) 安定性：依據最終產品的特性及用途，如有需要，建議應驗證產品可於有效期間內維持材質特性及性能。

(b) 滅菌持久性：選用之滅菌方法 (物理性，化學性或氣體性等) 建議應確保最終成品的物理、化學特性不產生變化。

(9) 生物可降解性 (Biodegradable) 產品，須以生體 (in vivo) 或其他模擬產品實際降解的方式 (如模擬生理環境或可相對應的細胞及蛋白質分解環境) 試驗。並描述以下性質：

(a) 吸收速率 (product resorption rate)/ 降解速率。

(b) 產品物化性質和 / 或力學物質因降解而產生之變化。

(10)動物試驗

(11)如製造廠未進行表列測試項目，建議應檢附相關文獻或科學性評估報告，以證實產品仍具有相等之安全及功能。

1. F. Rengier, A. Mehndiratta, H. von Tengg-Kobligk, C.M. Zechmann, R. Unterhinninghofen, H.U. Kauczor, F.L. Giesel. 3D printing based on imaging data:review of medical applications. International Journal of Computer Assisted Radiology and Surgery. Vol. 5, 4, p.335-341, 2010.

2. http://3dprint.nih.gov/about/medicine

3. G. T. Herman. Fundamentals of computerized tomography:Image reconstruction from projection, 2nd edition, Springer, 2009

4. N. A. Haddad. From ground surveying to 3D laser scanner:A review of techniques used for spatial documentation of historic sites. Vol. 23, 2, p.109-118, 2011.

5. Henwood, S. (1999). Clinical CT:Techniques and practice London, UK:Greenwich Medical Media Ltd, ISBN:1900151561.

6. Hofer, M. (2000). CT teaching manual. New York:Thieme-Stratton Corp, ISBN:0865778973.

7. Kalander, W. (2000). Computed tomography. Weinheim:Wiley-VCH, ISBN :3895780812.

8. Swann, S. (1996). Integration of MRI and stereolithography to build medical models:a case study. Rapid Prototyping Journal, 2, 41-46.

9. Kapur JN, Sahoo PK, Wong AKC. A new method for gray-level picture thresholding using the entropy of the histogram. Computer Vision, Graphics, & Image Processing. 1985;29(3):273-285.

10. https://en.wikipedia.org/wiki/DICOM

11. https://en.wikipedia.org/wiki/Anatomical_plane

12. https://en.wikipedia.org/wiki/Point_cloud

13. https://en.wikipedia.org/wiki/Stereolithography

14. http://www.absolutegeometries.com/3D_Scanning_file_output.html

15. http://tcbmag.com/News/Recent-News/2016/April/Q-A-How-Mayo-Is-Integrating-3D-Printing-Into-The-O

16. http://3dpmrc.com.tw/

17. Anatomage Surgical Guide, https://www.YouTube.com/watch?v=hRorpnqU7ec

18. 中華民國植牙醫學會植牙治療相關衛教資料 . http://health.gov.taipei/Portals/0/醫護管理處 / 中華民國植牙醫學會植牙治療相關衛教資料 .pdf

19. F. Salako, C. É. Aubin, C. Fortin, H. Labelle, “Développement de guides chirurgicaux personnalisés, par prototypage, pour l’ installation de vis pédiculaires,” ITBM-RBM, vol. 24, no. 4, pp. 199-205, 2003.

20. file:///D:/2016%20Fall/TO_MySpine%20USA_rev01_25052016.pdf

21. http://www.fda.gov/ucm/groups/fdagov-public/@fdagov-meddev-gen/documents/document/ucm499809.pdf

22. H. Cai, “Application of 3D printing in orthopedics:status quo and opportunities in China,” Ann Transl Med. 2015 May; 3(Suppl 1):S12

23. https://www.exac.com/resource-library/hip/marketing-collateral/integrip-data-sheet

24. http://www.teseratrabeculartechnology.com/

25. http://www.medshape.com/our-products/fastforward.html

26. https://www.invisalign.com.tw/

27. Jiang, C.-P., Hsu, H.-J., and Lee, S.-Y., “Development of Mask-Less Projection Slurry Stereolithography for the Fabrication of Zirconia Dental Coping,” Int. J. Precis. Eng. Manuf., Vol. 15, No. 11, pp. 2413-2419, 2014.

28. C. Wu, B. Wang, C. Zhang, R. A. Wysk, and Y. Chen. “Bioprinting:an assessment based on manufacturing readiness levels,” Critical Reviews in Biotechnology, P1-22, 2014 Published online

29. https://en.wikipedia.org/wiki/Tissue_engineering

30. 李宣書 . (2001). 淺談組織工程 . 物理雙月刊 (二十四卷三期).

31. https://www.allevi3d.com/allevi-3/

32. https://envisiontec.com/3d-printers/3d-bioplotter/

33. http://www.regenhu.com/products/3d-bioprinting.html

34. https://www.cellink.com/product/cellink-bio-x/

35. http://regenovo.com/english/

36. Ashammakhi N, Ahadian S, Xu C, Montazerian H, Ko H, Nasiri R, et al. Bioinks and Bioprinting Technologies to Make Heterogeneous and Biomimetic Tissue Constructs. Materials Today Bio. Vol.1, 100008, 2019

37. Leberfinger A, Dinda S, Wu Y, Koduru Ph.D S, Ozbolat V, Ravnic D, et al. Bioprinting functional tissues. Acta Biomaterialia. Vol.95, p 32-49, 2019.

38. S.V. Murphy, A. Atala, 3D bioprinting of tissues and organs, Nat. Biotechnol. Vol. 32, p. 773-785, 2014.

39. Y. He, F. Yang, H. Zhao, Q. Gao, B. Xia, J. Fu, Research on the printability ofhydrogels in 3D bioprinting, Sci. Rep. Vol.6, 29977, 2016.

40. Cui, X., Li, J., Hartanto, Y., Durham, M., Tang, J., Zhang, H., Hooper, G., Lim, K. and Woodfield, T., Advances in Extrusion 3D Bioprinting:A Focus on Multicomponent Hydrogel Based Bioinks. Adv. Healthcare Mater, 1901648. 2020.

41. Matai I, Kaur G, Seyedsalehi A, McClinton A, Laurencin CT. Progress in 3D bioprinting technology for tissue/organ regenerative engineering. Biomaterials. Vol.226, 11953, 2020.

42. Parekh DP, Ladd C, Panich L, Moussa K, Dickey MD. 3D printing of liquid metals as fugitive inks for fabrication of 3D microfluidic channels. Lab on a Chip. Vol.16,No. 10, p. 1812-20, 2016.

43. Wu PK, Ringeisen BR. Development of human umbilical vein endothelial cell (HUVEC) and human umbilical vein smooth muscle cell (HUVSMC) branch/stem structures on hydrogel layers via biological laser printing (BioLP). Biofabrication. Vol. 2, 014111. 2010

44. Lee V, Singh G, Trasatti JP, Bjornsson C, Xu X, Tran TN, et al. Design and fabrication of human skin by three-dimensional bioprinting. Tissue engineering Part C, Methods. Vol. 20, No. 6, p. 473-84, 2014.

45. Ng WL, Qi JTZ, Yeong WY, Naing MW. Proof-of-concept:3D bioprinting of pigmented human skin constructs. Biofabrication. Vol. 10, No.2, 025005, 2018.

46. http://organovo.com/science-technology/bioprinting-process/

47. http://organovo.com/tissues-services/exvive3d-human-tissue-models-services-research/exvive3d-liver-tissue-performance/

48. Nguyen DG, Funk J, Robbins JB, Crogan-Grundy C, Presnell SC, Singer T, Roth AB:Bioprinted 3D primary liver tissues allow assessment of organ-level response to clinical drug induced toxicity in vitro. PLoS One, Vol. 11, No. 7, e0158674, 2016.

49. https://organovo.com/technology-platform/

50. http://www.roslinbiocentre.com/

51. http://tevidobiodevices.com/tevido-technology/

52. B. Lorber, W. Hsiao, I. Hutchings, and K. Martin, “Adult rat retinal ganglion cells and glia can be printed by piezoelectric inkjet printing,” Biofabrication, Vol. 6, No. 1, 2014

53. http://3dpmrc.com.tw/

54. https://enews.tsgh.ndmctsgh.edu.tw/edm/content_detail.aspx?eid=292

55. https://ctee.com.tw/industrynews/activity/5899.html
56. https://ec.ltn.com.tw/article/breakingnews/2116492
57. https://www.moea.gov.tw/MNS/doit/industrytech/IndustryTech.aspx?menu_id=13545&it_id=15
58. Kao CT, Lin CC, Chen YW, Yeh CH, Fang HY, Shie MY (2015, Nov). Poly (dopamine) coating of 3D printed poly(lactic acid) scaffolds for bone tissue engineering. Materials Science and Engineering:C, 56, 165-173.
59. https://www.moea.gov.tw/MNS/doit/industrytech/IndustryTech.aspx?menu_id=13545&it_id=15
60. https://www.shineinbio.com/about-us
61. https://www.gbimonthly.com/2020/03/63183/
62. https://huborganoids.nl/hub-and-mimetas-develop-organoplate/
63. Edington CD, Chen WLK, Geishecker E, Kassis T, Soenksen LR, Bhushan BM, et al. Interconnected Microphysiological Systems for Quantitative Biology and Pharmacology Studies. Scientific Reports. Vol.8, No. 1, p. 4530, 2018.
64. https://wyss.harvard.edu/
65. https://www.fda.gov.tw/tc/includes/GetFile.ashx?mID=19&id=71576

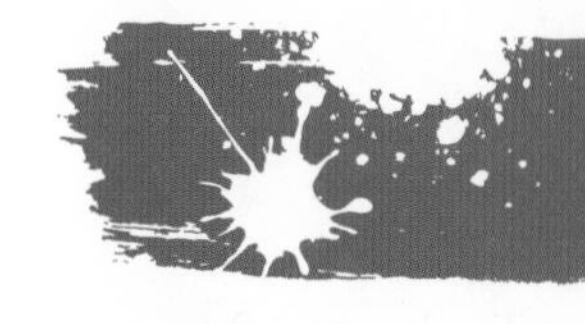

問題與討論

1. 請解釋何謂「亨斯菲爾德單位」。
2. 請解釋「電腦斷層掃描」原理。
3. 請解釋「核磁共振成像技術」原理。
4. 請說明「電腦斷層掃描」及「核磁共振成像技術」一般是儲存在哪種格式協定中。
5. 在「核磁共振成像技術」電腦成像中，請選擇哪些區域是含水量較高區域？(A) 灰黑偏暗區域　(B) 白色偏亮區域。

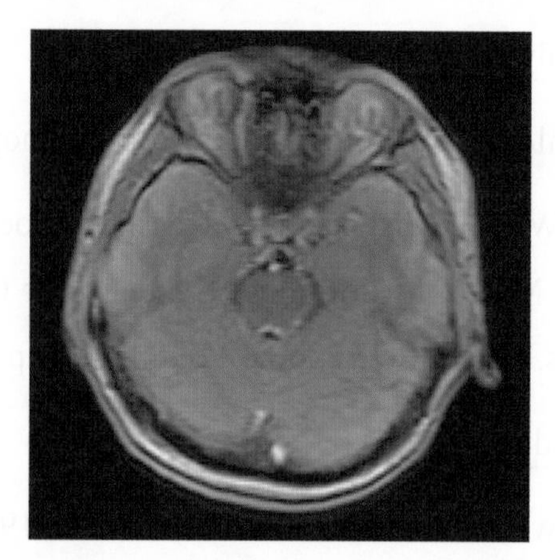

6. 請簡述正子斷層影像為何無法使用於器官的三維模型建立。
7. 請說明以下電腦斷層或核磁共振的 (b) 圖及 (c) 圖，何者是高閥值，何者是低閥值的影像辨識

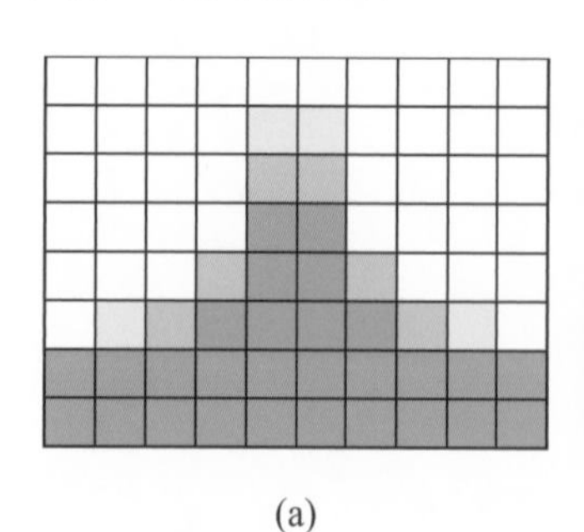

(a)

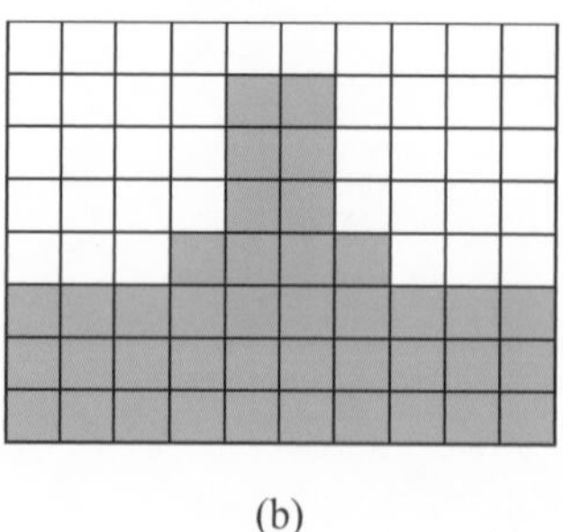

(b)

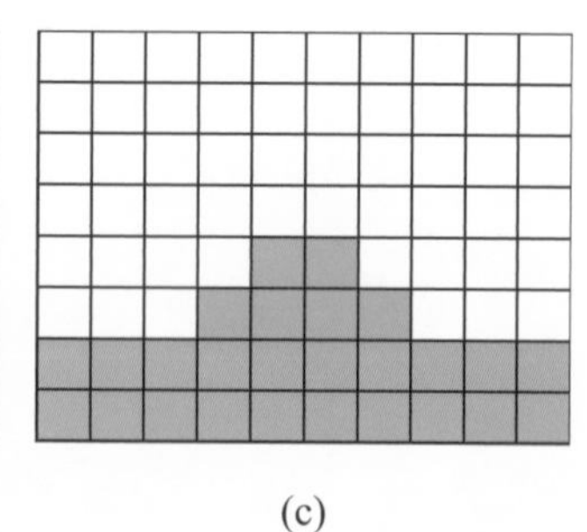

(c)

8. 請說明人體構造面向圖的各方位。
9. 文中說明試圖捕捉人體外貌、人體外形狀或皮膚表面，最常使用也較實際舒適的方式就是應用非接觸掃描系統，也就是透過額外能量投射至物體的反射來計算三維空間資訊，請列舉能量的文中舉出能量的種類。
10. 數量龐大的點雲在建構三維模型時雖然較準確，資料量卻太過龐大，導致處理時間拉長，需要透過因此擁有拓撲關係，儲存在什麼檔案格式中？
11. 請列舉本書中所提及 2 個應用 3D 列印技術的臨床案例，並說明之。
12. 請列舉三個 3D 列印及製造常用的生物相容金屬材料。
13. 請條列四種正顎外科最常採用的手術方式。
14. 請說明「組織工程」的定義。
15. 請解釋組織工程的三大組成元素。
16. 請說明使用組織工程來培育自體組織與器官的優點爲何。
17. 請詳細介紹本文中提及的其中一個市售 3D 生物列印系統。
18. 請列舉現在兩種主要含細胞的三維生物列印方法。
19. 請說明爲何 3D 生物列印提供很大的機會來達成再生醫學的期待。
20. 說明你認爲 3D 列印應用於醫療領域的三個益處。

15

3D 列印與創客
3D Printing and Makers

本章編著：賴信吉

15-1 什麼是創客 (Maker)

廣義的創客 (Maker) 指的是一群喜歡動手做東西的人，跟人們常說的喜歡 DIY(Do it by yourself) 的人雷同，但為何要再有一個名詞“創客”，給這些喜歡動手做東西的人呢？時代進步非常的快，以手機為例，早期手機只用於打電話或傳簡訊，但現在的手機除了打電話，還可以上網查資料、玩線上遊戲、看電影、遙控家電或者金流交易等等，甚至有人買手機是很少用來打電話跟傳簡訊的，這都是因為科技與網路快速的進步，讓整個手機相關產業都有各自發展的空間，跨領域的學習與整合，促使手機的功能越來越多。同樣的道理，動手實作的方式也不斷再發展，開放式軟硬體的種類越來越多，以及人類的慾望越來越大，現在的人如果想動手做東西可能不再只是傳統 DIY，不再只是自己一個人做，不再只有做木工、摺紙、陶土、逢衣服等個人 DIY 技能，更會希望有各種不同的素材來作結合並與他人合作共同完成，有些人還會因此將作品商品化，甚至成為新創公司。

圖 15-1　傳統 DIY 以個人手做為主

創客的作品或產品，會結合一些數位科技技術，例如 3D 列印、3D 掃描器、電腦數值控制工具機 (Computer Numeric Control；CNC)、雷射切割機，或是使用 Arduino 等開放式的軟硬體，有時候還會將電腦輔助設計製造與手工結合，做出非常客製化的作品，而前述的技術通常並非一個人能辦到，所以創客們會有固定的聚會與空間，大家一起合作、腦力激盪，而合作和共同創造 (DIWO, Do It With Others) 也是個人學習與企業發展的重要方向。

圖 15-2　創客 (Maker) 除了實作更著重共同創造

基於創客能夠結合數位科技與雲端網路等科技能量，並互相合作學習，其動手去「自造」的作品或產品能量已經遠大於傳統 DIY 的技術，甚至還可以做出市場喜好的產品進而商品化。而這些創客做的東西只要在家裡或者車庫就能辦得到，不一定是在學校或者企業才學得到，因此筆者給學生建議：有些工作技能是學校或老師無法直接給予的，可能受限於很多因素，所以學生要有像創客的廣泛學習與好奇的精神，才能不斷提升自己的競爭優勢。以下針對創客文化再作更深入的分享與探討。

15-1-1 不同國家的創客文化

歐美國家是創客 (Maker) 最早的發源地，這與當地文化有很大的關係，由於請工人來修理或製作的成本都非常的高，加上買現成的東西在交通上花的時間也比較長，因此歐美國家的民眾從小就喜歡動手自己來，無論是造家具、修房子、改車子、做玩具等等需要手做的工作，都寧可自己動手做也不假他人之手，因此在動手做的文化有先天因子。在很多美國影集中也不難看出動手做是他們的文化，從馬蓋仙、蜘蛛人或者鋼鐵人等影集，看得出他們心目中的超級英雄都有能力在有限的資源做出功能非常強大的裝置，或許大家會認爲這些電影英雄都是假的，但是電影的主角卻能深深影響整個國家科技發展方向，倘若仔細觀察這些電影英雄家裡的實驗室，通常都擺放一台：3D 印表機 (積層製造設備)。

圖 15-3　歐美國家習慣於自己動手修理家具

(圖片來源：https://pixabay.com/en/women-diy-groups-incentives-740661/)

在英國，有一位非常搞怪的創客發明家科林 ‧ 弗茲 (Colin Furze)，未曾上過大學，平日以水管工和特技表演爲生。靠著自己實作技術、獨特想法和超強執行力，發明很多瘋狂的科學裝置與設備，並將作品放在網路 YouTube 吸引超過 260 萬以上的粉絲訂閱，瘋狂的科學行爲同時獲得不少金氏記錄的保持記錄，也因爲他在創客界有很大的引響力和關注，吸引不少知名大廠的合作。同樣是利用 YouTube 吸引很多粉絲的還有 TESETED 頻道，過去要製作逼眞的雷射光劍《星際大戰》非常地困難，但 TESTED 團隊懂得善用 3D 列印技術，在很少的成本與時間內完成雷射光劍，並於 YouTube 公開製作方式，引起很多人的回響。

對於亞洲創客文化，先以日本來說，日本的創客所做的作品都比較偏小物件，也因爲日本的居住空間向來較小，作品也偏向於療癒及可愛的作品，或許從外表上會認爲作品非常無用，但這其實是創意最需要的源頭，也就是不斷的發想、思考、突破與顚覆，初期不要侷限自己的作品是否要變成產品，只要作品累積夠多，自然會有更好的創意產生。針對中國大陸的創客文化，創客一詞對他們來說就是爲了創業與營利，也就是李克強所說「大眾創業，萬眾創新」，中國大陸利用創客一詞告訴大家，人人都有成功的機會，再加上政府大力支持創客的創意、創新與創業，創客文化勢必會讓中國大陸的發展再往前邁進一大步，圖 15-4 爲中國深圳最大的創客世界，除了有基本自造工具之外，還提供新創團隊共同工作空間，這些創業家透過現場的設備和跨領域合作，可以快速地打造出產品原型。對於我國台灣的創客文化，因台灣難能可貴的是一個自由民主的國家，所以台灣的創客文化非常地多元，有單純、好玩又有趣，像日本的創客文化，也有像美國純粹爲了解決日常生活問題的創客文化，當然還有像中國大陸爲了要創業、提升公司競爭力的專業創客，這些都是因爲台灣是個很棒的自由民主的社會，願意接受包容不同的國家文化。筆者認爲台灣是個非常有創意的社會民族，所以中國大陸時常來台灣挖角創意人才，特別是在文創與設計方面的人才。

圖 15-4　深圳創客世界提供新創團隊完整的創業空間

15-1-2　為何要成為創客

爲什麼要成爲創客 (Maker)？這個問題的答案視個人情況而定，動手做並不是每個人的興趣與特質，有些人的興趣可能在語言、運動或者寫作，並不是每個人都要成爲創客，但類比於運動家而言，雖然不一定要成爲職業運動選手，但一定要有運動家精神，一種沒到達終點不能放棄的精神。雖然不一定要自己動手做東西，但是要有創客 (Maker) 的三大精神，就是：「學習、實作、分享」，特別是生長在這個資訊爆炸的社會，單一技術是無法在職場上立足的，要多方面的「學習」，古云說的好：「學如逆水行舟，不進則退」。空口說白話也不是一個好的做事態度，凡事都要「實作」與驗證，去失敗才能從中得到教訓。而「分享」在網路與資訊發達的年代最爲重要，閉門造車更是退步的主要原因，因爲大家都在互相學習與分享，主動分享給別人，別人會更樂意跟你分享，當然受惠也會更多。雖然不是每個人都要成爲創客，但是一定要有創客的三大精神「學習、實作、分享」，如圖 15-5。

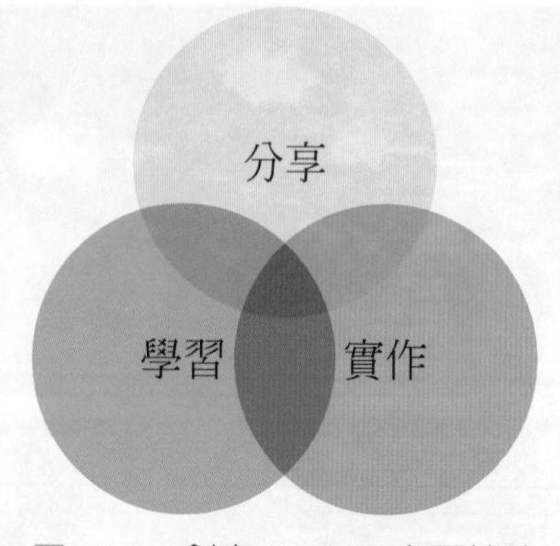

圖 15-5　創客 (Maker) 主要精神

15-1-3　如何成為創客

想成爲創客其實門檻一點都不高，或許在十年前非常難達到，因爲當時很多軟體授權和硬體工具費用高昂，但隨著科技的進步與價格競爭，軟體與硬體取得方式已越來越容易，甚至可以免費取得。雖說大家都想要免費的東西，但免費其實是最貴、最需要珍惜的，因此不能視免費爲理所當然，反而要讓這樣難得的資源好好利用與發揮。在台灣要成爲創客非常簡單，以台北來說已經有很多的創客空間 (Maker Space)，只要自己準備材料或支付材料費就可以在該空間做東西，有些創客空間則需要加入會員，但最基本的還是要先會使用該場地提供的設備，在創客空間中最基本的設備會有 3D 列印機、電腦數値控制工具機 (Computer Numerical Control；CNC)、雷射切割機和大圖輸出等設備，有些規模比較大的甚至會有木工、金工和電子實驗室等相關設備，如圖 15-6 爲電子實驗室常用到的電源供應器、示波器與銲接工具。

這些不同的設備都需要不同的技術與操作方式，因此創客空間通常都會搭配操作課程或工作坊來營運，課程將會是創客空間一個很重要的收入來源，但要經營一個創客空間，通常至少要 100 坪以上才稱得上專業，圖 15-7 是比較高階的雷射切割機與 3D 印表機，由圖可知設備本身所占面積不小，若再搭配相關的安全設備，所需的空間將更大。因此，經營創客空間光租金就是一個很可觀的項目，更別提要買哪些設備供給創客使用，除非有一個很棒的商業模式，不然以私人的方式來經營一個創客空間是非常不容易的，特別是在台灣，因爲目前創客在台灣還算是小眾，目標客群太少與市場小是很難獲利的。

圖 15-6　創客空間電子實驗室基本設備

圖 15-7　雷射切割機與 3D 印表機需要較大的獨立平台來安置

其實各國各地的 Maker Space 最早源自 2001 年在波士頓成立的 FabLab。FabLab(Fabrication Laboratory) 是國際非營利組織，一個設備完善的數位製造實驗室，同樣包括各類 3D 列印機、雷射切割機、CNC、電腦割字機等，具有讓想法概念轉換爲現實的能力。在台灣主要的 Fablab 例如 Fablab Taipei、Fablab Dynamic 和 Fablab Tainan。由於 Fablab 爲非營利組織，因此若要維持空間正常營運主要來自於社群力量和相關政府的支援，與以營利爲目的的 Maker Space 獲利方式相差很多，是以興趣和理念爲核心的創客聚集地方，當然也有不少創客因爲在 Fablab 空間認識不少同好和學得所長，最後創業的例子也不少。筆者認爲新創團隊除了懂得善用空間及工具之外，還可以在此空間認識不少具有業界經驗的前輩，但最後技術商品化漫長之路，還須經過外面市場闖蕩歷練才有成功的機會。

15-2 3D 列印與創客的融合

3D 列印是一個存在已久的技術，早在 1980 年美國 Charles W. Hull 教授和 1981 年日本名古屋市工業研究所的小玉秀男教授就先後發表了以液體爲材質的積層製造 (3D 列印) 技術。現今，許多製造技術的專利都已到期，各家廠商都可以自行「自造」與商業化，因此在 2010 年時 3D 列印開始蓬勃發展，特別是一般家用型熔融沉積成型 (Fused Deposition Modeling；FDM) 的款式最多，因爲開源軟硬體取得非常方便、成本也低，例如：Arduino、Raspberry Pi 等控制電路版不但便宜，其操作的編寫程式語言也非常簡單，跟傳統的組合語言、C 語言比較起來更是親民，因此很多創客自己就可以 DIY 一台 FDM 的 3D 印表機。

上一章節所提到 3D 列印是創客空間的其中一項工具，3D 列印更是整個創客運動 (Maker Movement) 的主要推手，不只是在共同使用的創客空間才會看到，很多家庭都已經有 3D 列印機在使用，比較於電腦數值控制機 (CNC) 或雷射切割機，家用型的 3D 列印機的進入門檻非常非常的低，除了價格較低，在操作技術上也不需太高的專業能力。再者相關專利到期已久，許多廠商都紛紛加入開發，目前要在市面上買一台不錯的家用型 3D 列印機，大約只需三、四萬塊，若想自己組裝可能只要一兩萬塊就能買到。創客的需求是自己動手做，需要的是解決問題，所以直接做出商品化的產品不是他們的主要目標，當然設備專業程度也不是他們需求，便宜堪用的 3D 列印通常會得到創客們的青睞與推薦，如圖 15-8 爲較低階體積小的 3D 印表機機台。以下繼續說明 3D 列印如何來幫助創客創造東西。

圖 15-8　比手掌再大一點的 3D 印表機

15-2-1　3D 列印如何幫助創客

由於創客的需求不是直接商品化或者量產，主要還是想法的驗證、解決生活問題和客製化的使用，因爲這些需求讓 3D 列印跟創客有著不可分離的關係。一般人或許認爲 3D 列印的製造過程太久，但事實是較工廠打樣還要來得快速、便宜。通常創客能承受的製作成本很低，所以許多創客寧可花少錢買一台 DIY 的 3D 列印機自己在家組裝。如果學會了組裝、設計和列印，在某種技術上已經有能力用一台 3D 列印機再複製另一台 3D 列印機，如圖 15-9 可知 3D 印表機在某些程度上可以自己製造與組裝。當列印的速度與品質提升，開發與製造時間隨之縮短，創客們更願意不斷地創新嘗試，其作品如同滾雪球般的不斷產出，創意能量可想而知。

圖 15-9　自行製造與組裝的 3D 印表機

(圖片來源：https://pixabay.com/en/3d-printer-printing-technology-791205/)

15-2-2　3D 列印在創客空間的重要性

3D 列印的種類非常多，有高階設備也有低階設備，一般的家庭當然買不起高階的 3D 列印機，如果使用率太少那更是種浪費。所以，一個專業的創客空間若能提供比較高階的 3D 列印機，會是吸引創客前去使用的主要動力。深入探討，一個人在家裡印東西遇到問題沒有專家或導師可以詢問，在創客空間卻有很多人可以諮詢，所以創客空間有存在的重要性，閉門造車是不會進步的，問題拖久了只會讓問題變得更嚴重。3D 印表機目前是創客空間的基本設備，除了專利到期使價格下降之外，其操作簡單、安全以及能列印各種形狀的作品都是主要原因。

15-2-3　如何成為 3D 列印的創客高手

想要成爲一個 3D 列印高手光看書是沒有用的，正如筆者所說創客的三大精神的其中一個元素「實作」。3D 列印的作品表現是非常直接的，從電腦的數位資料最後一定是要把東西製造出來，作品的呈現是非常直接與殘酷的，跟用電腦模擬或理論推導不完全一樣的，因爲成品看得到、摸得到還用得到，所以要成爲一個 3D 列印的創客高手，要不斷的使用機器來印作品。第一次印東西一定會是失敗品，而每一次失敗都要找到原因並解決，這可以讓下次列印時避開錯誤，使失敗率下降，加速成品的製作速度，當操作機器駕輕就熟後，就要思考如何設計一個有創意、創新的創作，切勿單純只把別人的東西拿來直接列印，筆者總是鼓勵學生要自己創作不可模仿，除了激發學生的創新思考之外，也在不斷的挑戰自己的列印功力，3D 列印的創客高手不是一蹴可幾，而是日積月累的經驗；不是把東西印得漂亮就好，還要做出大家都會想使用的作品。圖 15-10 所示，筆者常在列印過程中思考能在裡面加入那些元素，達到想要的特別功能，例如：磁鐵、重物、感測器或被動元件等，不只是單純外觀而已。

圖 15-10　列印過程中可以放入各種元件

15-3 3D 列印生活應用

3D 列印的生活應用範圍很廣，排除工作及商品化產品來說，創客最常利用 3D 列印的設備來做一些卡榫、架子、外殼以及利用 3D 立體圖來表示想要完成的作品概念。若以工作及商品化產品來說，可以應用的範圍更多，例如建築、醫療、模型公仔以及筆者常應用於翻轉教育的工具，我們利用 3D 列印印積木、拼圖、模組玩具等等。在生活應用的設備，通常使用的是 FDM 熔融沉積成型的 3D 列印機，由於價格便宜與堅硬度要求不高，足以應付日常生活中遇到的一些問題，例如：玩具壞掉、卡榫不見、客製化手機殼、名片夾 (盒)、識別證或鑰匙圈等生活上常用的小物件，都可以用 FDM 機台解決。而用在工作需求的設備，其機器的等級要求會非常的高，價格不斐，因爲製作出來的成品公差要很小，材質外觀、堅硬度、安全性都有要求，所以不是一般創客能夠負擔的。由於在前幾章節，已經介紹不少專業等級的設備應用，因此本節重點會在簡單的生活應用來做討論，排除專業應用的範疇，這也是一般人能夠接受與碰觸到的範疇。

圖 15-11　自己印一個 QR code 鑰匙圈以防止弄丟

15-3-1　比產品更有趣的生活應用

3D 列印若要直接商品化有一定的難度，不過最適合的工業應用在於打樣 (Prototype)，這是產品量產之前非常重要的動作，必須先了解產品是否有市場，以及跟其他產品搭配是否有任何干涉或不匹配的問題，因此 3D 列印與射出成型是兩個共存與相輔相成的技術，誰也無法取代雎。

對於創客來說，產品的打樣和生活的應用，創客更著重在生活的應用、解決生活問題。以下筆者舉例幾個自己常遇到的生活應用，例如筆者在飼養寵物時的鐵籠常常生鏽壞掉，所以在很多接合或者卡榫的地方會用 3D 列印的卡榫來取代金屬材質，畢竟塑膠的東西碰到水比較不容易壞掉。還有在車上的行車記錄器或手機架用久了，或者施力不當常常會斷掉，筆者也常常重新列印一個比較厚實的架子來取代，同時可以客製化用在任何的手機、平板與行車記錄器。喜歡 DIY 的創客也常常需要置物架或者掛勾，但是在外面買的置物架或掛勾永遠是那幾款，而自己用的工具卻是各式各樣，所以筆者會用 3D 列印打造客製化的置物箱或掛勾，讓自己的工具間看起來更加整齊，工具更方便取得。圖 15-12 是筆者平常在經過捷運站的入口時，嫌拿皮夾麻煩，將悠遊卡和手機殼做整合，手機是隨身物品，以後在買東西或坐交通車就不用再拿皮夾。圖 15-13 是筆者為了姪子 (國小二年級) 空間教育，開發的益智積木零組件組裝後的成品，希望姪子能夠參加廢柴機器人大賽，在過程當中全由他來設計與發想，作為家長的我們給他釣竿也教他如何釣魚，但過程一定要他們動手設計，日後也因為我們參加這個比賽，這些零組件變成筆者固定對外開給小朋友的 3D 列印創意工作坊教材「享印積木」。

圖 15-12　具有悠遊卡功能的手機殼

圖 15-13　用 3D 列印印製的廢柴機器人

15-3-2　3D 列印進入門檻高嗎

在此所討論的是家用型的 3D 列印 (如 FDM)，其操作和使用門檻非常低，尤其是專利到期之後，許多創客都擁有一台以上的 3D 列印機，且持續不斷購買、組裝新機台，網路上也有許多厲害且樂於分享的創客，不斷的改良與分享，像這樣聚集萬眾的力量，積少成多、滴水可穿石，不可小看。

3D 模型的設計門檻更是低，目前開源 3D 繪圖軟體種類很多，例如：TinkerCAD, Onshape,Fusion360, FreeCAD, Meshmixer, Blender 等免費軟體，圖 15-14 爲 TinkerCAD 雲端 3D 免費軟體 (www.tinkercad.com)，而圖 15-15 爲筆者的學員利用 TinkerCAD 軟體設計並列印出來的作品「六位元藝術創作」，整個教學課程只要短短的兩個小時就學會。筆者曾經教過國小一年級使用 3D 繪圖和 3D 印表機，小朋友可以在 6 個小時的冬令營建立一個喜歡的模型，而且是全由自己設計。若討論到 3D 列印創意設計比賽，筆者也曾舉辦 Makerthon(創客松) 讓社會大眾參加，其中有國中一年級的學生在短短的 30 分鐘就學會建立 3D 模型，也是從無到有，而且比賽過程要求要做投影片和上台報告，國中一年級的學生憑一人的努力完成這個如創客松比賽，所以筆者認爲無論是 3D 列印的操作和 3D 建模以目前來講門檻都比以前低了很多，相信未來很多東西幾乎都可以用機器電腦取代人力，與自動化建立 3D 模型，這也是工業 4.0 的目標。

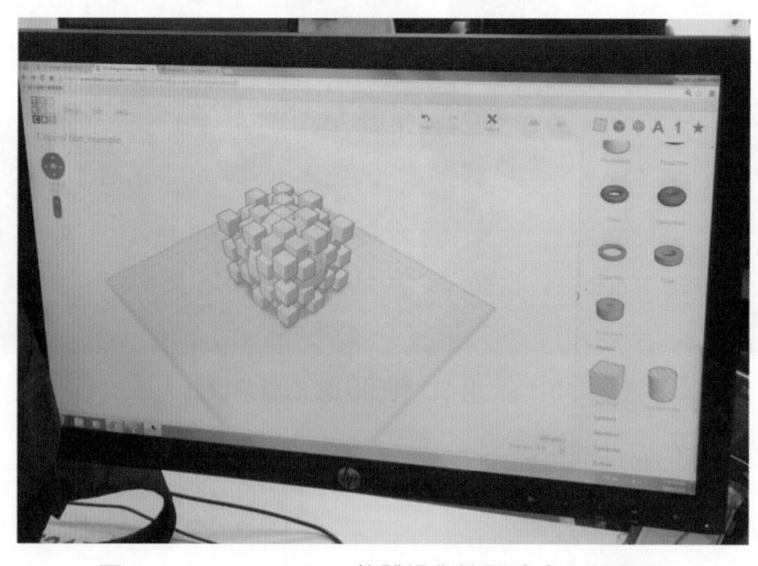

圖 15-14　TinkerCAD 軟體操作簡單適合入門學員

圖 15-15　享印學堂「六位元藝術創作」作品集

15-3-3　3D 列印是否會泡沫化

其實筆者從未想過 3D 列印是否會泡沫化，因為 3D 列印本來就是存在已久的技術工具，如前一小節所提到，3D 列印會與傳統的射出成型技術共同存在，比較專業的工程師或創業家反而會善用 3D 列印的技術先做打樣，以做市場測試，快速找到市場能接受的產品，不會貿然委託工廠開模。

對於家用型的 3D 列印設備更不可能會泡沫化，歐美國家在中小學甚至幼稚園教育就開始進行家用型的 FDM 機種教學，台灣在這方面落後許多，所幸近年來政府也開始重視創客教育與翻轉教育的發展，因此，3D 列印實現創意的教育不會有泡沫化的問題，在下一小節將探討為何 3D 列印跟創客教育有很大的關係。

15-4 創客教育的主要推手

以前的教育方式，老師總希望有一個唯一的答案，因此學生通常要背好多公式和定理來應付考試，但是創客教育或者翻轉教育完全不走這樣的路線。創客教育或翻轉教育在國外行之有年，國外的學生下課之後不會到補習班，也沒有所謂的補習班制度，只能說台灣的教育比較特別，從國小考到國中、高中、大學一直考到研究所，研究所考完之後還有很多證照要考，似乎這輩子跟考試脫離不了關係。

筆者認爲未來的企業成功方向，絕對是團結合作打群架的方式，而且會越來越明顯。一個人的力量和創意有限，一定要透過團隊合作和實作這樣的創客精神才能找到問題所在，才能看清楚一個人看不到的盲點，這應該不是「書中自有黃金屋」或「書中自有顏如玉」，再者有很多東西其實不用買書也找得到答案，只要上個網 Google 一下就知道解法，所以要學的不只是書本上的、網路上的東西，最重要是合作和實作與失敗的寶貴經驗。

15-4-1　創客教育就是翻轉教育

先簡單定義翻轉教育，翻轉教育顧名思義就是老師不再是老師，學生也不再是學生，作業不一定要拿回家寫，而是在課堂中寫完，不要把問題帶回家，問題帶回去了找不到人問，只會讓問題累積越來越多，如果能在課堂上得到解答是最好的方式，如圖 15-16 筆者在教小朋友時，會鼓勵舉手發言以及上台發表，以確定學生在這堂課有學到東西。創客教育秉持著翻轉教育的精神，無論是任何作品，都希望學生在上課時把東西設計好，有問題立刻舉手發問。對於自己有講錯的地方也會向學生請教與討論，這樣的教學方式受惠的除了學生外，老師甚至比學生受惠還多，如同筆者常提到的，一個的力量有限需要很多人討論才會有新的想法產生，這也是創客的其中一個精神「分享」。

圖 15-16　鼓勵小學生舉手發言

15-4-2 如何引發學生動手做的興趣

如何引發學生動手做的興趣？其實這個問題非常簡單，只要是學生有興趣的東西，一定會認眞的學習和製造，所以創客教育是不會強迫學生做什麼東西，不會設限一個範圍框住學生的思考，盡可能讓學生發揮最大的創意，或許在以前的教育用這樣的方式會花老師很多時間和成本，但在這個網路資訊發達的時代，其實善用開源的軟硬體和網路資訊，老師也是創客，可以靠自己解決這些問題，關鍵應該是如何幫助學生快速的找到自己的興趣，這才是最困難的地方。圖 15-17 和圖 15-18 爲筆者所開發的益智積木，此積木可以跟筷子搭配組成任何形狀，例如手機平板架、玩具槍、機器人、玩具車等，雖不一定要做得像，但是要學生喜歡且說得出「爲什麼」要這樣設計，如圖 15-18 學生喜歡自己的作品才是重點，只要是喜歡的東西，學員就會不斷的發想與創作，這是身爲老師要從學生的角度來設計課程的方式，一種從下到上的給予教學方式。圖 15-19 爲圖 15-18 的作品應用：手機架。

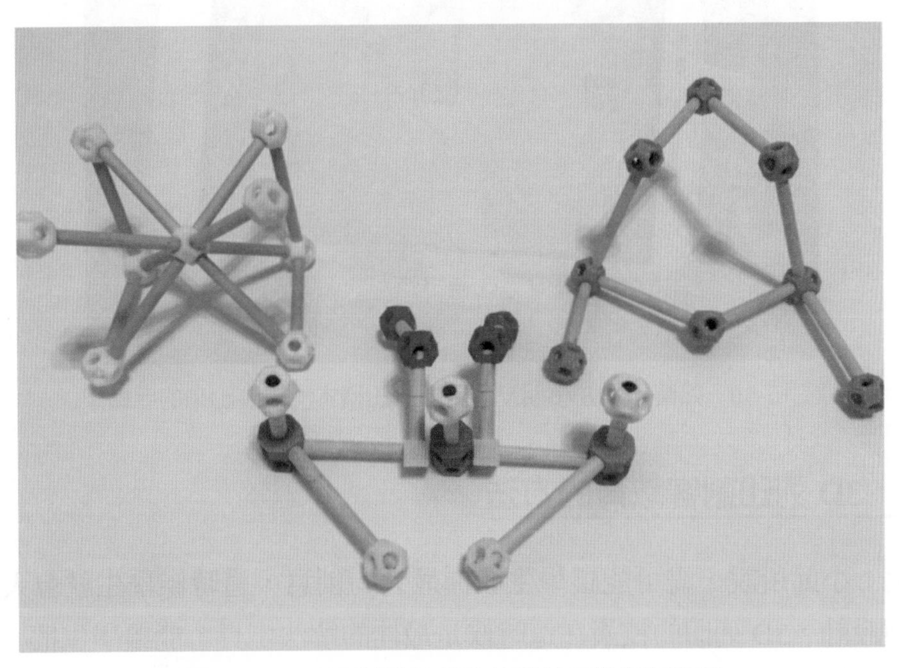

圖 15-17　利用簡單的積木組和筷子裝任何造型

圖 15-18　小朋友喜歡自己的作品才是教育啓發的開始

圖 15-19　如圖 15-18 小朋友利用「享印積木」組裝出來的手機架

15-4-3　3D 列印創客教育的方法

承上一小節所說，盡可能讓學生發揮最大的創意，這時候學生就會天馬行空的想像與設計，3D 列印的技術在這時候是最佳的解決工具，能讓學生把心中的創意從想法實際轉化成物件。以 3D 列印的技術，在任何形狀的模型物件幾乎都能被製造出來，當然也會有無法做出來的時候，這時候老師們應該很有技巧性的設定一些規範，這些規定不是在限制學生的思考，而是讓學生知道在有限的資源和條件下也要能解決問題，但是解決問題的過程或路徑有很多種，而這個過程就是學生需要經歷和學習的，有一句話說得很好「資源有限、創意無窮」，所以好的創客教育就是給學生有限的資源，卻能發會最大的創意。圖 15-20 爲筆者跟學生的互動情形，並不是將作品列印出來就好，而是請學生先把作品用現有的積木組裝起來之後，反過來建成 3D 模型方便保存，課程最後希望他們上台報告說明其功能，這是筆者教育團隊「享印學堂」的一貫教學方式。

圖 15-20　作品不用精緻但要說得出所以然

15-5 新創團隊的重要利器

3D 列印是否爲新創團隊的重要利器？這當然是再正確不過的，因爲新創團隊通常是很缺資源和資金的，利用 3D 列印做產品的測試與打樣，正好可以省下不少成本，而且現在的創業模式跟以前已經大大不同。時代進步非常快，從前可能一年只要推出一個新產品，但現在可能要在短短幾個月產出新產品。甚至產品一推出馬上被競爭對手抄襲，這時候又要趕快想出解決之道或新產品，所以新創團隊永遠是在跟時間賽跑，因爲沒有足夠的資金可以讓新創團隊慢慢的消耗，因此，每推出一個產品就要很精準地打到市場需求。新創團隊學習 3D 列印還有一個最大的優勢，就是快速學會 3D 建模的技能，他們可以在很短時間之內學會免費的 3D 建模，因爲以立體的東西來跟客戶或合作廠商溝通非常方便，可以省下很多時間和外包成本，如圖 15-21 筆者的其中一位學員是新創團隊的共同創辦人，就是利用 3D 建模跟展覽的場佈商作爲溝通工具，加速工作效率。

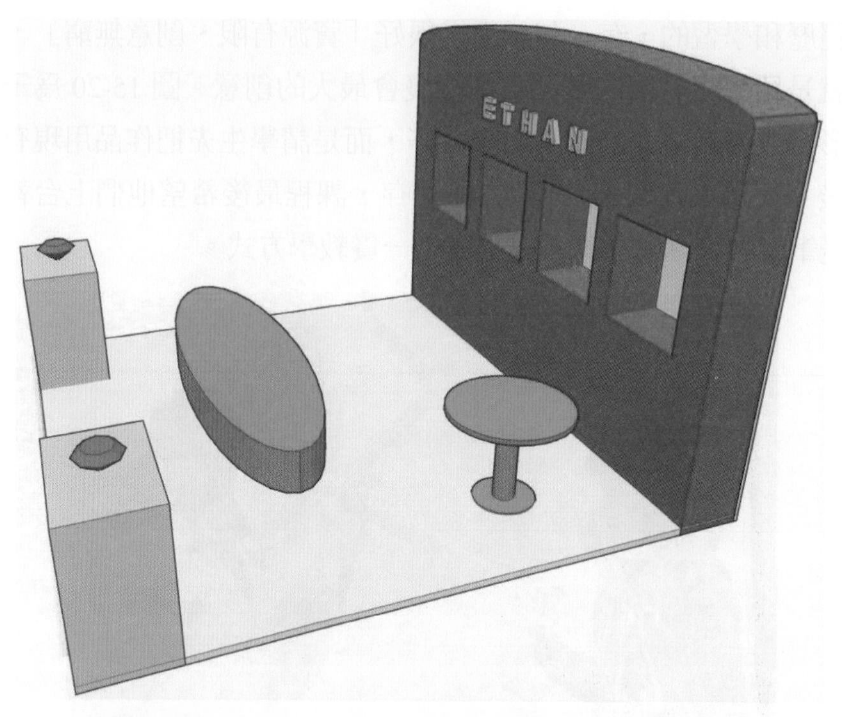

圖 15-21　3D 建模是很好與廠商溝通的方式

15-5-1　創客就是要創業嗎

創客是否一定要創業？套用第一節所提到的運動家精神：運動家就一定要成爲職業選手嗎？答案可想而知。創客是以自己的興趣爲出發點，秉持「學習、實作、分享」三大精神在散播手做精神。創業家是以獲利，以股東的最大權益爲出發點，這跟創客三大精神似乎不完全相關。正因爲創客不是以獲利、金錢爲考量，所以創客在創意發想比較不會受限，創客初期不用考慮到成本的問題，因爲沒有量產和販賣的需求，做出的作品會非常有創意，這樣的模式類似於實驗室的研究一定是最新的、最有創意的，但實驗室的結果要商品化其實有很大的距離要走，所以實驗室初期的想法通常不會以技術商品化爲目標，連接實驗室成果到市場通常是透過產學合作或者學校的育成中心來幫忙與輔導。反過來，筆者認爲創業家一定要有創客精神，而且是最基本的精神。

15-5-2 3D 列印如何幫助新創團隊

群眾募資平台對於新創團隊有相當大的幫助，除了資金募資之外還是個行銷廣告的好方式。新創團隊初期因爲沒有資金，無法開模量產，都會先透過 3D 列印或者開放式的硬體做雛形，製作的數目不用多，就可以將想要募資的產品透過影片和故事包裝上架至募資平台，獲得更多購買者的投資，類似預售屋的概念，先拿到資金再開始蓋房子，而先買的人 (早鳥票) 通常會以比較便宜的價格購得，所以用 3D 列印製作雛形，是新創團隊應該善用的方法，而且創客精神也是創業家應該有的精神。圖 15-22，筆者常收到新創團隊在創業比賽最後階段需要打樣的情況，這是給客戶、評審或投資者呈現作品的最好方式，不需花太多的成本就能很快找到產品的市場需求。

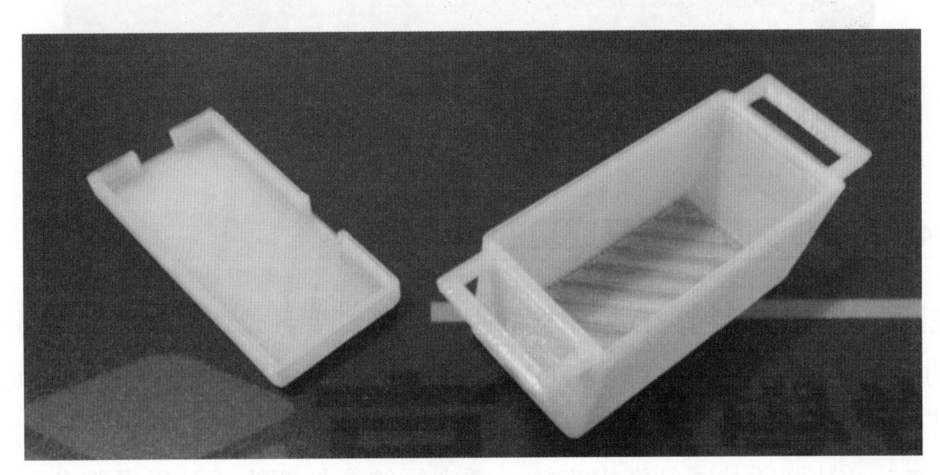

圖 15-22 產品在開發初期一定要做的打樣測試

15-5-3 3D 列印創業的商業模式

仔細想想，近幾年成立的 3D 列印設備開發公司，都脫離不了一個商業模式：社群平台。例如國外知名的 Makerbot 和 Cubfiy 3D 列印公司都擁有自己的社群平台，且賣的不只是 3D 列印設備和委託代印，更強大的是透過免費「分享」的方式，讓更多人知道他們的設備和服務。初期民眾一定不知道該如何設計 3D 模型和 3D 列印的原理，因此他們免費拍攝影片 (YouTube) 教大家來「學習」，最後提供代印或客製化服務讓大家不用買設備也能把作品「實作」出來，而且客製化服務的單價也會比較高。由此可知，成功的 3D 列印創業團隊，都秉持著創客三大元素在推廣自家的產品，這三大元素希望新創團隊的夥伴們僅記在心。

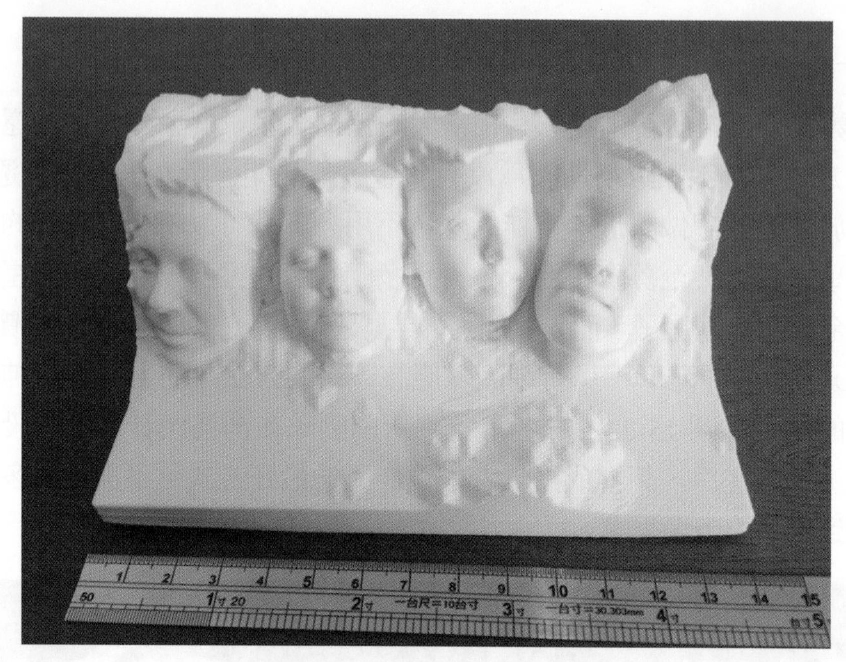

圖 15-23　列印客製化產品是 3D 列印最常用的商業模式

15-5-4　以 3D 列印機募資成功的團隊

在國內外有不少製造 3D 列印機的團隊上募資平台成功的案例，以國內來說最成功的是在嘖嘖募資平台的 ATOM 3D 列印機，而國外則是在 Kictstarter 募資平台募到四千五百多萬台幣的台大 Flux 團隊。其中 ATOM 3D 列印機一開始是與 Fablab Taipei 社群所共同創造出來的，透過行銷與外觀的設計獲得許多創客的支持，講究 DIY 組裝。而 Flux 團隊是幾位台大學生最後選擇休學創業，其 Flux 3D 列印機以人爲出發點，降低大家使用 3D 列印的進入門檻，並同時將 3D 掃描和雷射雕刻的功能也整合在一台機器裡面，價格也比市面的 3D 印表機來得親民、多功與方便使用。

最後筆者想再特別說明，募資成功不代表創業成功，募資成功反而是壓力之所在，因爲背負著眾多支持者的期待與預購費用。因此，當團隊獲得一大筆募資資金時，其實並不代表可以創業，反而要更小心謹慎處理這筆費用，視爲得來不易的資源與肯定，把作品如期地完成出貨，這會比立刻成立公司來得重要。

15-6 社會上的潛在問題

任何的科技都有負面的影響，任何無用或負面的科技也可能有正面的功效，關鍵在於使用者如何去使用。3D 列印的普及化確實造成很多社會上的潛在問題，例如：武器製造、仿冒品、智慧財產權、複製人等道德問題。2011 年在知名 3D 模型分享平台 Thingiverse.com 曾有位少年 HaveBlue 分享「來福槍」的各個零件的圖檔，若用 3D 列印技術再搭配其他既有的金屬元件組合成槍枝，大約可以擊發兩百次，造成全球安全問題，因此很快就被該網站下架。

15-6-1 每件事情不要只看表面

「水能載舟，亦能覆舟」過於開放確實會造成一些社會安全的問題，但過於封閉也會阻礙國家的進步，所以任何新產品的出現勢必會有好與壞，好處會帶來便利促進科技進步，壞處可能會造成其他產品被取代，但無論如何都要正面迎接，並且思考這項科技所帶來的社會問題，盡可能善用其優點，避開或者防止其問題點。3D 列印除了能降低製造成本，快速成型之外，還有一個最大的優點就是非常節能與環保，可以能想像未來買東西不需要出門，不需要貨運和空運，透過數位資料傳輸，就能從家中的 3D 列印機製作出來，將可以大量減少二氧化碳排放。2020 年所爆發的新型冠病毒 (COVID-19) 疫情，突然間醫護人員的防護工具短缺，國際間的交通工具也瞬間停擺，這時有專業醫護工具設計師把 3D 模型共享出來放在網路上，在地的創客透過 3D 列印來製造並直接贈送給醫院，希望能幫助到更多醫護人員度過難關。

15-6-2 開源文化的影響

開源文化是造成 3D 列印普及的主要原因，Arduino 的開源軟硬體功不可沒！如圖 15-24。一個價格不到 15 美元的微控制板，讓家用型 3D 列印機 (FDM) 受大眾喜愛，再搭配很多開源免費的繪圖軟體，如前所述的 TinkerCAD, Onshape 等軟體，支援個人電腦、手機、平板甚至免安裝就能使用，走到哪設計到哪，這是早期的 3D 繪圖專業人士無法想像的。當然，免費的軟體跟專業的軟體功能性無法比擬，但是筆者提及很多次，現在是個服務、創意、以人爲導向的社會，好的技術有可能無法讓消費者接受，簡單的技術和使用方式反而能吸引大家。所以找到需求，解決需求才是成功之道，即便工具再怎麼簡單與便宜也會成功，這也是創客的精神！

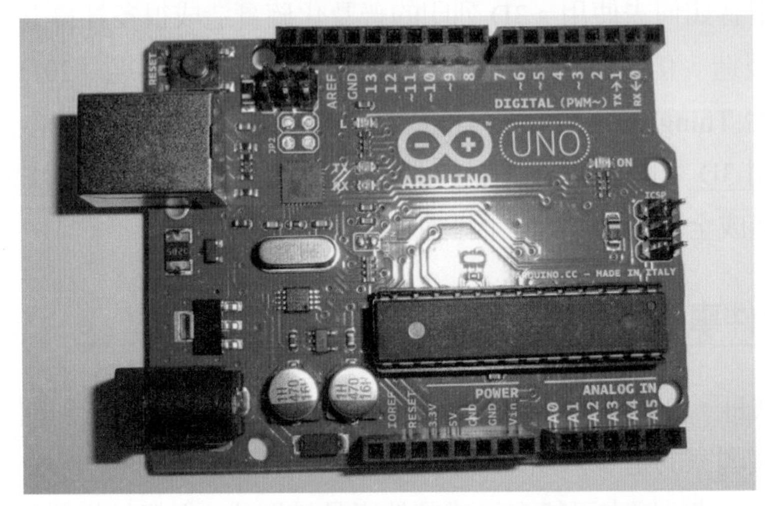

圖 15-24　Arduino 的開源關係在 3D 列印發展功不可沒

(圖片來源：https://pixabay.com/en/arduino-computer-cpu-373994/)

15-6-3　智慧財產權問題

積層技術的蓬勃發展，也造就許多周邊設備的快速發展，例如 3D 掃描器以及網路分享平台越來越多。只要一台 3D 掃描器就能將一個物品完整的複製數位化，如圖 15-25 任何人都能在網路上下載有版權的模型檔，如果網路分享平台沒有好好管理，將會延伸許多問題，設計師的創意很容易被剽竊。近幾年因爲網路數位資料的智慧財產權受到重視，所以創用 CC 因此產生，可以保護的範圍非常的廣泛，像是音樂和圖像，還有創客常用的數位製造圖檔，都可以透過創用 CC 來得到保護，而這個保護在完成數位創作時就已經產生保護，所以不必擔心辛苦設計的數位智慧財產被抄襲，而且有創意的人是不用特別擔心被剽竊的。

圖 15-25　網路上很容易下載具有版權的 3D 模型

參考文獻

1. 2016/5/3, 英國瘋狂 Maker 再衝一波，自造者運動就是應該這樣玩，Techorange 科技報橘。
2. Fablab 維基百科，https://en.wikipedia.org/wiki/Fab_lab
3. 小玉秀男維基百科，https://ja.wikipedia.org/ 小玉秀男
4. 廢柴機器人大賽，https://www.facebook.com/Hebocon.Taiwan/
5. 享印學堂，http://www.Sharin-studio.com/
6. 2015/5/4，3D 列印的黑暗面 – 武器、毒品與仿冒品，Digitimes，魏淑芳。

1. 創客 (Maker) 三個主要精神爲何？
2. 請舉例三個創客空間 (Maker space) 常用到的數位製造設備。
3. 請舉例三個在台灣的非營利 Maker Space。
4. 試討論創客空間的成功要素。
5. 腦力激盪，嘗試思考在日常生活中，我們可以利用 FDM 型的 3D 列印工具幫我們解決那些問題？
6. 請舉例三款免費的 3D 繪圖軟體。
7. 請問創客就是創業家的意思嗎？試著解釋兩者之間差異處與共同點。
8. 請舉例至少兩個免費 3D 模型下載的網站。
9. 試討論 3D 列印的普及可能造成的社會問題。
10. 何謂創用 CC ？其用意爲何？

16

積層製造設計
Design for Additive Manufacturing

本章編著：
鄭正元、AAMER NAZIR、AJEET KUMAR

16-1 前言

16-1-1 積層製造設計

積層製造設計 (Design for Additive Manufacturing, DfAM) 是指利用不同積層製造技術的特性，在設計階段時對物件進行客製化、個性化以及保持強度的輕量化設計。積層製造設計技術使設計者能夠創建複雜的幾何形狀，同時減少製造困難、大幅縮短製造時間並且減少組裝需求和物流成本。利用積層製造設計技術，設計者能夠使物品完整表現出積層製造技術的所有特性，並且具有更複雜的幾何形狀。這些複雜的幾何形狀若使用傳統的製造方法進行製造，將造成許多製造困難甚至不可能實現。

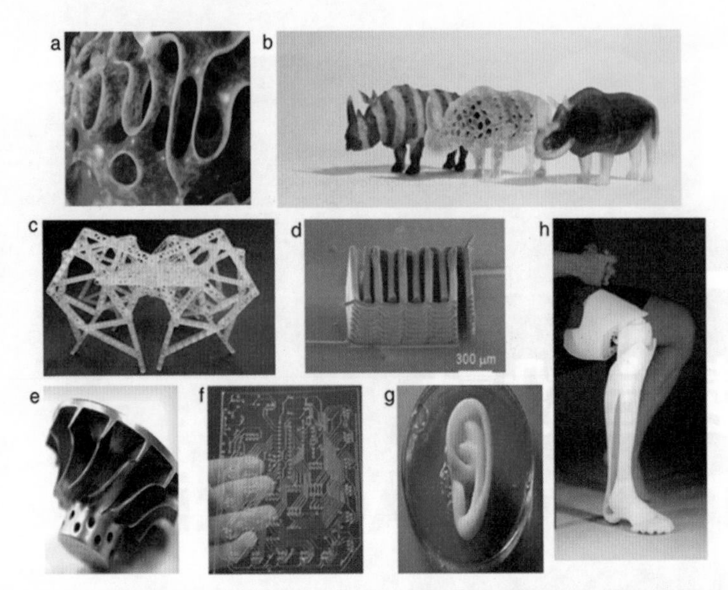

圖 16-1　可利用積層製造之物品範例。(a) 以自然界形狀為靈感的藝術品；(b) 以梯度材料展示可立體像素化的三種犀牛公仔；(c) 仿生獸機構；(d) 可充電鋰離子電池；(e) 金屬渦輪；(f) PCB，(g) 人造耳，(h) 義肢

16-1-2　積層製造設計之動機

創新的研究會刺激商業發展，而商業發展也會促使研究進行創新。積層製造的特性包括：功能複雜性，層次複雜性，形狀複雜性以及材料複雜性；爲了充分利用這些特性，我們應該重新思考製造設計 (Design for Manufacturing, DfM)，因爲在傳統 (減法) 的設計和加法設計方法中，兩者的要求和考慮因素大相徑庭，因此將傳統設計方法應用於積層製造在本質上是不切實際的。有鑒於此，了解積層製造的考慮因素和極限，例如支撐結構、後處理和新材料的應用等，將是完整利用該技術的關鍵。

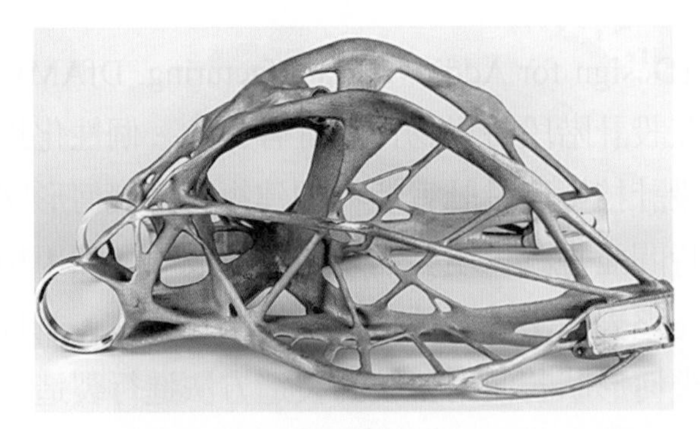

圖 16-2　此電動自行車的搖臂是使用 Autodesk 軟體專門設計的

[圖片來源：Autodesk]

16-1-2-1 積層製造的可能性

針對不斷成長的積層製造技術，顛覆傳統、打破遊戲規則和創新只是其中幾個用以描述的詞語。積層製造源自查克·赫爾 (Chuck Hull) 最初的專利，也帶領傳統製造業進入工業 4.0 的數位化時代。3D 列印現已從製作打樣品發展爲直接製造的工具，目前利用 3D 列印已成功生產出許多物品。這種利用 3D 列印創造物品的概念，爲許多創作型藝術家、設計師和工程師帶來啓發，使他們將自己的想法用於 3D 列印技術的突破和相關發明。隨著 3D 列印的發展，發明家、設計師和企業家將新想法帶入生活中，使 3D 列印可製造的物件持續增加。如圖 16-3 所示，3D 列印可以在許多領域達到各式幾何形狀及應用。

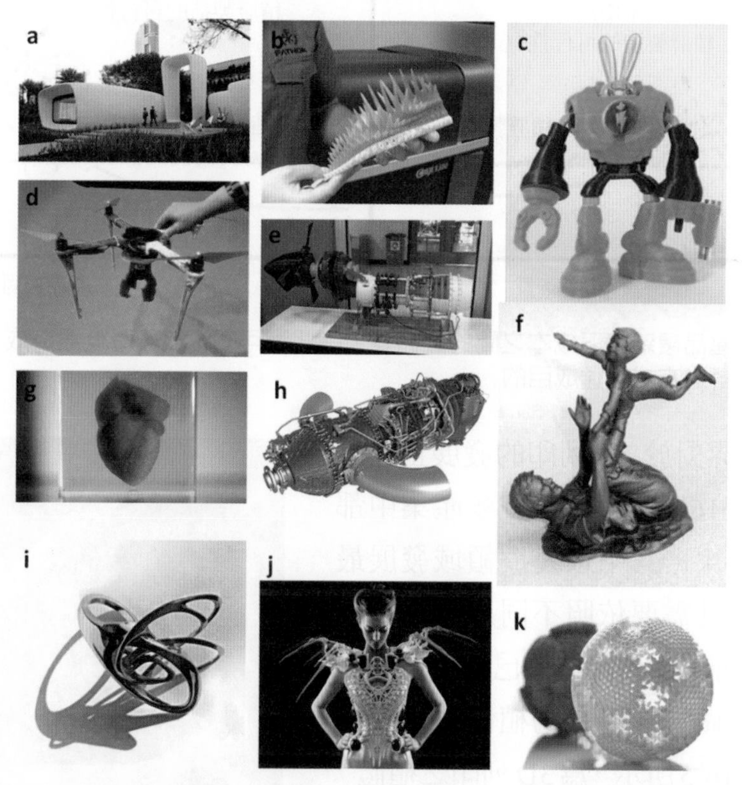

圖 16-3 近期列印 3D 物品之範例。(a) 世界上第一座以 3D 列印之功能性建築座落於杜拜 (b) Future Cities Lab 之 Paralux 長凳的 3D 列印模型，由 Fathom 公司列印 (c)3D 列印玩具，由 Mark Trageser 提供照片 (d)3D 列印零件，來自加州帕洛斯佛迪的 PVNet 學生。無人機底部的夾爪以碳纖維材料進行 3D 列印 (e) 縮小四分之一倍之勞斯萊斯 AE3007 渦輪噴射引擎複製品，由 David Sheffler 教授的學生在其噴氣引擎製造課程中製造 (f)3D 列印金屬雕刻品 (Tim King 提供照片)(g) 利用患者自身細胞列印的心臟 (來自臺拉維夫大學)(h)GE 的 3D 列印商用飛機引擎 (i)3D 列印珠寶 (由 Hans Koesters 提供)(j) 由 Anouk Wipprecht 設計的 Robotic Spider Dress，顯示 3D 列印可達到具有複雜幾何形狀的時裝。圖片由 Jason Perry 提供 (k) 由 3D 列印功能完整且形狀複雜的齒輪圓球 (圖片由長谷川徹提供)

16-1-3 積層製造設計所帶來的效益與機會

從圖 16-4 中可以看出，設計成本的增加可能將成為積層製造技術商業化的阻力之一。因此，為了降低設計成本，我們必須了解積層製造設計之工具以及其特性和限制。為了達到較高的經濟效益，理想的積層製造設計工具能夠引導設計者選擇設計參數、材料、幾何形狀以及使用之積層製造技術，讓設計者在不增加額外成本的前提下，產出針對積層製造技術的最佳化產品設計。

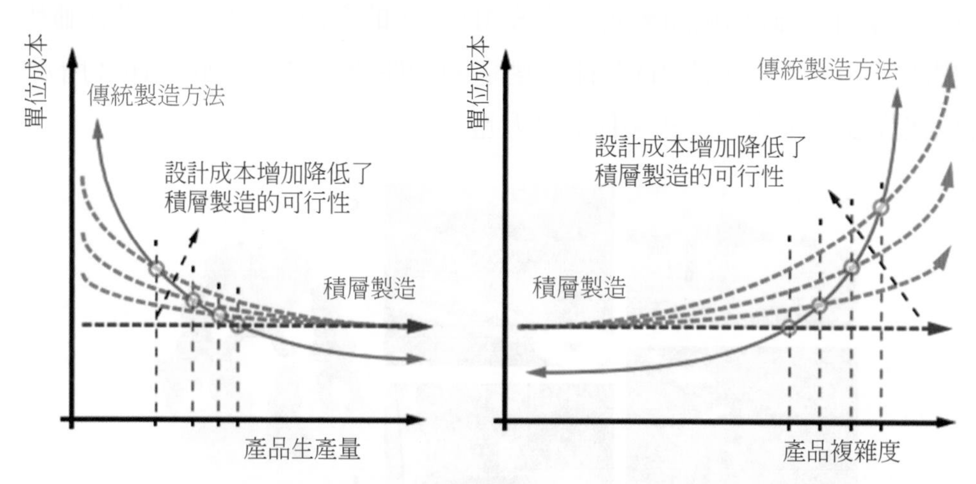

圖 16-4 產量、產品複雜度與成本之間的關係圖，由此圖可知，為了降低設計成本可以利用積層製造設計之方式來達成目的

目前全世界對於 3D 列印的發展正在迅速成長，如圖 16-3 所示，在許多產業中都擁有潛在的應用。其中以醫療領域發展最引人注目，因其需要依照不同患者進行不同的設計。當前 3D 列印技術已經以可根據患者需求，訂做獨一無二的植體以用於重建手術。如圖 16-5 所示，為 3D 列印之植體，將用於替換一位 80 歲的荷蘭女性病患之骨頭。目前的研究主要集中在人體組織的 3D 列印上，希望能夠在實驗室中重建需要進行替換器官以進行移植。

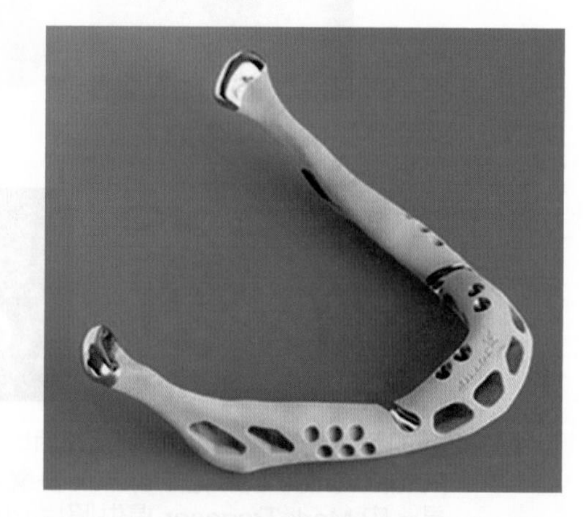

圖 16-5 透過選擇性雷射燒結以鈦合金粉末製成的人工顎植體，表面具有陶瓷塗層以模擬真實骨骼 (來源：LayerWise，2013 年)

16-2 積層製造的特性

目前傳統製造方法 (例如金屬材料的鑄造或聚合物材料的射出成型等) 的成本遠低於積層製造於大量生產時之成本，但是積層製造在生產少量多樣的零件時更加靈活、快速且便宜，因其具有傳統製造方法所沒有的特性，利於生產具複雜形貌的物品，並能輕易克服傳統製造方法的加工困難。積層製造的特性包括設計自由度、功能複雜度、形狀複雜度和材料複雜度。

16-2-1 設計自由度

在積層製造中，擠壓噴頭、雷射或材料噴嘴可以在零件橫截面中的任何位置處理或沉積材料，使製造方式的選擇上不會以零件形狀爲首要考量，因此零件的形狀是否與先前的零件不同並不會產生任何影響；另外，積層製造不需要模具或夾治具來製造不同的零件，在單一機器上即可製造多樣零件，無需使用或更換模具以及夾治具。傳統製造方式之限制如傳統車床只能加工圓形工件，牛頭刨床、龍門刨床只能加工平面物體；而積層製造克服了這些困難，並可以製造出自然界具有的獨特複雜形狀。

16-2-2 功能複雜度

利用積層製造可以製造複雜的幾何形狀、具有一定精度的功能性機構，若以傳統製造方式生產則需要組裝多個零件，例如齒輪機構、旋轉、圓柱、球形和十字接頭等。較少的組裝使供應鏈縮短，以節省勞力和運輸成本並且減少污染。

奇異 (General Electric, GE) 航空對積層製造進行十多年的評估，現已透過雷射積層製造熔化製程成功生產鈷鉻合金的 LEAP 引擎燃料噴嘴，如圖 16-6 所示。LEAP 引擎燃料噴嘴已通過地面測試，以及民用飛機認證。此零件取代了由 20 個零件裝配成的組合件，因此成本降低、重量減輕，並且不使用接頭以提高性能。每個 LEAP 引擎上有 19 個燃料噴嘴。GE 持續生產 25,000 至 40,000 個零件，預計到 2020 年之產量將可達到 100,000 個。

圖 16-6　利用 3D 列印之雷射燒結方法，以鈷鉻材料列印的 LEAP 引擎燃油噴嘴

16-3 積層製造設計的目標

根據前述積層製造特性，積層製造設計的目標必須不同於針對傳統製造之製造設計。因此，積層製造設計的目標是：透過積層製造技術可達到的最佳形狀、尺寸、蜂巢結構、梯度結構 (gradient structure) 和材料來將產品性能發揮極致。為此，設計者在進行積層製造設計時必須考慮以下積層製造的特性。

16-3-1 客製化的幾何形狀

積層製造與其他製造技術相比，具有大量客製化的一大優勢，由於積層製造生產系統與 3D 建模軟體緊密的整合，可以將每個傳送至 3D 列印機的檔案，以各種不同的軟體進行修改或客製化。以下將透過一個範例，完整介紹介紹訂製的概念。

在 2000 年代初期，西門子 (Siemens) 助聽器和峰力 (Phonak) 助聽器系統合作，進行以聚合物粉床熔融成型技術 (PBF) 生產助聽器外殼的可行性研究，典型的助聽器如圖 16-7 所示。助聽器外殼的生產需要一些人工調整，且每個助聽器必須經客製化設計，使其形狀符合使用者耳朵。而尺寸之配戴問題通常會導致每 4 個助聽器中，最多有 1 個被退貨，這個比例在其他多數產業是不能被容許的。

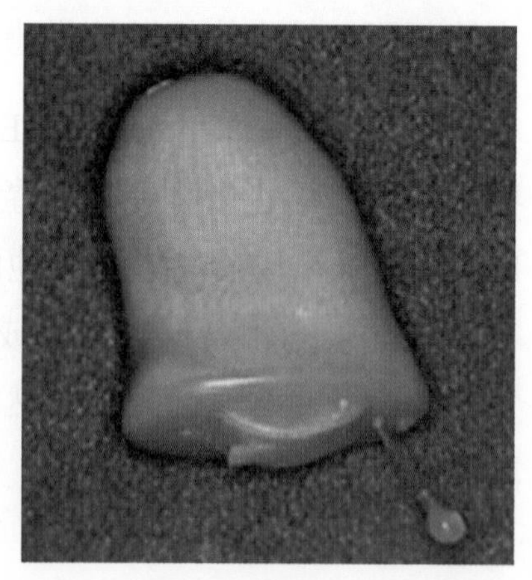

圖 16-7　西門子和峰力製造的助聽器

爲了有效降低退貨率並提高客戶滿意度，西門子和峰力將其助聽器之生產流程進行重新設計。爲了生產經過客製化設計的 CAD 模型，公司必須將實體建模 CAD 系統加入生產流程。透過雷射進行掃描，由患者的耳朵取得外型；再將點雲 (point cloud) 轉換爲 3D CAD 模型，並對其進行微調，確保尺寸及形狀符合；然後將此 CAD 外殼模型輸出爲 STL 檔，以供積層製造機器進行生產。

每個助聽器外殼都必須根據每個人的耳道所具有不同幾何形狀進行客製化。在積層製造中，可以同時製造數千個具有不同幾何形狀的助聽器外殼，由此可知積層製造可以實現大量客製化的大量生產。

16-3-2 複雜幾何形狀

積層製造生產之零件幾何複雜度通常遠遠超過傳統製造方法，與簡單的塊狀物體相比，製造複雜的形狀不需要額外的技巧、成本甚至時間。因此，設計者必須設計出形狀可能非常複雜的最佳化物體，甚至是利用蜂巢結構作爲填充，以減輕產品的重量同時提高強度。然而，與複雜幾何形狀相關的製造困難很多，例如過度燒結、最小化特徵尺寸、移除支撐材料、粉末移除等，在進行積層製造設計時必須將其納入考量。

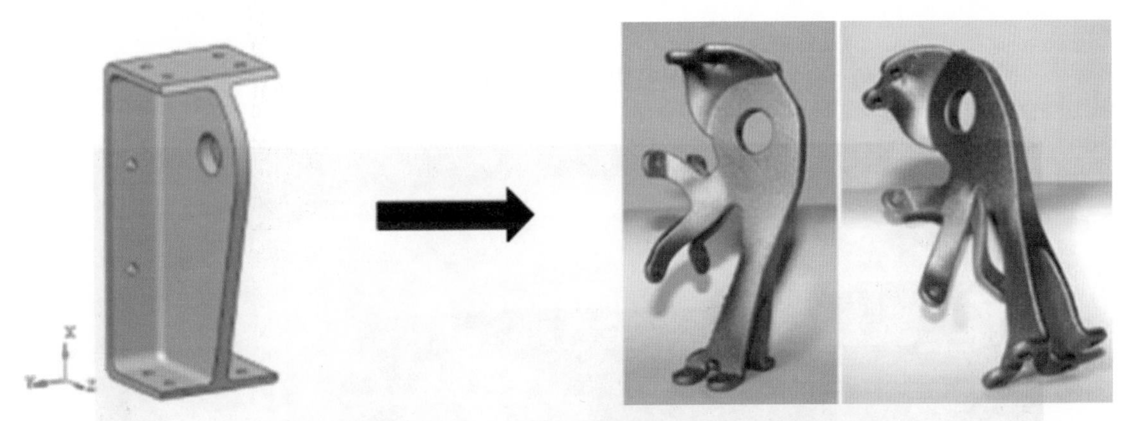

圖 16-8　原始零件 (左) 和專為積層製造所設計的零件 (右)

16-3-3 多功能設計

多功能設計是指使單一零件中實現多種功能的方式，進行零件的設計；透過積層製造的複雜幾何、多材料等特性，將零件合併來達成此目的。舉例來說，如圖 16-9 所示，如果我們希望得到一個零件，其兩端強度不同，則需要在零件中某區域中具有彈性，而在另一區域中呈現脆性；透過將材料只放置在所需的位置增加零件強度，即可以產生此多功能特性。隨著商用型多材料積層製造機器的開發，設計者應致力於將複雜幾何和多材料結合而成的多功能零件設計。

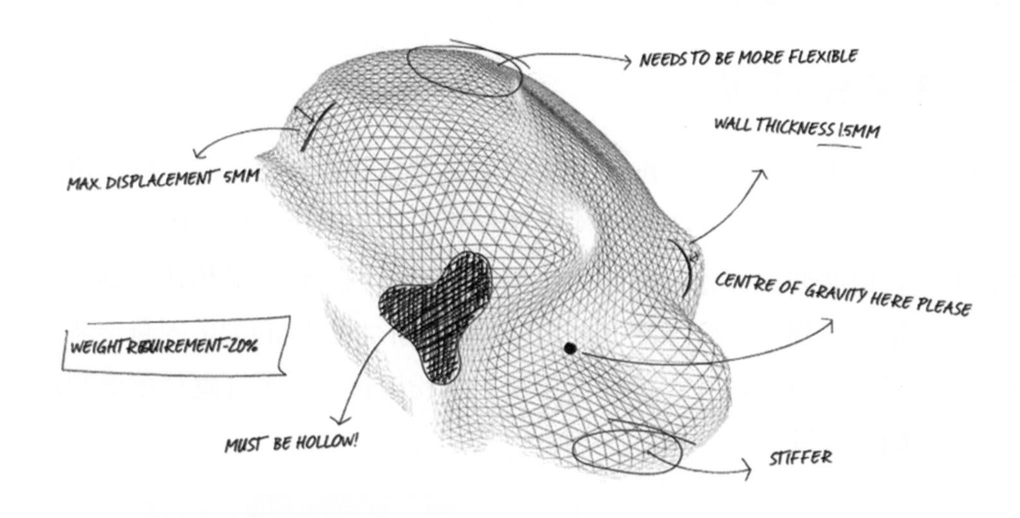

圖 16-9　物品展現多功能示意圖 (Courtesy Autodesk)

圖 16-10　銅合金與鋼的多材料積層製造 (圖片由 Aerosint 提供)

16-3-4 組合件的整合

因為積層製造可以製造複雜形狀零件的特性，因此設計者可以合併多個零件並將其重新設計，整合為單一零件。減少組裝將對企業產生極大影響，奇異(General Electric Company, GE) 工程師設計了民用先進渦槳飛機 (ATP) 進行大量生產，其使用之引擎也成為歷史上第一個以積層製造方式生產大部分零件之商用飛機引擎；設計者將 855 個零件減少至 12 個，如圖 16-11 所示，因此超過三分之一的引擎是由 3D 列印製造的。減少零件數量同時也能將減少管理成本、檢查成本、維修成本、倉庫需求、工具及使用扣件數量等。

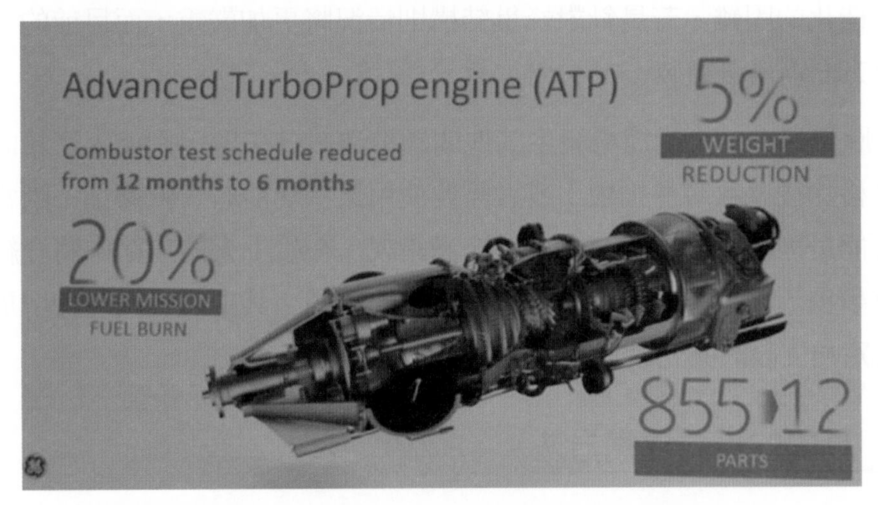

圖 16-11　ATP 引擎從 855 個零件整合成 12 個 (由 GE 提供)

16-4 積層製造的設計和建模策略

近期針對積層製造設計發表的文獻大量的被應用於研究領域中，在文獻中，積層製造設計之知識、規則、程序和方法的發展被視為積層製造主要面臨的挑戰；此外，缺乏對積層製造設計的理解將造成該產業的發展停滯，導致其在製造功能性零件時易受到限制；在兩者發展方面，積層製造產業的成長取決於其設計策略的發展，而設計方法的發展並不受限於積層製造技術。因此，為了協助積層製造設計的發展，需要一套完善的知識系統，包括針對複雜或大型之設計空間進行探索、針對多重尺度和介觀結構進行設計的新方法。本節將概述從基礎到進階的積層製造設計中和建模方法。

16-4-1　針對積層製造面臨之挑戰的設計與建模

積層製造技術取代傳統的製造方法，相比之下，前者在製造複雜的形狀時具有較多優勢；但是其建模方式存在限制，造成在創建複雜幾何形貌以及指定所需材料成分時遇到瓶頸。舉例來說，幾乎所有 3D 列印機都使用 STL 格式檔案進行製造，但是它存在很多問題，例如不包含拓撲、單位、顏色或材料使用資料等；由具體情形來看，要定義一個 10 公分且精度為 10 毫米的球體，則需要使用 20,000 個三角形，若以相同精度放大此球體將使三角形數量大幅增加，導致檔案佔據更多記憶體，使電腦在處理檔案時需要更高的運算速度，因此將造成設計、模擬和最佳化的困難，若是針對蜂巢結構則情況將更加嚴重，而目前的工作站電腦在運算方面還無法突破。

在積層製造中，可能還會發生其他問題導致設計失敗，例如太密集的支架，使得將其移除後導致零件損壞；或者需要使用某些功能時，軟體卻不斷當機。以上問題可能是因設計的太薄、太大或充滿錯誤。在接下來的小節中將介紹設計原則和注意事項，以幫助減少積層製造時產生的問題。其中的範例包含增加零件厚度、以特定角度設計其元素以及將支撐件放置於正確的位置。

16-4-2　基礎的實體建模方法

通常在準備 3D 列印的物品時，積層製造和其設計軟體具備參考以下設計原則的功能。

一、層厚

積層製造是一個層層堆疊的製程，層厚通常會對於列印成品的精度和準確性造成巨大的影響，例如大多數 FDM 列印機可列印的厚度範圍為 50 到 200 微米，這代表使用 FDM 製程無法列印厚度小於 50 微米的零件。每個積層製造技術可達到的最小層厚不同，並通常可以在廠商網站上找到相關資料。因此在設計具有精確尺寸的零件時，必須將層厚問題納入考量。

二、列印方向

列印方向是一個影響列印時間、精度和支撐結構分佈的數量之參數。舉例來說，以水平方向設計且具有懸空區域的物體可以在增加支撐結構的情況下進行垂直列印，但是會造成零件在品質上的影響；在垂直方向上，列印也將比水平方向花費更多時間。此外，水平列印零件所呈現的拉伸性質也與垂直列印的零件具有不同的表現。

三、懸空形狀

在列印時通常會使用支撐結構，以支撐零件的懸空形貌或傾斜的幾何形狀，若以旋轉角度的方式調整零件的列印方向，將可能可以減少支撐結構的使用，但是改變角度進行列印也會影響到成品的外觀。因此，在列印具有懸空和傾斜幾何形狀的零件時，最重要考量的即爲方向的選擇；通常在所有積層製造方法中，傾斜小於 45 度都需要使用支撐結構，而 45-90 度的形貌則可以不使用支撐結構進行列印，如圖 16-12 所示。

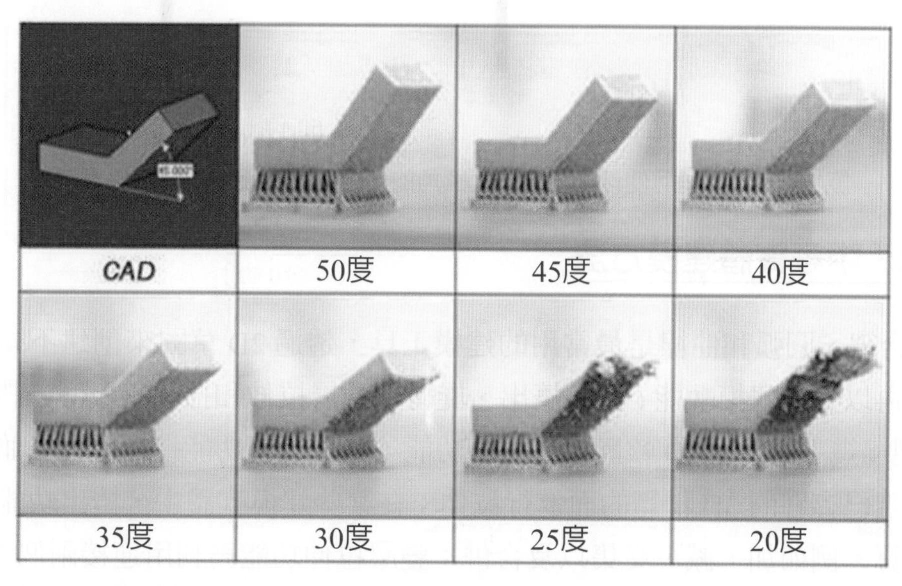

圖 16-12　隨著無支撐的角度下降到 45° 以下，成功列印的機會也隨之下降 (Proto Labs)

四、最小特徵尺寸

每種積層製造技術能達到的最小尺寸有所不同，因此在設計時還需考量製程的種類，以根據其所能達到的最小特徵尺寸進行零件設計，例如使用 HP Multijet Fusion 技術可以製造最小尺寸爲 1 mm 的特徵，但同時這也表示使用此技術無法列印厚度小於 1 mm 的零件。

五、倒角和圓角

在設計時，可以將倒角和圓角用於物體的角落或邊緣，使其呈現平坦或彎曲的形狀，以減少殘留應力；此外，倒角和圓角還可以減少支撐結構的使用並使成品更加美觀。

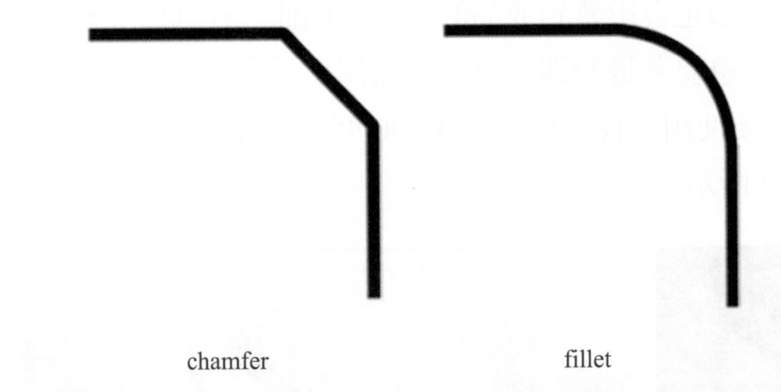

圖 16-13　倒角可使稜角變平，而圓角的使用可讓尖銳的邊緣較為圓滑

16-4-3　中等實體建模方法

聚合線、圓弧和曲線是最常用的建模工具，透過 2D 草圖來創建不同的幾何形狀，再以其他建模功能 (例如擠出、旋轉、疊層拉伸和掃掠等) 將它們轉換爲 3D 模型；幾乎所有 CAD 軟體都有擠出功能，可利用此功能進行建模；並且也可以針對現已存在的 3D 物體的面進行拉伸；在某些建模軟體中，擠出功能還包括布林運算，例如加、減、交集以及合併；疊層拉伸功能爲利用連接兩個 2D 曲面以產生 3D 物體，例如將正方形與六邊形進行疊層拉伸以創建金字塔的 3D 模型；旋轉功能則將封閉的 2D 草圖進行旋轉以轉換爲 3D 物體。還有其他 CAD 建模方式，可以參考軟體網站以了解完整的介紹。

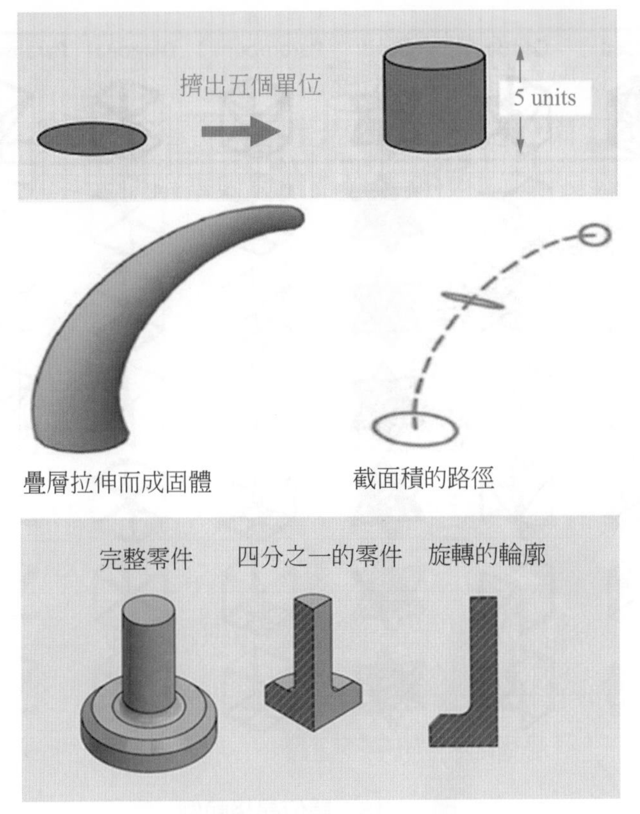

圖 16-14　使用電腦建模進行拉伸、疊層拉伸和旋轉功能

16-4-4　進階的方式

蜂巢結構的設計和最佳化，對於高強度重量比的物體扮演著非常重要的角色，因此大多數針對積層製造設計的高階工具都將重點放在積層製造之蜂巢結構設計上，以下將針對普遍用於蜂巢結構設計之方法進行討論。

一、單位晶格設計方法

目前普遍使用單位晶格設計方法來進行蜂巢結構的設計，因其可以簡單的表現出幾何特徵和進行分析；且從結構設計的角度來看，產生蜂巢結構的最簡單方法即爲三軸上複製單位晶格。目前有許多種設計單位晶格的方法，例如隱式表面方法、基元方法和拓撲最佳化方法等；並根據應用需求來選擇單位晶格的類型和形態，其中商業軟體 (例如 Materialise、Autodesk Netfabb 等) 也有提供一些單位晶格拓撲資料庫 (圖 16-15)。

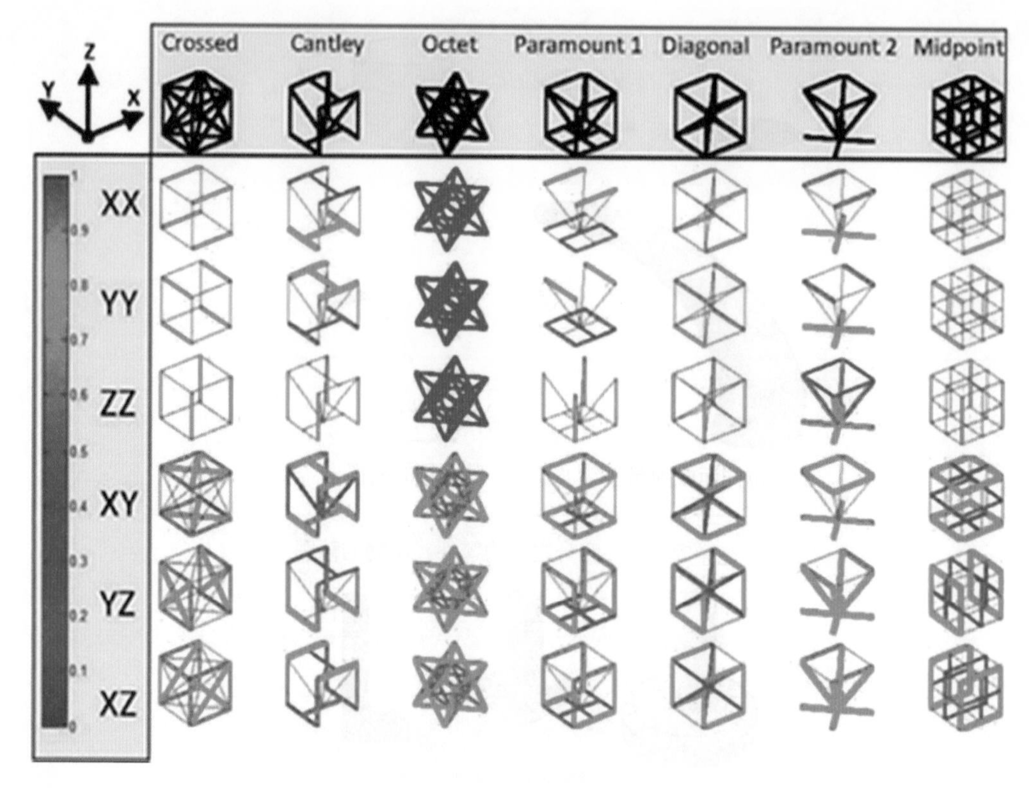

圖 16-15 單位晶格範例

二、混合式幾何建模

由於需要大量的布林運算，商業型的電腦建模軟體不適合用來進行複雜蜂巢結構的建模。為了克服這個問題，目前開發出一種混合式幾何建模方法，此方法利用複製單位晶格 (例如 Kelvin 泡沫和四面體蜂巢結構等) 的方式來創建三角表面。使用開放式圓柱形桁架產生可被複製的單位晶格，再以球體將其“密封”以連接，最後利用 Solid Modeler 對其進行布林運算。

三、拓撲最佳化技術

拓撲最佳化是指在離散 (固定桁架方法) 或連續體 (均質化方法) 元素的固定有限元網格上，將材料分佈進行最佳化，以在設計空間中適當地分配材料。晶格結構最佳化步驟的流程圖如圖 16-16 所示。

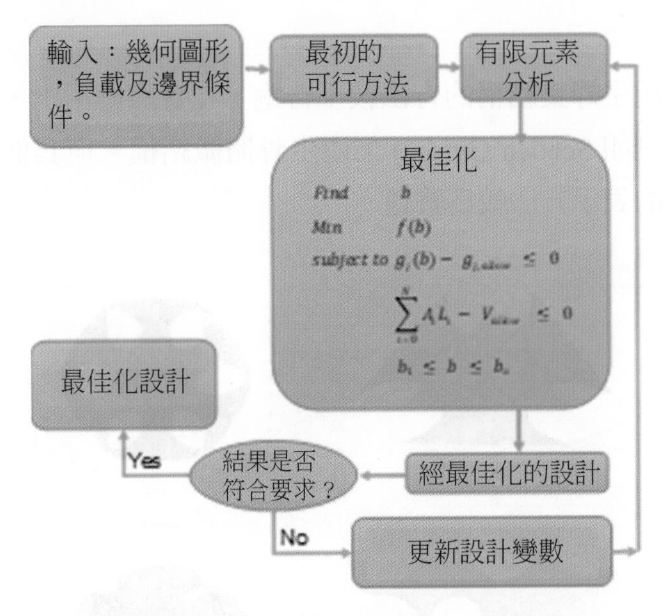

圖 16-16 最佳化晶格結構步驟之流程圖

均質化方法是以微機械爲理論根據的方法，將設計空間視爲一個人造複合材料，上面具有大量週期性排列的小洞，在完成最佳化之後，小孔區域被填充成實心，而將大孔區域之材料移除。固定桁架方法是一種尺寸最佳化，藉由不同的結構元素的位置、最佳之數量和排列方式來進行；並根據不同的負載改變結構的橫截面，再將橫截面極小的部分移除以獲得最佳化結果。關於拓樸最佳化方法的更多介紹將於下節討論。

四、體素建模

體素建模是一種利用圖像的方法，通常用於產生支架架構，這種方法更容易對模型進行修改，但是體素的幾何形狀需要透過高精度的影像和體積呈現。Starly 於 2006 年提出了一種利用簡單影像的方式來產生支架架構，他將 CAD 模型切成數張面積相同的二進位圖，然後再將其切成許多簡單、可堆疊的單位晶格 (帶有球體或空隙的立方體)。此方法可以建立 STL 檔案而無需處理三角曲面，但是僅對利用圖像切層模型的 3D 列印有用，而且體素模型在邊界處的精度較不理想。

五、隱函數方法

使用隱函數產生蜂巢結構的方法較不普遍，在實際應用上，可以利用一組週期性的隱函數 (例如 Schoen Gyroid) 來產生骨骼微結構。與其他方法相比，此方法對於蜂巢結構的表示方法較爲嚴謹。

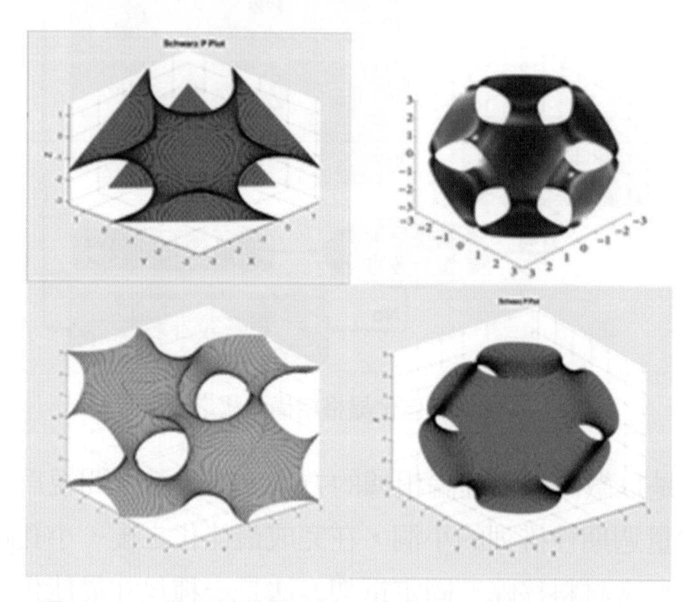

圖 16-17　使用隱式函數設計由曲面組成的蜂巢結構。

16-4-5　設計及建模軟體

使用商業型的電腦輔助設計和有限元建模軟體 (CAD-FEM)，如 ANSYS、CATIA、Creo、Solidworks 和 Mimics 等，通常可以爲零件產生複雜的幾何形狀並進行最佳化。以 CAD 軟體結合最佳化工具可以透過在零件表面產生桁架結構，對其複雜結構進行建模，最後再使用最佳化工具針對幾何形狀進行最佳化。ANSYS 擁有許多強大的最佳化工具，例如中央合成設計 (central composite design, CCD)、Box-Behnken 設計、類神經網絡 (neural networks, NN)、反應曲面法 (response surface method, RSM) 以及克利金法 (Kriging)；一般進行會運用到較多參數的設計時，使用克利金法和類神經網絡，而設計參數較少時則使用反應曲面法。Tinkercad、OpenScad 和 123D Design 是實體建模軟體，用於複雜度較低的的基本幾何形狀設計；Blender 則是一個高階的設計和建模軟體，使用一些進階功能設計複雜雕紋及形貌。

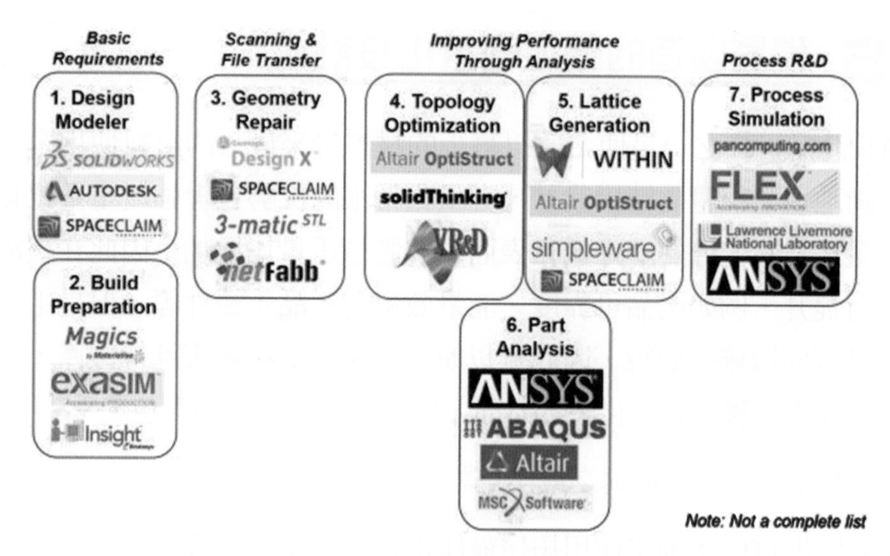

圖 16-18　可應用於積層製造的七個軟體，按需求分成為四類 (PADT Inc.)

K3DSurf(或稱爲 MathMod) 爲免費軟體，通常在學術研究中用來產生隱式曲面；Autodesk Inside 和 Altair Optistruct 都具有蜂巢結構之設計和最佳化功能，且將拓撲優化 (TO) 加入到產生蜂巢結構的流程中；目前 Autodesk 已將 Netfabb 和 Inside 整合成 Netfabb 2017.1，使其可以設計各種晶格拓撲、變密度晶格結構最佳化及進行有限元分析；Netfabb 還開發了選擇性空間結構 (3S) 功能，此功能具有標準的單位晶格資料庫，讓使用者除了可以透過節點及橫桿來產生新的晶格，也可以使用資料庫中的資源 (圖 16-19)；Simpleware ScanIP 是使用隱函數在零件內產生蜂巢結構的商業軟體；來自 Materialize 的 3-matic STL 以及 Paramount 的保形晶格結構 (conformal lattice structure, CLS) 都具有在設計空間中產生保形晶格結構的模組；最近開發的雲端軟體 ParaMatters 擁有獨特的設計平台，可在零件中產生輕量化結構和超材料，以製造出極輕量化之零件。

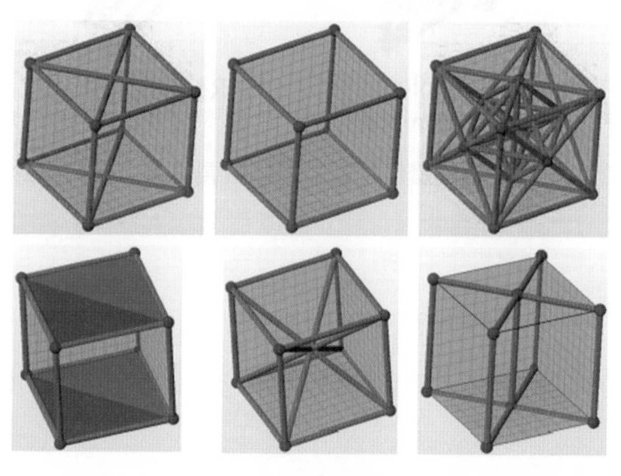

圖 16-19　使用 Netfabb 進行結構設計的晶格拓樸示意圖

16-5 積層製造的最佳輕量化設計

結構設計的目標之一是使希望以最少的材料帶來最大的材料使用率；因此在工程上不斷地追求輕量化結構設計，輕量化帶來的優勢包含強度重量比提高、能量吸收重量比提高、導熱率降低和表面積與體積重量比增加；因此在經濟和環境效益上有所提升，例如產品可靠度、能量效率和產品永續性等。但是由於輕量化設計通常具有極複雜的形貌，因此難以使用傳統製造技術來進行生產，由此凸顯出積層製造技術在實現輕量化設計方面，扮演著不可或缺的角色。

將積層製造中輕量化結構之最佳化設計大致分爲兩種：

1. 拓樸最佳化 (TO)：通常使用拓樸最佳化設計具輕量化結構的積層製造零件。
2. 蜂巢結構：蜂巢結構爲積層製造中重要的結構設計特徵，通常使用其達到輕量化效果；其特色是利用細長且薄的物體構成，例如支柱、橫桿或薄壁等。

16-5-1 積層製造中的拓樸最佳化 (TO)

拓樸最佳化是一種數學方法，透過將材料體素在設計空間中重新分配的方式，得到最佳的設計。透過最佳的材料分佈可以將重量減輕、強化剛性、改善導電性等同時符合設計上的限制。

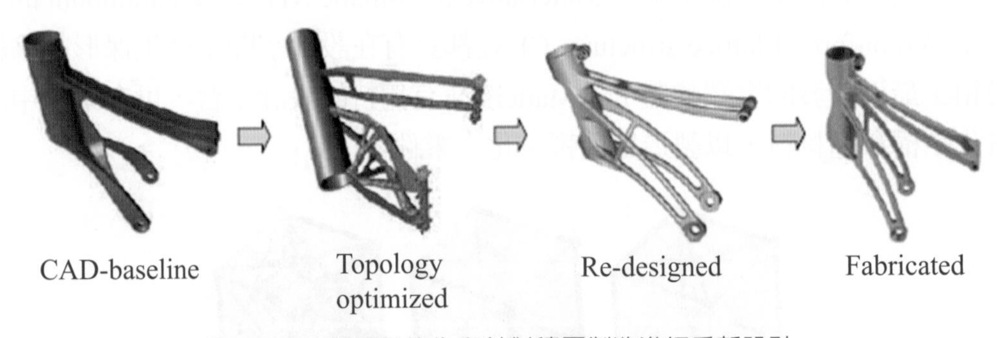

圖 16-20　拓樸最佳化和針對積層製造進行重新設計

與尺寸和形狀最佳化不同，拓撲最佳化不限制設計拓撲，因此能夠產生局部的幾何最佳化結果；透過移除或增加體素，甚至對單一體素進行局部填充可以達到變密度設計。TO 零件通常會展現出極複雜的形貌，因此使用積層製造進行生產製造。

一、積層製造的拓樸最佳化方法

目前以固體等向性懲罰函數法 (Solid Isotropic Material with Penalization, SIMP)、結構演進最佳化法 (Evolutionary Structural Optimization, ESO) 和等位集拓撲最佳化方法 (level set topology optimization methods) 爲主流，每個方法都具有其獨特性，同時也具有密切關連。

ESO 被歸類爲硬移除法，此方法反覆刪除或增加材料；並採用啓發式準則計算出的靈敏度資料。因此 ESO 相對簡單實現，顯示出含有複雜物質的拓撲最佳化之優勢。積層製造主要的 TO 方法爲 SIMP 和等位集拓撲最佳化，而大多數積層製造都採用 SIMP 方法。

SIMP 中典型最小化順從性問題 (compliance minimization problem) 爲

$$\min.C = U^T KU = \sum_{e=1}^{n} u^e k^e u^e = \sum_{e=1}^{n} (\rho^e)^p k_0 u^e$$

$$s.t.V = \sum_{i=1}^{n} \rho^e v_0 \le V_{\max}$$

$$KU = F$$

$$0 < \rho_{\min} \le \rho^e \le 1$$

其中 U 和 F 分別是整體位移向量和負載向量；K 是整體剛性張量 u^e 是元素位移向量；K^e 是內插密度後的元素剛性張量；k_0 和 v_0 分別爲剛性張量以及固體元素的體積；ρ^e 是元素密度；$\rho_{\min}$ 是下極限；$V_{\max}$ 是總材料體積的上限。

二、TO 的優勢

結構最佳化通常在產品開發過程中具有極大的潛在利益。

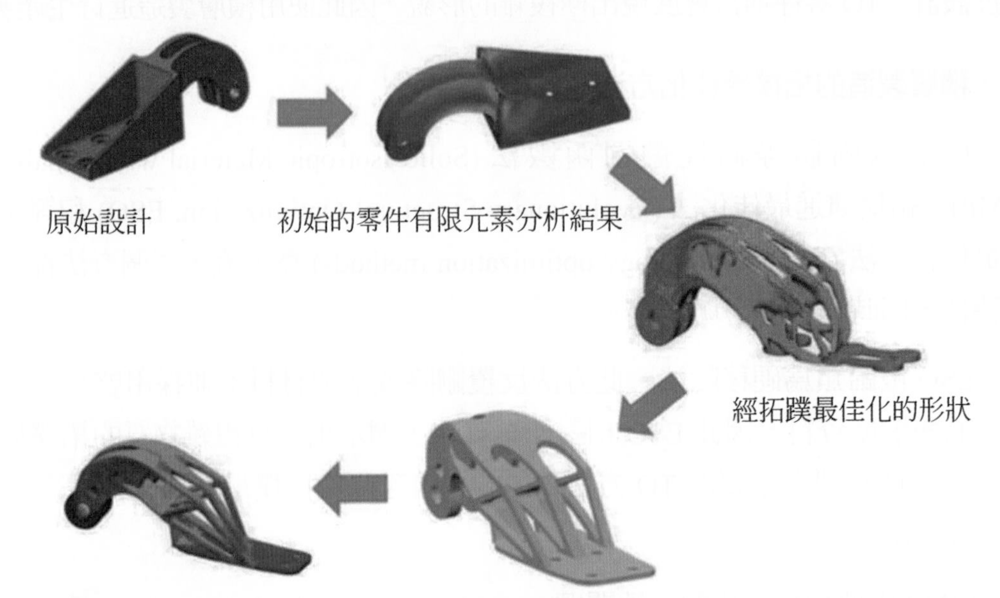

圖 16-21 拓撲最佳化步驟

尤其具有以下優勢：

1. 產生輕量化結構
2. 產生可立即製造的設計
3. 縮短上市時間
4. 大幅節省材料
5. 減少物理試驗
6. 大幅節省製造過程中之能量消耗
7. 減少建立產品原型

三、個案研究

本節以噴氣引擎托架爲例進行研究，以凸顯拓撲最佳化設計方法在與積層製造相結合的情況下，產生輕量化產品的潛力。原始托架來自奇異 (General Electric, GE) 所設計。

1. 原支架的分析：針對原支架進行結構有限元分析 (如圖 16-22a)，以得知零件中的應力分佈；圖中顯示出零件中所有負載情況的 von Mises 應力分佈 (圖 16-22b)，零件大部分面積以藍色顯示，表示材料使用效率低，代表這些區域可能需要將材料移除，因爲它們對零件性質的影響可忽略不計。
2. 拓撲最佳化：在本研究中，使用拓撲最佳化設計方法並考慮四個負載條件，以對支架進行重新設計。本研究的目的是除了滿足設計需求之外，還要達到輕量化。使用 Altair Hypermesh 14 Optistruct 商業型軟體進行拓撲最佳化 (圖 16-22c)，針對積層製造重新設計之拓撲結構最佳化零件 (圖 16-22d)。
3. TO 零件上的有限元分析：重新設計的零件必須承受相同的機械負載，同時滿足相同的設計需求；最終設計必須以原定的設計標準 (即屈服強度) 進行驗證，並以 ANSYS R17 學術教育工具完成結構驗證分析 (圖 16-22e)，最終使用積層製造技術進行製造 (圖 16-22f)

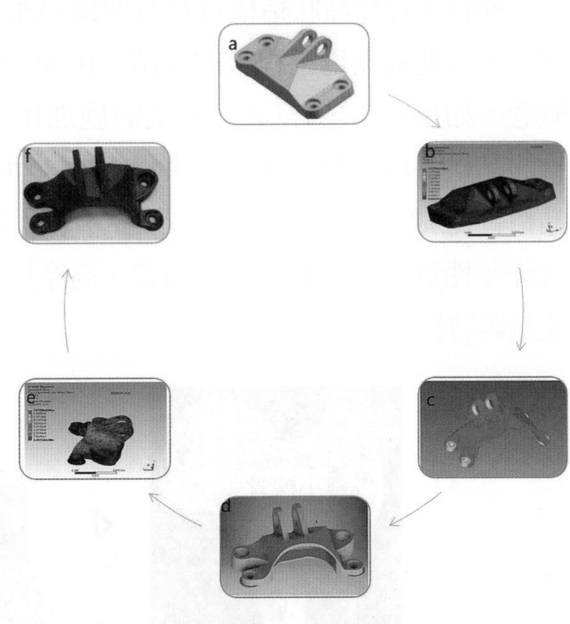

圖 16-22　托架的拓撲最佳化步驟

16-5-2　蜂巢結構

在工業 4.0 時代，工程和工業應用朝向永續概念發展，其重點在不影響產品功能的情況下，使用更少的材料，更簡便的製造方式和更少的能源消耗來進行設計和製造產品。從工業革命開始，人類就已經開始對自然資源進行開發，但是並沒有重視發現永續發展的重要性。然而，自然界爲了長期保存或節省能量而進行了結構設計，使其外型發展成適合周圍環境的形態、輕量或是在結構和功能上具有最佳的表現。因此，利用一些功能性的蜂巢結構爲大自然設計的關鍵；因爲蜂巢結構具有多孔性且通常固體之體積分數較低，使自然界物體展現出高效率和最佳的性能。利用平面、支柱或微小的單位晶格，再藉由週期性的或隨機的相互連接以組成晶格，常見於自然界中，例如軟木、海綿、骨骼、珊瑚和木材等；並且在埃及發現的人造木製品中，觀察出人類對晶格結構的使用至少擁有 5000 年的歷史。另外，相對密度是蜂巢結構最關鍵的特徵，其被定義爲該材料之蜂巢結構密度與固體密度之比例；在設計上，我們可以利用相對密度、單位晶格大小、壁厚、規律性、單位晶格的連接方式以及材料來定義蜂巢結構。

一、自然界的蜂巢結構

骨骼具有蜂窩狀結構且具有與鑄鐵相同的強度，但在承受壓力時，質量較木材少，因此被稱爲工程上的奇蹟；由圖 16-23(a) 中的小梁骨，可以發現變密度的概念。如果在 X、Y、Z 三軸上的施加相等的作用力，則骨骼通常會形成接近等軸的晶格；但是如果應力發生變化，則與其他區域相比，承受較高應力的區域，晶格會更加密集。軟木塞是自然界中較大的蜂巢結構 (如圖 16-23(b) 所示)，並結合許多性質，它具有隔熱、隔音、高摩擦係數、化學穩定、耐火並可以吸收撞擊能量等特性，但是重量極輕。

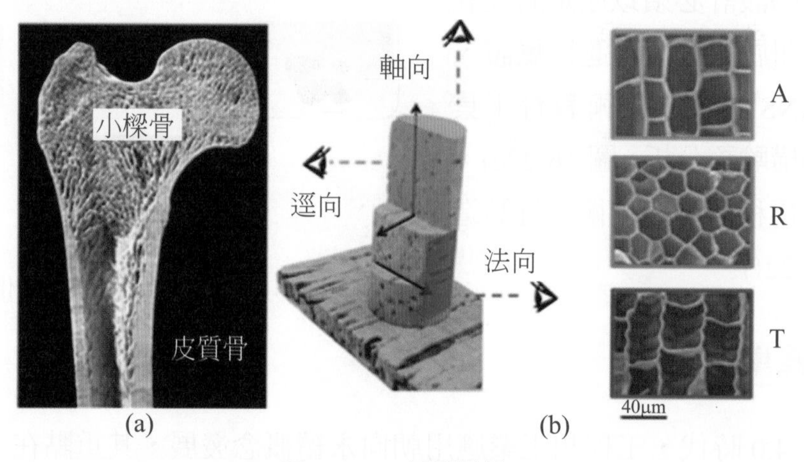

圖 16-23　蜂巢結構

二、開放式蜂巢結構

在自然界中，蜂巢結構被視爲稜柱形晶體的二維陣列或是多邊形晶體的三維陣列，而晶體可以具有許多不同的形狀、不同的排列形式和平面填充方式，其所具備之微小結構將導致多孔材料呈現不同的機械性質並且具備不同的功能。晶體分類如圖 16-24 所示。

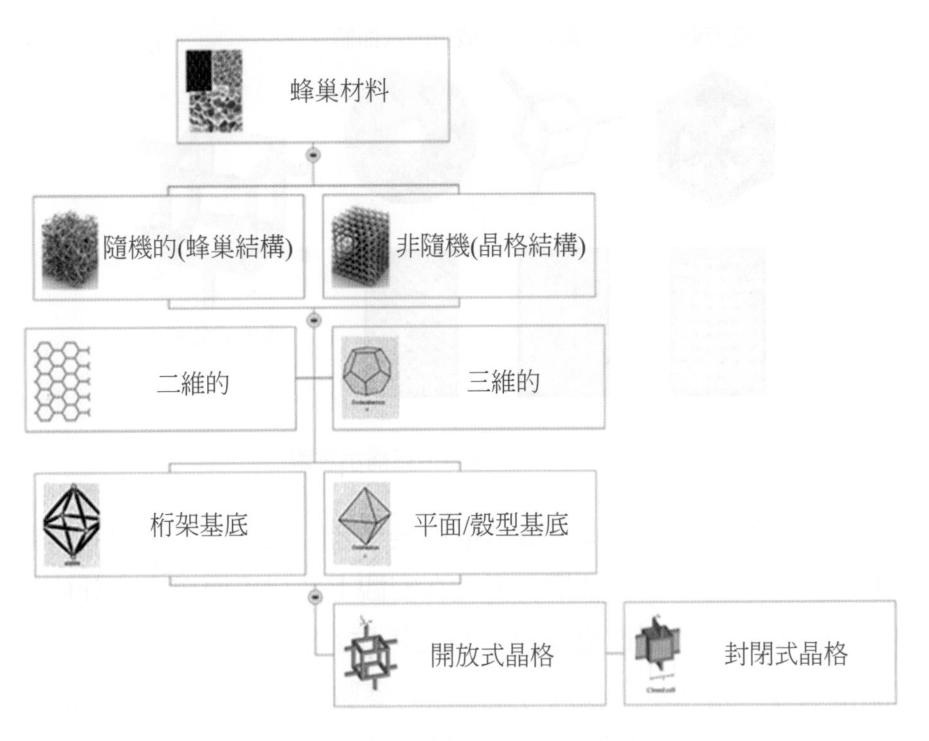

圖 16-24　蜂巢結構的分類

開放式蜂巢結構是由桁架或平面組成，且在這些桁架或平面之間具有空隙或開口；並透過將桁架或支柱連接在特定節點上，以不同尺寸、不同連接方式的桁架或支柱定義這些晶體。

2D 晶體是最簡單的結構，由多邊形進行陣列填充二維平面，再於三維空間中擠出成立體。3D 晶體由多面體晶格填充三維空間中，並可以具有等向性或異向性的機械性質。

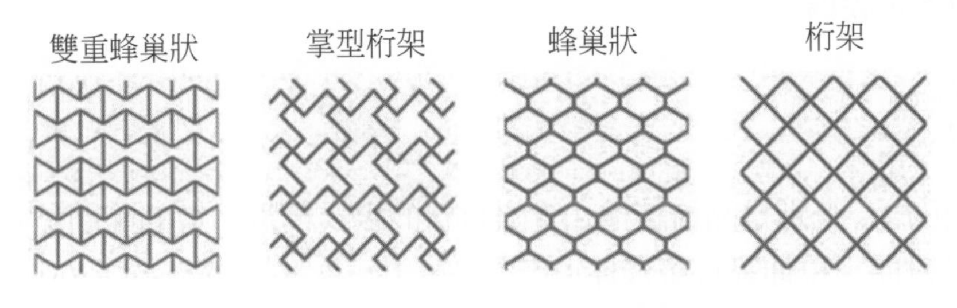

圖 16-25　二維晶格結構示意圖

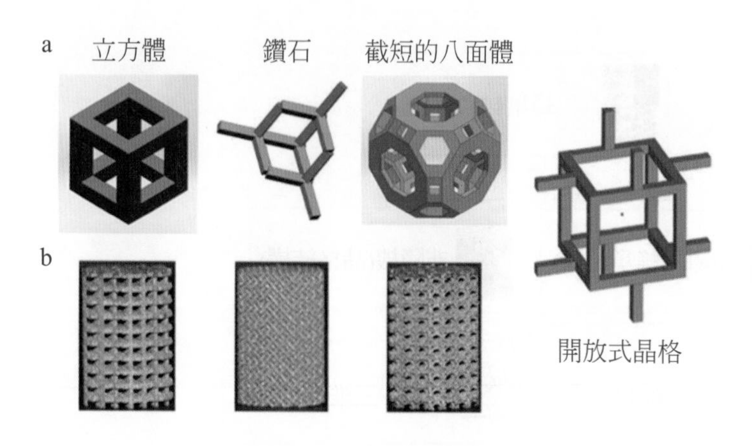

圖 16-26　三維晶格結構示意圖

晶格結構呈現的行爲可以被視爲結構或是材料，在單位晶格中，只要考慮到形狀特徵和性質，便將其視爲結構；但是在宏觀上進行平面填充或評估其均質特性時，則類似於材料。透過改變單位晶格之拓撲 (相連性) 或單位晶格之幾何形狀 (單位晶格尺寸、桁架或平板尺寸) 之類的參數，就可以顯著改變諸如聲學、介電能力、機械性質等物理性質，達成原材料無法達到的性質。

最重要的結構參數是相對密度 (ρ*) 和楊氏模數 (E*)

$$\rho^* = \frac{\rho_{iattice}}{\rho_{Solid}}$$

其中 ρ_{iattice} 是晶格結構的密度，而 ρ_{solid} 是實際材料的密度。相對密度 ρ* 的範圍從 0 到 1，1 則表示晶格是完全實心的。

$$E^* = C_1\rho^{\times n}$$

其中 E* 定義爲

$$E^* = \frac{E_{iattice}}{E_{Solid}}$$

$E_{iattice}$ 和 E_{Solid} 分別是晶格結構和實際材料的楊氏模數。C_1 的範圍是 0.1 到 4.0，n 值取決於彎曲、拉伸等負載條件。

因此，影響蜂巢結構的四個主要因素是：

i.　晶體之材料特性

ii. 單位晶格之拓撲和幾何形狀

iii. 蜂巢結構的相對密度

iv. 單位晶格於空間中的平面填充

晶格結構產生變形時，若於緻密化區域呈現以彎曲或拉伸爲主的行爲，即視爲失效。

通常根據其呈現之行爲，將晶格結構分類爲以彎曲爲主或以拉伸爲主。彎曲爲主的結構會承受彎矩，因此是順應性的，而拉伸爲主的結構則承受軸向負荷，代表它比彎曲爲主的結構更強。可以根據馬克士威的穩定性準則來確定晶格結構是彎曲或是拉伸爲主，以 M 值進行判斷，其中 b 代表支柱數量，j 代表接頭數量，如下所示。

$$2D 結構：M = b - 2j + 3$$

$$3D 結構：M = b - 3j + 6$$

如果 $M < 0$，該結構以彎曲爲主。

如果 $M \geq 0$，該結構以拉伸爲主。

三、封閉式蜂巢結構

如上所述，自然的蜂巢結構可分爲兩種：(a) 開放式蜂巢結構，或 (b) 封閉式蜂巢結構。在自然界中，軟木、輕木和樹葉擁有封閉式蜂巢結構，而骨頭則具開放式蜂巢結構。在設計方面，封閉式比開放式更爲複雜。

封閉式蜂巢結構設計原理：

1. 利用開放式晶格結構達到主要的機械性能，再利用薄壁將其封閉做爲補強。
2. 在一個單位晶格中，晶格之表面相較於晶格邊緣通常佔較多體積，因此如上所述，晶格表面將會決定主要的機械性能。樹葉等天然材料、某些聚合物和玻璃皆爲此種情形。

圖 16-27　封閉式之鋁發泡體 [padtinc.com]

封閉式蜂巢結構設計可以再細分爲整體封閉式蜂巢結構或局部封閉式蜂巢結構。

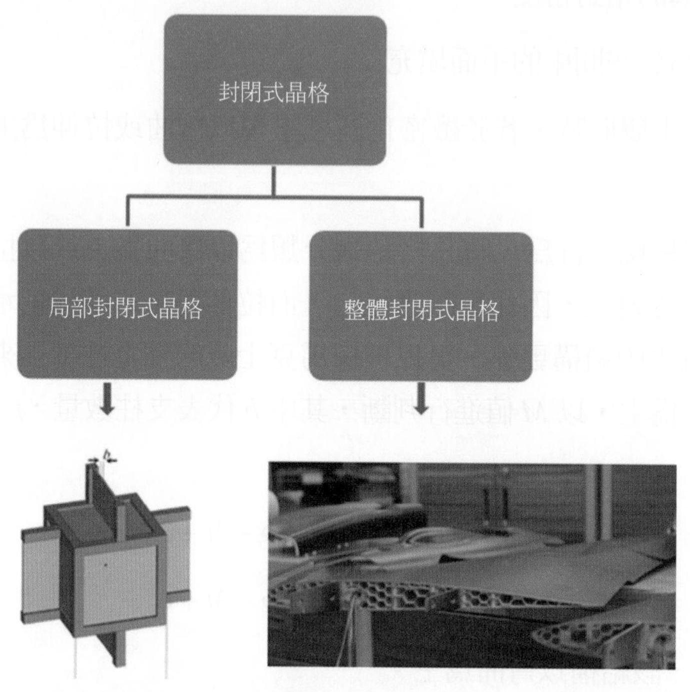

圖 16-28　局部封閉式晶格和具蜂巢形狀之整體封閉式蜂巢結構的 3D 列印無人機機翼 [stratasys.com]

在整體封閉式蜂巢結構中，以薄壁或厚壁將開放式蜂巢結構由外部完整封閉。

在局部封閉式蜂巢結構中，每一個單位蜂巢結構都以薄壁或是厚壁進行封閉，並填充在所需的範圍中。

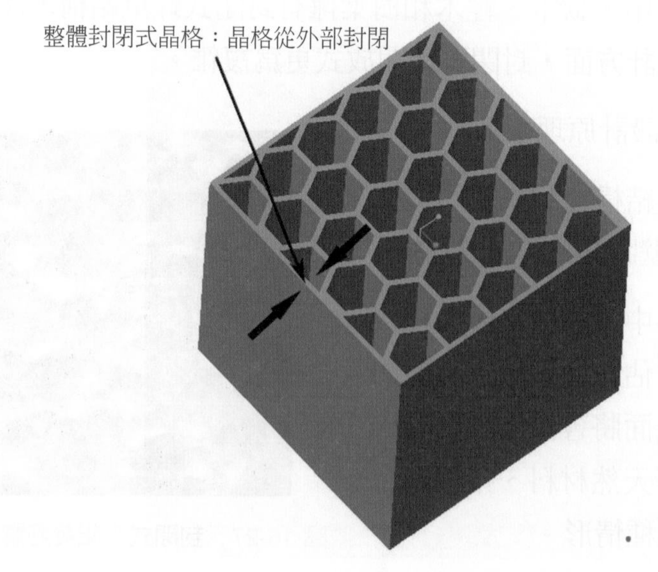

圖 16-29　從外部將開放式晶格封閉，稱為整體封閉式晶格 [NTUST]

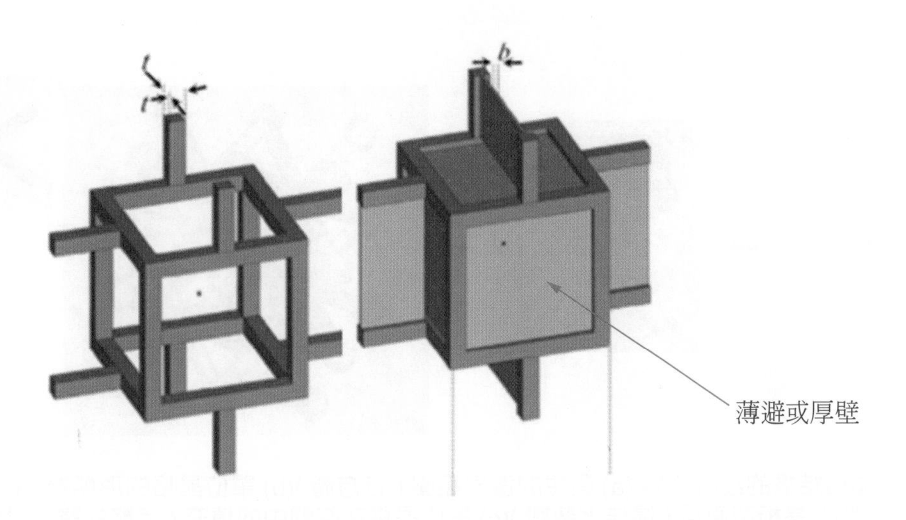

圖 16-30 單位開放式晶格用薄壁或厚壁封閉，稱為局部封閉式晶格

從封閉的範圍中移除支撐結構或支撐材料，爲封閉式晶格結構在製造時面臨的挑戰，且在後處理時，也無法在不破壞結構的前提下，於封閉的晶格結構內將其移除。因此可利用材料擠製成型技術製造無支撐結構的封閉式晶格結構，而無支撐的晶格結構在製造上也較爲簡便，因其本體結構即可達到支撐效果，所以在製造過程中不需要任何支撐結構。

四、蜂巢結構設計步驟

晶格結構的設計受其三個主要特性影響：

1. 以應用爲考量的單位晶格設計
2. 進行最佳化的參數選擇
3. 單位晶格結構的填充

(1) 以應用爲考量的單位晶格設計

單位晶格是蜂巢晶格結構的基本組成單位，蜂巢結構以單位晶格性能之表現爲主，以決定整個結構的行爲。在單位晶格上的設計從決定假想四方體之 X、Y、Z 邊長尺寸開始，以設定單位晶格之邊界範圍；X、Y 和 Z 的大小可以根據應用需求變化，在此邊界範圍內，桁架或平面根據設計要求形成相連或相交以組成單位晶格的拓撲結構，如下圖所示。

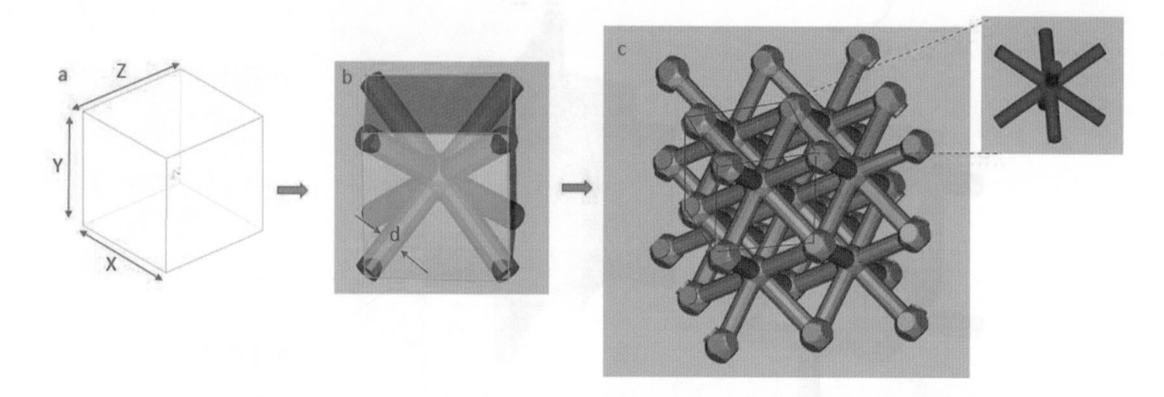

圖 16-31　晶格結構的設計步驟 (a) 假想的邊界範圍 (立方體)(b) 單位晶格的形態為 BCC 結構，“d”是桁架直徑 (最佳化參數)(c) 單位晶格在空間中的填充 (完整的單位晶格填充於邊界之間)

單位晶格可以透過三種方式進行設計：

i. 基元設計：以幾何基元組成單位晶格，再將其組成蜂巢結構，即爲基元設計方法。此方法主要以簡單幾何基元進行布林運算。

ii. 隱式設計：隱式的表面表示方法，晶格的表面由數學式進行定義。

iii. 仿生設計：取材自大自然並將其應用於設計中，也因此開拓了仿生科學的新領域。仿生科學即爲研究自然界的現象，進而模仿其設計以解決人類在各領域面臨的問題；舉凡蜂窩、泡沫、小梁骨、貝殼、海膽和木材皆爲自然界的蜂巢結構，由於其結構形態，它們皆呈現出良好的機械性質。

(2) 進行最佳化的參數選擇

接著根據作用在蜂巢結構上的負載性質，選擇用於晶格結構最佳化的參數，如上圖所示，桁架直徑“d”即爲最佳化參數。負載的性質可分爲重力負載、壓縮、拉伸、扭轉、彎曲和剪切或是以它們進行組合；此外，這些負載可以施加在一個或多個方向上，例如單軸、雙軸或以流體方式等；並且具有不同的持續時間，如不同的應變率、疲勞和振動等。因此可以透過三種資訊如負載類型、受力方向和應用周期來準確地描述負載條件。

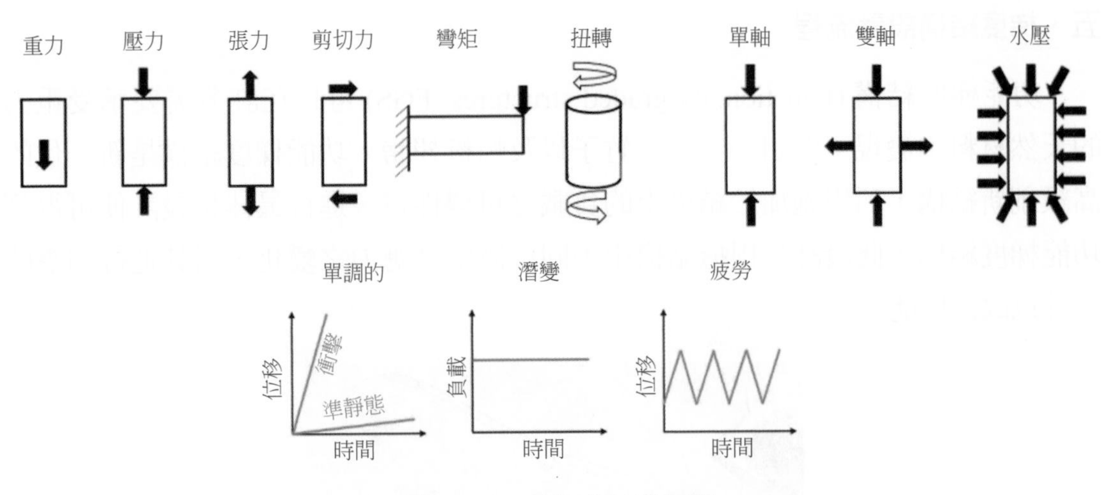

圖 16-32 不同的負載性質

(3) 單位晶格結構的填充

接著將決定單位晶格如何排列在所需空間中，以形成完整的晶格結構；單位晶格的排列可分爲周期性排列、隨機排列或階層式排列。

週期性填充可以在自然界中的蜂窩發現，每個晶格以相鄰兩邊接觸的方式堆疊在一起，也可以參考圖 16-33 所示。

隨機填充並非以多邊形 (或多面體) 的堆疊形成一個完整結構；相反的，爲利用基礎函數產生，由函數內部指定其隨機分佈之狀態。隨機填充通常使用 Voronoi 圖表示。

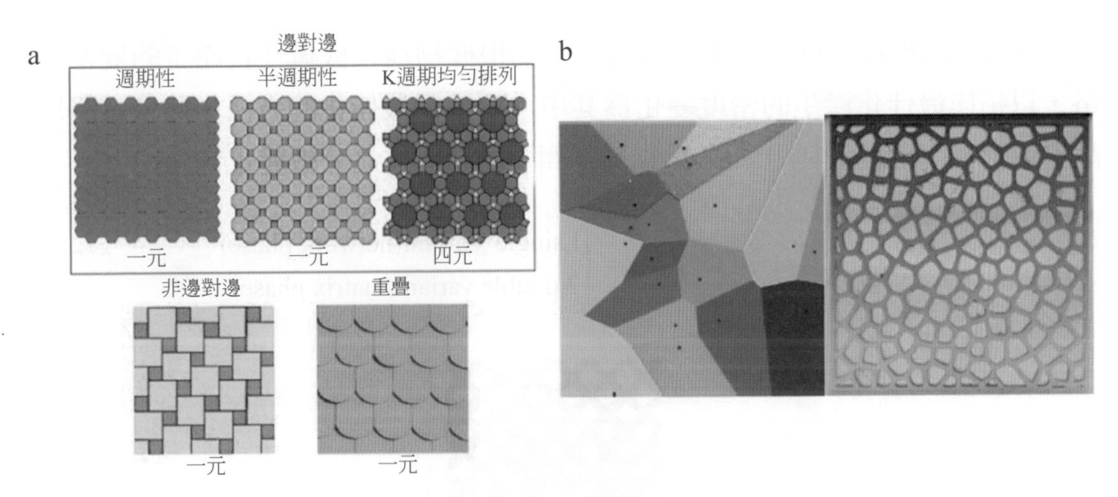

圖 16-33 填充類型 (a) 週期性填充 (b) 可於 voronoi 結構中發現之隨機填充

五、梯度結構設計流程

功能梯度結構 (Functionally graded structures, FGS) 可以在許多需要承受重力的天然材料中發現，例如小梁骨、竹子以及蜻蜓翅膀。功能梯度結構是新一代的高級創新結構，利用施加於結構上的負載之可變性質，進行最佳化設計便可得到功能梯度結構；此設計是根據結構中不同位置所受應力之變化，對其進行相應的設計以改善性能。

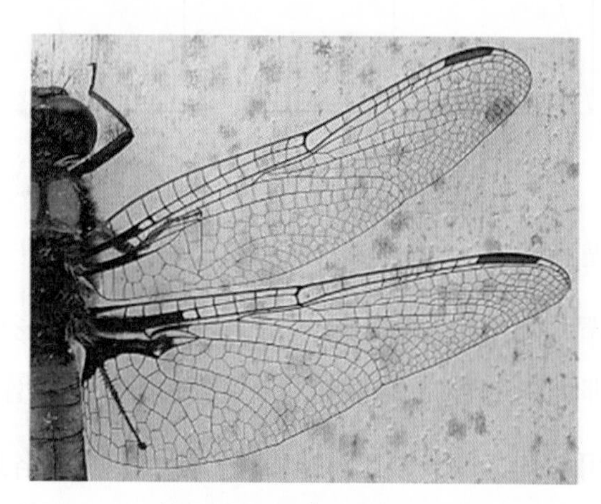

圖 16-34　蜻蜓翅膀為自然界之功能梯度結構

爲了解決應力集中的問題，在結構中的連續變化扮演著至關重要的角色。目前在許多商業軟體中，已經可以使用功能梯度結構的功能如 Netfabb、nTopology、Altair 及 Materiase 等。

設計功能梯度結構的主要方法之一，爲根據物理和機械性質產生的變密度晶格，以拓撲最佳化產生的密度變化爲其中一項進行最佳化的方法。此公式將單位晶格進行密度分級，其中“t”爲立體空間內體積佔比之分數變化。

$$f^{n}(x,y,z) \leq t^{n}(x,y,z)n = \begin{cases} \text{1.single Variant(network phase)} \\ \text{2.double variant(matrix phase)} \end{cases}$$

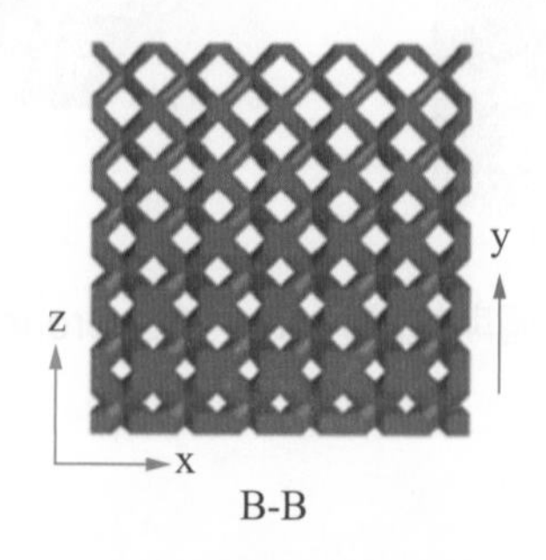

圖 16-35　呈現線性梯度密度的 BCC 晶格

上述方法也適用於以支柱組成的結構。以最大密度 ρ_{max} 和最小密度 ρ_{min} 局部密度定義每個晶格。

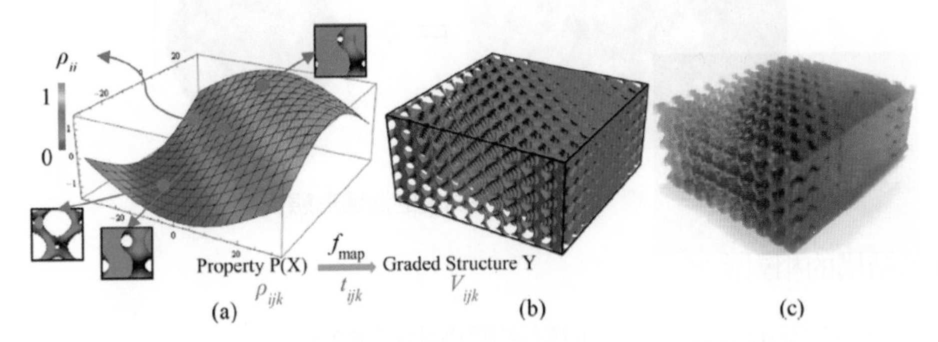

圖 16-36　根據機械性質對晶格結構進行功能分級示意圖

如上圖所示，根據應力變化進行密度分級之範例，並針對功能梯度結構進行繪製和最佳化。

六、個案研究一

應用於吸收能量之開放式無支撐晶格結構的仿生設計

積層製造技術的主要困難之一，是在製程中將晶格多餘的支撐結構移除；列印支撐結構時需要花費額外的材料、能量以及時間；並且需要大量的後處理，才能以化學或機械方法將其從晶格結構中移除；若使用如熱塑性聚氨酯 (TPU) 等可撓性材料的情況下，難以透過材料擠製成型技術 (Material Extrusion) 進行支撐結構的移除。

♦ 開放式結構的四個設計原則

1. 材料性質：

   TPU 之支撐材在材料選擇方面，因為沒有犧牲材料，所以選用同材料製造支撐材。由於晶格具有複雜幾何形狀，不可能以化學或機械方法於晶格中移除支撐結構；且與硬性的熱塑性材料相比，TPU 的黏度較低，使其應用於 FDM 製程時層與層之間的分子作用，如擴散或癒合能力較高，因此不需使用支撐材。

2. 單位晶格蜂巢結構的拓撲和幾何形狀

   如下圖所示，晶格拓撲結構以海膽為靈感進行設計。根據 TPU 材料應用於 FDM 製程進行了最佳化，因此晶格之幾何形狀為立方體邊長 x、y 和 z 為 8 × 8 × 8mm，且該晶格是以表面組成的晶格結構。

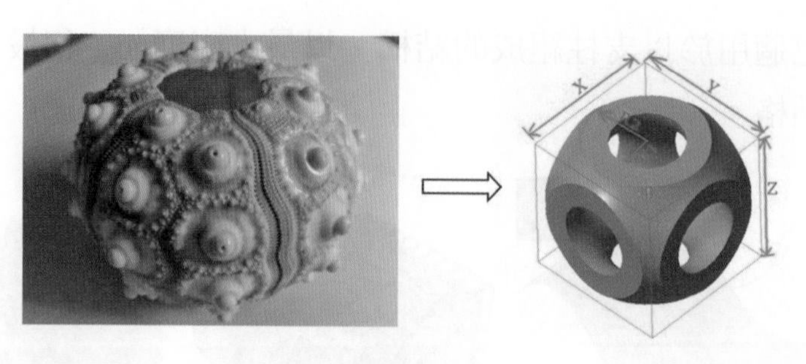

圖 16-37　承受高壓的海膽形態

3. 蜂巢結構的相對密度

   如圖 16-37 所示，最佳化之相對密度爲半徑 R2。

4. 在空間中填充單位晶格

   填充是一種緊密包裝的概念；六個面的單位晶格在 X、Y、Z 方向上正好可以被六個晶格包圍，並且緊密地堆積，此類型的堆積或連接方式，在晶格之間沒有任何空隙，例如自然界之蜜蜂蜂窩或膠原纖維板。由此構成週期型和單元類型的填充，並在整個空間內的三個方向都以面相互連接，以形成緊密填充。

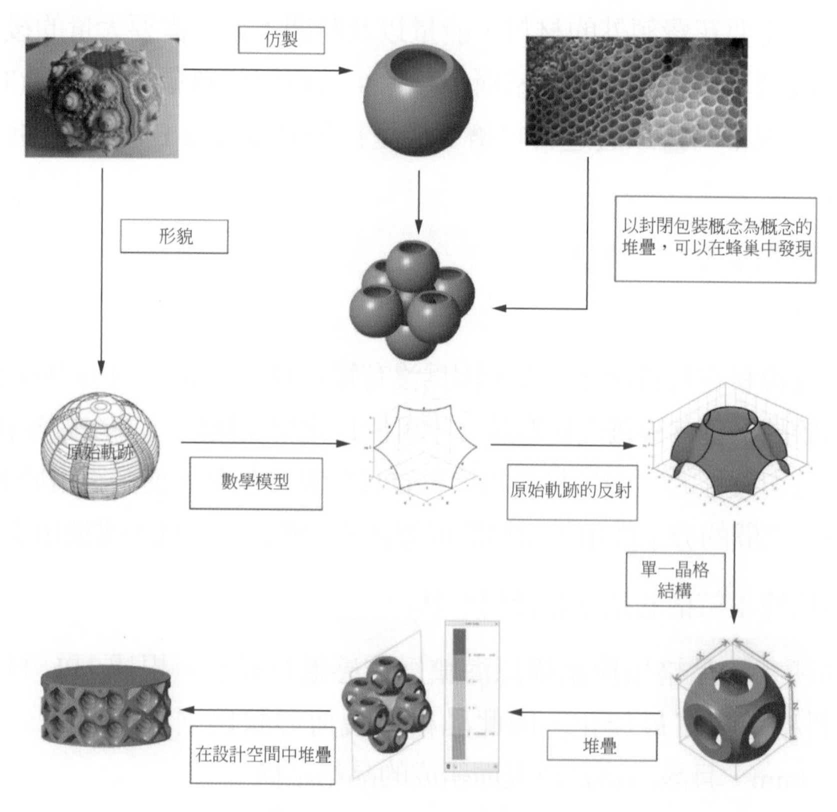

圖 16-38　海膽之開放式晶格結構的仿生設計流程

七、個案研究二

應用於封閉式無支撐晶格結構的仿生設計

在材料擠製成型製程中，必須以無支撐的方式設計封閉式晶格結構。然而，若晶格結構具有懸空造型或水平的突出造型時，通常會需要使用支撐材；此設計與開放式晶格結構類似，主要由晶格的邊緣或是表面決定封閉式晶格的機械性質，再加上薄壁將晶格表面封閉。

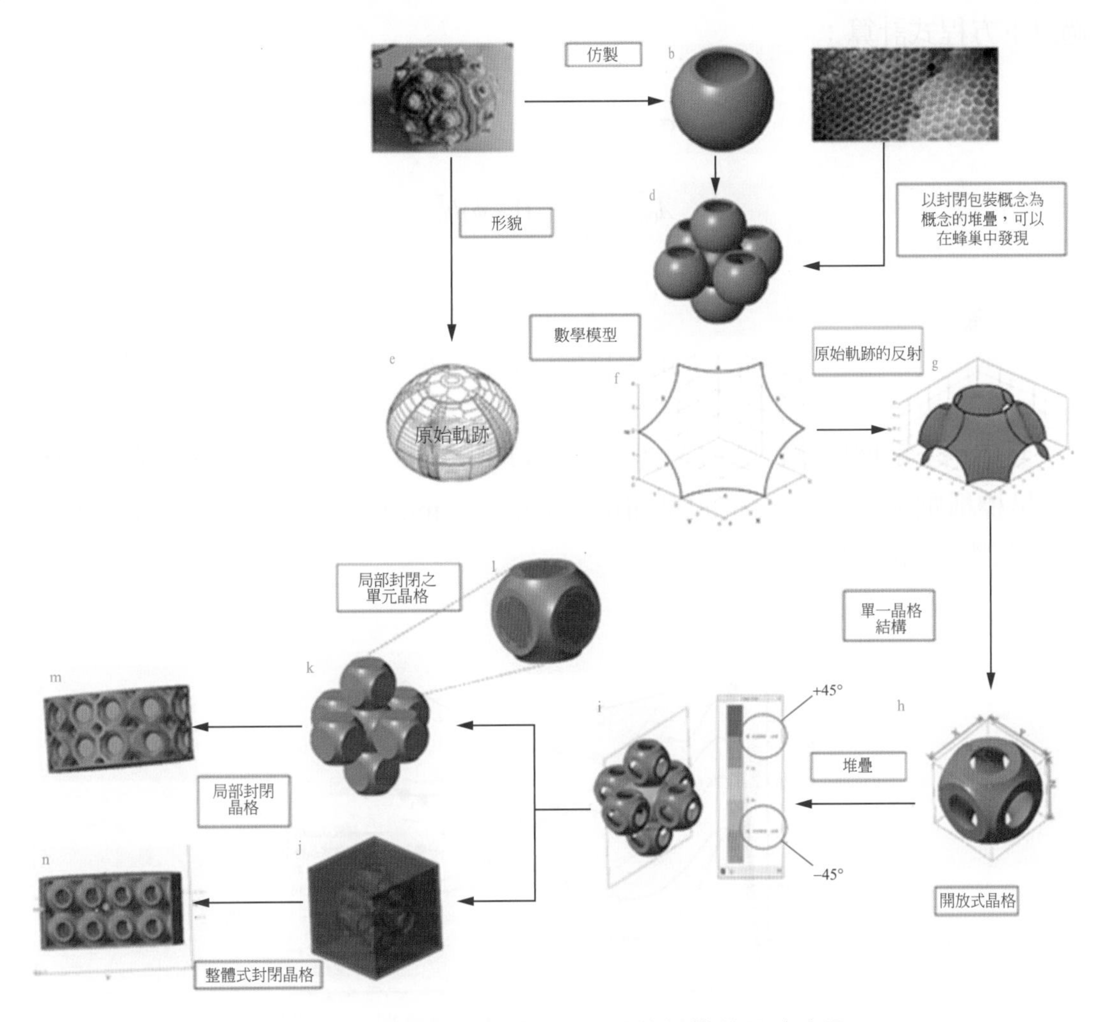

圖 16-39　從開放式晶格到閉孔晶格結構的設計流程

如圖 16-39(e) 所示，根據其形狀限制的邊界曲線，定義出原始曲面圖元以進行封閉式晶格的設計；透過在 X = 0，Y = 0 和 Z = 0 平面上的原始曲面，可以得到完整的單位晶格表面，這邊使用 Matlab 定義原始曲面圖元的邊界，並以邊界方程式定義原始晶格的六個面。

封閉式晶格結構可以再分爲：1) 局部封閉式晶格 (如圖 16-39(k)(m)) 和 2) 整體封閉式晶格 (如圖 16-39(j)(n))。內半徑 R_1 和外半徑 R_2 是兩個相當重要的設計參數，如圖 16-39(h) 所示，因其控制了體積減少係數 (volume reduction coefficient, VRC) 以及相對密度 ϕ；而 X、Y 和 Z 則決定了單位晶格結構的尺寸。

完成設計後以 FDM 進行列印，並針對開放式晶格、封閉式晶格和蜂巢狀結構進行能量吸收檢測。關於應力 - 應變關係和能量吸收能力之計算，其數值可透過以下方程式計算：

$$\sigma_{N,c} = \frac{p_c}{A_{0,eq}}$$

$$A_{0,eq} = \frac{V_L}{h_0} = (1-\phi)h_0^2$$

$$\varepsilon_{N,c} = \frac{u_c}{h_0^-}$$

$$W_c = \int_{\varepsilon=0}^{\varepsilon=\varepsilon_{0.4}} \sigma_{N,c}\varepsilon_{N,c}d\varepsilon$$

其中 $\sigma_{N,c}$ 是標稱壓縮應力，p_c 是壓縮負載，$A_{C0,eq}$ 是晶格的等效橫截面面積，$\varepsilon_{N,c}$ 是標稱壓縮應變，U_c 是的壓縮位移 (單位：mm)，h_0 是晶格初始高度，W_c 是每單位體積的能量吸收。

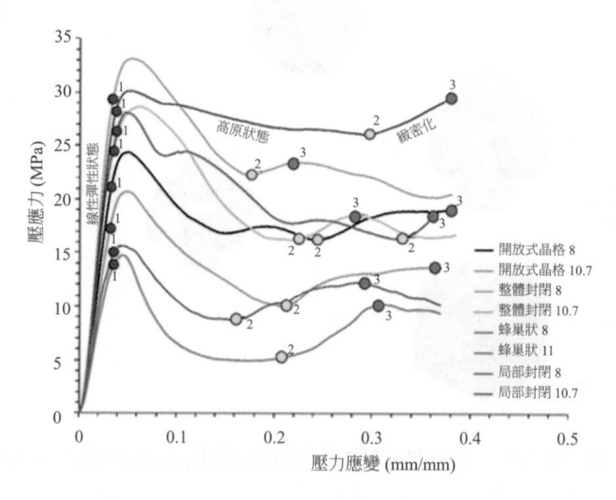

圖 16-40　在相同密度，不同單位晶格尺寸的晶格結構上進行壓縮試驗之應力 - 應變曲線

如上圖所示，封閉式晶格結構設計與開放式晶格結構相比，前者顯示出較強的承受負載能力。

16-6 總結

在本章中，對傳統的設計製造和加法式的積層製造設計方法進行比較，以便充分利用積層製造的特性來製造個性化和訂製產品、提高產品性能和精度、大幅減少設計、製造和組裝成本以及交貨時間。積層製造設計使設計者能夠實現內部中空或蜂巢結構等複雜幾何形狀；整合零件使其無需組裝；多材料和無限的設計自由度。並且討論了一些基礎、中級和進階的設計和建模技術，使設計者能夠避免常見的設計錯誤，提高列印成功率、零件精度和強度。爲了克服傳統設計軟體的限制，提出目前面臨的困難，潛在的解決方法並介紹新的積層製造設計軟體。因此可以搭配目前最新的最佳化技術，即利用蜂巢結構來設計輕量化物體。因蜂巢結構在輕量化設計扮演著重要角色，爲了對其進行深入探討，最後介紹各種類型的蜂巢結構，以及其設計方法，並提出相關的案例研究。

參考文獻

1. Berman B. 3-D printing:the new industrial revolution. Business Horizons 2012;55(2):155e62.
2. The status, challenges, and future of additive manufacturing in engineering (Wei Gao et al.)
3. Lipson, Hod, and Melba Kurman. Fabricated:The new world of 3D printing. John Wiley & Sons, 2013.
4. Anderson E (2013) Additive manufacturing in china:aviation and aerospace applications:Part2. In:Wimpenny D, Trepleton R, Jones J (eds) Additive manufacturing in the aerospace Industry
5. GE Reports Staff (2015) The FAA cleared the first 3D printed part to fly in a commercial jet engine from GE. GE Reports, April 2015
6. Gibson, Ian, David W. Rosen, and Brent Stucker. Additive manufacturing technologies. Vol. 17. New York :Springer, 2014.
7. Masters M (2002) Direct manufacturing of custom-made hearing instruments, SME rapid prototyping conference and exhibition, Cincinnati, OH
8. Nazir, Aamer, et al. "A state-of-the-art review on types, design, optimization, and additive manufacturing of cellular structures." The International Journal of Advanced Manufacturing Technology 104.9-12 (2019):3489-3510.
9. Micallef, Joe. Beginning design for 3D printing. Apress, 2015.
10. Starly B (2006) Biomimetic design and fabrication of tissue engineered scaffolds using computer aided tissue engineering (Doctoral Dissertation). Drexel University
11. Haleem, Abid, and Mohd Javaid. "3D scanning applications in medical field:a literature-based review." Clinical Epidemiology and Global Health 7.2 (2019):199-210.

12. Li, Lan, et al. “In situ repair of bone and cartilage defects using 3D scanning and 3D printing.” Scientific reports 7.1 (2017):1-12.

13. https://www.3dnatives.com/en/laser-3d-scanner-vs-structured-light-3d-scanner-080820194/

14. Yang, L., et al. “Design for additively manufactured lightweight structure:a perspective.” The Proceedings of the International Solid Freeform Fabrication (SFF) Symposium, Austin, TX. 2016.

15. Aliyi, A. M., and H. G. Lemu. “Case study on topology optimized design for additive manufacturing.” IOP Conference Series:Materials Science and Engineering. Vol. 659. No. 1. IOP Publishing, 2019.

16. Kumar,A., Jeng,J.Y., Thesis(PhD) - Biomimetic design of open and closed cell from supportless lattice structure for energy absorption, NTUST, 2020

17. L.J. Gibson, M.F. Ashby, Cellular solids:structure and properties, Cambridge University Press, 1999.

18. M.F. Ashby, The properties of foams and lattices, Philos Trans R Soc A Math Phys Eng Sci. 364 (2006) 15–30. doi:10.1098/rsta.2005.1678.

19. T. Li, Y. Chen, X. Hu, Y. Li, L. Wang, Exploiting negative Poisson’ s ratio to design 3D-printed composites with enhanced mechanical properties, Mater Des. 142 (2018) 247-258. doi:10.1016/j.matdes.2018.01.034

20. S. Amin Yavari, S.M. Ahmadi, R. Wauthle, B. Pouran, J. Schrooten, H. Weinans, A.A. Zadpoor, Relationship between unit cell type and porosity and the fatigue behavior of selective laser melted meta-biomaterials, J Mech Behav Biomed Mater. 43 (2015) 91-100. doi:10.1016/j.jmbbm.2014.12.015.

21. T. Maconachie, M. Leary, B. Lozanovski, X. Zhang, M. Qian, O. Faruque, M. Brandt, SLM lattice structures:Properties, performance, applications and challenges, Mater Des. 183 (2019). doi:10.1016/j.matdes.2019.108137.

22. Kumar, A., Collini, L., Daurel, A. and Jeng, J.Y., 2020. Design and Additive Manufacturing of Closed Cells from Supportless Lattice Structure. Additive Manufacturing, p.101168.

23. D. Bhate, C.A. Penick, L.A. Ferry, C. Lee, Classification and Selection of Cellular Materials in Mechanical Design:Engineering and Biomimetic Approaches, Designs. 3 (2019) 19. doi:10.3390/designs3010019.

24. Tao, Wenjin, and Ming C. Leu. "Design of lattice structure for additive manufacturing." 2016 International Symposium on Flexible Automation (ISFA). IEEE, 2016.

25. Plocher, János, and Ajit Panesar. "Effect of density and unit cell size grading on the stiffness and energy absorption of short fibre-reinforced functionally graded lattice structures." Additive Manufacturing (2020):101171.

26. Li, Dawei, et al. "Optimal design and modeling of gyroid-based functionally graded cellular structures for additive manufacturing." Computer-Aided Design 104 (2018):87-99.

27. Kumar, A., Verma, S., & Jeng, J. Y. (2020). Supportless Lattice Structures for Energy Absorption Fabricated by Fused Deposition Modeling. 3D Printing and Additive Manufacturing, 7(2), 85-96.

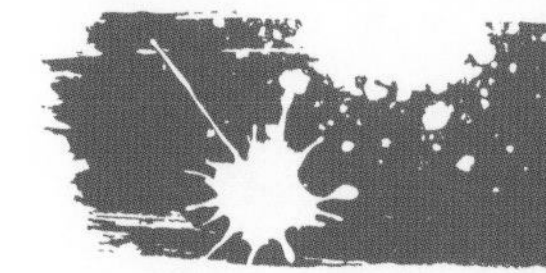

問題與討論

1. 描述使用傳統製造方法難以實現的積層製造特性。
2. 比較傳統設計軟體和可用於積層製造之軟體的功能。
3. 以專爲傳統製造方式設計的物體爲例，請使用積層製造設計技術對其進行重新設計並選擇製造方法。
4. 使用蜂巢結構和TO設計物體。在可製造性、列印時間和輕量化方面進行比較。
5. 爲什麼蜂巢結構在積層製造扮演重要角色，該結構有什麼應用？
6. 封閉式晶格結構有哪些種類？如何設計封閉式晶格結構並製造？使用其他技術設計封閉式晶格結構有哪些困難性？
7. 如何利用積層製造方式爲未來的數位製造開發產品？產品開發應從 3D 掃描開始，並將積層製造之零件輕量化。
8. 解釋積層製造設計以及設計輕量化零件的方法。

17

台灣積層製造產業之現況與發展
Current Status and Development of Taiwan Additive Manufacturing Industry

本章編著：鄭正元、宋震國、葉雲鵬、張雅竹

17-1 台灣積層製造技術沿革

台灣積層製造技術發展始於 1990 年代後的快速原型 (Rapid Prototyping，RP) 技術研究。國科會 (2014 年 3 月 3 日後升格爲科技部) 支持的快速原型學界計畫由 2014 年開始，參與發展的學校有台灣大學、清華大學、交通大學、成功大學及台灣科技大學等。相關的計畫發展持續至 2021 年左右，主要應用在產品設計、快速試製及模具樣本等方面。而業界多以引進、代理國外機台以及提供快速原型服務爲主。此時，快速原型技術的成型方式主要有光聚合固化、薄片疊層、黏著劑噴膠及粉末床熔融等四類。

除了學界投入積層製造技術研發之外，財團法人工業技術研究院由發展雷射源及雷射加工開始，在 2011 年開始逐步切入積層製造技術應用。同年並引進了德國 EOS 金屬積層製造機台，提供金屬積層製造的應用服務，並自行發展相關設備及關鍵零組件。

在 2012 年之前，積層製造技術並未獲廣大注目。一直到 2012 年 3 月英國經濟學人 (The Economist) 雜誌以第三次工業革命 (The third industrial revolution) 來預測積層製造技術將帶領人類進入製造數位化及加法製造的時代，現有製造業的生態和生產方式將產生巨大轉變。接著，美國總統歐巴馬在 2013 年發表的國情諮文中，提出先進製造夥伴 AMP2.0 (Advanced Manufacturing Partnership 2.0) 規劃，焦點聚集在提振經濟與創造就業機會等民生議題，包含在美國境內建設 45 座製造創新中心 (National Network for Manufacturing Innovation，NNMI)。而其中的第一個中心便是國家積層製造創新研究院 (National Additive Manufacturing Innovation Institute)。自此，積層製造技術便在媒體大量的報導之中掀起熱潮。

在這股積層製造的熱潮中，經濟部技術處結合工研院、金屬中心在 2012 年規劃了「雷射光谷關鍵技術開發暨整合應用科專計畫」的推動策略。2013 年成立南部雷射光谷育成暨試量產工場，透過育成暨試量產的孕育，促成雷射加工產業的技術提升。期許台灣能夠逐步突破目前高階雷射模組和設備仰賴進口的現況，帶動光學、機電、製程、材料及設備的高值化，與南部光電、精密機械、模具、醫材、文創藝術等產業連結，將南台灣打造爲先進雷射技術及衍生應用產業群聚的「雷射光谷」，而積層製造便是其中的重要應用。

圖 17-1　雷射光谷育成暨試量產工場啓動 (資料來源：工研院南分院)

經濟部在業界科專展開的 2014 年 A+ 前瞻型計畫就包含了積層製造技術等先進製造技術。科技部則由 2014 年 5 月開始，推動「積層製造跨領域研究專案計畫」，網羅了全台灣超過 20 個學界團隊，引導國內學術界充沛的研發能量，發展包含積層製造關鍵零組件、專用材料、專業輔助軟體及跨領域整合系統的各項積層製造技術。除了深耕積層製造基礎知識與技術以及培植人才之外，更期待能促進產學研的合作聯盟，掌握重要的積層製造專利佈局，同時並以達成高端生產設備自主化為發展目標。

圖 17-2　2015 年與 2016 年科技部積層製造跨領域研究專案計畫成果發表會 (資料來源：科技部)

圖 17-3　2017 年科技部積層製造跨領域研究專案計畫第二期年度成果發表會 (資料來源：科技部)

隨著這幾波積層製造技術發展，各研究單位也產出了豐碩的成果。工研院推出自製的雷射金屬積層製造設備及材料，發表了包含積層製造金工文創作品、金屬薩克斯風及鈦合金腳踏車骨架等成品；同時，協助國內廠商開發 LED 燈具、光學鏡片與汽車零件模具，在醫材方面則協助廠商設計製作手術器械、手術導板，並與院內生醫所、國內教學醫院合作研發具仿生結構之 3D 列印骨釘。

圖 17-4　工研院與益豐國際合作 3D 列印薩克斯風彎管 (圖片來源：工研院新聞稿)

爲了加快生產速度，工研院研發的大尺寸金屬 3D 列印具備四個雷射頭來進行同步製造，可因應未來延伸的需要；除搭載臺灣自主研發的 500W 光纖雷射源外，更成功研發出臺灣第一台大面積金屬積層製造設備，最大製作體積可達 50 × 50 × 50 立方公分。工研院雷射與積層製造科技中心組長劉松河形容，「四個雷射頭可收事半功倍之效，宛如四手聯彈，能讓成品表現更悠揚，而這也是高難度的呈現，與國際大廠的大型 3D 列印設備相比，臺灣自有研發的完全不落人後，深具競爭力。」

目前金屬 3D 列印成品尺寸精度可達正負 50 微米，最小製作直徑可達 100 微米，緻密度大於 99%，鈦合金拉伸強度可大於 1,000 MPa，高於傳統鑄造加工結果，符合產業應用強度，已完全跳脫僅爲試製的角色，等同於能仰賴 3D 列印設備直接產出成品。

而結合工研院獨特的光學調控引擎，未來更可依照不同金屬列印材料的特性，分區調控出不同的雷射光形與掃描軌跡，藉此突破單一材料的屬性限制，創造出金屬積層材料調控的應用潛力。

劉松河表示，3D 列印品質會受到相關製程參數與材料性質影響，如雷射功率、掃描速度、掃描策略等，都會影響結果，必須由微觀 (粉體熔融與材料顯微結構) 至巨觀 (熱殘留應力) 的投入研究，搭配粉體材料評選設計，製程參數調控匹配以及產品性能評估，建置多物理模擬技術。這些細節對於剛投入 3D 列印生產的廠商而言，如還必須埋首研究參數則過於費時費工，因此工研院的先進預前模擬工具可針對產品進行虛擬參數設計使積層製造製程最佳化，以減少設計時間，提高零件性能，降低整體開發成本。此跨介面設計平台 (AM Design platform)，可爲客戶整合掃描策略、搭配材料評選設計、製程參數調控匹配、產品性能評估模擬，開發支撐材最佳化設計技術，以提升產品製造良率。

科技部計畫辦公室暨國立清華大學動力機械系宋震國特聘教授指出 3D 列印是智慧機械暨生物製造的重要創新關鍵技術，亦是國際間推展先進製造的重要支撐技術，故科技部計畫是以具價值創造之實際應用情境爲導向，整合國內 3D 列印學術、法人及產業研發能量，發展了以金屬、高分子及生醫等領域的相關 3D 列印設備、材料及軟體的相關技術，其中工業級 3D 列印設備包括五軸同動 3D 列印製造系統、彩色光固化積層製造系統、超硬合金積層製造系統、磁性馬達積層製造系統、生醫組織工程支架成型系統、製鞋積層製造系統、癌症篩檢平台積層製造系統及奈米平台積層製造系統等;材料包括了軟硬磁材料(鐵鎳基磁性粉體)、鐵基金屬玻璃、超硬合金(碳化鎢合金)、鎳基合金、鋁鈧合金、鈦基金屬玻璃、聚乳酸(PLA)、可降解水性聚胺酯水凝膠材料、水膠、PU、熱塑性聚氨酯(TPU)材料、聚甲基丙烯酸甲酯(PMMA)/聚胺酯、陶瓷(氧化鋯)及複合材料(碳纖維)、石墨稀(Graphene)/熱塑性聚氨酯(TPU)材料、光敏樹脂等;可應用的產業包括了機械、電機、材料、資訊、光電、航太、工具機、自行車、製鞋、微型鑽頭、感測器、機械手臂、半導體、醫療護具、輔具、生醫組織工程、微流道、牙醫(齒模、全口假牙)、生物植入物等,以提供技術移轉、開發專利的方式為台灣積層製造產業投注大量活力;同時,也開發中小學積層製造教學軟體,從基礎教育開始往下扎根。其他如中科院在 2015 年 10 月展示自製的金屬積層製造機台,而其未來發展目標為積層製造的航太及國防產業。經濟部在高雄設立的 3D 列印鑄造砂模營運服務中心也於 2015 年 12 月 26 日正式揭牌開幕,加入積層製造原型開發與模具製造的行列。

◆ 2016 國研院建置智慧積層製造服務大平台

為了加速台灣 3D 列印技術及產業發展,國研院建置 3D 列印及創新應用研究之雛型品製造一站式服務平台。此平台以單一窗口服務,串連產品整合設計、製造、檢測等服務項目,以 3D 列印系統(積層製造設備)為主要之核心服務平台,並提供逆向工程光學影像掃描之圖檔建置,3D 列印材料試驗測試之整合性服務平台,整合產品資訊輸入平台、積層製造服務平台以及產品驗證服務平台。其中在產品資訊輸入平台中將包括逆向工程設備,微米級電腦斷層掃描設備;積層製造服務平台包括三台高分子列印系統及 3D 金屬列印系統;而在材料試驗部分將提供材料試驗設備,並建置 ISO17025 的國際標準規範,用以提供台灣產業試製使用 ASTM 的相關法規測試。

◆ 2017 科技部南科 3D 列印醫材智慧製造示範場域

3D 列印(積層製造)作為一種新型態製造技術,目前在骨科、牙科及醫療器材輔具等領域,世界各國已陸續核准 3D 列印相關醫療器材產品上市,發展前景可期。科技部及工研院於 2017 年規劃並建置南科「3D 列印醫材認證試製場域(FoiAM)」,目前已完成場域環境建置、積層製造設計模擬、製程管理等軟硬體整合，提供產業(醫材廠與醫院)不用在研發先期投入重大資本支出與產線建置即可進行金屬3D列印醫材應用與產品研發。此外，此3D列印(智慧製造)場域亦提供規劃開發「產品智慧評估系統」，其中包含製造可行性、設計分析、製造時間與成本評估，並建立醫材檔案前處理流程與列印支撐材設計優化，同時建立國內產業3D列印粉末驗證與後(熱)處理流程確效機制，除了建立3D列印智慧製造醫材供應鏈外，以醫材試製服務爲基礎，逐步鏈結航太產業積層製造試製服務需求，加速國內醫材與航太產業應用。

3D列印氣管支架(a)雙材料3D列印氣管支架(b)3D列印氣管支架成品(c)含細胞3D列印氣管植入裸鼠皮下

數位教育教材：3D列印-地軸傾角可調整式地球儀

1:1 3D列印的汽車內裝儀表板

3D列印人工器官彈性薄殼肺泡及測試

非傳統實心輕質3D列印物件

人工器官海綿骨置換體

圖 17-5　科技部積層製造材料及軟體領域計畫(資料來源：科技部)

17-2 台灣積層製造產業現況

3D 列印為創新的應用技術，根據市調機構報告指出，預估全球產值到 2022 年將達 227 億美元，應用範圍包括製造業、醫療保健業、教育、專業服務以及個人消費。台灣在製造生產原本就具有相當實力，隨著舉世對 3D 列印的熱潮，台灣業者也很快的跟上了這個新興產業的發展，紛紛投入不同的 3D 列印製程及相關由上游設計、中游的設備材料及應用服務，產業鏈如圖 17-6 所示。

台灣3D列印產業產業鏈

上游設計	中游 設備與材料	下游 加工服務
3D繪圖 代理商：寶成/敦學/大塚/嘉航/通業技研/宙盟資訊 逆向掃描 自主：龍騰科技/三維數碼代理商：通業技研/馬路/德芮達 分析模擬 自主：科勝科技(Moldex3D) 代理商：通業技研/虎門科技/皮托科技 曲面處理/切層/結構 數可科技/大慶科技/馬路科技/達康科技/德芮達	3D列印設備 自主： ME：三維國際/震旦行/Atom BJ：研能科技 VP：中光電系統/嘉鼎 PBF：工研院 代理商： ME：通業/普立得/天空/德芮達 BJ：寶威/馬路 VP：馬路/普羅威/德芮達 MJ：通業/馬路 SL：皮托 PBF：德芮達/數可/台灣積層製造/雷尼紹/健用 DED：國焊 材料ME： ABS：奇美 PLA：偉盟/曜慶 石膏粉：仲輝 金屬：鑫科/光洋應材	代工/加工 寶威國際 德芮達科技 馬路科技 研能科技 通業技研 迪威科技 數可科技 普立得科技 智茂資訊 亨晏企業 創勤有限公司 智菱 國航科技 皮托科技 貝特設計 採智科技 大塚 3D列印平台服務 三維國際/德芮達

台灣廠商積極投入3D列印產業

領域	產業	
材料 (材料廠商皆為潛力廠商)	光固化高分子	長興化工、國精化工、雙鍵化工、長春化工
	熱擠用高分子工程塑膠(ABS)	奇美實業、國喬石化
	雷射燒結高分子工程塑膠(PEEK, 尼龍12)	國內尚無生產原料
	金屬粉末	中國鋼鐵、榮剛材料、光洋應材、鑫科材料
零組件	滾珠導螺桿	上銀科技、直得科技
	光機模組	揚明光學
	列印頭	研能科技
	雷射源	工研院、中科院
設備	PBF*	工研院、台灣積層製造、東台精機等等
	VP*	揚明光學、嘉鼎實業、三義海棠等等
	BJ*	研能科技
	ME*	震旦行、三維國際、嘉鼎實業、天空科技、寶聯通綠能科技
設備代理	震旦行、通業技研、普立得科技、天空科技、德芮達科技、數可科技、智茂資訊、寶威科技、馬路科技、皮托科技、辛耘、大塚	
應用	文創、生醫、電子、模具、汽車、教育、玩具......	

資料來源：資策會FIND、工研院IEK資料整理
*ME:Material Extrusion, BJ:Binder Jetting, VP:Vat Photopolymerization, MJ:Material Jettimg, SL:Sheet Lamination, DED:Direct Energy Deposition, PBF:Powder Bed Fusion

圖 17-6 台灣 3D 列印產業鏈 (資料來源：經濟部、資策會 FIND、工研院 IEK 資料整理)

以材料擠製 (Material Extrusion) 成型製程為例，由於製程相對簡單，因此這種設備的價格在所有機種設備裡相對較便宜，從數千元至數十萬元新台幣都有，台灣則有金寶與泰金寶合資的三緯國際立體列印科技，以自有品牌「XYZprinting」推出平價 3D 列印印表機，定價 15,000 元新台幣，並且設定目標在三年銷售 100 萬台；震旦行與工研院合作，也推出 ME 製程印表機，定價約 9 萬元新台幣；另外，還有許多廠商如嘉鼎實業、天空科技、寶聯通綠能科技也都投入設備的開發，並且與材料一起銷售。

立體光固成型 (VP) 設備的價格從數十萬到數百萬元新台幣，建構產品的尺寸大小與產品精度、積層速度都會影響售價。建構尺寸從幾公分到幾十公分都有。台灣有揚明光學、三益海棠、Phrozen、台科三維等廠商投入生產製造。

黏著劑噴印 (Binder Jetting) 型 3D 印表機的價格則是從幾十萬到幾百萬元新台幣都有，目前的最大問題是列印速度較慢，未來的發展趨勢是往高速列印發展。這種類型設備代表廠商爲美國的 Z CORP、美國的 EOne、德國 Voxeljet 台灣則有研能科技等公司發展，研能科技則自行研發與生產噴頭與印表機。此外，惠普 (HP) 於 2018 年五月正式發表 3D 印表機，爲黏著劑噴印成型技術的一種，主要是透過獨特研發的多射流熔融技術 (Multi Jet Fusion, MJF)，依不同的噴墨元件噴塗型貌，經由提供能量燒結後成型並製作全彩 3D 零組件，目前全台除了工研院、東友科技外，台科大高速 3D 列印研究中心亦在教育部的支持下，提供工業級多彩 3D 列印服務，以建立台灣 3D 列印創新技術應用，培養 3D 列印專精人才，協助 3D 列印產業發展。

粉床式熔融燒結 (Powder Bed Fusion，PBF) 製程運用高功率雷射掃瞄，燒結相關的材料，製造出電腦所設計之圖樣物件。因雷射光的能量關係，通常只有融化顆粒的表面，使其燒結成型。此技術使用的材料範圍比較廣，如金屬中的鋼、鈦、合金等，聚合物如尼龍、聚苯乙烯 (PS) 等，還有許多不同的材料可使用，如陶瓷、玻璃等，應用於不同的產品。

PBF 製程設備的造價爲上述幾種類型中最高的，都是從千萬起跳，因此進入障礙相對較高，這種類型設備代表廠商爲德國的 EOS、美國 3D Systems，建構尺寸越大與精度越高的設備相對也就越貴，尤其是有一些航太與汽車零組件的應用，對於設備生產的產品需要高可靠性，因此價格就比較不是首要考量。台灣則有工研院、中科院、偉立、東台精機及台科三維投入相關設備與零組件的開發。

17-2-1　上游設計產業現況

上游的設計包含了 3D 繪圖、掃描、逆向工程的分析重建與列印格式處理幾個部分：

以軟體而言，台灣業者多以代理國外繪圖軟體爲主，但因爲專業繪圖軟體的價格較高，因此也出現了很多繪圖功能相對較少的免費軟體，如：SketchUp、Auto123D、3D Slash、FractalLab、TinkerCAD、SculptGL 等。專業軟體的開發是 3D 列印產業相當重要的一部份，由於 3D 列印設備因應不同的材料、設計與應用會有不同的需求，目前經濟部與科技部皆輔導開發積層製造專業輔助軟體，輔助上游設計等相關產學的發展。

在掃描方面，則有許多廠商開發相關軟體及設備。龍騰科技有 3D Camera 掃描器及將 2D 影像轉成 3D 立體模型的軟體。三維數碼科技的 3D 白光照相掃描機，可應用於產品研發設計、逆向工程 (Reverse Engineering，RE)、3D 檢測尺寸 (Computer Aided Verification，CAV) 等方面。三緯國際的 da Vinci 機台也包含了掃描軟硬體；天空科技亦有其開發的 3DHermes 掃描器。在學術研究單位及法人方面，工業技術研究院有發展掃描系統；台灣大學、政治大學及台灣科技大學三校亦有研究團隊持續開發掃描軟體。

破面分析與切層處理方面，大部分可以取得免費的軟體。台灣自行開發軟體有科盛科技的 Moldex3D 分析軟體、興誠科技的切層及控制軟體等。中正大學、台灣科技大學、清華大學亦有相關的研究團隊。

圖 17-7　興誠科技 3D 列印軟體系統 (圖片來源：興誠科技)

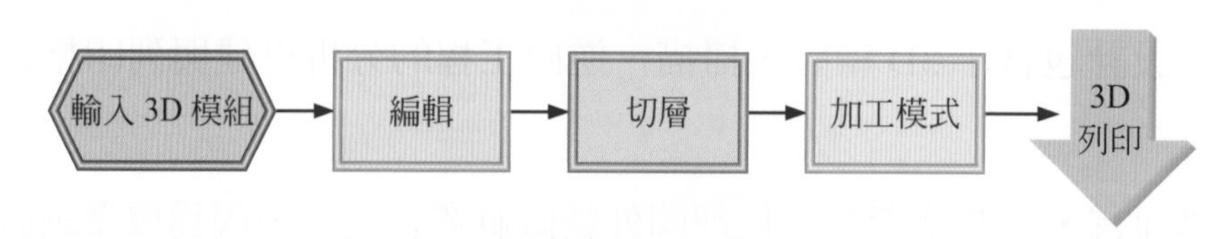

圖 17-8　興誠科技 3D 列印軟體系統流程

17-2-2 中游的設備與材料發展現況

3D 列印產業的中游主要是 3D 列印設備的製造商與代理商，2008 年以前，技術主要都掌握在 Stratesys 和 3D System 這兩家業者手中，因此國內業者主要以代理國外的設備爲主。2008 年之後因爲專利到期，國內開始有業者如三緯國際以低價位塑料 ABS 或 PLA 的消費型 3D 列印機搶攻市場，中強光電則投入列印品質較佳的光固化成形 3D 列印機，在高端設備方面除主要倚賴代理商引進外，工研院也投入了高端金屬列印設備開發，部分業者開始提供不同的材質或原料，希望能夠將 3D 列印導入不同的領域。此外，台灣具有生產製造的產業實力，因此在很短的時間內就打入中、低階 3D 列印設備及材料的市場。在高階材料、噴嘴及金屬的 3D 列印設備發展，目前歐美仍佔領先地位。國內 3D 列印設備及材料的發展現況，以積層製造七大製程技術分類來看：

1. 光聚合固化技術 (Vat Photopolymerization，VP)：

揚明光學、嘉鼎技研、中光電系統工程、天空科技、三緯國際及台科三維都已推出光聚合固化技術的機台；而台灣大學、清華大學、台灣科技大學、虎尾科技大學及台北科技大學亦有相關的設備研究發展。

2. 材料擠出技術 (Material Extrusion，ME)：

材料擠出技術除了高解析度之外，門檻不高，台灣已有多家企業投入，如三緯國際與工研院技術轉移的震旦行，其他亦有許多新創企業投入，以低價位主打低階應用市場爲主。

3. 材料射出技術 (Material Jetting，MJ)：

台灣尚無業者投入。台灣科技大學目前有壓電噴頭的關鍵零組件研究計畫。

4. 黏著劑噴膠技術 (Binder Jetting，BJ)：

目前全球皆相繼開發可多種色彩呈現的 3D 印表機，而國內則有研能科技及天空科技有黏著劑噴膠技術的機台產品；其中研能科技更推出 Cometruejet 全彩噴墨式 3D 列印機，爲台灣自主研發的 BJ 技術，可直接列印於石膏複合粉末上，並且在列印過程中直接上色；成功大學及台灣科技大學有相關技術的研究團隊。

5. 薄片疊層技術 (Sheet Lamination，SL)：

無業者投入。台灣大學曾投入相關研究具基礎與競爭力，但除彩色化之優勢外，此種技術屬較冷門。

6. 粉末床熔融技術 (Powder Bed Fusion，PBF)：

工研院已與東台精機合作開發出第一台產業化積層製造列印機，並與精剛及嘉鋼公司組研發聯盟投入開發商用型國產金屬積層製造列印機及材料；台科三維爲產業量身打造工業級高速直接粉末熔融 3D 列印應用材料及設備；學界則有台灣大學、清華大學、交通大學及成功大學等學校投入金屬積層製造粉末床熔融技術開發；中科院亦有大型金屬積層製造粉末床熔融技術開發，也已推出自行研發的積層製造列印機，並開發高能量雷射源。

7. 指向性能量沉積 (Directed Energy Deposition，DED)：

目前投入此技術開發的廠商有漢翔公司及東台精機；其中漢翔公司與工研院合作開發建立全台最高功率的噴粉式指向性能量沉積式 (Direct Energy Deposition, DED) 設備，可直接成型製造高複雜、結構強且質輕的金屬零組件，或進行 3D 表面披覆或修補，並應用於航太組件；台灣積層製造公司 (TAMC) 於 2013 年底自日本松浦公司 (Matsuura) 引進金屬粉末雷射積層及 CNC 複合機，在金屬堆疊製造過程中以 CNC 提高成型速度及精度，工件可一體成型；其他如財團法人金屬工業研究發展中心、成功大學與台灣科技大學亦有持續投入此技術的研發團隊及相關資源。

而在積層製造使用的材料上，台灣目前已投入的發展有：

1. 塑料：

ABS 材料有奇美實業投入生產，PLA 材料則有偉盟工業、曜慶生化科技投入生產。

2. 黏著劑：

長春化工投入生產，石膏粉則有仲輝實業投入生產。

3. 光固化樹脂：

博美晶科技、雙鍵化工、國精化學、長興化工等廠商投入。

4. 金屬粉末：

鑫科材料、光洋、圓融應用材料投入生產。工研院、成功大學、清華大學、台北科技大學則投入開發各式金屬材料。

5. 生醫材料：

目前有三鼎生技、陽明數位牙材投入。而學界則有台灣大學、陽明大學、清華大學、中國醫藥大學、台灣科技大學、中山大學等諸多學校投入各式生物醫學材料開發。

3D 列印下游過去主要幫助需求業者進行打樣及收費代工的服務，國外開始有 3D 列印平台如 Shapeways、Thingiverse，鼓勵設計者上傳創意的 3D 列印圖庫，並提供付費代印或者免費下載列印服務；因此在整個產業發展工作主軸上，將推動結合創意設計與文化藝術，從關鍵零組件、材料到軟體技術，發展 3D 列印的各種創新應用與關鍵技術研發，打造自主 3D 列印產業群聚。

17-2-3　台灣積層製造應用服務產業現況

積層製造目前在台灣的應用服務可以分為以下幾類：

1. 工業生產製造服務：

如 3D 列印鑄造砂模營運服務中心提供產業鑄造砂模試作平台服務，並結合電腦鑄造模擬分析、鑄造方案設計、鑄造材料選用技術、鑄造熱處理技術與鑄造後處理技術。工研院亦提供包括專用粉末開發與驗證、輕量化與特殊結構設計、特色產品開發、金屬積層製造產品試量產等服務。

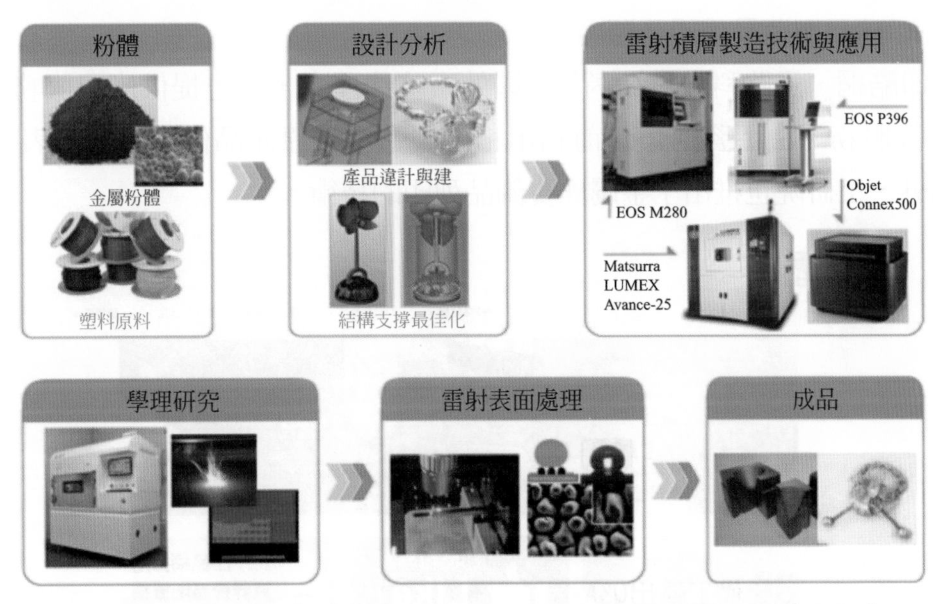

圖 17-9　工研院南分院積層製造整合服務系統 (圖片來源：工研院南分院)

成功大學馬達科技研究中心，利用混合沉積構造含快速成型打樣的特點，首創軟硬磁材料 3D 列印技術，提供軟、硬磁材料積層製造服務平台，列印具輕量化、高性能、3D 結構之磁性主 / 被動元件 (如馬達 / 齒輪 / 聯軸器等)，研發磁性調控之選擇性雷射熔融 (SLM) 設備之系統加工技術，用以建置軟、硬磁材料積層製造服務平台，協助產業界於設計開發階段，加速對產品設計進行評估、修改及試作，大幅縮短產品的研製週期，有效提昇磁性元件 3D 列印設備產業之發展與國際競爭力。

圖 17-10　3D 列印馬達輕量化設計 - 成功大學蔡明祺教授團隊 (圖片來源：科技部計畫成果展示)

2. 文創、精品製造及代印等應用服務：

如印酷網、馬路科技、德芮達 (國外廠牌代理商，但也提供應用服務) 均提供代印等服務。法藍瓷則是當前利用積層製造提升原產品價值最具代表性的商家。另外，工研院也推出了金屬珠寶飾品列印的技術。

圖 17-11　印酷網 (圖片來源：印酷網)

圖 17-12　工研院金屬積層製造印製飾品 (圖片來源：工研院)

3. 專業工程、生醫器材、醫療等應用服務：

馬路科技提供逆向工程量測、應用、曲面建構等服務。德芮達提供數位牙科、骨科 / 外科客製化醫療及逆向工程等應用服務。以數位牙科爲例，爲了協助政府長照十年計畫 2.0 的口腔照護推動，以服務全口無牙的老年人口，陽明大學李士元教授團隊新創公司提出的數位牙技 4.0 流程，開發假牙印製專用 3D 列印機台，並證明了傳統的臨床操作流程皆可被數位化技術所取代，透過數位化技術與設備的導入，使得 1 日固定假牙、1 週全口假牙的裝戴已不再是夢想。完整的數位牙技 4.0 流程包含了軟體、材料、設備及臨床四大面向，從自行開發的無牙脊口內掃描機直接獲得患者口腔模型、再利用所開發之排牙軟體進行全口假牙設計，以及所開發之多材料三維列印機直接列印全口假牙，可以免除黏義齒的後加工，且義齒與牙齦基底是直接製造，因而增加鍵結強度、提供較佳的咀嚼能力；另外，因爲在牙齦界面層將使用具有彈性的類矽膠材料，將可提供修復體與患者牙齦的彈性軟接觸，以減少疼痛與高附著力，可以提升患者的使用意願與舒適度，在數位牙技 4.0 的協助之下，可提供牙科臨床一套快速、低生產成本且精確的國內數位製造流程，使政府長照資源得以適當的運用，又同時滿足高齡患者照護的雙贏局面；協助牙科產業轉型與串聯，改善產業人力供需的不足。

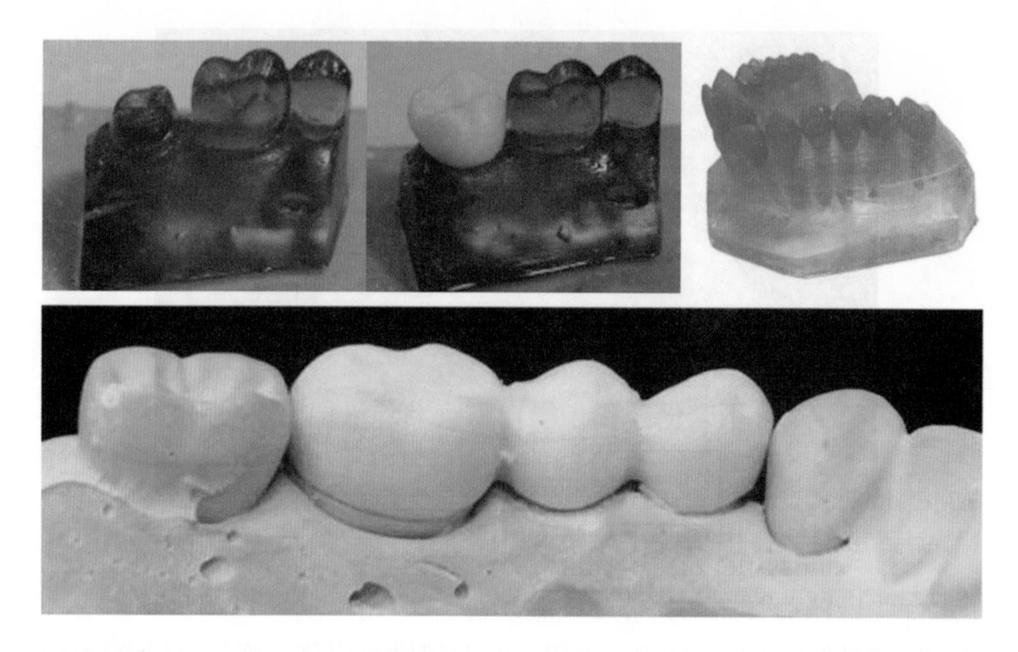

圖 17-13　假牙印製 - 陽明大學李士元教授團隊 (圖片來源：科技部計畫成果展示)

4. 高速積層製造 (3D 列印) 技術服務：

如前章所提，3D 列印技術有兩個要點，一為圖案化，一為材料的相轉變，以往 3D 列印技術是使用單能量源在特定的位置上成形物件，若在單一機台上較容易自動化，為極佳之打樣技術；但在符合製造業生產條件下，目前的挑戰是生產速度、產品精度與可靠度的提升。現在製造技術之特性，均是複合式製造，兼具精度與速度；以塑膠射出成形製程為例，使用數種加工方法製作模具以具有精度，再以加熱方式熔化塑膠材料與機械擠壓高能量方式擠入模穴，而得以具有高速生產高精度塑膠件；半導體製程亦是使用光罩定義精度再以顯影及蝕刻而能快速製作微小特徵。

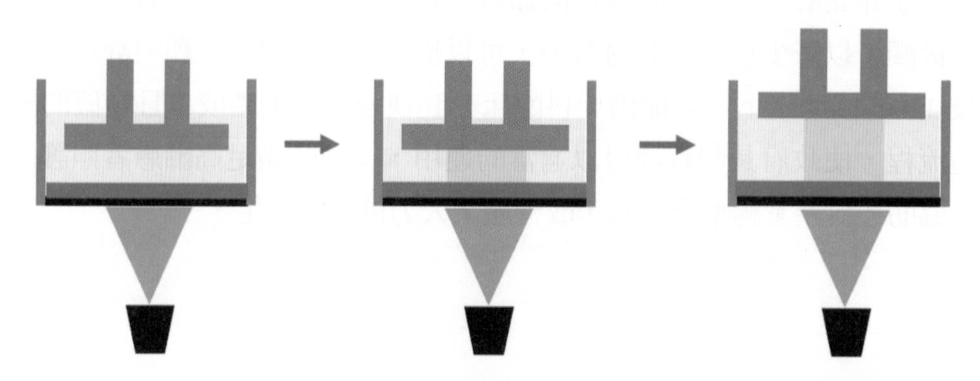

圖 17-14　下照式光固化樹脂成型法 (圖片來源：臺科大高速 3D 列印研究中心)

下照式光固化樹脂成型法在列印過程中爲了提升列印速度，光固化 3D 列印過程中樹脂槽底部的分離力對於列印是相當重要的，列印過程中每印完一層都需要將 Z 軸抬升一定高度，這個高度通常爲 20 層以上 (以一層 100 μm 爲基準)，且受到樹脂黏度與列印面積的影響，列印面積越大或樹脂黏度越高，需要抬升越高使樹脂回塡，通常 Z 軸上升與下降的過程會花費 5 秒左右的時間，以列印 1 公分 (100 層) 的物件，上升與下降將占用到 8 分鐘的列印時間。除了抬升高度外，抬升與下降的速度也是影響列印時間的關鍵，抬升速度越快，其分離力會越大，但抬升過快可能會導致樹脂來不及回塡，所以爲了提升下照式 3D 列印的列印速度，仍需考慮到抬升高度、速度、樹脂回塡能力和分離力的影響，目前已開發列印單層 20 釐米，每層列印 0.1 秒，每小時可列印 20 公分的光固化 3D 列印機台並提供產業產品高速列印之試製服務。

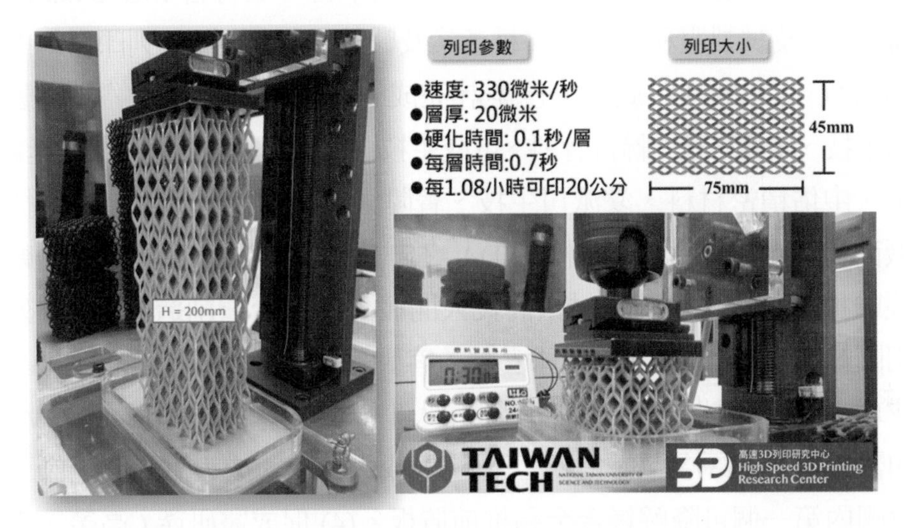

圖 17-15　高速光固化 3D 列印機台。(圖片來源：臺科大高速 3D 列印研究中心)

17-2-4　台灣積層製造技術推廣單位

爲更有效結合國內產官學研各界於 3D 列印領域之資源，催生了「三維列印協會」(Additive Manufacturing Association of Taiwan，AMAT，官方網址：http://www.3dp.org.tw/index.php)。「三維列印協會」由台灣科技大學工程學院鄭正元院長爲發起人代表，於 103 年 1 月 13 日召開了第一次的籌備會，經過 3 次籌備會的討論後，正式確認協會名稱，並在 9 月 9 日召開「三維列印協會」成立大會暨第一屆第一次理監事會。

「三維列印協會」爲依法設立、非以營利爲目的之社會團體。協會宗旨爲推廣三維列印人才培訓與三維列印技術研發及產官學研暨國際合作，以促進國家經濟發展。近年來，「三維列印協會」舉辦無數國內、外的 3D 列印相關研討會、論壇、展覽、競賽等，並做爲台灣積層製造產業界、學界、研發單位，以及國外廠商及研究單位的媒合橋梁，對台灣積層製造技術發展深遠影響。2019 台灣國際 3D 列印展，聚齊逾 60 間國內外廠商與會，共計使用超過 110 個攤位，吸引超過 14 萬人次參觀。同期舉行 3 場 3D 列印主題研討會，主題分別環扣「工藝創作」、「跨領域應用」與「工業應用」等，總共吸引近 600 人次參與。

科技部爲了帶領台灣醫材產業的技術升級，提升產品的多樣化及競爭力，因此以智慧製造的理念爲核心，與工研院建置南科「3D 列印醫材智慧製造示範場域」，提供設計、試製到商品化製作之一站式平台，並符合 ISO13485 國際認證之 3D 列印設計及試製服務，加速醫材產業及醫院進行創新 3D 列印醫材的開發及產品上市流程。至 2019 年底止，已累計完成 26 間 39 件產 / 學 / 醫試製案例：包括寶楠生技、洋鑫科技、聯合骨科、可成生技、全球安聯、巧醫生技、廷鑫興業、思創合金、中佑精密材料、愛派司生技、晉陞太空科技……等。後續將協助與輔導國內廠商提出金屬 3D 列印醫材 TFDA 之申請及取得 TFDA 獲證，藉廠商相關商品化經驗推廣並擴大台灣醫材廠商投入開發，協助台灣創造金屬 3D 列印醫材產業。相關輔導案例如下：(1) 全球安聯：客製化 3D 列印植體連桿與日本牙根廠商試驗成功。(2) 可成生技：3D 列印醫材 (人工牙根、骨釘)ISO13485/GMP 第一、二、三類醫材申請。(3) 廷鑫興業：工研院與成大醫院、成大洪飛義老師，產學研合作開發國內第一個可降解鎂合金頸椎前置板。(4) 促成醫研產 (高榮、工研院、全球安聯) 合作將於高榮設置首創之「3D 列印醫材體驗診線」，投入台灣首例口腔癌 3D 列印彌補物重建人體試驗 (IRB) 計畫。

圖 17-16 南科 3D 列印醫材智慧製造示範場域一站式平台資料來源：工研院 (2019.12)

17-2-5 台灣積層製造應用服務產業案例

在當前台灣積層製造相關的應用產業中，利用積層製造技術逾 10 年，一路上獲獎不斷且已在國際間大放異彩的法藍瓷是個不得不提的成功案例。法藍瓷創辦人陳立恆先生從 2001 年成立法藍瓷品牌以來，利用創新技術與瓷器製作技術結合，解決了傳統瓷器製程的局限，也創造了瓷器製作的無限可能。

法藍瓷利用電腦建模來計算收縮程度，可以解決原先手工雕塑的收縮誤差，讓燒成的產品線條流暢自然。同時，也運用電腦數位模型資訊可彈性調整、編修等的特性，可以快速製作如對稱、尺寸縮小放大等模型。在設計作品時，也可以藉由原先的數位模型節省開發新產品的時間；更重要的，3D 列印也可以協助完成手工製程無法完成的高難度作品。

圖 17-17　法藍瓷作品 (圖片來源：法藍瓷官方網頁)

圖 17-18　法藍瓷作品 - 史坦威千萬瓷琴 (圖片來源：法藍瓷官方網頁)

現代鞋品市場之消費行爲已逐漸從價格取向轉變爲功能與客製化取向，英國知名市場研究機構 TechNavio 即指出：「大多數運動鞋製造商目前正在專注於客製化，這也提升了客戶忠誠度和參與度。以美國爲例，約有 25% 網購的鞋類是客製化，美國所有客製化鞋類銷售額爲 20 億美金」。有鑑於此，世界各大鞋廠皆已開始投注於符合腳型立體結構的量身訂作客製化市場，因此，全球各大鞋廠除發展個性化的選鞋流程外，也於近年紛紛投入 3D 列印設備的研究，結合 3D 列印之先進製程，提供消費者完全客製化的鞋品。

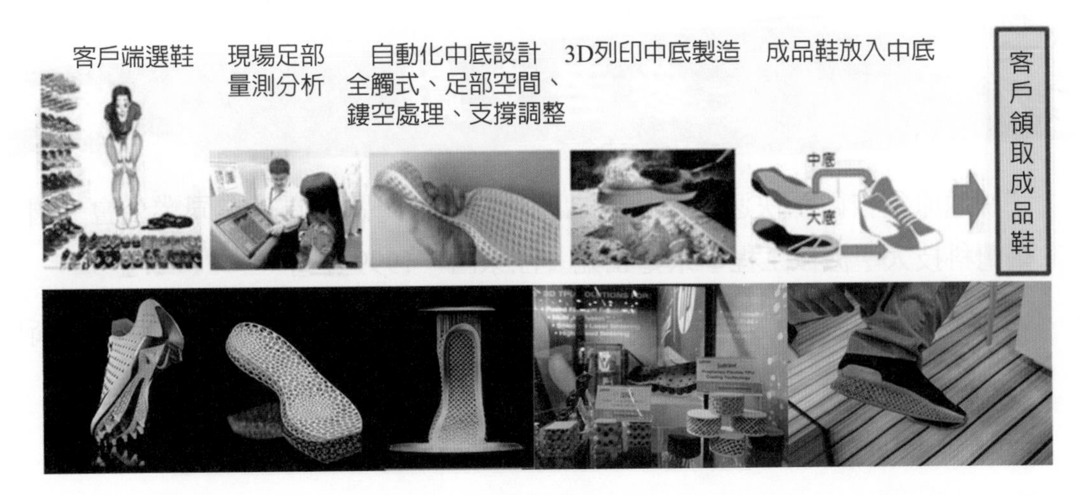

圖 17-19　未來 3D 列印製鞋流程 (圖片來源：科技部計畫成果展示)

17-3 結語

3D 列印發明至今，已發展出許多不同製程，也被運用到許多不同領域，市調機構 Wohlers Report 指出 3D 列印在 2014 年的市場價值爲 41 億美元，過去幾年都有 33.8% 的成長率，並預測 2024 年的總體營收可達 356 億美元；而積層製造材料亦具有成長空間，Market Research Reports 預測積層製造最常使用的材料 (如光聚合物、熱塑膠塑料、金屬粉末)，在 2025 年可達 80 億美元的產值，其他新興材料，如陶瓷材料、生物材料及石墨烯等，也將帶來更大的市場收入；美國知名科爾尼諮詢公司 (A. T. Kearney) 指出全球 3D 列印市場的經濟規模在未來十年將達約 900 億美金，主要應用於一般工業、汽車、民生、生技醫療、航空航太等產業。展望未來 3D 列印技術產業化的發展，將從過去的快速雛型品製作進展爲多樣化小批量製造，最後將與現有生產技術整合，在工業 4.0 智慧製造的產業環境下發揮其特有的優勢使設計與生產一次到位，加速產品上市時間以降低成本，並成爲未來綠色製造的利器，進而創造龐大商機。

1. “快速原型技術至快速模具技術之發展”，台灣區模具工業同業公會，國立臺灣科技大學機械工程學系鄭正元、汪家昌，1999 年。
2. “工研院南分院「積層製造與雷射應用中心」洪基彬主任談積層製造技術與中心的角色發揮”，成大產學合作，NO.19，2014 年 12 月。
3. 台灣國際 3D 列印展 (https://www.chanchao.com.tw/3DPRINTING/)
4. 3D 列印技術的發展與推動 (資料來源科技部、教育部、經濟部技術處、工研院)。
5. “當傳產遇上 3D 列印突破已知限制”，大紀元記者方惠萱報導，2014 年 4 月 7 日 (http://www.epochtimes.com.tw/n86996/)
6. “設計、生產一次到位！ 3D 列印的生活應用與未來趨勢”，MA 工具機與零組件雜誌，國立臺灣科技大學機械工程學系 / 高速 3D 列印研究中心鄭正元、葉雲鵬，2020 年 4 月 16 日。

問題與討論

1. 台灣積層製造技術發展由什麼時候開始？
2. 台灣爲推動積層製造技術，政府推動了哪些計畫？
3. 台灣積層製造上游設計產業的發展狀況爲何？
4. 台灣積層製造設備發展現況爲何？
5. 台灣積層製造應用服務產業現況爲何？

附錄：2019 年台灣國際 3D 列印展企業名單

	3D 列印廠商（依筆畫順序排列）
1	三帝瑪有限公司
2	三維列印協會
3	三緯國際立體列印科技股份有限公司
4	上海數造機電科技股份有限公司
5	工業技術研究院雷射與積層製造科技中心
6	中佑精密材料股份有限公司
7	元力智庫有限公司
8	六甲科技股份有限公司
9	可成生物科技股份有限公司
10	台科大高速 3D 列印研究中心暨台科三維科技股份有限公司
11	台灣大昌華嘉股份有限公司
12	台灣天馬科技股份有限公司
13	台灣寶茗電子有限公司
14	正伍歌科技有限公司
15	先臨三維科技股份有限公司
16	光予國際有限公司
17	安集科技股份有限公司
18	羽軒工作室
19	羽耀科技股份有限公司
20	明燿資訊有限公司
21	東台精機股份有限公司
22	品測科技股份有限公司
23	紅螞蟻科技有限公司
24	美道家國際有限公司
25	茂太科技股份有限公司
26	香港商卡秀堡輝塗料有限公司
27	泰利達貿易有限公司

3D 列印廠商 (依筆畫順序排列)(續)	
28	財團法人石材暨資源產業研究發展中心
29	財團法人印刷創新科技研究發展中心
30	財團法人金屬工業研究發展中心
31	財團法人資訊工業策進會
32	起點設計股份有限公司
33	馬路科技顧問股份有限公司
34	國航科技有限公司
35	彩家科技有限公司
36	捷成工業科技有限公司
37	祥貿科技企業有限公司
38	通業技研股份有限公司 (震旦集團)
39	創想有限公司
40	勝博國際股份有限公司
41	揚明光學股份有限公司 (MIICRAFT)
42	普立得科技有限公司
43	普羅森科技股份有限公司
44	智彩三維科技股份有限公司
45	湧和有限公司
46	集盛實業股份有限公司
47	新光合成纖維股份有限公司 - 織造者
48	新視代科技股份有限公司
49	溢井有限公司 / 日本山陽特殊製鋼株式會社
50	瑞思實業有限公司
51	萬寶三維科技有限公司
52	達億新創有限公司
53	實威國際股份有限公司
54	領先顏料色母廠股份有限公司
55	廣東智維立體成型科技有限公司
56	環璟科技有限公司

18

積層製造之未來
Benchmarking and the Future of Additive Manufacturing

本章編著：鄭正元

18-1 積層製造基本原理跟優勢

積層製造是一種“enable/power”的技術，有別於傳統加工的減法移除材料方式，積層製造是以加入材料層層疊加使物件成型。事實上，此種切層的原理就如同將 3D 輪廓微分之數位化，或如同將類比訊號轉換成數位訊號之微分原理。

過去三十年，因資訊數位化而使科技得以大幅發展，造就了微軟、蘋果、臉書以及 Google，甚至亞馬遜或淘寶網等等。而積層製造正是一種由過去資訊數位化轉成實體數位化之關鍵“enable”技術。積層製造由以往快速成型，到今日 3D 列印的個人打樣，整合各種新近發展的複合積層製造方法，尋求各式應用。其中，數位牙齒矯正，更已達上百萬次之應用，更進入到數位牙齒美容之應用，可謂殺手級的消費及應用。因此，積層製造之未來技術，必然會持續朝向功能性牙齒等殺手級應用發展。積層製造的最大優勢在於客製化及晶格設計最佳減重輕量化。客製化的優勢在於醫療應用，輕量化則是在於航太運輸，這是馬上能運用在產業上的直接優勢。這些優勢會逐步推展到其他產業，這就是產業未來的直接應用。

利用 CNC 製作鈦合金人工關節，其爲實心且表面光滑不易使細胞附著。改用積層製造不只可以生產空心且重量輕的製品，且在加熱粉末時熔化的金屬會吸附其他未熔化粉末，導致表面粗糙。雖然以工業角度此爲其缺點，但在醫療應用上卻是有益處的可以增加細胞附著性。另外，更因採用晶格化設計，而得以在相對細胞最易成長，附著尺寸之最佳強度重量比最佳化設計，而比傳統設計更具絕對優勢。因此積層製造在醫療上具備有輕量化、客製化且表面粗糙等優點。

18-2 醫療療程數位化

醫療療程的數位化在醫療領域非常重要，例如：醫美需要建構及修補人體；牙齒的重建與修補，也需要透過醫療療程數位化達到精準醫療，其中牙科就是客製化醫療裡面最大的產業。數位客製化科技輔具運用也愈來愈普通，如手、腳、足、脊椎矯正等，但須採用逆向工程掃描原件，之後大量點群資料處理及其後續建模等等，目前仍需由工程師大量人力投入，其自動化流程需求及技術發展，更是非常重要。

雖醫療需要客製化，但現今醫療療程的數位化程度非常不足。因醫療療程都是由醫生主控，容易受到醫生個人行爲及習慣影響，因此醫療療程的數位化，需要投入大量資源，甚至比工程數位化還要困難。雖困難，但如同醫療病例數位化一樣，隨資訊數位化工具成熟與新世代醫學訓練到位，使可水到渠成，指日可待。

18-3 客製化 - 數位牙技與數位科技輔具

現今，眞正需要客製化的製造技術，非牙齒莫屬。不論是心臟移植，或是人工關節，其客製化的重要性都不及牙齒。心臟無論稍大或小還是會運作，人工關節無論做大或小還是會走。但牙齒因處於含酸腐蝕的口腔內，尺寸稍有誤差就可能會造成酸痛，因此需要非常高的配合精度。所以牙齒數位化將是未來非常重要的產業。

如前節所述，逆向工程掃描建模自動化為直接數位醫療最大盲點，但因其市場大，故數位牙科目前在此方面最為成熟，包含專用口掃機如 3 shape，並搭配專用建模軟體及其排牙軟體，甚至也有許多開源 share ware 軟體等；更不用說，數位矯正龍頭 Align Tecgnology 的一條龍的軟、硬軟體及服務整合營業模式。此也是非常重要的指標，對於產業普及化的重要指標使用里程碑。

在數位矯正方面，口腔內牙齒掃描或口腔外牙齒矽膠模或石膏模型掃描，都已逐步成熟。如隱適美等牙齒矯治器設計及製造商，已越來越少製作石膏模型，取而代之的是透過掃描設備製作數位牙齒檔案。這些數位掃描設備可以租賃給牙醫診所，直接將患者之牙齒數位化，可見客製化在數位牙技方面已經慢慢成功。但在數位牙齒輸出的部分，因目前積層製造方法大多仍用於打樣，成品多為塑膠模型而非陶瓷。

不論是光固化或是其他方法，目前都尚未能做到陶瓷牙齒的直接成型，僅能製作金屬材質。金屬牙齒之製作，能以雷射光直接燒熔金屬粉末，如鈦合金、不鏽鋼等，也逐步落實於牙技產業上。但天然牙齒之成分並非金屬，而是如一氧化鋯陶瓷。因此，未來之牙技必將走向數位化之陶瓷氧化鋯牙齒。中國大陸之人均缺牙率為 10 顆，而台灣 5 顆。若中國大陸之人均所得以及醫療水準在十年或二十年後趕上台灣，未來將會產生每人平均 5 顆假牙的需求，再乘上 13 億人口，假牙之需求數將達到 65 億顆。假設使用數位方法製造，如口腔掃描，將有可能不需透過牙醫取得齒模，而由醫檢師執行。除了減少牙醫之工作負擔，假牙之成本也可望降低。假牙製造服務費用或許能由目前的一顆新台幣十萬或五萬元降低到一萬元。若將中國大陸之 65 億顆假牙需求，再乘上一萬元，就是 65 兆新台幣之商機；全球有 72 億人口，假設未來十年一人平均假牙需求為兩顆，將可預見 150 兆新台幣之產業。

除了數位牙齒矯正外，諸多自體器官有時也需要矯正，腕、脊椎、足、腳、頸、頭……等等幾乎有骨頭支撐件的地方，均會產生各種病變，為了高效率治療，故而數位科技輔具技術與產業發展，當然也是令人期待。

因牙齒及矯正眞正符合大量客製化之需求，故在積層製造之應用由從前的打樣，走向直接數位製造的過程中，數位牙科及科技輔具肯定是相當重要的產業。

18-4 高速積層製造方法與後處理

高速積層製造方法，是將積層製造由以往的快速成型或新進的 3D 列印個人打樣技術，導入眞正實體數位製造。過去的製造方法都是複合式的，如塑膠射出成型，需要以 CNC 加工、放電加工、以及拋光等製程，來製作高精度模具，再以螺桿加熱將塑膠顆粒融化擠入模穴。這樣的高壓高溫製程，之所以能不考慮精度，是因爲由精密的模具定義了精度，所以塑膠射出成型是結合了模具之精度以及螺桿之能量速度的複合式加工。半導體製造也同樣需要先製作高精度之光罩，再進行曝光、顯影、以及蝕刻等不考慮精度之製程，僅將材料加入或改變其性質。這些都是屬於傳統製造方法，爲了兼顧精度與速度的複合特性。但傳統複合式製造，因需要經過數個不同機台甚至不同製程，難以達到全自動化；反之，積層製造是在單一機台完成，故極易全自動化。

高速製造必須有兩個製程，一個有精度，一個有能量來達成速度。但不論是 3D 列印或是積層製造，都僅有單一能量在特定部位做成型，也因此快速成型及 3D 列印都是單一製程，精度高與速度快兩者只能擇一。

未來，積層製造將會走向高速化。第一種複合式製造方法，是以高功率雷射，加上大量且快速地提供粉末進給，並將粉末燒熔的直接能量沉積方法，且結合 CNC 維持工件精度，稱爲「加減法複合加工法」；另外也可使用噴印方法，噴印方法可分爲兩種，一是使用壓電噴嘴，如 Desktop Metal 的黏著劑噴印製作金屬粗胚，再燒結成金屬。另一是使用如 HP(Hewlett-Packard Company) 的熱泡式噴嘴。噴印方法可同時使用多噴嘴進行噴印，材料則多爲低流動性之材料，如光固化樹脂。上述兩種方法都是以噴印的方法定義精度，接著再利用紫外光或紅外光源，使噴墨墨水產生熱觸媒反應而將塑膠粉末加熱融化。這些不同的複合式加工法，亦透過不同的製程達到速度跟精度的控制，但與傳統製造方法不同的是，這些製程能夠在一台機器上完成，因此容易自動化，可謂未來的製造方法，又可稱爲數位製造。

數位製造依材料不同，可分爲塑膠、金屬、及陶瓷。塑膠如 HP(Hewlett-Packard Company) 的噴印方法，墨水中含有熱觸媒以及塑膠粉末，經紅外光熱管照射反應後使塑膠粉末融化，這樣的方法可以加快塑膠的列印生產速度。塑膠產業若從傳統的塑膠射出方法轉變爲高速積層的數位製造，將對整個塑膠產業帶來巨大的變革。塑膠可用於許多應用，如航太設備之儀表板、或內部零件等。只要設計數位化就可直接數位製造甚至是遠端分散式製造，如汽車零組件就能在台灣將設計內容輸出至澳洲等國家，直接以數位圖檔輸出製造。

金屬、陶瓷，能夠被更廣泛的應用如法藍瓷及數位牙齒。目前陶瓷採用以往積層製造方法，如光固化方法，在光固化樹脂中添加陶瓷材料後，照射光源使其固化，接著進行燒結將樹脂熱移除，得到陶瓷工件。此類陶瓷可應用於數位收藏品或藝品之直接製造，如法藍瓷。但陶瓷材料最重要的應用，是在氧化鋯陶瓷牙齒、數位陶瓷牙齒等數位牙技。如前所述，數位牙技在未來十年可能是價值數百兆新台幣的產業，過去投入相當多研究，期望以雷射光源直接燒熔陶瓷材料，然而陶瓷材料無法承受太大的熱衝擊 (Thermal shock)，因而容易受熱破裂。

後處理技術乃隨著積層製造量與品質要求而日益提升，由傳統手工去除支撐及磨拋，逐步進展到各是使用雙噴頭、雙材料等各式物理、化學甚至各式自動化機具如機器人等等。其次，採用後燒結類似粉末冶金方式，得以僅在成形機台上完成金屬 (未來陶瓷) 粗胚 (green part)，後處理在使用各式脫脂 (debinding) 與燒結 (sintering) 來完成積層製造物件之最後強度。

18-5 積層製造之設計

因爲積層特殊材料逐漸增補成型方式，故而晶格化設計之空心結構及爲其最大優勢。故而各式各樣多元式的晶格化設計或是所謂變密度 (variable density) 或是梯度式晶格化設計 (graded lattice structure)。晶格元素也由最簡單的樑柱元件進展到各式直面、曲面等元件，甚至封閉單元 (close cell structure) 等，及其因應各式應用 (強度 / 重量比 / 衝擊等) 需求之最佳化設計。

18-6 PCB 直接金屬導線列印

PCB 直接金屬導線列印，是數位直接製造中非常重要的一項應用。以往的 PCB 製造需要製作光罩進行曝光、顯影、蝕刻等製程，但卻有環境汙染之疑慮。近代因低熔點金屬材料、空氣噴嘴等新設計，可將加工範圍侷限在較小的區域，因此可將金屬溶液直接噴印至電路板上，其線寬可達到 20 micron 甚至 30 micron。除了 PCB，未來甚至能夠直接印製 IC，因此也是一項非常重要的應用。

18-7 生物列印

在生物列印醫療領域，人體器官的直接列印同樣也非常重要。藉由細胞列印出器官的技術，對於健康醫療、生命的延續可說是一大突破。另外，生物列印用於各種藥物篩選，也是逐漸受到極大應用與發展。自體細胞印出的個人器官，若能成功發展，對醫療領域將有極大貢獻，但在法規上還需進一步探討。

18-8 4D、5D 與 VR & AR

除了將傳統製造數位化及直接製造，4D、5D 甚至 VR 與 AR 也都能與數位化之醫療療程、手術刀把、手術機器人等整合。未來若加上時間序列，從 3D 走入 4D 甚至 5D，就會形成一個完整的積層製造未來。

讀者回函卡

掃 QRcode 線上填寫 ▸▸▸

姓名：＿＿＿＿＿＿ 生日：西元＿＿＿年＿＿＿月＿＿＿日 性別：□男 □女

電話：（ ）＿＿＿＿＿ 手機：＿＿＿＿＿＿

e-mail：（必填）＿＿＿＿＿＿＿＿＿＿＿＿

註：數字零，請用 Φ 表示，數字 1 與英文 L 請另註明並書寫端正，謝謝。

通訊處：□□□□□＿＿＿＿＿＿＿＿＿＿

學歷：□高中・職 □專科 □大學 □碩士 □博士

職業：□工程師 □教師 □學生 □軍・公 □其他

學校／公司：＿＿＿＿＿＿ 科系／部門：＿＿＿＿＿＿

・需求書類：

□ A. 電子 □ B. 電機 □ C. 資訊 □ D. 機械 □ E. 汽車 □ F. 工管 □ G. 土木 □ H. 化工 □ I. 設計

□ J. 商管 □ K. 日文 □ L. 美容 □ M. 休閒 □ N. 餐飲 □ O. 其他

・本次購買圖書為：＿＿＿＿＿＿ 書號：＿＿＿＿＿＿

・您對本書的評價：

封面設計：□非常滿意 □滿意 □尚可 □需改善，請說明＿＿＿＿＿＿

內容表達：□非常滿意 □滿意 □尚可 □需改善，請說明＿＿＿＿＿＿

版面編排：□非常滿意 □滿意 □尚可 □需改善，請說明＿＿＿＿＿＿

印刷品質：□非常滿意 □滿意 □尚可 □需改善，請說明＿＿＿＿＿＿

書籍定價：□非常滿意 □滿意 □尚可 □需改善，請說明＿＿＿＿＿＿

整體評價：請說明＿＿＿＿＿＿

・您在何處購買本書？

□書局 □網路書店 □書展 □團購 □其他＿＿＿＿＿＿

・您購買本書的原因？（可複選）

□個人需要 □公司採購 □親友推薦 □老師指定用書 □其他＿＿＿＿＿＿

・您希望全華以何種方式提供出版訊息及特惠活動？

□電子報 □ DM □廣告（媒體名稱＿＿＿＿＿＿）

・您是否上過全華網路書店？（www.opentech.com.tw）

□是 □否 您的建議＿＿＿＿＿＿

・您希望全華出版哪方面書籍？＿＿＿＿＿＿

・您希望全華加強哪些服務？＿＿＿＿＿＿

感謝您提供寶貴意見，全華將秉持服務的熱忱，出版更多好書，以饗讀者。

填寫日期： / /

2020.09 修訂

親愛的讀者：

感謝您對全華圖書的支持與愛護，雖然我們很慎重的處理每一本書，但恐仍有疏漏之處，若您發現本書有任何錯誤，請填寫於勘誤表內寄回，我們將於再版時修正，您的批評與指教是我們進步的原動力，謝謝！

全華圖書 敬上

勘 誤 表

書 號		書 名		作 者	
頁 數	行 數	錯誤或不當之詞句		建議修改之詞句	

我有話要說：（其它之批評與建議，如封面、編排、內容、印刷品質等・・・）